职业技术·职业资格培训教材

钳工

（四级） QIANGONG

第2版

主　编　郭　强

编　者　仲美祥　韩　伟

主　审　庄慧忠

中国劳动社会保障出版社

图书在版编目(CIP)数据

钳工：四级／人力资源社会保障部教材办公室等组织编写. -- 2版. -- 北京：中国劳动社会保障出版社，2019

1+X职业技术·职业资格培训教材

ISBN 978-7-5167-3725-5

Ⅰ.①钳… Ⅱ.①人… Ⅲ.①钳工-职业培训-教材 Ⅳ.①TG9

中国版本图书馆CIP数据核字(2019)第058027号

中国劳动社会保障出版社出版发行

（北京市惠新东街1号 邮政编码：100029）

*

三河市华骏印务包装有限公司印刷装订 新华书店经销

787毫米×1092毫米 16开本 30.75印张 579千字

2019年5月第2版 2019年5月第1次印刷

定价：75.00元

读者服务部电话：（010） 64929211/84209101/64921644

营销中心电话：（010） 64962347

出版社网址：http://www.class.com.cn

改版说明

《1+X 职业技术 · 职业资格培训教材——钳工（中级）》自 2012 年出版以来，受到了广大学员和本专业技术人员的欢迎，教材对提高学员就业能力、提升职业技能有着重要的意义，在钳工职业技能培训和资格鉴定考试过程中也发挥了重大作用。

随着我国现代制造业快速发展，各种新技术、新工艺、新材料不断更新，尤其是在制造业方面，国际及国内各种技术标准不断地提高、优化，为此，2018 年人力资源社会保障部教材办公室、中国就业培训技术指导中心上海分中心、上海市职业技能鉴定中心联合组织相关专家对教材进行了改版，以使教材能更好地适应社会的发展和行业的需求，更好地为行业技术人员和广大学员服务。

本次钳工教材的改版，主要是根据上海制造业的发展，结合钳工职业技能鉴定的要求，进行修改和完善。本次改版的重点是对教材中涉及国家标准的内容进行了更新，对各种技术名词和用语进行了规范和统一，修改和完善了教材的部分内容，由浅入深地介绍了钳工必须掌握的基础知识、专业知识和相关知识。

教材中若存在不足和疏忽，欢迎广大读者、专家及业内同仁批评指正。

内 容 简 介

本教材由人力资源社会保障部教材办公室、中国就业培训技术指导中心上海分中心、上海市职业技能鉴定中心依据上海 1+X 钳工（四级）职业技能鉴定细目组织编写。教材从强化培养操作技能，掌握实用技术的角度出发，较好地体现了当前最新的实用知识与操作技术，对于提高从业人员基本素质，掌握钳工（四级）核心知识与技能有直接的帮助和指导作用。

本教材在编写中根据本职业的工作特点，以能力培养为根本出发点，采用模块化的编写方式。全书共分为 3 章，内容包括：钳工基础知识、钳工专业知识、钳工相关知识。

本教材可作为钳工（四级）职业技能培训与鉴定考核教材，也可供全国中、高等职业技术院校相关专业师生参考使用，以及本职业从业人员培训使用。

前　言

职业培训制度的积极推进，尤其是职业资格证书制度的推行，为广大劳动者系统地学习相关职业的知识和技能，提高就业能力、工作能力和职业转换能力提供了可能，同时也为企业选择适应生产需要的合格劳动者提供了依据。

随着我国科学技术的飞速发展和产业结构的不断调整，各种新兴职业应运而生，传统职业中也愈来愈多、愈来愈快地融进了各种新知识、新技术和新工艺。因此，加快培养合格的、适应现代化建设要求的高技能人才就显得尤为迫切。近年来，上海市在加快高技能人才建设方面进行了有益的探索，积累了丰富而宝贵的经验。为优化人力资源结构，加快高技能人才队伍建设，上海市人力资源和社会保障局在提升职业标准、完善技能鉴定方面做了积极的探索和尝试，推出了1+X培训与鉴定模式。1+X中的1代表国家职业标准，X是为适应经济发展的需要，对职业的部分知识和技能要求进行的扩充和更新。随着经济发展和技术进步，X将不断被赋予新的内涵，不断得到深化和提升。

上海市1+X培训与鉴定模式，得到了国家人力资源社会保障部的支持和肯定。为配合1+X培训与鉴定的需要，人力资源社会保障部教材办公室、中国就业培训技术指导中心上海分中心、上海市职业技能鉴定中心联合组织有关方面的专家、技术人员共同编写了职业技术·职业资格培训教材。

职业技术·职业资格培训教材严格按照1+X鉴定考核细目进行编写，教材内容充分反映了当前从事职业活动所需要的核心知识与技能，较好地体现了适用性、先进性与前瞻性。聘请编写1+X鉴定考核细目的专家和相关行业的专家参与教材的编审工作，保证了教材内容的科学性及与鉴定考核细目、题库的紧密衔接。

职业技术·职业资格培训教材突出了适应职业技能培训的特色，使读者通过学习与培训，不仅有助于通过鉴定考核，而且能够有针对性地进行系统学习，真正掌握本职业的核心技术与操作技能，从而实现从懂得了什么到会做什么的飞跃。

职业技术·职业资格培训教材立足于国家职业标准，也可为全国其他省市开展新职业、新技术职业培训和鉴定考核，以及高技能人才培养提供借鉴或参考。

新教材的编写是一项探索性工作，由于时间紧迫，不足之处在所难免，欢迎各使用单位及个人对教材提出宝贵意见和建议，以便教材修订时补充更正。

人力资源社会保障部教材办公室
中国就业培训技术指导中心上海分中心
上海市职业技能鉴定中心

目　录

1

第 1 章

钳工基础知识

第1节 机械制图

学习单元1 制图基础知识

学习目标

➢ 了解常用零件的画法和装配图的表达方法。

➢ 熟悉各种视图、剖视图和断面图的画法、标注及应用。

➢ 掌握零件图的绘制、尺寸标注和技术要求的标注。

知识要求

一、标注尺寸（GB/T 4458.4—2003）

图形只能表示物体的形状，而其大小则要由尺寸表示，因此，标注尺寸十分重要。标注尺寸时，应严格遵照国家标准有关尺寸注法的规定，做到正确、齐全、清晰、合理。

1. 标注尺寸的基本原则

（1）机件的真实大小应以图样上所注的尺寸数值为依据，与图形的大小及绘图的准确度无关。

（2）图样中的尺寸以mm为单位时，不必标注计量单位的符号或名称，如果用其他单位时，则必须注明相应的单位符号。

（3）图样中所标注的尺寸为该图样所示机件的最后完工尺寸，否则应另加说明。

（4）机件的每一尺寸一般只标注一次，并应标注在表示该结构最清晰的图形上。

2. 标注尺寸的内容和方法

图样上的尺寸由尺寸界线、尺寸线和尺寸数字组成，如图1—1—1所示。

（1）尺寸界线。尺寸界线表示所标注尺寸的起始和终止位置，用细实线绘制，并由图形的轮廓线、轴线或对称中心线引出；也可利用轮廓线、轴线或对称中心线作为尺寸界线。尺寸界线一般应与尺寸线垂直，并超出尺寸线的终端2~3 mm。

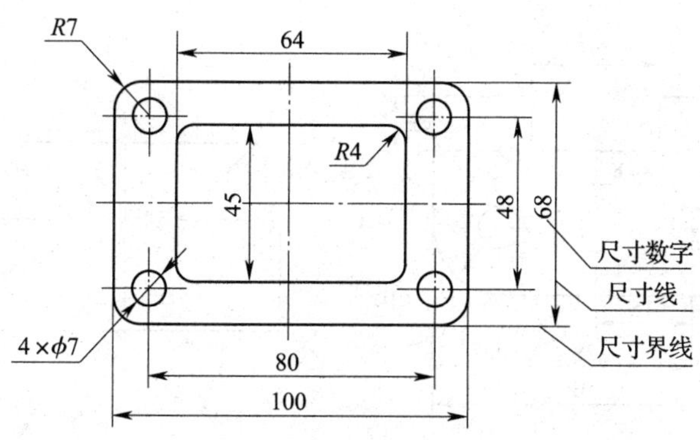

图 1—1—1　尺寸的组成

（2）尺寸线。尺寸线用来表示所注尺寸的度量方向。尺寸线用细实线绘制，不能用其他图线代替，一般也不得与其他图线重合或画在其延长线上。

标注线性尺寸时，尺寸线必须与所注线段平行；当有多条互相平行的尺寸线时，大尺寸要标注在小尺寸外面。在圆或圆弧上标注直径或半径尺寸时，尺寸线一般应通过圆心或其延长线通过圆心。

尺寸线包括尺寸线终端，终端有箭头和斜线两种形式，在同一机件的图样中一般只能采用一种终端形式。

1）箭头。箭头的画法如图 1—1—2a 所示，适用于各种类型的图样。机械图样中一般采用箭头作为尺寸线终端。

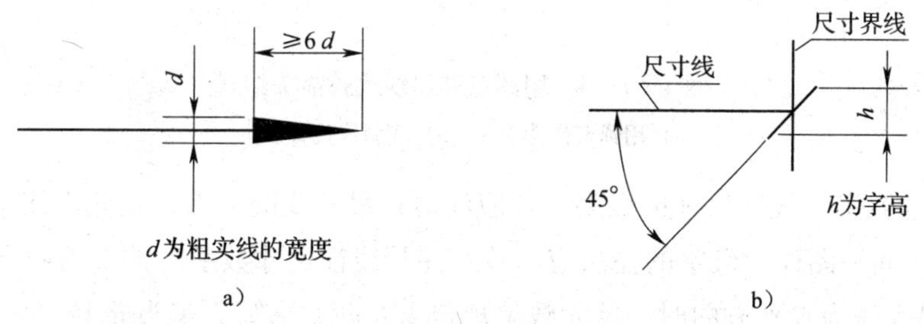

图 1—1—2　尺寸线终端的两种形式

a）箭头标注　b）斜线标注

2）斜线。斜线用细实线绘制，其方向和画法如图 1—1—2b 所示。斜线终端必须在尺寸线与尺寸界线相互垂直时才能使用。因此，标注圆直径、圆弧半径和角度的尺寸线时，其终端应该是箭头，如图 1—1—3 所示。

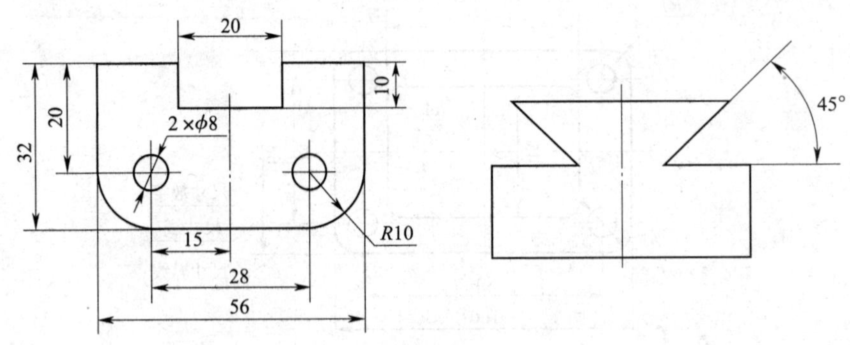

图1—1—3　圆直径、圆弧半径和角度的尺寸标注形式

当采用箭头终端形式，遇到位置不够画出箭头时，允许用圆点或斜线代替箭头。当对称机件的图形只画出一半或略大于一半时，尺寸线应略超过对称中心线或断裂处的边界，此时仅在尺寸线的一端画出箭头，如图1—1—4所示。

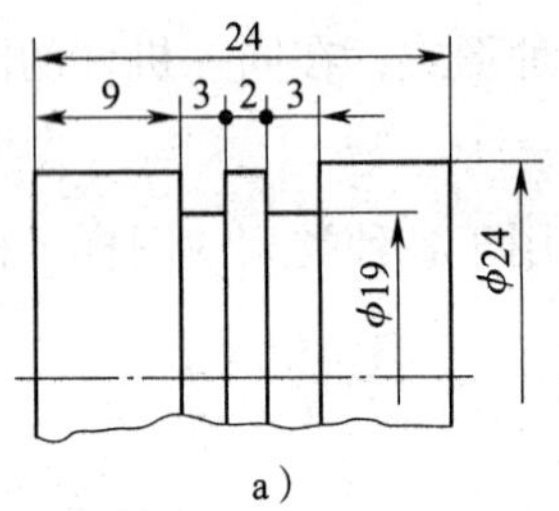

a）

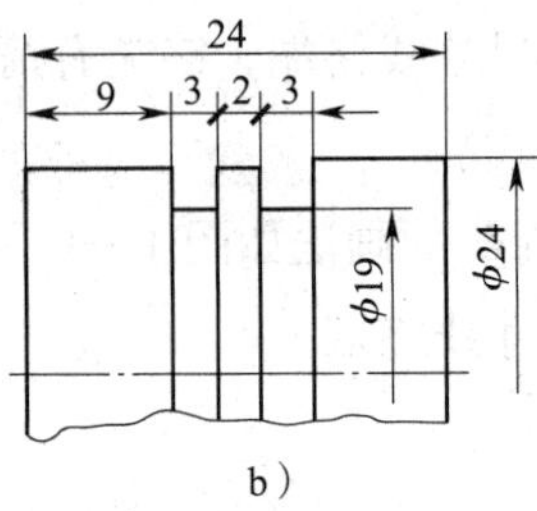

b）

图1—1—4　用圆点和斜线代替箭头形式

a）用圆点代替箭头　b）用斜线代替箭头

（3）尺寸数字。线性尺寸的数字一般应注写在尺寸线的上方，也允许注写在尺寸线的中断处，但在同一图样中数字的注法应一致。注写线性尺寸数字时的规则如下：

1）当尺寸线为水平方向时，尺寸数字规定由左向右书写，字头向上。

2）当尺寸线为竖直方向时，尺寸数字由下向上书写，字头朝左。

3）在倾斜的尺寸线上注写尺寸数字时，必须使字头方向有向上的趋势。

4）特别要注意的是对小于或等于半圆的圆弧标注半径尺寸时，在尺寸数字前加注 R；对大于半圆的圆弧标注直径尺寸时，在尺寸数字前加注 ϕ；标注球体直径或半径尺寸时，应在 ϕ 或 R 前加注 S。

5）标注尺寸时，应尽可能使用符号和缩写词。常用的符号和缩写词见表1—1—1。

表 1—1—1　　常用的符号和缩写词

名称	符号或缩写词	名称	符号或缩写词
直径	ϕ	正方形	□
半径	R	45°倒角	C
球直径	$S\phi$	深度	↧
球半径	SR	沉孔或锪平	⌴
厚度	t	埋头孔	⌵
均布	EQS		

6）线性尺寸、角度、圆、圆弧、大圆弧、球体、小尺寸的标注方法见表 1—1—2。

表 1—1—2　　常用的尺寸注法及简化标注方法

标注内容	图例	说明
线性尺寸的标注	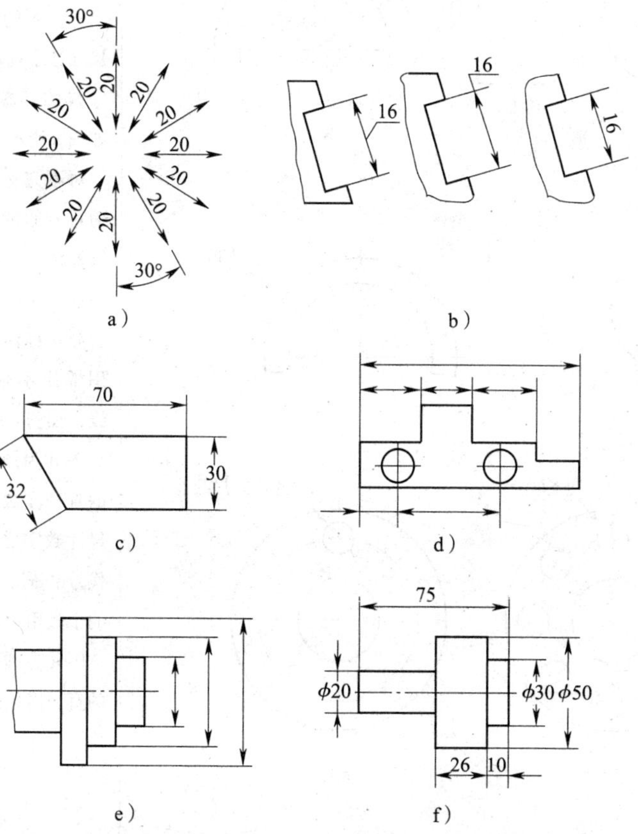 a） b） c） d） e） f）	线性尺寸的数字应按图 a 的方向书写，并尽量避免在图示 30° 范围内标注尺寸。当无法避免时，可按图 b 标注 在不致引起误解时，非水平方向的尺寸数字可水平地注写在尺寸线的中断处，如图 c 所示，但在同一图样中注法应一致 在串联尺寸的标注中，箭头应对齐，如图 d 和图 f 所示 在并联尺寸的标注中，小的尺寸在内，大的尺寸在外，如图 e 和图 f 所示，尺寸线间隔不小于 5 mm

续表

标注内容	图例	说明
角度的标注		尺寸界线应沿径向引出，尺寸线画成圆弧，圆心是角的顶点 尺寸数字一律水平书写，一般标注在尺寸线的中断处，必要时可以写在尺寸线的上方或外面，也可以用引出线的形式标注
圆的标注	 a）　b） c） d）　e）	标注圆的直径时，应在尺寸数字前面加“ϕ”，尺寸线的终端应画成箭头，如图a所示 对不完整圆的标注，用通过圆心的单向箭头尺寸线标注，并在尺寸数字前面加“ϕ”，如图b所示 简化标注尺寸时，可采用带或不带箭头的指引线，如图c所示 图d为圆周上均布小孔的直径注法，在圆的直径尺寸数字之前应注出直径代号“ϕ”，并与小圆均布的个数用“×”相连 图e为圆周上均布小孔的直径简化注法

续表

标注内容	图例	说明
圆弧的标注	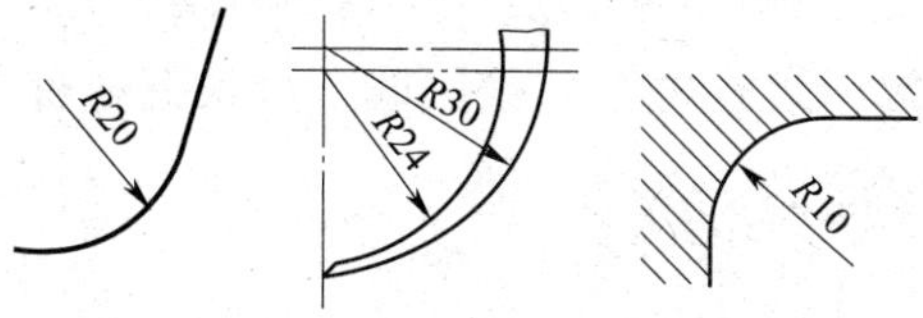 R20　R30　R24　R10	标注圆弧的半径时，应在尺寸数字前面加注符号“*R*”，尺寸线通过圆心，尺寸线终端应画成单向箭头，并指向圆弧
大圆弧的标注	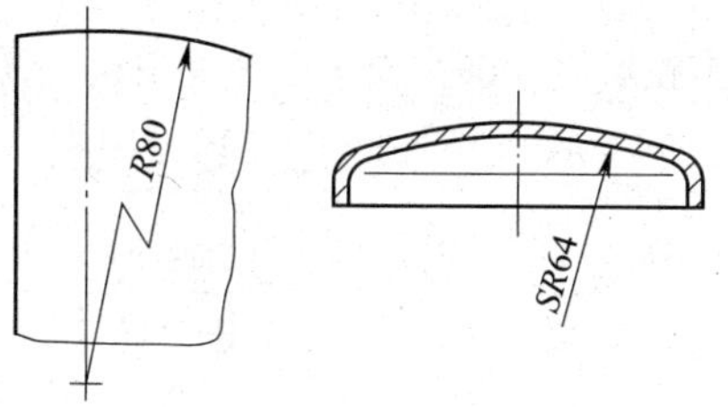 R80　SR64 a）　b）	不需要标出圆心位置时的大圆弧标注方法如图 a 所示 在图样范围内无法标出圆心位置时的大圆弧标注方法如图 b 所示
球体的标注	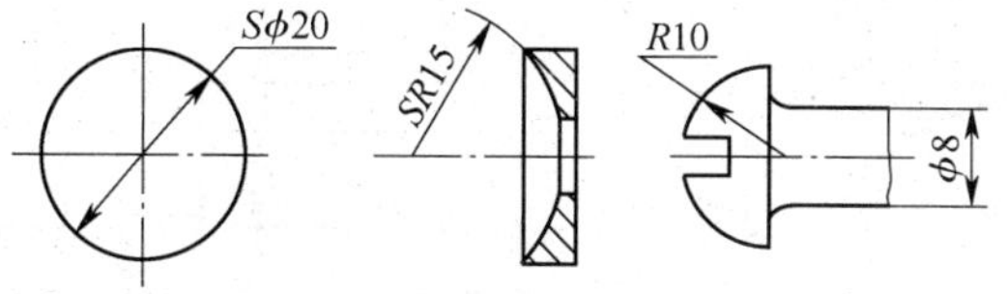 *S*ϕ20　SR15　R10　ϕ8 a）　b）　c）	标注球体尺寸时应在“ϕ”前加注“*S*”，如图 a 所示 标注半球体尺寸时应在“*R*”前加注“*S*”，如图 b 所示 为了不致引起误解，在标注螺钉头部等零件时可省略符号“*S*”，如图 c 所示
小尺寸的标注	5　4　3　3　2　6　4 3 4　3 4 3 ϕ10　ϕ10　ϕ10　ϕ10　ϕ5　ϕ5　ϕ5　ϕ5　ϕ5 R5　R5　R5　R5　R3　R6　R3　R3、R6	在标注小尺寸时，如果没有足够的空间，箭头可画在尺寸界线外侧，也可用小圆点代替两个箭头，尺寸数字优先写在右侧箭头上方，也可注写在图形外面或引出标注 一组同心圆弧可用共同的尺寸线和箭头依次表示 在标注圆和圆弧的小尺寸时，在尺寸数字之前应分别注出直径代号“ϕ”和半径代号“*R*”

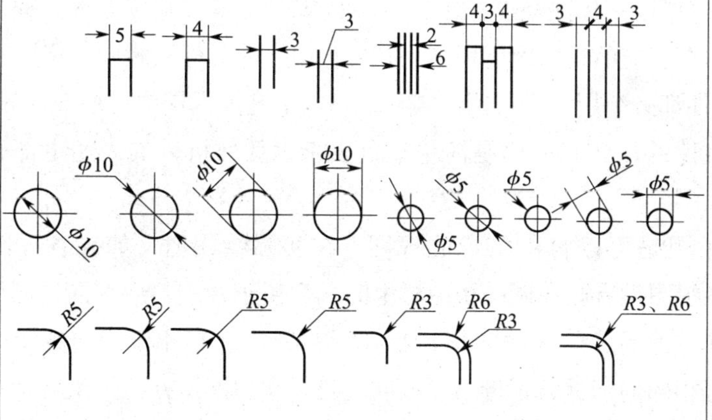

二、机件形状的表达方法

学习机械制图中机件形状的表达方法，可为后续绘制和阅读机械图样打下基础。这里将介绍视图、剖视图、断面图等常用表达方法，绘图时，可根据机件的结构特点恰当地选用。

1. 视图的表达方法

（1）基本视图

1）以正六面体的六个面作为基本投影面，即在原来三个视图（主视图、俯视图、左视图）的基础上增加右视图、仰视图、后视图，这六个视图称为基本视图，如图1—1—5所示。

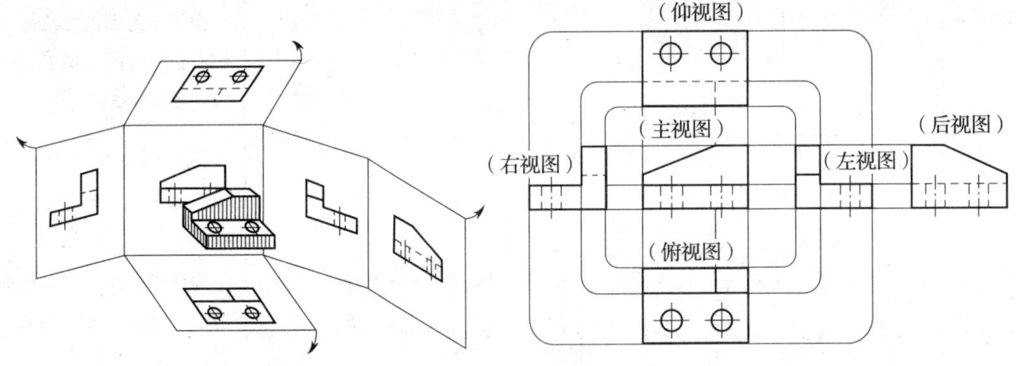

图1—1—5　基本视图的形成

2）六个视图要符合“长对正，高平齐，宽相等”的投影规律。

3）除后视图外，各视图的里边均表示机件的后面，而各视图的外边均表示机件的前面。

4）按规定配置，则可以不标注视图的名称；不按规定配置，则应在视图的上方用字母标注视图的名称，并在相应的视图附近用箭头指明投射方向，标注相同的字母。

5）并不是每个机件都必须用六个视图来表示，在六个基本视图中，一般优先选用主、俯、左视图，但无论机件的形状和结构是简单还是复杂，任何机件的表达中都必须有主视图。

（2）向视图。向视图是可以自由配置的视图。在实际绘图时，如果各视图不能按图1—1—5配置，或各视图没有画在同一张图样上时，为便于读图，应在向视图的上方用大写拉丁字母标出该向视图的名称（如“*B*”或“*C*”等），并在相应的向视图附近用箭头指明投射方向，注上相同的字母，字母书写方向应与正常的读图方向一致（即与标题栏文字方向一致），如图1—1—6所示。

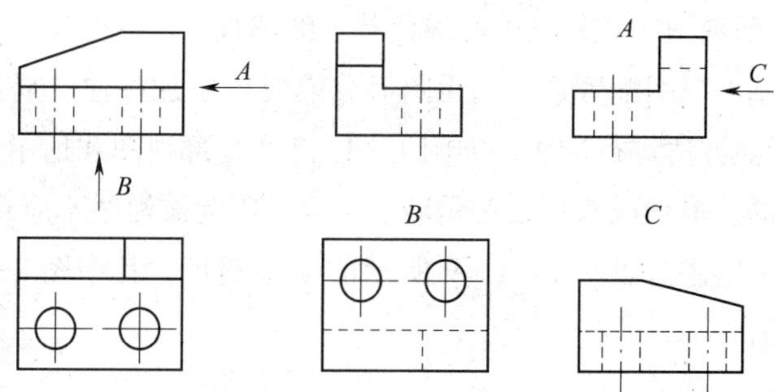

图 1—1—6　向视图的标注示例

（3）局部视图。将机件的某一部分向基本投影面投射，所得到的视图称为局部视图。局部视图可以按基本视图配置，也可以按向视图配置。局部视图用来补充基本视图仍未表达清楚的部分，可以减少基本视图的数量。如图 1—1—7 所示的物体，主、俯视图已将底板和底板正中央空心圆柱的形状表示清楚，而左、右两凸台的形状还不清楚，又不必画出完整的左视图和右视图，即可以采用局部视图来表示。

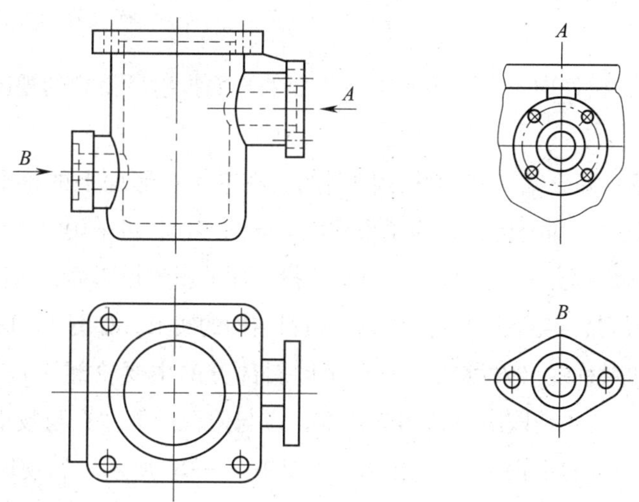

图 1—1—7　按向视图配置的局部视图

局部视图表达方法如下：

1）局部视图的断裂边界用波浪线或双折线表示，如图 1—1—7 中局部视图 *A* 所示。当局部视图所表示的局部结构是完整的，且外轮廓封闭时，则不必画出其断裂边界线，如图 1—1—7 中局部视图 *B* 所示。

为了节省绘图的时间和图纸幅面，对称机件或零件的视图允许只画 1/2 或 1/4，此时应在对称中心线的两端画出与其垂直的两条互相平行的细实线，如图 1—1—8 所示。实际

上这是一种特殊的局部视图，它是以中心线代替了波浪线。

2）局部视图按基本视图配置且中间无图形分隔时可不加标注。局部视图按向视图配置时应按向视图的标注方法进行标注，如图 1—1—7 中局部视图 *A* 所示。

3）局部视图中的波浪线或双折线表示断裂边界，因此波浪线不应超出机件的轮廓线，不应画在机件的孔洞之处，如图 1—1—9 所示的空心圆板，其中图 1—1—9a 是正确的，图 1—1—9b 是错误的。

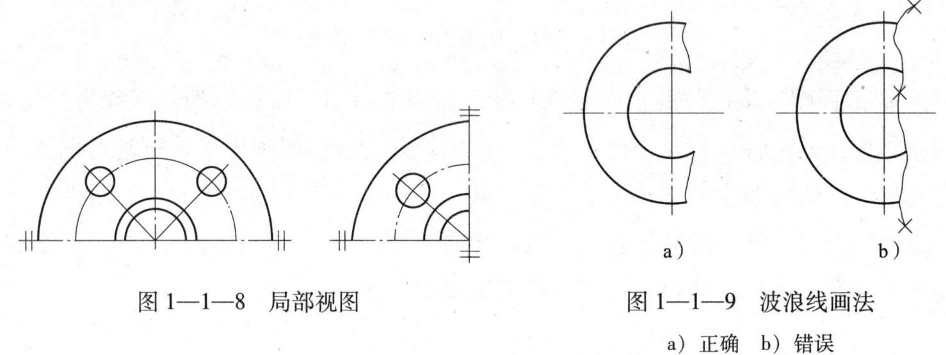

图 1—1—8　局部视图

图 1—1—9　波浪线画法

a）正确　b）错误

（4）斜视图。将机件向不平行于基本投影面的平面投射所得到的视图称为斜视图。斜视图表达方法如下：

1）若机件的某一部分结构和形状是倾斜的，在基本投影面上的投影不反映实形，这样绘图、读图、标注尺寸都不方便，为了得到该部分的实形，可采用斜视图，如图 1—1—10 所示。设一个与该倾斜部分平行，且垂直于基本投影面的新的投影面，将倾斜部分的结构和形状向新的投影面投射，得到的斜视图反映该倾斜结构的实形，如图 1—1—10a 所示。

2）画出图形的对称线（对称线应平行于倾斜部分的主要轮廓线）。斜视图上与投射方向一致的方向上的尺寸是该倾斜结构的宽度，应与俯视图等宽；与投射方向垂直的方向上的尺寸应与倾斜结构的主视图对应相等，如图 1—1—10 所示。斜视图用于表示机件上倾斜结构的真实形状，所以画出了倾斜结构的投影之后，就应用波浪线或双折线将图形断开，不再画出其他部分的投影。

3）斜视图必须在视图上方用大写拉丁字母表示视图的名称，在相应的视图附近用箭头指明投射方向，并注上相同的字母。

4）斜视图一般按向视图配置，如图 1—1—10a 所示，必要时也可以配置在其他位置，如图 1—1—10b 所示。在不致引起误解时，允许将图形转正（将图形的主要轮廓线放成水平位置或竖直位置），通常转角应小于 90°（向与水平方向或竖直方向夹角小的方向转），如图 1—1—10c 所示。

5）斜视图旋转后要加注旋转符号。旋转符号表示图形的旋转方向，因此其旋转方向要与图形的旋转方向一致，且字母要写在箭头的一侧，并与看图的方向一致，如图 1—1—10c 所示。旋转符号的画法如图 1—1—11 所示。

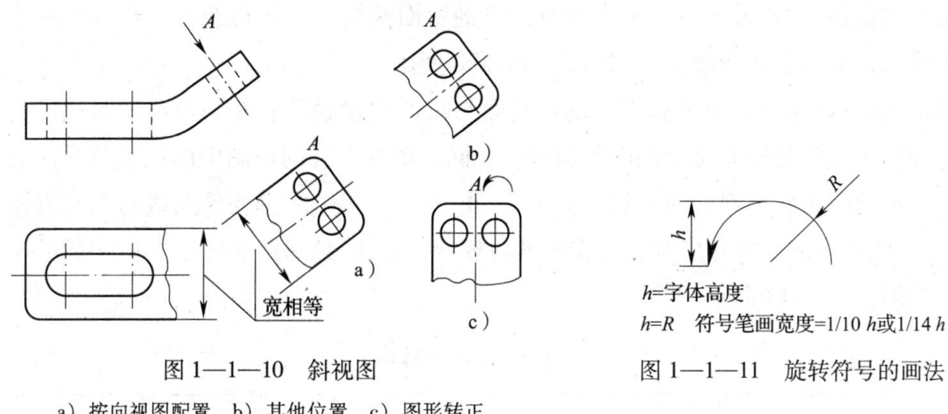

图 1—1—10 斜视图

a）按向视图配置 b）其他位置 c）图形转正

图 1—1—11 旋转符号的画法

2. 剖视图的表达方法

用视图表达机件形状时，对于机件上不可见的内部结构（如孔、槽等）要用细虚线表示。如果机件的内部结构比较复杂，会出现较多的细虚线，有些甚至与外形轮廓重叠，既不便于画图和读图，也不便于标注尺寸。为此，可按国家标准有关规定采用剖视图表达机件的内部形状，如图 1—1—12 所示支架的主视图就是剖视图。

（1）剖视图的概念。假想用剖切面剖开机件，将处在观察者与剖切面之间的部分移去，而将其余部分向投影面投射所得的图形称为剖视图。

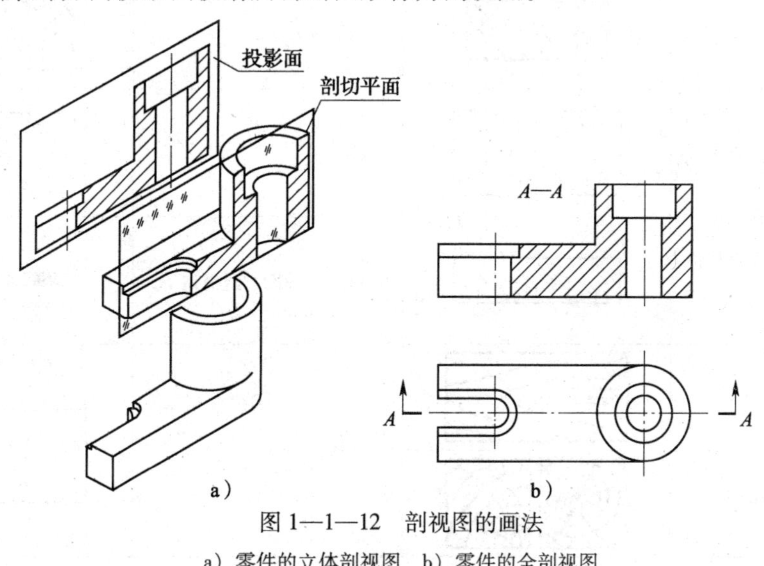

图 1—1—12 剖视图的画法

a）零件的立体剖视图 b）零件的全剖视图

（2）剖视图的画法

1）确定剖切面的位置。画剖视图时，首先选择恰当的剖切位置。为了表达机件内部的真实形状，选取平行于正面的对称面为剖切面，如图1—1—12a所示。

2）画剖视图。移开机件的前半部分，将剖切面截切机件所得断面及机件的后半部分向正面投射，并用粗实线画出，如图1—1—12b所示。

3）画剖面符号。在剖视图中，剖切平面与机件的接触部分要画出与材料相应的剖面符号，并且不同的材料要用不同的剖面符号。同一机件在各剖视图中的剖面符号应方向相同、间距相等。各种材料的剖面符号见表1—1—3。当图中的主要轮廓线与水平方向接近45°时，该图形的剖面符号应画成与水平方向成60°或30°且间距相等、方向相同的平行细实线，如图1—1—13所示。

表1—1—3　　各种材料的剖面符号

材料		剖面符号	材料	剖面符号
金属材料（已有规定剖面符号者除外）			木质胶合板（不分层数）	
线圈绕组元件			基础周围的泥土	
转子、电枢、变压器和电抗器等的叠钢片			混凝土	
非金属材料（已有规定剖面符号者除外）			钢筋混凝土	
型砂、填砂、粉末冶金、砂轮、陶瓷刀片、硬质合金刀片等			砖	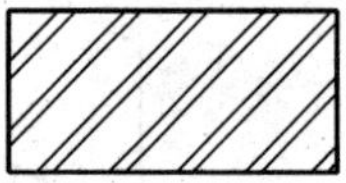
玻璃及供观察用的其他透明材料			格网（筛网、过滤网等）	
木材	纵断面	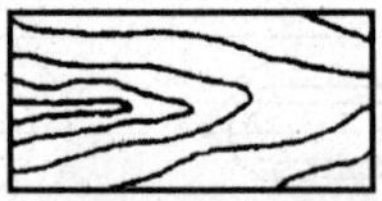	液体	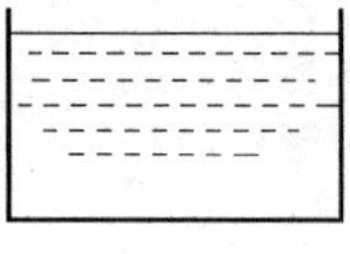
	横断面			

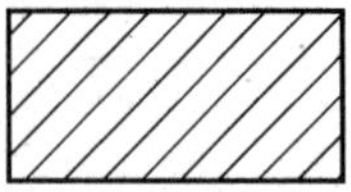

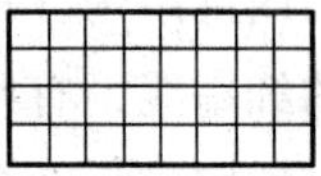

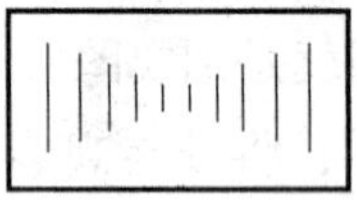

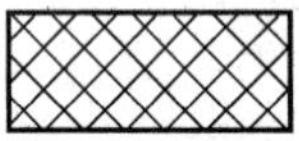

4）剖视图的标注。基本视图的配置规定同样适用于剖视图，为了便于读图时查找投影关系，剖视图一般都需要标注。剖视图的标注包括剖切符号、箭头、字母三项内容，如图 1—1—14 所示。

①剖切符号。表示剖视图是在机件的某一部位进行剖切的，用短粗实线（线宽 d~1.5d，长 5~10 mm）表示，剖切符号又称剖切位置线，表示剖切面的起讫位置，并且不要与视图的轮廓线相交，如图 1—1—14 所示。

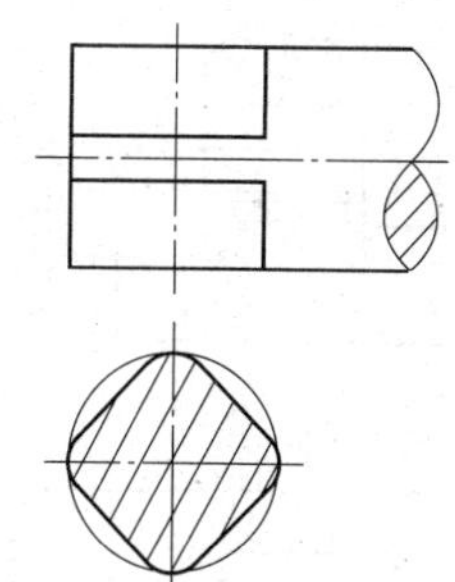

图 1—1—13　主要轮廓线与水平方向成 45°剖面符号的画法

②箭头。在剖切位置线的起讫点外侧画出与其相垂直的箭头，表示剖切后的投射方向，如图 1—1—14 所示。

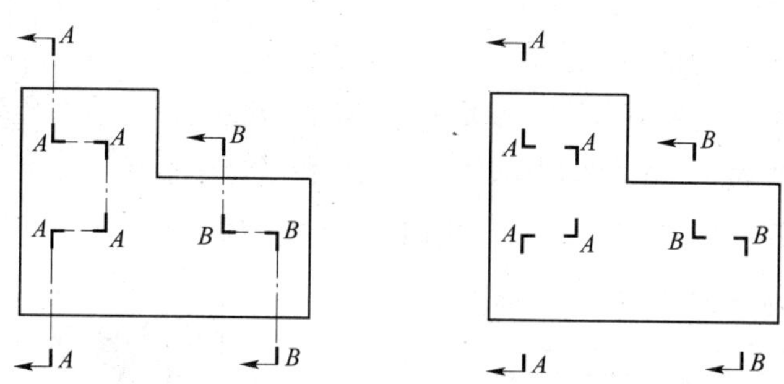

图 1—1—14　剖切符号、箭头和字母的组合标注

③字母。在剖切位置线的起讫点和转折处写上同一字母，并在所画剖视图上方用相同字母标注出剖视图的名称“×—×”。

5）剖视图的简化或省略

①当剖视图按投影关系配置，中间没有其他图形隔开时，可以省略箭头，如图 1—1—15 所示。

②在剖视图中，凡机件在剖切平面之后的内、外可见轮廓线应全部画出。

（3）剖视图的种类。按剖切范围大小，剖视图可分为全剖视图、半剖视图和局部剖视图。

1）全剖视图。用剖切面完全地剖开机件所得的剖视图称为全剖视图，如图 1—1—15 所示。全剖视图一般适用于外形比较简单、内部结构较为复杂的机件。全剖视图的标注与前面剖视图中所讲的标注要求相同。

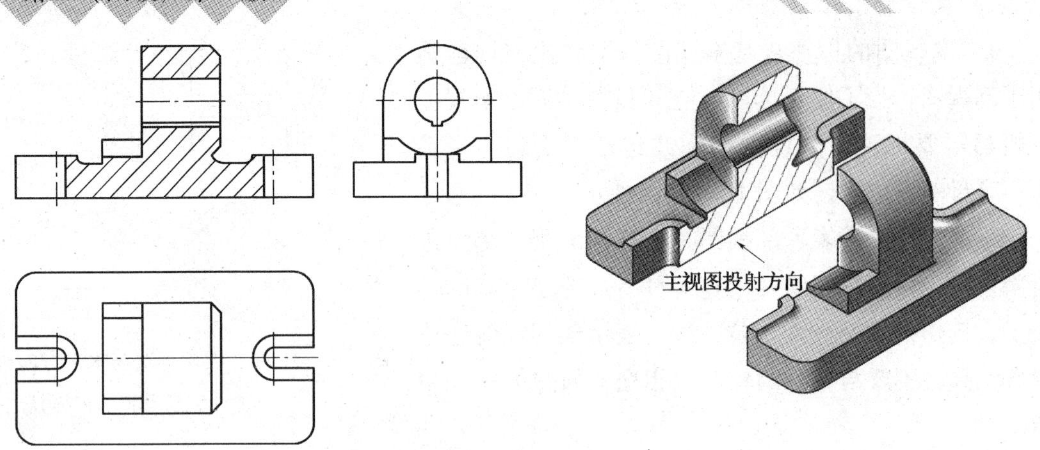

图 1—1—15 全剖视图

2）半剖视图。当机件具有对称平面时，向垂直于对称平面的投影面上投射所得的图形允许以对称中心线为界，一半画成视图，另一半画成剖视图，这种剖视图称为半剖视图。

对于一些对称机件，如果它的内部形状和结构比较复杂，可采用半剖视图表达其结构和形状。半剖视图既表达了机件的内部形状，又保留了外部形状。

半剖视图的标注与全剖视图相同，如图 1—1—16a 所示。

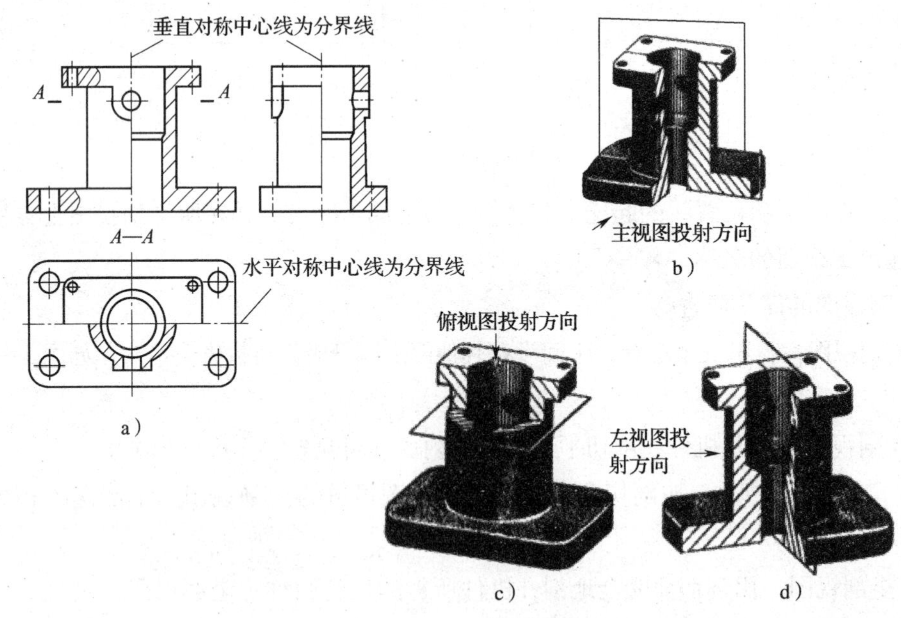

图 1—1—16 半剖视图

a）零件半剖视图的表达方法 b）零件主视图投射方向

c）零件俯视图投射方向 d）零件左视图投射方向

半剖视图表达方法如下：

①半个视图与半个剖视图的分界线用细点画线，而不能画成粗实线。

②机件的内部形状已在半剖视图中表达清楚时，在另一半表达外形的视图中不必画出细虚线。

③半剖视图主要用于内、外形状都需要表达的对称机件。当机件形状近似对称，且不对称部分已有视图能表达清楚时，也可画成半剖视图，如图 1—1—17 所示。

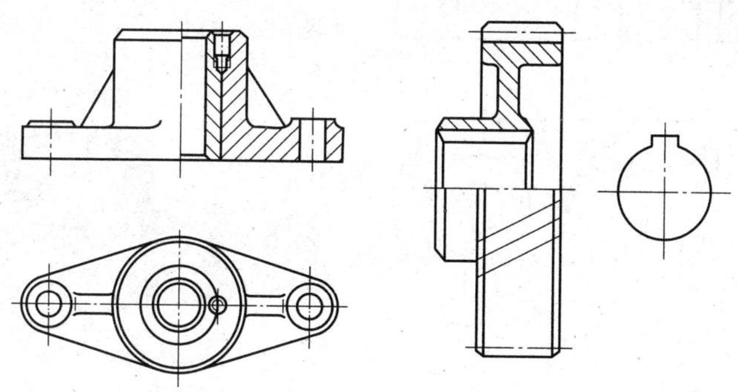

图 1—1—17　机件接近于对称的半剖视图

④对于某些对称机件，当其对称平面的中心线与机件的外形或内形上的轮廓线重合时，不宜画成半剖视图，如图 1—1—18 所示。

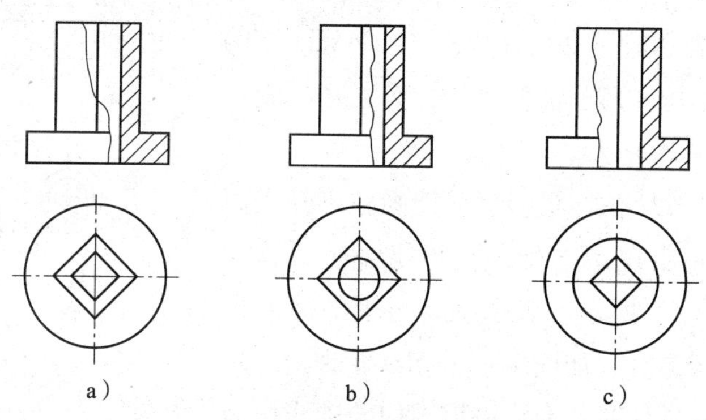

图 1—1—18　不宜画成半剖视图的机件

a）兼顾内、外棱线　b）保留外棱线　c）显示内棱线

3）局部剖视图。用剖切平面局部地剖开机件，以显示这部分内部形状，并用波浪线表示剖切范围，这样的图形称为局部剖视图，如图 1—1—19a 所示。局部剖视图不受图形是否对称的限制，剖切位置和范围可根据需要决定。

局部剖视图用波浪线或双折线分界，波浪线和双折线不应与图样上其他图线重合。局部剖视图是一种比较灵活的表达方法，可以在各视图上进行投射而得到各方向的局部剖视图，如图 1—1—19b 和图 1—1—19c 所示。

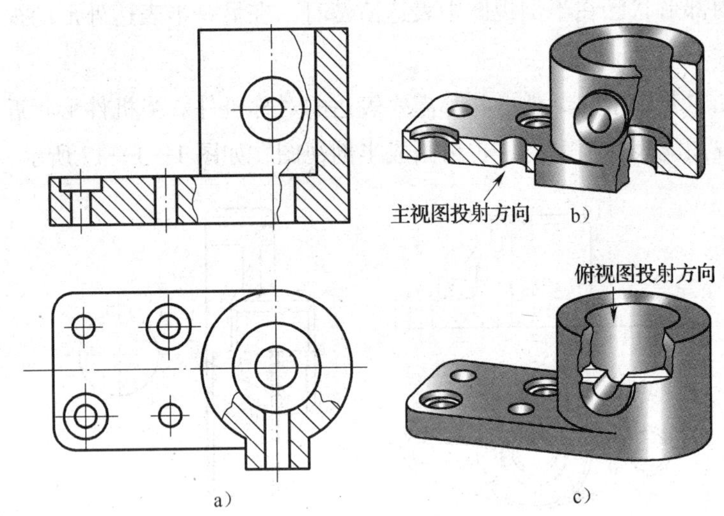

图 1—1—19　局部剖视图

a）零件局部剖视图表达方法　b）零件主视图投射方向　c）零件俯视图投射方向

①局部剖视图适用范围。机件具有对称面，但对称面处有轮廓线，如图 1—1—18 所示；当不对称机件的内、外形状都需要表达时，如图 1—1—19 所示；机件上只有局部的内部结构和形状需要表达，而不必画成全剖视图，如图 1—1—20 所示。

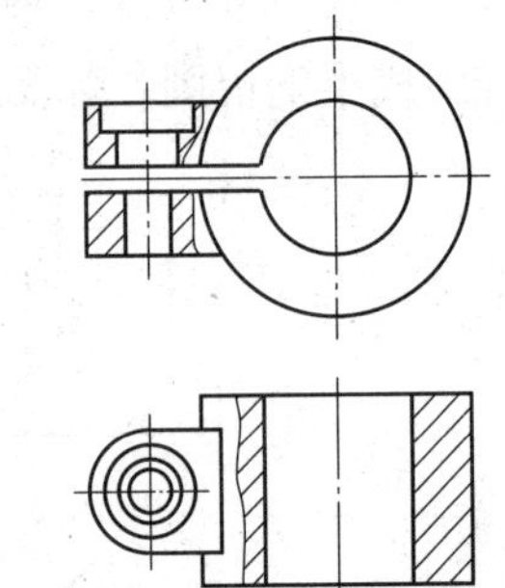

图 1—1—20　物体上只有局部的内部结构和形状需要表达

②局部剖视图表达方法。波浪线只能画在机件表面的实体部分，不能超出视图之外，也不能穿槽或孔而过，如图 1—1—21a、b 所示。表示剖切范围的波浪线不应与图上其他图线重合，如图 1—1—21c 所示。

被剖切结构为回转体时，允许将该结构的轴线作为局部剖视图与视图的分界线。必要时允许在剖视图上再进行一次简单的局部剖视，但两者剖面线方向与间隔应相同，且要互相错开画，并标注剖切名称，这种方法也称“剖中剖”，如图 1—1—22 中 *B—B* 所示。局部剖视图在同一个视图上不宜过多，以免影响看图。

当用单一的剖切平面剖切，且剖切位置明显时，局部剖视图的标注可省略。当剖切平面的位置不明显或剖视图不在基本视图位置时，应标注剖切符号、投射方向和局部剖视图的名称，如图 1—1—22 所示。

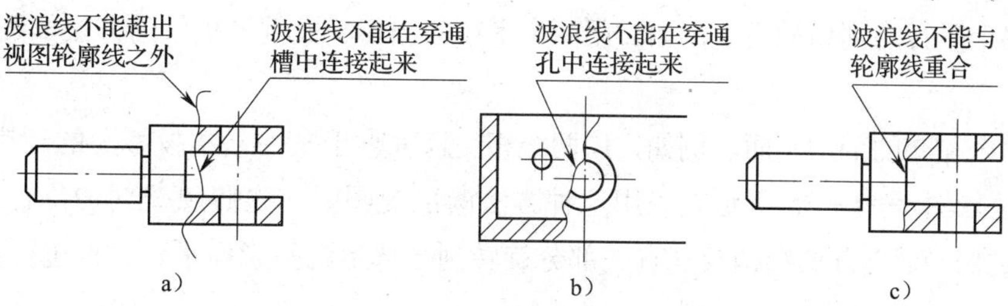

图 1—1—21　局部剖视图中波浪线的错误画法

a）波浪线超出视图轮廓线　b）波浪线在穿通孔中连接　c）波浪线与视图轮廓线重合

（4）剖切方法的种类。由于机件内部的结构和形状不同，常采用不同数量、不同位置的剖切面，于是就产生了不同的剖切方法。

1）单一剖切面

①单一剖。用一个平行于某基本投影面的剖切平面剖开机件的方法称为单一剖。这种剖切方法应用较多，如上述的全剖视图、半剖视图、局部剖视图都采用这种剖切方法进行剖切。

②斜剖。用一个不平行于任何基本投影面的剖切平面剖开机件的方法称为斜剖。由斜剖方法所画的剖视图称为斜剖视图，如图 1—1—23 所示。

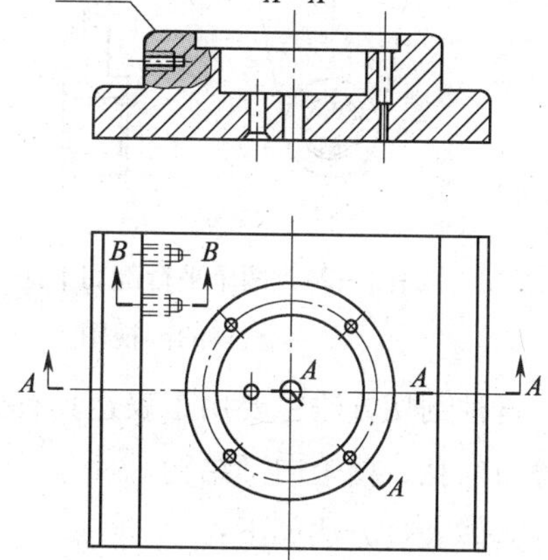

图 1—1—22　在剖视图上画局部剖视图

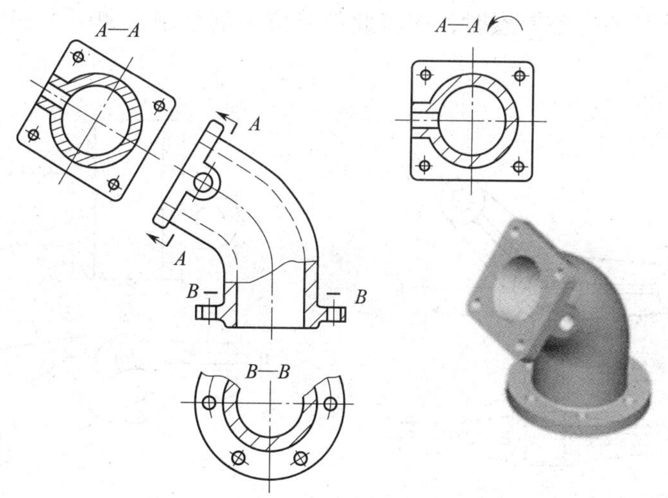

图 1—1—23　斜剖视图的配置与标注

2）多个平行的剖切平面。例如，用两个平行的剖切平面剖开机件的方法如图1—1—24所示。

3）多个相交的剖切平面。例如，用两个相交且垂直于某一基本投影面的剖切平面剖开机件的方法如图1—1—25所示。采用这种方法画剖视图时，先假想按剖切位置剖开机件，然后将被剖切平面剖开的结构及其有关部分旋转到与选定的投影面平行，再进行投射。

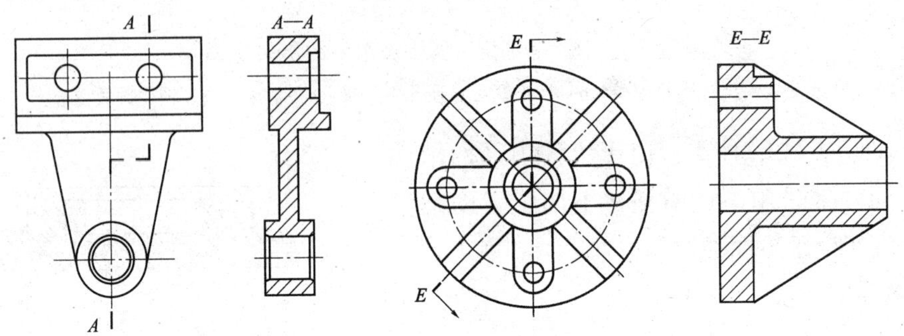

图1—1—24　两个平行剖切平面获得的剖视图　　图1—1—25　两个相交剖切平面获得的剖视图

这种剖切方法主要用于表达具有公共回转轴线的机件内形和盘、盖、轮等机件呈辐射状分布的孔、槽等内部结构。

具体表达方法如下：

①剖开的倾斜结构及其有关部分应旋转到与选定的投影面平行后再投射画出，在剖切平面后的其他结构一般仍按原来位置投射，如图1—1—26中的小油孔所示。

②当剖切后产生不完整要素时，应将此部分按不剖绘制，如图1—1—27中臂的画法所示。

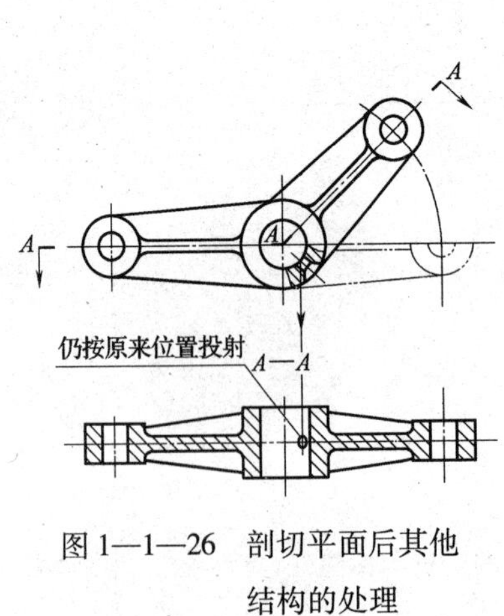

图1—1—26　剖切平面后其他结构的处理

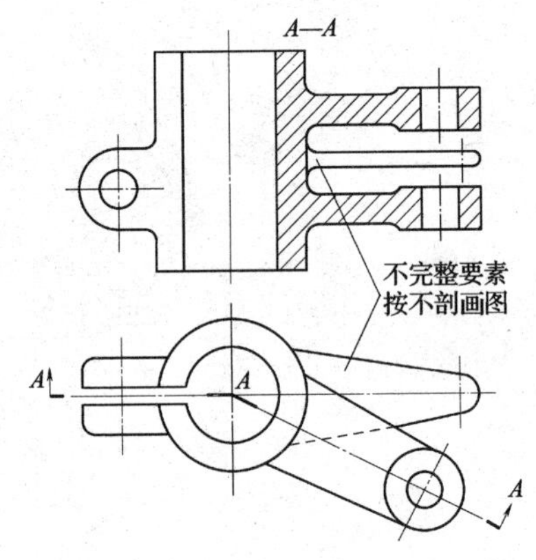

图1—1—27　剖切后产生不完整要素的处理

4）组合剖切面。采用两个及以上组合的剖切平面剖开机件的方法如图 1—1—28 所示。

通过组合剖切面画剖视图时还可以采用展开画法，如图 1—1—29 所示，此时应注明“×—×展开”。

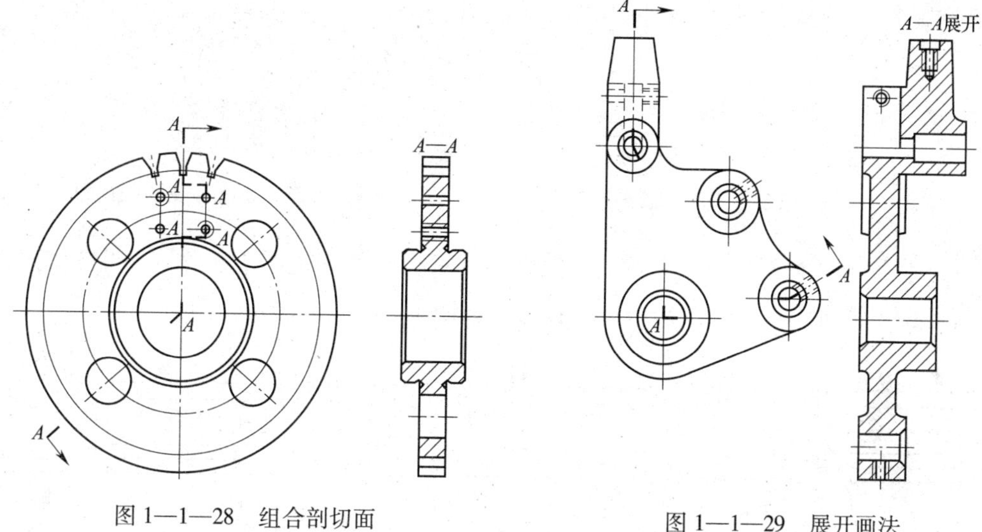

图 1—1—28　组合剖切面

图 1—1—29　展开画法

（5）剖切位置与剖视图的标注。一般应在剖切平面的起讫和转折处用剖切符号表示剖切位置，起讫位置应标注投射方向（用箭头表示），并在各剖切符号附近标注与剖视图名称相同的字母。剖视图的上方用大写的拉丁字母标出剖视图的名称“×—×”。

1）单一剖表达方法

①当剖视图按投影关系配置且中间又没有其他图形隔开时，可省略箭头，如图 1—1—30 所示。

②当单一剖切平面通过机件的对称平面或基本对称的平面，且剖视图按投影关系配置，中间又没有其他图形隔开时，不必标注，如图 1—1—31 所示。

③当单一剖切平面的剖切位置明确时，局部剖视图不必标注，如图 1—1—31 所示。

④斜剖视图的配置与标注如图 1—1—23 所示，标注不能省略。必要时，允许将斜剖视图旋转配置，但必须在剖视图上方标出旋转符号。剖视图的名称应写在旋转符号箭头的左侧。

2）多个剖切面的表达方法

①正确选择剖切平面的位置，在图形内不应出现不完整的要素，如图 1—1—32a 所示。

②剖切符号的转折处不应与图中的轮廓线重合，如图 1—1—32b 中的主视图所示。

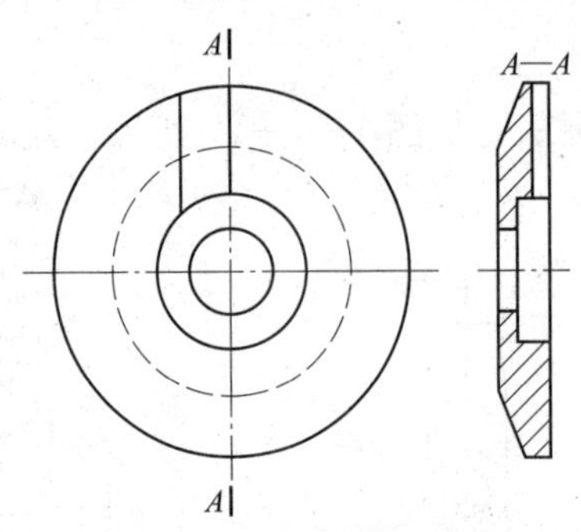

图1—1—30　按投影关系配置的剖视图

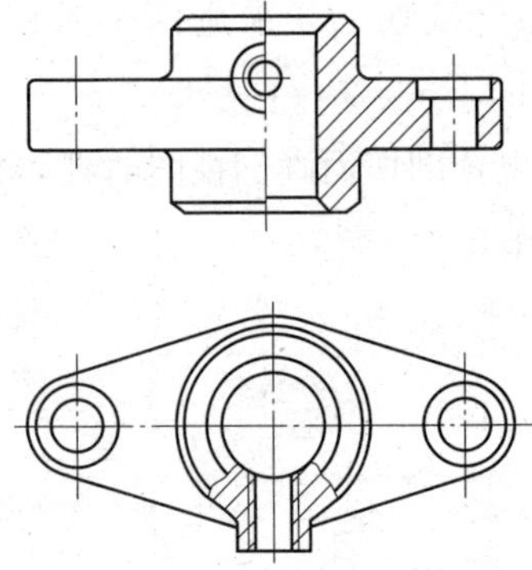

图1—1—31　不必标注的剖视图

③虽然各剖切面不在一个平面上，但剖切后所得到的剖视图应看作一个完整的图形，在剖视图中不能画出剖切平面转折处的投影，如图1—1—32c的左视图所示。

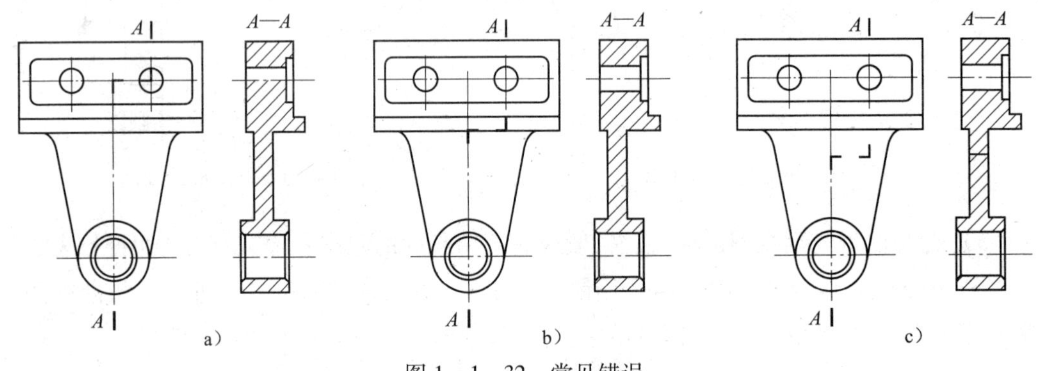

图1—1—32　常见错误

a）不完整的要素　b）与轮廓线重合　c）平面转折处

④当剖视图的配置符合投影关系，中间又无其他图形隔开时，可省略箭头。

⑤当物体上两个要素在图形上具有公共对称中心线或轴线时，可以各画一半，此时，不完整要素应以对称中心线或轴线为界，如图1—1—33所示。

⑥在各剖切符号附近应标注与剖视图名称相同的字母，但当空间狭小时，转折处可省略字母，同时用箭头指明投射方向，如图1—1—33所示。

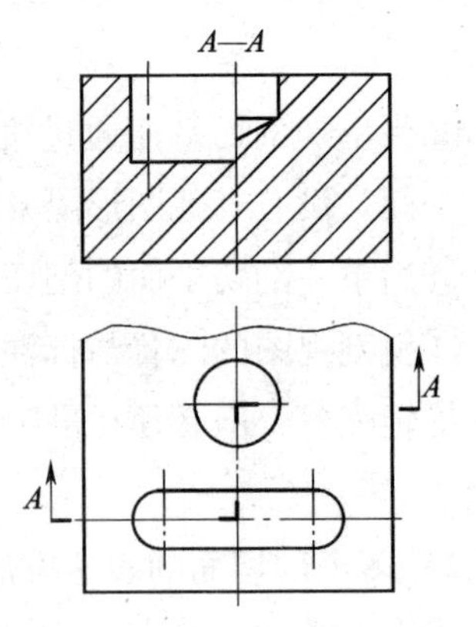

图1—1—33　有公共对称中心线的剖视图

3. 断面图的表达方法

（1）断面图的概念。假想用剖切平面将物体的某处切断，仅画出该剖切平面与物体接触部分的图形称为断面图，简称断面，如图 1—1—34 所示，为表示键槽处的断面形状，用垂直于轴线的剖切平面将其切断，只画出断面的真实形状，并画上剖面符号。这样，用一个主视图和一个断面图就能将短轴的结构和形状表达清楚，如图 1—1—35 所示。

断面图与剖视图的区别在于：断面图只需画出被剖切机件的断面形状，而剖视图除了画出被剖切机件的断面形状外，还要画出剖切平面后可见轮廓的投影，如图 1—1—34 剖视图所示。显然，在只需表达机件断面的情况下，如机件上的肋板、轮辐、杆件及型材的断面等，用断面图表达就非常清晰、简单。

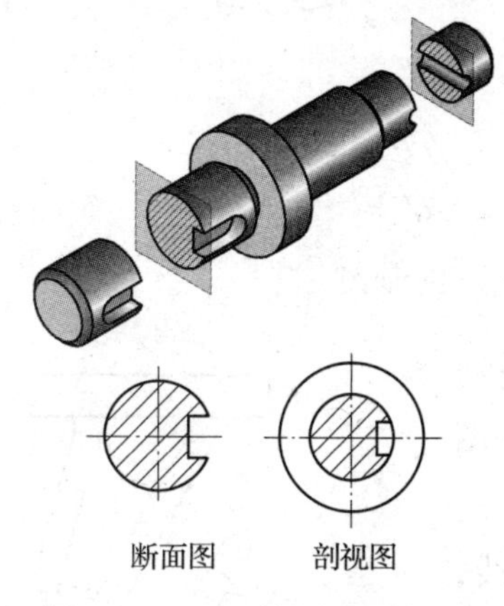

图 1—1—34　断面图和剖视图

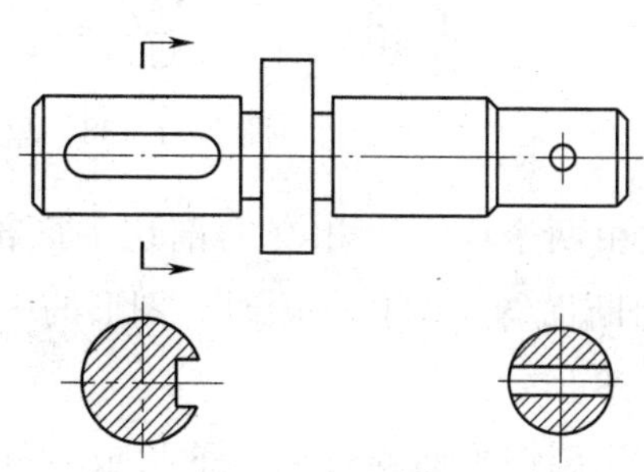

图 1—1—35　断面图

（2）断面图的种类和画法。断面分为移出断面和重合断面两种。画在视图轮廓之外的断面图称为移出断面图。移出断面图的轮廓线用粗实线绘制。

1）移出断面图的画法与配置

①移出断面图应配置在剖切线的延长线上，如图 1—1—36 所示。

②断面图形对称时，也可画在视图的中断处，如图 1—1—37 所示。

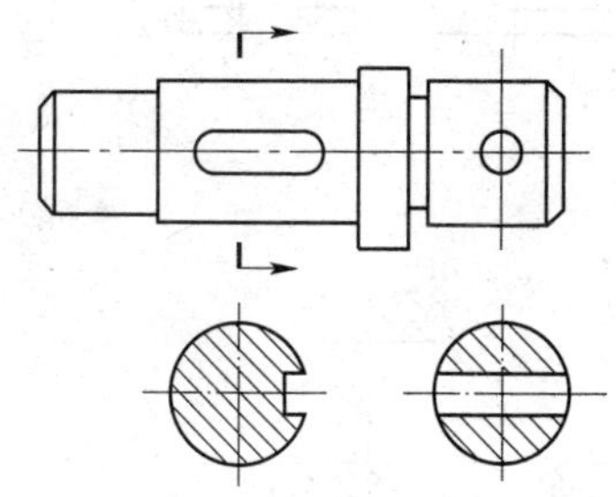

图 1—1—36　画在剖切线延长线上的移出断面图

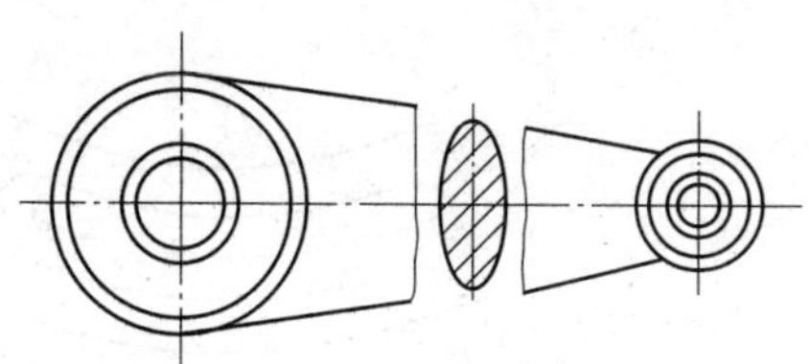

图 1—1—37　画在视图中断处的断面图

③必要时，移出断面图可配置在其他适当位置。在不致引起误解时，允许将图形旋转配置，此时应在断面图上方标注旋转符号，标注的规定与剖视图标注的规定相同，如图1—1—38 中的 *B—B*、*D—D* 断面图所示。

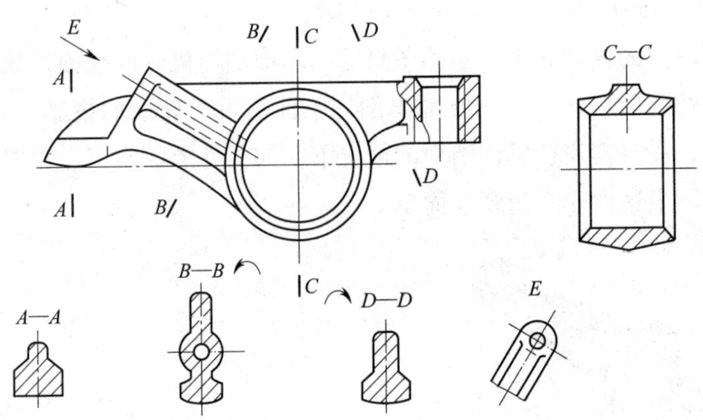

图 1—1—38　配置在适当位置的移出断面图

④由两个或多个相交的剖切平面剖切物体而得到的移出断面图绘制在一侧时，图形的中间应断开，如图1—1—39 所示。

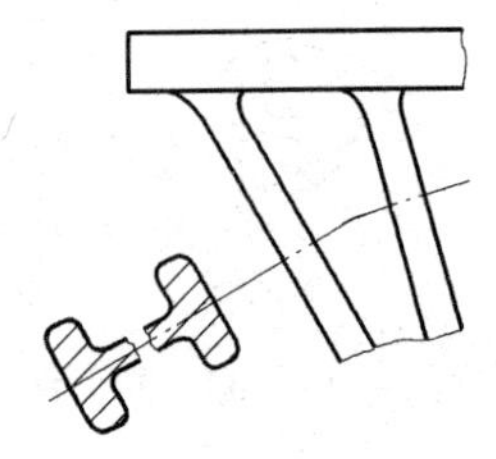

图 1—1—39　断开的移出断面图

⑤当剖切平面通过回转面形成的孔或凹坑的轴线，或通过非圆孔、槽导致出现完全分离的断面时，这些结构按剖视图绘制，如图 1—1—40 所示。

⑥为了便于读图，逐次剖切的多个断面图配置如图 1—1—41 ~ 图 1—1—43 所示。

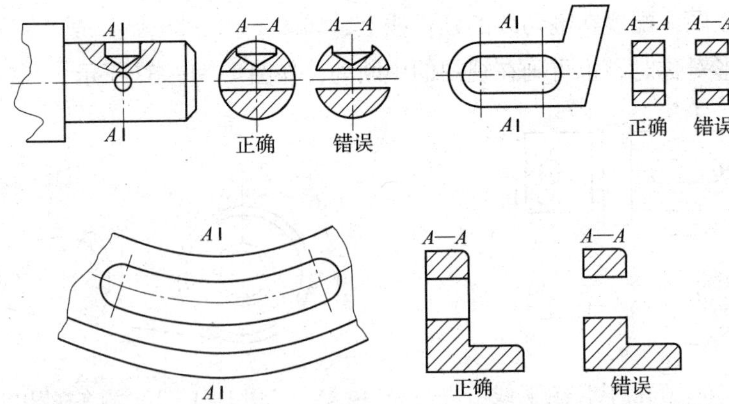

图 1—1—40　断面图上按剖视图绘制的回转结构和导致完全分离的断面

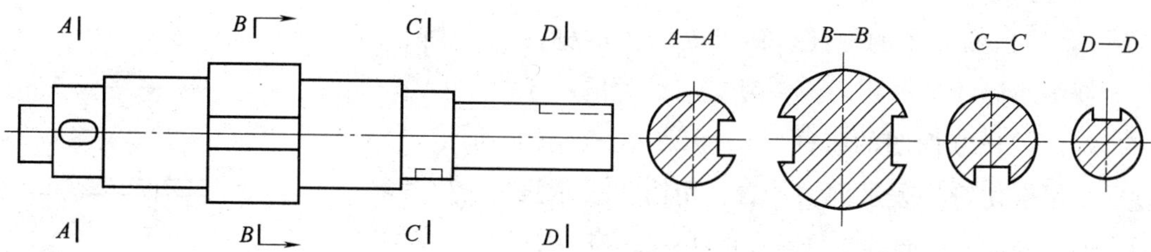

图 1—1—41　逐次剖切的多个断面图配置（一）

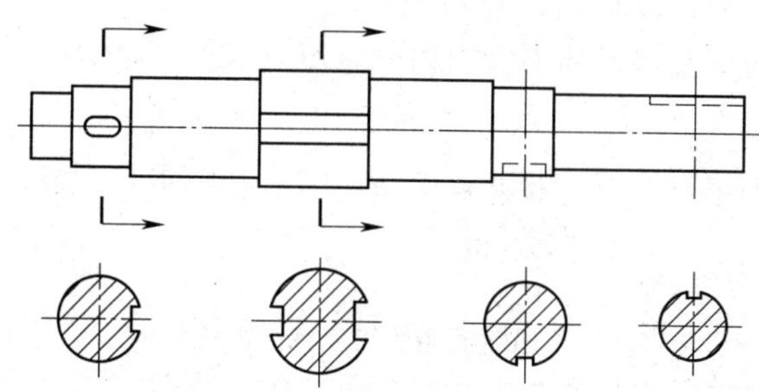

图 1—1—42　逐次剖切的多个断面图配置（二）

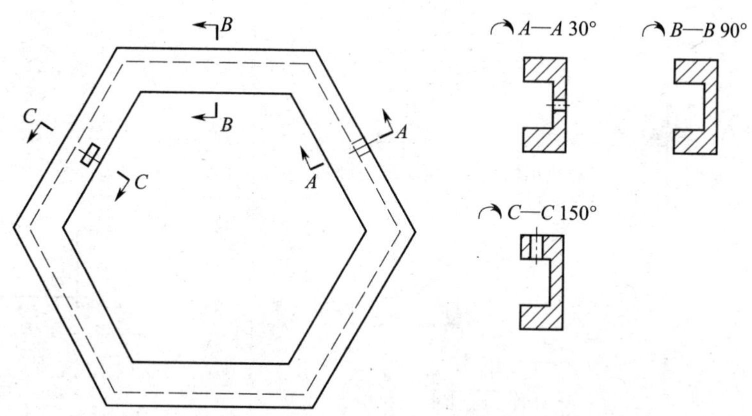

图 1—1—43　逐次剖切的多个断面图配置（三）

2）重合断面图。重合断面图的轮廓线用细实线绘制，断面图画在视图之内。当视图中的轮廓线与重合断面的图形重叠时，视图中的轮廓线仍应连续画出，不可间断，如图 1—1—44 所示。

（3）断面图的标注

1）移出断面图的标注。移出断面图的标注与剖视图的标注基本相同，一般应用大写的拉丁字母标注移出断面图的名称“×—×”，在相应的视图上用剖切符号表示剖切位置，用箭头表示投射方向，并标注相同的字母，如图1—1—41中的*B—B*等所示。剖切符号之间的剖切线可省略不画。

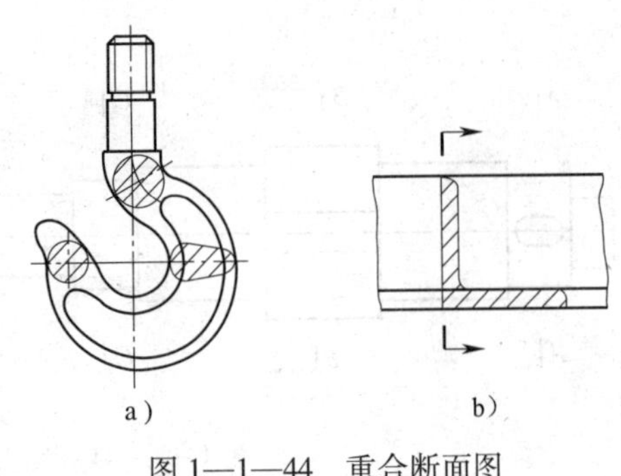

图1—1—44　重合断面图

a）吊钩　b）角铁

移出断面图的简化标注方式见表1—1—4。

①配置在剖切符号延长线上的不对称移出断面图不必标注字母，但需要标注表示剖切方向的箭头。

②配置在剖切符号延长线上的对称移出断面图不必标注。配置在视图中断处的对称移出断面图也不必标注。

表1—1—4　　移出断面图的简化标注方式

剖切面位置	对称的移出断面图	不对称的移出断面图	
在剖切符号延长线上	省略剖切符号、箭头、字母	省略字母	
不在剖切符号延长线上	省略箭头	按投影关系配置	省略箭头
		不按投影关系配置	标注剖切符号、箭头、字母

③不配置在剖切符号延长线上的对称移出断面图以及按投影关系配置的不对称移出断面图都可省略箭头。

④不按投影关系配置的不对称移出断面图要求标注齐全。

2）重合断面图的标注。对称的重合断面图可不用任何标注，其对称的中心线即剖切线，如图 1—1—44a 所示。不对称的重合断面图可以省略字母，只标注剖切符号和箭头即可，如图 1—1—44b 所示。

4. 其他表达方法

为了看图方便和简化绘图，除了用视图、剖视图和断面图表达机件外，还可根据机件的结构特点选用表达方法。

（1）局部放大图。将机件的部分结构用大于原图形所采用的比例画出的图形称为局部放大图。机件上某些细小结构在视图上常由于图形过小而表达不清楚，并给标注尺寸带来困难，将全图放大又无必要。此时可以用局部放大图来表达，如图 1—1—45 所示Ⅰ、Ⅱ两处。

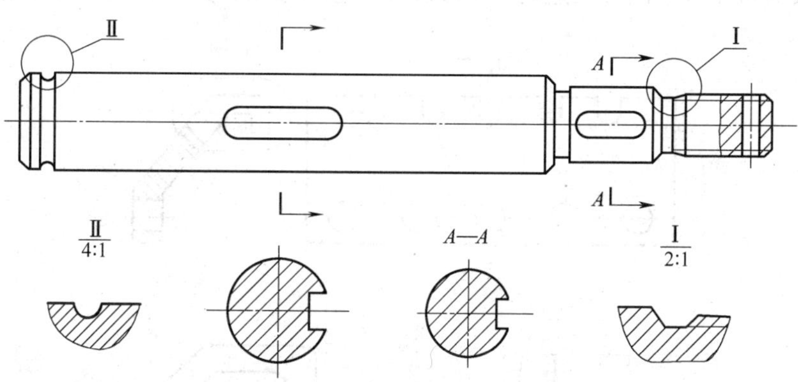

图 1—1—45　多个被放大部位的局部放大图

局部放大图表达方法如下：

1）局部放大图可画成视图、剖视图或断面图，与原图形上被放大部分的表达方式无关，如图 1—1—45 所示。局部放大图应尽量配置在被放大部位的附近。

2）局部放大图在标注尺寸时应按实际尺寸标注，与放大倍数无关。

3）绘制局部放大图时，除螺纹牙型、齿轮和链轮的齿形外，应用细实线圈出被放大的部位。

4）当同一机件上有多个被放大的部位时，应用罗马数字依次标明被放大的部位，并在局部放大图的上方标注出相应的罗马数字和所采用的比例，以便于区别，如图 1—1—45 所示。

5）当机件上被放大的部位仅一个时，在局部放大图的上方只需注明所采用的比例即可，如图1—1—46所示。

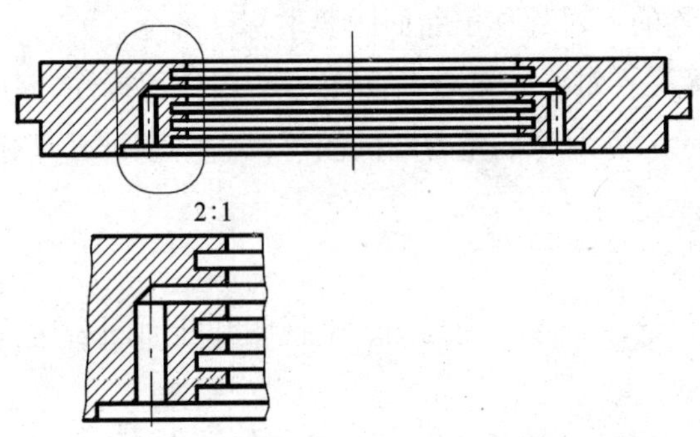

图1—1—46　只有一个被放大部位的局部放大图

6）对于同一机件上不同部位的局部放大图，当其图形相同或对称时，只需画出其中一个并在几个被放大的部位标注同一罗马数字即可。

7）必要时可用多个图形表达同一个被放大部位的结构，如图1—1—47所示。

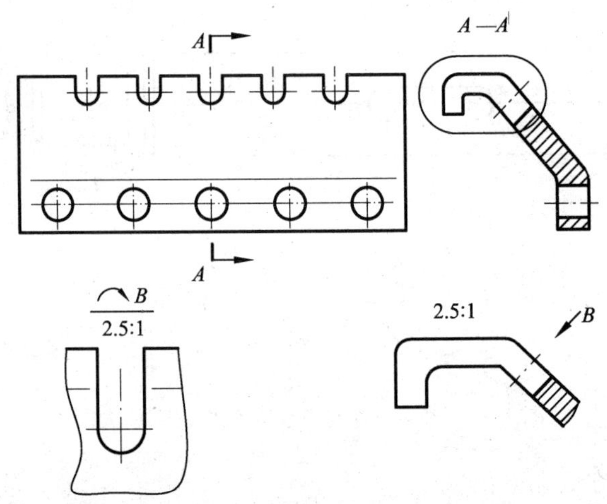

图1—1—47　多个图形表达同一个被放大部位的局部放大图

（2）剖视图中的规定画法

1）肋板、轮辐等结构的规定画法。当剖切平面通过肋板和轮辐的对称平面或对称线时，称为纵向剖切。按制图标准规定，纵向剖切肋板和轮辐时，剖面区域都不画剖面线，而用粗实线将它与其邻接部分分开，如图1—1—48b的左视图和图1—1—49b的主视图所示。当剖切平面将肋板横向剖切时，要在相应剖视图的剖面区域上画剖面符号，如图1—1—48b的俯视图所示。当剖切平面将轮辐横向剖切时，可用重合断面图的方法表示，并在相应剖视图的剖面区域上画剖面符号，如图1—1—49b的左视图所示。

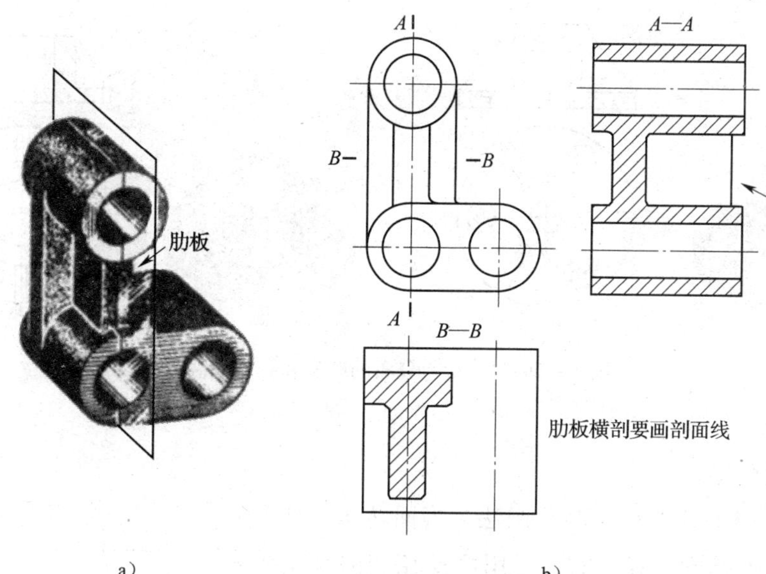

图 1—1—48　肋板在剖视图中的画法

a）肋板零件立体图　b）肋板零件剖视图

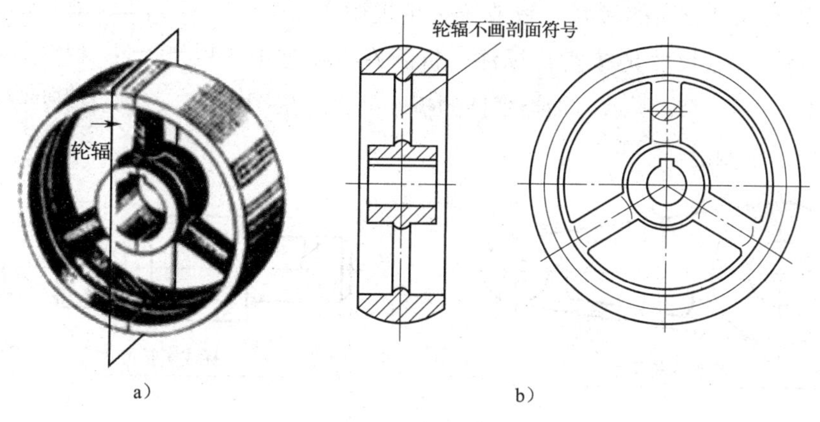

图 1—1—49　轮辐在剖视图中的画法

a）轮辐零件立体图　b）轮辐零件剖视图

2）回转体上均匀分布的肋板、孔、轮辐等结构的画法。当剖切平面不通过零件回转体上均匀分布的肋板、孔、轮辐等结构时，可将这些结构旋转到剖切平面的位置，再按剖开后的对称形状画出，如图 1—1—50a 的主视图中右边对称画出肋板，左边对称画出小孔中心线（旋转后的）。在图 1—1—50b 中，虽然没剖切到四个均布的小孔，但仍将小孔沿定位圆旋转到正平（平行于 *V* 面）位置进行投射，且小孔采用简化画法，即只画一个孔的投影，另一个只画中心线。

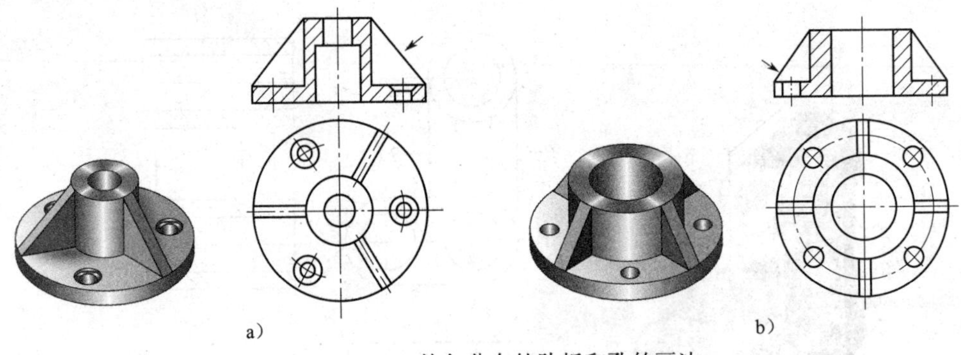

图 1—1—50　均匀分布的肋板和孔的画法

a）三肋板零件　b）四肋板零件

（3）常用简化画法

1）回转体零件上平面的简化画法。当回转体零件上的平面在图形中不能充分表达时，可用两条相交的细实线表示这些平面，如图 1—1—51 所示。

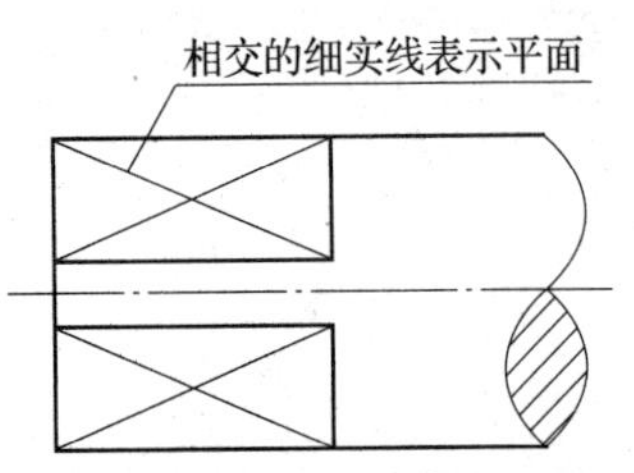

图 1—1—51　回转体零件上平面的简化画法

2）较长机件的折断画法。对于细长的机件（如连杆、轴、型材等）沿长度方向的形状一致或按一定规律变化时，可采用折断画法，但尺寸仍按实长标注，折断处可用波浪线绘制，如图 1—1—52a 所示。轴类零件的折断处也可按图 1—1—52b 所示绘制。

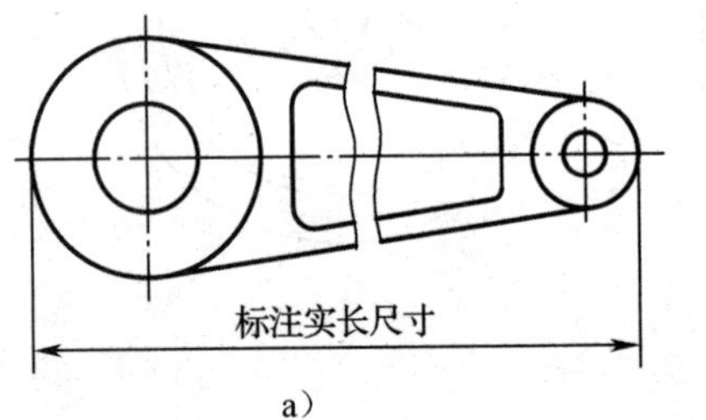

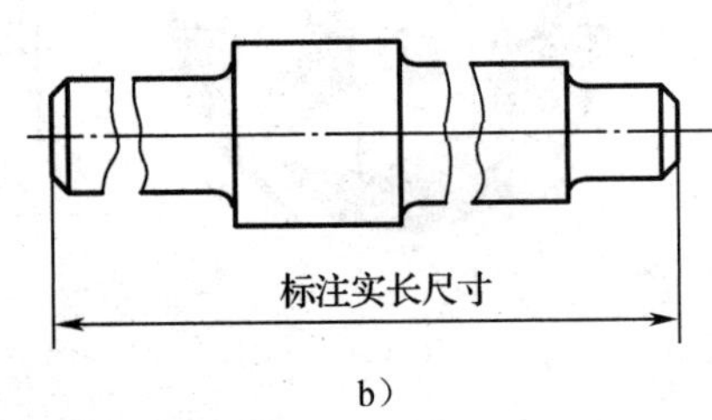

a）　b）

图 1—1—52　较长机件的折断画法

a）连杆的折断画法　b）轴的折断画法

三、零件图

1. 零件图的基本内容

零件图是零件制造过程中进行加工和检验零件质量的主要依据，为了满足生产需要，一张完整的零件图应包括一组视图、完整的尺寸、技术要求和标题栏四部分内容。阀盖零件图如图 1—1—53 所示。

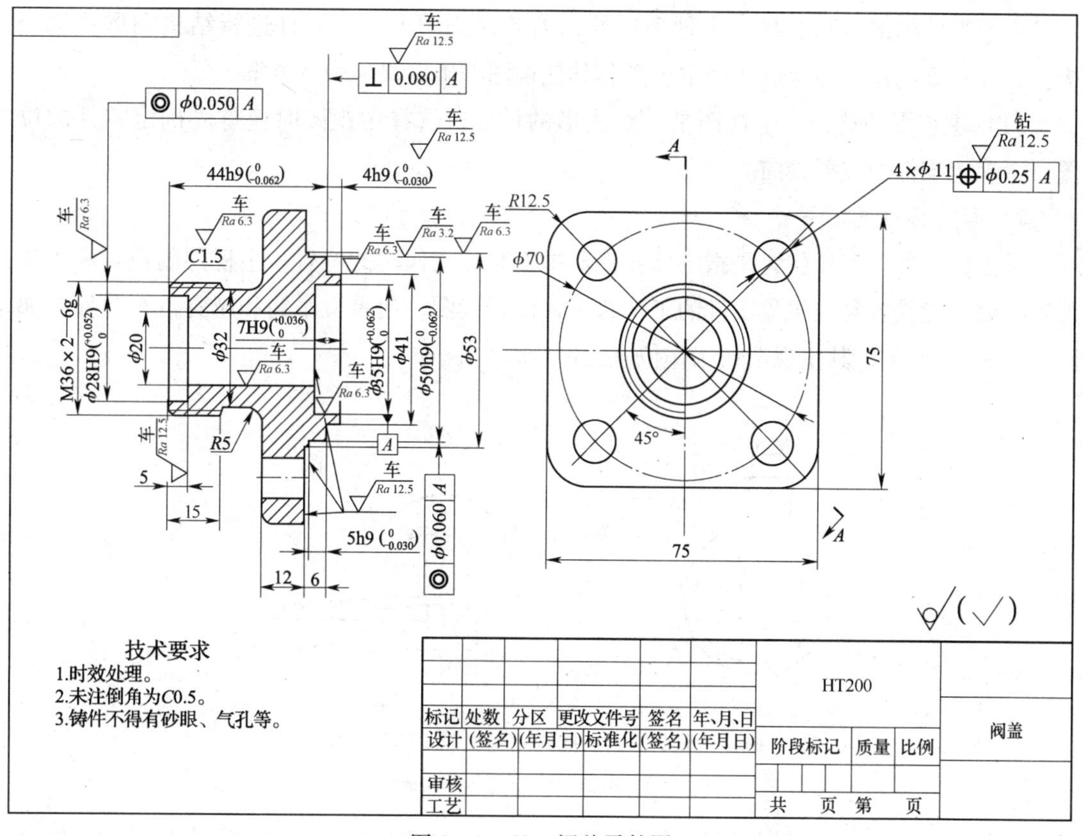

图 1—1—53　阀盖零件图

（1）一组视图。要综合运用视图、剖视图、断面图及其他规定画法和简化画法，选择能把零件的内、外结构和形状表达清楚的一组视图。

（2）完整的尺寸。完整的尺寸用来确定零件各部分的大小和位置。零件图上应注出加工、检验和装配零件所需的全部尺寸，尺寸也是加工和检验零件的重要依据。

（3）技术要求。技术要求是指用一些规定的符号、数字、文字注解等表示零件制造后在技术指标上所应达到的要求。技术要求主要包括表面粗糙度、公差与配合、几何公差、零件的表面处理、热处理、检验要求等。

（4）标题栏。标题栏用来填写零件的名称、材料、数量、代号、图样的比例、图样的责任人签名、单位名称等。

2. 典型零件的视图表达方法

零件图是用来表示零件的结构、形状、大小和技术要求的图样。零件的视图选择是指选用一组合适的视图，表达出零件的内、外结构和形状以及各部分的相对位置关系。一个好的零件视图表达方案应表达正确、完整、清晰、简练，同时易于看图。

由于零件的结构和形状是多种多样的，因此在画图前应对零件进行结构和形状的分析，并针对不同零件的特点选择主视图和其他视图，确定最佳表达方案。

（1）主视图的选择。主视图是一组图形的核心，选择主视图时应首先确定零件的位置，再确定零件的投射方向。

1）确定零件的位置

①工作位置。工作位置是指零件在机器中安装和工作时的位置。主视图的位置和工作位置一致，能较容易地想象零件的工作状况，便于读图。起重机吊钩和越野汽车前拖钩如图1—1—54所示，其主视图按工作位置绘制。

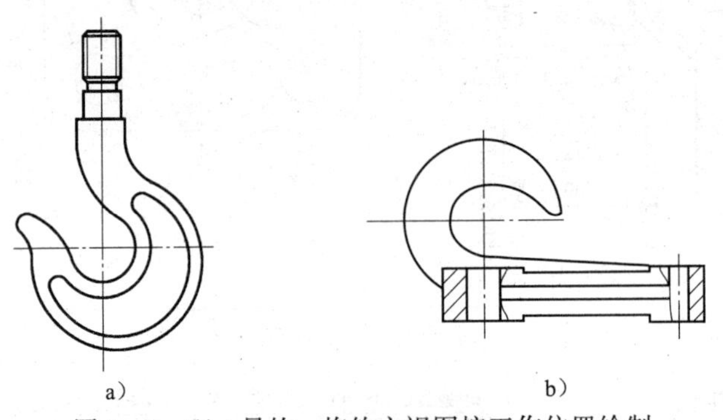

图1—1—54　吊钩、拖钩主视图按工作位置绘制

a）起重机吊钩　b）越野汽车前拖钩

②加工位置。加工位置是指零件加工时在机床上的装夹位置。可按其在机械加工时所处的位置画出主视图，一般将轴线水平放置画主视图。这样在加工时便于图物对照，如图1—1—55所示，轴与盘类零件主视图就是按加工位置绘制的。

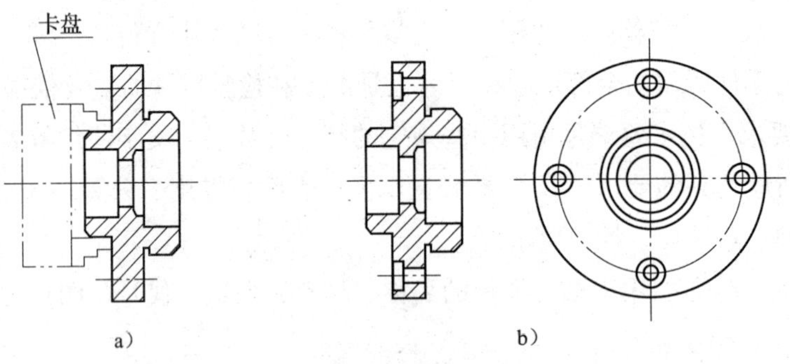

图1—1—55　轴与盘类零件主视图按加工位置绘制

a）加工时零件的装夹位置　b）零件的视图表达方案

③便于画图的位置。叉架类零件在制造时所使用的加工方法并不一致，所以，主要依据它们的结构、形状特征和工作位置来选择主视图，如图1—1—56a所示的拨叉，其一端

卡在齿轮右边的槽中，并可沿轴向移动以拨动齿轮沿轴向移动，其工作位置既倾斜又不固定，故其主视图只能以反映零件的形状特征为主，并应将零件放正，以利于画图，如图 1—1—56b 所示。

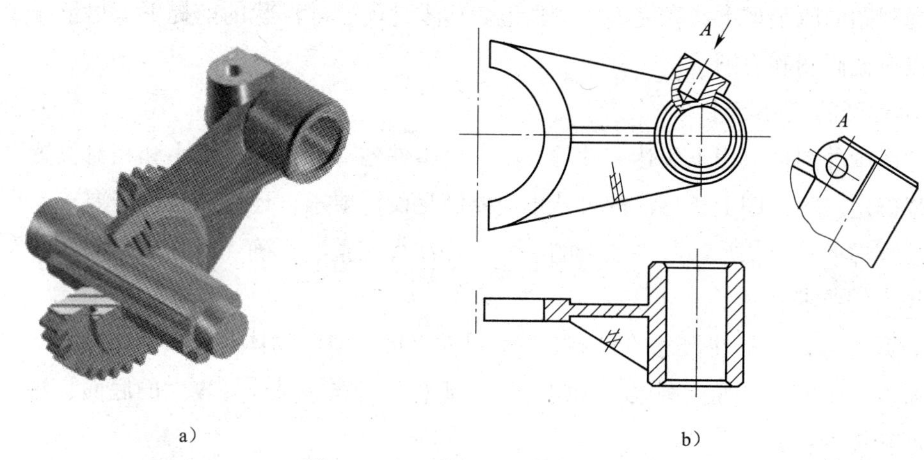

图 1—1—56　拨叉主视图的选择

a）拨叉的工作位置　b）视图表达方案

2）确定零件的投射方向。应选择最能反映零件形体特征的方向作为主视图的投射方向，即在主视图上尽可能多地反映零件的内、外结构和形状，以及结构的相对位置关系，如图 1—1—57 所示的泵体，由前向后投射得到的主视图最能反映零件的结构和形状特征。

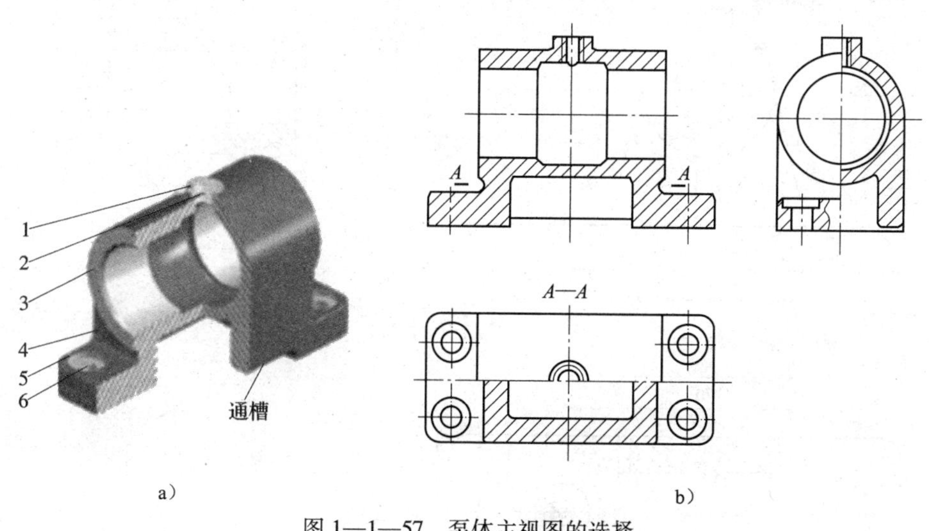

图 1—1—57　泵体主视图的选择

a）泵体立体图　b）泵体三视图

1—凸台　2—螺孔　3—圆筒　4—连接板　5—底板　6—安装孔

（2）其他视图的选择。主视图确定后，应根据零件内、外结构和形状的复杂程度来决定其他视图的数量及需要画什么样的剖视图、断面图等，应使每个视图都有其表达的重点内容，具有其独立存在的意义。

选择视图的原则如下：在完整、清晰地表达零件内、外形状的前提下，尽量减少图形数量，以方便画图和看图。

3. 零件图的尺寸标注

零件图中的图形只用来表达零件的形状，而零件各部分的真实大小和相对位置则靠标注尺寸来确定。零件图上所标注的尺寸不但要满足设计要求，还应满足生产要求，更是加工和检验零件的重要依据。零件图上的尺寸要标注得完整、正确、清晰和合理，并符合国家标准规定的要求。

（1）尺寸基准。标注尺寸的起始点称为尺寸基准。空间物体有长、宽、高三个方向的尺寸，所以每个零件一般应有三个方向的尺寸基准。基准一般选择较大的底面、端面、对称面或回转体的轴线等。

（2）尺寸分类。根据尺寸的作用不同，组合体的尺寸可分为以下三类：

1）定形尺寸。定形尺寸是指确定组合体各部分大小的尺寸，需要注出确定形体的长、宽、高三个方向的尺寸。图1—1—58包含了常见的基本几何体的尺寸注法。

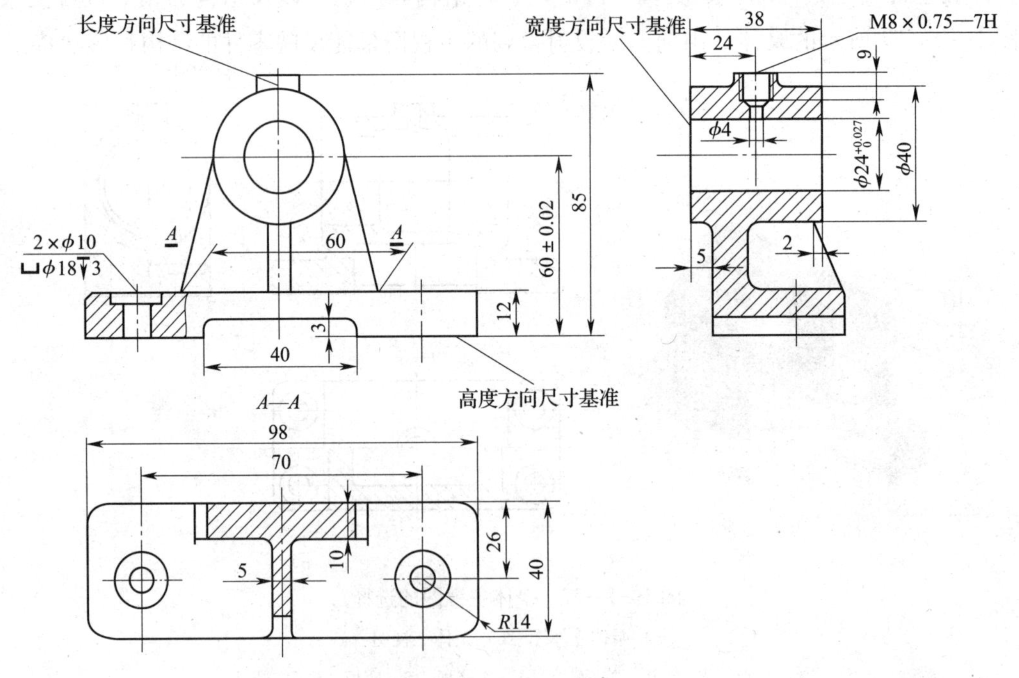

图1—1—58　轴承座三视图

2）定位尺寸。定位尺寸是指确定形体之间相对位置的尺寸。

3）总体尺寸。总体尺寸是指确定组合体总长、总宽、总高的尺寸。

（3）尺寸标注步骤

1）进行形体分析，确定尺寸基准。

2）按照由主到次的原则确定形体定形尺寸、定位尺寸。

3）标注确定各形体之间相对位置的定位尺寸和总体尺寸。

4）整理加工，按实际需要调整已标注的尺寸。

（4）尺寸标注原则

1）尺寸应尽可能标注在形状特征明显的视图上，半径尺寸应标注在反映圆弧的视图上。

2）形体分析中属于同一个基本形体的定形尺寸、定位尺寸应尽量集中标注。

3）尺寸应尽可能标注在视图外部，必要时也可标注在视图内部。

4）与两个视图有关的尺寸应尽可能标注在两视图之间。例如，高度尺寸尽量标注在主、左视图之间，长度尺寸尽量标注在主、俯视图之间，以保持两视图的联系。

5）尺寸布置要整齐，避免过于分散和杂乱。在标注同一方向的尺寸时，应该小尺寸在内，大尺寸在外，以避免尺寸线与尺寸界线相交，连续的多个尺寸应尽量处在同一条线上。

4. 尺寸基准的选择

在图1—1—58所示的轴承座三视图中，选择左、右对称面为长度方向尺寸基准，后面为宽度方向尺寸基准，底板的底面为高度方向尺寸基准。根据需要，同一方向可以有一个以上的尺寸基准。

（1）零件工作图的尺寸标注首先要选择恰当的尺寸基准。尺寸基准即尺寸标注的起点，按其用途不同分为设计基准和工艺基准。

1）设计基准是指根据零件的设计要求所选定的基准。从设计基准出发标注尺寸，其优点是尺寸标注反映设计要求，能保证所设计的零件在机器上的工作性能。

2）工艺基准是指根据零件的加工、测量要求所选定的基准。从工艺基准出发标注尺寸，其优点是把尺寸标注与零件的加工联系起来，在标注尺寸上反映了工艺要求，使零件便于加工和测量。

（2）标注尺寸时，既要考虑设计要求，又要考虑工艺要求。最好把设计基准和工艺基准统一起来。两者不能统一时，应以保证设计要求为主。

（3）要使尺寸标注符合上述要求，首先应根据零件的功能、形状、结构确定合理的尺寸基准。零件图中通常选用与其他零件相接触的表面（装配时的配合面、安装基面）、零件的对称平面、回转体的轴线和点等几何元素作为尺寸基准。

（4）每个零件都有长、宽、高三个方向的尺寸，每个方向上都应有一个主要基准，有时根据零件的功能、加工和测量的需要，在同一方向上要增加一些尺寸基准，但同一方向只有一个是主要基准，其他为次要基准，或称辅助基准。

5. 尺寸标注的形式

根据零件的结构和要求，尺寸标注的形式可分为以下三种：

（1）链状式。链状式是指零件图上同一方向的一组尺寸彼此首尾相接，各尺寸的基准都不相同，前一个尺寸的终止是后一个尺寸的基准，如图1—1—59所示。链状式尺寸常用于标注多孔之间的距离。

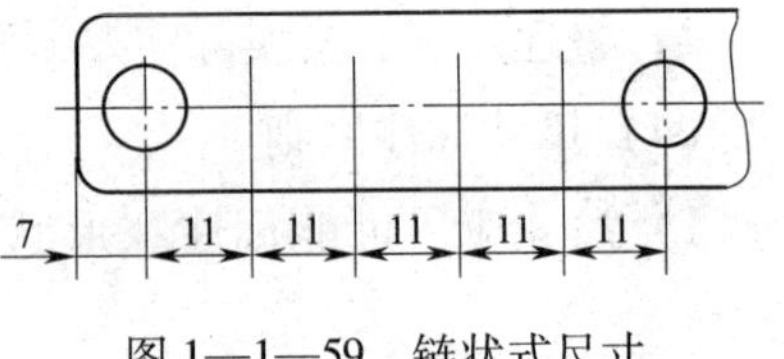

图1—1—59　链状式尺寸

（2）坐标式。坐标式是指零件图上同一方向的尺寸都从一个选定的基准注起，尺寸误差互不影响，如图1—1—60a所示。

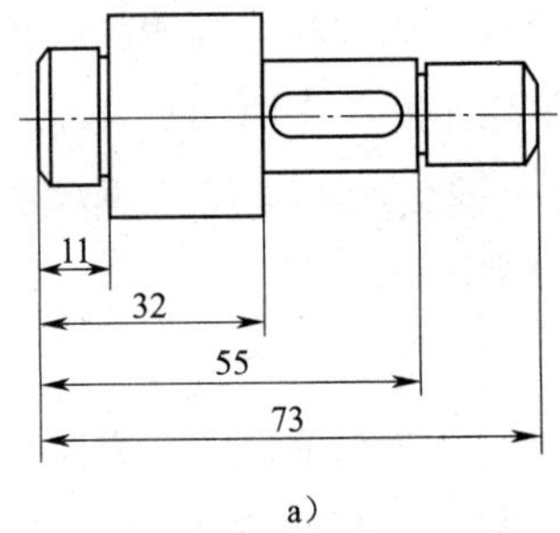

a）

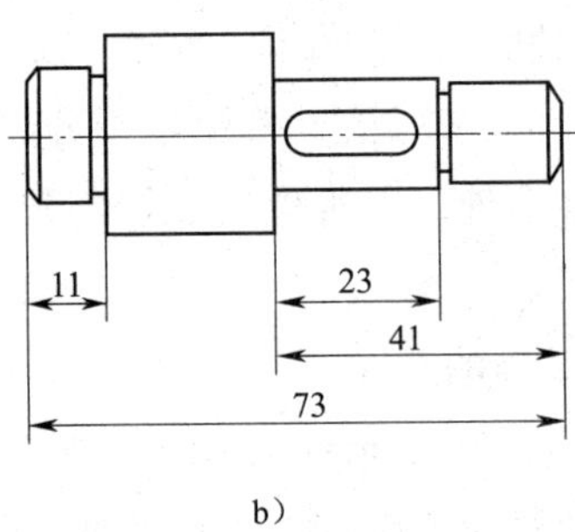

b）

图1—1—60　坐标式尺寸和综合式尺寸

a）坐标式尺寸　b）综合式尺寸

（3）综合式。综合式是指零件图上同一方向的尺寸标注形式既有链状式又有坐标式，是前两种的综合。标注时将精度要求高的尺寸直接注出，而次要尺寸不注，使误差累积在次要尺寸上。综合式尺寸在实际应用中最多，如图1—1—60b所示。

6. 常见尺寸标注方法

零件的结构和形状主要是根据其使用功能的需要而设计的，但有些结构和形状则是出于加工和测量等方面的考虑设计的。零件图上常见的典型结构，如各种孔、键槽、锥轴与锥孔、铸造圆角、起模斜度、退刀槽、越程槽、倒角、圆角等结构，其尺寸标注方法都有具体的规定，其中常见孔结构要素的尺寸标注方法见表1—1—5，倒角、退刀槽的尺寸标注方法见表1—1—6。

表 1—1—5　　常见孔结构要素的尺寸标注方法

零件结构要素		标注方法	说明
光孔	一般孔	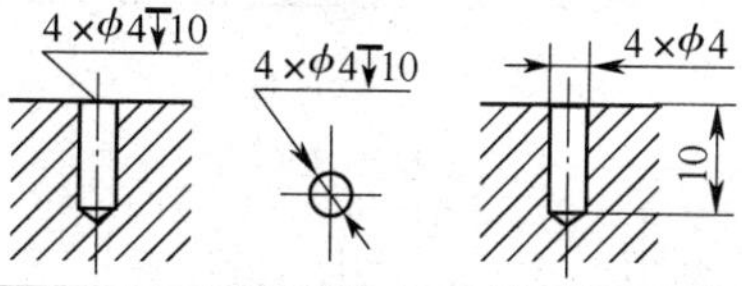 4×φ4↧10　4×φ4↧10　4×φ4　10	光孔的深度为 10 mm
	锥销孔	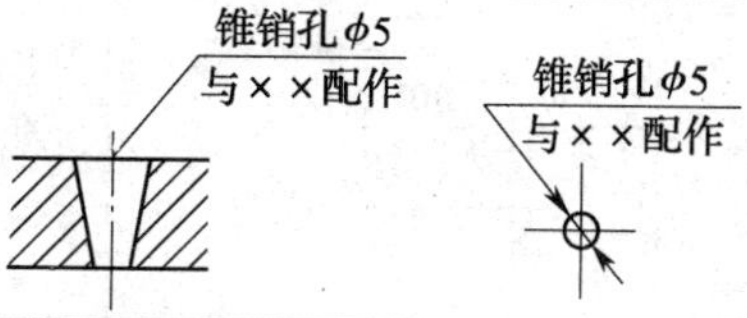 锥销孔φ5 与××配作　锥销孔φ5 与××配作	锥销孔通常在装配时将两零件装在一起加工
螺孔	通孔	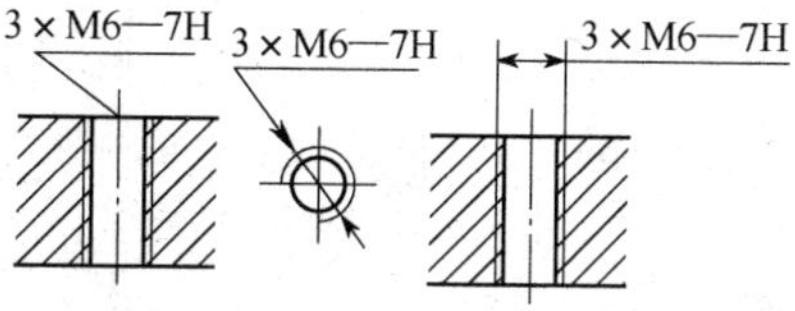 3×M6—7H　3×M6—7H　3×M6—7H	三个均匀分布的螺孔，螺孔的公称直径为 6 mm
	不通孔	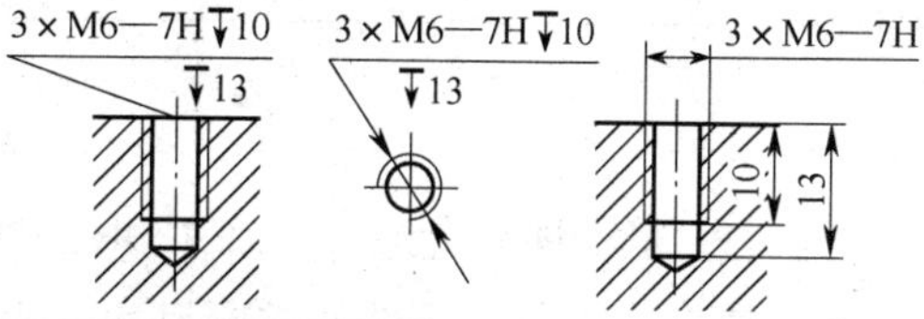 3×M6—7H↧10 ↧13　3×M6—7H↧10 ↧13　3×M6—7H　10　13	螺孔的深度为 10 mm，光孔的深度为 13 mm
沉孔	柱形沉孔	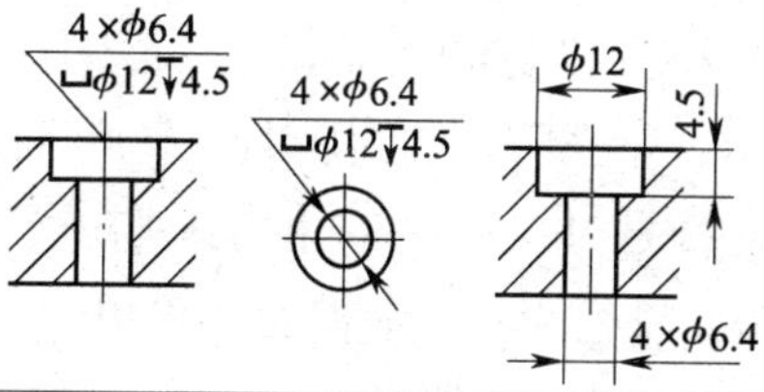 4×φ6.4 ⌴φ12↧4.5　4×φ6.4 ⌴φ12↧4.5　φ12　4.5　4×φ6.4	小孔直径为 6. 4 mm，大孔直径为12 mm、深度为 4. 5 mm
	锥形沉孔	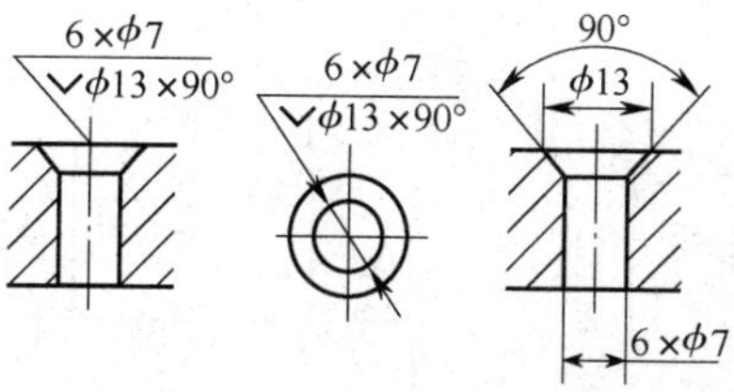 6×φ7 ⌵φ13×90°　6×φ7 ⌵φ13×90°　90°　φ13　6×φ7	小孔直径为 7 mm，锥孔大端直径为 13 mm，锥角为 90°
	锪平面	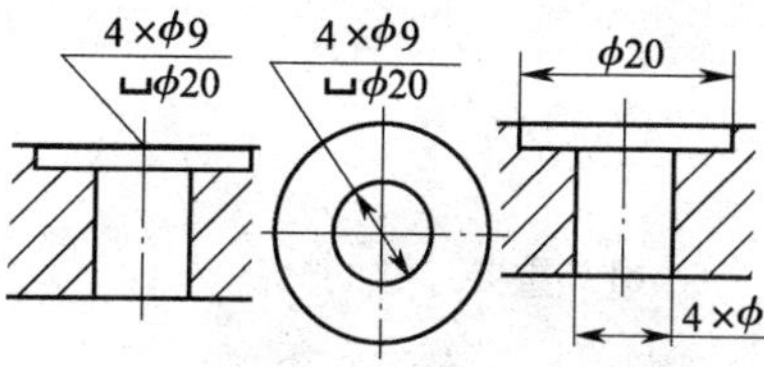 4×φ9 ⌴φ20　4×φ9 ⌴φ20　φ20　4×φ9	小孔直径为 9 mm，大孔直径为 20 mm，深度为 1~2 mm，一般锪平到不出现毛面为止

表1—1—6　　倒角、退刀槽的尺寸标注方法

结构名称	标注方法	说明
倒角	C2　C2　30°　2　30°　2　C2	一般45°倒角按“C倒角宽度”注出。30°和60°倒角应分别注出倒角宽度和角度
退刀槽	2×φ8　2×1	一般按“槽宽×直径”或“槽宽×槽深”注出

7. 合理标注尺寸的原则

尺寸标注是零件图的主要内容之一，是零件制造过程中加工和检验的重要依据。

（1）重要尺寸一定要从基准处单独直接标出。零件的重要尺寸一般是指：有配合要求的尺寸，影响零件在整个机器中工作精度和性能的尺寸，决定零件装配位置的尺寸。重要尺寸的合理标注如图1—1—61a所示，轴孔的轴线到底面的高度A和安装孔的中心距L都是重要尺寸，需要直接标出。如果像图1—1—61b所示的那样标注，重要尺寸A、L需要用相关尺寸（B、C、E）间接计算获得，会造成差错或误差的累积，无法保证重要尺寸。

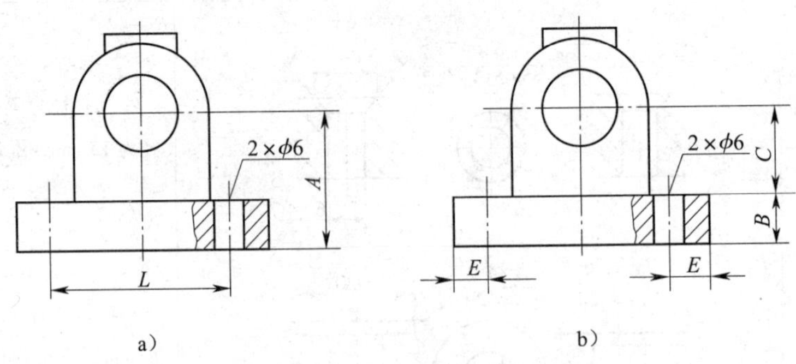

图1—1—61　重要尺寸的标注

a）合理标注　b）不合理标注

（2）当同一方向出现多个基准时，为突出主要基准，明确辅助基准，保证尺寸标注不致脱节，必须在主要基准与辅助基准之间直接标出联系尺寸，如图 1—1—62 所示，尺寸“11”即为直接标出的联系尺寸。

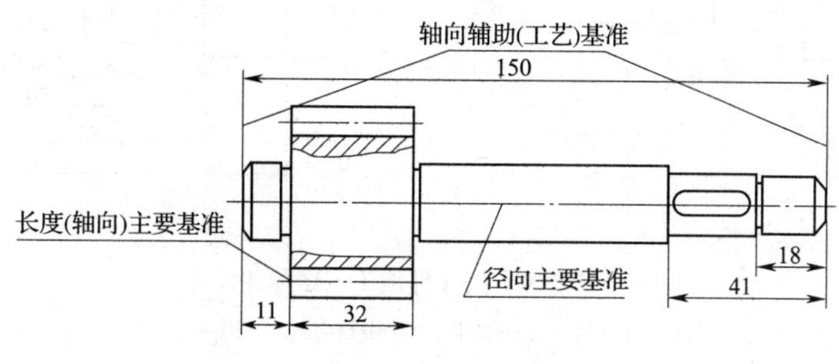

图 1—1—62　联系尺寸的标注

（3）尺寸不要注成封闭的尺寸链。尺寸链是指在同向尺寸中首尾相接的一组尺寸，每个尺寸称为尺寸链中的一环。尺寸一般都应留有开口环，所谓开口环，是指对精度要求较低的一环，并不标注尺寸，如图 1—1—63a 所示，图中轴的尺寸就构成一个封闭的尺寸链，因为尺寸 c 为尺寸 a、d、e 之和，而尺寸 e 没有精度要求。在加工尺寸 a、d、c 时，所产生的误差将累积到尺寸 e 上，因此挑选一个不重要的尺寸 e 不标注（即开口环），如图 1—1—63b 所示。

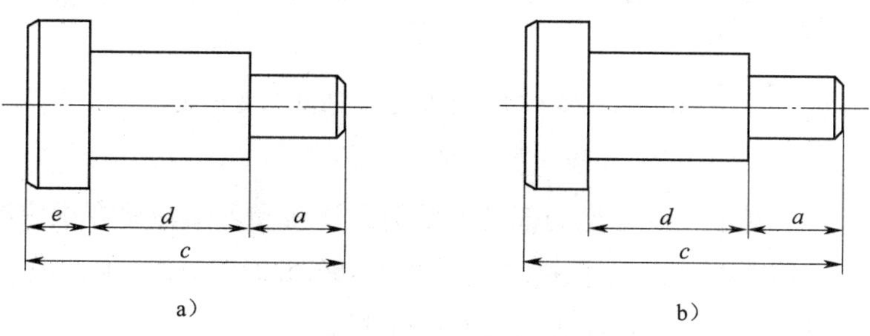

图 1—1—63　尺寸链的标注

a）错误　b）正确

（4）按零件加工工序标注尺寸。加工零件各表面时有一定的先后顺序。标注尺寸时应尽量与加工工序一致，以便于加工，并能保证加工尺寸的精度。例如，图 1—1—64a 所示轴的轴向尺寸是按加工工序标注的，而图 1—1—64b 所示轴的尺寸不符合加工工序要求。

（5）标注零件尺寸时，不仅需要考虑加工工序和设计基准，也要考虑是否便于测量。图 1—1—65 所示为套筒件轴向尺寸的两种注法，其中图 1—1—65a 所示的标注方法不便于测量，而图 1—1—65b 所示的标注方法便于测量。

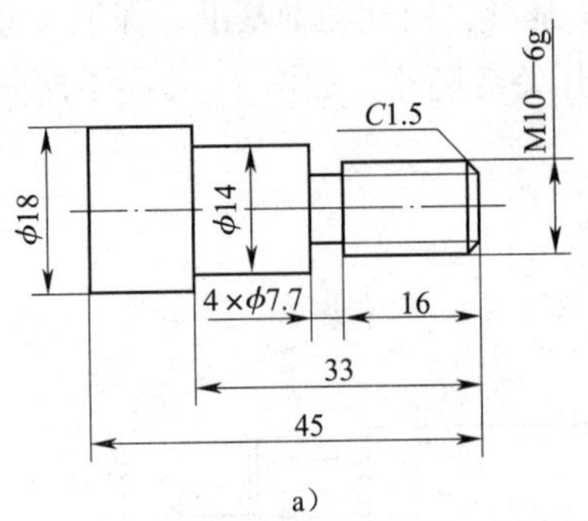

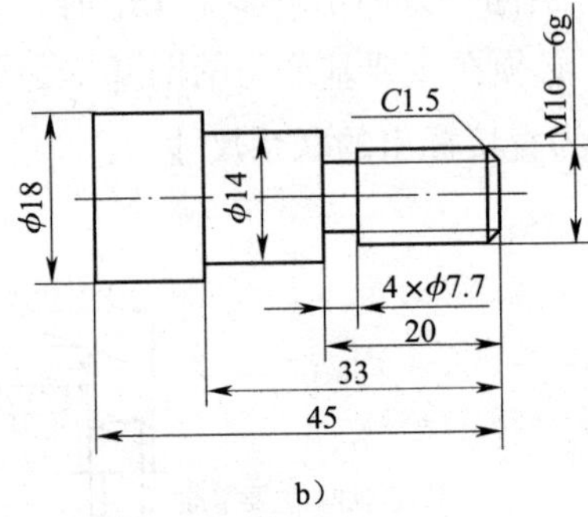

图1—1—64　按零件加工工序标注尺寸

a）符合加工工序要求　b）不符合加工工序要求

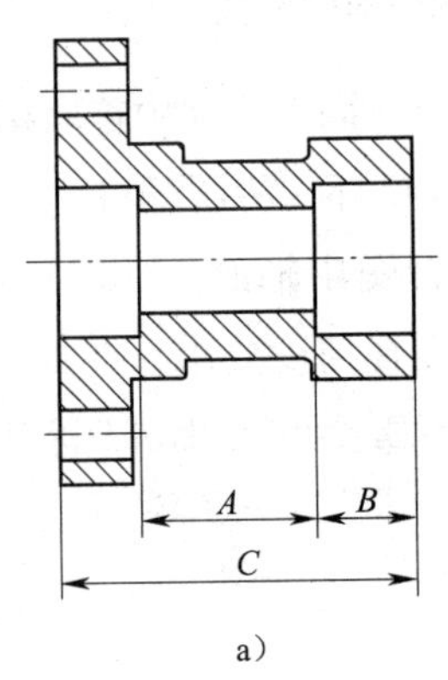

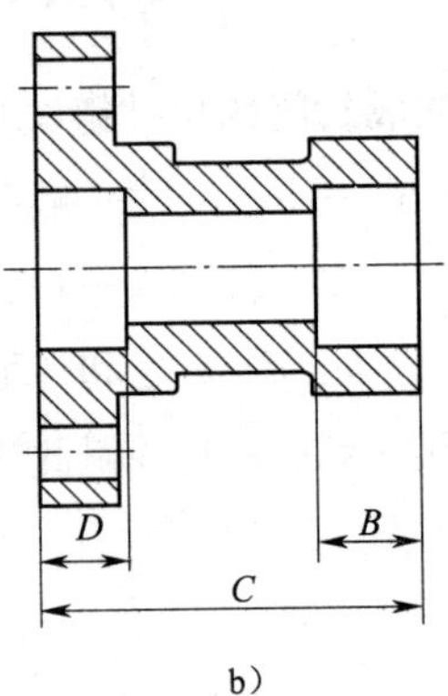

图1—1—65　考虑是否便于测量的尺寸标注

a）不便于测量　b）便于测量

在尺寸标注中，对于一些常见局部结构的简化注法和习惯注法在国家标准《技术制图　简化表示法　第2部分：尺寸注法》（GB/T 16675.2—2012）中都做了相应的规定，标注时必须符合这些规定，并在标注实践中逐渐熟记。

8. 零件图的技术要求

零件图的技术要求是指制造和检验该零件时应达到的质量要求。技术要求主要包含以下内容：

（1）零件的材料和毛坯要求。

（2）零件的表面粗糙度要求。

（3）零件的尺寸公差、几何公差。

（4）零件的热处理、涂镀、修饰、喷漆等要求。

（5）零件的检测、验收、包装等要求。

这些内容有的按规定符号或代号标注在图上，有的用文字注写在图样的右下方。

9. 极限配合的基本术语

（1）公差带。公差带由公差带大小和公差带位置两个要素组成。公差带大小取决于标准公差，公差带位置则由基本偏差确定。

（2）标准公差系列。极限偏差与配合标准中将标准公差分为20个公差等级，每级的公差数值大小各不相同，以确定加工的难易程度或精确程度，见表1—1—7。标准公差用IT表示，各公差等级的标准公差由IT和阿拉伯数字组成。公差等级按IT01、IT0、IT1、IT2、…、IT17、IT18依次排列，公差数值依次增大，精度逐级降低。

表1—1—7　标准公差数值

公称尺寸（mm）	公差等级																			
	IT01	IT0	IT1	IT2	IT3	IT4	IT5	IT6	IT7	IT8	IT9	IT10	IT11	IT12	IT13	IT14	IT15	IT16	IT17	IT18
	公差值（μm）																			
≤3	0.3	0.5	0.8	1.2	2	3	4	6	10	14	25	40	60	100	140	250	400	600	1 000	1 400
>3~6	0.4	0.6	1	1.5	2.5	4	5	8	12	18	30	48	75	120	180	300	480	750	1 200	1 800
>6~10	0.4	0.6	1	1.5	2.5	4	6	9	15	22	36	58	90	150	220	360	580	900	1 500	2 200
>10~18	0.5	0.8	1.2	2	3	5	8	11	18	27	43	70	110	180	270	430	700	1 100	1 800	2 700
>18~30	0.6	1	1.5	2.5	4	6	9	13	21	33	52	84	130	210	330	520	840	1 300	2 100	3 300
>30~50	0.6	1	1.5	2.5	4	7	11	16	25	39	62	100	160	250	390	620	1 000	1 600	2 500	3 900
>50~80	0.8	1.2	2	3	5	8	13	19	30	46	74	120	190	300	460	740	1 200	1 900	3 000	4 600
>80~120	1	1.5	2.5	4	6	10	15	22	35	54	87	140	220	350	540	870	1 400	2 200	3 500	5 400
>120~180	1.2	2	3.5	5	8	12	18	25	40	63	100	160	250	400	630	1 000	1 600	2 500	4 000	6 300
>180~250	2	3	4.5	7	10	14	20	29	46	72	115	185	290	460	720	1 150	1 850	2 900	4 600	7 200
>250~315	2.5	4	6	8	12	16	23	32	52	81	130	210	320	520	810	1 300	2 100	3 200	5 200	8 100
>315~400	3	5	7	9	13	18	25	36	57	89	140	230	360	570	890	1 400	2 300	3 600	5 700	8 900
>400~500	4	6	8	10	15	20	27	40	63	97	155	250	400	630	970	1 550	2 500	4 000	6 300	9 700
>500~630	4.5	6	9	11	16	22	32	44	70	110	175	280	440	700	1 100	1 750	2 800	4 400	7 000	11 000
>630~800	5	7	10	13	18	25	36	50	80	125	200	320	500	800	1 250	2 000	3 200	5 000	8 000	12 500

（3）基本偏差系列。基本偏差用来确定公差带相对于零线位置的上极限偏差ES（es）或下极限偏差EI（ei），一般是指靠近零线的那个偏差。当公差带位于零线上方时，基本偏差为下极限偏差（EI或ei）；当公差带位于零线下方时，基本偏差为上极限偏差（ES或es）。公差带的大小和位置如图1—1—66所示，尺寸公差带和公差带图如图1—1—67所示。

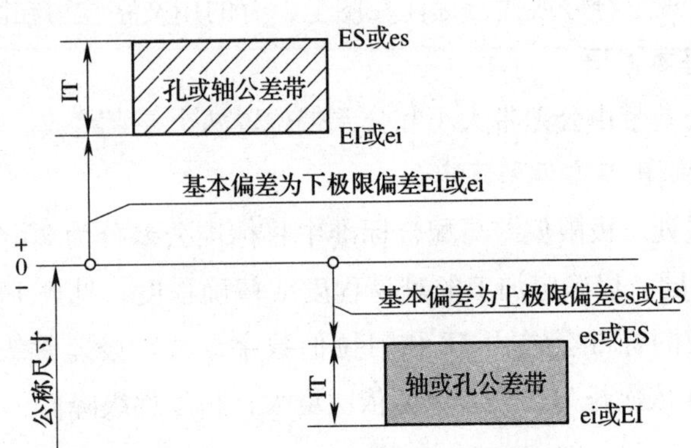

图 1—1—66　公差带的大小和位置

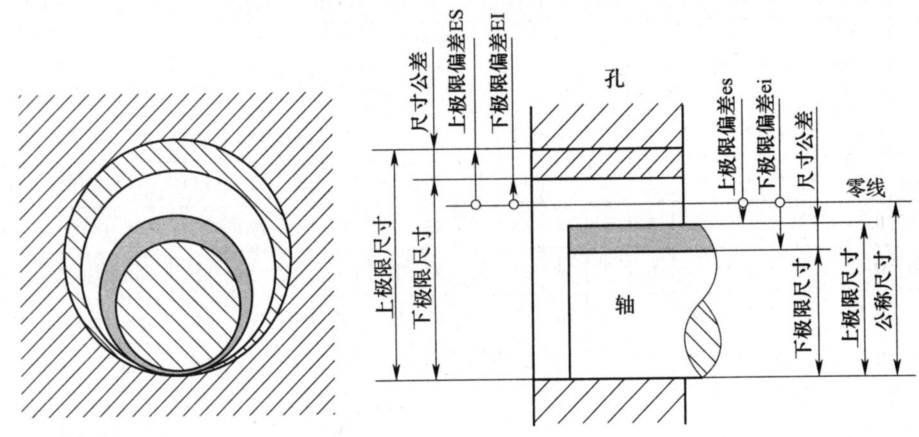

图 1—1—67　尺寸公差带和公差带图

基本偏差系列的代号用英文字母（一个或两个）及其顺序来表示，如图 1—1—68 所示。其中，孔用大写字母表示，轴用小写字母表示，单字母 21 个，双字母 7 个，孔和轴各有 28 个基本偏差。

基本偏差系列图只表示了公差带的各个位置，即基本偏差决定公差带的位置。在基本偏差系列图中只画出属于基本偏差的一端，另一端则是开口的。公差带的另一端取决于标准公差（IT）的大小，即 IT=ES-EI 和 IT=es-ei，或者说公差=上极限尺寸-下极限尺寸=上极限偏差-下极限偏差。

（4）公差带代号。公差带代号由基本偏差字母和公差等级数字组成，其示例如图 1—1—69 所示。其中，图 1—1—69a 为孔公差带代号，图 1—1—69b 为轴公差带代号。

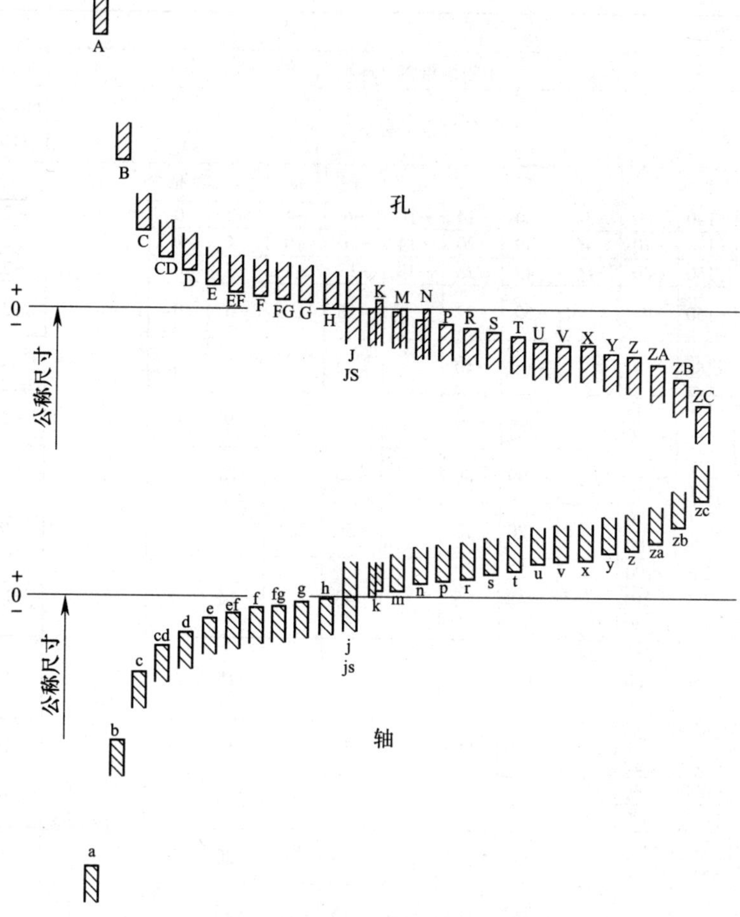

图 1—1—68　基本偏差系列

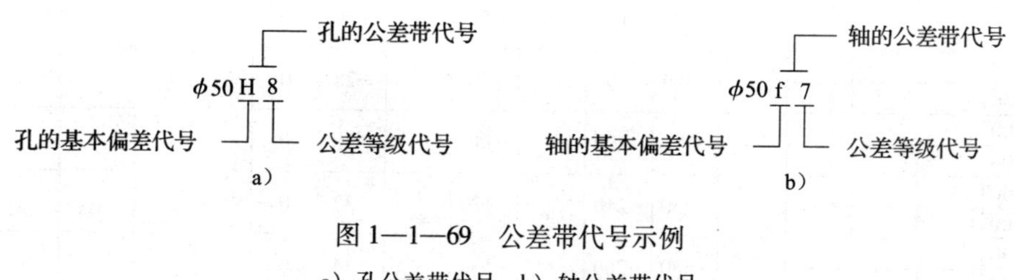

图 1—1—69　公差带代号示例

a）孔公差带代号　b）轴公差带代号

（5）基本偏差数值。轴的基本偏差数值见表 1—1—8，孔的基本偏差数值见表 1—1—9。为了便于查阅及免于计算，书中给出常用轴和孔优先配合的极限偏差表，优先配合中轴和孔的极限偏差分别见表 1—1—10 和表 1—1—11。

表 1—1—8　**轴的基本**

公称尺寸（mm）		基本偏														
		上极限偏差（es）														
		所有标准公差等级												IT5 和 IT6	IT7	IT8
大于	至	a	b	c	cd	d	e	ef	f	fg	g	h	js	j		
—	3	-270	-140	-60	-34	-20	-14	-10	-6	-4	-2	0		-2	-4	-6
3	6	-270	-140	-70	-46	-30	-20	-14	-10	-6	-4	0		-2	-4	
6	10	-280	-150	-80	-56	-40	-25	-18	-13	-8	-5	0		-2	-5	
10	14	-290	-150	-95		-50	-32		-16		-6	0		-3	-6	
14	18															
18	24	-300	-160	-110		-65	-40		-20		-7	0		-4	-8	
24	30															
30	40	-310	-170	-120		-80	-50		-25		-9	0		-5	-10	
40	50	-320	-180	-130												
50	65	-340	-190	-140		-100	-60		-30		-10	0		-7	-12	
65	80	-360	-200	-150												
80	100	-380	-220	-170		-120	-72		-36		-12	0		-9	-15	
100	120	-410	-240	-180												
120	140	-460	-260	-200		-145	-85		-43		-14	0		-11	-18	
140	160	-520	-280	-210												
160	180	-580	-310	-230												
180	200	-660	-340	-240		-170	-100		-50		-15	0		-13	-21	
200	225	-740	-380	-260												
225	250	-820	-420	-280									偏差 $= \pm\frac{IT_n}{2}$，式中 IT_n 是 IT 数值			
250	280	-920	-480	-300		-190	-110		-56		-17	0		-16	-26	
280	315	-1 050	-540	-330												
315	355	-1 200	-600	-360		-210	-125		-62		-18	0		-18	-28	
355	400	-1 350	-680	-400												
400	450	-1 500	-760	-440		-230	-135		-68		-20	0		-20	-32	
450	500	-1 650	-840	-480												
500	560					-260	-145		-76		-22	0				
560	630															
630	710					-290	-160		-80		-24	0				
710	800															
800	900					-320	-170		-86		-26	0				
900	1 000															
1 000	1 120					-350	-195		-98		-28	0				
1 120	1 250															
1 250	1 400					-390	-220		-110		-30	0				
1 400	1 600															
1 600	1 800					-430	-240		-120		-32	0				
1 800	2 000															
2 000	2 240					-480	-260		-130		-34	0				
2 240	2 500															
2 500	2 800					-520	-290		-145		-38	0				
2 800	3 150															

注：1. 公称尺寸小于或等于 1 mm 时，基本偏差 a 和 b 均不采用。

2. 公差带 js7 至 js11，若 IT_n 数值是奇数，则取偏差 $= \pm\frac{IT_n - 1}{2}$。

偏差数值

差数值（μm）

下极限偏差（ei）															
IT4 至 IT7	≤IT3 >IT7	所有标准公差等级													
k		m	n	p	r	s	t	u	v	x	y	z	za	zb	zc
0	0	+2	+4	+6	+10	+14		+18		+20		+26	+32	+40	+60
+1	0	+4	+8	+12	+15	+19		+23		+28		+35	+42	+50	+80
+1	0	+6	+10	+15	+19	+23		+28		+34		+42	+52	+67	+97
+1	0	+7	+12	+18	+23	+28		+33		+40		+50	+64	+90	+130
									+39	+45		+60	+77	+108	+150
+2	0	+8	+15	+22	+28	+35		+41	+47	+54	+63	+73	+98	+136	+188
							+41	+48	+55	+64	+75	+88	+118	+160	+218
+2	0	+9	+17	+26	+34	+43	+48	+60	+68	+80	+94	+112	+148	+200	+274
							+54	+70	+81	+97	+114	+136	+180	+242	+325
+2	0	+11	+20	+32	+41	+53	+66	+87	+102	+122	+144	+172	+226	+300	+405
					+43	+59	+75	+102	+120	+146	+174	+210	+274	+360	+480
+3	0	+13	+23	+37	+51	+71	+91	+124	+146	+178	+214	+258	+335	+445	+585
					+54	+79	+104	+144	+172	+210	+254	+310	+400	+525	+690
+3	0	+15	+27	+43	+63	+92	+122	+170	+202	+248	+300	+365	+470	+620	+800
					+65	+100	+134	+190	+228	+280	+340	+415	+535	+700	+900
					+68	+108	+146	+210	+252	+310	+380	+465	+600	+780	+1 000
+4	0	+17	+31	+50	+77	+122	+166	+236	+284	+350	+425	+520	+670	+880	+1 150
					+80	+130	+180	+258	+310	+385	+470	+575	+740	+960	+1 250
					+84	+140	+196	+284	+340	+425	+520	+640	+820	+1 050	+1 350
+4	0	+20	+34	+56	+94	+158	+218	+315	+385	+475	+580	+710	+920	+1 200	+1 550
					+98	+170	+240	+350	+425	+525	+650	+790	+1 000	+1 300	+1 700
+4	0	+21	+37	+62	+108	+190	+268	+390	+475	+590	+730	+900	+1 150	+1 500	+1 900
					+114	+208	+294	+435	+530	+660	+820	+1 000	+1 300	+1 650	+2 100
+5	0	+23	+40	+68	+126	+232	+330	+490	+595	+740	+920	+1 100	+1 450	+1 850	+2 400
					+132	+252	+360	+540	+660	+820	+1 000	+1 250	+1 600	+2 100	+2 600
0	0	+26	+44	78	+150	+280	+400	+600							
					+155	+310	+450	+660							
0	0	+30	+50	+88	+175	+340	+500	+740							
					+185	+380	+560	+840							
0	0	+34	+56	+100	+210	+430	+620	+940							
					+220	+470	+680	+1 050							
0	0	+40	+66	+120	+250	+520	+780	+1 150							
					+260	+580	+840	+1 300							
0	0	+48	+78	+140	+300	+640	+960	+1 450							
					+330	+720	+1 050	+1 600							
0	0	+58	+92	+170	+370	+820	+1 200	+1 850							
					+400	+920	+1 350	+2 000							
0	0	+68	+110	+195	+440	+1 000	+1 500	+2 300							
					+460	+1 100	+1 650	+2 500							
0	0	+76	+135	+240	+550	+1 250	+1 900	+2 900							
					+580	+1 400	+2 100	+3 200							

表 1—1—9　　孔的基本

公称尺寸（mm）		基本偏																		
		下极限偏差 EI																		
		所有标准公差等级											IT6	IT7	IT8	≤IT8	>IT8	≤IT8	>IT8
大于	至	A	B	C	CD	D	E	EF	F	FG	G	H	JS	J			K		M	
—	3	+270	+140	+60	+34	+20	+14	+10	+6	+4	+2	0	偏差 = ±$\frac{IT_n}{2}$，式中 IT_n 是 IT 数值	+2	+4	+6	0	0	−2	−2
3	6	+270	+140	+70	+46	+30	+20	+14	+10	+6	+4	0		+5	+6	+10	−1+Δ		−4+Δ	−4
6	10	+280	+150	+80	+56	+40	+25	+18	+13	+8	+5	0		+5	+8	+12	−1+Δ		−6+Δ	−6
10	14	+290	+150	+95		+50	+32		+16		+6	0		+6	+10	+15	−1+Δ		−7+Δ	−7
14	18																			
18	24	+300	+160	+110		+65	+40		+20		+7	0		+8	+12	+20	−2+Δ		−8+Δ	−8
24	30																			
30	40	+310	+170	+120		+80	+50		+25		+9	0		+10	+14	+24	−2+Δ		−9+Δ	−9
40	50	+320	+180	+130																
50	65	+340	+190	+140		+100	+60		+30		+10	0		+13	+18	+28	−2+Δ		−11+Δ	−11
65	80	+360	+200	+150																
80	100	+380	+220	+170		+120	+72		+36		+12	0		+16	+22	+34	−3+Δ		−13+Δ	−13
100	120	+410	+240	+180																
120	140	+460	+260	+200		+145	+85		+43		+14	0		+18	+26	+41	−3+Δ		−15+Δ	−15
140	160	+520	+280	+210																
160	180	+580	+310	+230																
180	200	+660	+340	+240		+170	+100		+50		+15	0		+22	+30	+47	−4+Δ		−17+Δ	−17
200	225	+740	+380	+260																
225	250	+820	+420	+280																
250	280	+920	+480	+300		+190	+110		+56		+17	0		+25	+36	+55	−4+Δ		−20+Δ	−20
280	315	+1 050	+540	+330																
315	355	+1 200	+600	+360		+210	+125		+62		+18	0		+29	+39	+60	−4+Δ		−21+Δ	−21
355	400	+1 350	+680	+400																
400	450	+1 500	+760	+440		+230	+135		+68		+20	0		+33	+43	+66	−5+Δ		−23+Δ	−23
450	500	+1 650	+840	+480																
500	560					+260	+145		+76		+22	0					0		−26	
560	630																			
630	710					+290	+160		+80		+24	0					0		−30	
710	800																			
800	900					+320	+170		+86		+26	0					0		−34	
900	1 000																			
1 000	1 120					+350	+195		+98		+28	0					0		−40	
1 120	1 250																			
1 250	1 400					+390	+220		+110		+30	0					0		−48	
1 400	1 600																			
1 600	1 800					+430	+240		+120		+32	0					0		−58	
1 800	2 000																			
2 000	2 240					+480	+260		+130		+34	0					0		−68	
2 240	2 500																			
2 500	2 800					+520	+290		+145		+38	0					0		−76	
2 800	3 150																			

注：1. 公称尺寸小于或等于 1 mm 时，基本偏差 A 和 B，以及大于 IT8 的 N 均不采用。

2. 公差带 JS7 至 JS11，若 IT_n 数值是奇数，则取偏差 = ±$\frac{IT_n-1}{2}$。

偏差数值

差数值（μm）															Δ 值					
上极限偏差 ES																				
≤IT8	>IT8	≤IT7	标准公差等级大于 IT7												标准公差等级					
N		P 至 ZC	P	R	S	T	U	V	X	Y	Z	ZA	ZB	ZC	IT3	IT4	IT5	IT6	IT7	IT8
-4	-4	在大于IT7的相应数值上增加一个Δ值	-6	-10	-14		-18		-20		-26	-32	-40	-60	0	0	0	0	0	0
-8+Δ	0		-12	-15	-19		-23		-28		-35	-42	-50	-80	1	1.5	1	3	4	6
-10+Δ	0		-15	-19	-23		-28		-34		-42	-52	-67	-97	1	1.5	2	3	6	7
-12+Δ	0		-18	-23	-28		-33		-40		-50	-64	-90	-130	1	2	3	3	7	9
								-39	-45		-60	-77	-108	-150						
-15+Δ	0		-22	-28	-35		-41	-47	-54	-63	-73	-98	-136	-188	1.5	2	3	4	8	12
						-41	-48	-55	-64	-75	-88	-118	-160	-218						
-17+Δ	0		-26	-34	-43	-48	-60	-68	-80	-94	-112	-148	-200	-274	1.5	3	4	5	9	14
						-54	-70	-81	-97	-114	-136	-180	-242	-325						
-20+Δ	0		-32	-41	-53	-66	-87	-102	-122	-144	-172	-226	-300	-405	2	3	5	6	11	16
				-43	-59	-75	-102	-120	-146	-174	-210	-274	-360	-480						
-23+Δ	0		-37	-51	-71	-91	-124	-146	-178	-214	-258	-335	-445	-585	2	4	5	7	13	19
				-54	-79	-104	-144	-172	-210	-254	-310	-400	-525	-690						
-27+Δ	0		-43	-63	-92	-122	-170	-202	-248	-300	-365	-470	-620	-800	3	4	6	7	15	23
				-65	-100	-134	-190	-228	-280	-340	-415	-535	-700	-900						
				-68	-108	-146	-210	-252	-310	-380	-465	-600	-780	-1 000						
-31+Δ	0		-50	-77	-122	-166	-236	-284	-350	-425	-520	-670	-880	-1 150	3	4	6	9	17	26
				-80	-130	-180	-258	-310	-385	-470	-575	-740	-960	-1 250						
				-84	-140	-196	-284	-340	-425	-520	-640	-820	-1 050	-1 350						
-34+Δ	0		-56	-94	-158	-218	-315	-385	-475	-580	-710	-920	-1 200	-1 550	4	4	7	9	20	29
				-98	-170	-240	-350	-425	-525	-650	-790	-1 000	-1 300	-1 700						
-37+Δ	0		-62	-108	-190	-268	-390	-475	-590	-730	-900	-1 150	-1 500	-1 900	4	5	7	11	21	32
				-114	-208	-294	-435	-530	-660	-820	-1 000	-1 300	-1 650	-2 100						
-40+Δ	0		-68	-126	-232	-330	-490	-595	-740	-920	-1 100	-1 450	-1 850	-2 400	5	5	7	13	23	34
				-132	-252	-360	-540	-660	-820	-1 000	-1 250	-1 600	-2 100	-2 600						
-44			-78	-150	-280	-400	-600													
				-155	-310	-450	-660													
-50			-88	-175	-340	-500	-740													
				-185	-380	-560	-840													
-56			-100	-210	-430	-620	-940													
				-220	-470	-680	-1 050													
-66			-120	-250	-520	-780	-1 150													
				-260	-580	-840	-1 300													
-78			-140	-300	-640	-960	-1 450													
				-330	-720	-1 050	-1 600													
-92			-170	-370	-820	-1 200	-1 850													
				-400	-920	-1 350	-2 000													
-110			-195	-440	-1 000	-1 500	-2 300													
				-460	-1 100	-1 650	-2 500													
-135			-240	-550	-1 250	-1 900	-2 900													
				-580	-1 400	-2 100	-3 200													

3. 对小于或等于 IT8 的 K、M、N 和小于或等于 IT7 的 P 至 ZC，所需 Δ 值从表内右侧选取。例如，18~30 mm 段的 K7，Δ = 8 μm，所以 ES = −2+8 = +6 μm；18~30 mm 段的 S6，Δ = 4 μm，所以 ES = −35+4 = −31 μm。

4. 特殊情况：250~315 mm 段的 M6，ES = −9 μm（代替 −11 μm）。

表1—1—10　　优先配合中轴的极限偏差

公称尺寸（mm）		公差带												
		c	d	f	g	h				k	n	p	s	u
		公差值（μm）												
大于	至	11	9	7	6	6	7	9	11	6	6	6	6	6
—	3	-60 -120	-20 -45	-6 -16	-2 -8	0 -6	0 -10	0 -25	0 -60	+6 0	+10 +4	+12 +6	+20 +14	+24 +18
3	6	-70 -145	-30 -60	-10 -22	-4 -12	0 -8	0 -12	0 -30	0 -75	+9 +1	+16 +8	+20 +12	+27 +19	+31 +23
6	10	-80 -170	-40 -76	-13 -28	-5 -14	0 -9	0 -15	0 -36	0 -90	+10 -1	+19 +10	+24 +15	+32 +23	+37 +28
10	14	-95 -205	-50 -93	-16 -34	-6 -17	0 -11	0 -18	0 -43	0 -110	+12 +1	+23 +12	+29 +18	+39 +28	+44 +33
14	18													
18	24	-110 -240	-65 -117	-20 -41	-7 -20	0 -13	0 -21	0 -52	0 -130	+15 +2	+28 +15	+35 +22	+48 +35	+54 +41
24	30													+61 +48
30	40	-120 -280	-80 -142	-25 -50	-9 -25	0 -16	0 -25	0 -62	0 -160	+18 +2	+33 +17	+42 +26	+59 +43	+76 +60
40	50	-130 -290												+86 +70
50	65	-140 -330	-100 -174	-30 -60	-10 -29	0 -19	0 -30	0 -74	0 -190	+21 +2	+39 +20	+51 +32	+72 +53	+106 +87
65	80	-150 -340											+78 +59	+121 +102
80	100	-170 -390	-120 -207	-36 -71	-12 -34	0 -22	0 -35	0 -87	0 -220	+25 +3	+45 +23	+59 +37	+93 +71	+146 +124
100	120	-180 -400											+101 +79	+166 +144
120	140	-200 -450	-145 -245	-43 -83	-14 -39	0 -25	0 -40	0 -100	0 -250	+28 +3	+52 +27	+68 +43	+117 +92	+195 +170
140	160	-210 -450											+125 +100	+215 +190
160	180	-230 -480											+133 +108	+235 +210
180	200	-240 -530	-170 -285	-50 -96	-15 -44	0 -29	0 -46	0 -115	0 -290	+33 +4	+60 +31	+79 +50	+151 +122	+265 +236
200	225	-260 -550											+159 +130	+287 +258
225	250	-280 -570											+169 +140	+313 +284
250	280	-300 -620	-190 -320	-56 -108	-17 -49	0 -32	0 -52	0 -130	0 -320	+36 +4	+66 +34	+88 +56	+190 +158	+347 +315
280	315	-330 -650											+202 +170	+382 +350
315	355	-360 -720	-210 -350	-62 -119	-18 -54	0 -36	0 -57	0 -140	0 -360	+40 +4	+73 +37	+98 +62	+226 +190	+426 +390
355	400	-400 -760											+244 +208	+471 +435
400	450	-440 -840	-230 -385	-68 -131	-20 -60	0 -40	0 -63	0 -155	0 -400	+45 +5	+80 +40	+108 +68	+272 +232	+530 +490
450	500	-480 -880											+292 +252	+580 +540

表 1—1—11　　优先配合中孔的极限偏差

公称尺寸（mm）		公差带												
		C	D	F	G	H				K	N	P	S	U
		公差值（μm）												
大于	至	11	9	8	7	7	8	9	11	7	7	7	7	7
—	3	+120 +60	+45 +20	+20 +6	+12 +2	+10 0	+14 0	+25 0	+60 0	0 -10	-4 -14	-6 -16	-14 -24	-18 -28
3	6	+145 +70	+60 +30	+28 +10	+16 +4	+12 0	+18 0	+30 0	+75 0	+3 -9	-4 -16	-8 -20	-15 -27	-19 -31
6	10	+170 +80	+76 +40	+35 +13	+20 +5	+15 0	+22 0	+36 0	+90 0	+5 -10	-4 -19	-9 -24	-17 -32	-22 -37
10	14	+205 +95	+93 +50	+43 +16	+24 +6	+18 0	+27 0	+43 0	+110 0	+6 -12	-5 -23	-11 -29	-21 -39	-26 -44
14	18													
18	24	+240 +110	+117 +65	+53 +20	+28 +7	+21 0	+33 0	+52 0	+130 0	+6 -15	-7 -28	-14 -35	-27 -48	-33 -54
24	30													-40 -61
30	40	+280 +120	+142 +80	+64 +25	+34 +9	+25 0	+39 0	+62 0	+160 0	+7 -18	-8 -33	-17 -42	-34 -59	-51 -76
40	50	+290 +130												-61 -85
50	65	+330 +140	+174 +100	+76 +30	+40 +10	+30 0	+46 0	+74 0	+190 0	+9 -21	-9 -39	-21 -51	-42 -72	-76 -106
65	80	+340 +150											-48 -78	-91 -121
80	100	+390 +170	+207 +120	+90 +36	+47 +12	+35 0	+54 0	+87 0	+220 0	+10 -25	-10 -45	-24 -59	-58 -93	-111 -146
100	120	+400 +180											-66 -101	-131 -166
120	140	+450 +200	+245 +145	+106 +43	+54 +14	+40 0	+63 0	+100 0	+250 0	+12 -28	-12 -52	-28 -68	-77 -117	-155 -195
140	160	+460 +210											-85 -125	-175 -215
160	180	+480 +230											-93 -133	-195 -235
180	200	+530 +240	+285 +170	+122 +50	+61 +15	+46 0	+72 0	+115 0	+290 0	+13 -33	-14 -60	-33 -79	-105 -151	-219 -265
200	225	+550 +260											-113 -159	-241 -287
225	250	+570 +280											-123 -169	-267 -313
250	280	+620 +300	+320 +190	+137 +56	+69 +17	+52 0	+81 0	+130 0	+320 0	+16 -36	-14 -66	-36 -88	-138 -190	-295 -347
280	315	+650 +330											-150 -202	-330 -382
315	355	+720 +360	+360 +210	+151 +62	+75 +18	+57 0	+89 0	+140 0	+360 0	+17 -40	-16 -73	-41 -98	-169 -226	-369 -426
355	400	+760 +400											-187 -244	-414 -471
400	450	+840 +440	+385 +230	+165 +68	+83 +20	+63 0	+97 0	+155 0	+400 0	+18 -45	-17 -80	-45 -108	-209 -272	-467 -530
450	500	+880 +480											-229 -292	-517 -580

（6）公差带代号表示方法。在零件图中标注公差带代号可用下列三种形式，如图1—1—70所示。

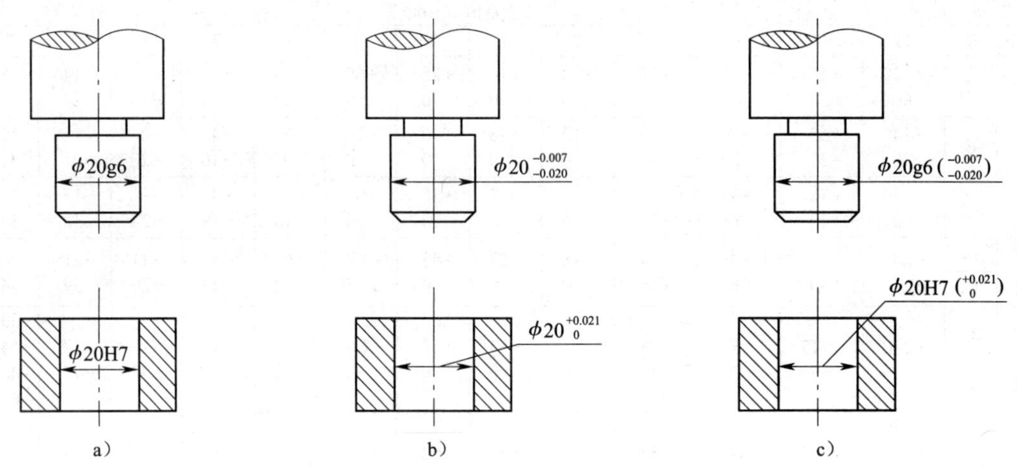

图1—1—70　轴、孔公差带的三种表示方法

a）标注公差带代号　b）标注极限偏差值　c）综合标注

1）在公称尺寸后面标注公差带代号，如ϕ20H7，这种注法适用于大批量生产，如图1—1—70a所示。

2）在公称尺寸后面只注极限偏差，如图1—1—70b所示，这种注法适用于单件、小批量生产。上极限偏差写在公称尺寸的右上方，下极限偏差应与公称尺寸注在同一底线上，上、下极限偏差数字的字号应比公称尺寸数字的字号小一号。上、下极限偏差的小数点必须对齐，小数点后的数位也必须相同，当上极限偏差或下极限偏差为“零”时，用数字“0”标出，并与下极限偏差或上极限偏差小数点前个位数对齐。

3）在公称尺寸后面同时标出公差带代号和上、下极限偏差，这时上、下极限偏差必须加括号，如图1—1—70c所示，这种注法适用于产量不确定的情况。

10. 极限与配合标准的基本规定

（1）公差等级的选用。国家标准提供的标准公差和基本偏差可以组合得到大量不同大小和位置的公差带。为减少刀具、量具的规格，国家标准规定了一般公差带、常用公差带和优先公差带，孔的一般、常用和优先公差带如图1—1—71所示，轴的一般、常用和优先公差带如图1—1—72所示，方框中的公差带为常用公差带，圆圈中的公差带为优先公差带。根据使用要求在选用公差带时先优先，再常用，后一般。具体选用时一般根据公差等级的应用范围和零件加工的经济精度来选用，各种加工方法与公差等级的关系见

表 1—1—12。可根据被测零件表面的加工纹理、精度等判断其加工方法，再分析使用要求，按表 1—1—7 确定公差等级。

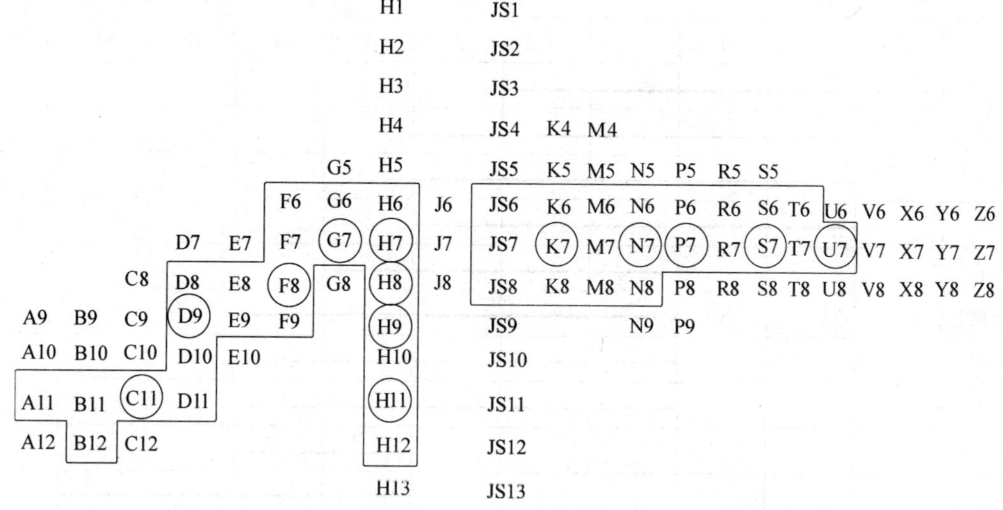

图 1—1—71　孔的一般、常用和优先公差带

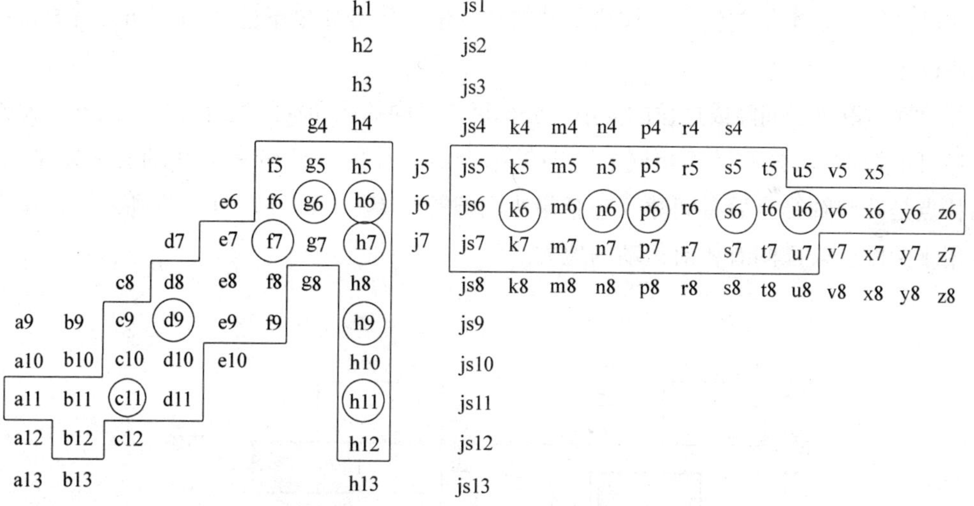

图 1—1—72　轴的一般、常用和优先公差带

表 1—1—12　　各种加工方法与公差等级的关系

加工方法	公差等级（IT）										
	4	5	6	7	8	9	10	11	12	13	14
珩磨	—	—	—	—	—						
外圆磨削		—	—	—	—	—					
平磨		—	—	—	—	—					
拉削		—	—	—	—	—					
铰孔			—	—	—	—	—				
车削				—	—	—	—	—			
镗削				—	—	—	—	—			
铣削				—	—	—	—	—			
刨削							—	—			
钻削							—	—	—	—	

（2）配合的选择。基准制和公差等级确定后，配合种类的选择实质上就是选择非基准孔或非基准轴的基本偏差代号。被测零件的基本偏差代号如果不选择 H 或 h，就要根据配合性质确定。

配合性质取决于间隙或过盈的大小，公称尺寸相同的孔和轴的配合可分为以下三大类：

1）间隙配合。公称尺寸相同的孔与轴结合时，孔的公差带完全在轴的公差带之上，它的特点是孔与轴结合后有间隙（包括最小间隙等于零），如图 1—1—73 所示。间隙配合主要用于两配合表面间有相对运动的地方。

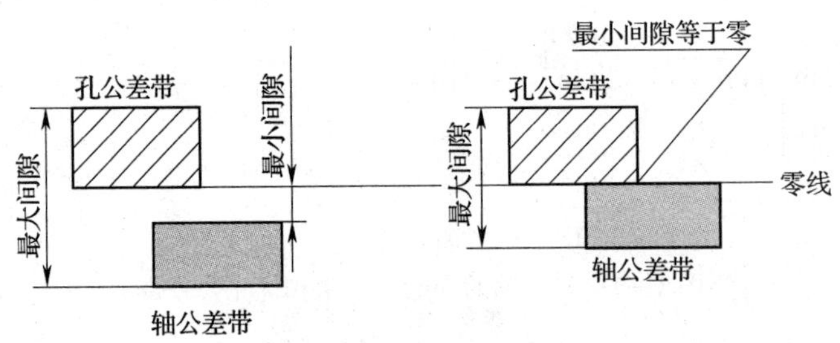

图 1—1—73　间隙配合

2）过盈配合。公称尺寸相同的孔与轴结合时，轴的公差带完全在孔的公差带之上，它的特点是孔与轴结合后有过盈（包括最小过盈等于零），如图 1—1—74 所示。过盈配合主要用于两配合表面间紧固连接的场合。

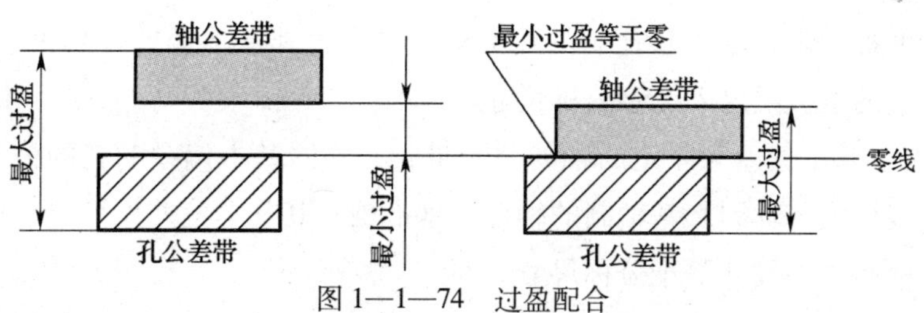

图 1—1—74　过盈配合

3）过渡配合。公称尺寸相同的孔与轴结合时，轴、孔公差带互相交叠，任取一对孔和轴配合，可能具有间隙，也可能具有过盈，它的特点是孔的实际尺寸可能大于也可能小于轴的实际尺寸，如图 1—1—75 所示。过渡配合主要用于要求对中性较好的情况。

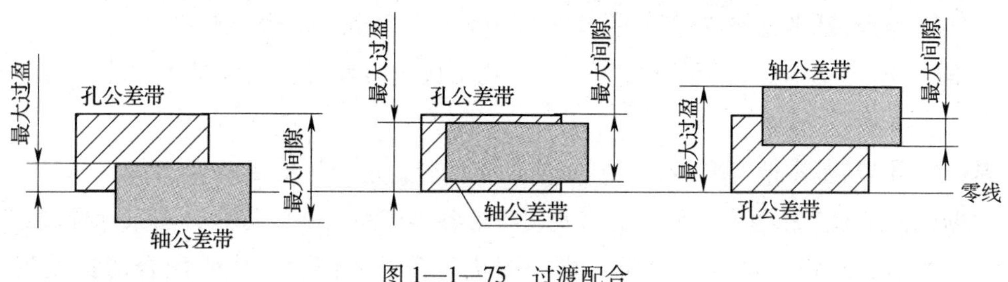

图 1—1—75　过渡配合

（3）配合制。在制造相互配合的零件时，使其中一种零件作为基准件，其基本偏差固定，通过改变另一种零件的基本偏差来获得各种不同性质的配合制度称为配合制。根据实际生产需要，国家标准规定了两种配合制，如图 1—1—76 所示。

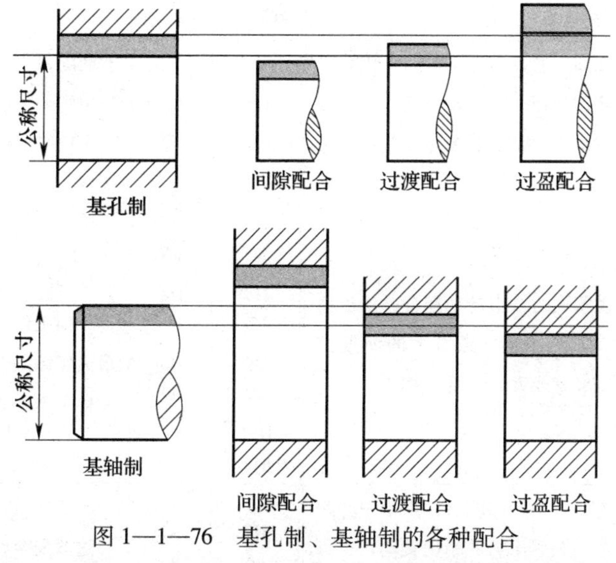

图 1—1—76　基孔制、基轴制的各种配合

1）基孔制。基本偏差为一定的孔的公差带，与不同基本偏差的轴的公差带形成各种

配合的一种制度称为基孔制。基孔制的孔称为基准孔，其基本偏差代号为“H”，下极限偏差为零，即它的下极限尺寸等于公称尺寸。

2）基轴制。基本偏差为一定的轴的公差带，与不同基本偏差的孔的公差带形成各种配合的一种制度称为基轴制。基轴制的轴称为基准轴，其基本偏差代号为“h”，上极限偏差为零，即它的上极限尺寸等于公称尺寸。

分析图1—1—76可知：

基准孔(H)与基本偏差a~h的轴组成间隙配合，间隙从大变小至零。

基准孔(H)与基本偏差js、k、m、n的轴组成过渡配合，间隙从大变小，过盈从小变大。

基准孔(H)与基本偏差p~zc的轴组成过盈配合，过盈从小变大。

基准轴(h)与基本偏差A~H的孔组成间隙配合，间隙从大变小至零。

基准轴(h)与基本偏差JS、K、M、N的孔组成过渡配合，间隙从大变小，过盈从小变大。

基准轴(h)与基本偏差P~ZC的孔组成过盈配合，过盈从小变大。

根据机械工业产品生产和使用的需要，考虑各类产品的不同特点，国家标准规定了优先和常用配合，在设计零件时，应尽量选用优先和常用配合。优先配合的选用说明见表1—1—13。

表1—1—13　优先配合的选用说明

优先配合		说明	优先配合		说明
基孔制	基轴制		基孔制	基轴制	
$\frac{H11}{c11}$	$\frac{C11}{h11}$	间隙非常大，用于很松的、转动很慢的转动配合；要求大公差与大间隙的外露组件，要求装配方便的、很松的配合	$\frac{H7}{g6}$	$\frac{G7}{h6}$	间隙很小的滑动配合，用于不希望自由转动，但可自由移动和滑动并精密定位时；也可用于要求明确的定位配合
$\frac{H9}{d9}$	$\frac{D9}{h9}$	间隙很大的自由转动配合，用于精度非主要要求时，或有大的温度变动、高转速或大的轴颈压力时	$\frac{H7}{h6}$ $\frac{H8}{h7}$ $\frac{H9}{h9}$ $\frac{H11}{h11}$	$\frac{H7}{h6}$ $\frac{H8}{h7}$ $\frac{H9}{h9}$ $\frac{H11}{h11}$	均为间隙定位配合，零件可自由装拆，而工作时一般相对静止不动。在最大实体条件下的间隙为零，在最小实体条件下的间隙由公差等级决定
$\frac{H8}{f7}$	$\frac{F8}{h7}$	间隙不大的转动配合，用于中等转速与中等轴颈压力的精确转动；也可用于较易装配的中等定位配合	$\frac{H7}{k6}$	$\frac{K7}{h6}$	过渡配合，用于精密定位

续表

优先配合		说明	优先配合		说明
基孔制	基轴制		基孔制	基轴制	
$\frac{H7}{n6}$	$\frac{N7}{h6}$	过渡配合，用于允许有较大过盈的更精密定位	$\frac{H7}{s6}$	$\frac{S7}{h6}$	中等压入配合，用于一般钢件，或用于薄壁件的冷缩配合；用于铸铁件可得到最紧的配合
$\frac{H7}{p6}$	$\frac{P7}{h6}$	过盈定位配合，即小过盈配合，用于定位精度特别重要时，能以最好的定位精度达到部件的刚度及对中的性能要求，而对内孔承受压力无特殊要求，不依靠配合的紧固性传递摩擦负荷	$\frac{H7}{u6}$	$\frac{U7}{h6}$	压入配合，用于可以受高压力的零件或不宜承受高压力的冷缩配合

11. 几何公差的概念及标注

（1）几何公差的基本概念。经过加工的零件，除了会产生尺寸误差外，也会产生表面形状、位置等方面的误差。其中，位置误差是指零件的各表面之间、轴线之间或表面轴线之间的实际相对位置对理想相对位置的误差。形状、位置误差等各方面的误差都会影响零件的使用性能，因此，要对一些零件的重要工作面和轴线等规定形状和位置的最大允许变动量，即几何公差。

在国家标准《产品几何技术规范（GPS） 几何公差 形状、方向、位置和跳动公差标注》（GB/T 1182—2018）中，“形位公差”改称“几何公差”，几何公差在图样中应采用代号标注。代号由几何特征符号、几何公差框格、指引线、几何公差数值和其他有关符号、基准符号组成。

（2）几何特征符号。在国家标准 GB/T 1182—2018 中，虽然几何公差的 14 个符号没有增减，但含义细化，将线轮廓度、面轮廓度明确为三种类型（形状公差、方向公差、位置公差），将同轴（同心）度细化为“同心度”和“同轴度”。

几何公差分为形状公差、方向公差、位置公差、跳动公差四大类，其中形状公差有 6 个符号，方向公差有 5 个符号，位置公差有 6 个符号，跳动公差有 2 个符号。位置公差中同心度和同轴度符号相同。几何特征符号见表 1—1—14。

表 1—1—14　　几何特征符号

公差类型	几何特征	符　号	有无基准
形状公差	直线度	—	无
	平面度	▱	无
	圆度	○	无
	圆柱度	⌭	无
	线轮廓度	⌒	无
	面轮廓度	⌓	无

续表

公差类型	几何特征	符　　号	有无基准
方向公差	平行度	∥	有
	垂直度	⊥	有
	倾斜度	∠	有
	线轮廓度	⌒	有
	面轮廓度	⌓	有
位置公差	位置度	⌖	有或无
	同心度（用于中心点）	◎	有
	同轴度（用于轴线）	◎	有
	对称度	⌯	有
	线轮廓度	⌒	有
	面轮廓度	⌓	有
跳动公差	圆跳动	↗	有
	全跳动	⌰	有

（3）几何公差框格。几何公差框格用细实线绘制，可画两格或多格，要水平（或铅垂）放置，框格的高度是图样中尺寸数字高度的两倍，框格长度根据需要而定。框格中的数字、字母和符号与图样中的数字同高，框格内由左至右（或由下至上）填写。几何公差框格的含义如图 1—1—77 所示。框格内填写的内容包括以下几项：

1）第一格为几何特征符号，该符号由设计者根据零部件的性能要求确定。几何特征符号的线宽为标注尺寸的数字高度的 1/10，大小与框格中的字体同高。

2）第二格为公差值和公差带形状。公差值用线性值表示。

如果几何公差的公差带形状是圆形或圆柱形，应在公差值前面加注直径符号“ϕ”；如果公差带形状是球形则加注“$S\phi$”。在标注轴线的垂直度、位置度、同轴度等公差时，公差值前应加注“ϕ”或“$S\phi$”，如图 1—1—78a 所示。

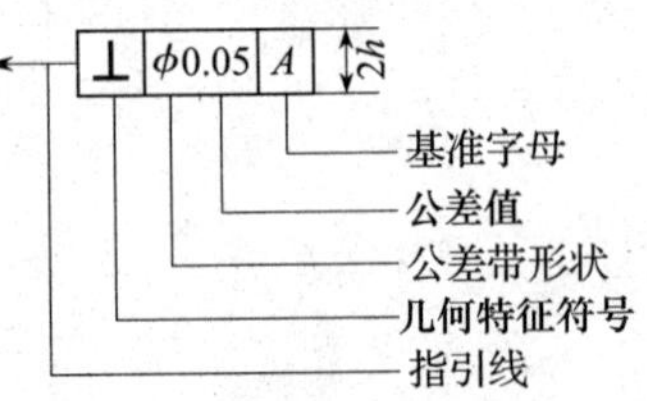

图 1—1—77　几何公差框格的含义

3）以后各格为基准代号的字母，用一个字母表示单个基准或用多个字母表示基准体系或公共基准。

4）对同一要素有一个以上的公差项目要求时，可将一个框格放在另一个框格的下面，如图 1—1—78b 所示。

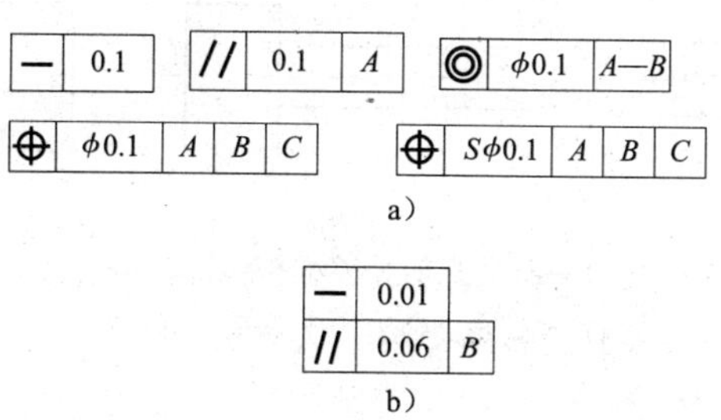

图 1—1—78　几何公差框格

a）同一要素有一个公差项目　b）同一要素有多个公差项目

5）当某项公差应用于多个相同要素时，应在公差框格的上方被测要素的尺寸之前注明要素的个数，并在两者之间加上符号“×”，如图 1—1—79 所示。

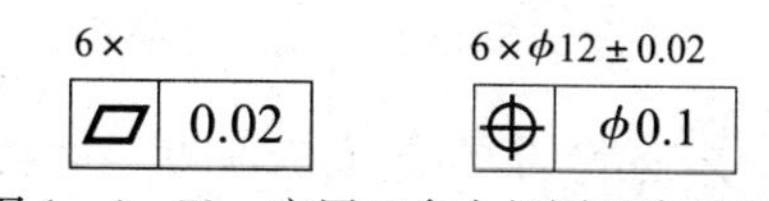

图 1—1—79　应用于多个相同要素的标注

（4）被测要素。一般情况下，首先从保证零件的使用性能和要求出发确定几何公差特征，如机床主轴重要轴段的圆度要求、轴线间的同轴度要求等。其次从典型零件的加工方法出现的误差出发确定几何公差特征，如键或键槽的对称度要求，齿轮齿顶圆、分度圆和端面的圆跳动要求等。

在标注几何公差框格时，按下列方式之一用指引线连接被测要素和公差框格。指引线引自框格的任意一侧，终端带一箭头。具体标注方式如下：

1）当公差涉及轮廓线或轮廓面时，箭头指向该要素的轮廓线或其延长线，且必须与尺寸线明显地错开，如图 1—1—80a、b 所示。

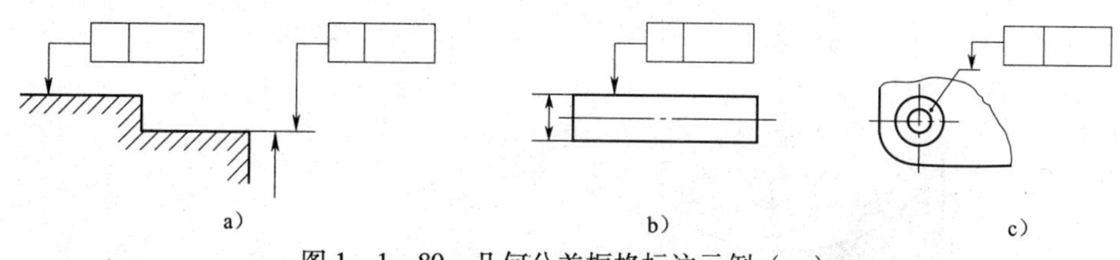

图 1—1—80　几何公差框格标注示例（一）

a）、b）指向轮廓线或其延长线　c）指向引出线的水平线

2）当指向实际表面时，箭头可指向带点的引出线的水平线上，该点则指在实际表面上，如图 1—1—80c 所示。

3）当被测要素为轴线、球心或中心平面时，指引线箭头应与该要素的尺寸线对齐，如图 1—1—81 所示。

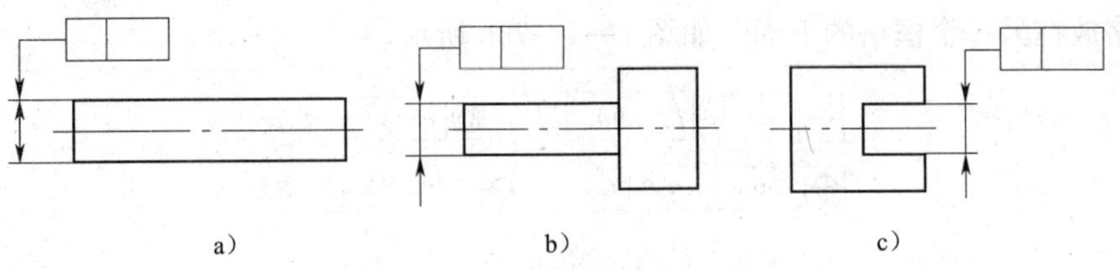

图 1—1—81　几何公差框格标注示例（二）

a）、b）指向轴线　c）指向中心平面

（5）几何公差带

1）几何公差值的选用原则。应根据零件的功能要求，并结合零件的结构和加工方法，确定几何公差特征的等级，再查出公差值。几何公差与尺寸公差的要求要协调。一般情况下，形状公差的等级可比同一要素的尺寸公差高一级；位置公差的等级可与同一要素的尺寸公差同级或比其低一级；特殊情况下几何公差等级可比尺寸公差等级提高或降低，一般不超过两级。

2）公差带

①在无另有说明情况下，公差带的宽度方向就是给定方向，如图 1—1—82 和图 1—1—83 所示。另有说明时除外，如图 1—1—84 和图 1—1—85 所示。图 1—1—84 中 α 应注出（即使它等于 90°）。对于圆度来说，公差带的宽度应是垂直于公称轴线的平面内形成的两同心圆的半径方向。

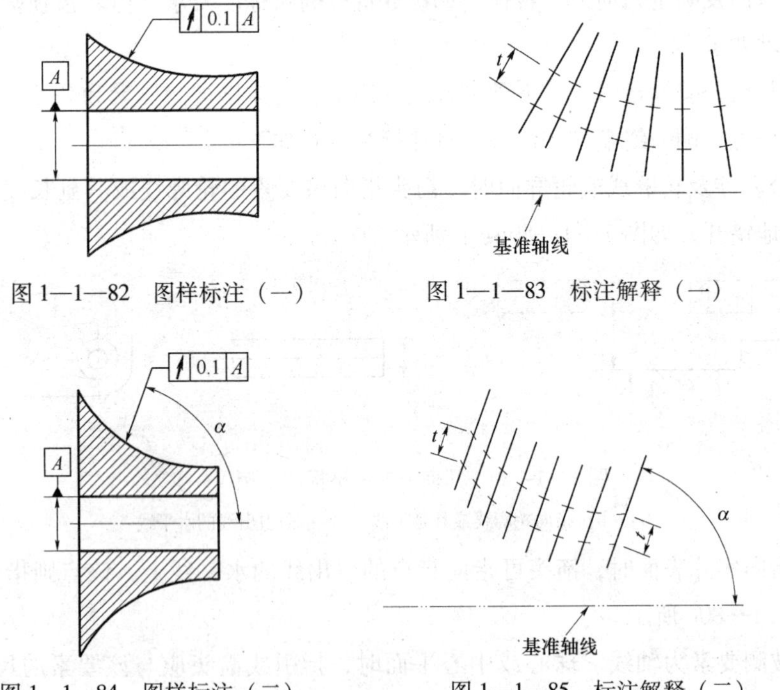

图 1—1—82　图样标注（一）

图 1—1—83　标注解释（一）

图 1—1—84　图样标注（二）

图 1—1—85　标注解释（二）

②若公差值前面标注符号“ϕ”，公差带为圆柱形或圆形，如图 1—1—86 和图 1—1—87 所示；若公差值前面标注符号“$S\phi$”，公差带为圆球形。

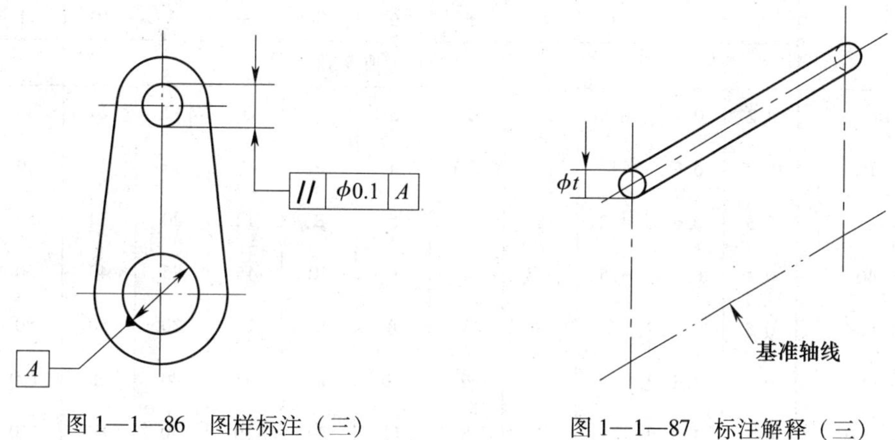

图 1—1—86 图样标注（三）

图 1—1—87 标注解释（三）

③当多个表面有同一数值的公差带要求时，其注法如图 1—1—88 所示。

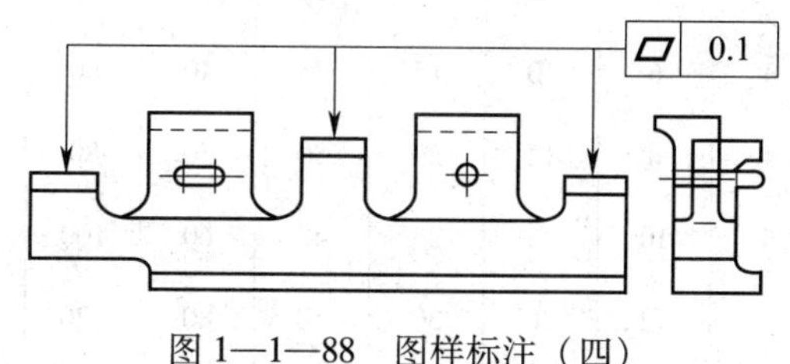

图 1—1—88 图样标注（四）

（6）几何公差值。常用的几何公差值见表 1—1—15～表 1—1—18。

1）直线度、平面度公差值。主参数 L 的图例如图 1—1—89 所示，公差值见表 1—1—15。

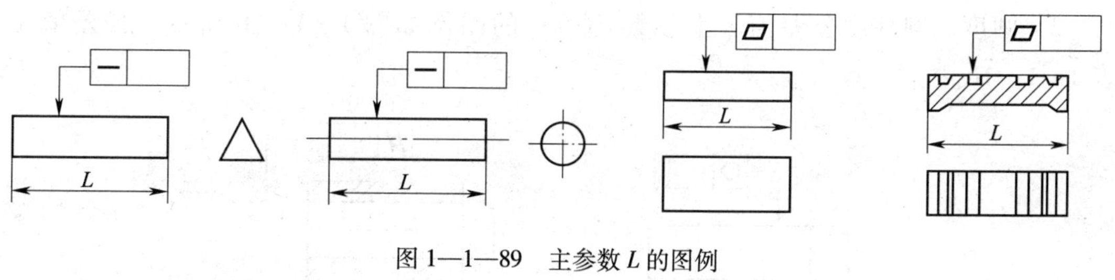

图 1—1—89 主参数 L 的图例

表 1—1—15　　直线度、平面度公差值

主参数 L（mm）	公差等级											
	1	2	3	4	5	6	7	8	9	10	11	12
	公差值（μm）											
≤10	0.2	0.4	0.8	1.2	2	3	5	8	12	20	30	60
>10~16	0.25	0.5	1	1.5	2.5	4	6	10	15	25	40	80
>16~25	0.3	0.6	1.2	2	3	5	8	12	20	30	50	100
>25~40	0.4	0.8	1.5	2.5	4	6	10	15	25	40	60	120
>40~63	0.5	1	2	3	5	8	12	20	30	50	80	150
>63~100	0.6	1.2	2.5	4	6	10	15	25	40	60	100	200
>100~160	0.8	1.5	3	5	8	12	20	30	50	80	120	250
>160~250	1	2	4	6	10	15	25	40	60	100	150	300
>250~400	1.2	2.5	5	8	12	20	30	50	80	120	200	400
>400~630	1.5	3	6	10	15	25	40	60	100	150	250	500
>630~1 000	2	4	8	12	20	30	50	80	120	200	300	600
>1 000~1 600	2.5	5	10	15	25	40	60	100	150	250	400	800
>1 600~2 500	3	6	12	20	30	50	80	120	200	300	500	1 000
>2 500~4 000	4	8	15	25	40	60	100	150	250	400	600	1 200
>4 000~6 300	5	10	20	30	50	80	120	200	300	500	800	1 500
>6 300~10 000	6	12	25	40	60	100	150	250	400	600	1 000	2 000

2）圆度、圆柱度公差值。主参数 $d(D)$ 的图例如图 1—1—90 所示，公差值见表 1—1—16。

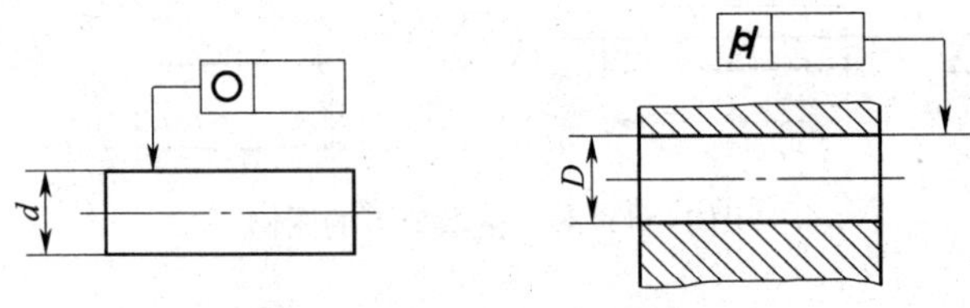

图 1—1—90　主参数 $d(D)$ 的图例

表 1—1—16 **圆度、圆柱度公差值**

主参数 d(D)（mm）	公差等级												
	0	1	2	3	4	5	6	7	8	9	10	11	12
	公差值（μm）												
≤3	0.1	0.2	0.3	0.5	0.8	1.2	2	3	4	6	10	14	25
>3~6	0.1	0.2	0.4	0.6	1	1.5	2.5	4	5	8	12	18	30
>6~10	0.12	0.25	0.4	0.6	1	1.5	2.5	4	6	9	15	22	36
>10~18	0.15	0.25	0.5	0.8	1.2	2	3	5	8	11	18	27	43
>18~30	0.2	0.3	0.6	1	1.5	2.5	4	6	9	13	21	33	52
>30~50	0.25	0.4	0.6	1	1.5	2.5	4	7	11	16	25	39	62
>50~80	0.3	0.5	0.8	1.2	2	3	5	8	13	19	30	46	74
>80~120	0.4	0.6	1	1.5	2.5	4	6	10	15	22	35	54	87
>120~180	0.6	1	1.2	2	3.5	5	8	12	18	25	40	63	100
>180~250	0.8	1.2	2	3	4.5	7	10	14	20	29	46	72	115
>250~315	1.0	1.6	2.5	4	6	8	12	16	23	32	52	81	130
>315~400	1.2	2	3	5	7	9	13	18	25	36	57	89	140
>400~500	1.5	2.5	4	6	8	10	15	20	27	40	63	97	155

3）平行度、垂直度、倾斜度公差值。主参数 L、$d(D)$ 的图例如图 1—1—91 所示，公差值见表 1—1—17。

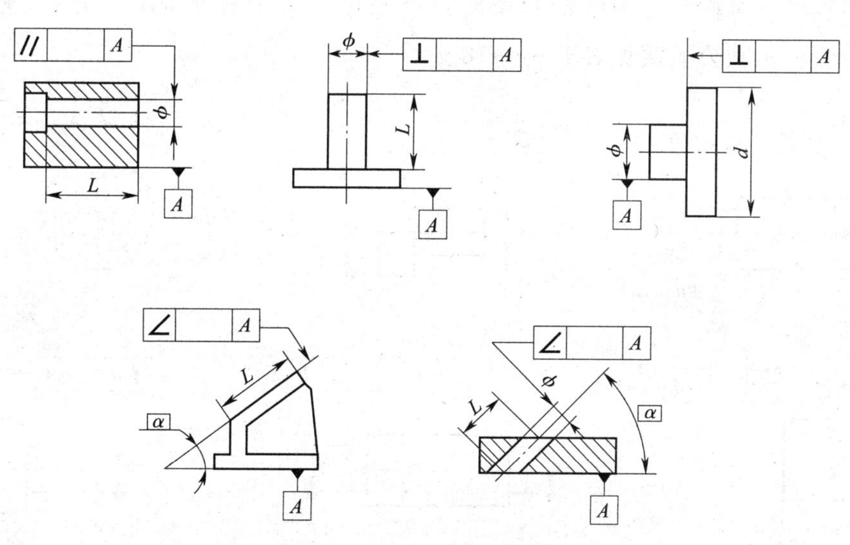

图 1—1—91　主参数 L、d（D）的图例

表 1—1—17　　平行度、垂直度、倾斜度公差值

主参数 L、d(D)（mm）	公差等级											
	1	2	3	4	5	6	7	8	9	10	11	12
	公差值（μm）											
≤10	0.4	0.8	1.5	3	5	8	12	20	30	50	80	120
>10~16	0.5	1	2	4	6	10	15	25	40	60	100	150
>16~25	0.6	1.2	2.5	5	8	12	20	30	50	80	120	200
>25~40	0.8	1.5	3	6	10	15	25	40	60	100	150	250
>40~63	1	2	4	8	12	20	30	50	80	120	200	300
>63~100	1.2	2.5	5	10	15	25	40	60	100	150	250	400
>100~160	1.5	3	6	12	20	30	50	80	120	200	300	500
>160~250	2	4	8	15	25	40	60	100	150	250	400	600
>250~400	2.5	5	10	20	30	50	80	120	200	300	500	800
>400~630	3	6	12	25	40	60	100	150	250	400	600	1 000
>630~1 000	4	8	15	30	50	80	120	200	300	500	800	1 200
>1 000~1 600	5	10	20	40	60	100	150	250	400	600	1 000	1 500
>1 600~2 500	6	12	25	50	80	120	200	300	500	800	1 200	2 000
>2 500~4 000	8	15	30	60	100	150	250	400	600	1 000	1 500	2 500
>4 000~6 300	10	20	40	80	120	200	300	500	800	1 200	2 000	3 000
>6 300~10 000	12	25	50	100	150	250	400	600	1 000	1 500	2 500	4 000

4）同轴度、对称度、圆跳动和全跳动公差值。主参数 d（D）、B、L 的图例如图 1—1—92 所示，公差值见表 1—1—18。

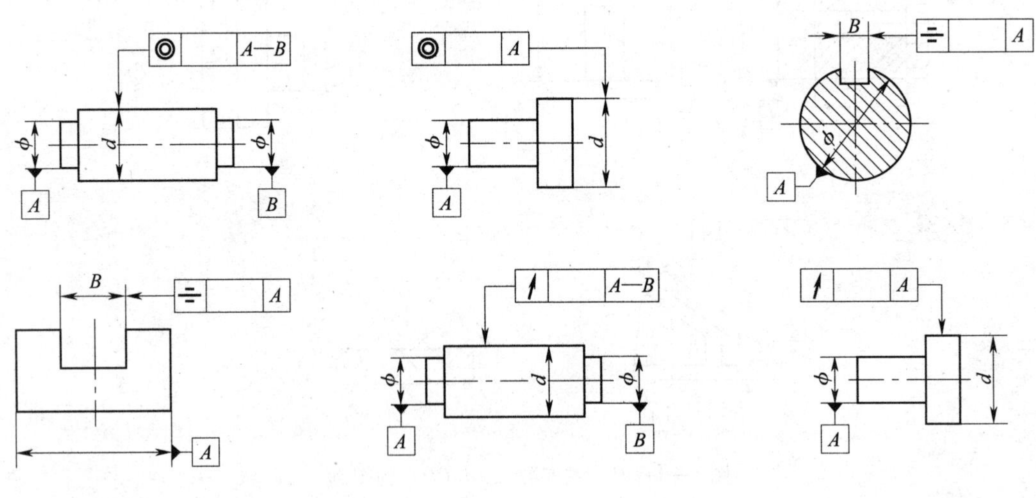

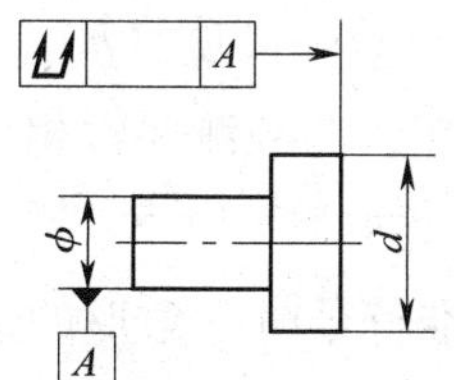

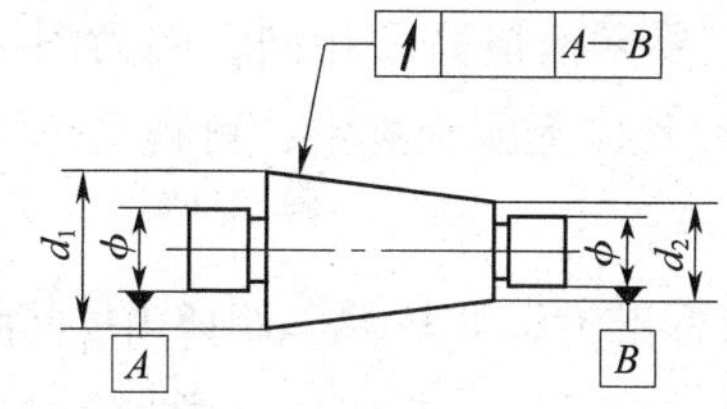

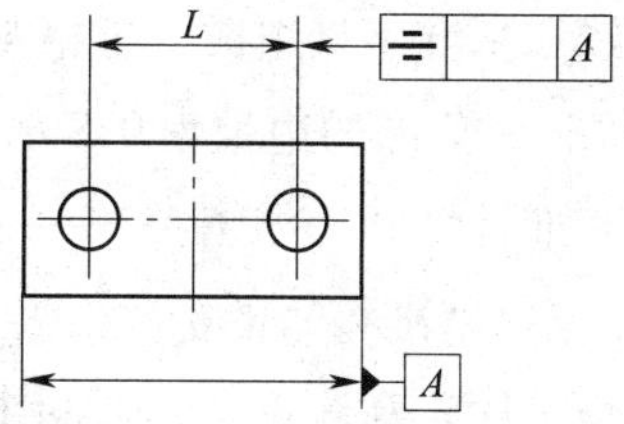

图 1—1—92　主参数 d（D）、B、L 的图例

表 1—1—18　　同轴度、对称度、圆跳动和全跳动公差值

主参数 d（D）、B、L（mm）	公差等级											
	1	2	3	4	5	6	7	8	9	10	11	12
	公差值（μm）											
≤1	0.4	0.6	1.0	1.5	2.5	4	6	10	15	25	40	60
>1~3	0.4	0.6	1.0	1.5	2.5	4	6	10	20	40	60	120
>3~6	0.5	0.8	1.2	2	3	5	8	12	25	50	80	150
>6~10	0.6	1	1.5	2.5	4	6	10	15	30	60	100	200
>10~18	0.8	1.2	2	3	5	8	12	20	40	80	120	250
>18~30	1	1.5	2.5	4	6	10	15	25	50	100	150	300
>30~50	1.2	2	3	5	8	12	20	30	60	120	200	400
>50~120	1.5	2.5	4	6	10	15	25	40	80	150	250	500
>120~250	2	3	5	8	12	20	30	50	100	200	300	600
>250~500	2.5	4	6	10	15	25	40	60	120	250	400	800
>500~800	3	5	8	12	20	30	50	80	150	300	500	1 000
>800~1 250	4	6	10	15	25	40	60	100	200	400	600	1 200
>1 250~2 000	5	8	12	20	30	50	80	120	250	500	800	1 500
>2 000~3 150	6	10	15	25	40	60	100	150	300	600	1 000	2 000
>3 150~5 000	8	12	20	30	50	80	120	200	400	800	1 200	2 500
>5 000~8 000	10	15	25	40	60	100	150	250	500	1 000	1 500	3 000
>8 000~10 000	12	20	30	50	80	120	200	300	600	1 200	2 000	4 000

（7）基准要素。在标注几何公差时，有基准的要用基准符号。基准应按国家标准 GB/T 1182—2018 的规定标注。

1）基准符号的画法。基准符号用细实线表示，由方格、三角形（涂黑或不涂黑）、连线和基准字母组成。方格与被测要素框格高度相同，同为图样中尺寸数字高度（h）的2倍，三角形的边长为0.8 h，连线长度无明确规定，可视具体需要决定。与被测要素相关的基准符号画法如图 1—1—93 所示。

2）基准符号的标注。在国家标准 GB/T 1182—2018 中，标注基准符号时三角形的边长与零件轮廓线重合，如图 1—1—94 所示。基准方框内填写与公差框格内相对应的大写字母。无论三角形是水平、垂直或斜置的，基准字母始终水平书写，单一基准要素用大写字母“*A*”“*B*”“*C*”等表示。字母顺序是根据实际加工中的基准顺序标注的。为了不引起误解，*E*、*I*、*J*、*M*、*O*、*P*、*L*、*R*、*F* 九个字母不采用。

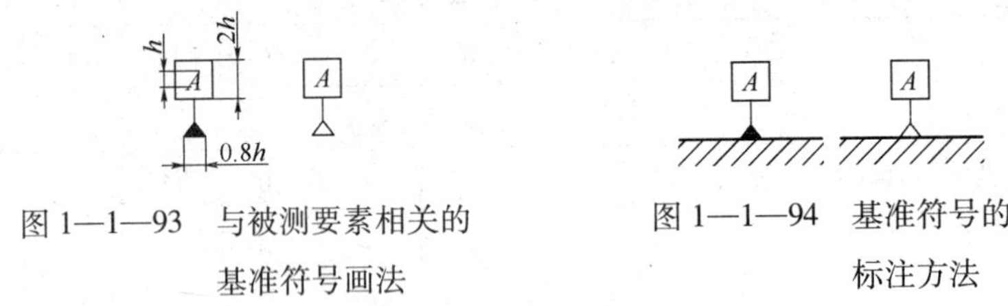

图 1—1—93　与被测要素相关的基准符号画法

图 1—1—94　基准符号的标注方法

3）基准要素的标注

①当基准要素为轮廓线或轮廓面时，基准三角形应放置在要素的轮廓线或其延长线上，并应明显地与尺寸线错开，如图 1—1—95a 所示。基准三角形还可放置在该轮廓面引出线的水平线上，如图 1—1—95b 所示。

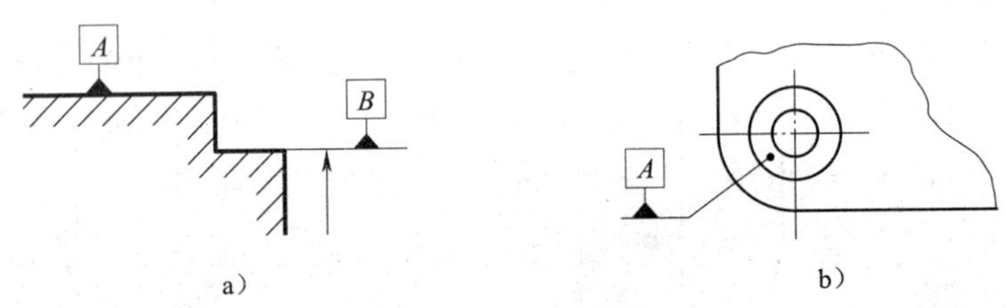

图 1—1—95　基准要素的标注示例（一）

a）基准三角形放置在要素的轮廓线或其延长线上　b）基准三角形放置在轮廓面引出线的水平线上

②当基准是尺寸要素确定的轴线、中心平面或中心点时，基准三角形应放置在该尺寸线的延长线上（与该要素的尺寸线箭头对齐），如图 1—1—96a、b 所示。如果没有足够的位置标注基准要素尺寸的两个尺寸箭头，则其中一个箭头可用基准三角形代替，如图 1—1—96b、c 所示。

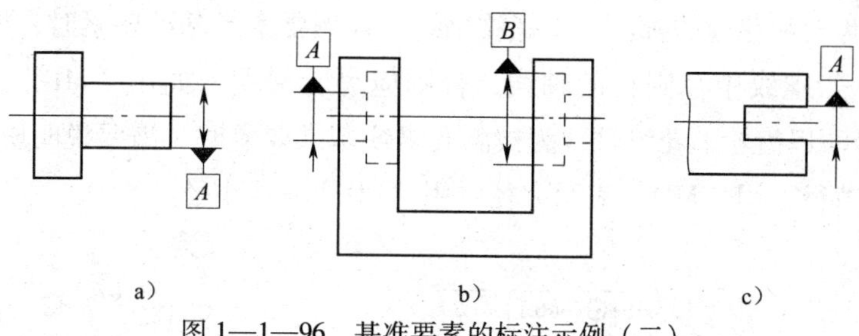

图 1—1—96　基准要素的标注示例（二）

a）基准是尺寸要素确定的轴线　b）用基准三角形代替箭头　c）基准是中心平面

③单一基准要素用大写字母表示，如图 1—1—97a 所示。由两个基准要素组成的公共基准用由一字符隔开的两个大写字母表示，如图 1—1—97b 所示。由两个或三个基准要素组成的基准体系，如多基准组合，表示基准的大写字母应按基准的优先顺序从左至右分别写在各框格内，如图 1—1—97c 所示。

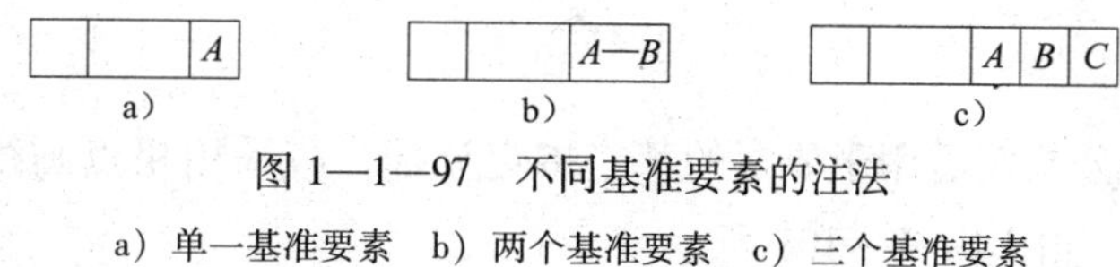

图 1—1—97　不同基准要素的注法

a）单一基准要素　b）两个基准要素　c）三个基准要素

（8）附加标记

1）全周符号。如果轮廓度特征适用于横截面的整周轮廓或由该轮廓所示的整周表面时，应采用“全周”符号表示，“全周”符号并不包括整个工件的所有表面，只包括由轮廓和公差标注所表示的各个表面。线轮廓度和面轮廓度特征附加标记标注方法分别如图 1—1—98 和图 1—1—99 所示。图中粗点画线表示所涉及的要素，不涉及图中的表面 a 和表面 b。

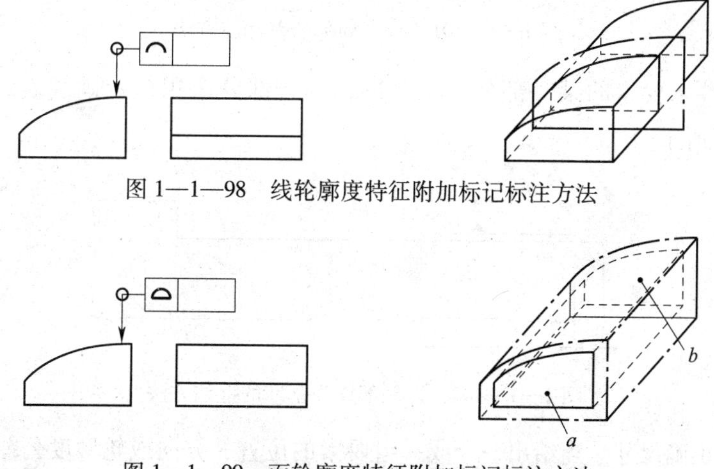

图 1—1—98　线轮廓度特征附加标记标注方法

图 1—1—99　面轮廓度特征附加标记标注方法

2）螺纹、齿轮和花键的标注。以螺纹轴线为被测要素或基准要素时，如图1—1—100所示，一般默认为螺纹中径圆柱的轴线，否则应另有说明，如用“MD”表示大径，用“LD”表示小径。以齿轮、花键轴线为被测要素或基准要素时，需要说明所指的要素，如用“PD”表示节径，用“MD”表示大径，用“LD”表示小径。

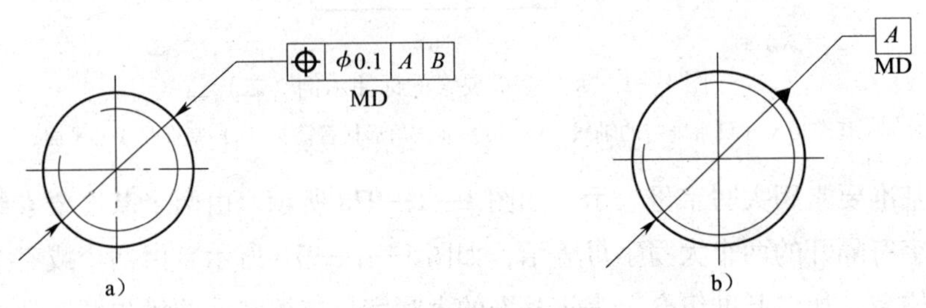

图1—1—100　螺纹轴线特征附加标记标注方法

a）以螺纹大径为被测要素　b）以螺纹大径为基准要素

（9）限定性规定

1）如果给出的公差仅适用于要素的某一指定局部，应采用粗点画线表示出该局部的范围，并加注尺寸，如图1—1—101所示。

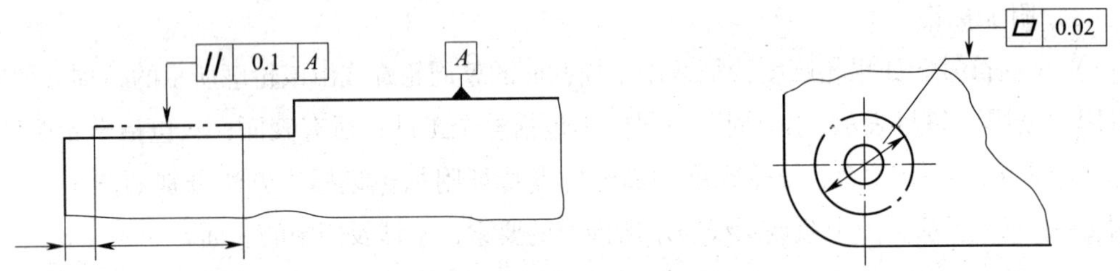

图1—1—101　指定局部公差标注方法

2）如果仅要求要素的某一部分作为基准，则该部分应用粗点画线表示并加注尺寸，如图1—1—102所示。

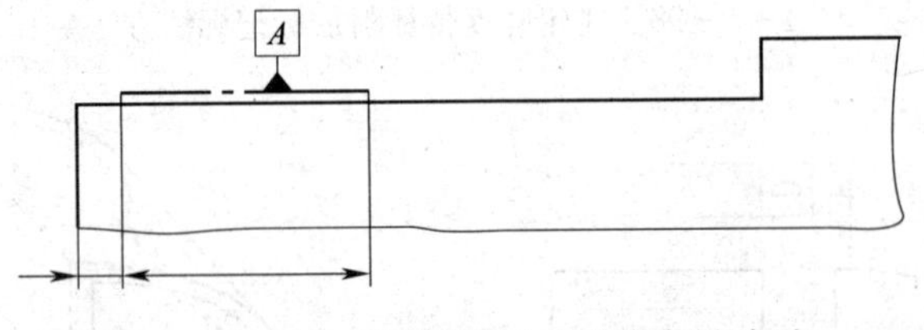

图1—1—102　以局部作为基准的标注方法

（10）理论正确尺寸。当给出一个或一组要素的位置、方向或轮廓度公差时，分别用来确定其理论正确位置、方向或轮廓的尺寸称为理论正确尺寸（TED），如图1—1—103所示。

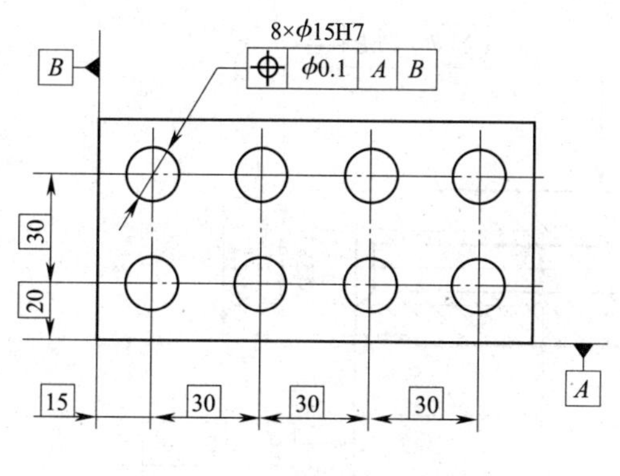

a）

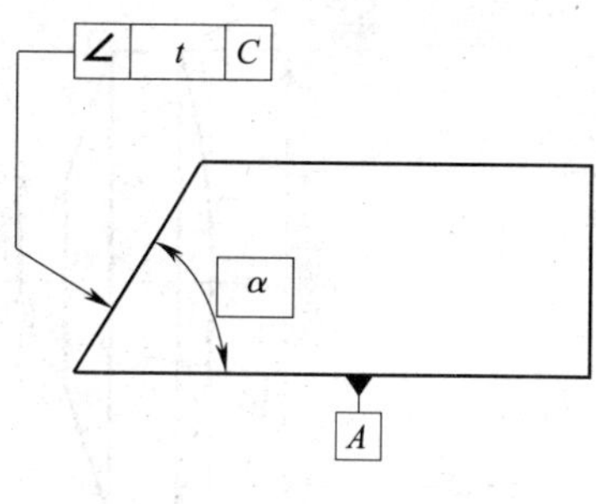

b）

图 1—1—103　理论正确尺寸的标注

a）一组要素各基准之间的方向、位置关系　b）一个要素的方向、位置关系

理论正确尺寸也用于确定基准体系中各基准之间的方向、位置关系。

理论正确尺寸没有公差，并标注在一个方框中。

（11）几何公差标注示例如图 1—1—104 和图 1—1—105 所示。

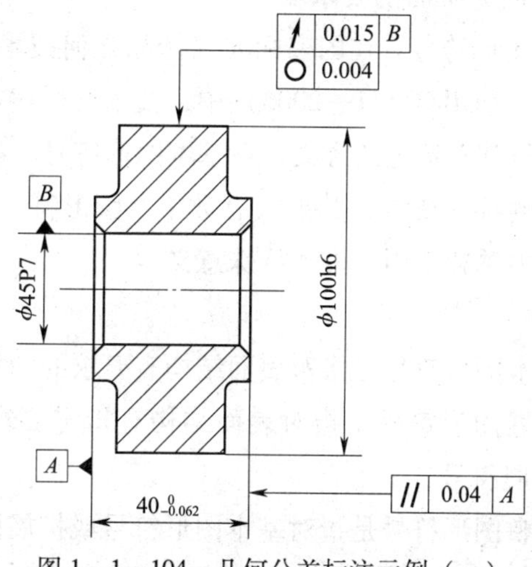

图 1—1—104　几何公差标注示例（一）

（12）各类几何公差之间的关系。如果功能需要，可以规定一种或多种几何特征的公差以限定要素的几何误差。限定要素某种类型几何误差的几何公差，也能限制该要素其他类型的几何误差。

要素的位置公差可同时控制该要素的位置误差、方向误差、形状误差。

要素的方向公差可同时控制该要素的方向误差、形状误差。

要素的形状公差只能控制该要素的形状误差。

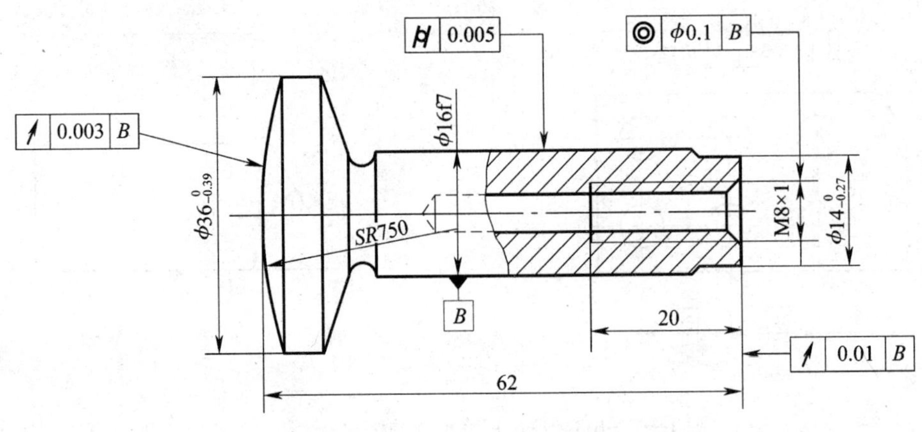

图1—1—105　几何公差标注示例（二）

12. 表面结构的概念及标注

零件表面经过机械加工后总会出现一些宏观和微观上的几何形状误差，零件表面的微观几何形状误差是由零件表面上一系列微小间距的峰谷所形成的。图样上所标注的表面结构符号、代号是该表面完工后的要求。

（1）标注表面结构的图形符号。在国家标准《产品几何技术规范（GPS） 技术产品文件中表面结构的表示法》（GB/T 131—2006）中，技术图样对表面结构的要求可用不同的图形符号表示。每种符号都有特定的含义。在基本图形符号、扩展图形符号和完整图形符号中应附加对表面结构的补充要求，其形式有数字、图形符号和文本。在特殊情况下，图形符号可以在技术图样中单独使用以表达特殊意义。

1）术语和定义

①基本图形符号。基本图形符号是指对表面结构有要求的图形符号，简称基本符号。

②扩展图形符号。扩展图形符号是指对表面结构有指定要求（去除材料或不去除材料）的图形符号，简称扩展符号。

③完整图形符号。完整图形符号是指对基本图形符号或扩展图形符号扩充后的图形符号，简称完整符号。完整图形符号用于对表面结构有补充要求的标注。

④表面（结构）参数。表面（结构）参数是指表示表面微观几何特性的参数。

⑤（表面）参数代号。（表面）参数代号是指表示表面结构参数类型的代号。参数代号由字母和数字组成。

2）表面结构的图形符号和意义见表1—1—19。

表 1—1—19　　　　**表面结构的图形符号和意义**

名称	符号	意义
基本图形符号		基本图形符号由两条不等长的、成 60° 夹角的直线构成，基本图形符号仅用于简化代号标注，没有补充说明时不能单独使用
扩展图形符号		1. 要求去除材料的图形符号 2. 在基本图形符号上加一短横，表示指定表面是用去除材料的方法获得，如通过机械加工获得的表面
		1. 不允许去除材料的图形符号 2. 在基本图形符号上加一圆圈，表示指定表面是用不去除材料的方法获得
完整图形符号		1. 在要求标注表面结构特征的补充信息时，应在基本图形符号的长边上加一横线 2. 允许任何工艺
		1. 在要求标注表面结构特征的补充信息时，应在扩展图形符号的长边上加一横线 2. 去除材料
		1. 在要求标注表面结构特征的补充信息时，应在扩展图形符号的长边上加一横线 2. 不去除材料

3）工件轮廓各表面的图形符号。在图样某个视图上构成封闭轮廓的各表面有相同的表面结构要求时，应在去除材料的完整图形符号的长边与横线交点上加一圆圈，并标注在图样中工件的封闭轮廓线上。如果标注会引起歧义，各表面应分别标注。

表面结构符号是指对图形中封闭轮廓六个面的共同要求，并不包括前、后面，对周边各面有相同的表面结构要求的注法如图 1—1—106 所示。

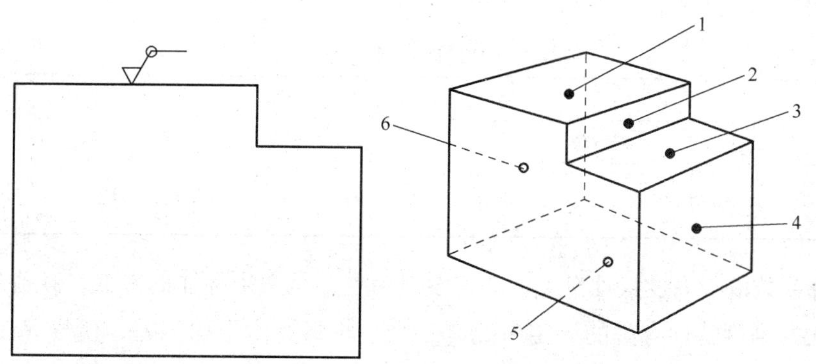

图 1—1—106　对周边各面有相同的表面结构要求的注法

4）表面结构完整图形符号的组成。为了明确表面结构要求，除了标注表面结构参数和数值外，必要时应标注补充要求。补充要求包括传输带、取样长度、加工工艺、表面纹理及方向、加工余量等，其中传输带和取样长度一般采用默认值不用标注。为了保证图样加工零件的表面质量，应对表面结构参数规定不同要求。

①表面结构补充要求的注写位置。在完整图形符号中，对表面结构的单一要求和补充要求（表面结构参数代号、数值、传输带或取样长度）应注写在指定位置。补充要求的注写位置如图1—1—107所示。

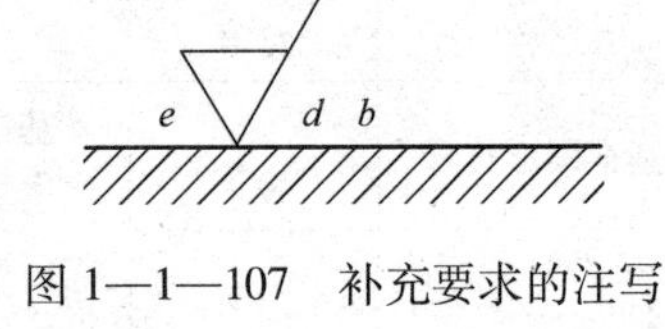

图1—1—107 补充要求的注写位置（a~e）

②表面结构补充要求的注写内容见表1—1—20。

表1—1—20 表面结构补充要求的注写内容

注写位置	注写含义	备注
a	表面结构的单一要求	标注表面结构参数代号、极限值和传输带或取样长度 为了避免引起误解，在参数代号和极限值间应插入空格。传输带或取样长度后应有一斜线“/”，之后是表面结构参数代号，最后是数值
b	两个或多个表面结构要求	在位置*b*注写第二个表面结构要求。如果要注写第三个或更多表面结构要求，图形符号应在垂直方向扩大
c	表面结构加工方法	注写加工方法、表面处理、涂层或其他加工工艺要求等，如车、磨、镀等
d	注写表面纹理和方向	注写所要求的表面纹理和纹理的方向，如“=”“×”“M”
e	注写加工余量	注写所要求的加工余量，以mm为单位

（2）表面结构要求的标注和选用。在图样中给出表面结构要求时，应标注其参数代号和相应数值。

1）参数代号的标注。本节主要介绍*R*轮廓表面结构参数的标注方法，*R*轮廓参数代号见表1—1—21。

表1—1—21 *R*轮廓参数代号

<table>
<tr><td rowspan="2"></td><td colspan="9">高度参数</td><td rowspan="2">间距参数</td><td rowspan="2">混合参数</td><td colspan="3" rowspan="2">曲线和相关参数</td></tr>
<tr><td colspan="5">峰谷值</td><td colspan="4">平均值</td></tr>
<tr><td>R轮廓参数（粗糙度参数）</td><td>Rp</td><td>Rv</td><td>Rz</td><td>Rc</td><td>Rt</td><td>Ra</td><td>Rq</td><td>Rsk</td><td>Rku</td><td>RSm</td><td>RΔq</td><td>Rmr（c）</td><td>Rδc</td><td>Rmr</td></tr>
</table>

*R*轮廓参数以与高度特性有关的评定参数为主，是必须标注的参数，其他是附加评定参数。过去与高度特性有关的评定参数有三个：轮廓算术平均偏差，代号*Ra*；微观不平度十点高度，代号*Rz*；轮廓最大高度，代号*Ry*。在国家标准GB/T 131—2006中，*Rz*代替了轮廓最大高度*Ry*，即*Ry*不再采用。

在*R*轮廓参数代号中，*Ra*和*Rz*能较客观地反映表面微观几何形状特性，而且测量方法简单，效率高，因此在常用范围内推荐优先选用*Ra*和*Rz*。标注时可省略*Ra*。

2）表面结构参数极限值。这里以轮廓算术平均偏差*Ra*的极限值（见表1—1—22）

为例。表中列出了表面结构参数极限值的第 1 系列和第 2 系列，应优先选用第 1 系列。从表中可以得出第 1 系列在 0. 025～3. 2 μm 区间中轮廓算术平均偏差 *Ra* 的数值从小到大以公倍数 2 排列的规律。表面结构参数极限值的单位是 μm。

表 1—1—22　　轮廓算术平均偏差 *Ra* 的极限值　　μm

第 1 系列	第 2 系列	第 1 系列	第 2 系列	第 1 系列	第 2 系列	第 1 系列	第 2 系列
	0. 008						
	0. 010						
0. 012			0. 125		1. 25	12. 5	
	0. 016		0. 160	1. 60			16
	0. 020	0. 20			2. 0		20
0. 025			0. 25		2. 5	25	
	0. 032		0. 32	3. 2			32
	0. 040	0. 40			4. 0		40
0. 050			0. 50		5. 0	50	
	0. 063		0. 63	6. 3			63
	0. 080	0. 80			8. 0		80
0. 100			1. 00		10. 0	100	

表面结构参数极限值标注示例如图 1—1—108 所示。其中，图 1—1—108a 只标出表面结构要求的上限参数值，图 1—1—108b 同时标出表面结构要求的上、下限参数值。

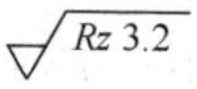

Rz 3.2

a）

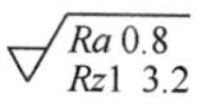

Ra 0.8
*Rz*1 3.2

b）

图 1—1—108　表面结构参数极限值标注示例

a）只标出表面结构要求的上限参数值　b）同时标出表面结构要求的上、下限参数值

3）表面结构参数值的选用原则

①表面结构参数值要求越低，即越光滑，尺寸要求越精确。

②同一公差等级的小尺寸比大尺寸表面结构参数值要求低。

③同一公差等级的轴比孔表面结构参数值要求低。

④表面结构要求与加工方法的关系。表面结构要求的高低与加工方法有关，这里以轮廓算术平均偏差 *Ra* 为例，它与加工方法及表面形状特征的对应关系见表 1—1—23，表中所列为经济加工精度。

表1—1—23　轮廓算术平均偏差 *Ra* 与加工方法及表面形状特征的对应关系

Ra（μm）（max）	加工方法	表面形状特征	应用举例
12.5	粗车、刨削、钻削、铣削	可见刀痕	一般非结合表面，如轴的端面、倒角、齿轮及带轮的侧面、键槽的非工作表面、减重孔的表面等
6.3	车削、镗削、刨削、钻削、铣削、磨削、锉削、粗铰、铣齿	可见加工痕迹	不重要的非配合表面，如支柱、支架、外壳、衬套、轴、盖等的端面；紧固件的自由表面，紧固件通孔的表面，内、外花键的非定心表面，不作为测量基准的齿轮齿顶圆表面等
3.2	车削、镗削、刨削、铣削、铰削、拉削、磨削、滚压、刮削（1～2点/cm^2）、铣齿	微见加工痕迹	与其他零件连接不形成配合的表面，如箱体、外壳、端盖等零件的端面；要求有定心和配合特性的固定支撑面，如定心的轴肩、键和键槽的工作表面、不重要的紧固螺纹表面、需要滚花或氧化处理的表面等
1.6	车削、镗削、拉削、磨削、铣削、铰削、刮削（1～2点/cm^2）、磨削、滚压	看不清加工痕迹	安装直径超过80 mm的G级轴承的外壳孔、普通精度齿轮的齿面、定位销孔、V带轮的表面、大径定心的内花键大径、轴承盖的定中心凸肩表面等
0.8	车削、磨削、立铣、刮削（3～10点/cm^2）、镗削、拉削、滚压	可辨加工痕迹的方向	要求保证定心和配合特性的表面，如锥销和圆柱销的表面，与G级精度滚动轴承相配合的轴颈和外壳孔，中速转动的轴颈，直径超过80 mm的E、D级滚动轴承配合的轴颈和外壳孔，内、外花键的定心内径，外花键键侧和定心外径，过盈配合IT7级的孔，间隙配合IT9～IT8级的孔，磨削的齿轮表面等
0.4	铰削、磨削、镗削、拉削、刮削（3～10点/cm^2）、滚压	微辨加工痕迹的方向	要求长期保持配合性质稳定的配合表面，IT7级的轴、孔配合表面，精度较高的轮齿表面，受变应力作用的重要零件，与直径小于80 mm的E、D级轴承配合的轴颈表面，与橡胶密封件接触的表面，尺寸大于120 mm的IT16～IT13级孔和轴用量规测量的表面

4）加工方法的标注。加工工艺在很大程度上决定了零件的表面质量，因此，在图样表面结构符号中一般应注明加工工艺。加工工艺用文字在完整图形符号中标出，加工方法标注在完整图形符号水平线的上方，如图 1—1—109 和图 1—1—110 所示，其中图 1—1—110 表示的是镀覆的示例。

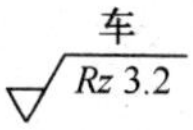

车
Rz 3.2

图 1—1—109　加工工艺和表面结构要求的标注

Fe/Ep·Ni15pCr0.3r
Rz 0.8

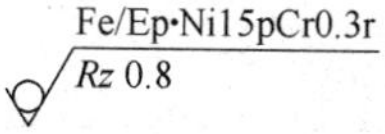

图 1—1—110　镀覆和表面结构要求的标注

5）表面纹理的标注。表面纹理及其方向用表 1—1—24 中规定的符号在完整图形符号中标出，表面纹理符号标注在图形符号的右下方，如图 1—1—111 所示。

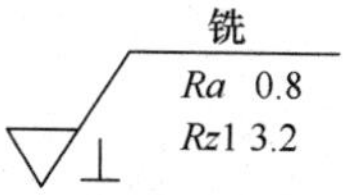

铣
Ra 0.8
Rz1 3.2
⊥

图 1—1—111　垂直于视图所在投影面的表面纹理方向的标注

纹理方向是指表面纹理的主要方向，通常由加工工艺决定。表 1—1—24 中所列符号包括了表面结构所要求的与图样平面相应的纹理及其方向。

表 1—1—24　　表面纹理的标注

符号	解释和示例	
=	纹理平行于视图所在的投影面	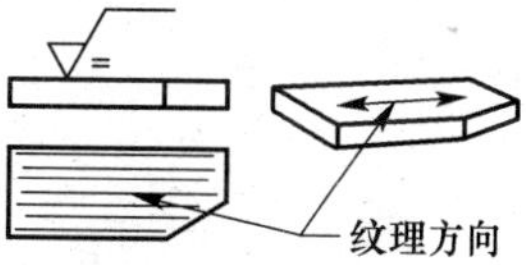 = 纹理方向
⊥	纹理垂直于视图所在的投影面	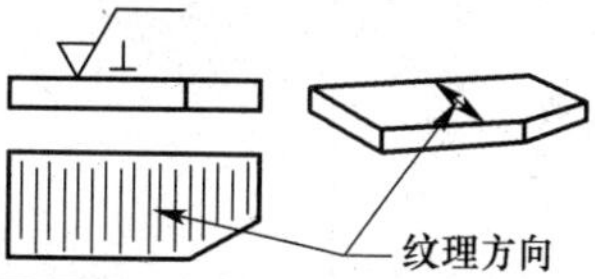 ⊥ 纹理方向
×	纹理呈两斜向交叉且与视图所在的投影面相交	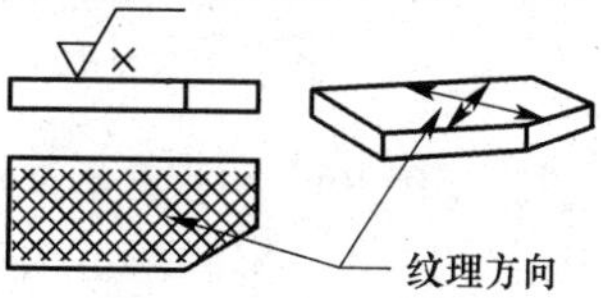 × 纹理方向
M	纹理呈多方向	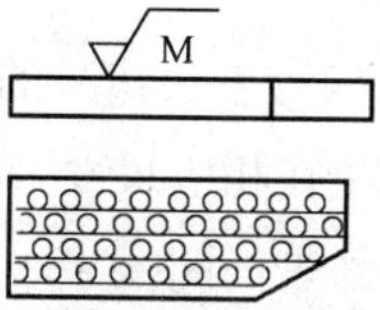 M

续表

符号	解释和示例	
C	纹理呈近似同心圆且圆心与表面中心相关	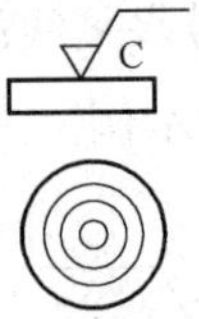
R	纹理呈近似放射状且与表面圆心相关	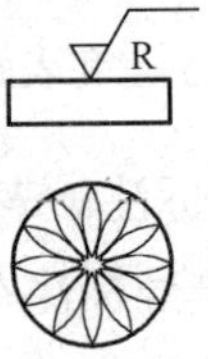
P	纹理呈微粒、凸起，无方向	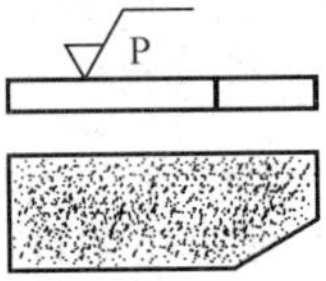

注：如果表面纹理不能清楚地用这些符号表示，必要时，可以在图样上加注说明。

6）加工余量的标注。在同一图样中，有多个加工工序的表面可标注加工余量，如在表示完工零件形状的铸、锻件图样中给出加工余量。加工余量也可以同表面结构要求一起标注，如图 1—1—112 所示。

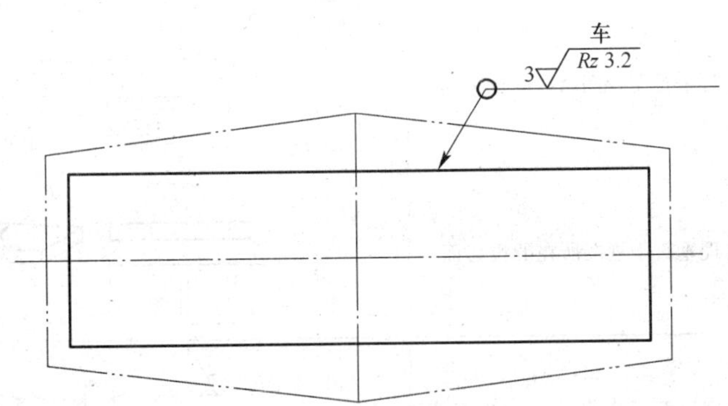

图 1—1—112　在表示完工零件的图样中给出加工余量的标注

（所有表面均有 3 mm 加工余量）

（3）表面结构符号、代号的标注位置与方向。表面结构要求在零件表面一般只标注一次，并尽可能标注在相应尺寸及其公差的同一视图上。除非另有说明，所标注的表面结构要求是对完工零件表面的要求。表面结构要求的注写和读取方向与尺寸的注写和读取方向一致，图形符号中的长边在标注时要特别注意标注方向，其长边应随图形符号的尖端做顺时针方向旋转，如图 1—1—113 所示。

1）标注在轮廓线上或指引线上。表面结构要求可标注在轮廓线上，其符号应从材料外指向并接触表面。必要时，表面结构符号可用带箭头或黑点的指引线引出标注，如图 1—1—114 和图 1—1—115 所示。

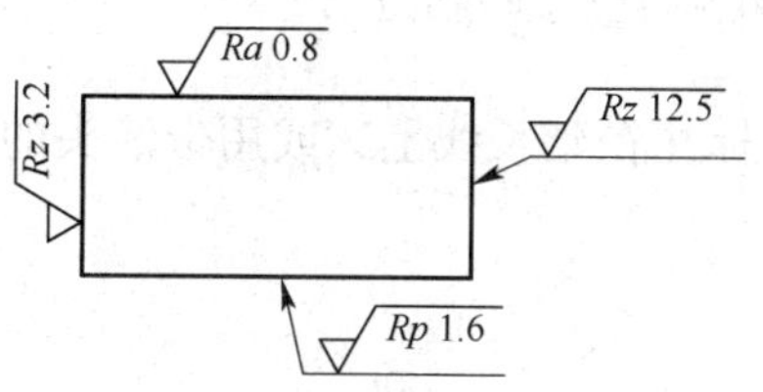

图 1—1—113　表面结构要求的标注方向

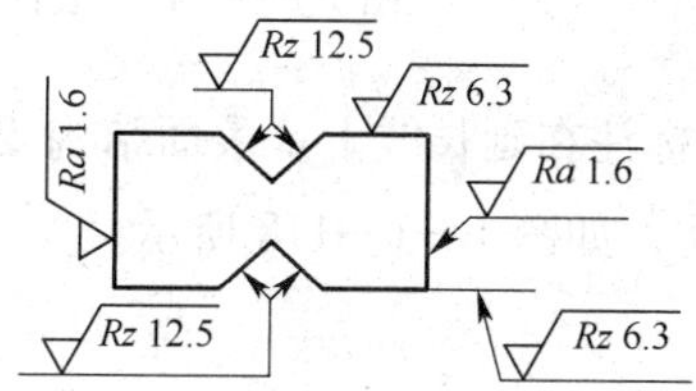

图 1—1—114　表面结构要求在轮廓线上的标注

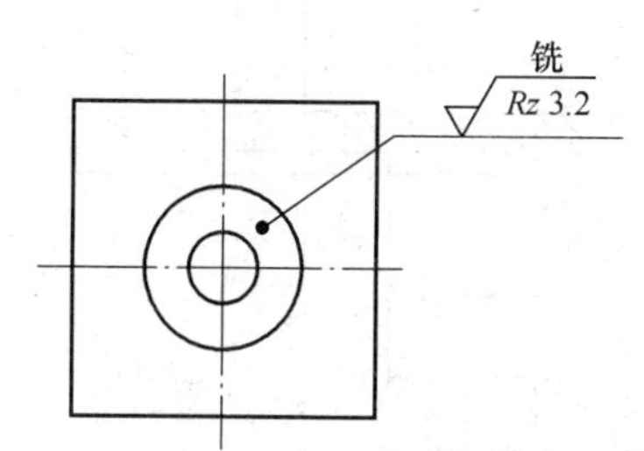

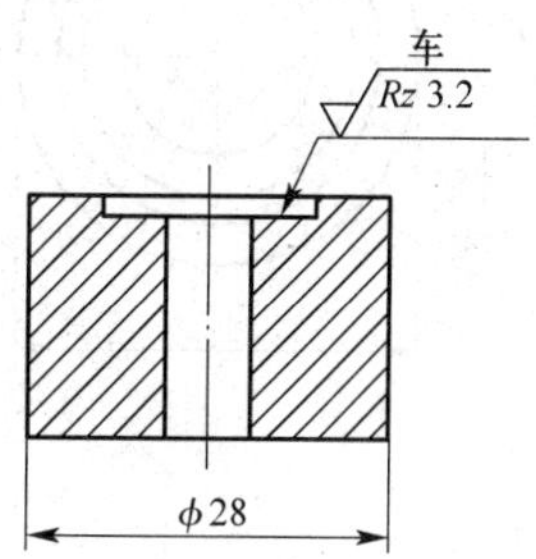

图 1—1—115　用指引线引出标注表面结构要求

2）标注在尺寸线上。在不致引起误解时，表面结构要求可以标注在给定的尺寸线上，如图 1—1—116 所示。

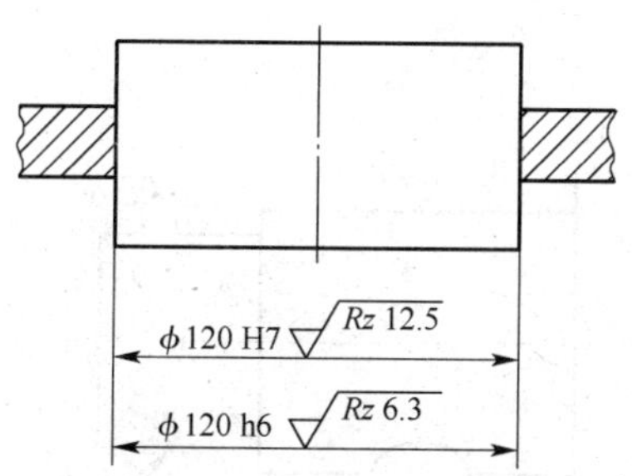

图 1—1—116　表面结构要求标注在尺寸线上

3）标注在几何公差的框格上。表面结构要求可标注在几何公差框格的上方，如图 1—1—117 所示。

图 1—1—117　表面结构要求标注在形位公差框格的上方

4）标注在延长线上。表面结构要求可以直接标注在延长线上，或用带箭头的指引线引出标注，如图 1—1—118 所示。

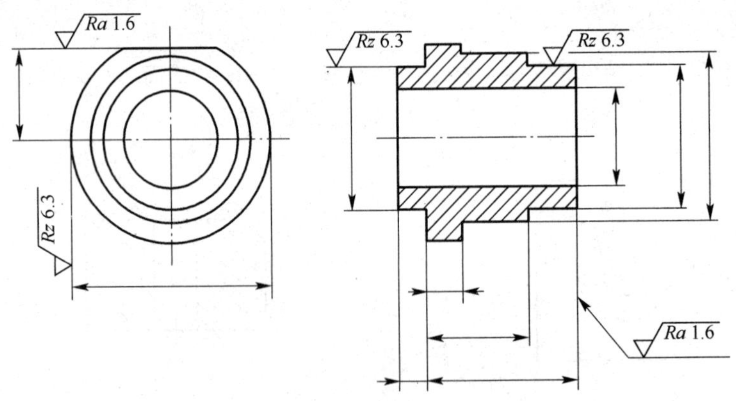

图 1—1—118　表面结构要求标注在圆柱特征的延长线上

5）标注在圆柱和棱柱表面上。圆柱和棱柱表面的表面结构只标注一次，如图 1—1—118 所示。如果每个棱柱表面有不同的表面结构要求，则应分别单独标注，如图 1—1—119 所示。

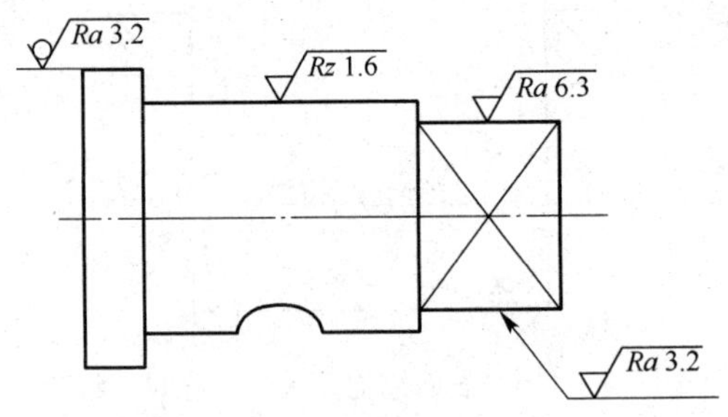

图 1—1—119　圆柱和棱柱的表面结构要求的注法

（4）表面结构要求的简化注法

1）有相同表面结构要求的简化注法。如果在工件的大多数表面有相同的表面结构要求，则其表面结构要求可统一标注在图样的标题栏附近。

①在圆括号内给出无任何其他标注的基本符号，如图 1—1—120 所示。

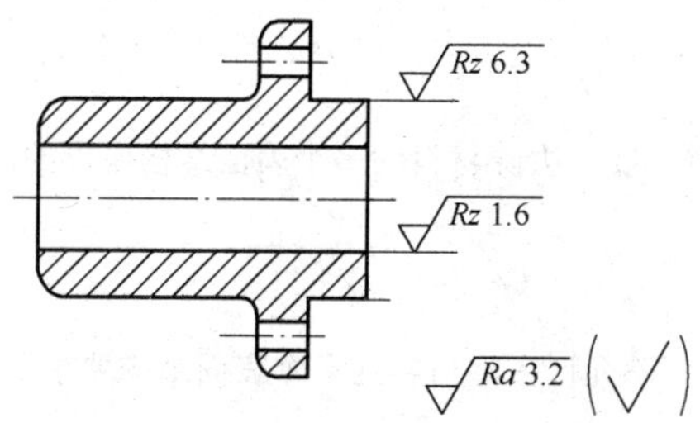

图 1—1—120　大多数表面有相同表面结构要求的简化注法（一）

②在圆括号内给出不同的表面结构要求，如图 1—1—121 所示。

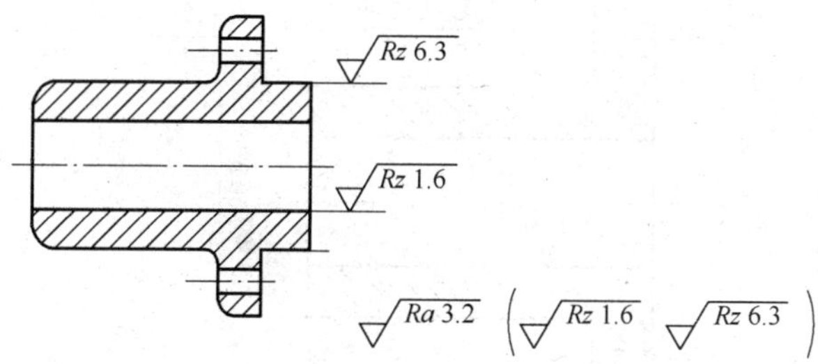

图 1—1—121　大多数表面有相同表面结构要求的简化注法（二）

2）多个表面有共同要求的注法。当多个表面具有相同的表面结构要求或图样空间有限时，可以采用简化注法。

①用带字母的完整图形符号的简化注法。可用带字母的完整图形符号，以等式的形式，在图形或标题栏附近，对有相同表面结构要求的表面进行简化标注，如图 1—1—122 所示。

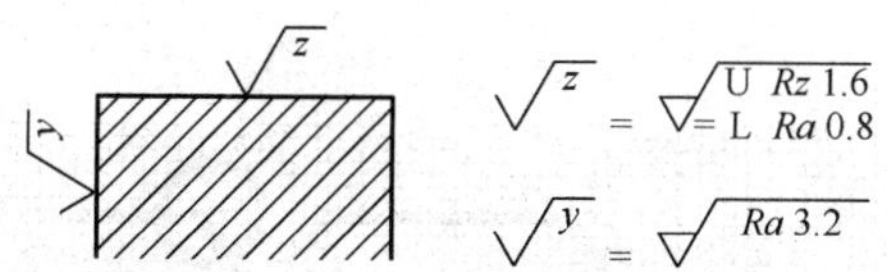

图 1—1—122　在图样空间有限时的简化标注

②只用表面结构符号的简化注法。可用基本图形符号、扩展图形符号和完整图形符号，以等式的形式给出对多个表面共同的表面结构要求，如图 1—1—123 ~ 图 1—1—125 所示。

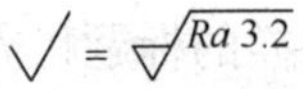

√ = √Ra 3.2

图 1—1—123　未指定工艺方法的多个表面结构要求的简化注法

√ = √Ra 3.2

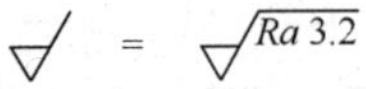

图 1—1—124　要求去除材料的多个表面结构要求的简化注法

√ = √Ra 3.2

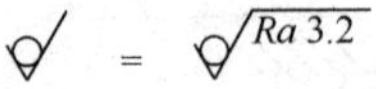

图 1—1—125　不允许去除材料的多个表面结构要求的简化注法

（5）两种或多种工艺获得同一表面的注法。由不同工艺方法获得的同一表面，当需要明确每种工艺方法的表面结构要求时的标注方法如图 1—1—126 所示。

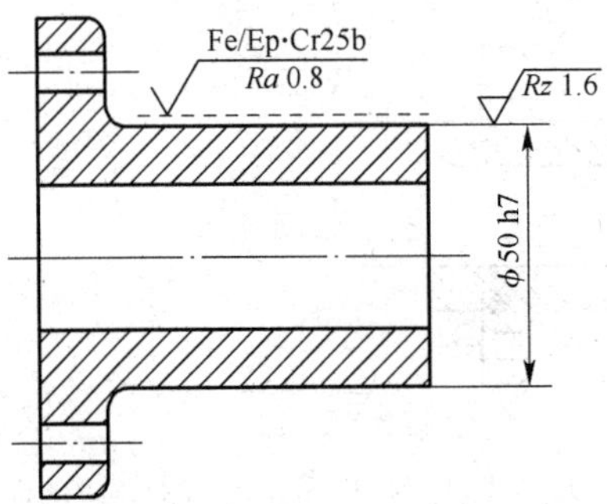

图 1—1—126　同时给出镀覆前后的表面结构要求的注法

（6）图形符号的比例和尺寸

1）图形符号的比例。基本图形符号和附加部分应根据规定的比例画出，如图 1—1—127~图 1—1—129 所示。图 1—1—127 中第 2 个符号的水平线长度取决于其上下所标注内容的长度。

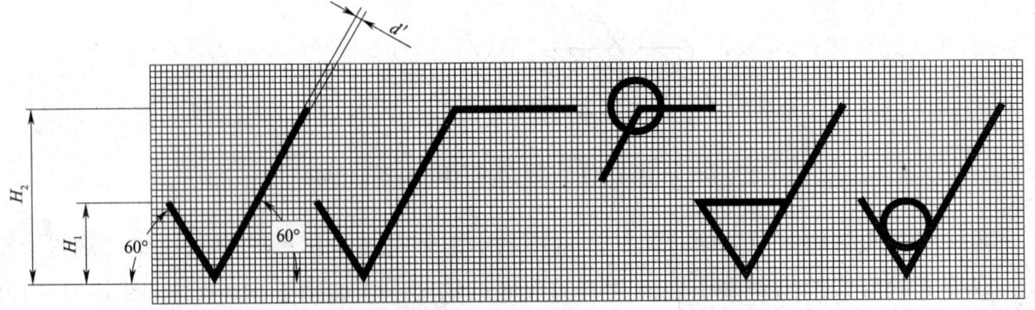

图 1—1—127　基本图形符号及附加部分的比例和画法

表面纹理符号的比例和画法如图 1—1—128 所示。

图形符号中表面结构要求的注写比例和位置如图 1—1—129 所示。其中，a、b、d 和 e 区域中的所有字母高度应该等于 h；c 区域中的标注可以是大写字母、小写字母或汉字，这个区域的高度可以大于 h，以便能够写出小写字母的尾部。

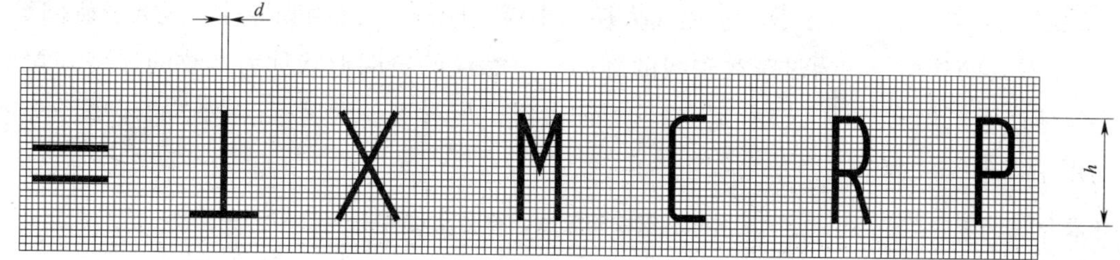

图 1—1—128　表面纹理符号的比例和画法

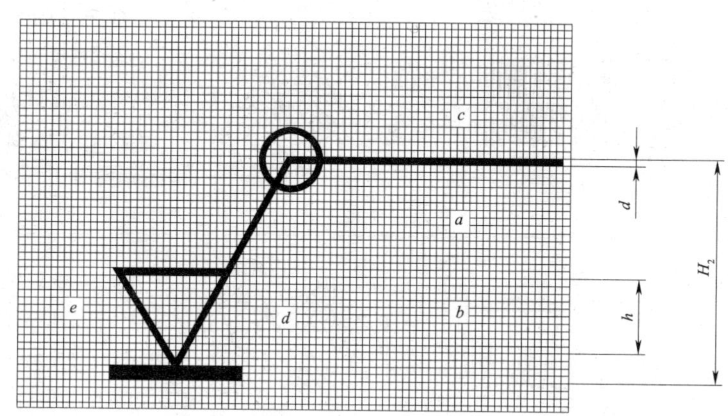

图 1—1—129　图形符号中表面结构要求的注写比例和位置

2）图形符号的尺寸。图形符号和附加标注的尺寸见表 1—1—25。

表 1—1—25　图形符号和附加标注的尺寸　mm

数字和字母高度 h	2. 5	3. 5	5	7	10	14	20
符号线宽 d' 字母线宽 d	0. 25	0. 35	0. 5	0. 7	1	1. 4	2
高度 H_1	3. 5	5	7	10	14	20	28
高度 H_2	7. 5	10. 5	15	21	30	42	60

注：H_2 取决于标注内容。

四、常用零件的画法和标注

1. 螺纹的画法和标注

（1）螺纹的基本概念。螺纹是零件中常见的结构形式，主要用于连接零件、传递动力和改变运动形式。

各种螺纹都是根据螺旋线原理加工而成的，螺纹的加工大部分采用机械化批量生产。小批量、单件产品的外螺纹可采用车床加工，或板牙套螺纹；内螺纹可以在车床上加工，也可以先在工件上钻孔，再用丝锥攻制。

螺纹的基本要素包括牙型、直径（大径、小径、中径）、螺距和导程、线数、旋向等。

1）螺纹的牙型。在通过螺纹轴线的剖面上，螺纹的轮廓形状称为螺纹的牙型。常见的螺纹牙型有三角形（60°、55°）、梯形、锯齿形、矩形等，常用标准螺纹的牙型、符号及功用见表1—1—26。

表1—1—26　　常用标准螺纹的牙型、符号及功用

螺纹种类及牙型符号		外形图	内、外螺纹旋合后牙型放大图	功　用
连接螺纹	粗牙普通螺纹 M	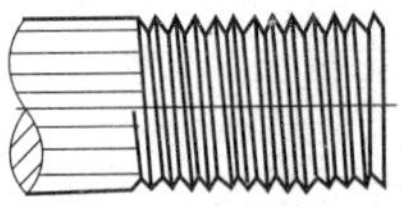	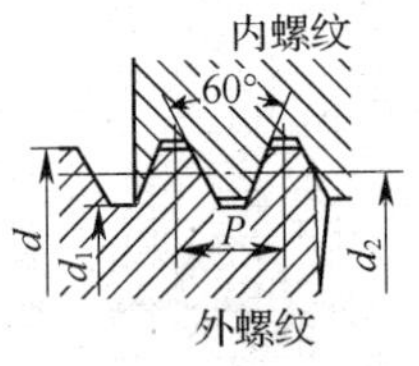 内螺纹 60° d d_1 P d_2 外螺纹	粗牙、细牙普通螺纹是最常用的连接螺纹，其中，细牙普通螺纹的螺距比粗牙普通螺纹小，切深较浅，用在细小的精密零件或薄壁零件上
	细牙普通螺纹 M			
	55°非密封管螺纹 G	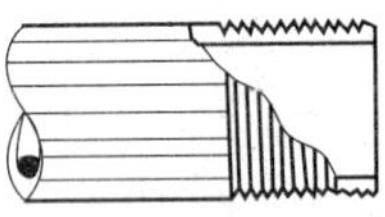	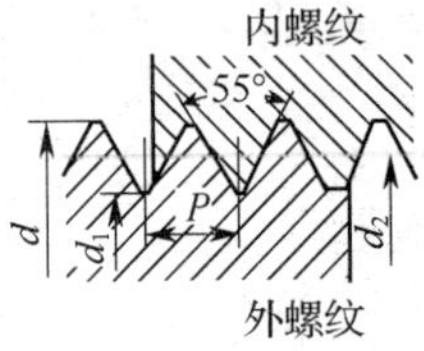 内螺纹 55° d d_1 P d_2 外螺纹	55°非密封管螺纹用在水管、煤气管等薄壁管子上，是一种螺纹深度较浅的特殊细牙螺纹，仅用于管子的连接
传动螺纹	梯形螺纹 Tr	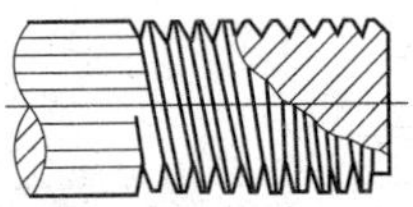	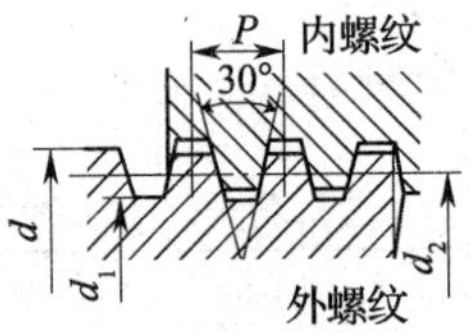 P 内螺纹 30° d d_1 d_2 外螺纹	梯形螺纹用于传递动力，各种机床上的丝杠多采用这种螺纹
	锯齿形螺纹 B	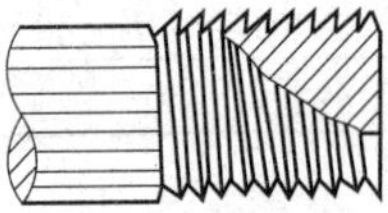	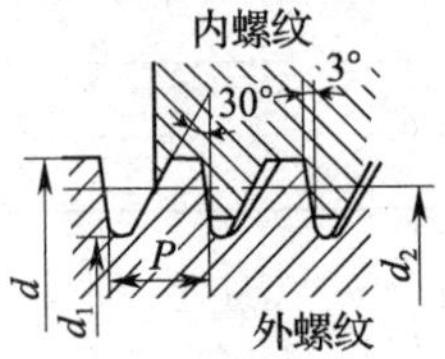 内螺纹 30° 3° d d_1 P d_2 外螺纹	锯齿形螺纹只能传递单向动力，如螺旋压力机的传动丝杠就采用这种螺纹

2）螺纹的直径

①大径 d、D 是指与外螺纹的牙顶或内螺纹的牙底相切的假想圆柱或圆锥的直径。内螺

纹的大径用大写字母表示，外螺纹的大径用小写字母表示。小径 d_1、D_1是指与外螺纹的牙底或内螺纹的牙顶相切的假想圆柱或圆锥的直径。公称直径是代表螺纹尺寸的直径，指螺纹大径。

②中径 d_2、D_2是指一个假想的圆柱或圆锥直径，该圆柱或圆锥的母线通过牙型上沟槽和凸起宽度相等的地方。

3）螺纹的螺距和导程。相邻两牙在中径线上对应两点间的轴向距离称为螺距，螺距用字母 P 表示；同一螺旋线上的相邻两牙在中径线上对应两点间的轴向距离称为导程，导程用字母 P_h表示。线数 n、螺距 P 和导程 P_h之间的关系为 $P_h=nP$，如图 1—1—130 所示。

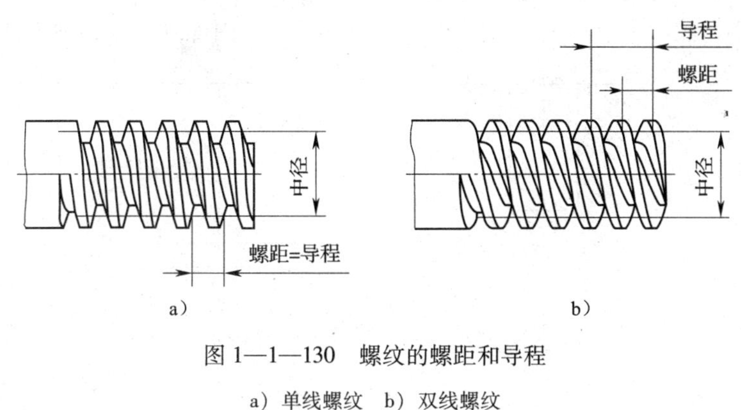

图 1—1—130　螺纹的螺距和导程

a）单线螺纹　b）双线螺纹

4）螺纹的线数。形成螺纹的螺旋线条数称为线数，线数用字母 n 表示。沿一条螺旋线形成的螺纹称为单线螺纹，沿两条以上螺旋线形成的螺纹称为多线螺纹，如图 1—1—130 所示。

5）螺纹的旋向。螺纹按旋向不同分为左旋螺纹和右旋螺纹两种。顺时针旋转时旋入的螺纹是右旋螺纹；逆时针旋转时旋入的螺纹是左旋螺纹。工程上常用右旋螺纹。

国家标准对螺纹的牙型、大径和螺距做了统一规定。这三项要素均符合国家标准的螺纹称为标准螺纹；凡牙型不符合国家标准的螺纹称为非标准螺纹；只有牙型符合国家标准的螺纹称为特殊螺纹。

（2）螺纹的规定画法。国家标准《机械制图　螺纹及螺纹紧固件表示法》（GB/T 4459. 1—1995）对螺纹的画法规定如下：

1）外螺纹的画法。在平行于螺纹轴线的投影面的视图中，外螺纹的牙顶圆和螺纹终止线用粗实线表示，牙底圆用细实线表示，螺杆的倒角或倒圆也应画出。在垂直于螺纹轴线的投影面的视图中，外螺纹的牙顶圆用粗实线表示，牙底圆用细实线表示且只画约3/4圈（空出约 1/4 圈的位置不做规定），此时，螺杆上的倒角投影不应画出，如图1—1—131 所示。

2）内螺纹的画法。在平行于螺纹轴线的投影面的剖视图中，内螺纹的牙顶圆和螺纹终止线用粗实线表示，牙底圆用细实线表示，剖面线应画到粗实线。在垂直于螺纹轴线的

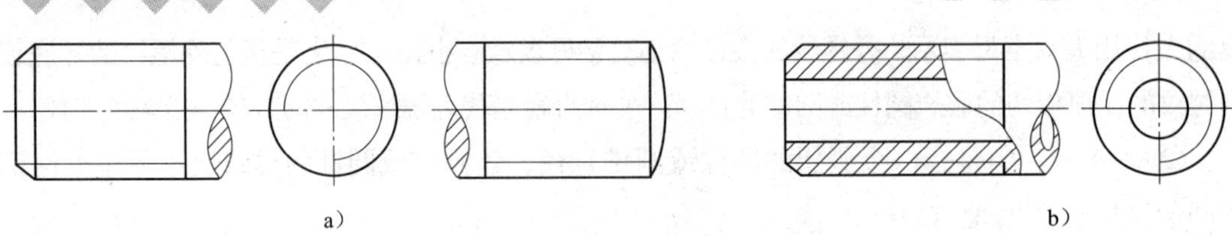

图 1—1—131　外螺纹的画法

a）不同倒角外螺纹的画法　b）带剖面外螺纹的画法

投影面的视图中，内螺纹的牙顶圆用粗实线表示，牙底圆用细实线表示且只画约 3/4 圈，此时，螺孔上的倒角投影不应画出，如图 1—1—132a 所示。内螺纹一般都画成剖视图的形式。

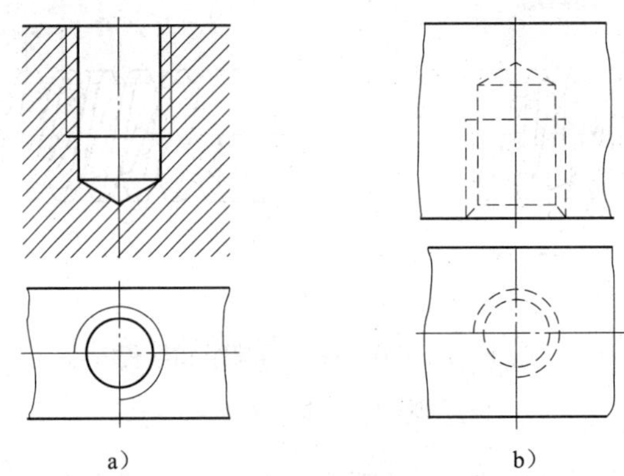

图 1—1—132　内螺纹的画法

a）内螺纹断面图中剖面线的画法　b）不可见内螺纹的画法

3）内、外螺纹画法注意要点

①无论是外螺纹还是内螺纹，在剖视图或断面图中的剖面线都应画到粗实线。不可见螺纹的所有图线都用细虚线绘制，如图 1—1—132b 所示。

②绘制不通的螺孔时，一般应将钻孔深度与螺纹部分的深度分别画出。当需要表示螺纹牙型时，可按图 1—1—133 所示的形式绘制。

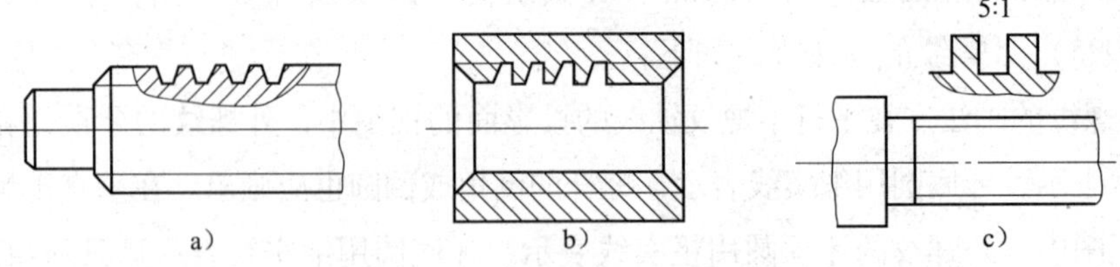

图 1—1—133　螺纹牙型的画法

a）外螺纹牙型画法　b）内螺纹牙型画法　c）螺纹放大画法

③圆锥外螺纹和圆锥内螺纹的画法如图 1—1—134 所示。

④对于不完整的螺纹结构，如骑缝螺孔（零件上只有一半或更少的螺纹）或螺杆被切去一部分。在垂直于螺纹轴线的视图中，反映螺纹的粗、细实线为一段圆弧，如图 1—1—135 所示。

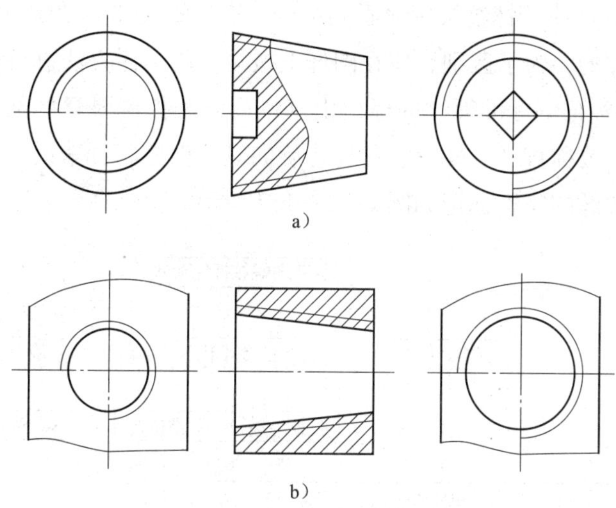

图 1—1—134 圆锥螺纹的画法

a）圆锥外螺纹 b）圆锥内螺纹

4）内、外螺纹的连接画法。只有当内、外螺纹的五项基本要素相同时，内、外螺纹才能进行连接。例如，用剖视图表示螺纹连接时，旋合部分按外螺纹的画法绘制，未旋合部分按各自原有的画法绘制。画图时必须注意以下几点：

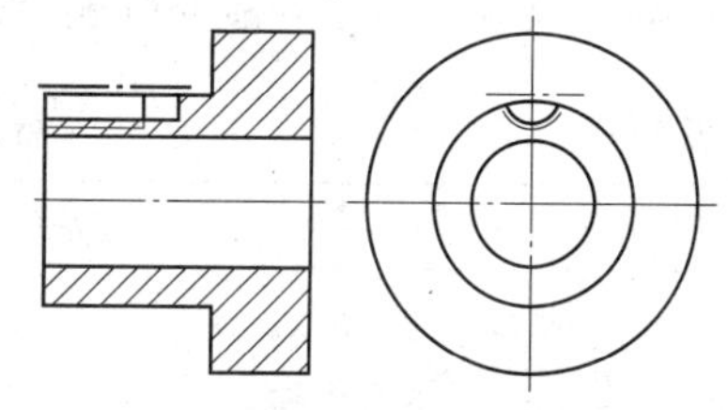

图 1—1—135 不完整螺纹结构的画法

①表示内、外螺纹大径的细实线和粗实线，以及表示内、外螺纹小径的粗实线和细实线应分别对齐，如图 1—1—136 所示。

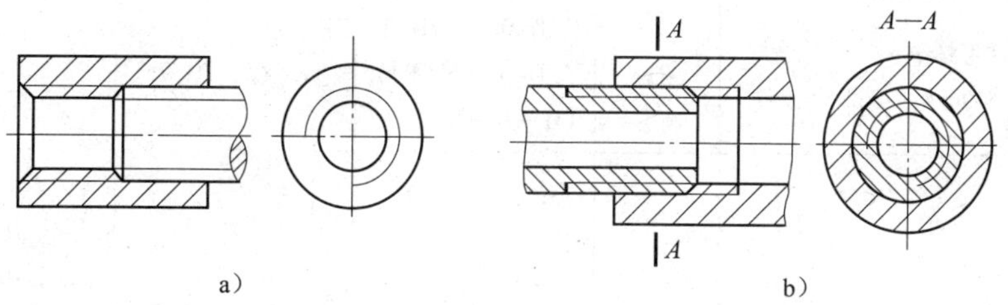

图 1—1—136 内、外螺纹的连接画法

a）实心螺杆连接画法 b）空心螺杆连接画法

②当剖切平面通过螺杆的轴线时，对于螺柱、螺栓、螺钉、螺母、垫圈等均按未剖切

绘制，如图 1—1—136a 所示的实心螺杆是按未剖切绘制的。

③相互邻接的金属零件剖面线的倾斜方向应相反，或方向一致而间隔不等。同一装配图中同一零件的剖面线应方向相同、间隔相等，如图 1—1—136b 所示。

（3）螺纹代号的标注。螺纹按用途不同可分为连接螺纹和传动螺纹两大类，各种螺纹的规定画法都是一样的，为了区别，应在图样上按规定的标注方法进行标注。

1）标准螺纹的标记。标准螺纹的标记由基本要素和控制要素两部分组成。基本要素包括螺纹特征代号、公称直径、螺距、导程、旋向等；而控制要素由公差带代号和旋合长度代号组成。标准螺纹的完整标记如图 1—1—137 所示。

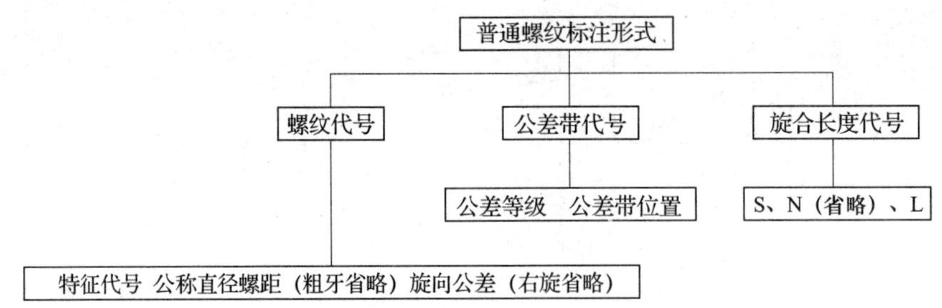

图 1—1—137　标准螺纹的完整标记

标准螺纹应注出相应标准所规定的螺纹标记，见表 1—1—27。

表 1—1—27　　标准螺纹的种类和标记

<table>
<tr><th colspan="2">螺纹类别</th><th>特征代号</th><th>螺纹标记示例</th><th>螺纹副标记示例</th><th>附注</th></tr>
<tr><td rowspan="2">普通螺纹
GB/T 197—2018</td><td>粗牙
普通螺纹</td><td rowspan="2">M</td><td>M10—5g6g—S</td><td rowspan="2">M20×2—
6H/6g—LH</td><td rowspan="2">粗牙普通螺纹不注螺距，左旋螺纹标注“LH”，右旋不标（以下同）
外螺纹中径公差带为 5g，顶径公差带为 6g</td></tr>
<tr><td>细牙
普通螺纹</td><td>M20×2—6H—LH</td></tr>
<tr><td colspan="2">梯形螺纹
GB/T 5796.4—2005</td><td>Tr</td><td>Tr40×7—7H
Tr40×14（P7）LH—7e—L</td><td>Tr36×6—7H/7e</td><td></td></tr>
<tr><td colspan="2">锯齿形螺纹
GB/T 13576—2008</td><td>B</td><td>B40×7—7A
B40×14（P7）LH—8c—L</td><td>B40×7—7A/7c</td><td>长旋合长度标注“L”，中等旋合长度不标注“N”，短旋合长度标注“S”，都可以参照此格式标注</td></tr>
</table>

续表

<table>
<tr><th colspan="3">螺纹类别</th><th>特征代号</th><th>螺纹标记示例</th><th>螺纹副标记示例</th><th>附注</th></tr>
<tr><td colspan="2" rowspan="2">60°密封管螺纹
GB/T 12716—2011</td><td>圆锥管螺纹</td><td>NPT</td><td>NPT3/8—LH</td><td rowspan="2"></td><td rowspan="2">内、外螺纹均仅有一种公差带，故不注公差带代号（以下同）</td></tr>
<tr><td>圆柱内螺纹</td><td>NPSC</td><td>NPSC3</td></tr>
<tr><td colspan="3">55°非密封管螺纹
GB/T 7307—2001</td><td>G</td><td>G 1½ A
G 1/2 LH</td><td>G 1½/G 1½ A</td><td>外螺纹公差等级分 A 级和 B 级两种
内螺纹公差等级只有一种</td></tr>
<tr><td rowspan="4">55°密封管螺纹
GB/T 7306—2000</td><td rowspan="2">圆锥外螺纹</td><td>与圆柱内螺纹配合</td><td>R_1</td><td rowspan="2">R_1 ½ LH</td><td rowspan="2">Rc 1½/R_2 1½</td><td rowspan="4">内、外螺纹均只有一种公差带</td></tr>
<tr><td>与圆锥内螺纹配合</td><td>R_2</td></tr>
<tr><td colspan="2">圆锥内螺纹</td><td>Rc</td><td>Rc 1½</td><td>Rc 1½/R_2 1½ LH</td></tr>
<tr><td colspan="2">圆柱内螺纹</td><td>Rp</td><td>Rp 1/2</td><td>Rp 1½/R_1 1½</td></tr>
</table>

2）螺纹代号。粗牙普通螺纹用特征代号“M”及“公称直径”表示，可不标注螺距。细牙普通螺纹用特征代号“M”及“公称直径×螺距”表示。当螺纹为左旋时，在螺纹代号后加字母“LH”。右旋螺纹不标注旋向（以下同）。

梯形螺纹用特征代号“Tr”及“公称直径×导程（螺距）”表示。锯齿形螺纹用特征代号“B”及“公称直径×导程（螺距）”表示。一般只注导程，若为多线螺纹，在括号中再注出螺距。

60°密封管螺纹用特征代号“NPT”及“螺纹尺寸代号”表示。螺纹尺寸代号小于 14（即 14 in，1 in=25.4 mm）时，为管子孔径；等于或大于 14 时应加注字母“O. D.”，表示钢管外径（outside diameter），如 NPT1/8 和 NPT14O. D. —LH。

55°非密封管螺纹为圆柱管螺纹，它用螺纹特征代号“G”及“螺纹尺寸代号和螺纹精度代号”表示。外螺纹的公差等级代号按规定分为 A、B 两级，必须注明；内螺纹公差等级只有一种，不必注明。

55°密封管螺纹用“螺纹特征代号”及“尺寸代号”表示。它们的螺纹特征代号如下：“R_1”表示与圆柱内螺纹配合的圆锥外螺纹，“R_2”表示与圆锥内螺纹配合的圆锥外螺纹，“Rc”表示圆锥内螺纹，“Rp”表示圆柱内螺纹。

3）螺纹公差带代号。普通螺纹公差带代号包括中径与顶径公差带代号，由表示其大小的公差等级数字和表示其位置的字母组成。如果螺纹的中径公差带与顶径公差带代号不同，应分别注出，前者表示中径公差带，后者表示顶径公差带；如果中径与顶径公差带代号相同，则只注一个代号，如 M10—5g6g、M10—6H。梯形螺纹和锯齿形螺纹只标注中径公差带代号。

4）螺纹旋合长度代号。普通螺纹旋合长度分为三组，分别为短旋合长度（S）、中等旋合长度（N）和长旋合长度（L）。当旋合长度为中等旋合长度时，“N”一般不注，如 M10—5g—S、M10—7H—L。有特殊需要时，可注明旋合长度的数值，如 M20×2—7g6g—40。

5）螺纹副的标记。需要时，在装配图中应标注出螺纹副的标记。

普通螺纹、梯形螺纹、锯齿形螺纹的内、外螺纹装配在一起时，用斜线将公差带代号分开，左边表示内螺纹公差带代号，右边表示外螺纹公差带代号，如 M20×2—6H/6g。

内、外管螺纹装配在一起时，用斜线分开标注，左边为内螺纹，右边为外螺纹。

（4）螺纹的标注方法。由于螺纹的投影采用了简化画法，各种螺纹的画法相同，在图样中不反映牙型、螺距、线数、旋向等要素，因此必须对螺纹进行标注。

1）普通螺纹、梯形螺纹的标注。国家标准规定普通螺纹代号标注的顺序和格式为：

特征代号［公称直径×螺距或导程（螺距）旋向—螺纹公差代号—旋合长度代号］

例如，M20×1—7H—L—LH，表示公称直径为 20 mm，螺距为 1 mm 的普通细牙左旋螺纹，顶径和中径公差带同为 7H，长旋合长度。

公称直径以 mm 为单位的米制螺纹，其标记应直接注在大径的尺寸线上或其引出线上，如图 1—1—138 所示。

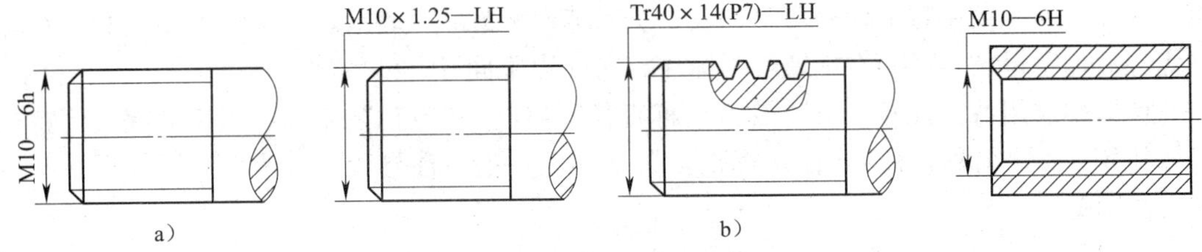

图 1—1—138　米制螺纹的两种标注方法

a）注在尺寸线上　b）注在尺寸线的引出线上

2）管螺纹的标注方法。各种管螺纹的特征代号见表 1—1—27。国家标准规定管螺纹代号标注的顺序和格式为特征代号、尺寸代号、中径公差带等级、旋向。

尺寸代号不标注单位，只有特征代号为 G 的 55°非密封管螺纹才有中径公差带等级，右旋螺纹的旋向省略不标，左旋螺纹的旋向标“LH”。管螺纹的标记一律写在引出线上，引出线应由大径处引出，如图 1—1—139 所示。

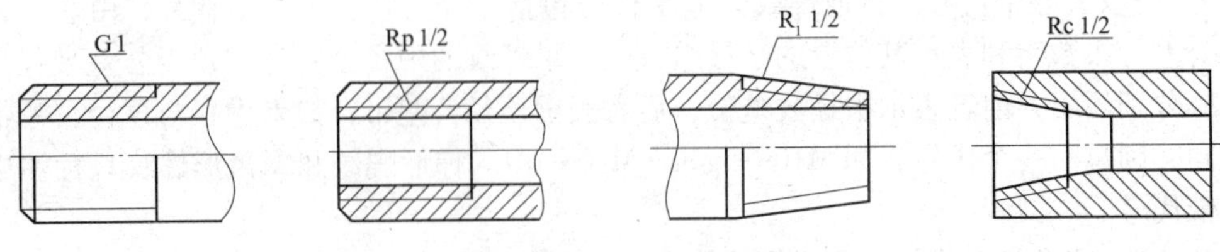

图 1—1—139　管螺纹的各种标注方法

3）螺纹有效长度的标注。加工部分长度的内、外螺纹，由于刀具邻近螺纹加工终止时要退离工件，出现吃刀量渐浅的部分，称为螺尾。画螺纹时一般不必画出螺尾部分。当需要表示时，螺纹尾部牙底圆的投影用与轴线成30°的细实线表示，如图1—1—140所示。

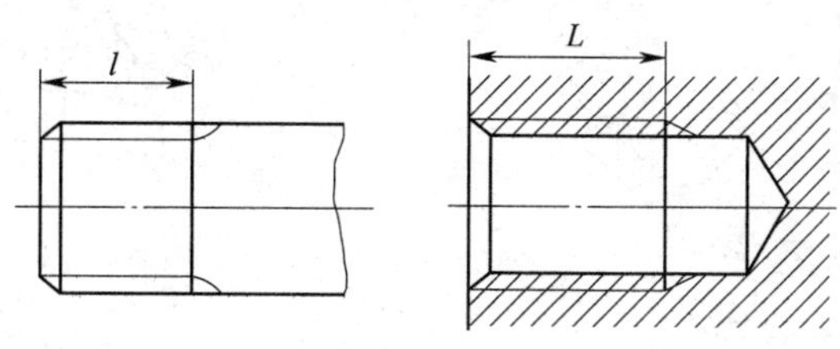

图1—1—140　螺尾的表示法

（5）螺纹副的标注方法。内、外螺纹旋合在一起时，其公差带代号可用斜线分开，左边表示内螺纹公差带代号，右边表示外螺纹公差带代号，螺纹副的标记见表1—1—27。

螺纹副标记的标注方法与螺纹标记的标注方法相同。米制螺纹的标记应直接标注在大径的尺寸线上或其引出线上，如图1—1—141a所示；管螺纹的标记应采用引出线由配合部分的大径处引出标注，如图1—1—141b所示。

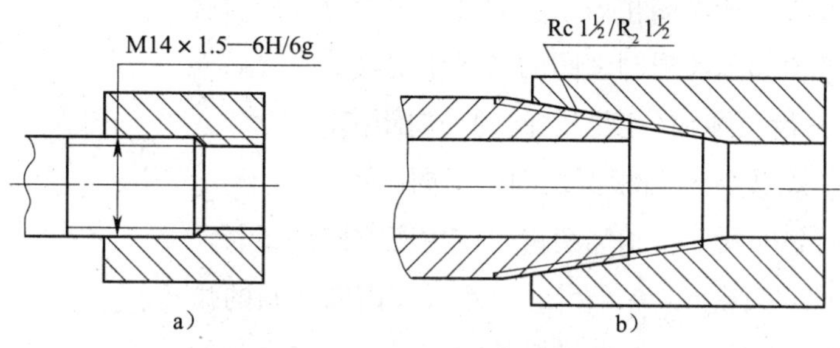

图1—1—141　螺纹副的标注方法

a）米制螺纹的标记　b）管螺纹的标记

2. 直齿圆柱齿轮的规定画法

齿轮是机器设备中应用十分广泛的传动零件，用来传递运动和动力，改变轴的旋向和转速。常见的传动齿轮有以下三种：

圆柱齿轮——用于两平行轴间的传动。

锥齿轮——用于两相交轴间的传动。

蜗杆蜗轮——用于两交错轴间的传动。

（1）标准直齿圆柱齿轮各部分名称和尺寸关系。直齿圆柱齿轮各部分的名称及参数如图1—1—142所示。

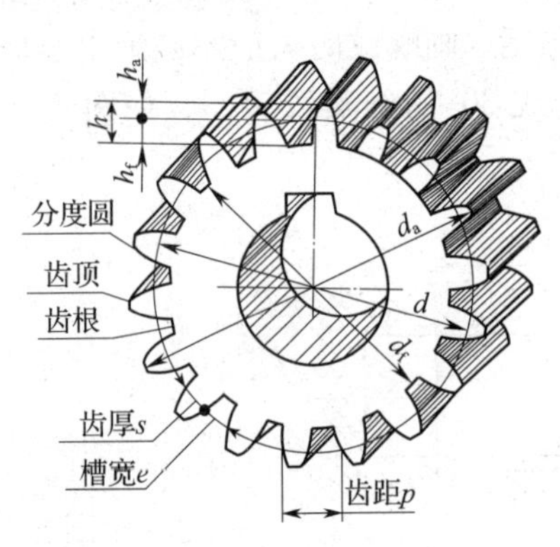

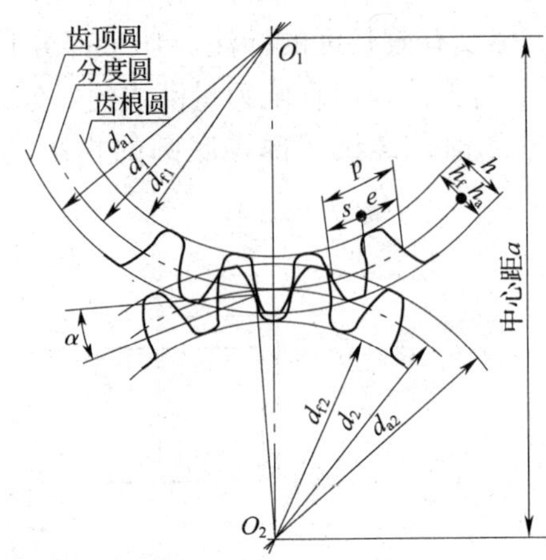

图 1—1—142 直齿圆柱齿轮各部分的名称及参数

齿数 z——齿轮上轮齿的个数。

齿顶圆直径 d_a——通过齿顶的圆柱面直径。

齿根圆直径 d_f——通过齿根的圆柱面直径。

分度圆直径 d——分度圆直径是齿轮设计和加工时的重要参数。分度圆是一个假想的圆，在该圆上齿厚 s 与槽宽 e 相等，它的直径称为分度圆直径。

齿高 h——齿顶圆和齿根圆之间的径向距离。

齿顶高 h_a——齿顶圆和分度圆之间的径向距离。

齿根高 h_f——分度圆与齿根圆之间的径向距离。

齿距 p——在分度圆上，相邻两齿对应齿廓之间的弧长。

齿厚 s——在分度圆上，一个齿的两侧对应齿廓之间的弧长。

槽宽 e——在分度圆上，一个齿槽的两侧对应齿廓之间的弧长。

模数 m——由于分度圆的周长 $\pi d = pz$，因此 $d = mz$，m（$m = p/\pi$）就称为齿轮的模数（单位为 mm）。国家标准对模数规定了标准值，见表 1—1—28。

表 1—1—28　　标准模数（GB/T 1357—2008）　　mm

第一系列	1、1.25、1.5、2、2.5、3、4、5、6、8、10、12、16、20、25、32、40、50
第二系列	1.125、1.375、1.75、2.25、2.75、3.5、4.5、5.5（6.5）、7、9、11、14、18、22、28、36、45

注：在选用模数时，应优先选用第一系列，其次选用第二系列，括号内的模数尽可能不选用。

压力角 α——相互啮合的一对齿轮，其受力方向（齿廓曲线的公法线方向）与运动方向之间所夹的锐角称为压力角。同一齿廓不同点上的压力角是不同的，在分度圆上的压力角称为标准压力角。国家标准规定，标准压力角为20°。

中心距 a——两啮合齿轮轴线之间的距离，如图1—1—142所示。

（2）单个齿轮的规定画法。对于单个齿轮，一般用两个视图表达，也可用一个视图加一个局部视图表达。轮齿部分的齿顶圆和齿顶线用粗实线绘制；分度圆和分度线用细点画线绘制；齿根圆和齿根线用细实线绘制，也可省略不画，如图1—1—143a所示。平行于齿轮轴线的视图也可以画成剖视图，在剖视图中，当剖切平面通过齿轮的轴线时，轮齿一律按不剖处理，齿根线用粗实线绘制，如图1—1—143b所示。若为斜齿或人字齿，可用三条与齿线方向一致的细实线表示齿线的形状，如图1—1—143c、d所示。

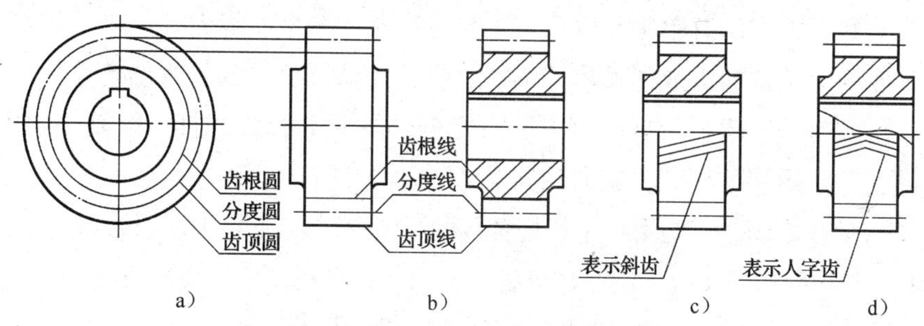

图1—1—143　单个齿轮的规定画法

a）视图　b）剖视图　c）斜齿　d）人字齿

（3）齿轮啮合的规定画法。齿轮的啮合图常用两个视图表达，一个是垂直于齿轮轴线的视图，另一个则取平行于齿轮轴线的视图或剖视图，如图1—1—144a所示。

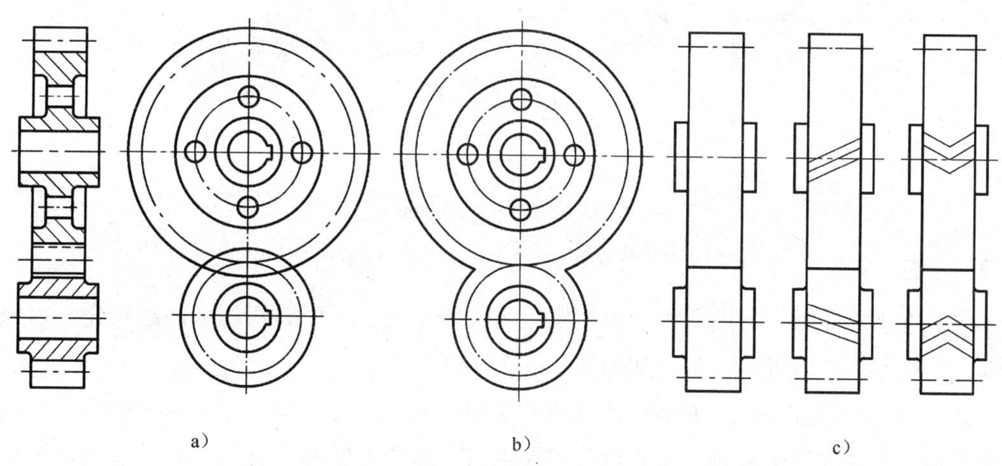

图1—1—144　齿轮啮合画法

a）齿轮啮合齿顶圆画法　b）齿轮啮合齿顶圆省略画法　c）各种平行于齿轮轴线的齿轮啮合画法

在垂直于齿轮轴线的视图中，它们的分度圆（啮合时称节圆）相切。啮合区内的齿顶圆有两种画法，一种是将两齿顶圆用粗实线完整画出，如图1—1—144a所示；另一种是将啮合区内的齿顶圆省略不画，节圆用细点画线绘制，如图1—1—144b所示。

在平行于齿轮轴线的视图中，啮合区的齿顶线不需要画出，节线用粗实线绘制，如图1—1—144c所示。在剖视图中，当剖切平面通过两啮合齿轮的轴线时，在啮合区内，主动齿轮的轮齿用粗实线绘制，从动齿轮的轮齿被遮挡的部分用细虚线绘制，也可省略不画，如图1—1—144a所示。

3. 蜗杆、蜗轮及其啮合画法

蜗杆、蜗轮用于垂直交错两轴之间的传动，一般蜗杆是主动件，蜗轮是从动件。蜗杆的齿数称为头数，常用的有单头和双头。蜗轮可以看作一个斜齿轮，为了增加与蜗杆的接触面积，蜗轮的齿顶常加工成凹弧形。蜗杆、蜗轮传动可以得到很大的传动比，动力传递也较平稳，但效率低。蜗杆的旋向有左、右之分。一对啮合的蜗杆、蜗轮必须模数相同，压力角、导程角与螺旋角相同，旋向相同。

（1）蜗杆的规定画法。在平行于蜗杆轴线的视图中，齿顶线用粗实线绘制，分度线用细点画线绘制，齿根线用细实线绘制，也可省略不画；在剖视图中，齿根线用粗实线绘制，需要时，还应画出轴向齿廓放大图和法向齿廓放大图，以便于标注尺寸，如图1—1—145a所示。

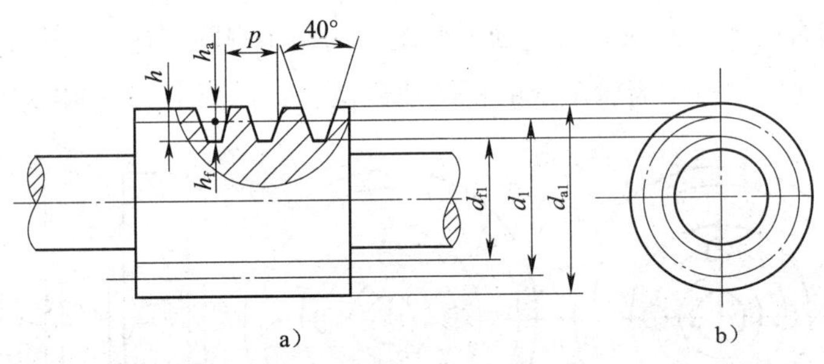

图1—1—145　蜗杆的画法

a）平行于蜗杆轴线的规定画法　b）垂直于蜗杆轴线的规定画法

在垂直于蜗杆轴线的视图中，齿顶圆用粗实线绘制，分度圆用细点画线绘制，齿根圆用细实线绘制，也可省略不画，如图1—1—145b所示。

（2）蜗轮的规定画法。蜗轮一般用两个视图，或一个视图和一个局部视图表达。用一个视图和一个局部视图表达时，主视图采用平行于蜗轮轴线的剖视图，轴孔键槽部分用一个局部视图表达，如图1—1—146a所示。

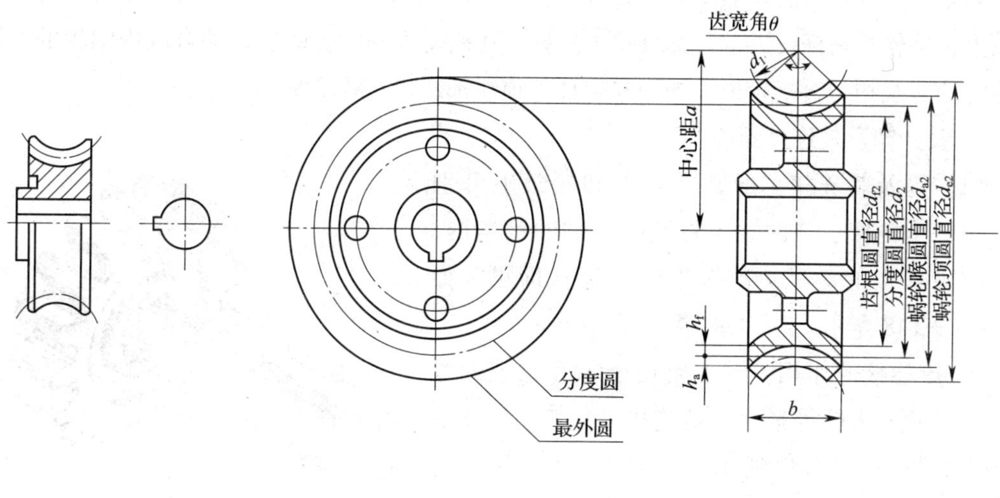

图 1—1—146　蜗轮的画法

a）蜗轮用一个视图和一个局部视图表达　b）蜗轮用两个视图表达

蜗轮用两个视图表达时，在垂直于蜗轮轴线的视图中只画出最外圆和分度圆，而齿顶圆则不画，齿根圆也省略不画，如图 1—1—146b 所示。

（3）蜗杆、蜗轮的啮合画法。蜗杆、蜗轮啮合可以画成剖视图或视图。

在剖视图中，当剖切平面通过蜗轮的轴线时，蜗杆的齿顶圆用粗实线绘制，而蜗轮轮齿被遮挡部分可省略不画。在垂直于蜗轮轴线的视图中，啮合部分用局部剖视图表达，蜗杆的齿顶线画至与蜗轮的齿顶圆相交为止，如图 1—1—147a 所示。

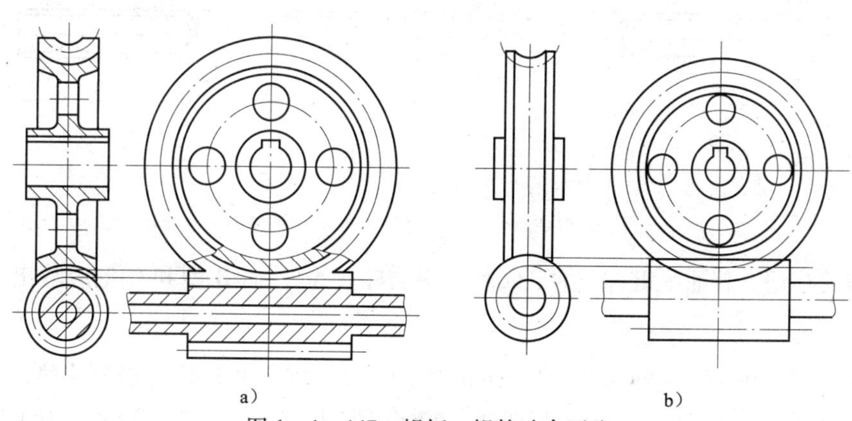

图 1—1—147　蜗杆、蜗轮啮合画法

a）剖视图画法　b）视图画法

蜗轮、蜗杆啮合的外形图画法，即视图画法，如图1—1—147b所示。在蜗杆为圆的视图上，蜗轮与蜗杆投影重合部分只画蜗杆。在蜗轮为圆的视图上，啮合区内蜗轮的节圆与蜗杆的节线相切，蜗轮最大外圆和蜗杆齿顶线都用粗实线绘制。

4. 键、销及其连接画法

（1）键及其连接。通常在轴上和轮毂上分别加工出一个键槽，装配时先将键嵌入轴的键槽内，然后将轮毂上的键槽对准轴上的键装入即可，如图1—1—148所示。

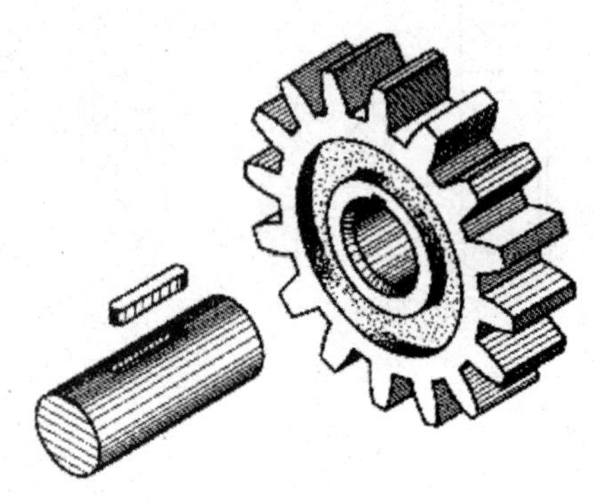

图1—1—148　键连接

1）键连接的作用。键主要用于轴和轴上的零件（如带轮、齿轮等）之间的连接，起传递转矩的作用，如图1—1—148所示。当轴转动时，因为键的存在，齿轮就与轴同步转动，达到传递动力的目的。由于键连接结构简单，工作可靠，装拆方便，因此在生产中得到广泛应用。

2）键的类型。键的类型有很多，常用的有普通平键、半圆键、钩头楔键、花键等，由于普通平键应用最广泛，下面主要介绍普通平键。

普通平键根据头部结构不同又可分为圆头（A型）、平头（B型）和单圆头（C型）三种，如图1—1—149所示。

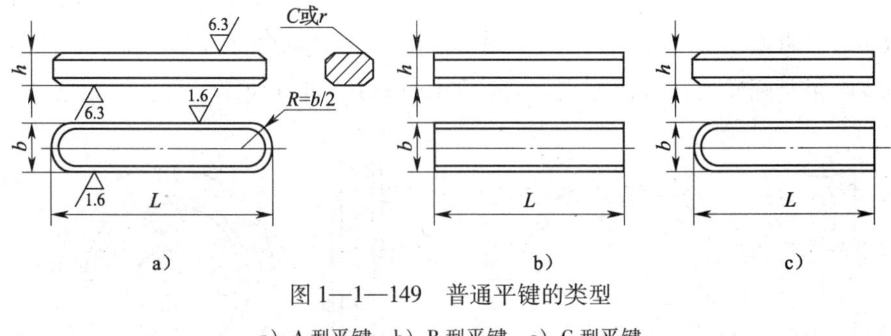

图1—1—149　普通平键的类型

a）A型平键　b）B型平键　c）C型平键

3）键的标记。普通平键标记时，A型平键省略“A”，而B型和C型应写出“B”或“C”。

例如，$b=8$ mm，$h=7$ mm，$L=20$ mm的A型普通平键标记为键　GB/T 1096　8×7×20；$b=8$ mm，$h=7$ mm，$L=20$ mm的B型普通平键标记为键　GB/T 1096　B8×7×20（其中b表示宽度，L表示长度，h表示高度）。

4）键的尺寸标注。键是标准件，画图时键和键槽的尺寸可根据轴的直径在有关标准中查得，其中（$d-t$）和（$d+t_1$）的极限偏差按相应的 t 和 t_1 的极限偏差选取，但($d-t$)的极限偏差值应取负号。轴和轮毂上的键槽画法及尺寸标注如图 1—1—150 所示。

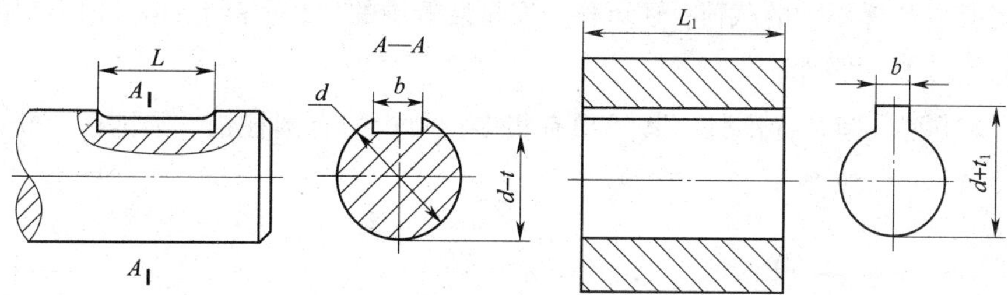

图 1—1—150　轴和轮毂上的键槽画法及尺寸标注

5）键连接的画法。采用普通平键连接时，键的长度 L 和宽度 b 要根据轴的直径 d 和传递的转矩大小从标准中选取适当值。

①普通平键能使套在轴上的零件与轴连接后的同轴度精度较高。普通平键的工作表面有两个侧面，这两个侧面与键槽的两个侧面相接触。键的底面与轴上键槽的底面相接触，所以画一条粗实线；键的顶面与键槽顶面不接触，有一定的间隙量，所以画两条线，其画法如图 1—1—151 所示。

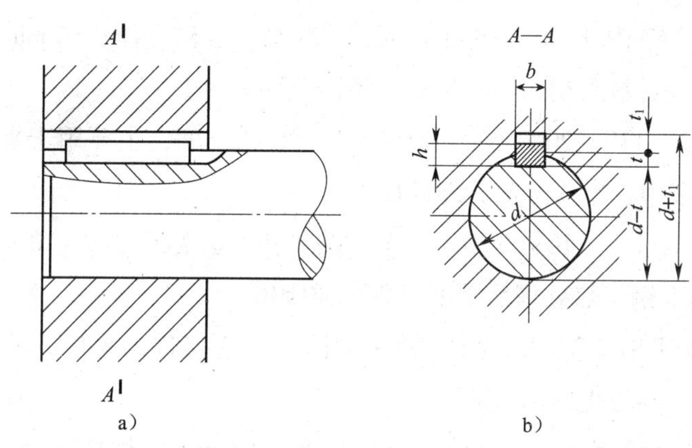

图 1—1—151　普通平键的连接画法

a）平行于轴线剖切画法　b）垂直于轴线剖切画法

②键连接时，要先在轴上和轮毂上加工出键槽，轴和轮毂上的键槽画法及尺寸标注如图 1—1—150 所示。

③轴上的键槽若在前面，局部视图可以省略不画。键槽在上面时，键槽和外圆柱面产生的截交线可用柱面的转向轮廓线代替。

④普通平键连接时，若过轴线纵向剖切，键按不剖处理，如图 1—1—151a 所示。在垂直于轴线剖切时，键按剖切画，其画法如图 1—1—151b 所示。

（2）销及其连接

1）销连接的作用。销主要用来固定零件之间的相对位置，起定位作用；也可用于轴与轮毂的连接，传递不大的载荷；还可作为安全装置中的过载剪断元件。开口销用来防止螺母松动或固定其他零件。

2）销的类型。销是标准件，其类型有很多，常用的有圆柱销、圆锥销、开口销等，其结构如图1—1—152所示。

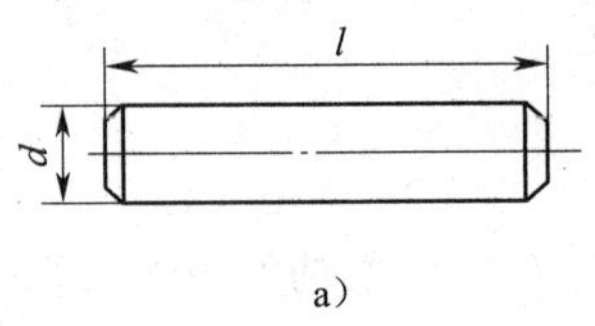

a）

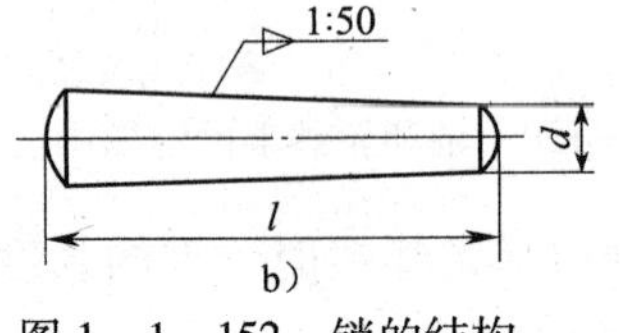

b）

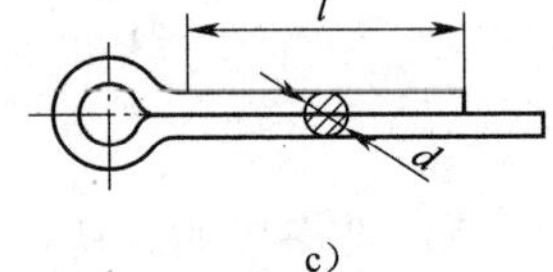

c）

图1—1—152　销的结构

a）圆柱销　b）圆锥销　c）开口销

3）销的标记

①普通圆柱销（GB/T 119. 1—2000）。普通圆柱销一般主要用于零件间的连接，也可用于不常拆卸的零件定位。普通圆柱销有A、B、C、D四种类型。

例如，销　GB/T 119. 1　6 m6×30表示：圆柱销，公称直径$d=6$ mm，公差为m6，公称长度$l=30$ mm。其材料为钢，不经淬火，不经表面处理。

②圆锥销（GB/T 117—2000）。圆锥销有1∶50的锥度，主要用于零件的定位，定位精度比圆柱销高，多用于需要经常拆卸的地方。

例如，销　GB/T 117　10×60表示：A型圆锥销，公称直径$d=10$ mm，公称长度$l=60$ mm。其材料为35钢，热处理后硬度为25~38HRC。

③开口销（GB/T 91—2000）。开口销用来防止被连接件的松脱，一般常将开口销穿入槽形螺母和螺栓，以防止螺母松动。

例如，开口销5×50表示：开口销，公称规格为5 mm，公称长度$l=50$ mm。其材料为Q215或Q235，不经表面处理。

4）销连接的画法。圆柱销和圆锥销的画法与一般零件相同，在剖视图中，当剖切平面通过销的轴线时，按不剖处理。画轴上的销连接时，通常对轴采用局部剖来表示销和轴之间的配合关系。

圆柱销、圆锥销连接的画法如图1—1—153所示。

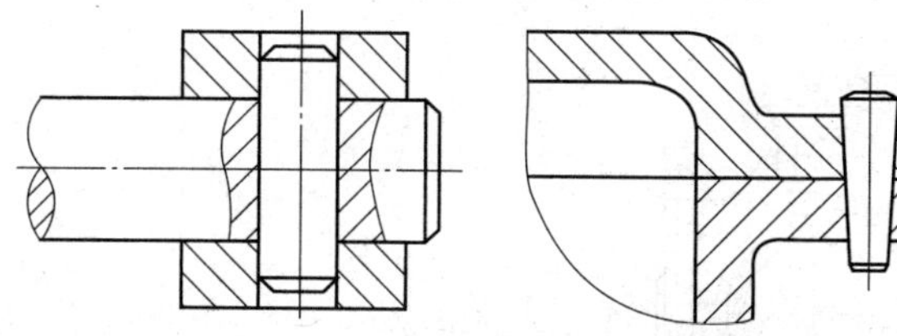

图 1—1—153　圆柱销、圆锥销连接的画法

开口销常与槽形螺母配合使用，它穿过螺母上的槽和螺杆上的孔以防止螺母松动。开口销连接的画法如图 1—1—154 所示。

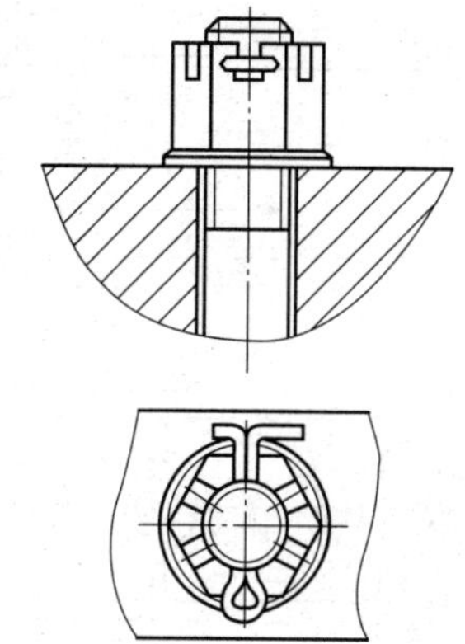

图 1—1—154　开口销连接的画法

用圆柱销和圆锥销连接零件时，销的装配要求较高，销孔一般要在被连接零件装配后再一起加工。这就需要在相应的零件图上注明“配作”，如图1—1—155 所示。

圆锥销孔的直径是指锥销的小端直径。加工圆锥销孔时按小端直径先钻孔，再选用相应的铰刀铰成锥孔，同时为了延长圆锥销的使用寿命，露出端应留在大端。

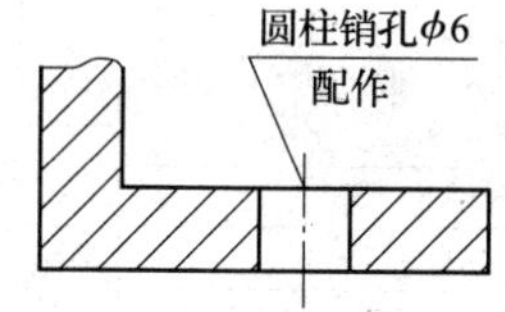

图 1—1—155　圆柱销连接标注示例

五、装配图

1. 装配图的概述

（1）装配图的概念。机器或部件都是由若干零部件按一定顺序和技术要求装配而成的。主要用来表达产品及其组成部分的连接、装配关系的图样称为装配图，如图 1—1—156 所示。

装配图是表达设计思想及进行技术交流的工具，是指导生产的基本技术文件。无论是在设计机器还是测绘机器时都必须画出装配图。

装配图的绘制应在零件图之前，并且装配图与零件图的表达内容不同，它主要用于机器或部件的装配、调试、安装、维修等场合。装配图分为部件装配图和产品总装配图，表达产品某一部件的装配图称为部件装配图；表达完整产品的装配图称为总装配图。

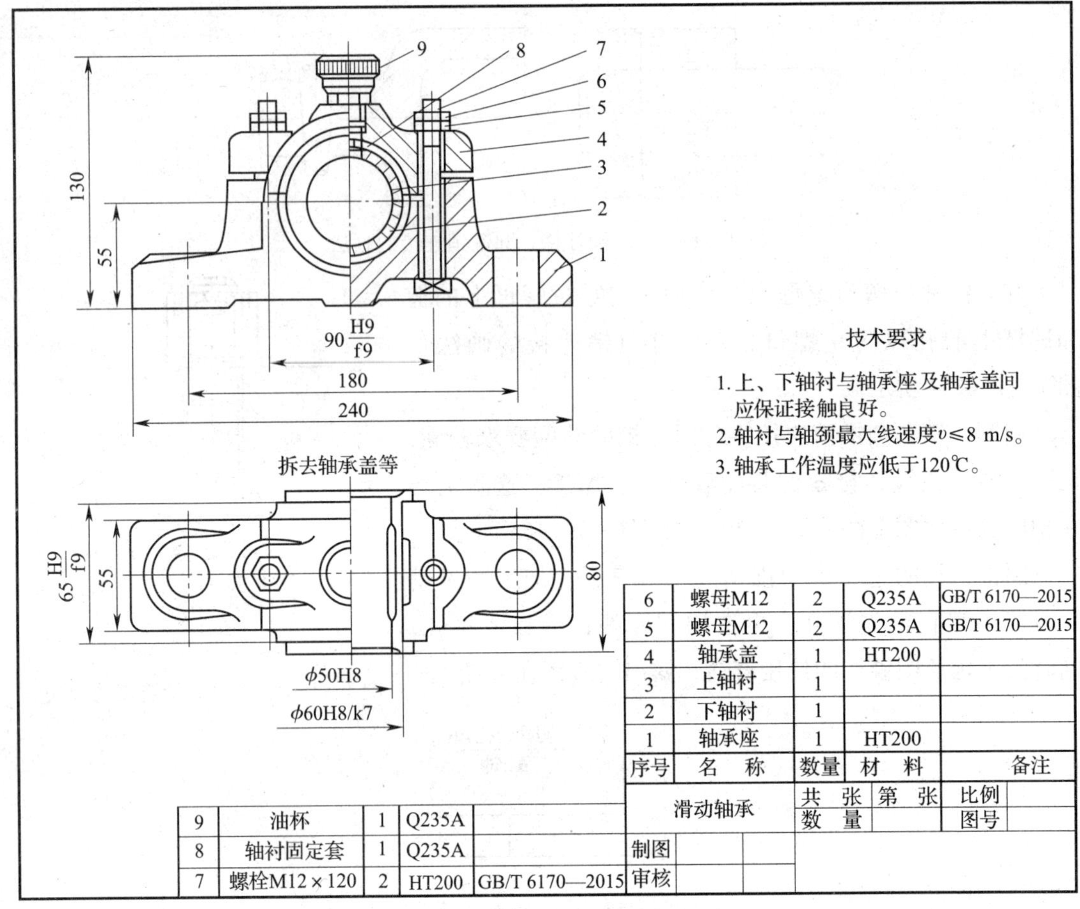

序号	名 称	数量	材 料	备注
9	油杯	1	Q235A	
8	轴衬固定套	1	Q235A	
7	螺栓M12×120	2	HT200	GB/T 6170—2015
6	螺母M12	2	Q235A	GB/T 6170—2015
5	螺母M12	2	Q235A	GB/T 6170—2015
4	轴承盖	1	HT200	
3	上轴衬	1		
2	下轴衬	1		
1	轴承座	1	HT200	

图 1—1—156　滑动轴承装配图

（2）装配图的作用。在产品或部件的设计过程中，一般是先通过设计画出装配图，然后再根据装配图进行零件设计，画出零件图。在产品制造中，先根据零件图进行零件加工和检验，再按照依据装配图所制定的装配工艺规程将零件装配成机器或部件。在产品使用和维修中，需要通过装配图来了解机器的构造和工作原理。

在产品设计中，一般先绘制机器、部件的装配图，然后按装配图绘制零件图。

（3）装配图的内容。如图 1—1—156 所示的滑动轴承装配图中，可以看出一张完整的装配图应包括以下内容：

1）一组图形。选择一组图形，应采用适当的表达方法，正确、完整、清晰地表达产品或部件的工作原理，各组成零件间的相互位置和装配关系，以及主要零件的结构、形状。

2）必要的尺寸。标注出反映产品或部件的规格、外形、装配以及安装所需的必要尺寸和一些重要尺寸。

3）技术要求。用国家标准规定的代号、符号标注，或用文字说明产品及其组成部分在装配、调试、检验、安装和使用等方面的技术要求。

4）标题栏。按国家标准规定的格式绘制标题栏，填写绘制对象的名称和质量，绘制图样的比例和代号，图样的责任者签名和年、月、日等。

5）零部件序号和明细栏。编排装配图中零部件的序号，并与明细栏中的序号一致。按国家标准规定的格式绘制明细栏，填写组成装配体零部件的序号、代号、名称、数量、材料等内容。

2. 装配图的表达方法

零件图的各种表达方法同样适用于装配图，但由于装配图是用来表达产品及其组成部分的连接、装配关系和零件主要结构的，因此对装配图的表达方法又有一些其他规定。

（1）装配图的规定画法

1）接触面和配合面的画法。两零件的接触面或配合面之间只画一条轮廓线，非接触面或非配合面之间无论间隙大小都要画两条轮廓线，如图 1—1—157 所示的装配图中，滚动轴承内圈与轴颈为配合面，滚动轴承内圈左端面与轴肩为接触面，都只画一条轮廓线。但螺钉穿过端盖的通孔为非接触面和非配合面（两零件的公称尺寸不同），即使间隙很小也必须画出两条轮廓线。

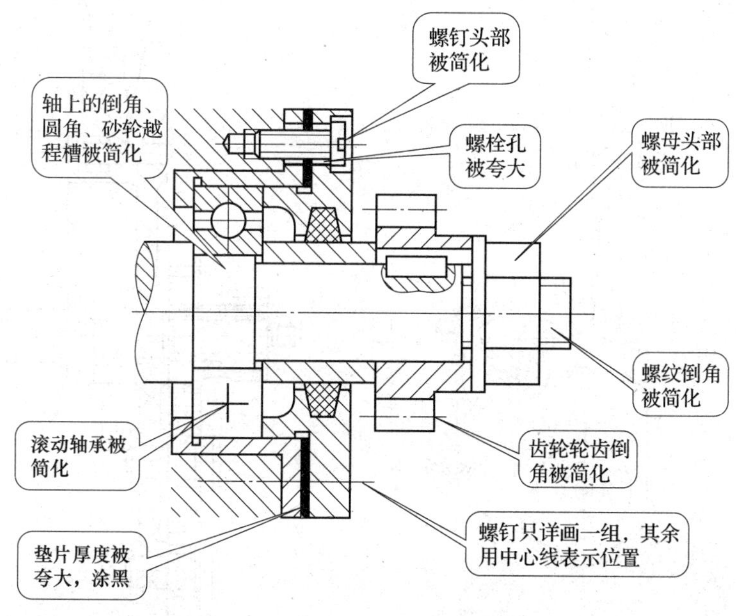

图 1—1—157　装配图的简化画法和夸大画法

2）装配图中剖面符号的画法

①装配图中相邻两个金属零件的剖面线必须以不同方向或不同的间隔画出，同一装配图中同一零件的剖面线应方向相同，间隔必须完全一致，如图1—1—157所示。

②在装配图中，宽度小于或等于2 mm的狭小面积的断面允许用涂黑代替剖面符号，如图1—1—157所示的垫片涂黑表示。

3）主要零件在装配图中的画法。在装配图中，当某个零件的主要结构在其他视图中未能表示清楚，而该零件的形状对部件的工作原理和装配关系的理解起十分重要的作用时，可单独画出该零件的某一视图。

4）拆卸画法。在装配图的某一视图中，为表达一些重要零件的内、外部形状，可假想拆去一个或多个零件后绘制该视图，此时零件的接合面不画剖面线。在假想拆卸某些零件后绘制时，如果需要说明可加标注“拆去××等”，如图1—1—156中，俯视图是拆卸螺母、螺栓、油杯、轴承盖后绘制的。

5）假想画法。在装配图中用细双点画线绘制零部件的假想轮廓线，一般有以下情况：

①在装配图中，当需要表达运动零件的运动范围或极限位置时，可用细双点画线画出该零件在极限位置处的轮廓。三星轮系传动机构的手柄是按极限位置绘制的，当手柄在极限位置Ⅱ、Ⅲ时，用细双点画线绘制其轮廓线，如图1—1—158主视图所示。

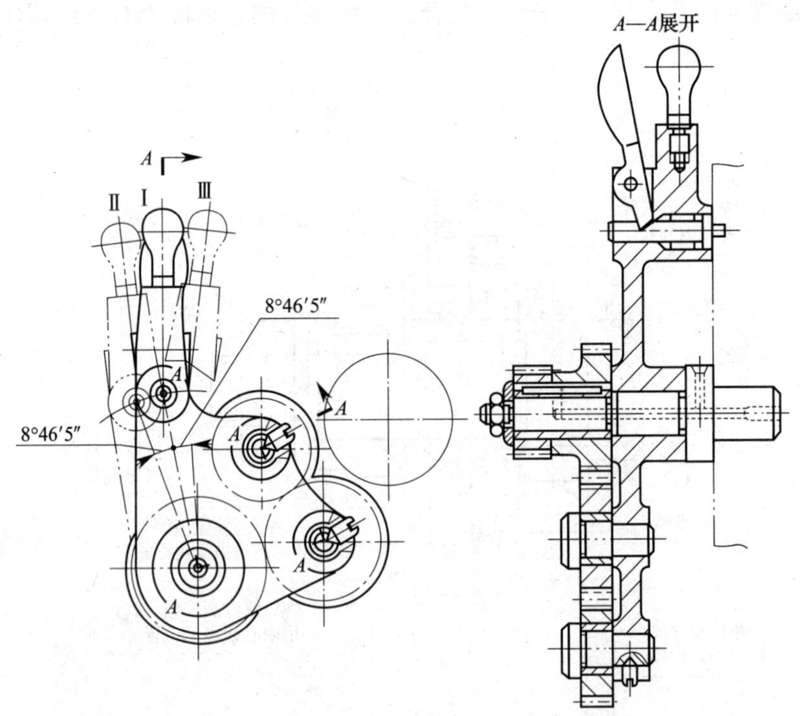

图1—1—158　三星轮系传动机构

②在装配图中，为了表达与本部件存在装配关系但又不属于本部件的相邻零部件，可用细双点画线画出相邻零部件的部分轮廓，如图 1—1—158 左视图所示。

③在夹具装配图中，当需要表达夹具中所夹持工件的位置时，可用细双点画线画出所夹工件的外形轮廓，如图 1—1—159 所示。

④展开画法表达传动机构的传动路线和各轴间的装配关系，假想按传动顺序沿轴线剖切，然后依次展开在同一个平面上，向选定的投影面投射所画出剖视图的方法称为展开画法。所得到的剖视图称为展开剖视图，并在该图上方加注“展开”两字，如图 1—1—158 中左视图即为三星轮系传动机构的展开剖视图。

6）紧固件和实心件的画法。在装配图中，对于紧固件和轴、手柄、连杆、球、键、销等实心零件，若沿纵向剖切且剖切平面通过其对称平面或轴线时，这些零件均按不剖绘制。如果需要表明零件的凹槽、键槽、销孔等结构，可用局部剖视图表示，如图 1—1—156 中的螺栓、螺母，图 1—1—157 中的螺钉、轴、滚动轴承的滚子，图 1—1—158 中的手柄、键等。

（2）装配图的简化画法

1）相同的零件组画法。在装配图中，若干相同的零件组可详细地画出一组，其余只需用细点画线表示其位置即可，如图 1—1—160 所示。

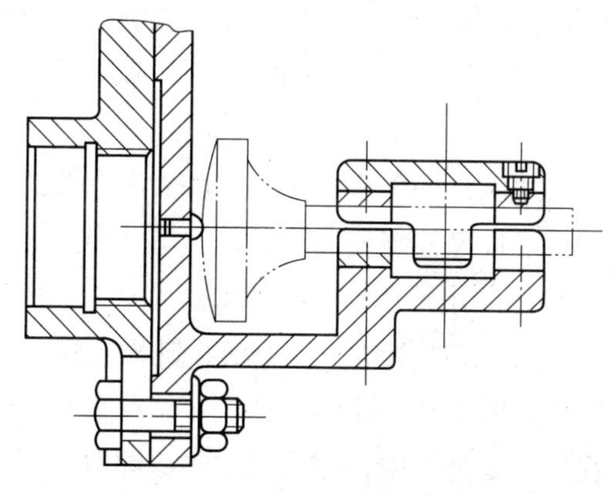

图 1—1—159　角铁式车夹具

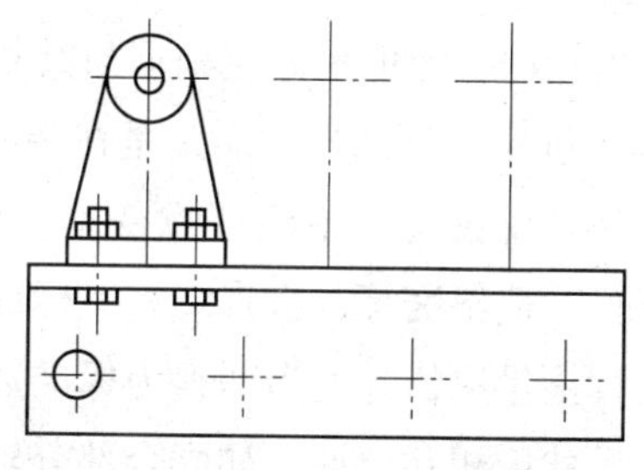

图 1—1—160　相同零件组的画法

在装配图中，零件的工艺结构，如倒角、圆角、退刀槽、起模斜度、滚花等均可不画，如图 1—1—157 中螺钉头的倒角和轴肩处的圆角等均省略不画。

2）滚动轴承画法。在装配图中，滚动轴承剖视图轮廓按外径 D、内径 d、宽度 B 等实际尺寸绘制，轮廓内可用简化画法或示意画法，如图 1—1—157 所示。

3）弹簧画法。在装配图中，被弹簧挡住的结构一般不画出，可见轮廓部分应从弹簧的外轮廓线或从弹簧钢丝剖面的中心线画起，如图1—1—161a 所示。簧丝直径等于或小于 2 mm 的螺旋弹簧允许示意绘制，如图 1—1—161b 所示。

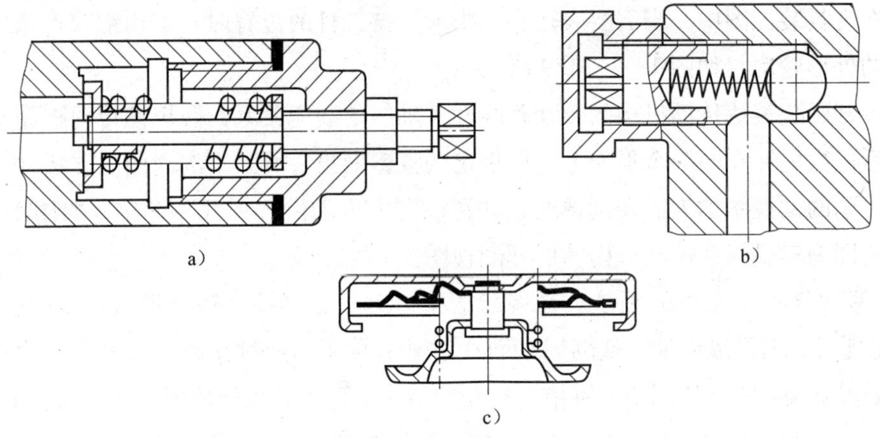

图 1—1—161　装配图中弹簧画法

a）被弹簧挡住结构的画法　b）簧丝直径等于或小于 2 mm 的画法　c）弹簧片的断面厚度等于或小于 2 mm 的画法

当弹簧片被剖切时，弹簧片的断面厚度在图形上等于或小于 2 mm 时也可涂黑表示，如图 1—1—161c 所示。

4）齿轮画法。轴和齿轮用键连接的装配画法如图 1—1—157 所示。剖切平面通过轴和键的轴线或对称面，轴和键均按不剖形式画出。为了表示轴上的键槽，采用了局部剖视。轮毂和键槽之间有间隙，应画两条线。

在拆画零件图时，齿轮轮齿部分的分度圆尺寸应根据所给的模数、齿数和有关公式来计算，齿轮内孔键槽尺寸应根据与其相结合的标准件尺寸查表来确定。

（3）确定零件的尺寸。凡是在装配图上已经标注出的尺寸，都是重要尺寸，一般应直接移注到零件图上，不能任意变动。对于标准结构，如倒角、退刀槽、键槽、螺栓孔直径、沉孔铸造斜度等，应查阅有关标准。对于装配图上未标注的零件尺寸，可在装配图上按比例直接量取，并适当圆整为标准数值。在拆画零件图中，标注尺寸时应注意，有装配关系的尺寸应相互协调，如配合部分轴、孔的公称尺寸应相同。

（4）其他规定

1）一般规定

①装配图中所有的零部件都必须编写序号，如图 1—1—162 所示。

②装配图中一个零部件可以只编写一个序号，同一装配图中相同的零部件只编写一次。

③装配图中零部件序号要与明细栏中的序号一致。

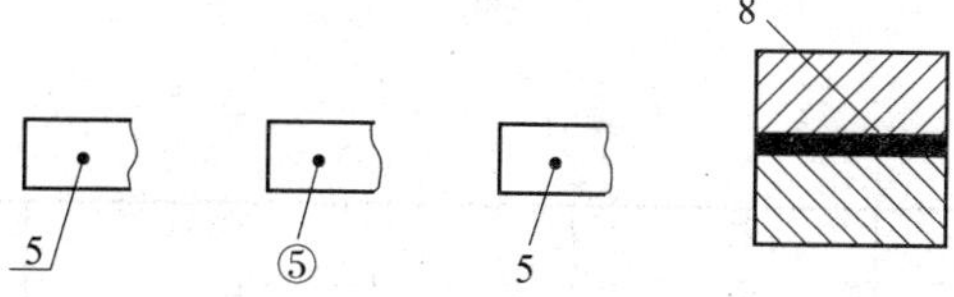

图 1—1—162　序号编写方法

2）序号的编排方法（见图 1—1—163a）

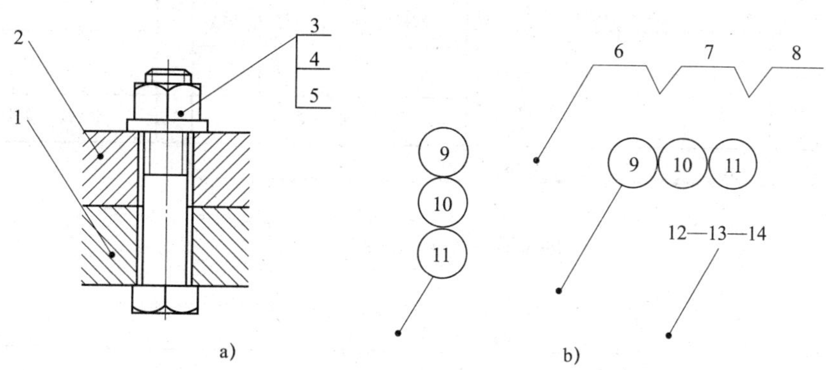

图 1—1—163　公共指引线

a）序号的编排方法　b）编写零部件序号的常用方法

①装配图中编写零部件序号的常用方法如图 1—1—163b 所示。

②同一装配图中编写零部件序号的形式应一致。

③指引线应自所指部分的可见轮廓引出，并在末端画一圆点。如果所指部分轮廓内不便画圆点时，可在指引线末端画一箭头，并指向该部分的轮廓。

④指引线可画成折线，但只可曲折一次。

⑤一组紧固件和装配关系清楚的零件组可以采用公共指引线，如图 1—1—163 所示。

⑥零件的序号应沿水平或垂直方向按顺时针或逆时针方向排列，序号间隔应尽可能相等。

3）标题栏和明细栏

①标题栏（GB/T 10609. 1—2008）。装配图中标题栏格式与零件图中相同，具体格式和尺寸如图 1—1—164 所示。

②明细栏（GB/T 10609. 2—2009）。在装配图中，明细栏外框线为粗实线，其余均为细实线。一般明细栏直接画在标题栏上方，如果空间不够也可画在标题栏左边。零件序号应从下往上逐步填写，主要为零件的增加或遗漏时添加做准备。明细栏内容包括序号、代号、名称、数量、材料等，如图 1—1—165 所示。

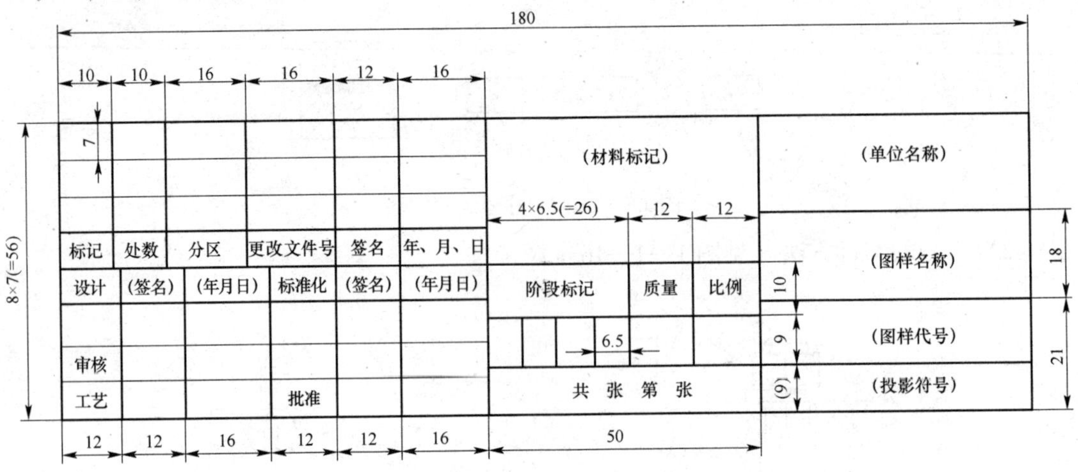

图1—1—164　标题栏的格式

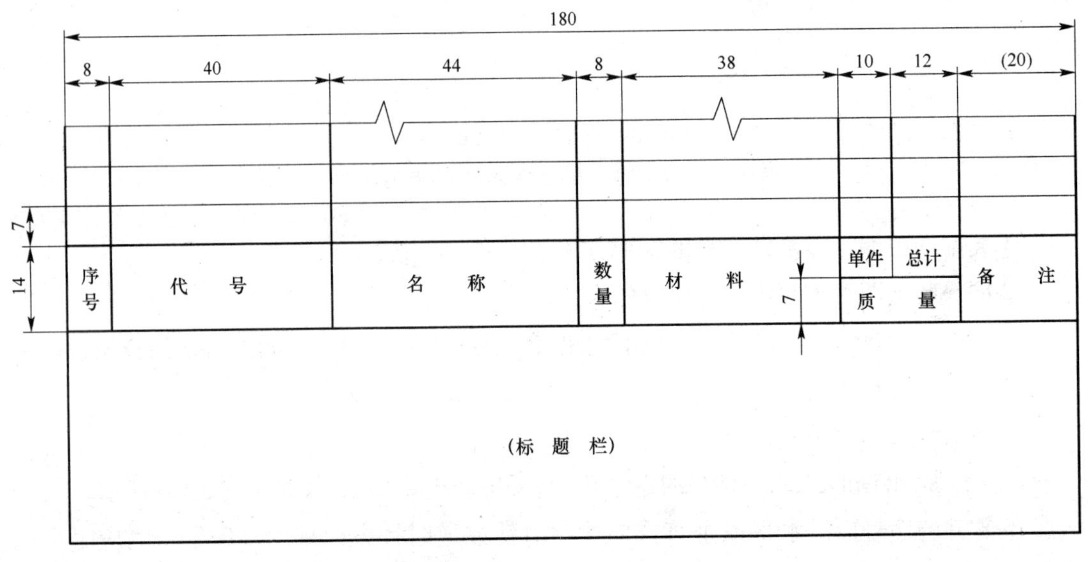

图1—1—165　明细栏的格式

4）技术要求

①零件图的技术要求。零件图的技术要求应根据零件的功能、装配关系和装配图的要求来确定，也可参考有关资料或类似产品的要求来确定。

②装配图的技术要求。装配图的技术要求应根据机器或部件的结构特点和使用性能来确定。

装配要求：装配后必须保证的精度及装配时的要求。

检验要求：装配过程中及装配后必须保证其精度的各种检验方法。

使用要求：对装配体的基本性能及维护、保养、使用时的要求。

学习单元 2　零件测绘

学习目标

- 了解机械零件测量和测绘中材料的鉴定方法。
- 掌握运用各种视图表达机械零件结构和形状的方法。
- 熟悉机械零件测量和测绘技术要求的确定方法。
- 能够掌握一般机械零件的测量和测绘方法。
- 能够熟练查阅国家标准的图表。
- 能够进行偏心螺纹短轴的测量和测绘操作。

知识要求

一、零件测绘的步骤和注意事项

1. 零件测绘的步骤

（1）分析零件

1）了解零件的名称、作用，鉴定零件的材料、热处理及表面处理等情况。

2）对零件进行结构分析。分析零件结构、形状和装配关系，检查零件上有无磨损和缺陷，了解零件的制造工艺过程等。

3）对零件进行工艺分析。选择基准，确定技术要求。

4）拟订零件的表达方案，首先确定主视图，然后确定其他视图及其表达方法。

5）画零件工作图前必须对草图进行仔细检查和核对，根据零件的使用情况补充完善后，再依据草图绘制零件工作图。

（2）绘制零件草图。由于零件草图常在现场进行绘制，一般都徒手绘制，其步骤如下：

1）确定视图表达方案，选定作图比例和图幅。在安排视图位置时，要在各图之间留出足够的标注尺寸位置，并在幅面的右下角预留标题栏位置。阀盖草图绘制过程如图 1—1—166 所示。

2）在各视图位置上画出各视图的主要基准线、对称中心线、轴线等，如图 1—1—166a 所示。

3）以目测比例详细地画出零件的内、外轮廓图样，为表达内形结构可采用剖视图、断面图，并画出剖面符号和全部细节，如图 1—1—166b 所示。

4）选择尺寸基准，按正确、完整、尽可能合理、清晰的标注尺寸要求，画出尺寸界线、尺寸线和箭头。仔细校对后，将图样按线型要求描深，如图 1—1—166c 所示。

5）测绘零件尺寸时，应正确选择测量基准，并应正确选用量具，测量零件内、外直径尺寸时可选用游标卡尺、千分尺或卡钳。

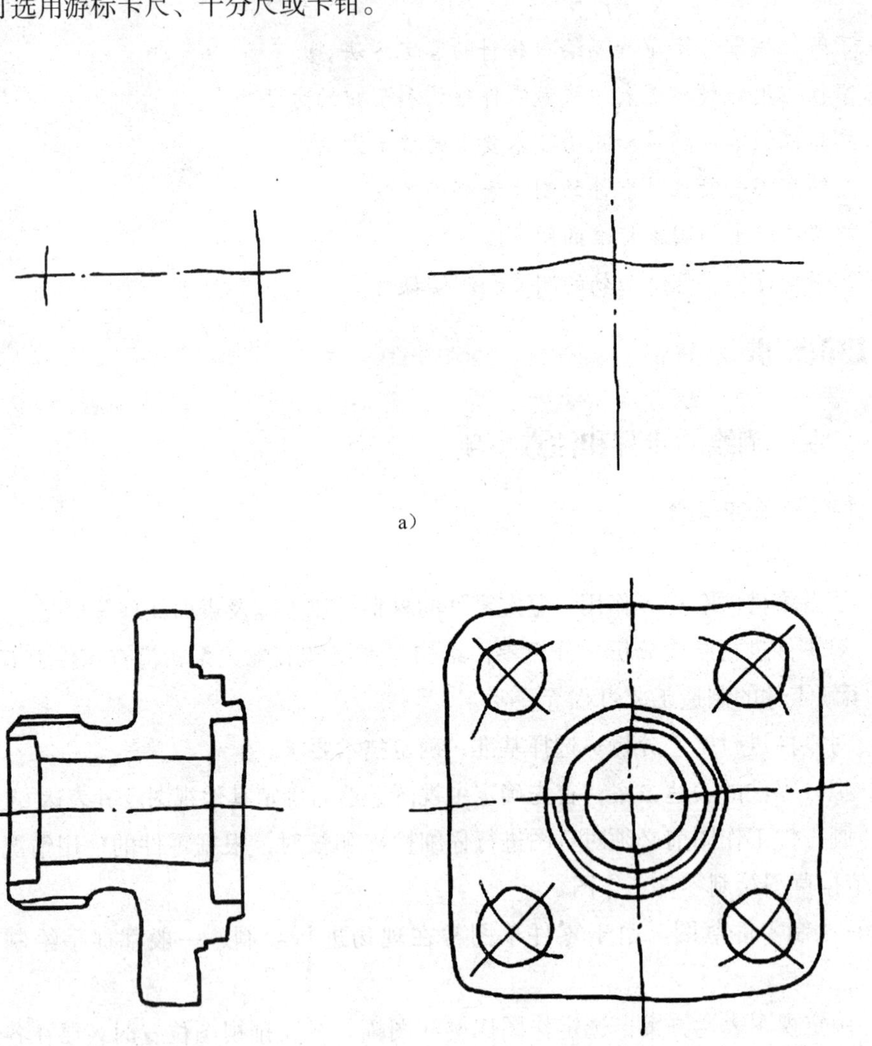

a）

b）

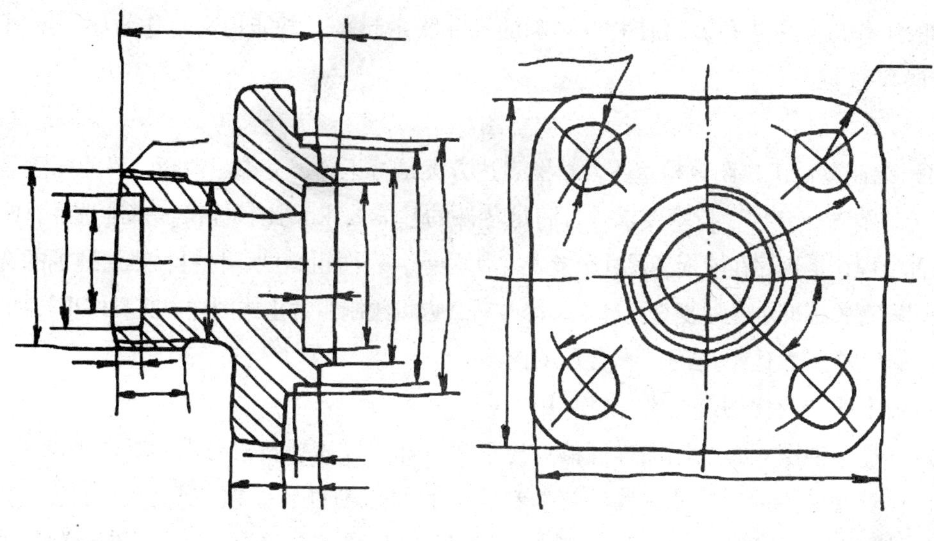

c）

44
4
4×φ11
通孔
R12.5
C1.5
M36×2
φ28.5
φ20
φ32
7
φ35
φ41
φ50
φ53
75
R5
5
15
φ70
45°
5
12
6
75

d）

图 1—1—166　阀盖草图绘制过程

a）画草图中心线　b）画内、外轮廓图样　c）画尺寸界线、尺寸线和箭头　d）标注尺寸数字

6）测量尺寸，确定表面粗糙度和技术要求，并记入图中，如图 1—1—166d 所示。测量尺寸的工作应集中进行，以使相互影响的尺寸联系起来，既能提高工作效率，又可避免尺寸错误和遗漏。

7）检查无误后，填写标题栏，完成草图。

（3）绘制零件工作图。检查零件草图表达方案是否正确、完整、清晰，尺寸标注是否正确、齐全、清晰、合理，技术要求是否满足零件的性能要求又比较经济，基准选择、结构和形状是否合理，是否存在缺损。尺寸公差、几何公差、表面粗糙度、材料、热处理等的选用是否符合国家有关标准。经过复查、补充、修改后，方可绘制零件正式图样。其具体步骤如下：

1）修改草图表达不正确、不合理的内容。

2）确定图样的比例。通常尽量采用 1∶1。

3）选择标准图幅，绘制图样底稿。注意留出标注尺寸、技术要求和参数表的位置。

4）检查底稿，标注尺寸，确定技术要求（表面粗糙度、公差与配合、几何公差、零件的表面处理、热处理），填写标题栏等，清理图面，加深图线。所测绘的阀盖零件图如图 1—1—167 所示。

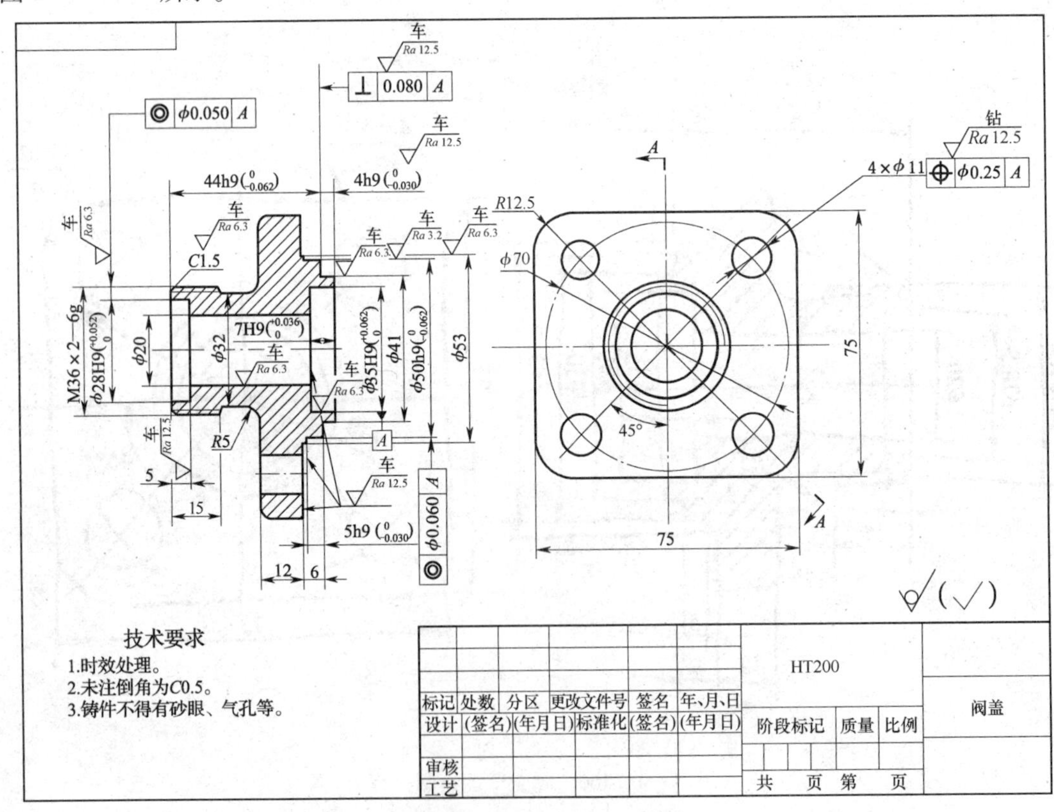

图 1—1—167　阀盖零件图

2. 零件测绘的注意事项

（1）零件上的细小结构，如倒角、倒圆、凹坑、凸台、退刀槽、越程槽、中心孔等不能忽视，必须画出。零件上的缺陷，如铸造的缩孔、砂眼、磨损、断裂及长期使用所造成的磨损等不应画出。

（2）要正确估计已磨损的工作表面，必要时可测量与其配合的零件尺寸来确定。一些标准结构的尺寸，一般只测出它的公称尺寸，再按标准系列圆整。其配合性质和相应的极限偏差查阅有关技术资料（手册）确定。

（3）对螺纹、齿轮、蜗轮、蜗杆、带轮、键槽等标准化结构的尺寸，应把测量值和标准值进行比较、核对。对已制定了专用公差标准的（不能误用一般标准），应采用相应的国家标准。

二、零件测绘技术要求的确定

1. 公差与配合的确定

公差与配合包括确定公称尺寸、尺寸公差、极限、配合种类等。在测绘零件过程中，只能测量零件的实际尺寸和配合件的实际间隙或过盈量。有配合关系的尺寸（如配合的孔和轴的直径、键槽的宽度等），一般只要测出它的公称尺寸即可，其配合性质和相应的尺寸公差值应在分析其功能后，再查阅有关标准和手册确定。对非配合尺寸，如果测量结果为小数，应圆整为整数标出（四舍五入）。

对于零件上的非配合尺寸或不重要尺寸，如果测量结果为小数，应圆整为整数标出。尺寸整理不仅可以简化计算，使图面简洁，更主要的是可以与标准尺寸相近，这样就可以采用标准材料、标准化的刀具和量具等。

2. 几何公差的确定

在测绘零件时，对有配合要求和影响配合质量的表面都应提出形状或位置精度要求，首先要从保证零件设计性能和使用要求的角度确定几何公差项目。可查阅机械零件手册或资料中有关零件或结构要求的几何公差项目来确定，也可参考同类型产品图样确定几何公差项目。

几何公差数值的选用应根据零件的功能要求，考虑加工的经济性、零件的结构、加工工艺等情况后，按各种几何公差表确定，并考虑下列情况：

（1）在同一要素上给出的形状公差应小于位置公差。例如，两平面的平面度公差应小于平行度公差。

（2）圆柱形零件的形状公差（轴线的直线度除外）一般情况下应小于其尺寸公差。

（3）平行度公差应小于相应的距离公差。

（4）形状公差一般大于表面粗糙度值。

3. 表面粗糙度参数的确定

国家标准采用轮廓法评定表面粗糙度时，表面粗糙度参数从 *R*a、*R*z 两项中选取，并优先选用 *R*a。确定表面粗糙度的方法有很多，测绘中常用的方法有比较法、仪器测量法和类比法。

（1）比较法。比较法是指将被测表面与已知高度特征参数值的粗糙度样板相比较，通过人的视觉和触觉，也可借助放大镜来判断被测表面的粗糙度。比较时，所用的粗糙度样板材料、形状和加工工艺尽可能与被测表面相同，这样可以减小误差，提高准确性。这种方法比较简便，并适合在现场使用，但需要操作者有一定的经验。

（2）仪器测量法。仪器测量法是指利用表面粗糙度测量仪器确定被测表面粗糙度数值的，常用的测量仪器有光切显微镜、干涉显微镜、电动轮廓仪等。

（3）类比法。类比法是指根据被测表面的粗糙度情况，以及作用、加工方法、运动状态等特征，查阅经验统计资料来确定表面糙度数值的方法。在确定表面粗糙度数值时还应考虑以下因素：

1）同一零件上，工作表面的粗糙度应小于非工作表面的粗糙度。

2）摩擦表面的粗糙度应小于非摩擦表面的粗糙度，滚动摩擦表面的粗糙度应小于滑动摩擦表面的粗糙度。

3）运动速度高、单位面积压力大的表面，以及受交变应力作用的重要零件上的圆角、沟槽的表面粗糙度均应小些。

4）配合性质要求越稳定，配合表面的粗糙度应越小；配合性质相同时，小尺寸接合面的粗糙度应小于大尺寸接合面的粗糙度；同一公差等级的轴的表面粗糙度应小于孔的表面粗糙度。

5）表面粗糙度应与尺寸公差、几何公差相协调。一般情况下，尺寸公差、几何公差小的表面，其表面粗糙度值也小。

6）防腐性和密封性要求高、外表美观的表面，其表面粗糙度值应小些。

7）凡有关标准已对表面粗糙度要求做出规定的表面，如与滚轴承配合的轴颈和孔、键槽、齿轮、带轮的主要表面等，应按有关国家标准确定表面粗糙度参数项目和数值。

4. 材料的确定和热处理方法

（1）材料的确定。在测绘零件过程中，有时不能明确所测绘零件材料的牌号，就需要采用一定方法进行确定。零件材料的确定方法有很多，测绘中常用的方法有化学分析法、光谱分析法、外观判断法、硬度鉴定法、火花鉴定法。

1）化学分析法。化学分析法是指通过取样，用化学分析的手段，对零件材料的成分和含量进行定量分析。测绘中常用刀片在零件非重要表面上刮下少许金属屑（取样），然后送实验室进行化验分析。

2）光谱分析法。光谱分析法是指根据金属材料各元素的光谱特征，用光谱分析仪鉴

定零件材料的组成元素，但用此法不能确定各元素的含量。

3）外观判断法。外观判断法是指观察零件表面的颜色、光泽，敲击零件听其声音，手摸表面感觉其光滑情况等。例如，钢铁呈黑色，青铜呈青紫色，黄铜色泽黄亮，铜合金呈红黄色，铅合金和铝合金呈银白色，灰铸铁色泽灰白；钢材声音清脆且有余音，铸铁声音沉闷；铸铁手感粗糙，钢材和有色金属加工表面手感光滑、细腻且有加工纹路。

4）硬度鉴定法。硬度鉴定法一般多在硬度机上鉴定。对于大型零件，可用锤击式简易布氏硬度试验机进行鉴定；对于不重要的零件，可在现场用锉刀试验法和划针试验法来测定。

5）火花鉴定法。火花鉴定法是指利用零件在砂轮上磨削时形成的火花特征来确定零件的材料。

选择材料的基本原则是在满足零件使用性能的前提下，尽可能选用工艺性能优良、成本低廉的材料。

（2）热处理方法。热处理方法有退火、回火、淬火、调质处理等，目的是改变材料的机械加工性能，提高材料的塑性、韧性、强度、硬度等。表面热处理是为了改变工件表面的组织和性能，仅对表面进行热处理的工艺。常用的表面热处理工艺有表面淬火、发蓝处理等。

技能要求

偏心螺纹短轴的测量和测绘操作

根据测量和测绘的步骤，通过对偏心螺纹短轴的测量和测绘工作，能够掌握偏心螺纹短轴的测量方法，熟练选择适当比例和幅面画出偏心螺纹短轴零件图，正确选用轴类零件的材料和热处理方法，并正确选择和标注尺寸公差、几何公差和表面粗糙度。偏心螺纹短轴零件图如图 1—1—168 所示。

一、操作准备

1. 测量和测绘器具准备

（1）测量器具准备。绘制出草图后，确定要测量的尺寸。测量尺寸前，要根据被测尺寸的精度选择测量器具。线性尺寸主要的测量器具有内外径千分尺、游标卡尺、钢直尺等。内、外径千分尺的测量精度为 IT9 ~ IT5 级，游标卡尺的测量精度在 IT10 级以下，钢直尺一般用来测量非功能尺寸。螺纹规主要用来测量螺纹角度和螺距。

（2）绘图器具准备。绘图器具有三角板、圆规、量角器、橡皮、铅笔、绘图板等。另外还可用计算机辅助设计软件（CAD）绘制。

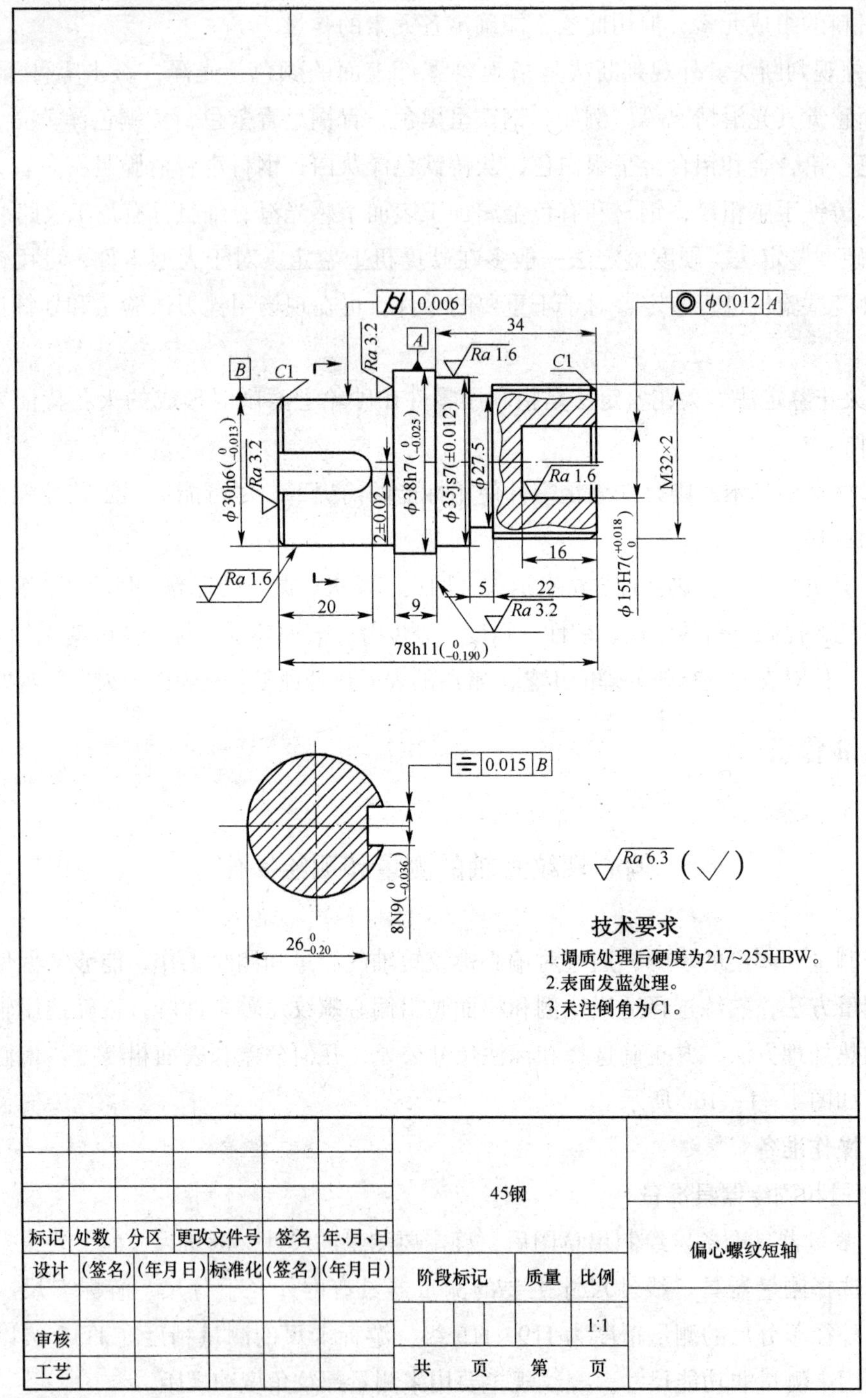

图 1—1—168　偏心螺纹短轴零件图

2. 零件的分析和表达方案

（1）偏心螺纹短轴是一个回转体的轴类零件，轴类零件主要在车床或磨床上加工，所以主视图的轴线应水平放置。这类零件一般不画视图为圆的左视图，而是围绕主视图根据需要画一些局部视图、断面图和局部放大图，如图 1—1—168 所示。

（2）偏心螺纹短轴右端是带有内孔的三角形螺纹轴，为表达内孔的结构和形状可采用局部剖视图。

（3）偏心螺纹短轴左端是带有平键槽的台阶轴。轴上的单键槽一般朝轴前放置，可画出全部形状，可采用移出断面图表示，能清晰表达平键的结构和形状。

二、操作步骤

步骤 1：测量偏心螺纹短轴各部分尺寸

1. 轴径尺寸的测量

由测量工具直接测量的轴径尺寸要经过圆整，使其符合国家标准（GB/T 2822—2005）推荐的尺寸系列，与传动件配合的轴径尺寸要与传动件的内孔系列尺寸相匹配。

（1）用游标卡尺外量爪或外径千分尺测量平键轴外径、螺纹轴外径、中间台阶轴外径。其中，螺纹轴和中间台阶轴所在圆为同心圆。

（2）用游标卡尺内量爪或内径千分尺测量内孔的孔径。

2. 长度尺寸的测量

长度尺寸一般为非功能尺寸，用测量工具测出的数据圆整成整数即可，需要注意的是，长度尺寸要直接测量，不要用各段轴的长度累加计算总长。

（1）用游标卡尺外量爪或钢直尺测量各段轴轴长、螺纹的有效长度，并查表得螺纹退刀槽尺寸。

（2）用游标卡尺深度尺测量内孔的深度。

3. 偏心距的测量

（1）用游标卡尺深度尺测量台阶轴对平键偏心轴的最高点和最低点。

（2）计算偏心矩 $S=(H-h)/2$，如图 1—1—169 所示。

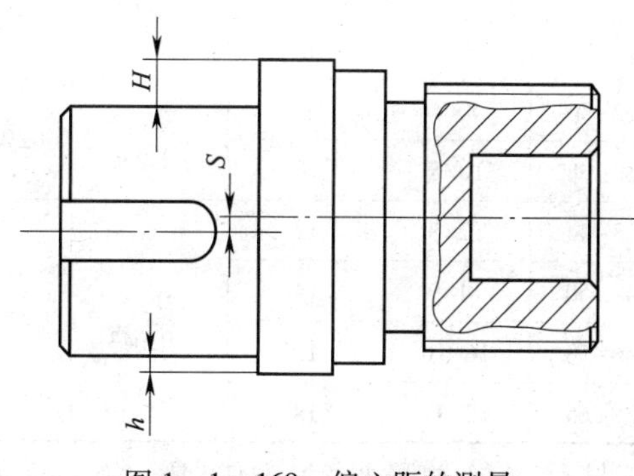

图 1—1—169　偏心距的测量

4. 键槽尺寸的测量

键槽尺寸主要有槽宽 b、深度 t 和长度 L，从外观即可判断与之配合的键的类型（本例为 B 型平键），根据测量出的 b、t、L

值，结合轴径的公称尺寸，查阅国家标准 GB/T 1096—2003，取标准值。

（1）用游标卡尺内量爪或内径千分尺测量键槽宽度，并查表检查是否符合对应轴的直径。

（2）键槽不仅要测量其长度尺寸，还要测量距离所在轴端面的位置尺寸。

（3）普通平键键槽剖面尺寸如图 1—1—170 所示，普通平键键槽的尺寸和公差见表 1—1—29。

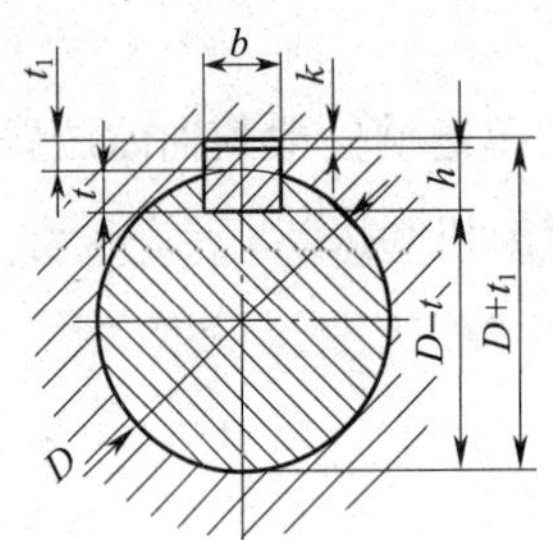

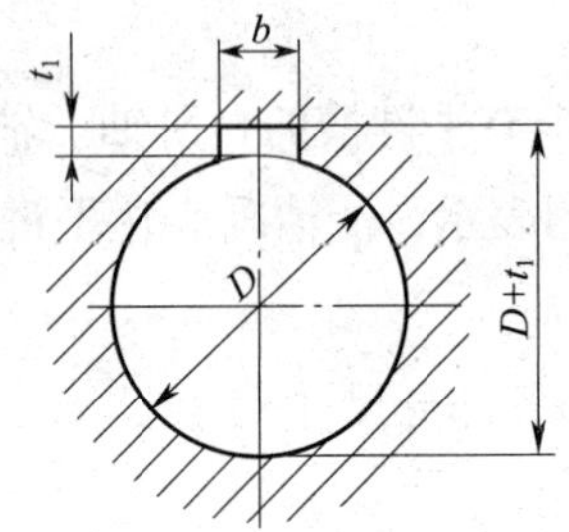

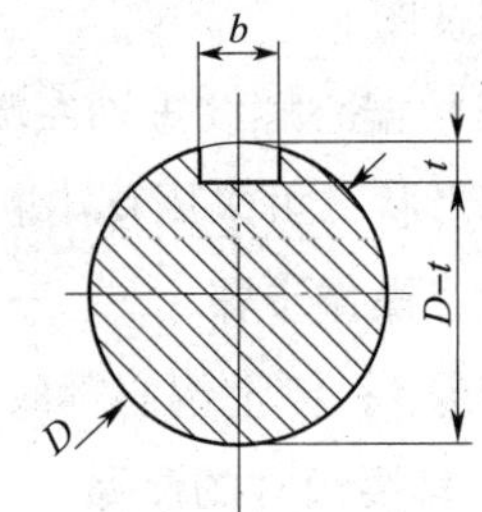

图 1—1—170　普通平键键槽剖面尺寸

表 1—1—29　　普通平键键槽的尺寸和公差　　mm

轴径 D	键尺寸 $b\times h$	键槽						
		宽度 b			深度			
		公称尺寸	极限偏差		轴 t		毂 t_1	
			正常连接		公称尺寸	极限偏差	公称尺寸	极限偏差
			轴 n9	毂 JS9				
6～8	2×2	2	−0.004 −0.029	±0.012 5	1.2	+0.10 0	1.0	+0.10 0
8～10①	3×3	3			1.8		1.4	
10～12	4×4	4	0 −0.030	±0.015	2.5		1.8	
12～17	5×5	5			3		2.3	
17～22	6×6	6			3.5		2.8	
22～30	8×7	8	0 −0.036	±0.018	4	+0.20 0	3.3	+0.20 0
30～38	10×8	10			5			
38～44	12×8	12	0 −0.043	±0.021 5				
44～50	14×9	14			5.5		3.8	
50～58	16×10	16			6		4.3	
58～65	18×11	18			7		4.4	

①8～10 包含 10 而不包含 8，以此类推。

5. 螺纹尺寸的测量

螺纹大径的测量可用游标卡尺，螺距的测量可用螺纹规。在没有螺纹规时，可用游标卡尺测量，或采用薄纸压痕法。采用薄纸压痕法时，要测量多个螺距，然后取标准值。同时用游标卡尺外量爪或钢直尺测量螺纹有效长度。

步骤 2：绘制草图

1. 零件的表达方式

根据偏心螺纹短轴表达方案绘制草图。偏心螺纹短轴在图中的轴线水平放置，偏心轴线上下放置，平键轴放左端并向前放置。

2. 视图的选择

用主视图、一个局部剖视图和一个断面图来表达零件的结构和形状。局部剖视图主要表达内孔的孔径和深度；断面图表达平键的断面形状，并便于尺寸公差和几何公差的标注。

3. 线条的选择

外轮廓用粗实线绘制，螺纹和剖面线用细实线绘制，中心线用细点画线绘制。

步骤 3：画出工作图

偏心螺纹短轴如图 1—1—168 所示。

1. 基准选择和尺寸标注

选择适当比例（通常尽量采用 1∶1），定出偏心螺纹短轴的轴线和各段轴向尺寸的基准线，偏心螺纹短轴的径向尺寸以轴线为基准，轴向尺寸以螺纹轴右端面为基准。按机械制图规定画出图形。标注各段轴径时可直接标于图形上，也可引出尺寸线标注。

2. 尺寸公差和配合代号

根据偏心螺纹短轴功能要求，配合尺寸公差等级可选 IT7 ~ IT6 级；非配合尺寸可选 IT12 ~ IT10 级，或采用不注公差的尺寸数值。标注尺寸公差时，主要部位推荐：安装传动件的平键轴直径尺寸公差等级一般选择较紧的间隙配合，可取 h6 或 g6；键槽宽度和深度的尺寸和公差在表 1—1—29 中选取；大台阶轴外圆的尺寸公差带和内孔公差等级可选择 H7；小台阶轴外径公差等级选择 js7；螺纹公差等级一般选择 h6；轴的偏心距公差等级选择 js12。

图中与传动件配合的平键轴尺寸公差等级为 ϕ30h6，螺纹轴内径的尺寸公差等级为 ϕ15H7，台阶轴外径尺寸公差等级分别为 ϕ38h7、ϕ35js7，总长尺寸公差等级为 78h11，偏心距尺寸公差等级为 2±0. 02。键槽的尺寸和公差可查表 1—1—29，因为轴径尺寸为 ϕ30，查得键槽深度为 $4^{+0.20}_{0}$，所以 26 的公差为 $26^{0}_{-0.20}$，宽度为 $8N9(^{0}_{-0.036})$。其他尺寸的公差标注如图 1—1—168 所示。

3. 表面粗糙度标注

表面粗糙度的标注一般与加工方法相对应，偏心螺纹短轴零件的表面粗糙度推荐：在偏心螺纹短轴中，与传动件配合的轴径、内孔和小台阶轴的外圆表面粗糙度取

$Ra1.6\ \mu m$，轴径的端面表面粗糙度取 $Ra3.2\ \mu m$，其余表面取 $Ra6.3\ \mu m$。

4. 几何公差等级标注

主要部位几何公差的标注一般考虑零件使用情况或加工工艺，偏心螺纹短轴选择平键轴，表面有圆柱度要求，平键槽对外圆轴线对称平面有对称度要求，ϕ15H7 内孔的轴线对 ϕ38h7 大径轴的轴线有同轴度要求。具体数值如下：平键轴的圆柱度公差等级为 7 级（0.006），内孔对台阶轴外圆的同轴度公差等级为 7 级（ϕ0.012），平键槽对轴的中心平面公差等级为 8 级（0.015）。

5. 确定零件材料

根据使用和测试情况确定偏心螺纹短轴的材料，可选用优质碳素钢（如 45 钢）、合金钢（40Cr）等。

6. 技术要求标注

技术要求主要包括热处理要求（常用调质处理、表面处理）和未注圆角、倒角要求等。具体要求如下：

（1）优质碳素钢调质处理硬度查表得 217～255HBW，表面发蓝处理，未注倒角为 *C*1mm。

（2）参阅其他有关材料和热处理的有关资料。

7. 图样检查

核对草图底稿，加深图线，画剖面线等。

8. 标题栏内容

标题栏一般包括零件名称、图号、比例、参数表、材料等内容。

三、注意事项

1. 在测绘时要特别注意零件上的工艺结构，如倒角、倒圆、凹坑、凸台、退刀槽、越程槽、中心孔等。对损坏的部分应尽量恢复原形，以便观察和测量。对零件上的缺陷在测绘时不要表达出来，以免造成误会，如铸造缩孔、砂眼、磨损、断裂等。

2. 对已磨损的工作表面，在测量时要考虑磨损程度，也可测量与其配合的零件尺寸来确定，再按国家标准系列圆整。

3. 对有配合要求的零件尺寸和标准结构的尺寸，可先测量出它们的公称尺寸，再按国家标准系列圆整。

4. 在选择配合性质和相应的极限偏差时，应根据零件实际使用情况来选用，并查阅有关技术资料来确定。特别是当零件与滚动轴承配合时，其内圈的配合是基孔制，而外圈的配合是按基轴制来选择的。对那些非配合尺寸，可直接测量标出，若有小数可经圆整后标出。

5. 标注尺寸时要先画出尺寸界线、尺寸线和箭头，然后集中测量各个尺寸，再逐个填写相应的尺寸数字。切忌画一个，量一个，注一个，这样既浪费时间，又容易出错。零件的测绘是一项极其复杂而细致的工作，自始至终都要认真对待。

6. 测量工件时，游标卡尺量爪的两测量面连线应垂直于被测量表面，否则会使测量结果大于实际尺寸，而测量沟槽时小于实际尺寸。

7. 基准面确定后，所有要测量的尺寸均以此为基准进行测量，尽量避免尺寸换算。

8. 在标注尺寸时注意尺寸线不要交叉。标注轴向尺寸时，不要标封闭尺寸；选不重要尺寸为封闭环，不标尺寸。

9. 外螺纹的螺纹大径画粗实线；小径画细实线，并画入倒角处；螺纹终止线用粗实线。

10. 用游标卡尺外量爪沿螺纹轴向测量螺距时，为了减小误差，可跨多个轴向螺距，测量 n 个轴向螺距即 nP，再除以 n，就得到一个轴向螺距 P 的值。

11. 轴线的同轴度公差在圆柱面内的区域，同轴度公差值前应加直径符号“ϕ”。

12. 圆柱形零件的形状公差值（轴线的直线度除外）一般情况下应小于其尺寸公差值。

13. 调质处理后零件硬度一般采用布氏硬度表示。

第 2 节　液　压　传　动①

学习单元 1　液压传动系统的工作原理和组成

学习目标

➢ 了解液压传动的工作原理和组成。

➢ 掌握动力元件、执行元件、控制元件、辅助元件的主要功能、种类和作用。

➢ 熟悉各种元件的职能图形符号。

知识要求

一、液压传动系统的工作原理

液压传动是靠密封容器内的液体压力能进行能量转换、传递和控制的一种传动方式。液压传动与机械传动相比具有许多优点，所以在机械工程中，液压传动是被广泛采用的传

① 根据国家标准《流体传动系统及元件　词汇》（GB/T 17446—2012），本节的“压力”即物理学中的“压强”。

动方式之一。

人们常见的液压千斤顶的工作原理如图1—2—1所示。它由手动柱塞液压泵和液压缸两大部分构成。大、小活塞与缸体及泵体接触面之间要保持良好的配合，使活塞能够移动，且形成可靠的密封。液压千斤顶的工作过程如下：

工作时关闭放油阀8，向上提起杠杆1，活塞3就被带动上升（泵的吸油过程），油腔4的密封容积增大（此时单向阀7因受油腔10中液压油的作用力而关闭），形成局部真空。于是油箱6中的液压油在大气压力的作用下，推开单向阀并沿着吸油管管道进入油腔4。接着用力压下杠杆1，活塞3下移（泵的压油过程），油腔4的密封容积减小。液压油受到外力挤压产生压力，迫使单向阀5关闭并使单向阀7的钢球受到一个向上的作用力。手压杠杆的力越大，液压油压力越大，向上作用力就越大。当这个作用力大于油腔10中液压油对钢球的作用力时，钢球被推开，油腔4中液压油的压力就传递到油腔10，液压油就被压入油腔10，迫使它的密封容积变大，结果推动活塞11连同重物G一起上升。反复提压杠杆，就能不断地将液压油压入油腔10，使活塞11和重物G不断上升，从而达到起重的目的。显然，如果提压杠杆1的速度越快，则单位时间内压入油腔10中的液压油越多，重物上升的速度就越快；重物越重，下压杠杆所需的力就越大，于是液压油的压力也越大。

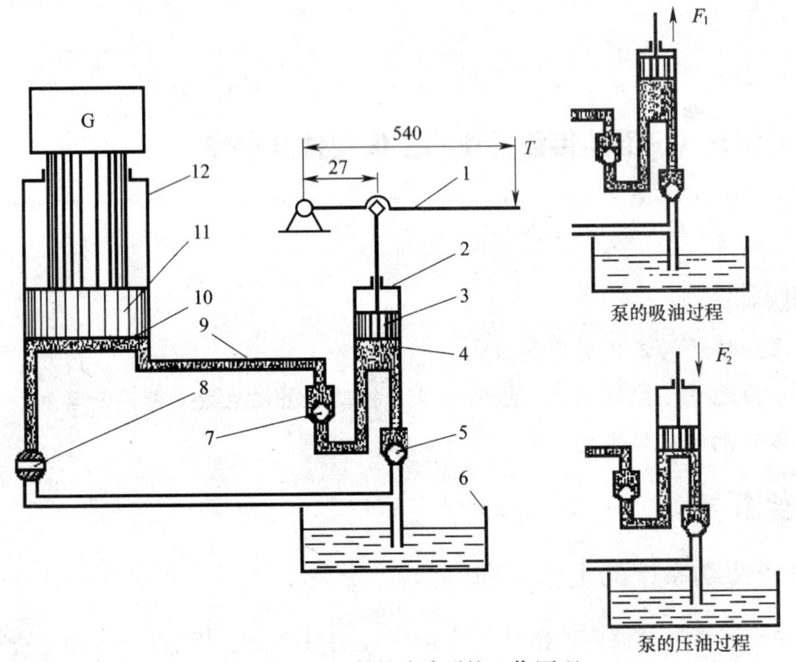

图1—2—1　液压千斤顶的工作原理

1—杠杆　2—泵体　3、11—活塞　4、10—油腔　5、7—单向阀
6—油箱　8—放油阀　9—油管　12—缸体

若将放油阀 8 旋转 90°，油腔 10 中的液压油在重物 G 的作用下流回油箱，活塞 11 就下降并恢复到原位。

二、液压传动系统的组成

由上面的例子可以看出，液压系统是由具有各种功能的液压元件结合而成的。不论是最简单的液压系统，还是很复杂的液压系统，除了作为工作介质的液压油外，按液压元件的功能可将液压系统分成以下四个组成部分。

1. 动力元件

动力元件即液压泵，是依靠密闭工作容积的变化实现吸油、压油的。其作用是将原动机输入的机械能转换成液压能，为液压系统提供液压能。动力元件是液压系统的动力源。

（1）液压泵的种类。液压泵的种类有很多，目前最常见的有柱塞泵、齿轮泵、叶片泵，如图 1—2—2 所示。按泵的输油方向能否改变可分为单向泵和双向泵，按其输出的流量能否调节可分为定量泵和变量泵，按额定压力的高低又可分为低压泵、中压泵和高压泵。

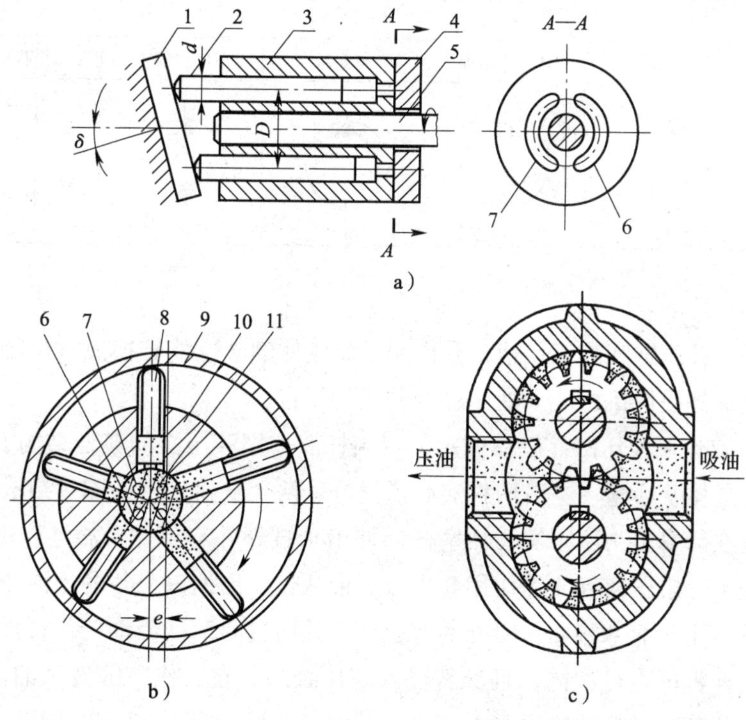

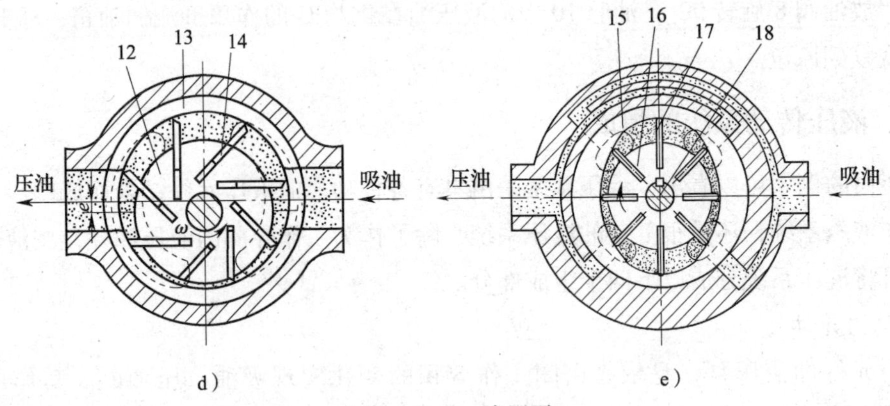

图 1—2—2 液压泵

a）轴向柱塞泵 b）径向柱塞泵 c）齿轮泵 d）单作用叶片泵 e）双作用叶片泵
1—斜盘 2—柱塞 3—泵体 4—配流盘 5—传动轴
6—压油小孔 7—吸油小孔 8—柱塞 9、13、15—定子
10、12、16—转子 11—配流轴 14、17—叶片 18—传动轴

（2）液压泵的职能图形符号见表 1—2—1。

表 1—2—1 **液压泵的职能图形符号**

名称	特性				
	单向定量泵	双向定量泵	单向变量泵	双向变量泵	并联单向定量泵
液压泵					

2. 执行元件

执行元件是指液压缸和液压马达，其作用是将液体的液压能转换成机械能，在液压油的推动下为工作部件提供机械能。液压缸的种类如下：

（1）双出杆双作用液压缸。缸体固定的双出杆双作用液压缸的典型结构如图 1—2—3 所示。它主要由缸体、活塞、左右两根实心活塞杆、两个缸盖、密封圈等组成。其特点是液压缸缸体固定在床身上，两根实心活塞杆都伸出于缸外并与工作台相连，进、出油口 a 和 b 在两个缸盖上，缸盖兼起支撑作用。当液压油从进、出油口交替输入液压缸左、右工作腔时，液压油作用于活塞端面，驱动活塞运动，并通过活塞杆带动工作台做往复直线运动。如果两根活塞杆的直径相同，且交替输入液压缸左、右工作腔的液压油流量又相同，则活塞和工作台往复运动的速度也基本相等。其职能符号如图 1—2—3b 所示。

（2）单出杆双作用液压缸。缸体固定的单出杆双作用液压缸的典型结构如图 1—2—4

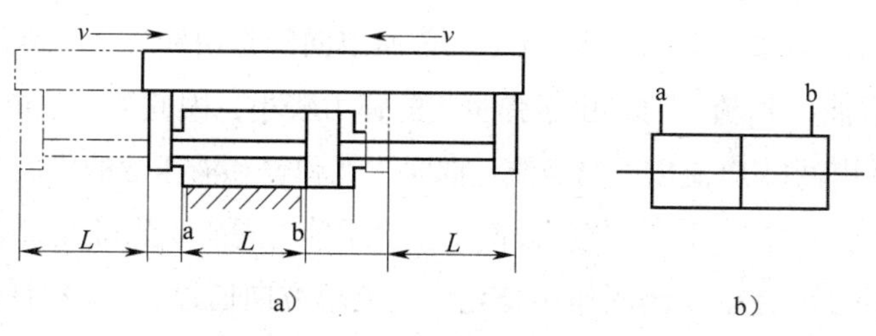

图 1—2—3　双出杆双作用液压缸

a）工作原理　b）职能符号

所示。它主要由缸体、活塞、单出活塞杆、两个缸盖、密封圈等组成。其特点是液压缸缸体固定在床身上，活塞杆单向伸出于缸外并与工作台相连，进、出油口 a 和 b 在两个缸盖上，缸盖兼起支撑作用。当液压油从进、出油口交替输入液压缸左、右工作腔时，液压油作用于活塞端面，驱动活塞运动，并通过活塞杆带动工作台做往复直线运动。因活塞杆左、右两端的面积不同，交替输入液压缸左、右工作腔的液压油流量不同，则活塞和工作台往复运动的速度也不相等。活塞两个方向所获得的推力不相等，而且慢速运动时活塞获得的推力大，快速运动时获得的推力小。职能符号如图 1—2—4b 所示。

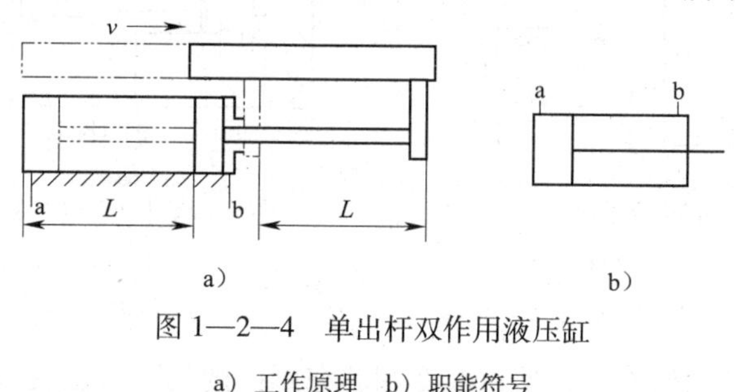

图 1—2—4　单出杆双作用液压缸

a）工作原理　b）职能符号

3. 控制元件

控制元件按功能可分为方向控制阀、压力控制阀和流量控制阀三大类。所有阀都由阀体与阀芯（杆）及控制机构组成。它们的作用都是通过改变通流面积或通流方向来控制液压系统中液压油的压力、流量和方向。控制阀在系统中不做功，只对执行元件起控制作用，以保证执行元件完成预期的工作运动。

液压控制阀应满足的要求包括：动作灵敏，作用可靠，工作时冲击和振动小，液压油流过时压力损失小，密封性能好，结构紧凑，安装、调整、维护、保养方便。

（1）方向控制阀。控制液压油流动方向的阀称为方向控制阀。它包括单向阀和换向阀两大类。

1）单向阀。单向阀分为普通单向阀和液控单向阀。

①普通单向阀。普通单向阀的作用是仅允许液流向一个方向流动，而不能反向流动。

普通单向阀的结构如图1—2—5a所示。普通单向阀是由阀体1、阀芯2和弹簧3组成的。当液压油从进油口P_1流入时，由于弹簧3的弹力较小，因此液压油能克服它的作用力，把阀芯2顶开，从出油口P_2流出。当液流反向时，在弹簧和液压油的作用下，阀芯2的钢珠面紧压在阀体1上，阀口关闭，液流就被截止。普通单向阀的职能符号如图1—2—5b所示。

②液控单向阀。液控单向阀的作用是允许液流单方向通过，反向时阀被关闭或按预定液压控制信号开启。

液控单向阀的结构如图1—2—6a所示。图中活塞1和顶杆2连成一体。当控制油口K不通液压油时，它的工作和普通单向阀一样，液压油只能从进油口P_1流向出油口P_2，不能反向流动。当控制油口K有液压油通入时，在液压油的作用下活塞1向右移动，推动顶杆2顶开阀芯3使P_1和P_2接通，液压油就可以从P_2流向P_1。当控制油口K的液控油路切断后，又恢复单向流动。液控单向阀的职能符号如图1—2—6b所示。

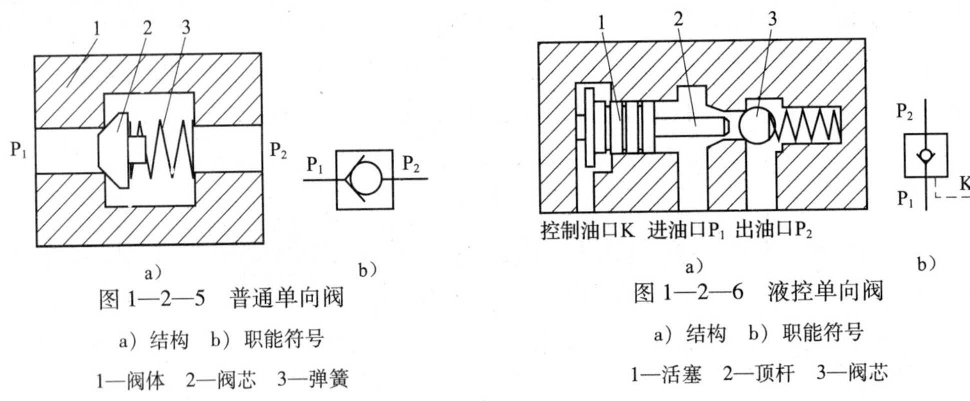

图1—2—5 普通单向阀

a）结构 b）职能符号

1—阀体 2—阀芯 3—弹簧

图1—2—6 液控单向阀

a）结构 b）职能符号

1—活塞 2—顶杆 3—阀芯

2）换向阀。换向阀的作用是通过改变阀芯在阀体内的相对位置来变换液流流动方向，接通或关闭油路实现换向的作用。换向阀的内部结构按其功能可分为主体部分和控制定位装置两大部分。

①主体部分。主体部分由换向阀的阀芯与阀体组成，直接完成液流的换向作用。换向阀的参数有工作位数和通路数。

换向阀的工作位数，即变换液流方向，阀芯相对于阀体的工作位置数。换向阀的工作位置数有“二位”“三位”等，并用方格表示。

换向阀的通路数，即能与系统主油路相连通的阀的油口数，有“二通”“三通”“四通”“五通”等。用箭头表示阀芯内部的通路，用封闭符号“⊥”或“⊤”表示通路油口被阀芯堵死。

②常用的控制定位装置。人工控制——用人力操作进行控制，如手动控制阀，如图1—2—7a所示；机械控制——用机械方法进行控制，如行程阀，如图1—2—7b所示；

电气控制——通过改变电器的工作状态进行控制，如电磁控制换向阀，如图 1—2—7c 所示；液压控制——用液体动力进行控制，如液控换向阀，如图 1—2—7d 所示。

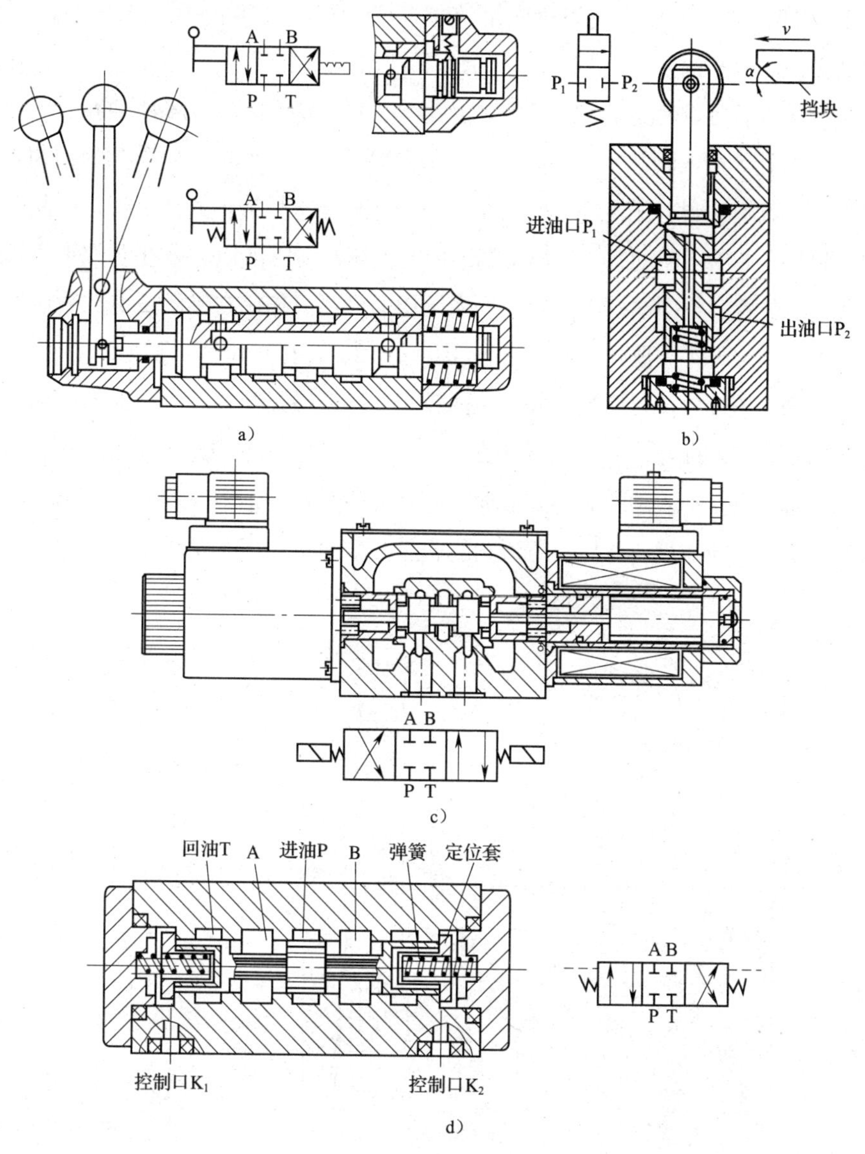

图 1—2—7　换向阀

a）手动换向阀的结构和职能符号　b）行程阀的结构和职能符号

c）电磁控制换向阀的结构和职能符号　d）液控换向阀的结构和职能符号

（2）压力控制阀。控制液压油压力的阀称为压力控制阀，简称压力阀。常用的压力阀有溢流阀、减压阀、顺序阀等。

1）溢流阀。在液压系统中，溢流阀安装在液压泵的出口处，阀的进口压力即泵的工作压力，又称系统压力。溢流阀的作用是维持系统压力恒定，同时使系统中多余的液压油通过溢流阀溢回油箱。液压系统过载时溢流，起安全保护作用，所以又称安全阀。

先导式溢流阀的结构如图 1—2—8a 所示。其工作原理如下：系统压力为 p 的液压油由进油口 P 进入油腔 a 以后分成两路，一路经阀芯内孔 10、11 流入阀芯 9 左端的油腔 12，另一路经阀芯内孔 10、阻尼孔 8 进入阀芯 9 右端油腔 13，并经油孔 6 和 5 作用在先导阀的锥阀 4 上。当系统压力 p 小于溢流阀的调定压力时，液压推力不能克服调压弹簧 3 的弹簧力，锥阀 4 关闭，这时液压油在阻尼孔 8 中不流动，阀芯 9 两端油腔的油压相等，所以它就在右端平衡弹簧 7 的作用下处于最左端位置，将回油口 T 关闭。当系统压力升高，作用在锥阀 4 上的液压推力大于弹簧 3 的弹簧力时，锥阀 4 被顶开，液压油通过阻尼孔 8、油孔 6 和 5、锥阀 4、油孔 14，再经回油口 T 流回油箱。液压油流过阻尼孔 8 时液阻较大，压力损失较大，使阀芯 9 右端油腔 13 的压力 p_{13} 小于左端油腔 12 的压力 p_{12}。若作用在阀芯 9 两端的液压推力差值超过平衡弹簧 7 的弹簧力时，阀芯 9 就向右移动，油腔 a 与 b 接通，使进油口 P 和回油口 T 接通，大部分液压油由此口溢回油箱，实现溢流作用。先导式溢流阀的职能符号如图 1—2—8b 所示。

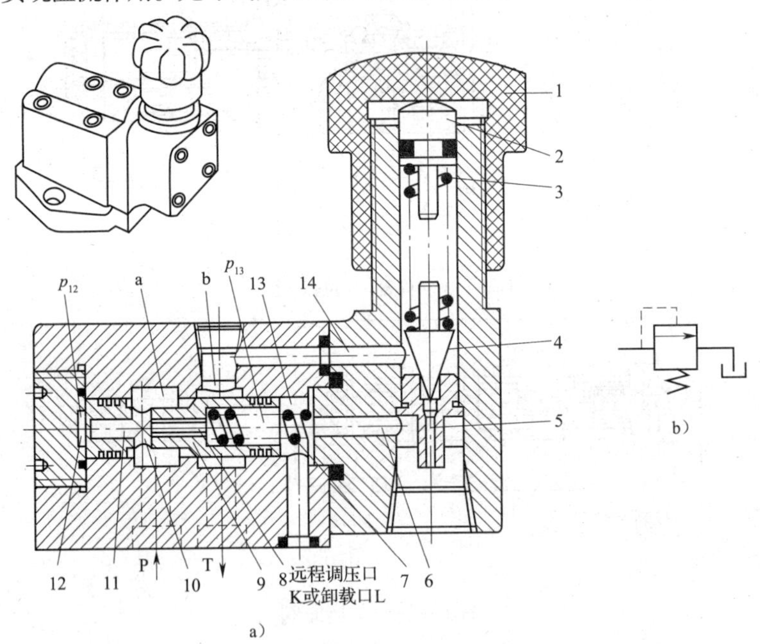

图 1—2—8　先导式溢流阀

a）结构　b）职能符号

1—螺母　2—压杆　3、7—弹簧　4—锥阀　5、6、14—油孔

8—阻尼孔　9—阀芯　10、11—阀芯内孔　12、13—油腔

2）减压阀。减压阀的作用是使出口压力低于进口压力并保持恒定。

先导式减压阀的结构如图 1—2—9a 所示。当压力为 p_1 的高压油（又称一次液压油）由进油口 P_1进入油腔 a，经缝隙 e 到油腔 b 时，因为液压油经过较大液阻时会产生较大的压力损失，所以液压油压力由 p_1 降低到 p_2（又称二次液压油），再由出油口 P_2输出，这就是减压阀的减压原理。减压的具体过程如下：当出口压力小于减压阀的调定压力时，阀芯 9 在弹簧 7 的作用下处于左端位置，缝隙全部打开（e 最大），进、出油口畅通，此时压力减小的幅度最小。当进口压力 p_1 增大时，出口压力 p_2 也随之增加，如果出口压力 p_2 作用在锥阀 4 上产生的液压推力大于弹簧 3 的弹簧力时，锥阀 4 打开，二次液压油经过阻尼孔 8、油孔 6 和 5、锥阀 4、油孔 14 单独流回油箱，使油腔 13 的压力 p_{13}小于油腔 12 的压力 p_{12}。若作用在阀芯 9 两端的液压推力差值大于弹簧 7 的作用力时，阀芯 9 右移，节流缝隙减小，液阻增加，压力损失增大，直到出口压力降低到减压阀的调定压力值 p_2 时为止。先导式减压阀的职能符号如图 1—2—9b 所示。

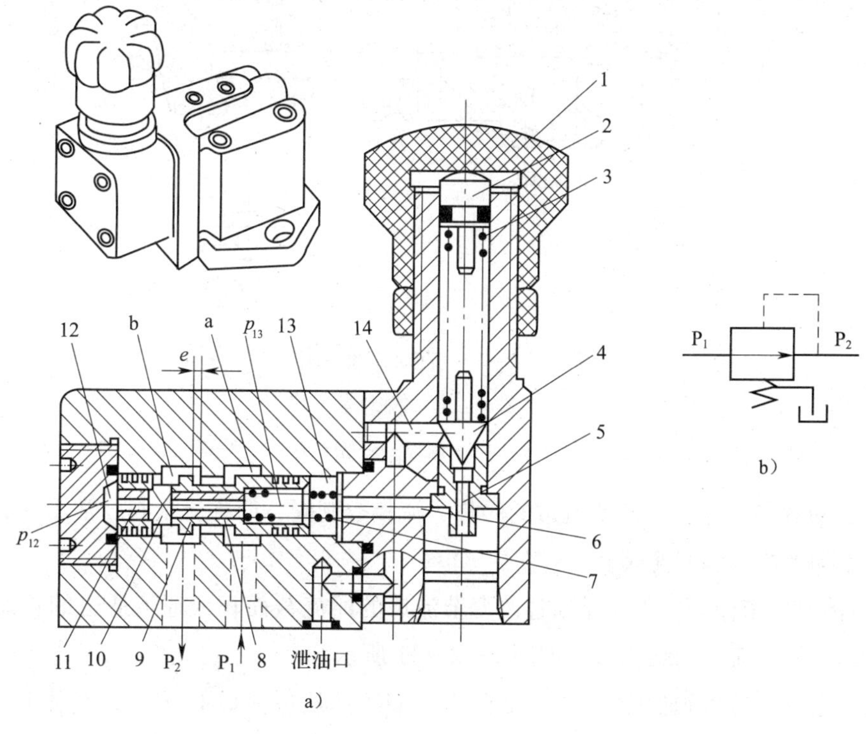

图 1—2—9　先导式减压阀

a）结构　b）职能符号

1—螺母　2—压杆　3、7—弹簧　4—锥阀　5、6、14—油孔

8—阻尼孔　9—阀芯　10、11—阀芯内孔　12、13—油腔

3）顺序阀。顺序阀的作用是当控制压力达到预调定值时，阀芯开启使液流通过，以控制执行元件的顺序动作。

直动式顺序阀的结构如图1—2—10a所示。顺序阀直接利用进口压力来控制阀口的开闭。它的工作原理和直动式溢流阀相似。液压油从进油口 P_1 进入阀内，通过阀芯内孔7、8进入油腔9，当进口压力未达到调定压力时，阀口关闭。压力升高时，油腔9中的液压油使阀芯2向右的推力也增大，当此力大于弹簧3的弹簧力时，阀口开启，液压油从出油口 P_2 流出，以便使另一液压缸或其他执行元件动作。它和直动式溢流阀的区别有两点：一是出油口不接油箱，而是接后动作元件；二是泄油口必须单独接回油箱。直动式顺序阀职能符号如图1—2—10b所示。

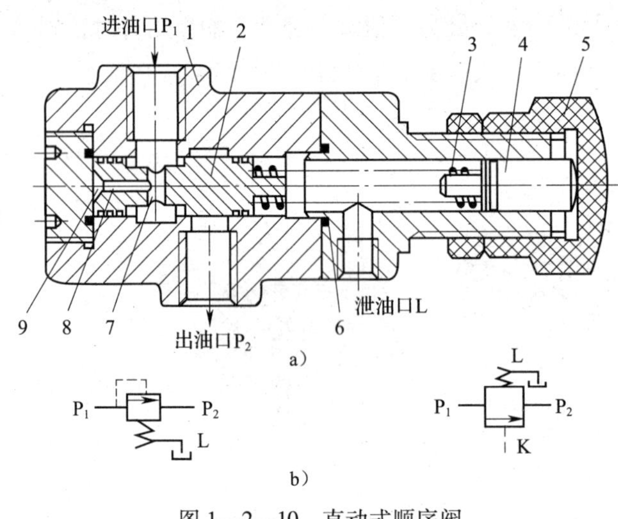

图1—2—10　直动式顺序阀

a）结构　b）职能符号

1—阀体　2—阀芯　3—弹簧　4—压杆　5—螺母　6—密封圈　7、8—阀芯内孔　9—油腔

（3）流量控制阀。控制液流流量的阀称为流量控制阀，简称流量阀。常用的流量阀有节流阀、单向节流阀和调速阀。

1）节流阀。节流阀的作用是通过改变节流口的通流截面积或通流通道的长短来控制液流流量。常用节流口的结构形式如图1—2—11所示。

轴向三角槽式节流阀如图1—2—12所示，液压油从进油口 P_1 流入，经孔b和阀芯3右端狭小的轴向三角槽c（节流口）流过孔a，再从出油口 P_2 流出。调节手柄1，可利用推杆2使阀芯3做轴向移动，推杆右移时，阀芯3也向右移动，节流口关小，弹簧4压缩；反之，推杆左移时，阀芯3在弹簧作用下也左移，节流口开大，从而调节了流量。轴向三角槽式节流阀职能符号如图1—2—12b所示。

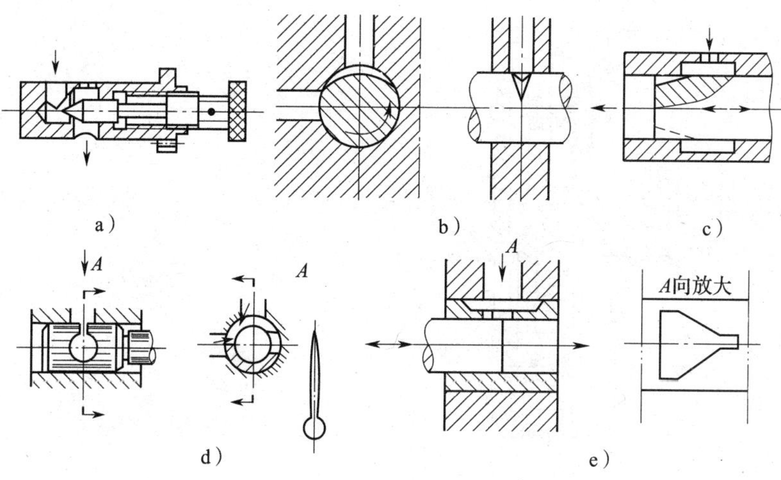

图 1—2—11　节流口的结构形式

a）针阀式　b）偏心槽式　c）轴向三角槽式　d）周向隙缝式　e）轴向隙缝式

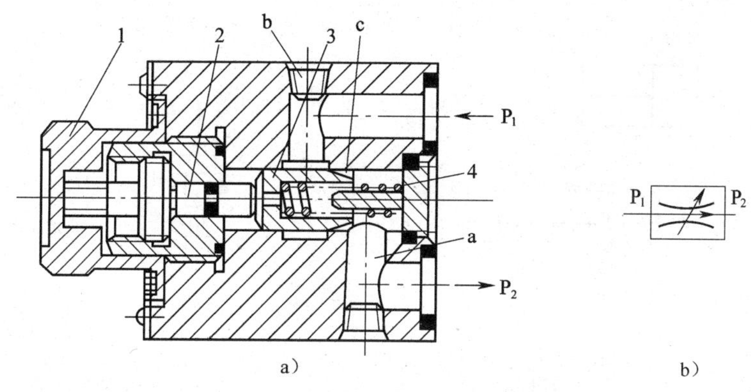

图 1—2—12　轴向三角槽式节流阀

a）结构　b）职能符号

1—手柄　2—推杆　3—阀芯　4—弹簧

2）单向节流阀。单向节流阀用于需要单方向控制流量的系统中，它是由单向阀和节流阀组合而成的组合阀，单向节流阀的结构如图 1—2—13a 所示。当液压油从油口 P_1流入时，经过阀芯 4 上部的轴向三角槽节流后，从油口 P_2流出，这时该阀起节流作用，转动手柄 1，推动顶杆 2，便可改变节流口的大小。当液压油从油口 P_2进入时，可以把阀芯 4 压下，液压油直接流到油口 P_1，这时阀芯 4 只起单向阀的作用。单向节流阀职能符号如图 1—2—13b 所示。

3）调速阀。调速阀的结构如图 1—2—14a。调速阀是由一个节流阀和一个减压阀串联而成的组合阀。设进油压力为 p_1，经减压阀缝隙 h，压力减为 p_2，流过节流阀的节流口，

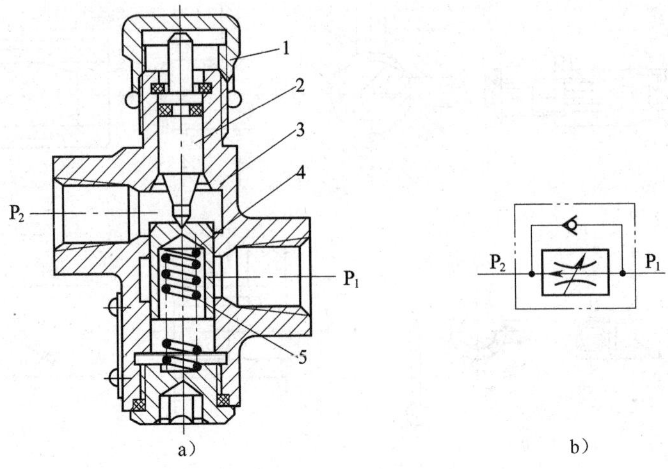

图 1—2—13　单向节流阀

a）结构　b）职能符号

1—手柄　2—顶杆　3—阀体　4—阀芯　5—弹簧

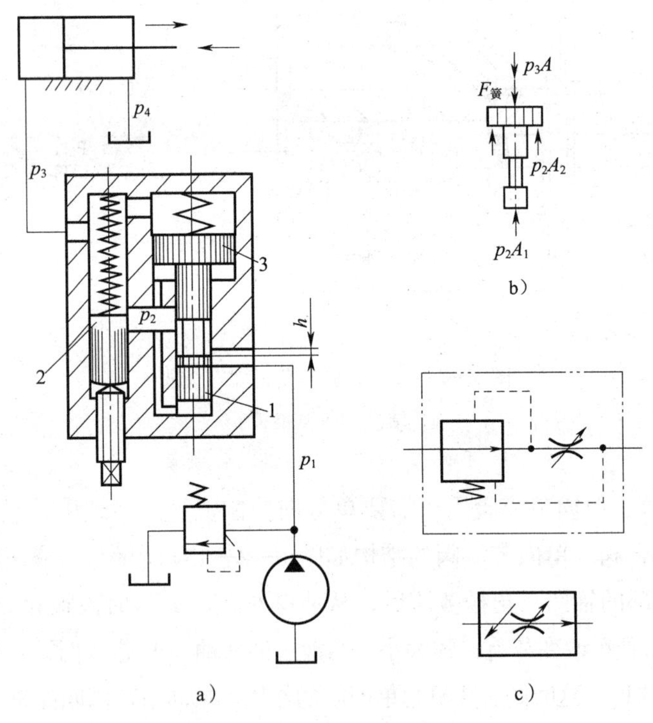

图 1—2—14　调速阀

a）结构　b）阀芯 3 受力情况　c）职能符号

1—减压阀　2—节流阀　3—阀芯

压力降为 p_3，并由出油口流出。p_2 作用于减压阀阀芯 3 下端面（面积分别为 A_1 和 A_2），p_3 作用于阀芯上端面（面积为 A），显然阀芯 3 上下两端作用面积的关系为 $A=A_1+A_2$。阀芯 3 受力情况如图 1—2—14b 所示，作用于阀芯 3 上端的力为 $p_3A+F_{簧}$，作用于阀芯 3 下端的力为 $p_2A_1+p_2A_2=p_2A$。节流阀前后压力差近似于一个常数，与外界负载无关，不会随着负载的变化而变化，所以能保持通过节流阀的流量基本恒定。调速阀职能符号如图 1—2—14c 所示。

4. 辅助元件

辅助元件是指滤油器、蓄能器、油箱、管道、管接头、压力表等。这些元件是保证液压系统正常工作不可缺少的组成部分。

（1）滤油器。液压系统的液压油中常存在各种污染物，为了保证系统正常的工作寿命，必须对系统中污染物的颗粒大小和数量予以控制。滤油器的作用是不断净化液压油，使其污染程度控制在允许范围内。

滤油器种类较多，主要有机械式滤油器和磁性滤油器。

机械式滤油器主要依靠过滤介质阻挡杂质，分为网式滤油器、线隙式滤油器、片式滤油器、纸芯式滤油器、烧结式滤油器。

磁性滤油器则依靠过滤介质的磁性吸出液压油中的铁末。

滤油器可以安装在液压泵的吸油口、出油口和重要元件的前面，在通常情况下，泵的吸油口安装粗滤油器，泵的出油口或重要元件之前安装精滤油器。

（2）蓄能器。蓄能器是液压系统中用以储存压力能的装置。它应用于间歇需要大流量的系统中，达到节约能量、减少投资的目的。

1）蓄能器的功能主要有短期大量供油，系统保压，应急能源，缓和冲击压力，吸收脉动压力。

2）使用蓄能器注意事项

①气瓶式蓄能器需要垂直安装，气体在上部，液压油在下部，以避免气体随液压油一起排出。

②装在管路上的蓄能器必须用支撑架固定。

③蓄能器与管路系统之间应安装截止阀，以便在系统长期停止工作和充气或检修时将蓄能器与主油路切断。蓄能器与液压泵之间还应安装单向阀，以防止液压泵停转时蓄能器内的液压油倒流。

（3）油箱。油箱用来储油，散热，分离油中空气和杂质。在液压系统中，可以利用床身或底座内的空间做油箱，也可以采用单独油箱。利用底座做油箱时，结构比较紧凑，回收漏油比较方便，但油温变化时容易引起热变形，液压泵装置的振动也会影响机械的工作性能。所以，精密机械多采用单独油箱。此外，考虑装配、维修、清洗的方便，以及油箱通用化，也可把油箱做成单独结构。

（4）管道。液压系统中使用的管道分为硬管和软管两类。硬管有无缝钢管、有缝钢管、铜管等；软管则有橡胶管、尼龙管等。一般应优先选用硬管，只在连接具有相对运动的液压元件时，或为了安装方便才采用软管。

（5）管接头。管接头是油管与油管、油管与液压元件间的可拆装连接件。它应该满足拆装方便、连接牢固、密封可靠、外形尺寸小、通油能力大、压力损失小、工艺性好等要求。管接头的种类有很多，按管接头的通路数量和流向不同可分为直通、弯头、三通、四通等；而按管接头和油管的连接方式不同又可分为扩口式、焊接式、卡套式等。

（6）压力表。液压系统各工作点的压力可通过压力表观测，以便调整和控制。最常用的压力表是弹簧弯管式压力表。选用压力表时系统最高压力约为其量程的3/4比较合理。

学习单元2　液压传动的优缺点

学习目标

➢ 掌握液压传动的优点。

➢ 掌握液压传动的缺点。

知识要求

一、液压传动的优点

1. 液压传动能方便地实现无级调速，调速范围广，且可在系统运行过程中调整。

2. 液压传动易于实现标准化、系列化、通用化和自动化，便于设计、制造和推广应用。

3. 液压传动便于实现自动工作循环，是机械自动化的重要手段。

4. 液压传动能使执行元件运动稳定，反应快，换向冲击小，能快速启动、制动和频繁换向。

5. 液压传动易实现过载保护，使用安全、可靠，液压元件能够自行润滑，故使用寿命长。

6. 与机械系统相比，在相同功率条件下，液压传动装置体积小，质量轻，结构紧凑。

7. 液压传动易获得很大的力或力矩，并且控制、调节简单，操作方便、省力。当其与电气控制结合时，更易实现各种复杂的自动工作循环。

二、液压传动的缺点

1. 液体很容易泄漏，使液压传动难以保证恒定的传动比。
2. 液压系统混入空气后，会产生爬行、噪声等现象，从而影响运动的稳定性。
3. 液压传动对油温变化比较敏感，不宜在很高或很低的温度条件下工作。
4. 液压传动在工作过程中能量损失较大，传动效率较低，不宜做远距离传动。
5. 液压油被污染后，机械杂质常会堵塞小孔、缝隙，影响动作的可靠性。
6. 液压传动出现故障时，不易查找原因。

综上所述，液压传动的优点多于缺点，并且随着技术水平提高，有些缺点已在不同程度上得到克服，这是液压传动装置生产迅速发展和应用日益广泛的决定因素。

学习单元 3　液压传动参数

学习目标

- 掌握液体压力、相对压力、绝对压力的概念。
- 掌握液体流量、流速的概念。
- 熟悉液压泵输出功率的概念。

知识要求

一、液体压力的概念

当液体相对静止时，液体单位面积上所受的作用力称为压力，即：

$$p=\frac{F}{A}$$

式中　p——压力，Pa；

F——作用力，N；

A——作用面积，m^2。

其中，1 Pa=1 N/m^2，1 MPa（兆帕）= 10^3 kPa（千帕）= 10^6 Pa。

液压系统中的压力大小取决于负载，并随负载变化而变化。

压力的表示方法有两种：一种是以绝对真空作为基准所表示的压力，称为绝对压力；另一种是以大气压力作为基准所表示的压力，称为相对压力。由于大多数测压仪表所测得的压力都是相对压力，因此相对压力又称表压力。通常所讲的液压系统的压力是指大于大气压力的表压力。

二、液体流量的概念

液体在管道中流动时，垂直于液体流动方向的截面称为通流截面。单位时间内流过某通流截面的液体体积称为流量，用 q_V 表示，即：

$$q_V=\frac{V}{t}$$

式中　q_V——流量，m^3/s；

V——液体体积，m^3；

t——时间，s。

假设通流截面上各点的流速均匀分布，流速是指液流质点在单位时间内流过的距离，用 v 表示，即 $v=\frac{s}{t}$，单位为 m/s 或 m/min。若把流速公式分子、分母各乘以通流截面积 A，则得：

$$v=\frac{q_V}{A}，即\ q_V=vA$$

式中　v——流速，m/s；

A——通流截面积，m^2。

液体的流量等于流速 v 与通流截面积 A 的乘积。当液压缸的有效工作面积 A 一定时，活塞运动速度便取决于输入液压缸的流量 q_V。

三、液体功率的概念

活塞在单位时间 t 内以力 F 推动负载移动距离 s，则所做的功 $W=Fs$。

功率是指单位时间内所做的功，用 P 表示，$P=\frac{W}{t}=\frac{Fs}{t}=Fv$。

其中 $F=pA$、$v=\frac{q_V}{A}$，即 $P=\frac{pAq_V}{A}=pq_V$。经单位换算后得到：

$$P=\frac{pq_V}{60}$$

式中 p——压力，MPa；

q_V——流量，m^3/s；

P——功率，kW。

上式既是液压缸输出功率 P_{ou}，也是液压泵输出功率 P_{ou} 的计算公式，液压泵的输出功率等于泵的输出流量和工作压力的乘积。由于液压系统在实际工作过程中存在容积损失 η_V 和机械损失 η_m，因此，液压泵实际需要输入的功率 P_{in} 为：

$$P_{in}=\frac{pq_V}{60\eta}$$

上式中 η 为泵的总效率，即 $\eta=\frac{P_{ou}}{P_{in}}=\eta_V\eta_m$。

 学习单元 4　液压油的参数、性质和选用

 学习目标

- 掌握液压油密度的概念和符号。
- 掌握液压油黏度、运动黏度的概念，以及温度、压力对黏度的影响。
- 熟悉液体的可压缩性概念和液压油的选用原则。

 知识要求

一、密度的概念

单位体积的液体（油）所具有的质量称为密度，用 ρ 表示，单位为 kg/m^3，即：

$$\rho=\frac{m}{V}$$

式中 m——液体的质量，kg；

V——液体的体积，m^3。

石油基液压油的密度一般取 9×10^3 kg/m^3。

二、黏度的概念

液体在外力作用下流动时，液体内部各流层之间产生内摩擦阻力的性质称为液体的黏性。表示液体黏性大小程度的物理量称为黏度。液压传动中常用的黏度有动力黏度、运动黏度、相对黏度等。

1. 动力黏度（绝对黏度）

动力黏度表示面积各为 1 cm^2、相距 1 cm 的两层液体，当其中一层液体对另一层液体以 1 cm/s 的速度做相对运动时所产生的内摩擦力值用 η 表示，单位为 Pa · s（帕秒）。

2. 运动黏度

运动黏度是指动力黏度与该液体在同一温度下密度的比值，用 ν 表示，即 $\nu=\eta/\rho$，单位为 m^2/s。它与常用单位 St（斯），即 cm^2/s（平方厘米每秒）之间的关系是：

$$1\ m^2/s=10^4\ cm^2/s\ (St)\ =10^6\ mm^2/s\ (cSt)$$

液压油的牌号是采用 40℃下运动黏度平均值（单位为 cSt）来标号的，例如，L-AN32 号是指这种油在 40℃时的运动黏度平均值为 32 cSt。

3. 相对黏度（条件黏度）

由于测量仪器和条件不同，各国相对黏度的含义也不同，例如，美国采用赛氏黏度（SSU），英国采用雷氏黏度（″R），而我国和部分欧洲国家则采用恩氏黏度（°E）。

恩氏黏度是指 200 cm^3 的被试油在规定温度下流经恩氏黏度计的时间与 20℃或 40℃时 200 cm^3 蒸馏水流经恩氏黏度计的时间之比值，用符号$°E_{20}$或$°E_{40}$表示。

三、温度、压力对黏度的影响

1. 温度对黏度的影响

液体的黏度都随温度变化而变化，当温度升高时，液压油的黏度降低。工业上常采用黏度指数来评价液压油的黏度受温度影响的大小。黏度指数表示被试油和标准油黏度变化程度比较的相对值，黏度指数越高，表示黏度随温度的变化越小。

2. 压力对黏度的影响

液体的黏度随压力的降低而降低，设标准大气压（101. 325 kPa）下的运动黏度为 ν，则任意压力（p）下的运动黏度 ν_p 为：

$$\nu_p=\nu(1+0.003p)$$

式中 ν_p——压力为 p 时液体的运动黏度，m^2/s；

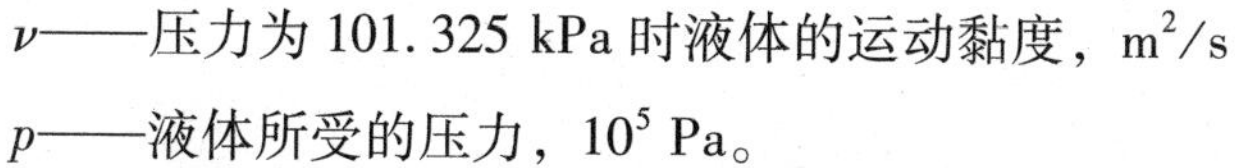

ν——压力为 101.325 kPa 时液体的运动黏度，m^2/s；

p——液体所受的压力，10^5 Pa。

四、液体的可压缩性

液体受压力作用而使其体积发生变化的性质称为液体的可压缩性。一般情况下，液体的可压缩性可以忽略不计，但在高压下及在研究系统动态性能时，液体的可压缩性是一个很重要的因素，则不能忽略。液压油的可压缩性比钢的可压缩性大 100~400 倍。当液压油中混有空气时，可压缩性将显著增加，常常使液压系统产生噪声，降低系统的传动刚性和工作可靠性。

五、液压油的选用

一般液压设备制造商在设备说明书或使用手册中规定了该设备系统使用的液压油品种、牌号和黏度级别，用户首先应根据设备制造商的推荐选用液压油。但也会遇到许多场合，用户所用系统的工况和使用环境与设备制造商所规定的有一定出入，这时需要自行选用液压油，就要考虑液压系统的工作压力、环境条件、工作机构的运动速度等。

1. 液压系统的工作压力

如果工作压力高，应选用黏度较高的液压油，因高压的液压系统泄漏较突出；如果工作压力较低，应选用黏度较低的液压油。

2. 液压系统的环境条件

如果液压系统油温高或环境温度高，应选用黏度较高的液压油；反之，应选用黏度较低的液压油。

3. 液压系统中工作机构的运动速度

当液压系统中工作机构的运动速度较高时，液流流速高，压力损失也大，系统效率低，还可能导致进油不畅，甚至卡住零件，因此应选用黏度较低的液压油；反之，应选用黏度较高的液压油。

在选用液压油时，有时还要考虑一些特殊因素。例如，高速、高压液压系统中的元件需要的液压油应具有较高的抗磨性或油膜强度，以防止剧烈的磨损，这时可选用抗磨液压油，如 L-HM。对于环境温度在-15℃以下的高速、高压液压系统，为保证其在低温下有良好的启动性，可选用低温液压油，如 L-HV。在精密机床主轴滑动轴承中，要求其润滑油具有较好的抗氧化、抗磨损、防锈蚀性能，以便能有效地降低主轴温升，延长主轴的使用寿命，应选用精密机床主轴油。

第3节 金属切削

学习单元1 刀具材料

学习目标

- 了解刀具材料的主要成分。
- 熟悉刀具材料的种类。
- 掌握刀具材料的用途。

知识要求

一、刀具材料的基本要求

刀具切削性能的好坏关键在于切削部分的材料。它对刀具寿命、加工效率、加工质量和加工成本影响极大。因此，应当重视刀具材料的正确选择和合理使用，以及新型刀具材料的研制。

各种刀具材料的主要物理和力学性能见表1—3—1。

表1—3—1 各种刀具材料的主要物理和力学性能

材料种类	硬度	抗弯强度（GPa）	导热系数［W/(m·K)］	耐热性（℃）	耐磨性
合金工具钢	65HRC	2.4	40~50	350	低
高速钢	66HRC	3.2	20~30	620	低
硬质合金	90HRA	1.45	70~100	1 000	较高
陶瓷	93HRA	0.8	30~40	1 400	高
天然金刚石	10 000HV	0.3	146.5	800	最高
聚晶金刚石	7 500HV	2.8	100~120	600~800	最高
聚晶立方氮化硼	4 000HV	1.5	40~100	>1 000	很高

刀具在切削过程中，要承受切削力、切削温度、冲击和振动，并被磨损。因此，刀具材料必须具备下列主要性能：

1. 高硬度

高硬度是刀具材料应具备的最基本性能。一般认为，刀具材料的硬度应是工件材料硬度的 1.3~1.5 倍，常温硬度高于 60HRC。

2. 高耐磨性

耐磨性与材料硬度、强度和组织结构有关。材料硬度越高，耐磨性越好；组织中碳化物、氮化物等硬质点的硬度高、颗粒小、数量多且分布均匀，则耐磨性越好。

3. 足够的强度和韧性

切削时刀具要承受很大的切削力、冲击和振动，为避免崩刃和折断，刀具材料应具有足够的强度和韧性。

4. 高耐热性

耐热性是衡量刀具材料切削性能的主要指标。耐热性（又称热硬性）是指材料在高温下能够保持其硬度的性能。它是衡量刀具材料切削性能的主要指标。耐热性越好，允许的切削速度也就越高。

5. 良好的工艺性能

作为刀具材料除必须具备上述性能外，还应具备一定的可加工性能，如切削加工性、磨削加工性、焊接性、热处理性能、高温塑性等。

上述性能之间是相互矛盾的，没有一种刀具材料具备所有性能的最佳指标，所以刀具材料应根据具体加工条件有选择地使用。

二、刀具材料的主要成分和用途

目前应用较多的刀具材料是工具钢（碳素工具钢和合金工具钢）、硬质合金、陶瓷、超硬材料（金刚石和立方氮化硼）。

1. 工具钢

（1）碳素工具钢。碳素工具钢是含碳量为 0.65%~1.35%的优质高碳钢。常用牌号有 T10A 和 T12A，其中以 T12A 用得最多，其含碳量为 1.15%~1.2%。碳素工具钢淬火后硬度可达 60~64HRC，但其缺点是耐热性较差，在 200~300℃时硬度就显著下降，所以允许的切削速度 v_c=5~10 m/min；另外它的淬透性较差，热处理变形较大。其优点是价格便宜，可加工性好，容易使刃口锋利。故只适于制造手用和切削速度很低的工具，如手用锯条、丝锥、手用铰刀、板牙等。

（2）合金工具钢。为了解决碳素工具钢耐热性较差、淬透性较差、淬火后易变形的问题，在高碳钢中再加入一些合金元素如钨、锰、钼、钒等（合金元素总量不宜超过3%）而得到的钢为合金工具钢，常用合金工具钢的牌号有9SiCr、CrWMn等。加入合金元素能提高钢的淬透性和耐回火性，同时细化晶粒，减小变形。加入合金元素后，耐热性可达325~400℃，切削速度相对有所提高，允许的切削速度 v_c 可达10~15 m/min。合金工具钢目前主要用于低速刀具，如丝锥、板牙、铰刀、滚丝轮、搓丝板等。

高速钢是一种含钨、钼、钒等合金元素较多的高合金工具钢，高速钢全称为高速合金工具钢，又称白钢、锋钢。常用的通用型高速钢牌号有W18Cr4V、W6Mo5Cr4V2。高速钢加入合金元素后，细化了晶粒，提高了硬度。一般高速钢的淬火硬度可达63~66HRC，耐热性可达500~600℃。允许的切削速度 v_c 比合金工具钢可提高2倍。高速钢具有较高的强度，是制造各种刃形复杂刀具的主要材料，如铣刀、各种孔加工刀具、螺纹刀具、齿轮刀具、拉刀等。常用高速钢种类、牌号和主要性能见表1—3—2。

表1—3—2　　常用高速钢种类、牌号和主要性能

种类		牌号	硬度 HRC			抗弯强度（GPa）	冲击值（MJ/m^2）
			常温	500℃	600℃		
普通高速钢		W18Cr4V	63~66	56	48.5	2.94~3.33	0.172~0.331
		W6Mo5Cr4V2	63~66	55~56	47~48	3.43~3.92	0.294~0.392
高性能高速钢	高碳	95W18Cr4V3	67~68	59	52	≈2.92	0.166~0.216
	高钒	W6Mo5Cr4V3	65~67	—	51.7	≈3.136	≈0.245
	含钴	W6Mo5Cr4V2Co8	66~68	—	54	≈2.92	≈0.294
		W2Mo9Cr4VCo8	67~70	60	55	2.65~3.72	0.225~0.294
	含铝	W6Mo5Cr4V2Al	67~69	60	55	2.84~3.82	0.225~0.294
		W10Mo4Cr4V3Al	67~69	60	54	3.04~3.43	0.196~0.274

2. 硬质合金

硬质合金是用粉末冶金方法，由高硬度、高熔点的金属碳化物（如WC、TiC等）粉末用钴等金属黏结剂在高温下烧结而成的合金材料。

硬质合金的硬度很高，一般可达89~93HRA，耐磨性和耐热性均优于工具钢，能在800~1 000℃的温度下进行正常切削，它的切削速度比高速钢高4~10倍，可使刀具寿命提高几十倍，并能加工高速钢刀具难以切削加工的材料，因此被广泛应用。但是它的抗弯强度和冲击韧度比高速钢低，硬质合金刃口不易磨得锋利，不适合制造刃形复杂的刀具。

目前，硬质合金按其化学成分和使用特性可分为钨钴类（YG）、钨钛钴类（YT）、钨钛（钽）铌钴类（YW）和碳化钛基类（YN）四类，其牌号、化学成分和主要性能见表1—3—3。常用硬质合金为钨钴类（YG）、钨钛钴类（YT）。

表1—3—3　　　　常用硬质合金的牌号、化学成分和主要性能

类别		牌号	化学成分				密度 (g/cm^3)	导热系数 [W/(m·K)]	硬度 HRA	抗弯强度 (GPa)
			w(WC)	w(TiC)	w(TaC/NbC)	其他				
WC基	钨钴类	YG3X	96.5%		0.5%	w(Co)=3%	14.9~15.3	87.92	91.5	1.08
WC基	钨钴类	YG6X	93.5%		0.5%	w(Co)=6%	14.6~15.0	75.55	91	1.37
WC基	钨钴类	YG6	94%			w(Co)=6%	14.6~15.0	75.55	89.75	1.42
WC基	钨钴类	YG8	92%			w(Co)=8%	14.5~14.9	75.36	89	1.47
WC基	钨钴类	YG10C	90%			w(Co)=10%	14.3~14.9	75.36	88	1.72
WC基	钨钛钴类	YT30	66%	30%		w(Co)=4%	9.3~9.7	20.93	92.5	0.88
WC基	钨钛钴类	YT15	79%	15%		w(Co)=6%	11.0~11.7	33.49	91	1.13
WC基	钨钛钴类	YT14	78%	14%		w(Co)=8%	11.2~12.0	33.49	90.5	1.77
WC基	钨钛钴类	YT5	85%	5%		w(Co)=10%	12.5~13.2	62.80	89	1.37
WC基	加添加剂类	YG6A (YA6)	91%		3%	w(Co)=6%	14.6~15.0		91.5	1.37
WC基	加添加剂类	YG8A	91%		1%	w(Co)=8%	14.5~14.9		98.5	1.47
WC基	加添加剂类	YW1	84%		4%	w(Co)=8%	12.8~13.3		91.5	1.18
WC基	加添加剂类	YW2	82%		4%	w(Co)=8%	12.6~13.0		90.5	1.32
TiC(N)基		YN05	8%	71%		w(Ni)=7% w(Mo)=14%	5.9		93.3	0.78~0.93
TiC(N)基		YN10	5%	62%	1%	w(Ni)=12% w(Mo)=10%	6.3		92	1.08

（1）钨钴类硬质合金。钨钴类硬质合金主要是由WC和Co组成的，其韧性、磨削性能和导热性好，主要适用于加工脆性材料（如铸铁等）、有色金属和非金属材料。

常用钨钴类硬质合金的牌号有YG6、YG6X、YG8等。合金中含钴量越高，其韧性越好，适用于粗加工，也可用于断续切削。合金中含钴量低的用于精加工。另外，从表1—3—3中也可以看出，细颗粒（YG6X）硬质合金比中颗粒（YG6）硬质合金的硬度高，耐磨性好，但抗弯强度略有降低。

（2）钨钛钴类硬质合金。钨钛钴类硬质合金主要是由WC、TiC和Co组成的。由于在合金中加入了TiC，其耐磨性提高，但抗弯强度、磨削性能和导热性却有所下降。由于其低温脆性较大，不耐冲击，主要用于高速切削一般塑性材料。

常用钨钛钴类硬质合金的牌号有YT5、YT14、YT15和YT30。TiC含量越多，硬质合金硬度越高，耐磨性也越好，但抗弯强度较低，导热性也较差。因此，当切削条件比较平稳，要求硬度较高，耐磨性较好时，应选用TiC含量多的牌号，主要适用于碳钢、合金钢的精加工。当刀具在切削过程中承受冲击和振动容易引起崩刃时，应选用TiC含量少的牌号，以提高刀具的韧性。

（3）钨钛（钽）铌钴类硬质合金。钨钛（钽）铌钴类硬质合金是在合金中加入适量的碳化钽（TaC）或碳化铌（NbC），以提高合金的高温硬度、强度、耐磨性、黏结温度和抗氧化性。同时，韧性也有所提高，具有较好的综合切削性能。它主要用于加工难以切削的材料及进行断续切削。常用牌号有YW1、YW2。

（4）碳化钛基类硬质合金。碳化钛基类硬质合金是以TiC为主要成分，用镍（Ni）、钼（Mo）为结合剂，并添加少量其他碳化物的硬质合金。其优点是有较好的耐磨性和耐热性，但韧性较差。它在1 000℃以上的高温下仍能进行切削加工，适用于碳钢、合金钢、工具钢、淬火钢等材料的连续切削和精加工。常用牌号有YN05、YN10。

常用硬质合金的牌号、使用说明和使用场合见表1—3—4。

表1—3—4　　常用硬质合金的牌号、使用说明和使用场合

牌号	使用说明	使用场合
YG3X	细颗粒硬质合金，YG类硬质合金中耐磨性最好的一种，但抗冲击能力差	铸铁、有色金属的精加工，合金钢、淬火钢、钨和钼材料的精加工
YG6X	细颗粒硬质合金，耐磨性优于YG6，强度接近YG6	铸铁、冷硬铸铁、合金铸铁、耐热钢、合金钢的半精加工和精加工
YG6	耐磨性较好，抗冲击能力优于YG3X、YG6X	铸铁、有色金属及合金、非金属的粗加工和半精加工
YG8	强度较高，抗冲击能力较高，耐磨性较差	铸铁、有色金属及合金的粗加工，可断续切削
YT30	YT类硬质合金中耐热性和耐磨性最好，但强度低，不耐冲击，易产生焊接和磨刀裂纹	碳钢、合金钢连续切削时的精加工
YT15	耐磨性和耐热性较高，但抗冲击能力差	碳钢、合金钢连续切削时的半精加工和精加工
YT14	强度和抗冲击能力较高，但耐磨性和耐热性比YT15差	碳钢、合金钢连续切削时的粗加工、半精加工和精加工
YT5	YT类硬质合金中强度、抗冲击能力较高的一种，不易崩刃，但耐磨性差	碳钢、合金钢连续切削时的粗加工，可用于断续切削
YG6A	细颗粒硬质合金，耐磨性和强度与YG6X相近	冷硬铸铁、球墨铸铁、有色金属及合金、高锰钢、合金钢、淬火钢的半精加工和精加工
YG8A	中颗粒硬质合金，强度较高，耐热性较差	冷硬铸铁、球墨铸铁、白口铸铁、有色金属及合金、不锈钢的粗加工和半精加工

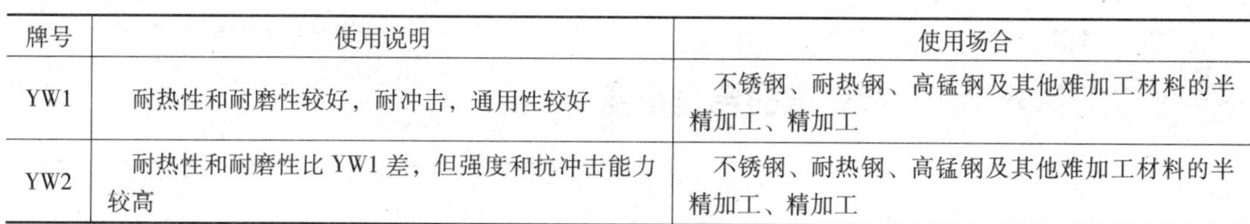
续表

牌号	使用说明	使用场合
YW1	耐热性和耐磨性较好，耐冲击，通用性较好	不锈钢、耐热钢、高锰钢及其他难加工材料的半精加工、精加工
YW2	耐热性和耐磨性比 YW1 差，但强度和抗冲击能力较高	不锈钢、耐热钢、高锰钢及其他难加工材料的半精加工、精加工

（5）常用硬质合金的牌号命名

1）钨钴类硬质合金。其主要成分是碳化钨（WC）和黏结剂钴（Co）。其牌号由“YG”（“硬”“钴”两字汉语拼音首字母）和钴平均含量的百分数组成。

例如，YG8 表示平均 w（Co）= 8%。

2）钨钛钴类硬质合金。其主要成分是碳化钨、碳化钛（TiC）和钴。其牌号由“YT”（“硬”“钛”两字汉语拼音首字母）和碳化钛平均含量的百分数组成。

例如，YT15 表示平均 w（Ti）= 15%。

3）钨钛（钽）铌钴类硬质合金。其主要成分是碳化钨、碳化钛、碳化钽（或碳化铌）和钴。这类硬质合金又称通用硬质合金或万能硬质合金。其牌号由“YW”（“硬”“万”两字汉语拼音首字母）加顺序号组成，如 YW1。

3. 陶瓷

陶瓷材料的主要成分是氧化铝（Al_2O_3），其优点是耐热性和耐磨性均比硬质合金好，硬度、允许的切削速度均比硬质合金高。在切削时，摩擦因数小，切削时不粘刀，不容易产生积屑瘤，能获得较小的表面粗糙度值且尺寸稳定。其缺点是抗弯强度低，抗冲击能力差，导热系数低，切削时易崩刃。因此，在使用范围上受到很大的限制。目前国产的金属陶瓷材料主要用于切削硬度为 45~55HRC 的工具钢和淬火钢。

4. 超硬材料

（1）金刚石。金刚石是自然界中最硬的材料，它具有极高的硬度（可达 10 000HV）和极好的耐磨性，可以加工硬质合金、陶瓷等高硬度耐磨材料。天然金刚石价格昂贵，很少使用。人造金刚石以石墨高温烧结而成，主要用于高速精细车削、镗削非铁金属及其合金和非金属材料，也可加工有色金属和不锈钢。

金刚石刀具的主要缺点是性脆，易崩刃，焊接及刃磨困难，强度低，对振动敏感，只能微量切削，与铁有较强的化学亲和力，故不适合加工钢铁材料。

（2）立方氮化硼。立方氮化硼是用高温、高压方法制成的。立方氮化硼的优点是耐热性很好，在温度高于 1 300℃时仍可切削；化学稳定性好，切削温度在 1 000℃以上不会氧化。立方氮化硼主要用于加工高硬度（64~70HRC）的淬硬钢和冷硬铸铁、高温合金等难加工材料。其加工精度可达 IT5 级，表面粗糙度为 Ra0.8~0.4 μm，可以代替磨削加工。

学习单元2　刀具角度的合理选择

学习目标

- 了解刀具几何角度。
- 掌握刀具角度对切削过程的影响。
- 熟悉刀具角度的选择。

知识要求

刀具几何角度是几何参数中最重要的内容，对切削变形、切削力、切削温度和刀具磨损均有显著的影响，因此，必须十分重视刀具几何角度的合理选择，在此主要研究前角、后角、主偏角、刃倾角的选择。

一、前角的作用和选择（γ_o）

1. 前角的作用

前角是刀具上最主要的角度之一，对切削过程有很大影响，它的主要作用体现在以下四个方面：

（1）影响切削变形。增大前角，可使刃口锋利，减小切削刃和前面对切削层的挤压，使切削轻快，减小切削变形和切削力，减少切削热的产生。

（2）影响加工表面质量。增大前角可抑制积屑瘤和鳞刺的产生，减小切削变形、加工硬化程度及深度，并可减轻振动，从而提高加工表面质量。

（3）影响刀具寿命。前角太大，楔角减小，使切削刃和刀尖强度下降，散热体积减小，切削温度提高，刀具磨损加剧，刀具寿命缩短；前角太小，切削力增大，切削温度升高，也会使刀具寿命缩短。

（4）影响断屑效果。增大前角时切削变形小，不容易断屑；减小前角时切削变形大，便于断屑。

2. 前角的选择原则

一般主要根据刀具、工件材料等具体加工情况来选择前角，当刀具达到最高寿命时的前角称为合理前角。

（1）根据刀具材料来选择。对于不同的刀具材料，有各自对应的合理前角。由于硬质合金的抗弯强度较低，抗冲击能力差，因此，硬质合金的合理前角也就小于高速钢刀具的合理前角，如图 1—3—1 所示。

（2）根据工件材料来选择

1）工件材料的强度和硬度越低，塑性越大，可取较大的前角；反之，应取较小的前角，如图 1—3—2 所示。硬质合金刀具在加工特硬材料时，为了保证刀具有足够的强度，防止崩刃，应选择负前角。

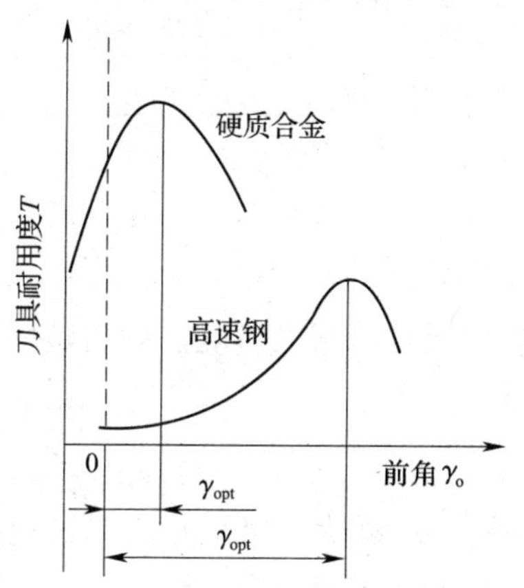

图 1—3—1　刀具材料不同时刀具合理前角

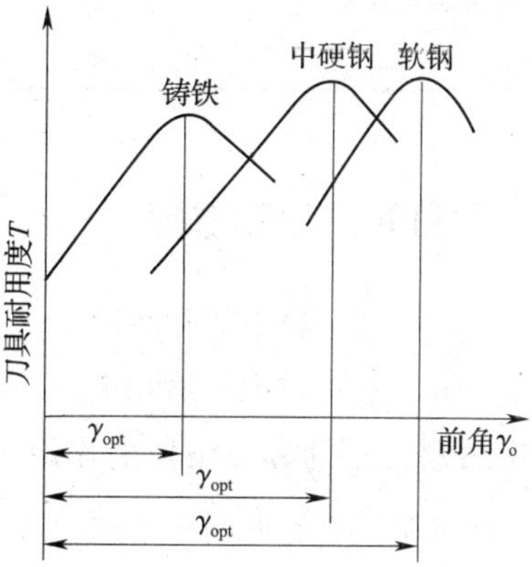

图 1—3—2　加工材料不同时刀具合理前角

2）当加工脆性材料时可取较小的前角；当加工塑性材料时应取较大的前角。

3）不同的刀具材料应选取不同的前角，高速钢刀具的前角一般大于硬质合金刀具的前角。

4）粗加工、断续切削和承受冲击载荷时，为保证切削刃强度，应取较小的前角，甚至负前角。

（3）根据不同用途来选择。不同用途的刀具应取不同的前角。为了防止切削刃畸变，提高切削刃强度，可选较小的前角；为了减小设计、制造、加工的误差，通常前角选为零。

硬质合金刀具合理前角的参考值见表 1—3—5。

表 1—3—5　　硬质合金刀具合理前角的参考值

工件材料	合理前角	
	粗车	精车
低碳钢	20°～25°	25°～30°
中碳钢	10°～15°	15°～20°

续表

工件材料	合理前角	
	粗车	精车
合金钢	10°～15°	15°～20°
淬火钢	-15°～-5°	
不锈钢（奥氏体）	15°～20°	20°～25°
灰铸铁	10°～15°	5°～10°
铜及铜合金	10°～15°	5°～10°
铝及铝合金	30°～35°	35°～40°
钛合金 $R_m \leq 1.77$ GPa	5°～10°	

二、后角的作用和选择

后角也是刀具上最主要的角度之一，它同样对切削过程有很大影响。后角包括主后角和副后角，这里主要讨论主后角的选择。

1. 主后角（下简称后角）的作用（α_o）

增大后角能减少后面与加工表面之间的摩擦，后角 α_o 增大，可减小刀具的磨损，并使切削刃更锋利，但当后角过大时，切削刃和切削部分强度同时减弱，散热体积也减小。

2. 后角的选择原则

在一定切削条件下，后角过大或过小都会对切削过程带来影响，为了使刀具具有足够的散热能力和强度，保持锋利性及减小对后面的摩擦，应选择最佳的合理数值。

（1）粗加工时，以确保刀具强度为主，后角可取得小些，一般后角可取 4°～6°。精加工时，以保证加工表面质量为主，后角可取得大些，一般后角可在 8°～12°内选取。

（2）当加工高硬度材料时，因前角很小，甚至为负角，必须加大后角，才能保证切削刃锋利。当加工脆性材料时，切削力集中在切削刃附近，故宜取较小后角。

（3）刀具尺寸精度高（如拉刀、铰刀等），应取较小的后角，以增大刀具重磨次数，延长刀具寿命。

（4）对于不同的刀具材料，在最高寿命条件下，硬质合金的后角比高速钢的大，如图 1—3—3 所示。

（5）硬质合金刀具合理后角的参考值见表 1—3—6。

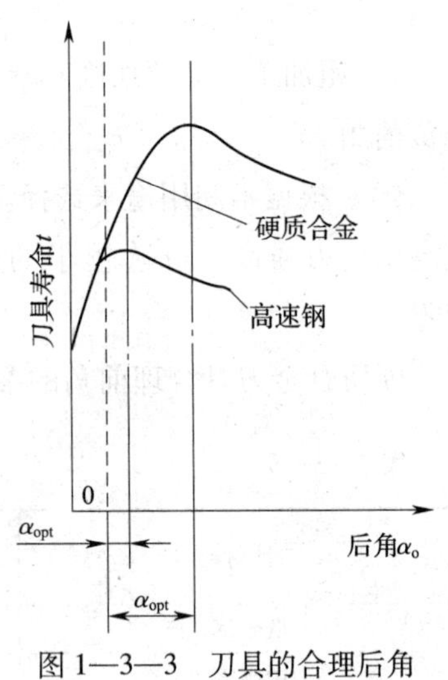

图 1—3—3　刀具的合理后角

表 1—3—6　　硬质合金刀具合理主后角的参考值

工件材料	合理后角	
	粗车	精车
低碳钢	8°~10°	10°~12°
中碳钢	5°~7°	6°~8°
合金钢	5°~7°	6°~8°
淬火钢	8°~10°	
不锈钢（奥氏体）	6°~8°	8°~10°
灰铸铁	4°~6°	6°~8°
铜及铜合金	6°~8°	6°~8°
铝及铝合金	8°~10°	10°~12°
钛合金（$R_m \leqslant 1.77$ GPa）	10°~15°	

3. 副后角的作用（α_o'）

副后角的作用与主后角类似，用来减小副后面与已加工表面之间的摩擦。它对刀尖强度有一定的影响。一般刀具通常将副后角制成与主后角相同，但在某些特殊情况下，如切断刀，为了保证刀尖的强度或保持重磨后的尺寸精度，副后角选得很小，一般为 1°~2°。

三、主偏角的作用和选择（κ_r）

1. 主偏角的作用

（1）对加工表面质量的影响。在刀具的几何角度中，主偏角越小，刀尖强度越高，工件加工后的表面粗糙度值越小。

（2）对切削分力的影响。主偏角的变化会改变各切削分力之间的比例。主偏角对切削力 F 影响较小，对背向力 F_p 和进给力 F_f 影响较大，减小主偏角，则 F_p 增大，F_f 减小；反之，则 F_p 减小，F_f 增大。

（3）对断屑效果的影响。主偏角增大，切削宽度减小，使切削厚度增加，切屑容易折断。因此，当加工塑性材料出现带状切屑时，可考虑增大主偏角来使切屑折断。

（4）对切削速度的影响。在刀具寿命不变条件下，试验证明高速钢刀具的主偏角减小，切削速度可增大。硬质合金刀具的主偏角在 60°处最佳，如图 1—3—4 所示。但当主偏角太大或太小时都会使刀具寿命缩短。

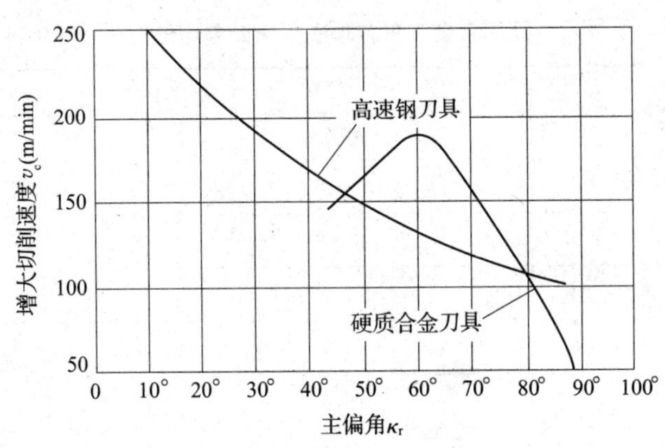

图1—3—4　主偏角对切削速度的影响

（5）对刀具散热的影响。当主偏角减小时，可使切削厚度减小，增大了刀尖体积，增加了散热面积，同时减轻了主切削刃单位长度上的负荷。

（6）对刀尖强度的影响。当主偏角减小时，刀尖角增大，提高了刀尖强度，同时也延长了刀具寿命。

2. 主偏角的选择原则

在工艺系统刚度允许的前提下，应选择较小的主偏角。主偏角的参考值见表1—3—7。

表1—3—7　　主偏角的参考值

工作条件	主偏角 κ_r
系统刚度高，背吃刀量较小，进给量较大，工件材料硬度高	10°～30°
系统刚度较高（L/d<6），加工盘类零件	30°～45°
系统刚度较低（L/d为6～12），背吃刀量较大或有冲击	60°～75°
系统刚度较低（L/d>12），车台阶轴，车槽及切断	90°～95°

（1）在车削细长轴时，为了减小工件的变形和振动，可采用较大主偏角的车刀进行切削，以减小径向切削分力。当加工细长和刚度不足的轴类工件外圆，或同时加工外圆和凸肩端面时，可采用主偏角为90°的偏刀。

（2）对于粗加工、半精加工的硬质合金车刀，为了减小切削变形和切削分力，应选择较大的主偏角，以减少振动，延长刀具寿命。

（3）加工高强度、高硬度材料时，为了增强刀尖强度，减轻主切削刃单位长度上的负荷，改善散热条件，延长刀具寿命，应取较小的主偏角。

（4）在批量加工带台阶或有倒角的工件时，应选择特定主偏角的刀具（45°、90°），可减少换刀次数，从而提高生产效率。

四、刃倾角的作用和选择（λ_s）

1. 刃倾角的作用

（1）刃倾角对切屑流出方向的影响。刃倾角能控制切屑的流出方向，刃倾角为负时，切屑将流向已加工表面，有可能将已加工表面划伤。而当刃倾角选用正值时，切屑流向待加工表面。因此，在精加工时，为了避免切屑划伤已加工表面，常取正的刃倾角，如图 1—3—5 所示。

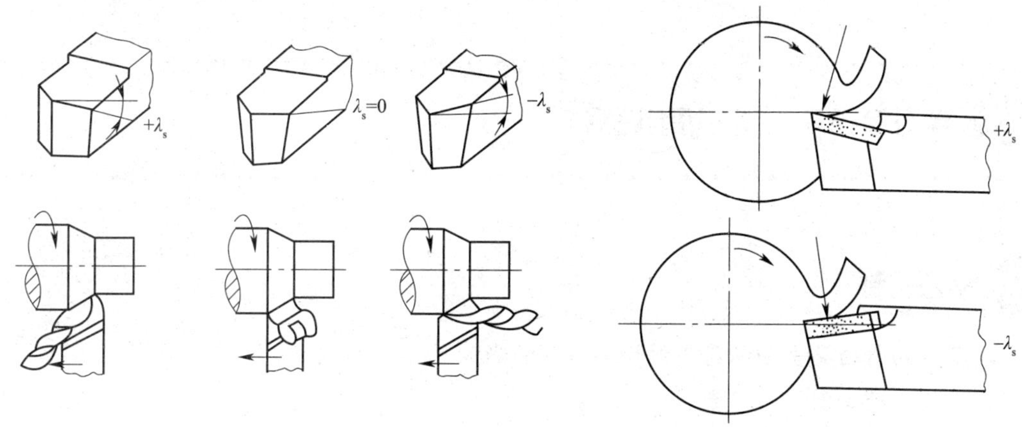

图 1—3—5　刃倾角对流屑方向的影响

（2）刃倾角对实际工作前角的影响。增大刃倾角的绝对值，可使实际工作前角大大增大，使切削刃变得很锋利，从而减小切削变形，减少刀具磨损，延长刀具寿命。

（3）刃倾角对切削过程平稳性的影响。在断续切削时，当刃倾角为零时，切削刃几乎同时切入和切出工件，切削力突变，冲击较大，会引起振动；当刃倾角不为零时，切削刃逐渐切入和切出工件，冲击较小，切削较平稳。

2. 刃倾角的选择原则

（1）在粗加工、有冲击负荷或加工高硬材料时，为了保护刀尖，应选用负的刃倾角，如粗车一般钢料和灰铸铁时，刃倾角可取 0°～−5°。车削淬火钢时，刃倾角可取−5°～−12°。冲击特别大时，刃倾角可取−30°～−45°。精加工时，为使切屑不划伤已加工表面，应取0°～+5°。

（2）当工艺系统刚度不足时，尽量不用负刃倾角。

（3）微量精车外圆、内孔和精刨平面时，可采用大刃倾角刀具，刃倾角可取 45°～70°。

（4）在使用金刚石和立方氮化硼车刀时，刃倾角可取 0°～−5°。

（5）被加工材料越硬，强度越高时，负值刃倾角取值应越大。但刃倾角增大，背向力减小，进给力增大。

刃倾角的参考值见表1—3—8。

表1—3—8　　　　　　　　　　刃倾角的参考值

λ_s 值	0°～5°	5°～10°	0°～−5°	−5°～−10°	−10°～−15°	−10°～−45°	−45°～−75°
应用范围	精车钢、车细长轴	精车有色金属	粗车钢和灰铸铁	粗车余量不均匀钢	连续车削钢、灰铸铁	带冲击切削淬硬钢	大刃倾角刀具薄切削

学习单元3　金属切削过程

学习目标

- 了解切屑的类型和积屑瘤对切削加工的影响。
- 掌握影响切削力的因素。
- 熟悉切削液的选用。

知识要求

一、切屑的类型

由于工件材料和切削条件的不同，在切屑形成过程中会产生不同种类的切屑，一般有带状切屑、挤裂切屑、粒状切屑和崩碎切屑四种，如图1—3—6所示。

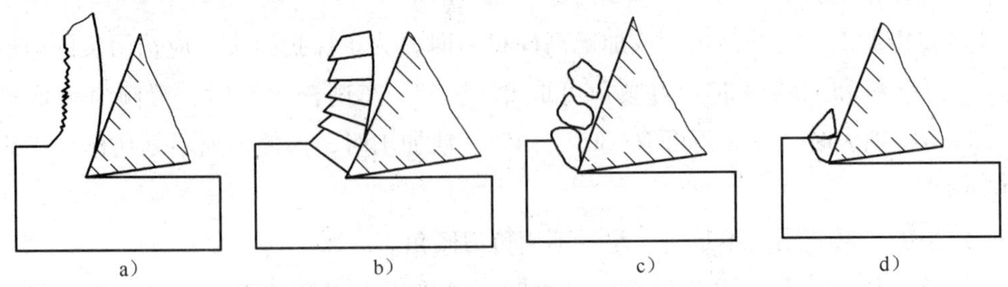

图1—3—6　切屑的种类

a）带状切屑　b）挤裂切屑　c）粒状切屑　d）崩碎切屑

1. 带状切屑

在切削过程中，切屑延续成较长的带状，与刀具前面接触的底层是光滑的，外表面无明显裂纹，呈微小锯齿形，形成带状切屑时切削过程最平稳，切削波动最小，如图 1—3—6a 所示。

当切削加工塑性金属材料（如碳素钢、合金钢、铜及铜合金、铝及铝合金等）或刀具前角较大、切削速度较高时，容易产生这类切屑。

2. 挤裂切屑

在切削塑性材料过程中，切屑的底层仍较光滑，而外表面呈明显锯齿状，剪切面上局部剪应力达到断裂强度而使切屑局部有较深的裂纹，如图 1—3—6b 所示。

当切削加工塑性金属材料（如纯铜等）或高速、较大进给切削钢材时，容易得到这类切屑。

3. 粒状切屑

在切削塑性材料过程中，若整个剪切面上的剪应力超过了材料的断裂强度，挤裂切屑便剪离成为粒状切屑，形成粒状切屑时切削波动最大，如图 1—3—6c 所示。

用低速大进给切削塑性材料时容易出现这类切屑。

4. 崩碎切屑

在切削脆性金属材料过程中，材料塑性小，抗拉强度低，刀具切入工件后，切削层未经塑性变形或只经过很小塑性变形便被挤裂，或在拉应力状态下脆断，形成碎块状切屑，如图 1—3—6d 所示。

工件材料越脆，刀具前角越小，切削厚度越大，越容易产生这类切屑。当切削加工脆性金属材料时（如切削铸铁、黄铜等）容易得到这类切屑，加工后工件表面也较粗糙。

切屑在形成过程中往往塑性和韧性降低，脆性提高，为断屑形成了内在的有利条件。

二、积屑瘤及其形成

1. 积屑瘤

在中、低速切削塑性金属材料时，常有一些从切屑和工件上带来的金属“冷焊”在刀具前面上，在切削刃上形成一个楔块，如图 1—3—7 所示。这块金属的硬度较高，常把这块黏结在前面上的金属称为积屑瘤。

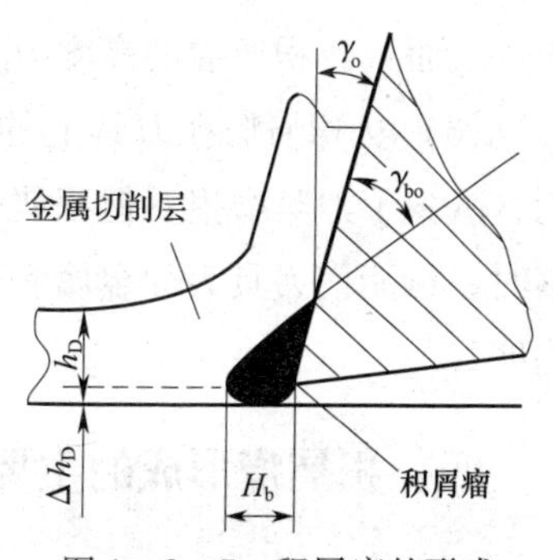

图 1—3—7　积屑瘤的形成

2. 积屑瘤的形成

在切削塑性金属时，切屑经过第二变形区，其底层因前面的挤压和摩擦作用，流动速度减缓，这层流动速度较慢的金属称为滞流层。在刀具与切屑的接触面处，其流速接近于零，它与刀具前面发生黏结或冷焊，逐层堆积焊合，最后形成积屑瘤，并改变了前面的几何形状。此后，切屑就沿着积屑瘤的表面流出。

三、积屑瘤对切削加工的影响

1. 对表面粗糙度的影响

当积屑瘤增大到突出于切削刃之外时，改变了原来的背吃刀量和切削宽度，因此，会在已加工表面上划出纵向沟纹来。通常积屑瘤是不稳定的，它在外力和振动作用下会发生局部的断裂或剥落。由于积屑瘤不能形成稳定的刀面与切削刃，因此，便造成了切削过程中的不稳定性，使切削力时大时小，容易引起振动，故积屑瘤会使工件表面粗糙度值增大。

2. 对加工精度的影响

（1）积屑瘤存在时，会使实际切削厚度增大，如图1—3—7所示。实际的金属切削层厚度比无积屑瘤时增加了Δh_D，显然，这对工件切削尺寸的控制是不利的。这个厚度增加量Δh_D并不是固定的，因为积屑瘤在不断变化，所以会降低加工精度。

（2）对于成形刀而言，产生积屑瘤会使切削刃形状发生变化，从而直接影响加工精度。因此，精加工时一定要设法避免积屑瘤的产生。

3. 对刀具的影响

（1）粗加工时虽然工件的尺寸精度与表面质量要求不高，积屑瘤的产生还可以增大前角和保护刀尖，减小了切削力，对切削有一定的好处，但也不希望它产生。尤其对硬质合金刀具来说，应尽量避免积屑瘤的产生；否则，不仅容易引起振动，而且会加剧刀具的磨损。

（2）积屑瘤会使实际刀具前角增大，刀具前角γ_o是指前面与基面之间的夹角，由于积屑瘤的黏附，刀具前角增大了γ_{bo}，如果把积屑瘤看成刀具的一部分，无疑实际的刀具前角增大为$\gamma_o+\gamma_{bo}$，如图1—3—7所示。刀具前角增大可减小切削力，对切削过程有积极作用。而且，积屑瘤的高度H_b越大，实际刀具前角也越大，切削更容易。

（3）从积屑瘤在刀具上的黏附来看，积屑瘤应该对刀具有保护作用，它代替刀具切削，减少了刀具磨损。但积屑瘤的黏附是不稳定的，它会周期性地从刀具上脱落，当它脱落时，可能使刀具表面金属剥落，从而使刀具磨损加大。对于硬质合金刀具这一点表现尤为明显。

四、积屑瘤形成的主要影响因素

积屑瘤形成的主要影响因素是工件材料、切削速度、进给量、前角、切削液等。

1. 工件材料

当切削硬度低的塑性金属时，金属变形大，切屑与前面之间的摩擦力和接触长度都较大，容易产生积屑瘤。当切削脆性金属时，切屑一般呈崩碎状，积屑瘤产生的可能性较小。在切削低碳钢时，避免产生积屑瘤的有效措施是对工件材料进行正火。

2. 切削速度

切削速度通过切削温度影响积屑瘤，当切削速度约为 20 m/min 时，切削温度为 300℃左右，这时摩擦因数最大，最容易产生积屑瘤，如图 1—3—8 所示。高速或低速时，切削温度将高于或低于 300℃，摩擦因数降低，从而使积屑瘤减小。因此，提高或降低切削速度是减小积屑瘤的重要措施之一。

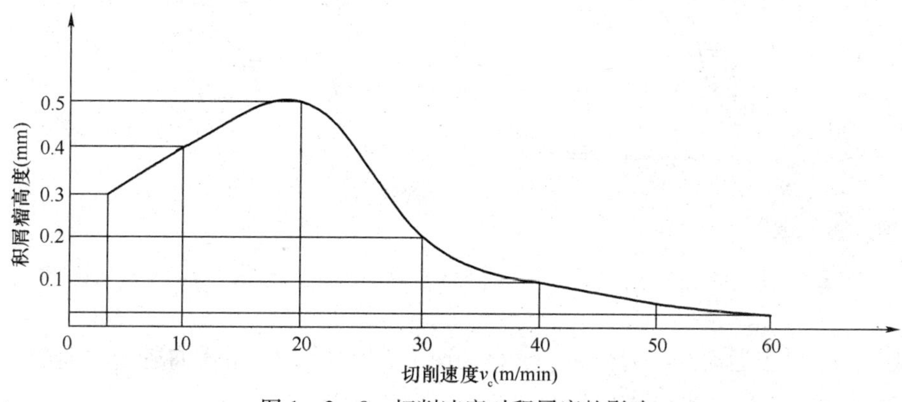

图 1—3—8　切削速度对积屑瘤的影响

3. 进给量

减小进给量，使切削厚度变薄，切屑与前面间接触长度就短，使摩擦减小，切削温度降低，能抑制积屑瘤的产生。

4. 前角

若增大前角，则总切削力减小，切削温度下降，切削变形减小。检验证明，前角大到40°时一般不容易产生积屑瘤。

5. 切削液

使用合适的切削液并保证充分的流量，降低刀具表面粗糙度值，都能起到降低切削温度、防止积屑瘤产生的作用。

五、切削力的概念

1. 总切削力的来源

切削过程中，刀具切削部分在切削工件时所产生的全部切削力为总切削力，是分别作用在车刀和工件上的一个切削部分的总切削力。

切削时作用在刀具上的力来源于两方面：一是三个变形区产生的变形抗力；二是前面与切屑和后面与工件之间的摩擦力，如图1—3—9所示。

2. 切削分力及其作用

作用在刀具上的总切削力，其大小和方向随加工条件的不同而发生变化。为了便于测量、研究和计算，常将总切削力分解成三个互相垂直的分力，即切削力 F_c、背向力 F_p 和进给力 F_f，如图1—3—10所示。

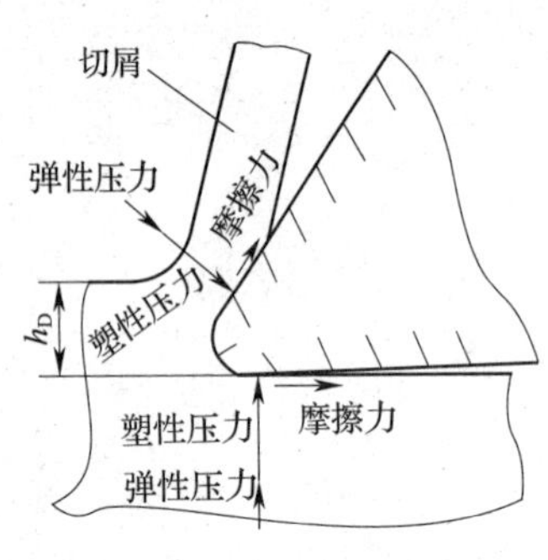

图1—3—9　切削力的产生

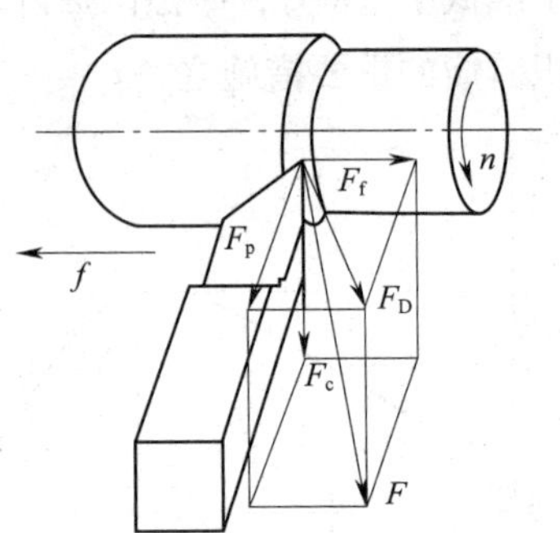

图1—3—10　切削力的分解

切削力 F_c 是主运动方向的分力，又称切向力；背向力 F_p 是横向进给方向的分力，又称径向力；进给力 F_f 是纵向进给方向的分力，又称轴向力。

由图1—3—10可知，总切削力 F_r 与各分力之间的关系为：

$$F_r=\sqrt{F_c^2+F_D^2}=\sqrt{F_c^2+F_p^2+F_f^2}$$

主切削力 F_c 是三个分力中最大的一个，它垂直于基面，与切削速度方向一致。它消耗了切削功率的95%左右，是设计与使用刀具的主要依据，并且也是验算机床和夹具中主要零部件的强度和刚度，以及确定机床电动机功率的主要依据。此外，它还是切削加工时选择切削用量应考虑的重要因素。

背向力 F_p 不消耗功率。它能使工件弯曲和引起振动，对加工精度和表面粗糙度影响较大，特别是在刚度较低的工件加工中影响更显著。

进给力 F_f 消耗总功率的5%左右，主要作用于机床进给系统。

六、影响切削力的因素

切削过程中，很多因素都对切削力产生不同程度的影响，归纳起来主要有工件材料、切削用量和刀具几何参数三个方面的影响。

1. 工件材料的影响

工件材料对总切削力有很大影响。工件材料的硬度和强度越高，变形抗力越大，切削力就越大。切削力还与工件的塑性变形及摩擦因数的大小有关。

当材料的强度相同时，加工塑性和韧性大的材料时切削力大。钢的强度与塑性变形大于铸铁，因此，在同样情况下切削钢时产生的切削力将大于切削铸铁时产生的切削力。切削脆性材料时，由于塑性变形小，崩碎切屑与前面的摩擦小，因此总切削力小。

2. 切削用量的影响

对总切削力影响最大的是背吃刀量 a_p，其次是进给量 f，而切削速度 v_c 的影响最小。

（1）当背吃刀量 a_p 和进给量 f 增加时，则切削厚度、切削宽度增大，即切削面积也增大，故变形抗力和摩擦力增加，从而使总切削力增大。但 a_p 和 f 对总切削力影响的程度不相同，当 a_p 增加一倍时，总切削力约增加一倍；而当 f 增加一倍时，总切削力只增加60%~80%。采用大进给量切削比采用大背吃刀量切削省力，可提高生产效率。

（2）切削速度对切削力的影响。切削速度对切削力的影响主要体现在加工塑性材料的情况下，可分为有、无积屑瘤两个阶段。

1）当加工塑性材料时，切削速度对切削力的影响与对变形系数的影响一样，都有马鞍形变化。在积屑瘤产生阶段，由于刀具实际前角增大，切削力减小；在积屑瘤消失阶段，切削力逐渐增大；在积屑瘤消失时，切削力 F_c 达到最大，以后又开始减小，如图 1—3—11 所示。在积屑瘤消失以后的阶段，随着切削速度的增加，由于切削温度逐渐升高，摩擦因数逐渐减小，切削力又重新缓慢下降并渐趋稳定。

2）当加工脆性材料时，由于其塑性变形较小，切屑与前面的摩擦很小，因此，切削速度对切削力的影响很小。

3. 刀具几何参数的影响

刀具几何参数中主偏角、前角、刃倾角、刀尖圆弧半径等对总切削力都有影响。

（1）主偏角 κ_r 对各向切削力的影响如图 1—3—10 和图 1—3—12 所示。κ_r 对 F_c 的影响不大，而对 F_p 和 F_f 的影响比 F_c 大，如图 1—3—10 所示。κ_r 增大，F_p 减小，而 F_f 增大，如图 1—3—12 所示。

（2）刀具前角对切削力的影响较大，前角越大，切削变形越小，切削力也越小；反之，切削力越大。

（3）刃倾角对切削力的影响很小，但对 F_p 和 F_f 的影响较显著。刃倾角减小时，F_p 增大，F_f 减小，而 F 基本不变。所以，当工艺系统刚度较低时，为了避免振动，应选用大的刃倾角；反之，尤其是在粗车时，用小的刃倾角可以延长刀具寿命。

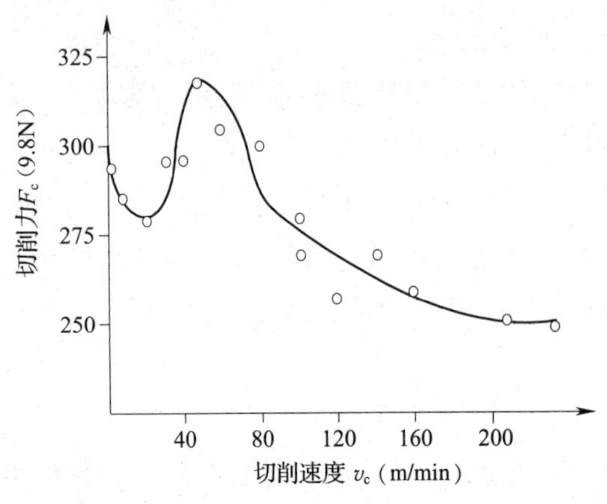

图 1—3—11　切削速度对切削力的影响

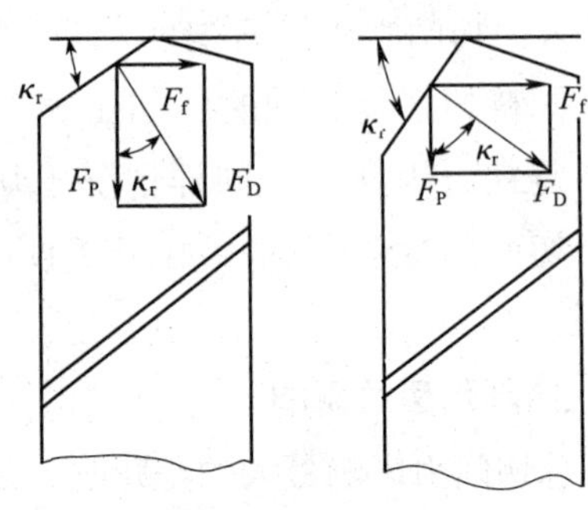

图 1—3—12　主偏角对切削力的影响

（4）刀尖圆弧半径增大时，参加切削的圆弧刃长度增加，从而使切削变形和摩擦力增大，切削力也增大。这时，由于切削刃上圆弧部分平均主偏角减小，当刀尖圆弧半径增大时，背向力将随之增大，为了防止振动，应采用较小的刀尖圆弧半径。

（5）切削塑性材料时，主切削力随主偏角的增大而减小。因为当切削面积不变时，主偏角增大，切削厚度随之增加，切屑变厚，切削层平均变形减小，主切削力随之减小。车削细长工件时，为了减小 F_p 的作用，往往采用较大的主偏角。

七、切削热与切削温度的概念

切削过程中变形、摩擦所消耗的功转变为热能。研究切削热的产生和传导，以及它对工件和刀具的影响，具有重要的实用意义。

1. 切削热

切削热主要是指切削过程中在刀具的作用下，切削层金属变形所消耗的功转变的切削热，以及切屑与前面、工件与后面之间的摩擦所消耗的功转化的切削热。切削加工方法不同，传给工件的热量也不同，其中磨削传给工件的热量最多。

三个变形区是产生热量的热源，切削过程中产生的切削热通过切屑、工件、刀具和周围介质（空气、切削液等）传导出去。

2. 切削温度

切削热通过对切削温度的影响来影响切削过程。在切屑、工件和刀具上各点处的温度均不相同，刀具上的最高温度在刀尖附近，因为在这里切削变形最大，切屑与刀具的摩擦也最大且热量集中不易传散。切削温度是指刀具表面上切屑和刀具接触处的平均温度。

切削塑性材料时，刀具前面的温度比后面高。因为前面与切屑接触，而后面与温度较低的工件接触，并且切削硬度相当的塑性材料时，产生的热量比切削脆性材料时要多。

切削脆性材料时，最高温度则发生在刀具后面上，温度也比切削塑性材料时低。切屑中的温度在积屑瘤附近最高，工件的最高温度在刀尖附近。

八、影响切削温度的因素

切削温度的高低取决于切削热产生的多少和散热情况。影响切削温度的主要因素有切削用量、刀具几何参数、工件材料、后面磨损、切削液等。

1. 切削用量的影响

切削用量是影响切削温度的主要因素。切削用量 v_c、f、a_p 增大，切削温度上升，其中 v_c 对切削温度的影响最大，f 次之，a_p 的影响较小。因此，在相同的金属切除率条件下，为了减小切削温度的影响，防止刀具迅速磨损，保持刀具寿命，增大背吃刀量 a_p 或进给量 f 比增大切削速度 v_c 更有利。

2. 刀具几何参数的影响

（1）前角越大，切削层变形减小，产生切削热减少，切削温度下降。前角太大，刀具散热体积减小，切削温度上升，并且刀具的强度也将降低。

（2）主偏角增大，切削温度逐渐升高。这是因为切削刃有效的切削工作长度缩短，切削热相对集中在刀尖处。另外，主偏角增大，刀尖角度小，散热条件变差，也使切削温度升高。在工件刚度许可的条件下，减小主偏角，则可降低切削温度。

3. 工件材料的影响

工件材料的硬度、强度和导热系数对切削温度的影响是很大的。工件材料的硬度、强度增大时，切削时所消耗的功就多，产生的切削热增多，切削温度升高。所以，在切削硬度相当的塑性材料时，产生的热量比切削脆性材料时要多。

另外，工件材料的热导率越低，则切削区的热量传导越慢，切削温度越高。

4. 后面磨损的影响

后面磨损对切削温度的影响也较大，在后面的磨损值达到一定数值后，对切削温度的影响增大，切削速度越高，影响越明显。

5. 切削液的影响

使用切削液对降低切削温度、减少刀具磨损和提高已加工表面质量有明显的效果。切削液对切削温度的影响与切削液的导热性能、比热容、流量、浇注方式和本身的温度有很大关系。

九、切削液的作用

在金属切削过程中合理选用切削液，可以改善刀具与切屑、刀具与工件界面间的摩擦情况，改善散热条件，从而降低切削力、切削温度和刀具磨损，提高工件表面质量和精度，延长刀具寿命。

通常切削液应具备冷却、润滑、清洗、防锈四个方面的作用。

1. 冷却作用

切削液的冷却作用主要靠热传导。切削液能从它所能到达的最靠近热源的刀具、切屑和工件表面带走热量，从而降低切削区温度。切削液的热导率和比热容越高，自身温度越低，流速、流量越大，则其冷却性能越好。因此，在切削过程中水的冷却性能最好，油类最差，乳化液介于两者之间且接近于水。

2. 润滑作用

切削液的润滑作用是通过切削液渗入切屑、刀具与工件的接触表面之间，并黏附在金属表面形成润滑膜，从而减小摩擦，减小切削力，降低积屑瘤高度，以达到提高加工表面质量和延长刀具寿命的目的。

3. 清洗作用

金属切削过程中会产生一些细小的碎屑或磨粉，切削液能冲走这些碎屑或磨粉，从而起到清洗、防止刮伤已加工表面和机床导轨面的作用。

4. 防锈作用

防锈作用取决于切削液本身的性能，加入防锈添加剂，可在金属表面吸附或化合，形成保护膜，防止金属与腐蚀介质接触而起到防锈作用。

十、切削液的种类与选用

1. 切削液的种类

金属切削加工中常用的切削液可分为水溶液、乳化液、切削油三大类，也有采用动、植物油或固体润滑剂（二硫化钼）的。

（1）水溶液。水溶液是以水为主要成分并加入防锈添加剂的切削液，主要起冷却作用。多用于磨削，也可用于切削加工。

（2）乳化液。乳化液是切削加工中使用较广的切削液。乳化液是由乳化油加水稀释而成的。它有良好的冷却作用，但润滑、防锈性能较差。在钻孔加工时一般选用乳化液作为切削液。

（3）切削油。切削油主要起润滑作用，常用的有全损耗系统用油、轻柴油、煤油等。

在螺纹加工、铰削、齿轮的滚齿与插齿加工时一般选用切削油。

2. 切削液的选用

切削液应根据工件材料、刀具材料、加工方法、加工要求等具体情况来选用才能取得应有的效果。在切削铸铁时一般不用切削液。

（1）粗加工时，加工余量和切削用量都较大，会产生大量的切削热，使刀具迅速磨损。这时使用切削液的主要目的是降低切削温度，所以，应选用以冷却为主的低浓度乳化液或含表面活性剂的水溶液。

（2）精加工时，工件表面质量要求较高，应选用润滑性能较好的高浓度乳化液或含极压添加剂的切削油。

（3）当用硬质合金刀具切削时，为了避免刀具因骤冷而产生裂纹，一般不使用切削液，如果一定要使用，必须做到连续、充分地供给切削液。

常用切削液的选用见表 1—3—9。

表 1—3—9　　常用切削液的选用

<table>
<tr><th colspan="2" rowspan="2"></th><th colspan="6">工 件 材 料</th></tr>
<tr><th>碳钢</th><th>合金钢</th><th>不锈钢及耐热钢</th><th>铸铁及黄铜</th><th>青铜</th><th>铝及合金</th></tr>
<tr><td rowspan="2">车削、铣削及镗孔</td><td>粗加工</td><td>3%～5%乳化液</td><td>1）5%～15%乳化液
2）5%石墨化或硫化乳化液
3）5%氯化石蜡油制乳化液</td><td>1）10%～30%乳化液
2）10%硫化乳化液</td><td>1）一般不用
2）3%～5%乳化液</td><td>一般不用</td><td>1）一般不用
2）中性或含有游离酸小于4 mg的弱性乳化液</td></tr>
<tr><td>精加工</td><td colspan="2">1）石墨化或硫化乳化液
2）5%乳化液（高速时）
3）10%～15%乳化液（低速时）</td><td>1）氧化煤油
2）煤油75%、油酸或植物油25%
3）煤油60%、松节油20%、油酸20%</td><td>黄铜一般不用，铸铁用煤油</td><td>7%～10%乳化液</td><td rowspan="2">1）煤油
2）松节油
3）煤油与矿物油的混合物</td></tr>
<tr><td colspan="2">切断及车槽</td><td colspan="2">1）15%～20%乳化液
2）硫化乳化液
3）活性矿物油
4）硫化切削油</td><td>1）氧化煤油
2）煤油75%、油酸或植物油25%
3）硫化切削油85%～87%、油酸或植物油13%～15%</td><td colspan="2">1）7%～10%乳化液
2）硫化乳化液</td></tr>
</table>

续表

<table>
<tr><th rowspan="2"></th><th colspan="6">工件材料</th></tr>
<tr><th>碳钢</th><th>合金钢</th><th>不锈钢及耐热钢</th><th>铸铁及黄铜</th><th>青铜</th><th>铝及合金</th></tr>
<tr><td>钻孔及镗孔</td><td colspan="2">1）7%硫化乳化液
2）硫化切削油</td><td>1）3%肥皂+2%亚麻油（不锈钢钻孔）
2）硫化切削油（不锈钢镗孔）</td><td rowspan="2">1）一般不用
2）煤油（用于铸铁）
3）菜籽油（用于黄铜）</td><td>1）7%~10%乳化液
2）硫化乳化液</td><td>1）一般不用
2）煤油
3）煤油与菜籽油的混合液</td></tr>
<tr><td>铰孔</td><td colspan="2">1）硫化乳化液
2）10%~15%极压乳化液
3）硫化切削油与煤油混合液（中速）</td><td>1）10%乳化液或硫化切削油
2）含硫、氯、磷的切削油</td><td colspan="2">1）2号锭子油
2）2号锭子油与蓖麻油的混合液
3）煤油和菜籽油的混合液</td></tr>
<tr><td>车螺纹</td><td colspan="2">1）硫化乳化液
2）氧化煤油
3）煤油75%，油酸或植物油25%
4）硫化切削油
5）变压器油70%，氯化石蜡30%</td><td>1）氧化煤油
2）硫化切削油
3）煤油60%、松节油20%、油酸20%
4）硫化切削油60%、煤油25%、油酸15%
5）四氯化碳90%、猪油或菜籽油10%</td><td>1）一般不用
2）煤油（铸铁）
3）菜籽油（黄铜）</td><td>1）一般不用
2）菜籽油</td><td>1）硫化切削油30%、煤油15%、2号或3号锭子油55%
2）硫化切削油30%、煤油15%、油酸30%、2号或3号锭子油25%</td></tr>
<tr><td>滚齿及插齿</td><td colspan="3">1）20%~25%极压乳化液
2）含硫（或氯、磷）的切削油</td><td>1）煤油（铸铁）
2）菜籽油（黄铜）</td><td>1）10%~15%极压乳化液
2）含氯切削油</td><td>1）10%~15%极压乳化液
2）煤油</td></tr>
<tr><td>磨削</td><td colspan="3">1）电解水溶液
2）3%~5%乳化液
3）豆油+硫黄粉</td><td colspan="2">3%~5%乳化液</td><td>磺化蓖麻油1.5%、30%~40%的氢氧化钠（加至微碱性）、煤油9%、其余为水</td></tr>
</table>

学习单元 4　刀具磨损和磨钝标准

学习目标

➢ 了解刀具磨损的形式和过程。

➢ 掌握刀具的磨钝标准。

➢ 熟悉刀具磨损的原因。

知识要求

在切削过程中，刀具切削部分在承受很大切削力和很高切削温度的同时，还与切屑及加工表面产生强烈的摩擦，使锋利的刀具失去切削能力，这种现象称为磨钝。

磨钝方式有磨损、崩刃、卷刃等。磨损是指在刀具与工件或切屑的接触面上，刀具材料的微粒被切屑或工件带走的现象。崩刃是指切削刃的脆性破裂。卷刃则是指切削刃受挤压后发生塑性变形而失去切削能力的现象。在正确设计、制造与使用的条件下，刀具磨损是磨钝的主要表现形式。

一、刀具磨损的形式

刀具磨钝失效可分为正常磨损和非正常磨损（破损）两种情况。

1. 正常磨损

所谓正常磨损，是指切削过程中刀具前面和后面在高温、高压作用下产生的正常磨钝现象。前面往往被磨成月牙洼，后面则形成磨损带，多数情况下两者同时发生并相互影响。

（1）前面磨损。前面磨损主要发生在刀具前面上，如图 1—3—13a 所示。前面磨损后，在前面上形成月牙洼，月牙洼逐渐加深、加宽，刃口强度随之降低，当接近刃口时，将发生突然崩刃现象。磨损程度可用月牙洼的深度 *KT*、宽度 *KB* 表示。前面磨损方式一般发生在以较大切削厚度切削塑性金属材料的情况下。

（2）后面磨损。后面磨损是指磨损主要发生在刀具后面上，如图 1—3—13b 所示。后面磨损后，形成后角为零的棱面，其大小用符号 *VB* 来表示。后面磨损方式一般发生在切削脆性金属材料（如灰铸铁）和以较小的切削厚度切削塑性金属材料（如钢）的条件下。

因为在这种情况下，前面的正压力和摩擦力都不大，而且切屑与前面的接触长度小，故刀具磨损主要发生在后面上。

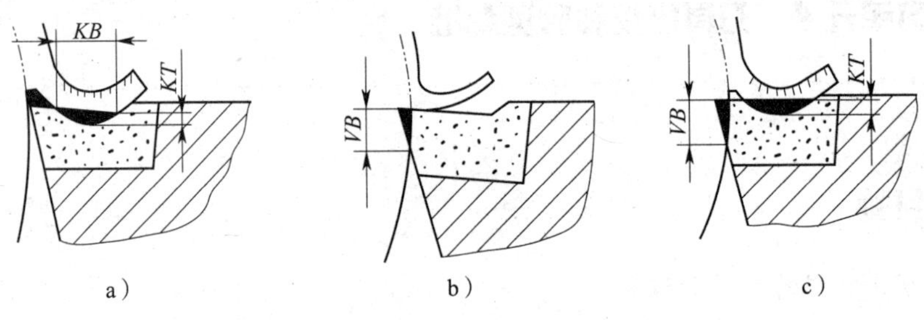

图1—3—13　正常磨损的形式

a）前面磨损　b）后面磨损　c）前面、后面同时磨损

（3）前面、后面同时磨损。前面、后面同时磨损是指前面上的月牙洼磨损和后面上的棱面磨损同时发生，如图1—3—13c所示。这种磨损发生的条件介于上述两种磨损之间。

在大多数情况下后面都有磨损，其大小*VB*对加工精度和表面粗糙度影响较大，而且测量较方便，故一般用后面磨损量来表示刀具的磨损程度。

2. 非正常磨损

非正常磨损常见的形式有刀具破损和卷刃两种。

（1）刀具破损。刀具破损是刀具失效的一种形式，多数发生在脆性较大的刀具材料进行断续切削或者切削高硬度材料的情况下。刀具破损按性质可分为塑性破损和脆性破损，按时间又可分为早期破损和后期破损。

塑性破损是指由于高温、高压作用而使前面、后面发生塑性流动而丧失切削能力。硬质合金刀具的高温硬度较高，一般不易产生这种破损。

硬质合金和陶瓷刀具在机械与热冲击作用下常产生的崩刃、碎断、剥落、裂纹等均属脆性破损。据统计，50%~60%的硬质合金刀具损坏是脆性破损。

（2）卷刃。切削加工时，切削刃或刀面产生塌陷或隆起的塑性变形现象称为卷刃，这是由于切削时产生的高温造成的。

二、刀具磨损的原因

1. 磨粒磨损

磨粒磨损（又称机械擦伤磨损）是指工件或切屑上的硬质点（如碳化物、积屑瘤碎片等硬粒）将刀具表面上的微粒擦掉而造成的磨损。

工件或切屑上的硬质点硬度越高，数量越多，刀具与工件的硬度比越低，则机械擦伤的作用越大，刀具越容易磨损。因此，刀具必须具有较高的硬度，有较多、较细而且均匀分布的硬质点才能提高其耐磨性。高速钢刀具的这种磨损比较显著，硬质合金刀具相对少些。

2. 黏结磨损

黏结磨损是刀具与工件材料在足够大压力和高温作用下所产生的“冷焊”现象，是摩擦面的新鲜表面原子间吸附的结果。两摩擦表面的黏结点因相对运动被撕裂而被对方带走，若黏结点的破裂发生在刀具一方，则造成刀具黏结磨损。

硬质合金刀具在产生积屑瘤的速度范围内容易发生这种磨损。用 YT 类硬质合金加工钛合金或含钛不锈钢等难加工材料时也容易产生黏结磨损。切削温度也是黏结磨损的主要因素。切削温度越高，黏结磨损越严重。

3. 扩散磨损

扩散磨损是指在切削温度高时，刀具与工件之间的合金元素相互扩散，改变了刀具表层材料的化学成分，使刀具的硬度和强度明显下降，从而加剧刀具的磨损。扩散磨损是一种化学性质的磨损，在硬质合金中增加一定比例的碳化钛，或在合金中添加碳化钽等添加剂，都能提高刀具散热速度，从而提高刀具的耐磨性和耐热性。

扩散磨损常常和黏结磨损同时产生。硬质合金刀具的前面上月牙洼最深处的温度最高，故该处的扩散速度也快，磨损快；月牙洼处又容易发生黏结，因此，月牙洼磨损是由扩散和黏结磨损共同造成的。

4. 相变磨损

相变磨损是因为工具钢刀具都有一定的相变温度，而当刀具的温度（指最高温度）超过相变温度时，刀具材料的金相组织发生变化，硬度显著下降，从而使刀具迅速磨损，失去切削能力。

5. 氧化磨损

在高温下（700~800℃或更高），空气中的氧与硬质合金中的钴、碳化钨、碳化钛等发生氧化作用而生成硬度较低的氧化物，它容易被切屑、工件擦伤或带走，从而引起刀具磨损。

三、刀具磨损的过程

随着切削时间的延长，刀具磨损也逐渐增大。刀具磨损速度主要取决于刀具材料、工件材料和切削速度。在不同的切削时段，刀具磨损速度有较大的差异。通常刀具磨损的过程可划分为三个阶段来进行分析。刀具磨损的过程可用磨损曲线表示，如图1—3—14所示。

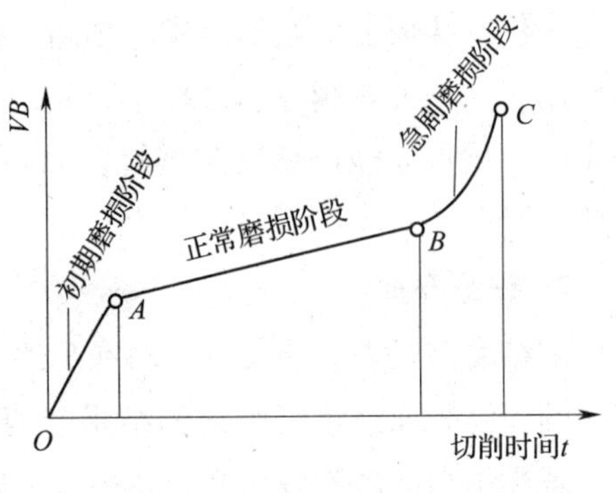

图1—3—14　刀具磨损过程

1. 初期磨损阶段（*OA*段）

刀具开始切削时，短时间内磨损较快，即*OA*段的斜率较大。这是由于刀具刃磨后开始使用时新刃磨刀面表层不够光洁及存在组织缺陷，表层组织不耐磨，因而磨损较快。这一阶段称为初期磨损阶段。

2. 正常磨损阶段（*AB*段）

刀具经过初期磨损阶段后，刀具表面的高低不平及不耐磨缺陷层已被磨去，使刀具表面压强减小而且分布较均匀，故磨损速度较第一阶段缓慢。磨损量与切削时间基本成正比，即*AB*段基本上是一条直线，其斜率称为磨损强度。这一阶段称为正常磨损阶段。

3. 急剧磨损阶段（*BC*段）

刀具磨损到一定程度后，由于钝化厉害，摩擦过大，切削力增长，温度迅速升高，致使刀具磨损的原因发生重大变化，导致磨损加快。这一阶段称为急剧磨损阶段。

例如，工具钢刀具会产生相变磨损，硬质合金刀具会产生扩散磨损等，从而使刀具由较缓慢的正常磨损转化为急剧磨损。达到急剧磨损阶段后，刀具便失去了正常切削能力，已加工表面的表面质量也会明显恶化，并且易出现振动、噪声等现象。对硬质合金刀具来说，则很容易产生崩刃现象，造成刀具的严重破损。

四、刀具的磨钝标准

从刀具的磨损过程可以看出，任何一把刀具不可能无限地使用下去，应该规定刀具磨损到一定程度后进行重新刃磨或更换新刀。给磨损量规定一个合理的限度，称这一限度为刀具的磨钝标准，又称磨损限度。

一般来说，在切削过程中，刀具的后面都会产生磨损，而测量后面的磨损值也比较方便，因此，刀具的磨钝标准通常都按后面的磨损值来制定，以符号*VB*表示，如图1—3—14所示。

在实际生产中，由于加工条件和加工要求的不同，刀具的磨钝标准制定的原则也不同，通常分为粗加工磨钝标准和精加工磨钝标准两种。

1. 粗加工磨钝标准

粗加工磨钝标准又称经济磨钝标准。它是以充分发挥刀具的切削性能，以刀具寿命最长为原则制定的。该数值一般选用正常磨损阶段结束时的磨损值。

2. 精加工磨钝标准

精加工磨钝标准又称工艺磨钝标准。它是以加工精度和表面粗糙度为前提制定的。常用刀具的磨钝标准见表 1—3—10，供选用时参考。

表 1—3—10　　常用刀具的磨钝标准

	刀具材料	加工材料	钻头		扩孔钻		铰刀	
			直径 d_0（mm）					
			≤20	>20	≤20	>20	≤20	>20
			后面最大磨损限度（mm）					
磨钝限度	高速钢	钢	0.4~0.8					
		不锈钢、耐热钢	0.3~0.8		—		—	
		钛合金	0.4~0.5		—		—	
		铸铁	0.5~0.8	0.8~1.2	0.6~0.9	0.9~1.4	0.4~0.6	0.6~0.9
	硬质合金	钢（扩孔）、铸铁	0.4~0.8	0.8~1.2	0.6~0.8	0.8~1.4	0.4~0.6	0.6~0.8
		淬硬钢	—		0.5~0.7		0.3~0.35	

	刀具类型	加工材料	刀具材料	刀具直径 d_0（mm）							
				<6	6~10	11~20	21~30	31~40	41~50	51~60	61~80
				刀具寿命 t（min）							
刀具寿命（单刀加工）	钻头（钻孔及扩孔）	结构钢、铸钢	高速钢	15	25	45	50	70	90	110	—
		不锈钢、耐热钢	高速钢	6	8	15	25	—	—	—	—
		铸铁、铜合金、铝合金	高速钢 硬质合金	20	35	60	75	110	140	170	—
	扩孔钻（扩孔）	结构钢、铸钢、铸铁、铜合金及铝合金	高速钢 硬质合金	—	—	30	40	50	60	80	100
	铰刀（铰孔）	结构钢、铸钢	高速钢	—	—	40	80		120		
			硬质合金	—	20	—					

注：高速钢刀具切削钢件时加切削液，其余均为干切削。

学习单元 5　刀具寿命

学习目标

➢ 了解刀具寿命及其意义。

➤ 掌握影响刀具寿命的因素。

➤ 熟悉刀具寿命的确定原则。

知识要求

一、刀具寿命的概念和意义

1. 刀具寿命的概念

一把新刃磨好的刀具（或不重磨刀片上的一个新切削刃），从开始切削至达到磨损限度为止所使用的切削时间称为刀具寿命。刀具寿命用符号 t 表示，单位为 min。

一把新磨好的刀具从开始切削，经过反复刃磨、使用，直至完全丧失切削能力而报废的实际总切削时间称为刀具总寿命。

刀具寿命与刀具总寿命是两个完全不同的概念。刀具总寿命是指一把新刀从投入切削直到报废为止总的切削时间。由于通常一把新刀可刃磨多次才报废，因此，刀具总寿命应等于刀具寿命与刃磨次数的乘积。

在实际生产中，将刀具从刀架上拆下后测量其后面的磨损量来观察刀具是否已经达到磨损限度是不太方便的，但如果利用刀具寿命来间接衡量，并按照 t 的数值去换刀就方便得多了。

刀具寿命也可用达到磨钝标准时的总切削路程 L_m 来表示。精加工时，还可用加工完的工件数量 N 来表示。

2. 刀具寿命的意义

刀具寿命是一个表征刀具材料切削性能优劣的综合指标。当磨钝标准相同时，刀具寿命长，表示刀具磨损慢；反之，刀具磨损快。在比较不同工件材料的切削加工性时，刀具寿命也是一个重要指标，刀具寿命越长，表明工件材料的切削加工性越好。

总之，刀具磨损越慢，切削加工时间就越长，刀具寿命也就越长。

二、影响刀具寿命的因素

对于某一确定的刀具，若磨钝标准相同，刀具寿命越长，表示刀具磨损越慢。因此，影响刀具磨损的因素也就是影响刀具寿命的因素。切削加工中，机械摩擦的程度、切削温度的高低、磨钝标准的大小等都直接影响刀具寿命。刀具寿命需要从工件材料、刀具材料、刀具几何参数、切削用量等方面进行分析。

1. 工件材料

工件材料的强度、硬度越高，导热性越差，切削温度就越高，则刀具磨损越快，刀具寿命越短。

2. 刀具材料

刀具切削部分的材料性能是影响刀具寿命的主要因素，刀具材料的耐磨性、耐热性越好，刀具寿命就越长。

改善刀具材料的切削性能，采用新型的刀具材料，能使刀具寿命成倍延长。刀具材料的硬度越高，耐磨性越好，强度和韧性足够，尤其是耐热性越好时，则刀具寿命就越长。但硬度高、耐热性好的刀具材料往往强度和韧性较差，而强度和韧性较好的刀具材料则往往耐热性不够理想。延长刀具寿命的关键在于合理选择刀具材料。

3. 刀具几何参数

增大刀具前角，能减小切屑的变形，从而减小切削力和机床功率消耗，使切削温度不致过高，刀具寿命延长。但如果前角太大，则楔角太小，刃口强度和散热条件就差，反而使刀具寿命缩短。可见，对于每一种具体的加工条件，都有一个使刀具寿命最长的合理前角。刀具前角与刀具寿命的关系如图 1—3—15 所示。

减小主偏角，能使切削刃强度提高，散热条件改善。因此，在不产生振动和工件形状允许的前提下，选用较小的主偏角可延长刀具寿命。

适当减小副偏角和增大刀尖圆弧半径都能提高切削刃强度与改善散热条件，使刀具寿命延长。

4. 切削用量

切削用量主要是通过切削温度的变化来影响刀具寿命的，所以，切削用量中对刀具寿命影响最大的是切削速度。当切削用量 v_c、f、a_p 增加时，刀具磨损加剧，刀具耐用度降低。

用硬质合金车刀切削淬硬钢时切削速度对刀具寿命的影响如图 1—3—16 所示。由图可知，在一定的切削速度范围内，刀具寿命最长，提高或降低切削速度都会使刀具寿命缩短。

增大进给量 f 和背吃刀量 a_p 都会使刀具寿命有所缩短。但它们对 t 的影响程度比较小，尤其是对背吃刀量 a_p 的影响更小。切削速度 v_c 对刀具寿命影响最大，进给量 f 次之，背吃刀量 a_p 最小。所以，当刀具寿命的数值已确定后，为了提高切削效率，首先应考虑增大背吃刀量和进给量，而不是提高切削速度。要延长刀具寿命，应优先选用合理的切削速度，而不是降低进给量和背吃刀量。

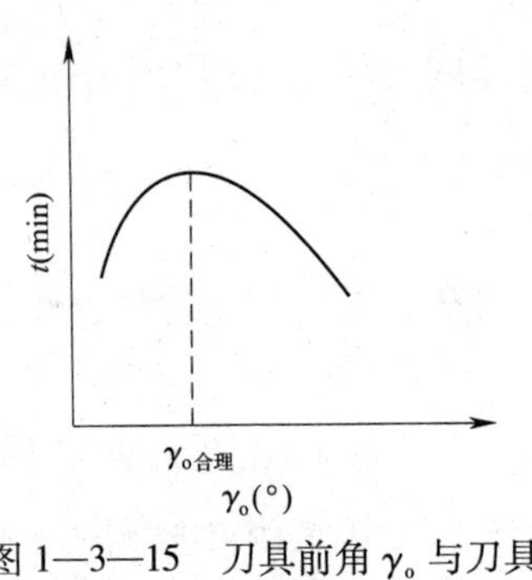

图1—3—15　刀具前角 γ_o 与刀具寿命 t 的关系

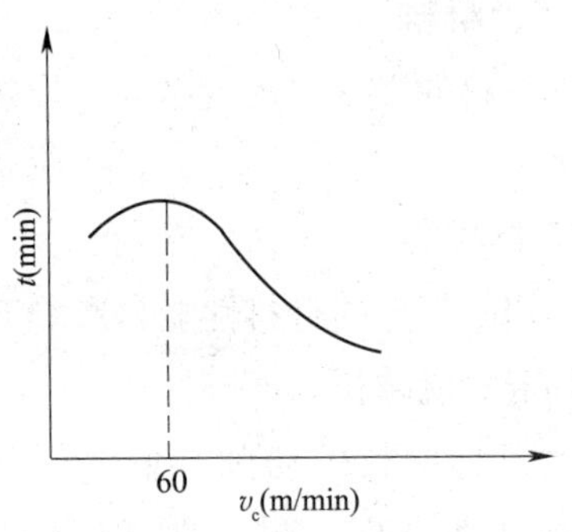

图1—3—16　切削速度 v_c 对刀具寿命 t 的影响

三、刀具寿命的确定原则

刀具寿命也并不是越长越好。如果刀具寿命定得长，势必要选择较小的切削用量，并选用较低的切削速度，结果使零件加工所需要的机动时间大为增加，生产效率降低，加工成本提高。如果刀具寿命定得很短，虽然切削速度可以选得高，使机动时间缩短，但因为刀具磨损很快，加速了刀具的消耗，同时辅助时间（如换刀、刃磨、调整等时间）增加。因此，刀具寿命要有一个合理的数值。其数值的确定有两个原则，一个是经济寿命，其出发点是使加工成本最低；另一个是最大生产效率寿命，其出发点是使生产效率最高。前者大于后者，因此前者允许的切削速度比后者略低一些。生产中常用经济寿命，在遇到特殊情况（如完成紧急任务等）时，则采用最大生产效率寿命。

刀具寿命的合理数值根据不同的工作条件和要求而定，下列数据供使用通用机床者参考：

高速钢车刀	30~90 min
硬质合金车刀	60~90 min
高速钢麻花钻	80~120 min
硬质合金面铣刀	90~180 min
齿轮刀具	200~300 min
组合钻床、仿形车床	240~480 min

大件加工的刀具寿命一般比中、小件加工的刀具寿命要延长100%~200%。

学习单元 6 刀具的刃磨方法

学习目标

➤ 了解成形车刀的刃磨方法。

➤ 正确掌握铰刀的刃磨方法。

知识要求

一、成形车刀的刃磨方法

常见的成形车刀有平体形、棱形和圆形三种，如图 1—3—17 所示。

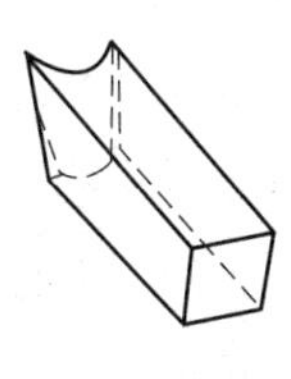

a）

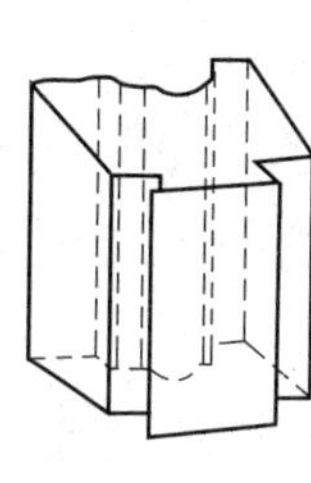

b）

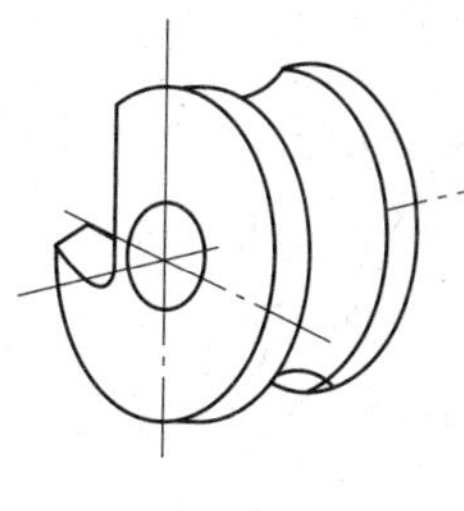

c）

图 1—3—17 成形车刀

a）平体形 b）棱形 c）圆形

成形车刀磨损后的刃磨是在万能工具磨床上，选用碗形砂轮，沿前面进行的，即要刃磨车刀的前面，如图 1—3—18 所示。

成形车刀磨损后刃磨的基本要求是保持它的原始前角和后角不变，即必须严格控制前角的大小和原有几何参数，以保证切削刃形状不产生畸变。

刃磨时，棱形刀在夹具中应使其前面与砂轮工作端面平行，如图 1—3—18a 所示；对于圆形刀，应使刀具中心与砂轮工作端面偏移一定距离，如图 1—3—18b 所示，h 应为：

$$h=R\sin(\gamma_p+\alpha_p)$$

式中 γ_p——原始前角，(°)；

α_p——原始后角，(°)。

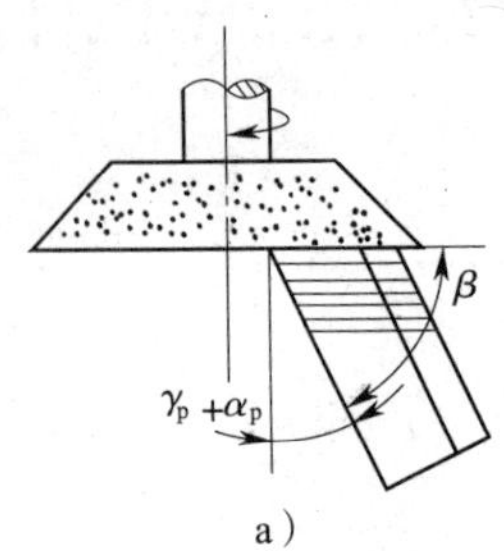

a）

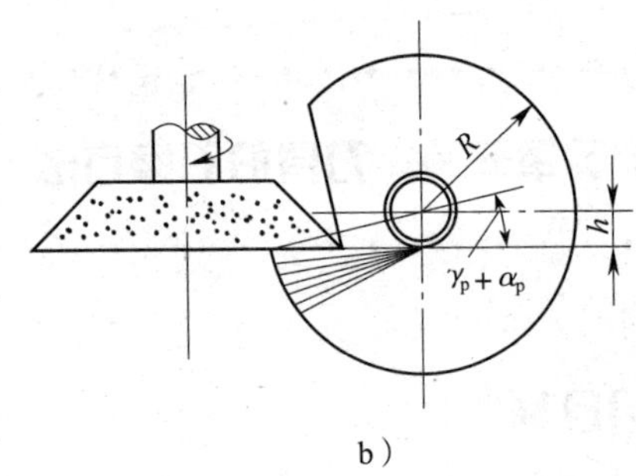

b）

图 1—3—18　成形车刀的刃磨

a）刃磨棱形车刀　b）刃磨圆形车刀

二、铰刀的刃磨方法

铰刀是精加工刀具，其刃磨质量对被加工孔的公差等级和表面粗糙度有很大影响。

铰刀的刃磨是沿切削部分后面进行的，这是由于铰刀的磨损主要产生在该面上。此外，若沿前面进行刃磨，则校正部分棱边会逐渐变窄，甚至消失，因而减少了铰刀的重磨次数。

铰刀的刃磨是在万能工具磨床上进行的，如图 1—3—19 所示。铰刀轴线相对于磨床纵向导轨倾斜 κ_r，并使砂轮端面与铰刀切削部分后面之间留有 1°~3°的侧隙角，以避免两者接触面积过大而烧伤刀齿。为使刃磨后的后角不变，后面与砂轮端面都应处于垂直位置。支撑在铰刀前面的支撑片应比铰刀中心低 h 的距离，其计算式为：

$$h=d_0\sin\alpha_o/2$$

式中　d_0——铰刀直径，mm；

　　　α_o——铰刀后角，（°）。

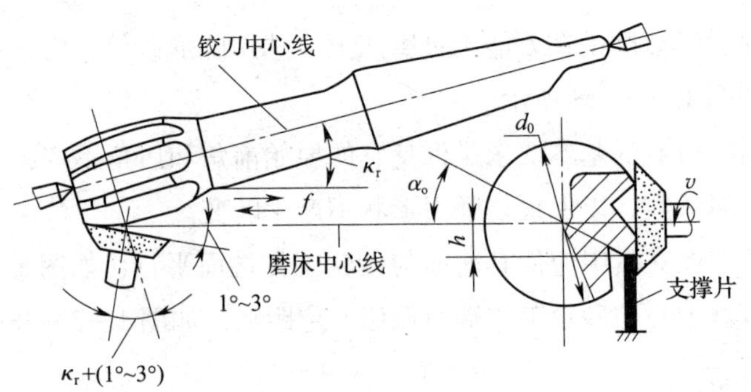

图 1—3—19　铰刀的刃磨

学习单元 7　磨削加工和砂轮的选择

学习目标

➢ 了解砂轮的结构。

➢ 掌握磨削加工的特点和应用。

知识要求

一、磨削加工

1. 磨削加工的特点

（1）磨削速度和磨削温度高。磨削速度很高，一般砂轮圆周线速度可达到 50 m/s 以上，是车削、铣削速度的 10~20 倍。磨削层金属变形很大，磨削时产生大量的热量，使磨削区域产生极高的磨削温度（400~1 000℃）。

（2）磨粒都为负前角。磨粒切削刃和前面、后面形状极不规则，顶角为 105°左右，前角为很大的负值，后角小，切削刃钝圆半径较大，磨削层材料会产生强烈的挤压变形。

（3）磨屑体积小。磨削时单颗磨粒的切削厚度可小到几微米，根据切削力的尺寸效应，单位磨削力大，易获得较高的加工精度和较小的表面粗糙度值。在磨削时磨粒切去的切屑很小，精磨的磨屑体积更小。

（4）磨削比能大。由于多数磨粒有很大的负前角和较大的切削刃钝圆半径，磨削切除单位体积金属所消耗的能量比车削等要大得多，也影响了加工精度和磨削过程的稳定性。

（5）磨粒多。砂轮中含有大量的磨粒，在磨削过程中同时参加切削的磨粒极多。磨粒的独特性能如下：

1）有较高的硬度，能较顺利地切削硬的工件。

2）热稳定性好，在高温下仍不会失去切削性能。

3）磨粒的硬度很高，但同时也很脆。磨粒磨钝后，磨削力也随之增大，致使磨粒破碎或脱落，重新露出锋利的刃口，此特性称为“自锐性”，可使磨粒更锋利。

2. 磨削加工的应用

（1）获得高精度和较小的表面粗糙度值。经磨削加工后的工件公差等级可达IT6~IT4级，表面粗糙度为Ra1.25~0.02 μm。

（2）获得较高的加工效率。近年来随着磨削工艺的改进、磨料的发展、机床刚度的加强，出现了两种先进的磨削工艺，即缓进磨削和高速磨削。

1）缓进磨削。缓进磨削又称深切缓进给强力磨削。它以大的背吃刀量和很小的工作台进给速度磨削工件，经一次或数次通过即可磨到所要求的尺寸、形状精度，适于磨高韧性材料。

2）高速磨削。高速磨削是通过提高砂轮线速度来提高磨削去除率和磨削质量的工艺方法。高速磨削通过提高机床刚度、改进磨料来提高砂轮线速度（达到50 m/s以上）。

以上两种磨削在某些工序上已成功地取代车削、刨削和铣削，并将零件直接由毛坯加工成形。

（3）用来加工各种材料。工业中广泛采用的各种非金属和金属材料，如木材、橡胶、塑料、玻璃、陶瓷、石材以及铜、铝、铸铁、钢材等都可采用磨削加工。特别是磨削一些高硬度、高韧性的金属，如硬质合金、高钒高速钢等，采用人造金刚石、立方氮化硼等高硬度磨粒进行磨削，可以获得更好的经济效果。

（4）满足多种加工要求

1）根据加工目的和磨削用量的不同，通过粗磨、半精磨、精磨、光磨等方法，可获得高精度和较小的表面粗糙度值。

2）根据加工对象的不同，可进行外圆磨削、内圆磨削、平面磨削、工具磨削、专用磨削、砂带磨削、电解磨削、珩磨、超精加工、研磨、抛光等。

3. 磨削加工时的运动

磨削加工时的运动主要由切削运动和进给运动组成，如图1—3—20所示。

（1）切削运动。砂轮的回转运动称为切削运动，又称主运动。切削运动速度（即砂轮外圆的线速度）称为磨削速度，符号为v_s，单位为m/s。

$$v_s=\pi d_0 n_0/1\ 000$$

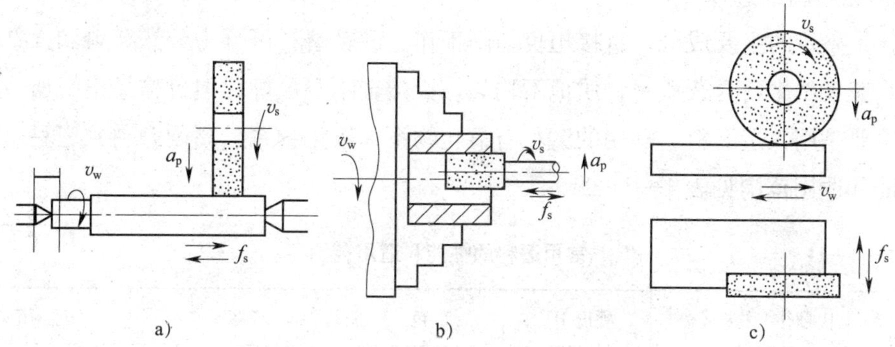

图 1—3—20　常用磨削方式及其运动
a）外圆磨削　b）内圆磨削　c）平面磨削

式中　d_0——砂轮工作面直径，mm；

　　n_0——砂轮转速，r/s。

（2）进给运动。外（内）圆磨削时，工件的回转运动为工件的进给运动。

1）工件速度 v_w 是指被加工工件表面运动速度，单位为 m/min。

$$v_w = \pi d_w n_w / 1\ 000$$

式中　d_w——工件直径，mm；

　　n_w——工件转速，r/min。

2）工件轴向进给速度 v_α 是指当工件为回转运动时，单位时间内沿砂轮回转轴线方向的进给距离，单位为 m/min。如果以 f_s 代表工件每转相对砂轮的轴向移动量，单位为 mm/r，则工件轴向进给速度为：

$$v_\alpha = n_w f_s / 1\ 000$$

平面磨削时，用砂轮圆周面磨削称为周边磨削，而用砂轮端面磨削则称为端面磨削。内圆磨削与外圆磨削运动相同，但因砂轮的直径受工件孔径尺寸的限制，砂轮轴刚度较低，切削液也不易冲刷磨削区，因而磨削用量较小，磨削效率不如外圆磨削高。

二、砂轮的选择

砂轮是磨削加工中最主要的一类磨具。它由磨粒（刚玉类或碳化硅等）和结合剂黏合而成的网状空隙构成，砂轮的特性包括磨料、粒度号、结合剂、硬度、组织号、形状、尺寸（外径、厚度、内径）、允许的最高工件圆周线速度等要素。

1. 砂轮磨料的选择

磨料是砂轮的主要成分，直接担负切削工作。砂轮磨料可分为天然磨料和人造磨料两大类。一般天然磨料含杂质多，质地不均匀。天然金刚石虽好，但价格昂贵。所以目前制造砂轮主要是用人造磨料。常用的磨料有氧化物系、碳化物系、高硬磨料系三种。常用磨料的性能和适用范围见表1—3—11。

表1—3—11　常用磨料的性能和适用范围

系别	名称	代号	主要成分	硬度 HV	颜色	特性	适用范围
氧化物系	棕刚玉	A	$w(Al_2O_3)=$ 91%~96%	2 200~2 280	棕褐色	硬度高，韧性好，价格低廉	磨削碳钢、合金钢、可锻铸铁、硬青铜
	白刚玉	WA	$w(Al_2O_3)=$ 97%~99%	2 200~2 300	白色	硬度高于棕刚玉，磨粒锋利，韧性差	磨削淬硬的碳钢、高速钢
碳化物系	黑碳化硅	C	$w(SiC)>95\%$	2 840~3 320	黑色带光泽	硬度高于刚玉，性脆而锋利，有良好的导热性和导电性	磨削铸铁、黄铜、铝及非金属
	绿碳化硅	GC	$w(SiC)>99\%$	3 280~3 400	绿色带光泽	硬度和脆性高于黑碳化硅，有良好的导电性和导热性	磨削硬质合金、宝石、陶瓷、光学玻璃、不锈钢
高硬磨料系	立方氮化硼	CBN	氮化硼	8 000~9 000	棕黑色或淡白色	硬度仅次于金刚石，耐磨性和导电性好，发热量小	磨削硬质合金、不锈钢、高合金钢等难加工材料
	人造金刚石	MBD	碳结晶体	10 000	无色透明或淡黄色、黄绿色、黑色	硬度极高，韧性很差，价格昂贵	磨削硬质合金、宝石、陶瓷等高硬度材料

（1）氧化物系（刚玉类）。氧化物系主要成分有 Al_2O_3，其硬度比碳化物系低，但韧性较好，故适用于磨削抗弯强度较高的各种钢材。

1）棕刚玉（代号A）。显微硬度为2 200~2 280HV，呈棕褐色，韧性好，价格低廉。棕刚玉砂轮适用于磨削碳钢、合金钢、可锻铸铁、硬青铜等。

2）白刚玉（代号WA）。显微硬度为2 200~2 300HV，呈白色，硬度高，韧性比棕刚玉差，磨粒锋利。白刚玉砂轮适用于磨削淬硬的碳钢、高速钢以及薄壁零件和成形零件，

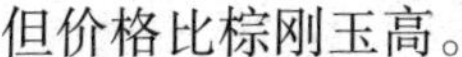

但价格比棕刚玉高。

3）铬刚玉（代号 PA）。显微硬度为 2 000~2 200HV，呈玫瑰红色，铬刚玉的硬度与白刚玉相近，而韧性比白刚玉好。铬刚玉适用于磨削韧性好的钢材，如高速钢、不锈钢。铬钢玉用于成形磨削时能得到较小的表面粗糙度值。

（2）碳化物系。碳化物系以碳化硅、碳化硼为基体，其硬度比氧化铝高，磨粒锋利，导热性好，但韧性差。碳化物系适用于磨削脆性材料，如铸铁、硬质合金等。根据其纯度或添加的金属元素不同，又可分为黑碳化硅和绿碳化硅。

1）黑碳化硅（代号 C）。显微硬度为 2 840~3 320HV，呈黑色，有光泽。黑碳化硅砂轮适用于磨削铸铁、黄铜等。

2）绿碳化硅（代号 GC）。显微硬度为 3 280~3 400HV，呈绿色，有光泽，硬度比黑碳化硅高，但韧性差，导热性更好。绿碳化硅砂轮适用于磨削硬质合金、宝石、陶瓷、光学玻璃等材料。它的价格比黑碳化硅高。

（3）高硬磨料系。目前，高硬磨料系有立方氮化硼和人造金刚石两种。

1）立方氮化硼（代号 CBN）。显微硬度为 8 000~9 000HV，为棕黑色或淡白色立方晶体，硬度略低于金刚石，耐磨性好，发热量小。立方氮化硼适用于磨削各种超硬的、韧性特别好的合金，如高钼钢、高钒钢、高钴钢、不锈钢等。立方氮化硼砂轮磨削钢材的效率比刚玉类砂轮要高近百倍，但磨削脆性材料的效率不及人造金刚石砂轮。

2）人造金刚石（代号 MBD）。显微硬度为 10 000HV，呈无色透明或淡黄色、黄绿色、黑色，比天然金刚石脆。人造金刚石适用于加工其他磨料难以加工的高硬度材料。

2. 砂轮粒度的选择

（1）砂轮粒度的概念。砂轮粒度是指砂轮磨料颗粒的尺寸大小，即粗细程度。最大尺寸大于 40 μm 的磨粒用机械筛选法分类，其粒度号数值就是该磨粒能通过的筛子每英寸长度上的孔眼数。直径很小（小于 40 μm）的磨粒称为微粉，微粉用显微测量法测量，以实测到的最大尺寸来表示，其粒度号数即该颗粒最大尺寸以微米为单位的数值，并在前面冠以符号“W”来表示。

当磨粒大于 40 μm 时，粒度号数越大，则磨粒越细。当磨粒小于 40 μm 时，粒度号数越小，则微粉越小。

常用砂轮粒度的尺寸和适用范围见表 1—3—12。国家标准 GB/T 2481. 1—1998 规定了固结磨具用磨料粒度组成的检测和标记，并列出了制造固结磨具及作为自由磨粒用的刚玉和碳化硅粗磨粒的粒度分级允许极限。

表 1—3—12　　常用砂轮粒度的尺寸和适用范围

粒度号	尺寸范围（μm）	适用范围	粒度号	尺寸范围（μm）	适用范围
12~36	2 000~1 600 500~400	粗磨、荒磨、切断钢坯、打磨毛刺	W40~W20	40~28 20~14	精磨、超精磨、螺纹磨、珩磨
46~80	400~315 200~160	粗磨、半精磨、精磨	W14~W10	14~10 10~7	精磨、精细磨、超精磨、镜面磨
100~280	165~125 50~40	精磨、成形磨、刀具刃磨、珩磨	W7~W3.5	7~5 3.5~2.5	超精磨、镜面磨、制作研磨剂

（2）砂轮粒度的选择原则

1）粗磨时以高生产效率为主要目标时，应选粗粒度的砂轮。

2）精磨时以低表面粗糙度值为主要目标时，应选细粒度的砂轮。

3）工件材料塑性大或磨削接触面积大时，为避免磨削温度过高而烧伤工件表面，宜选粗粒度的砂轮。

4）工件材料为软而韧的金属时，为避免砂轮气孔堵塞，应选粗粒度的砂轮。磨削硬而脆的金属时，应选细粒度的砂轮。

5）成形磨削时，为保持砂轮轮廓的精度，宜选细粒度的砂轮。

6）磨削薄壁工件时，为了减少热变形，应选粗粒度的砂轮。

按照国家标准 GB/T 2481.1—1998 的规定，粗磨粒标示为 F4~F200，共 26 级。

微细磨粒（又称微粉，供研磨用）的尺寸小于 63 μm，用沉降法进行分级检验。按照国家标准 GB/T 2481.2—2009 的规定，微粉标示为 F230~F2000，共 13 级。

一般情况下，磨毛坯时选用粒度为 F12~F24 的砂轮，磨外圆、内孔和平面时选用粒度为 F36~F70 的砂轮，刃磨刀具选用粒度为 F46~F100 的砂轮，螺纹磨削、成形磨削和较低表面粗糙度值的磨削选用粒度为 F100~F280 的砂轮。

3. 砂轮结合剂的选择

结合剂将磨粒黏结在一起，并使砂轮具有一定的形状。砂轮的强度、耐冲击性、耐腐蚀性、耐热性主要取决于结合剂的性能。此外，结合剂对磨削温度、磨削表面粗糙度等也

有一定的影响。

常用结合剂的种类、性能和适用范围见表 1—3—13。

表 1—3—13　　常用结合剂的种类、性能和适用范围

种类	代号	性能	适用范围
陶瓷	V	耐热性、耐腐蚀性好，气孔率大，易保持轮廓，弹性差	应用广泛，适用于 v_c<35 m/s 的各种成形磨削、磨齿轮、磨螺纹等
树脂	B	强度高，弹性好，耐冲击，坚固性、耐热性差，气孔率小	适用于 v_c>50 m/s 的高速磨削，可制成薄片砂轮，用于磨槽、切割等
橡胶	R	强度更高，弹性更好，气孔率小，耐热性差，磨粒易脱落	适用于无心磨床的砂轮和导轮，开槽和切割的薄片砂轮、抛光砂轮等
金属	M	韧性、成形性好，强度高，自锐性差	可制造各种金刚石磨具

（1）陶瓷结合剂（代号 V）。一种无机结合剂，特点是性能稳定，耐热性和耐腐蚀性好，砂轮不易堵塞，磨削效率高，价格低廉。陶瓷结合剂制成的砂轮目前应用范围最广。但它的质地较脆，弹性差，一般不能制成薄片砂轮。磨削速度一般小于 35 m/s。

（2）树脂结合剂（代号 B）。一种有机结合剂，特点是弹性好，强度高，耐冲击，工件可获得较低的表面粗糙度值，但耐热性和耐腐蚀性较差，适用于磨削速度大于 50 m/s 的高速磨削、切断、开槽等。

（3）橡胶结合剂（代号 R）。一种有机结合剂，特点是强度和弹性比树脂结合剂还要好，具有抛光作用，砂轮退让性好，工件表面不易烧伤，工件可获得较低的表面粗糙度值。但耐热性差，耐油性差，不宜用于粗加工，可用于切断、开槽，用橡胶结合剂制成的砂轮可作为无心磨床导轮及抛光砂轮等。

（4）金属结合剂（代号 M）。常见的是青铜结合剂，强度高，型面保持性好，有一定韧性，但自锐性较差，主要用于制造金刚石砂轮。

砂轮结合剂还可将多种结合剂混合使用，称为复合结合剂，如橡胶树脂结合剂、陶瓷金属结合剂等。

4. 砂轮硬度的选择

（1）砂轮硬度的概念。砂轮硬度不是指磨料的硬度，而是指砂轮上磨粒受力后自砂轮表层脱落的难易程度，也反映结合剂对磨粒黏结的牢固程度。磨粒易脱落，则砂轮的硬度低；磨粒不易脱落，则砂轮的硬度高。砂轮硬度主要由结合剂的强度决定，与磨粒本身硬度无关。

砂轮硬度对磨削质量和生产效率有很大影响。在磨削过程中，如果砂轮硬度选择得当，当磨粒钝化后从基体上自行脱落，露出新的锋利的磨粒担负切削工作，使磨削过程正常进行。这样，不但砂轮磨耗小，而且切削效率高，加工表面质量好。

一般情况下，加工硬度高的金属应选用软砂轮，加工软金属应选用硬砂轮；粗磨时选用软砂轮，精磨时选用硬砂轮。

砂轮硬度等级及其代号见表1—3—14。

表1—3—14　　砂轮硬度等级及其代号

硬度等级		超软	软			中软		中		中硬			硬		超硬
	大级	超软	软			中软		中		中硬			硬		超硬
	小级	超软	软1	软2	软3	中软1	中软2	中1	中2	中硬1	中硬2	中硬3	硬1	硬2	超硬
代号		A、B、C、D、E、F	G	H	J	K	L	M	N	P	Q	R	S	T	Y

（2）砂轮硬度的选择原则

1）磨削硬材料时，磨粒容易磨损，为使磨钝了的磨粒能及时脱落，就选较软的砂轮。磨削软材料时，磨粒不易磨损，应选较硬的砂轮，但磨削很软的材料（如非铁金属）时，砂轮易被堵塞，故应选较软的砂轮。

2）砂轮与工件接触面积越大，磨粒参加切削的时间越长，磨粒越易磨损，故应选较软的砂轮。例如，内圆磨削用的砂轮应比外圆磨削用的软一些，而磨端平面的砂轮应更软。

3）磨削导热性差的材料（如不锈钢、硬质合金等）和薄壁零件时，因不易散热，表面常会烧伤，故要选择较软的砂轮。

4）成形磨削时应选较硬的砂轮，以使砂轮轮廓能维持较长时间。

5）清理铸件、锻件和粗磨时，为了使砂轮不致消耗过快，应选较硬的砂轮。

5. 砂轮组织号的选择

砂轮的组织表示磨粒、结合剂和气孔三者之间的比例。砂轮的组织号以磨粒所占砂轮体积的百分比来确定。组织号分15级，以阿拉伯数字0~14表示，组织号越大，磨粒所占砂轮体积的百分比越小，砂轮组织越松。同一组织号的砂轮，根据粒度不同，其结合剂与气孔的体积百分比稍有差别。砂轮组织号和应用范围见表1—3—15。

表 1—3—15　　砂轮组织号和应用范围

组织号	0	1	2	3	4	5	6	7	8	9	10	11	12	13	14
磨粒率	62%	60%	58%	56%	54%	52%	50%	48%	46%	44%	42%	40%	38%	36%	34%
类别	紧密				中等				疏松						
应用	精磨、成形磨				淬火工件、刀具				韧性好和硬度低的金属						

6. 砂轮形状和尺寸的选择

为了磨削各种形状和尺寸的工件，砂轮可制成各种形状和尺寸。常用砂轮的形状、代号和主要用途见表 1—3—16。

表 1—3—16　　常用砂轮的形状、代号和主要用途

砂轮名称	代号	简图	主要用途
平形砂轮	1		外圆磨、内圆磨、平面磨、无心磨、螺纹磨、自由磨等
双斜边砂轮	4		磨齿轮、齿面、单线螺纹，磨外圆兼靠磨端面
薄片砂轮	41		切断、开槽等
筒形砂轮	2		用于立轴平面磨
杯形砂轮	6		刃磨铣刀、铰刀、扩孔钻、拉刀、切纸刀等，也可用于平面和内圆磨
碗形砂轮	11		刃磨铣刀、铰刀、拉刀、盘形车刀、插齿刀、扩孔钻等，也可用于磨机床导轨等
碟形砂轮	12a		用于磨铣刀、铰刀、拉刀、插齿刀和其他刀具，大尺寸的一般用于磨齿轮、齿面

在生产中，为便于对砂轮进行管理和选用，通常将砂轮的形状、尺寸和特性标注在砂轮端面上，其顺序为形状、尺寸、磨料、粒度号、硬度、组织号、结合剂和允许的最高工作圆周线速度。其中，尺寸一般指外径×厚度×内径。

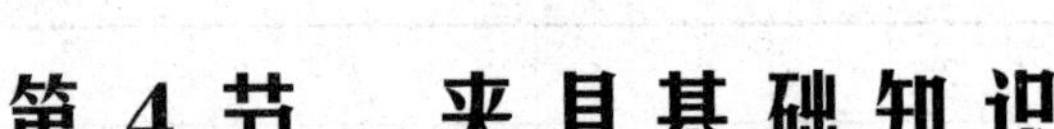

第4节　夹具基础知识

学习单元1　夹具的基本概念

学习目标

- 掌握夹具、定位的基本概念。
- 掌握夹具的组成以及定位元件、导向元件、对刀元件的作用。
- 了解夹紧装置、夹具体的作用。
- 掌握夹具的作用及其按通用化程度的分类。
- 了解夹具的其他分类方法。

知识要求

一、夹具的定义

在机床上加工工件时，为了使工件的某一部位加工出符合工艺规程要求的表面，加工前需要使工件在机床上占有一个正确的位置——定位。由于在加工过程中工件受到切削力、重力、振动、离心力、惯性力等作用，因此应采用一定的机构，使工件在加工过程中始终保持在原先确定的位置上。这种在机床上使工件占有正确的加工位置并使其在加工过程中始终保持不变的工艺装备称为夹具。

二、夹具的组成

夹具由许多部件组成，各部件按其作用和功能通常分为定位元件、夹紧装置、导向或对刀元件、夹具体、其他元件或装置。

1. 定位元件

定位元件用于确定工件在夹具中的位置，使工件在加工时相对刀具及运动轨迹有一个正确的位置。定位元件是夹具的主要功能元件之一，其定位精度将直接影响工件的加工精度。常用的定位元件有 V 形块、定位销、定位块等，如图 1—4—1 所示，定位心轴 3、定位销 7 即定位元件。

定位符号为√3。这里元件被限制的自由度数是 3。

2. 夹紧装置

夹紧装置用于保持工件在夹具中的既定位置，使工件不会因加工时受到切削力、重力、离心力、振动等作用而改变原定的位置。夹紧装置也是夹具的主要功能元件之一。它通常是一种机构，包括夹紧元件（如压板、压块）、增力装置（如杠杆、偏心轮）、动力源（如气缸、液压缸）等组成部分。图 1—4—1 中的定位心轴 3 的螺杆部分、开口垫圈 5、螺母 4 等构成了夹紧装置。

夹紧符号为↓W。

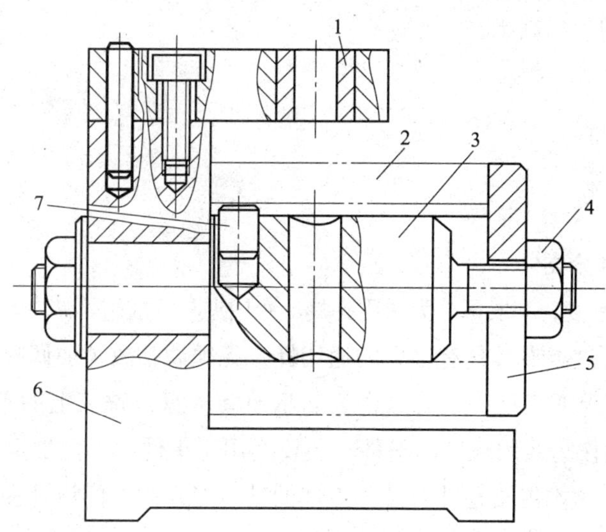

图 1—4—1　钻模的组成

1—钻套　2—工件　3—定位心轴　4—螺母　5—开口垫圈　6—夹具体　7—定位销

3. 导向或对刀元件

（1）导向元件。用于确定夹具与刀具的正确位置，并引导刀具进行加工的元件称为导向元件。钻套 1 就是引导钻头用的导向元件，如图 1—4—1 所示。

（2）对刀元件。用于确定夹具与刀具的正确位置，即确定刀具在加工前正确位置的元件称为对刀元件，如对刀块等。

这类元件共同用于确定夹具与刀具之间的相对位置，从而保证工件与刀具位于正确的加工位置。

4. 夹具体

夹具体是用于连接夹具上各元件或装置，使之成为一个整体的基础件。夹具体也用来与机床的有关部位相连接，如图 1—4—1 所示的夹具体 6。

5. 其他元件或装置

根据需要，夹具上还可以有其他组成部分。例如，需要分度就要有分度装置，用机械传动的夹具就要有机械传动部件等。

三、夹具的作用

夹具在机械加工中的作用可归纳如下：

1. 易于保证工件的加工精度。
2. 扩大机床的工艺范围。
3. 缩短辅助时间，提高生产效率。
4. 保证安全生产。
5. 降低生产成本。

四、夹具的分类

1. 按通用化程度分类

夹具按其通用化程度，一般可分为通用夹具、专用夹具、成组可调夹具、组合夹具等。

（1）通用夹具。这类夹具具有很大的通用性，无须调整或稍加调整就可用于装夹不同的工件。例如，车床上的三爪自定心卡盘、四爪单动卡盘，铣床上的平口虎钳、分度头、回转盘等，一般它们作为通用机床的附件，主要适用于单件、小批量生产。

（2）专用夹具。这类夹具是针对某一工件的某一工序而专门设计和制造的，其结构紧凑，操作方便，适用于大批量生产。

（3）成组可调夹具。这类夹具是针对通用夹具和专用夹具的缺陷而发展起来的。它在加工某种工件后，经过调整或更换个别定位元件和夹紧元件，即可成为加工另外一种工件的夹具。它按成组原理设计，用于加工形状相似和尺寸相近的一组工件，故在多品种和中、小批量生产中有较好的经济效果。

（4）组合夹具。这类夹具是一种由一套标准元件组装而成的夹具。这类夹具用后可拆卸存放，当重新组装时又可循环使用，适用于单件，中、小批量生产，数控加工和新产品试制。

2. 按其他方法分类

夹具按其加工工种可分为钻床夹具、车床夹具、铣床夹具、磨床夹具、镗床夹具、拉床夹具、插床夹具、齿轮加工机床夹具等。

夹具按其使用的动力源可分为手动夹具、气动夹具、液压夹具、电动夹具、磁力夹具、真空夹具、离心力夹具等。

学习单元 2　工件的定位

学习目标

- 了解工件的自由度和六点定位原理。
- 了解辅助支撑的概念。
- 熟悉四种定位方法的概念。
- 熟悉定位误差包括的内容、产生的原因和计算方法。
- 掌握各种定位元件限制的自由度数和定位元件的组合使用。

知识要求

一、工件的自由度和六点定位原理

1. 工件的自由度

任何一个未被约束的物体，在空间可以向任何方向移动和转动。将一个长方体置于 Ox、Oy、Oz 轴所确定的空间直角坐标系中，如图 1—4—2 所示。根据运动分解的原理，物体在空间的任何运动都可以分解为相对于该坐标系的六种运动，即物体的任何运动都可以看作由这六种运动所合成。这六种运动中有三个是沿三个坐标轴平行移动的，分别以 $\overleftrightarrow{x}$、$\overleftrightarrow{y}$、$\overleftrightarrow{z}$ 表示；另外三个是绕三个坐标轴旋转运动的，分别以 $\overset{\curvearrowright}{x}$、$\overset{\curvearrowright}{y}$、$\overset{\curvearrowright}{z}$ 表示。一个物体在空间如果不加任何约束限制，有六种运动的可能性，称为物体的六个自由度。

2. 六点定位原理

要对工件定位就必须消除其自由度，若用夹具对工件进行定位，就要使夹具的定位元件与工件的定位表面接触而消除其自由度。只要在夹具上适当地布置六个支撑，并使工件与六个支撑接触，就可以消除工件的六个自由度，使工件的位置完全确定，这样相当于每个支撑消除一个自由度。若将每个支撑看作一个点，采用布置恰当的六个支撑点来消除工件六个自由度的方法称为六点定位原理。

箱体工件的定位如图1—4—3所示，底面相当于三个支撑点，共消除了三个自由度，即一个平动 $\overset{\leftrightarrow}{z}$，两个转动 $\overset{\frown}{x}$、$\overset{\frown}{y}$；左侧面相当于两个支撑点，共消除了两个自由度，即一个平动 $\overset{\leftrightarrow}{x}$，一个转动 $\overset{\frown}{z}$；后端相当于一个支撑点，消除了一个自由度，即一个平动 $\overset{\leftrightarrow}{y}$。

根据工件的形状及所采用的定位表面适当地布置支撑点，可以构成不同的定位方式。工件在夹具中定位时，按照定位原则，最多限制六个自由度。

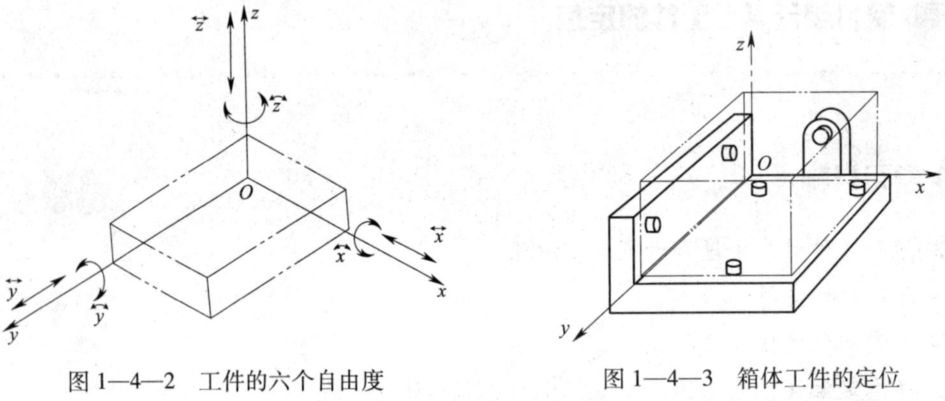

图1—4—2 工件的六个自由度　　图1—4—3 箱体工件的定位

二、定位方法

1. 完全定位

工件的六个自由度全部被限制，因而工件在夹具中处于完全确定的位置，称为完全定位，如图1—4—4所示。

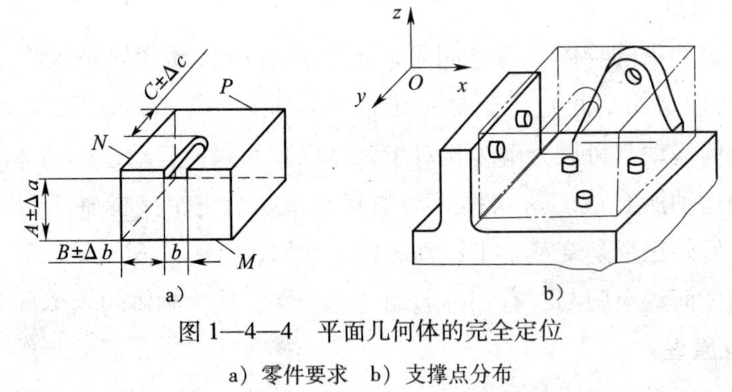

图1—4—4 平面几何体的完全定位

a）零件要求 b）支撑点分布

2. 不完全定位

工件在铣床上加工一直通槽时，只需限制五个自由度即能达到技术要求，如图1—4—5所示。这种工件在定位时，根据加工技术要求实际限制的自由度数少于六个，但仍满足加工技术要求，称为不完全定位。

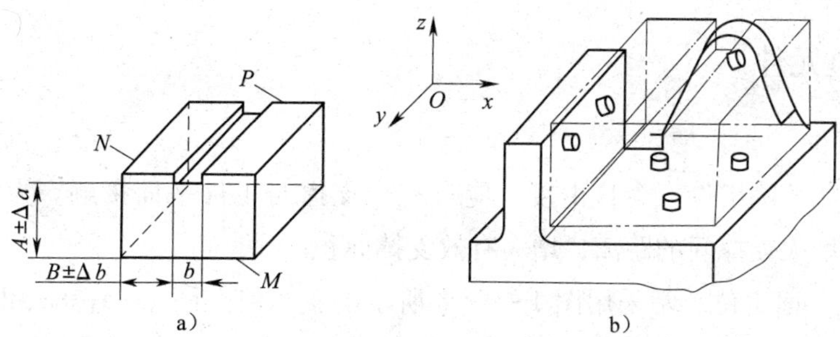

图 1—4—5　平面几何体的不完全定位

a）零件要求　b）支撑点分布

3. 过定位

工件在定位时，某自由度由一个以上的定位元件来限制，即在此方向上有一个以上的定位元件进行重复定位。这种工件的同一自由度被重复限制的定位方式称为过定位。

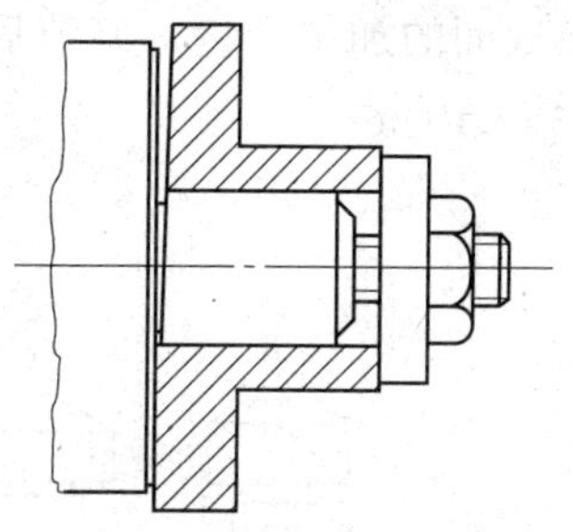

图 1—4—6　工件的过定位

工件在夹紧时，其大端面不能与夹具贴合，如旋紧螺母时工件与夹具都产生变形，如图 1—4—6 所示。一般情况下，过定位方法在加工中是不允许存在的。只有在定位表面和两个定位元件的精度很高时，过定位才允许采用，且有利于提高工件的刚度。另外，工件定位时，若夹具上的定位点不足六个，也有可能出现过定位现象。

4. 欠定位

工件在定位时，根据加工技术要求实际限制的自由度数少于六个，且不能满足加工要求，这种情况称为欠定位。在机械加工中，欠定位是绝对不允许出现的。工件需要保证尺寸 *L*，应进行五点定位，但由于工件左端直径过大，无法通过三爪自定心卡盘的中孔，*A* 面无法在卡爪端面定位，因此不能保证尺寸 *L*，如图 1—4—7 所示。在左端加一个套圈（图中由细双点画线表示），使 *A* 面定位，即可保证尺寸 *L*。

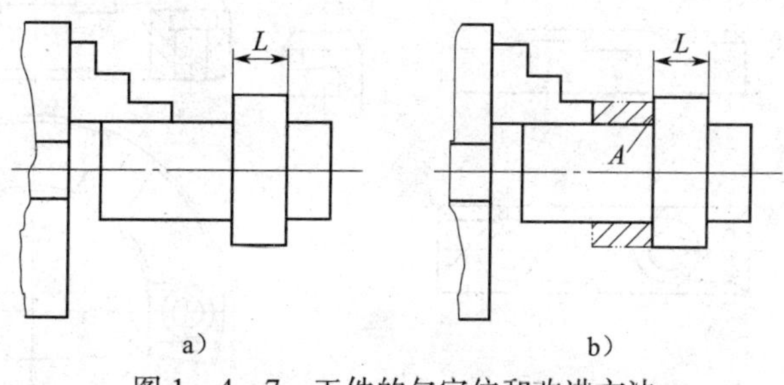

图 1—4—7　工件的欠定位和改进方法

a）欠定位　b）改进后

三、定位元件

1. 平面定位

平面定位能消除工件三个自由度，应有三个支撑与工件平面接触。为了提高定位精度，应尽可能增大支撑间的距离，增大有效支撑面积。

（1）毛坯平面定位。常采用图 1—4—8 所示的支撑钉。图 1—4—8a、b 分别为球头、尖头支撑钉，其与工件接触面积小，定位稳定，但较易磨损。图 1—4—8c 为网纹顶面支撑钉，能增大与工件的摩擦力。图 1—4—8d、e 为可调支撑钉，当各批毛坯的尺寸和形状有较大差异时，可调节支撑钉的高度，使工件取得合适的位置，从而比较合理地分配各表面的加工余量，调节后用螺母锁紧。支撑钉用 T8A 钢制造，热处理后使硬度达到 55～60HRC。

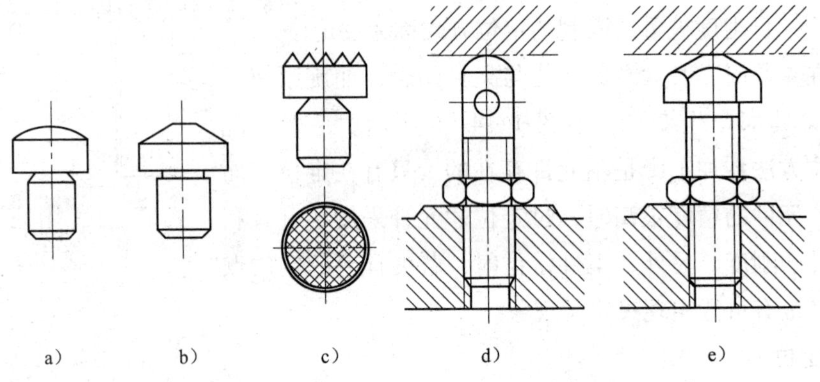

图 1—4—8　毛坯平面定位用支撑钉

a）球头支撑钉　b）尖头支撑钉　c）网纹顶面支撑钉　d）、e）可调支撑钉

（2）已加工平面定位。一般可采用多个平头支撑钉、支撑块、条形或环形定位块，常用结构如图 1—4—9 所示。采用较大的连续平面对工件平面定位时，应在支撑表面上开多

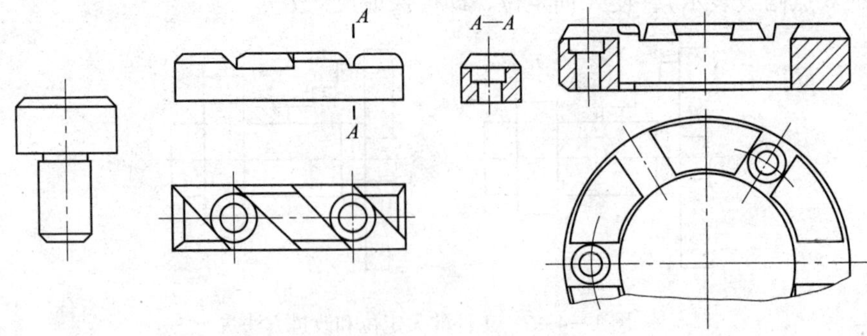

图 1—4—9　已加工平面的定位支撑

条浅槽，适当地减小与工件的接触面积，并能方便地清除切屑。支撑板用 T8 钢制造，热处理后使硬度达到 55~60HRC。

（3）浮动支撑。在工件定位过程中，能自动调整位置的支撑称为浮动支撑。浮动支撑的结构如图 1—4—10 所示，其中图 1—4—10a、b 为两点式浮动支撑，图 1—4—10c 为三点式浮动支撑。这类支撑的工作特点是支撑点的位置能随着工件定位基面的不同而自动调节。接触点的增加可以提高工件装夹的刚度和稳定性。

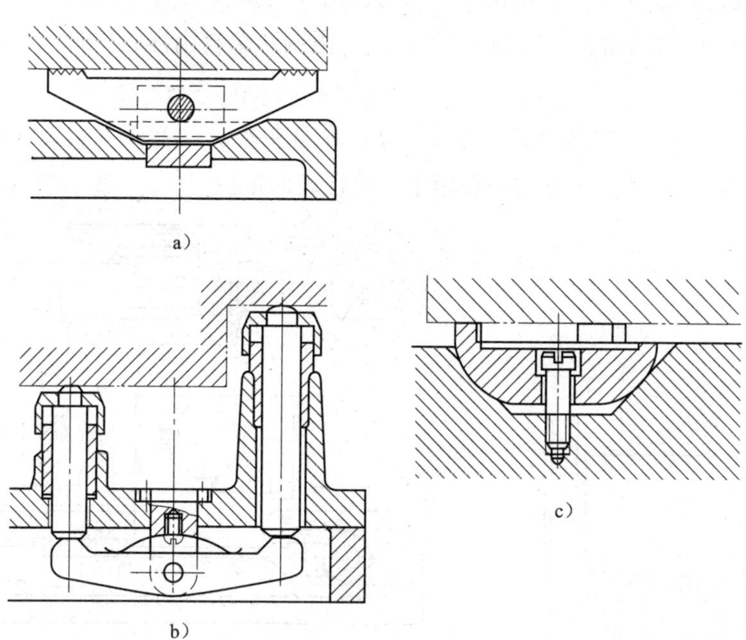

图 1—4—10　浮动支撑

a）、b）两点式浮动支撑　c）三点式浮动支撑

2. 长圆柱定位销（定位心轴）、定位孔（定位套）、V 形块定位

采用相对于直径有一定长度的定位销（定位心轴）、定位孔（定位套）、V 形块定位时，能消除工件的四个自由度。

（1）长圆柱定位销（定位心轴）定位

1）过盈配合定位心轴。当工件定位孔的精度很高，而且要求定位精度很高时采用具有较小过盈量的过盈配合时，工件孔与心轴是过盈配合，如图 1—4—11 所示。

2）间隙配合定位心轴。工件由螺母做轴向夹紧，如图 1—4—12 所示。间隙配合使装卸工件比较方便，但也形成了工件的定位误差。

（2）长圆柱定位孔（定位套）定位

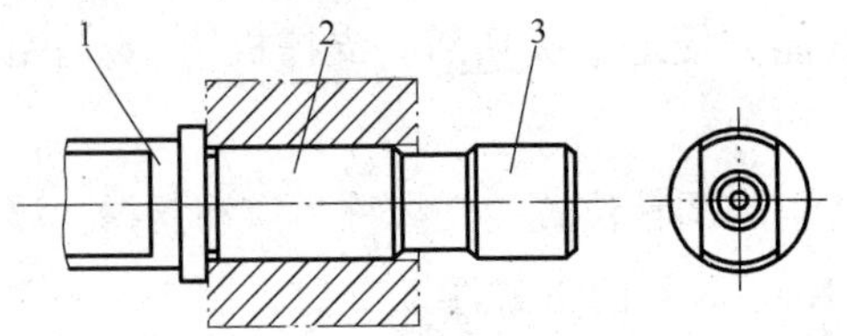

图 1—4—11　过盈配合定位心轴

1—联系部分　2—工作部分　3—引导部分

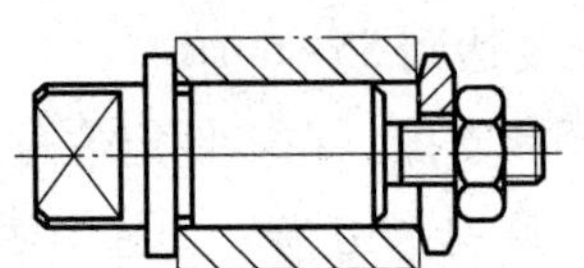

图 1—4—12　间隙配合定位心轴

1）长圆柱定位套定位。用定位套定位的常用方法如图 1—4—13 所示。工件外圆表面与定位套之间有较小的间隙，长圆柱表面定位，限制四个自由度，工件台阶端面限制一个自由度。

2）自动定心定位。常用的有自定心卡盘、弹簧夹头、双 V 形块自动定心装置等，如图 1—4—14 所示。这种定位方法一般用于长圆柱表面定位。

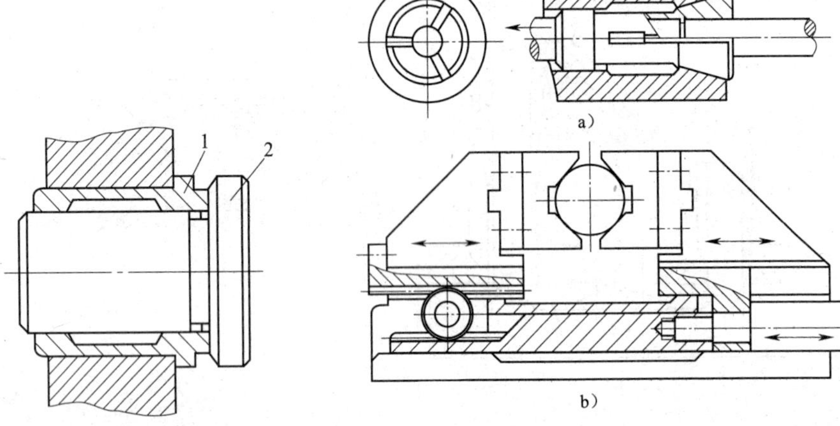

图 1—4—13　长圆柱定位套定位

1—定位套　2—工件

图 1—4—14　自动定心定位

a）弹簧夹头　b）双 V 形块定心装置

（3）长 V 形块定位。不论定位基准是否经过加工，是完整的圆柱面还是圆弧面，都可以采用长 V 形块定位。

用长 V 形块对工件外圆柱面定位具有自动对中的功能，常用来加工与工件外圆轴线有对称度要求的孔与槽，如图 1—4—15 所示。定位时工件外圆与长 V 形块的工作表面接触，不存在间隙。长 V 形块定位在粗、精加工中都适用，也常用于对轴颈等的检验。

长 V 形块的结构尺寸已标准化，其夹角 α 一般为 90°，有时也可采用 120°。长 V 形块一般用 20 钢制造，工作表面渗碳淬硬至 60~64HRC。

较长 V 形块在使用时，为了减小工件与长 V 形块的接触面积，可将长 V 形块做成两个短 V 形块，或将长 V 形块做成如图 1—4—16 所示的形状。

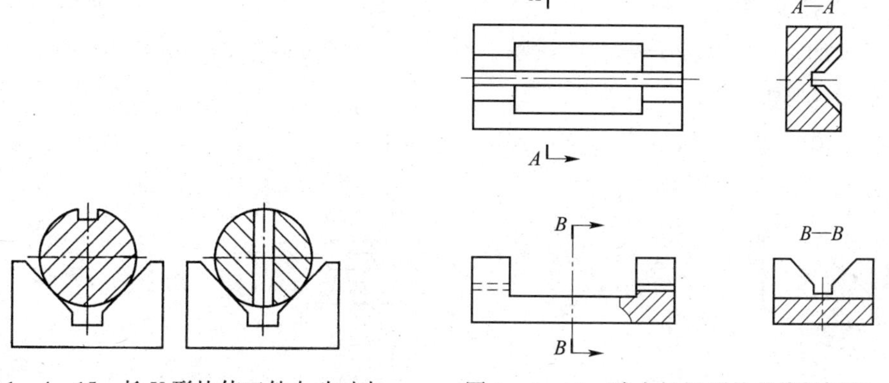

图 1—4—15 长 V 形块使工件自动对中

图 1—4—16 减小长 V 形块的接触面积

3. 短圆柱定位销（定位心轴）、定位套、V 形块定位

采用相对于直径长度较短的定位销（定位心轴）、定位套、V 形块定位时，能消除工件的两个自由度。削边销（或菱形销）能消除工件的一个自由度。

（1）短圆柱定位销（定位心轴）定位。定位孔与定位元件的接触长度较短，仅能消除工件两个平动自由度。这种定位方法一般不能单独使用，需要与其他定位方法同时使用，如图 1—4—17 所示。

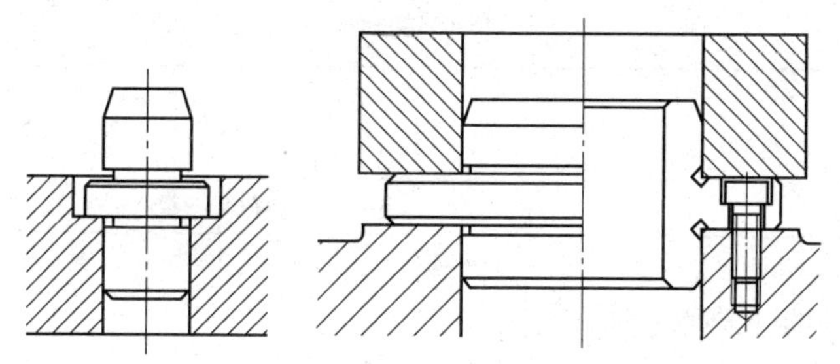

图 1—4—17 短圆柱定位销（定位心轴）定位

（2）短圆柱定位套定位。用定位套定位的常用方法如图 1—4—18 所示。工件外圆表面与定位套之间有较小的间隙，短圆柱定位套限制两个自由度，工件台阶端面限制三个自由度。

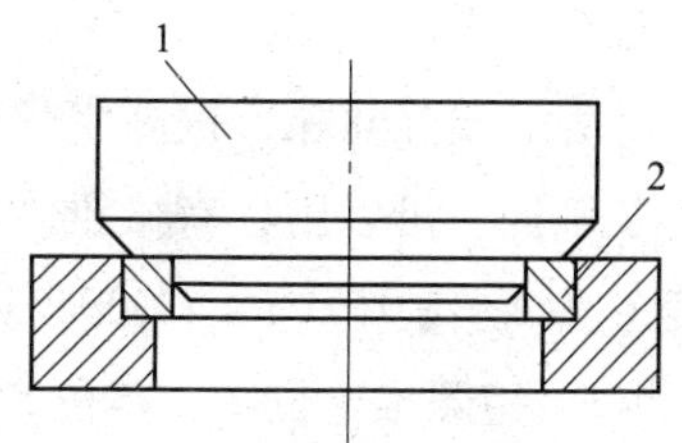

图 1—4—18 短圆柱定位套定位

1—工件 2—定位套

（3）短 V 形块定位。图 1—4—19a 为用于精定位基面的短 V 形块，可限制工件两个自由度。图 1—4—19b 中的短 V 形块是活动的，只起定位作用，限制工件一个自由度。

（4）削边销（或菱形销）定位。各种削边销的形状如图1—4—20所示。直径 d>50 mm的，削成图1—4—20a所示的形状；d≤50 mm的，削成图1—4—20b所示的形状，又称菱形销。

削边销的尺寸一般可根据标准选取，见表1—4—1。

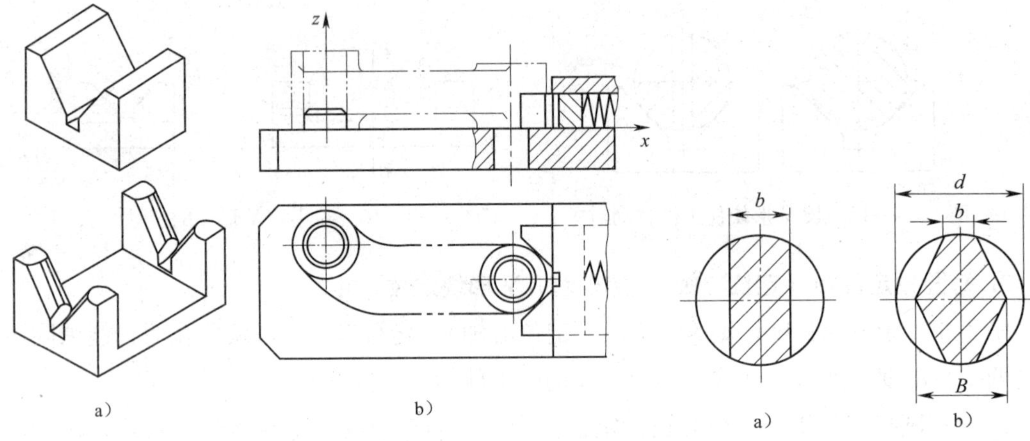

图1—4—19 短V形块的结构和应用

a）结构 b）应用

图1—4—20 各种削边销的形状

a）直径 d>50 mm b）直径 d≤50 mm

表1—4—1 **削边销的尺寸** mm

削边销直径 d	3~6	>6~8	>8~20	>20~25	>25~32	>32~40	>40~50	>50
b	2	3	4	5	5	6	8	14
B	d-0.5	d-1	d-2	d-3	d-4	d-5	d-5	设计时选取

4. 长圆锥定位销（定位心轴）、定位套定位

采用相对于直径有一定长度的圆锥定位销（定位心轴）、定位套定位时，能消除工件的五个自由度。

为了消除间隙，提高定位精度，并且能方便地拆装工件，可以用具有微锥度的定位心轴，一般锥度 C 为1∶5 000~1∶1 000，如图1—4—21所示。

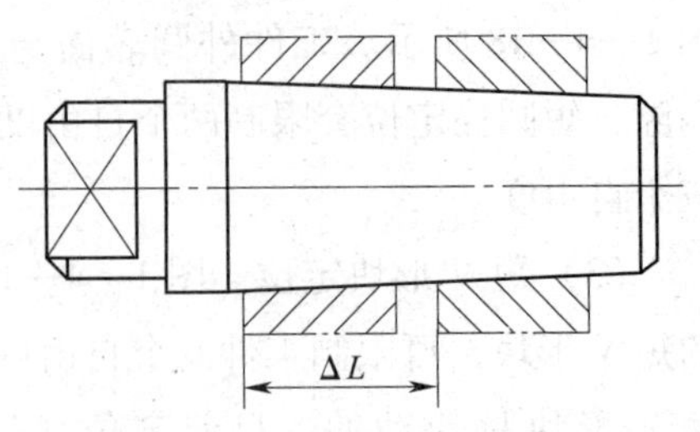

图1—4—21 微锥度定位心轴

5. 短圆锥定位销、定位套定位

采用短圆锥定位销、定位套作定位元件，一般固定的短圆锥定位销、定位套能消除工件的三个自由度，而活动的短圆锥定位销、定位套能消除工件的两个自由度。

图 1—4—22 为工件以圆孔在短圆锥定位销上定位。图 1—4—22a 用于粗定位基面，图 1—4—22b 用于精定位基面。

图 1—4—23 为工件以圆柱外表面倒角处在定位套内圆锥面上定位。工件在单个圆锥销上定位容易倾斜，为此，圆锥销常与其他定位元件组合定位。

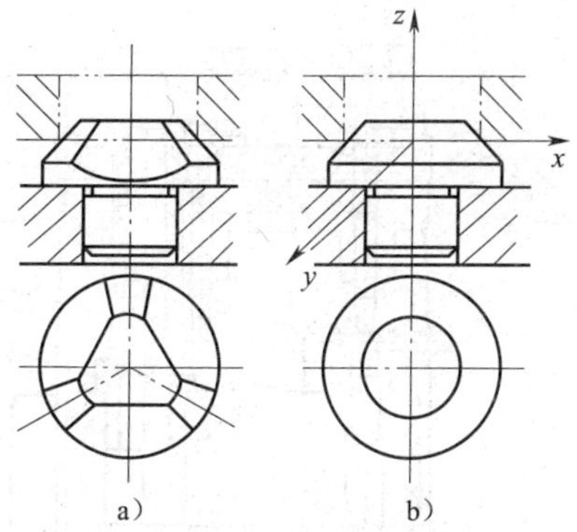

图 1—4—22　短圆锥定位销定位
a）粗定位基面　b）精定位基面

四、定位元件的组合使用

以上所述均为工件以单一表面定位的情况，但实际生产中，通常都以两个或两个以上表面作为定位基准，即采取组合定位方式。

1. 一面两销定位

一面两销定位如图 1—4—24 所示，它是一种完全定位方式，图中支撑工件的大平面消除三个自由度，短圆柱销 1 消除两个自由度，余下的绕短圆柱销 1 轴线转动的自由度由定位销 2 消除。由于定位销 2 仅用来消除一个自由度，因此只可采用削边的圆柱销（即菱形销）。安装菱形销时，应使销的削边部分位于两销的连线方向上。

2. 两面一销定位

两面一销定位如图 1—4—25 所示，它是一种完全定位方式，图中支撑工件的大平面消除三个自由度，右侧面两点消除两个自由度，菱形销仅用来消除 $\overset{\leftrightarrow}{y}$ 一个自由度，因自由度 $\overset{\leftrightarrow}{x}$ 已由侧面消除，故菱形销在 x 方向削边，避免产生过定位。

五、辅助支撑

辅助支撑用来提高工件的装夹刚度和稳定性，只起支撑作用，不起定位作用，不限制工件的自由度。辅助支撑的高低是在工件定位和夹紧后，按已决定的工件表面来调整的，对每个工件要调整一次，使用完毕应放松支撑，待工件重新定位后再支撑。图 1—4—26 为三种辅助支撑的结构。

1. 螺旋式辅助支撑

螺旋式辅助支撑不用螺母锁紧，如图 1—4—26a 所示。螺旋式辅助支撑适用于单件、小批量生产。

2. 自动调节式辅助支撑

自动调节式辅助支撑如图 1—4—26b 所示，弹簧 2 推动滑柱 1 与工件接触，转动手柄，通过顶柱 3 锁紧滑柱 1，使其承受切削力等外力。自动调节式辅助支撑适用于大批量生产。

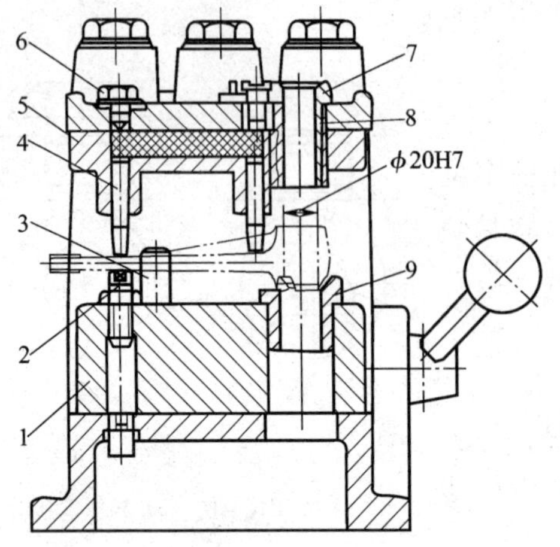

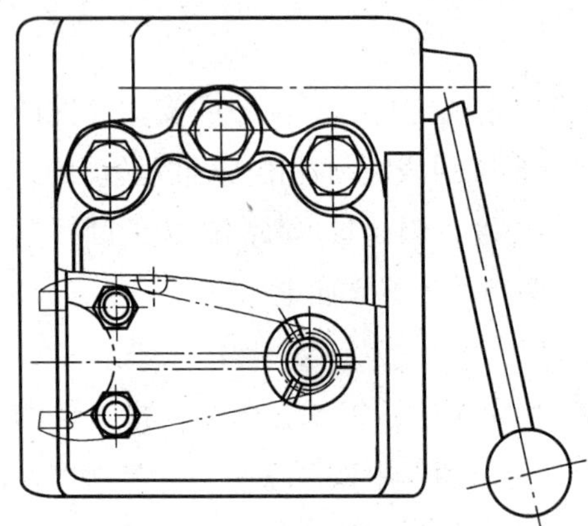

图 1—4—23　以定位套内圆锥表面定位

1—底座　2—可调支撑　3—圆柱挡销　4—压柱　5—压柱体
6—螺塞　7—快换钻套　8—衬套　9—定位套

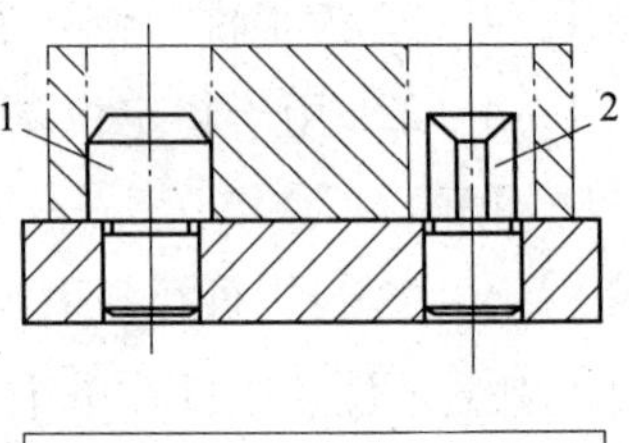

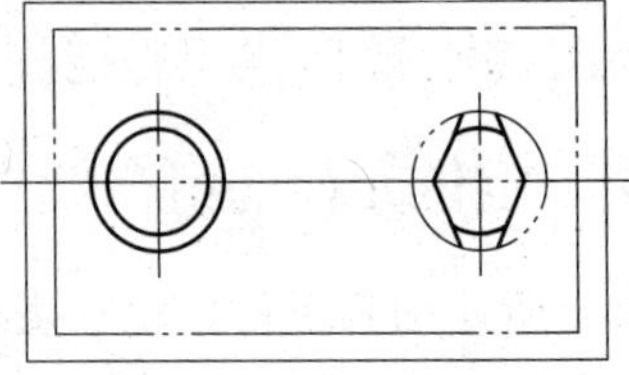

图 1—4—24　一面两销定位

1—短圆柱销　2—定位销

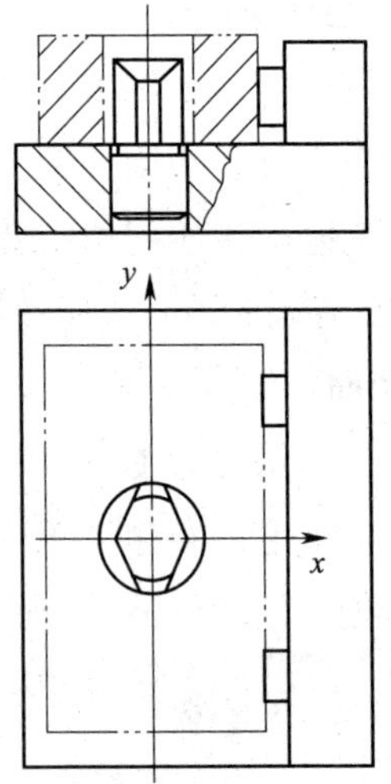

图 1—4—25　两面一销定位

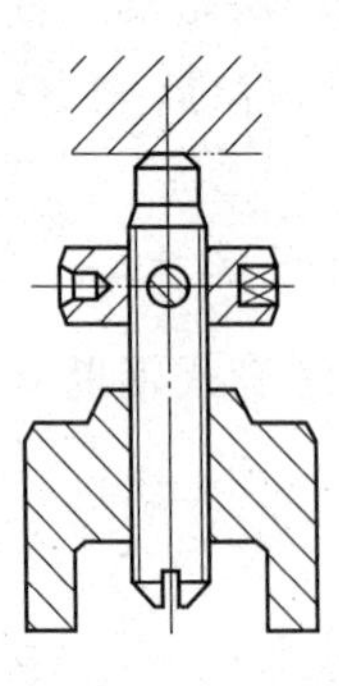

a）

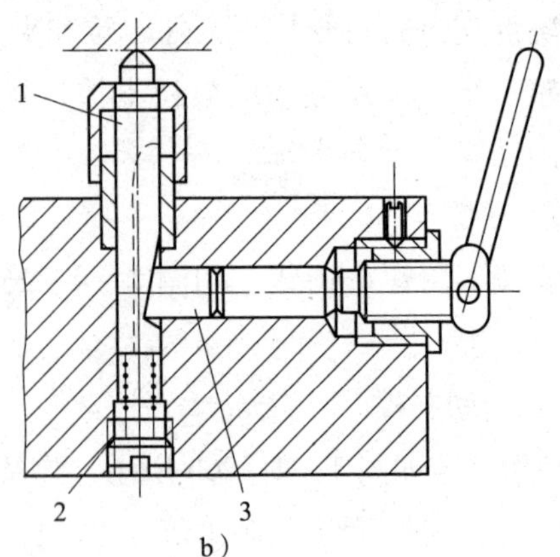

b）

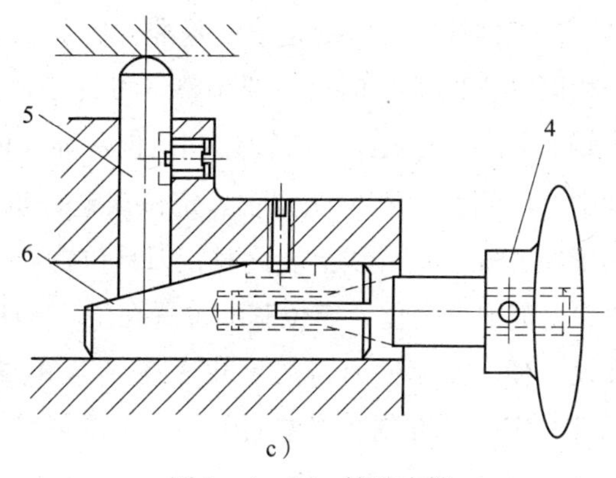

c）

图 1—4—26　辅助支撑

a）螺旋式　b）自动调节式　c）推引式

1—滑柱　2—弹簧　3—顶柱　4—手轮　5—滑销　6—斜楔

3. 推引式辅助支撑

推引式辅助支撑如图 1—4—26c 所示，工件定位，推动手轮 4 使滑销 5 与工件接触。

六、定位误差产生的原因

工件在加工中因定位方法所产生的误差称为定位误差，即工件定位时，工件的设计基准在加工尺寸方向上相对于夹具（机床）的最大变动量。定位误差包括基准位移误差（Δ_Y）和基准不重合误差（Δ_B）。

1. 基准位移误差 Δ_Y

定位误差分析实例一如图 1—4—27a 所示，该实例中工件以圆柱孔在心轴上定位铣键槽。要求保证尺寸 $B^{+\delta_b}_{0}$ 及 $A^{0}_{-\delta_a}$，其中尺寸 $B^{+\delta_b}_{0}$ 是由铣刀宽度尺寸保证的，而尺寸 $A^{0}_{-\delta_a}$ 则是由工件相对于刀具位置决定的。

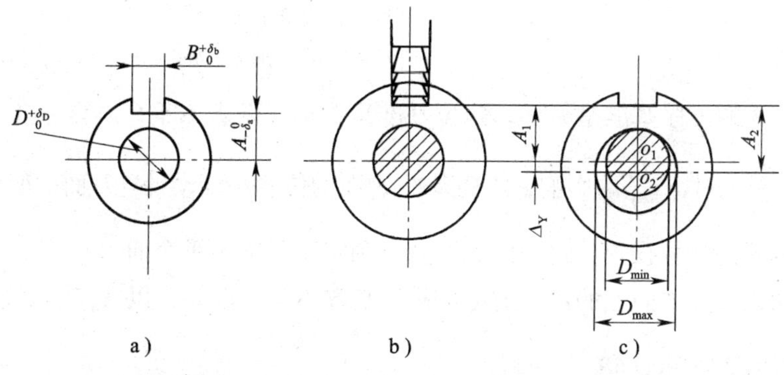

a）　b）　c）

图 1—4—27　定位误差分析实例

a）实例一　b）实例二　c）实例三

从图1—4—27b中可知，工件孔中心线既是设计基准，也是工序基准和定位基准。当工件内孔与心轴直径完全相同（无间隙）时，只要调整好刀具相对于心轴的位置，就能保证工件加工尺寸 $A_{-\delta_a}^{\ 0}$。但实际上，定位元件（心轴）和定位基准（内孔）不可能没有制造误差，故内孔中心与心轴中心因间隙而不可能同轴。定位误差分析实例三如图1—4—27c所示，工件因重力单边搁置在心轴的上母线上。此时，刀具位置未变，而同批工件由于定位基准孔的尺寸在 D_{min} 和 D_{max} 范围内变化，定位基准位置在 O_1 与 O_2 之间变动，从而导致工序基准的位置也发生变动，使一批工件所得的尺寸 A 在 A_1 与 A_2 之间发生变化，造成加工误差。这种由于定位元件与定位基准制造误差而引起的定位基准在加工尺寸方向上的最大变化量称为基准位移误差，以 Δ_Y 表示。

2. 基准不重合误差 Δ_B

图1—4—28a为在工件上铣缺口的工序简图，加工尺寸为 A 和 B。图1—4—28b为加工示意图，工件以底面和 E 面定位。C 是确定夹具与刀具相对位置的对刀尺寸，在一批工件的加工过程中，C 的大小是不变的。

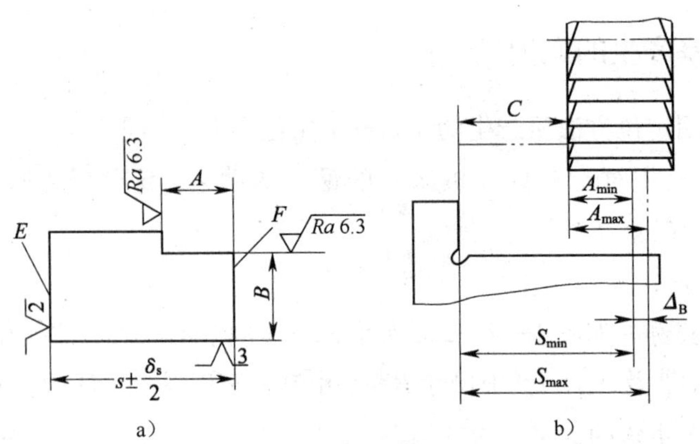

图1—4—28　基准不重合误差 Δ_B

a）在工件上铣缺口的工序简图　b）加工示意图

加工尺寸 A 的工序基准是 F 面，定位基准是 E 面，两者不重合。当一批工件逐个在夹具上定位时，受尺寸 $S\pm\dfrac{\delta_s}{2}$ 的影响，工序基准 F 面的位置是变动的。F 面的变动直接影响 A 的大小，造成 A 的尺寸误差，这种因工序基准和定位基准不重合而引起的工序基准相对于定位基准在加工尺寸方向上的最大变化量称为基准不重合误差，以 Δ_B 表示。

七、定位误差的计算

计算定位误差时，应根据定位方式分别计算基准位移误差 Δ_Y 和基准不重合误差 Δ_B，然后按一定规律将它们合成，求出定位误差 Δ_D。

1. 工件以平面定位时的定位误差

（1）基准位移误差。如图 1—4—28a 所示，工件以平面定位时的基准位移误差为：

$$\Delta_Y = 0$$

（2）基准不重合误差。在水平方向上，如图 1—4—28b 所示，基准不重合误差的大小等于因定位基准与工序基准不重合而造成的加工尺寸变动范围，即：

$$\Delta_B = A_{max} - A_{min} = S_{max} - S_{min} = \delta_s$$

S 是定位基准 E 面与工序基准 F 面间的距离，称为定位尺寸。由此可以得出以下公式：

$$\Delta_B = \delta_s$$

在垂直方向上，如图 1—4—28a 所示，加工尺寸 B 的定位基准与工序基准均为底面，基准重合，故 $\Delta_B = 0$。

（3）定位误差是指由于定位基准位移误差和基准不重合误差所综合引起的工件尺寸误差，所以：

$$\Delta_D = \Delta_Y + \Delta_B = \delta_s$$

2. 工件以孔用水平放置的定位心轴定位时的定位误差

工件以内孔作为定位基准，定位元件为水平放置心轴时的定位误差如图 1—4—29 所示。在水平方向上，基准位移误差 $\Delta_Y = 0$，基准不重合误差 $\Delta_B = 0$；在垂直方向上存在误差。

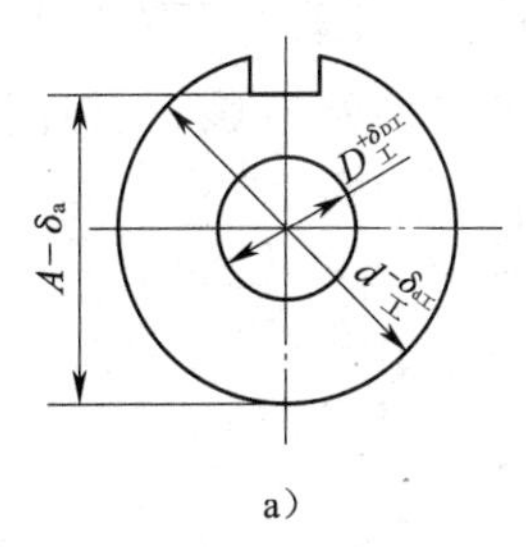
a）

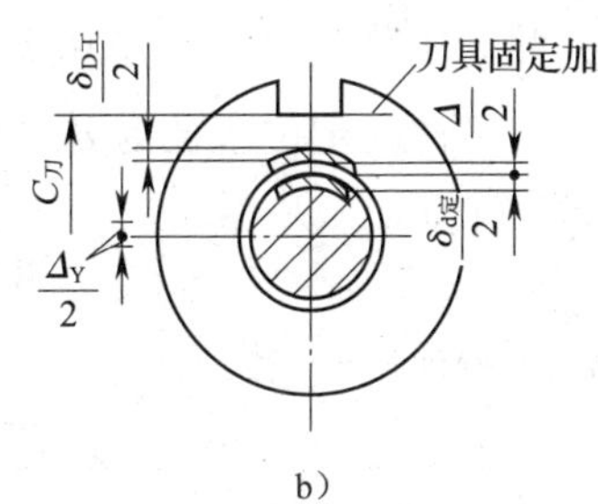

b）

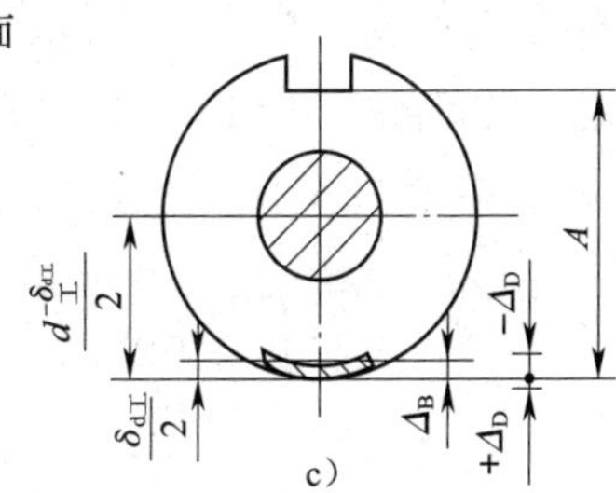
c）

图 1—4—29　以孔定位时的误差

a）、b）基准位移误差　c）基准不重合误差

（1）基准位移误差。工件以孔作为定位基准，在夹具心轴上安装后铣键槽，要保证工件尺寸为 $A-\delta_a$（见图 1—4—29a）。其刀具按尺寸 $C_刀$ 调整好进行一批工件加工时，由于孔的制造公差 $\delta_{D工}$、销轴的制造公差 $\delta_{d定}$ 和定位间隙 Δ 的存在，必然使定位基准产生位移，从而使工件尺寸 A 产生相应的误差。此误差称为定位基准位移误差，用 Δ_Y 表示，由图 1—4—29b 可知：

$$\Delta_Y = \frac{\delta_{D工} + \delta_{d定} + \Delta}{2}$$

（2）基准不重合误差。当工件定位时，由于定位基准（以孔的轴线代表其位置）与设计基准（外圆柱面的下母线）不重合，两个基准之间还存在一个尺寸偏差$\frac{\delta_{d工}}{2}$，因此，对工件尺寸A也将产生一个相应的误差，此误差称为基准不重合误差，用Δ_B表示，由图1—4—29c可知：

$$\Delta_B=\frac{\delta_{d工}}{2}$$

显然，要消除这个误差，必须使定位基准和设计基准重合。

定位误差是指由于定位基准位移误差和基准不重合误差综合引起的工件尺寸的误差。其计算方法如下：可先分别求出基准不重合误差和定位基准位移误差，再按几何关系（或尺寸链原理）求出它们对工件尺寸的综合影响。由图1—4—29可知，Δ_B和Δ_Y对尺寸A综合影响的上、下极限偏差分别为：

上极限偏差：
$$+\Delta_D=\Delta_Y=\frac{\delta_{D工}+\delta_{d定}+\Delta}{2}$$

下极限偏差：
$$-\Delta_D=-（\Delta_B+\Delta_Y）=-\left(\frac{\delta_{d工}}{2}+\frac{\delta_{D工}+\delta_{d定}+\Delta}{2}\right)$$

3. 圆柱工件外表面用V形块定位时的定位误差

工件以外表面作为定位基准，定位元件为V形块的定位误差，如图1—4—30所示。V形块定位的最大优点是在水平方向上没有误差，基准位移误差$\Delta_Y=0$，基准不重合误差$\Delta_B=0$。但在垂直方向上有定位误差，并与工件直径、V形块夹角误差有关。工件在V形块上定位铣键槽，如图1—4—30所示，工件的定位直径为d，上极限偏差为0，下极限偏差为$-\delta_d$，公差$Td=0-(-\delta_d)$，V形块夹角为α。

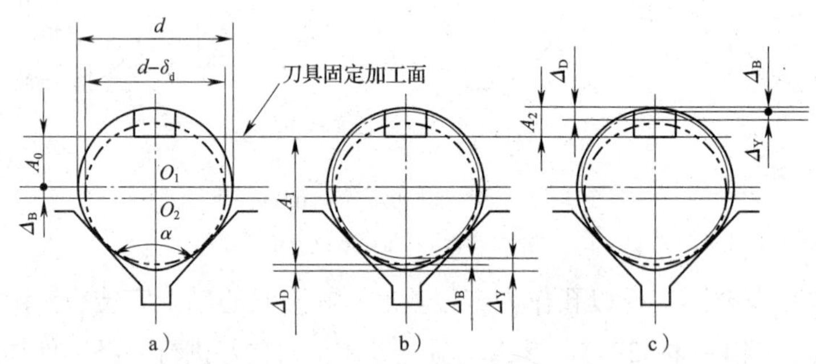

图1—4—30 用V形块定位的误差

a）设计基准为圆柱工件的轴线 b）设计基准为工件圆柱面的下母线 c）设计基准为工件圆柱面的上母线

此时，工件中心线的位移误差Δ_Y为：

$$\Delta_Y=O_1O_2=\frac{Td}{2\sin\frac{\alpha}{2}}$$

由图 1—4—30 可以看出，工件在 V 形块上定位时，定位误差的大小与设计基准的位置有关。

（1）为了保证尺寸 A_0，当设计基准为圆柱工件的轴线时（见图 1—4—30a）。

$$\Delta_D = \Delta_Y = \frac{Td}{2\sin\frac{\alpha}{2}}$$

（2）为了保证尺寸 A_1，当设计基准为工件圆柱面的下母线时（见图 1—4—30b），由于定位基准与设计基准不重合，而有基准不重合误差存在，且 $\Delta_B = \frac{Td}{2}$。此时可以从几何关系中得出 Δ_Y 与 Δ_B 对 A_1 的综合影响为：

$$\Delta_D = \Delta_Y - \Delta_B = \frac{Td}{2}\left(\frac{1}{\sin\frac{\alpha}{2}} - 1\right)$$

（3）为了保证尺寸 A_2，当设计基准为工件圆柱面的上母线时（见图 1—4—30c），此时 Δ_Y 与 Δ_B 对 A_2 的综合影响为：

$$\Delta_D = \Delta_Y + \Delta_B = \frac{Td}{2}\left(\frac{1}{\sin\frac{\alpha}{2}} + 1\right)$$

由此可见，V 形块夹角 α 越大，定位误差越小，但 α 角越大，工件定位稳定性就越差；α 角越小，V 形块外形尺寸就越大，因此 V 形块夹角通常取 $\alpha = 90°$。同时，在加工上述键槽时，设计基准不同，引起的定位误差也不同。当以下母线为设计基准时，定位误差最小；而以上母线为设计基准时，定位误差最大。正因为如此，轴上键槽的尺寸一般都是以下母线为设计基准的。

学习单元 3　工件的夹紧

学习目标

- 掌握夹紧装置的基本要求。
- 掌握夹紧力方向、作用点、大小的确定原则。
- 熟悉三种基本夹紧机构的概念、特点、适用场合。
- 熟悉自动定心夹紧机构、联动夹紧机构的概念、种类和应用。

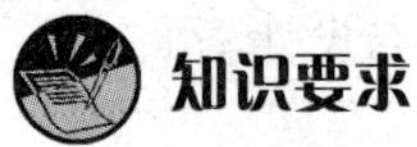

知识要求

一、夹紧装置的基本要求

工件定位后，由于在加工过程中还要受到切削力、惯性力和工件自重的作用，将会使工件产生移动或振动，从而破坏工件的准确位置。因此，在加工时必须夹紧工件。在夹具中都设有夹紧装置，以适当的夹紧力把工件夹紧，保证已确定的工件位置在加工过程中不发生变更。所以夹紧装置应满足下列基本要求：

1. 在夹紧过程中不改变工件定位后占据的正确位置。

2. 夹紧力的大小要可靠和适当，既要保证工件在整个加工过程中位置稳定不变，振动小，又要使工件不产生过大的夹紧变形。

3. 夹紧装置的自动化和复杂程度应与生产纲领相适应，在保证生产效率的前提下，其结构要力求简单，以便于制造和维修。

4. 夹紧装置的操作应方便、安全、省力。

5. 夹紧装置应具有良好的使用性和结构工艺性。

二、夹紧力的确定

夹紧力的三要素即夹紧力的方向、作用点、大小。夹紧力的确定应依据工件的结构特点、加工要求，并结合工件加工中的受力状况及定位元件的结构和布置方式等综合考虑。

1. 夹紧力方向的确定

确定夹紧力方向应遵循以下原则：

（1）夹紧力作用方向应不破坏工件定位的准确性。在夹紧力的作用下，工件不应离开定位面（点），且最好使工件对各定位面（点）都有一定的压力。

（2）夹紧力的方向应垂直于主要定位基准面。工件的主要定位基准面面积一般较大，限制的自由度较多，夹紧力的方向垂直作用于此面，由夹紧力所引起的单位面积上的变形较小。

（3）夹紧力的方向应尽可能与切削力、工件重力同向。

（4）夹紧力的方向应尽可能使工件变形最小。

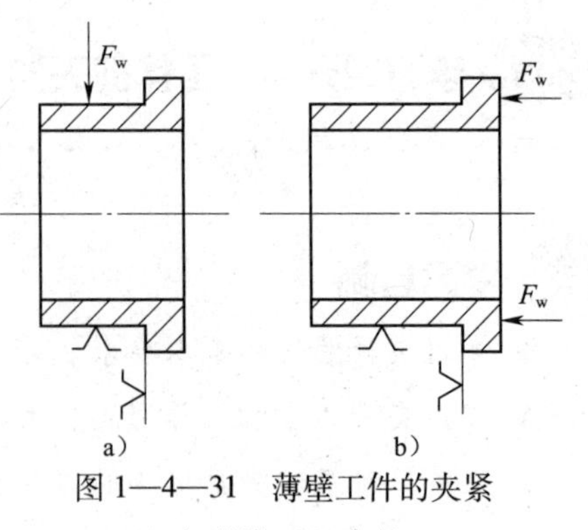

图1—4—31　薄壁工件的夹紧

a）错误　b）合理

薄壁零件加工内孔时的两种夹紧方法如图1—4—31所示。图1—4—31a为采用卡盘夹紧，由于薄壁工件的径向刚度较低，夹紧时极易变形。而工件的轴向刚度较高，如果夹紧力 F_w 作用在台阶端面上，如图 1—4—31b 所示，这样工件不易变形，则加工出的内孔形状精度较高。

2. 夹紧力作用点的确定

确定夹紧力作用点的位置应遵循以下原则：

（1）夹紧力的作用点应落在支撑元件上或多个支撑元件所形成的支撑面内。

（2）夹紧力的作用点应落在工件刚度较高的部位上。

（3）夹紧力的作用点应尽量靠近加工表面。

3. 夹紧力大小的确定

夹紧力的大小与工艺系统的刚度、夹紧机构的传递效率等因素有关，计算是很复杂的。因此，实际设计中常采用估算法、类比法和试验法确定所需的夹紧力。

三、基本夹紧机构

夹具中使用最普遍的是机械夹紧机构，其大部分都是利用机械摩擦的自锁原理来夹紧工件的。斜楔夹紧是最基本的形式，螺旋、偏心等机构是斜楔夹紧的变化应用。

1. 斜楔夹紧机构

斜楔夹紧的原理如图 1—4—32 所示，当外力 F 将斜楔推入工件与夹具之间后，斜楔对工件产生推力 F_w，对夹具产生推力 F_z，由于工件与斜楔间、夹具体与斜楔间都存在摩擦力，当斜楔的升角 $\alpha=5°\sim7°$时，则斜楔能自锁，即使撤去外力 F，工件仍不会放松。

斜楔夹紧有以下特点：

（1）斜楔结构简单，有增力作用，升角 α 越小，增力作用越大。

（2）斜楔夹紧的行程小，且受斜楔升角 α 的影响，增大升角 α 可加大行程，但自锁性能差。

（3）当斜楔结构和气动、液压动力装置或螺旋机构联合使用时，如图 1—4—33 所示，由于作用在斜楔上的动力来自气缸、液压缸或螺旋机构，因此不必考虑自锁。这时，升角 α 可增大到 $15°\sim30°$。

2. 螺旋夹紧机构

螺旋夹紧机构结构简单，夹紧可靠，在夹具中得到广泛的应用。简单的螺旋夹紧机构如图 1—4—34a 所示，用扳手拧紧螺钉时，螺钉头部直接作用于工件表面。改进后的螺旋夹紧机构如图 1—4—34b 所示，在螺钉头部增设可摆动的压块，这样能保证与工件表面有良好接触，防止夹紧时螺钉带动工件转动，并可避免螺钉头部直接与工件接触而造成压痕。

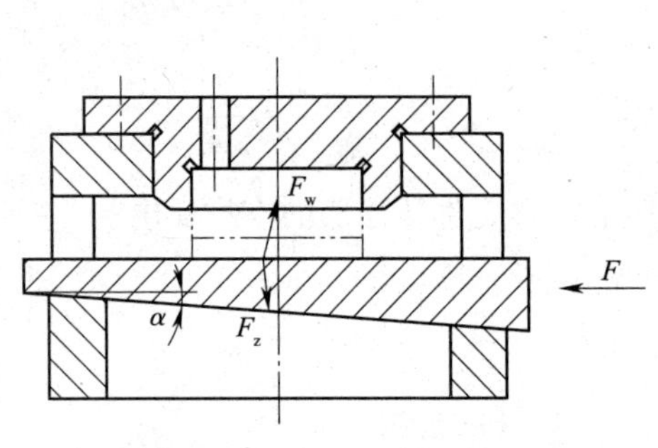

图1—4—32　斜楔夹紧的原理

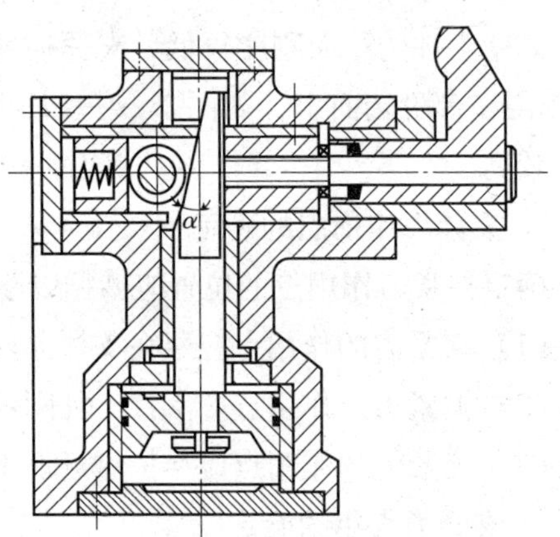

图1—4—33　气缸、斜楔夹紧机构

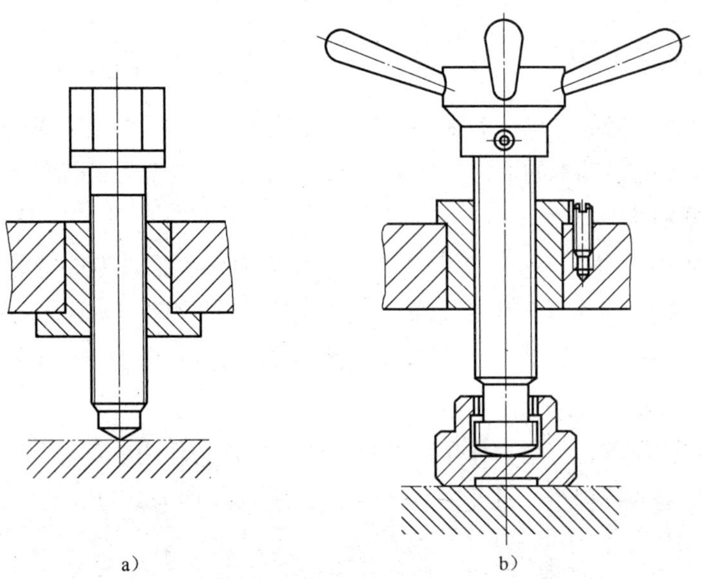

图1—4—34　螺旋夹紧机构

a）简单的螺旋夹紧机构　b）改进后的螺旋夹紧机构

螺旋夹紧的原理与斜楔相同，但增力作用比斜楔机构大，并能可靠自锁。螺旋夹紧的缺点是装拆工件的辅助时间长。一般情况下，可采用如图1—4—35所示的开口垫圈，可使装夹工件快速、方便。

3. 偏心夹紧机构

图1—4—36为一种利用偏心轮直接夹紧工件的快速偏心夹紧机构，常用的有圆偏心和曲线偏心两种。因圆偏心结构简单，制造方便，故比曲线偏心得到更为广泛的应用。

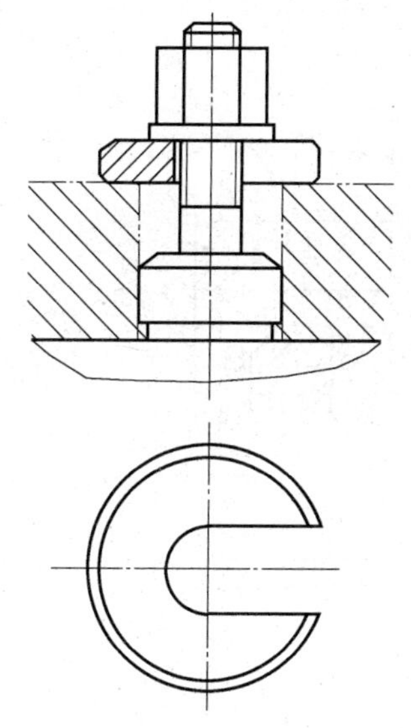

图 1—4—35　快速螺旋夹紧机构

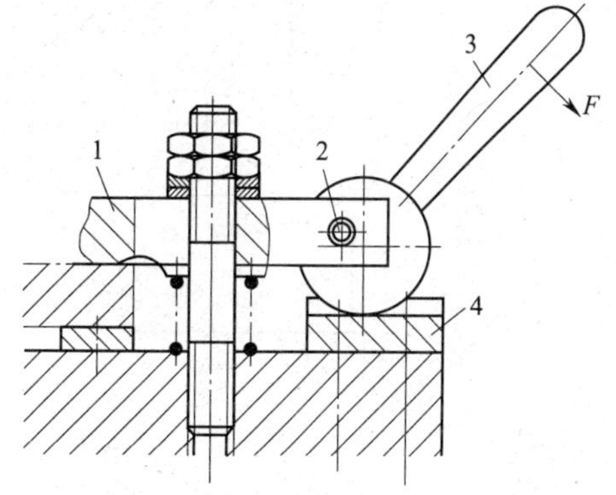

图 1—4—36　偏心夹紧机构
1—压板　2—小轴　3—手柄　4—垫板

偏心夹紧装置的夹紧速度比螺旋夹紧要快得多，但偏心夹紧装置的夹紧距离较小，自锁性差，对工件尺寸精度要求较高，扩力倍数不及螺旋夹紧装置大，通常用于没有振动或振动很小，需要夹紧力不大的情况下。

四、自动定心夹紧机构

自动定心夹紧机构是指能同时使工件实现定心和夹紧的装置。这种装置的各定位面能以相同的速度同时相互移近或分开，因此这种装置的定位部分能自动定心，并对工件进行夹紧。常用的有螺旋自动定心机构、凸轮自动定心夹紧机构、杠杆自动定心夹紧机构、弹簧夹头自动定心夹紧机构。

五、联动夹紧机构

在实际生产中，有时要求在一个夹紧动作中同时夹紧多个工件，对多个作用点进行夹紧，或松开时使压板自行退出等，这时可以采用联动夹紧机构。

1. 多点夹紧

多点夹紧是由一个作用力，并通过一定的机构将这个作用力分解到多个点上，对工件进行夹紧。最常用的结构是浮动压头和浮动夹紧机构。浮动压头的两个例子如图 1—4—37

所示。夹紧时若只有一个夹紧点与工件相接触，则浮动零件将发生摆动或移动，直至两个夹紧点都与工件相接触，最后将工件均衡夹紧。

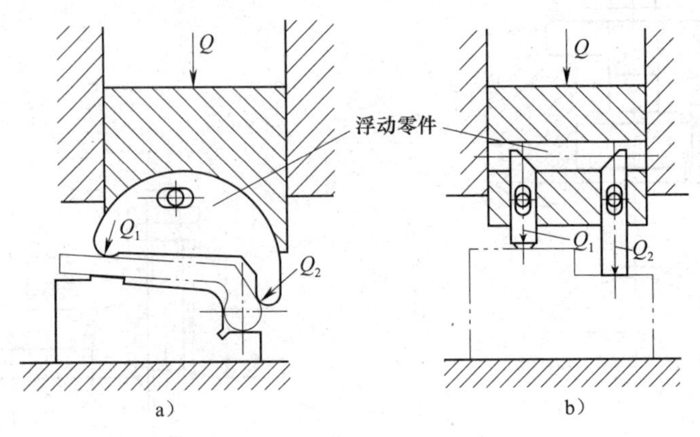

图1—4—37　浮动压头

a）摆动式浮动压头　b）移动式浮动压头

2. 多件联动夹紧

施加一个作用力，通过一定的机构对多个工件同时进行夹紧，称为多件联动夹紧。由于同时被夹紧的多个工件尺寸有差异，必须采用浮动夹紧机构。图1—4—38a所示为一种利用螺栓、铰链和压板组成的单向多件联动夹紧机构。由于要使四个工件同时被夹紧，因此每两个工件用一个浮动压块来压紧，两个浮动压块之间再用一个浮动件来连接，这样用三个浮动件夹紧四个工件。

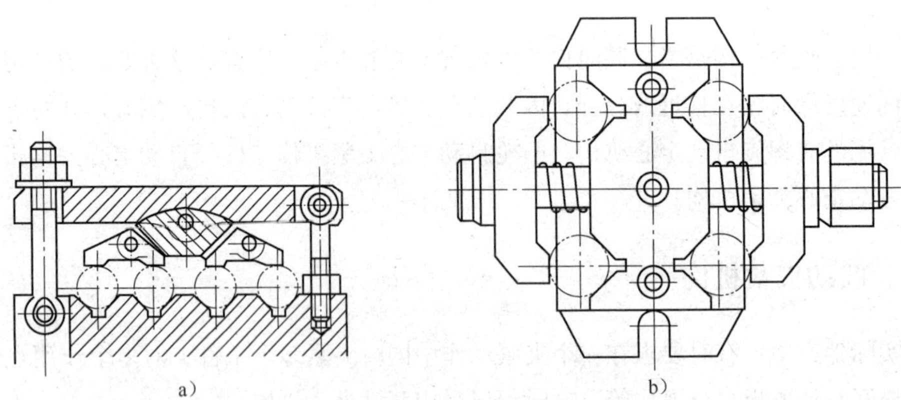

图1—4—38　机构多件联动夹紧机构

a）单向多件联动夹紧机构　b）双向多件联动夹紧机构

双向多件联动夹紧机构如图1—4—38b所示。四个工件分成两排被安放在四个V形块上，每两个工件用一块浮动压板夹紧，两块浮动压板用一根可轴向移动的螺杆来连接。为增加压板的浮动性，螺杆与压板之间都装有球面垫圈。螺杆与夹具体之间采用键、销以防止螺杆旋转。

学习单元 4　钻床夹具的基本概念

学习目标

➤ 熟悉钻床夹具的类型、应用场合。

➤ 熟悉各种钻套的结构形式、特点和适用场合。

➤ 了解钻模板连接的方式和适用场合。

知识要求

一、钻床夹具的类型

在钻床上进行孔的钻削、扩削、铰削、锪削以及攻螺纹加工所用的夹具称为钻床夹具。钻床夹具种类繁多，一般分为固定式、回转式、翻转式、盖板式、滑柱式等。

1. 固定式钻模

固定式钻模在使用过程中与机床的位置固定不动，可在台式钻床、立式钻床和摇臂钻床上使用。常用于在立式钻床上加工较大的单孔或在摇臂钻床上加工平行孔系。

图 1—4—39 所示为典型的固定式钻模，夹具用螺栓和压板固定在机床工作台上，工件以内孔和平面在定位销 2 的外圆和台阶面上定位，螺母 7 把工件压紧在夹具上。钻套 3 引导钻头得到正确的位置。

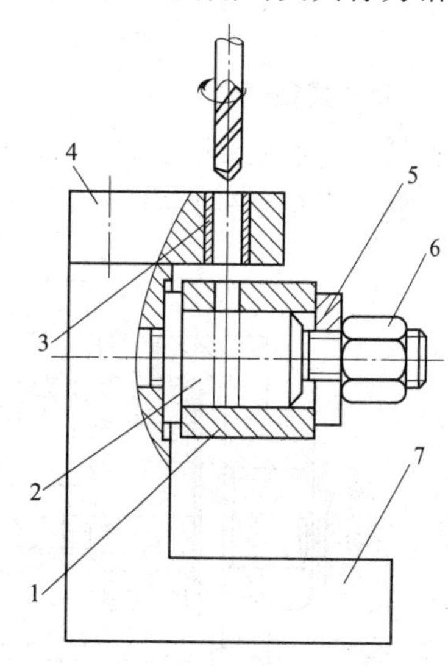

图 1—4—39　固定式钻模

1—工件　2—定位销　3—钻套　4—钻模板　5—开口垫圈　6—螺母　7—夹具体

2. 回转式钻模

在钻削加工中，回转式钻模使用较多，它用于加工同一圆周上的平行孔系或分布在圆周上的径向孔。它包括立轴回转、卧轴回转和斜轴回转三种基本形式。

图 1—4—40 所示为一套专用回转式钻模，用于加工工件上均布的径向孔。

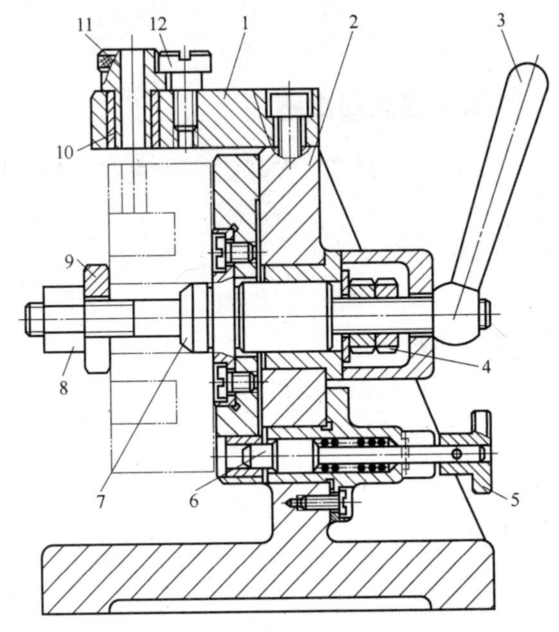

图 1—4—40　专用回转式钻模

1—钻模板　2—夹具体　3—手柄　4、8—螺母　5—把手　6—对定销　7—圆柱销　9—开口垫圈　10—衬套　11—钻套　12—螺钉

3. 翻转式钻模

翻转式钻模主要用于加工中、小型工件分布在不同表面上的孔，加工套筒上四个径向孔的翻转式钻模如图 1—4—41 所示。工件以内孔及端面在定位销 1 上定位，用开口垫圈 2

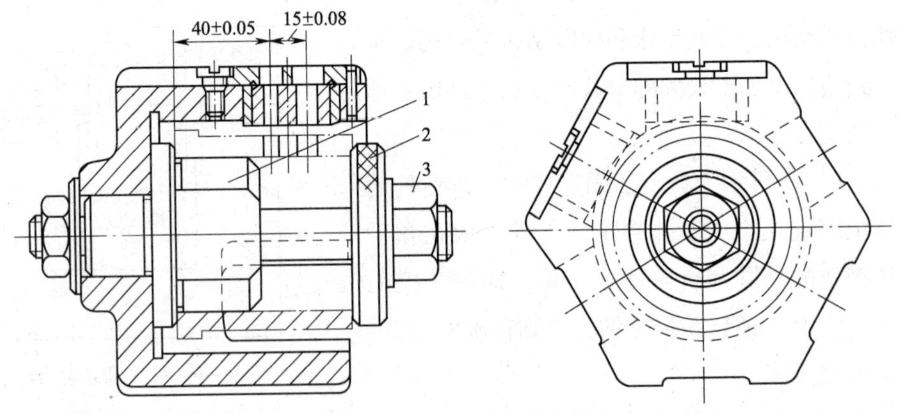

图 1—4—41　翻转式钻模

1—定位销　2—开口垫圈　3—螺母

和螺母 3 夹紧。每次加工都要翻动多次，因此夹具和工件的总质量不宜超过 10 kg。由于加工时夹具不固定，因此加工的孔径一般不宜超过 10 mm。

4. 盖板式钻模

盖板式钻模直接装在工件上，没有夹具体，只有钻模板、钻套、定位元件和夹紧装置。加工车床溜板箱上多个小孔的盖板式钻模如图 1—4—42 所示。在钻模盖板 1 上装有钻套、定位用的定位销 2、菱形销 3 和支撑钉 4。因钻加工小孔，钻削力矩小，故未设置夹紧装置。这类钻模结构简单，一般多用于加工工件重量小于 100 N 的工件。

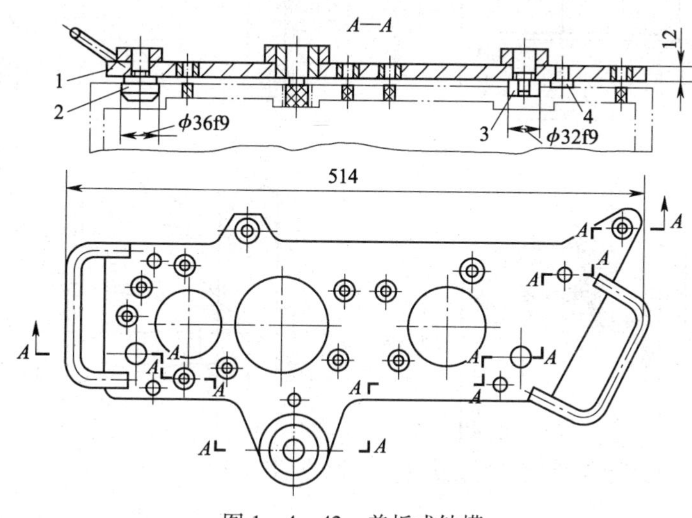

图 1—4—42　盖板式钻模

1—钻模盖板　2—定位销　3—菱形销　4—支撑钉

5. 滑柱式钻模

手动滑柱式钻模的通用结构如图 1—4—43 所示，钻模板 4 套装在两个导柱 2 上，分别用螺母紧固，两个导柱可在底座两个导向孔内上下滑动，用来装卸工件。由于滑柱和导孔为间隙配合（H7/f7），因此被加工孔的垂直度和孔的位置尺寸难以达到较高的精度。但是其自锁性能可靠，结构简单，夹紧迅速，具有通用可调的优点，所以一般在中、小件加工中使用较广泛。

二、钻套的选择

钻套是钻床夹具的特殊元件，装配在钻模板上，其作用是确定被加工孔的位置及引导加工刀具，提高刀具刚度。按钻套的结构和使用情况不同，可分为以下类型：

1. 固定钻套

固定钻套如图 1—4—44a、b 所示，它分为 A 型、B 型两种。钻套安装在钻模板中，其配合公差为 H7/n6 或 H7/r6。固定钻套结构简单，钻孔精度高，磨损后不易更换，适用于单一钻孔工序和小批量生产。

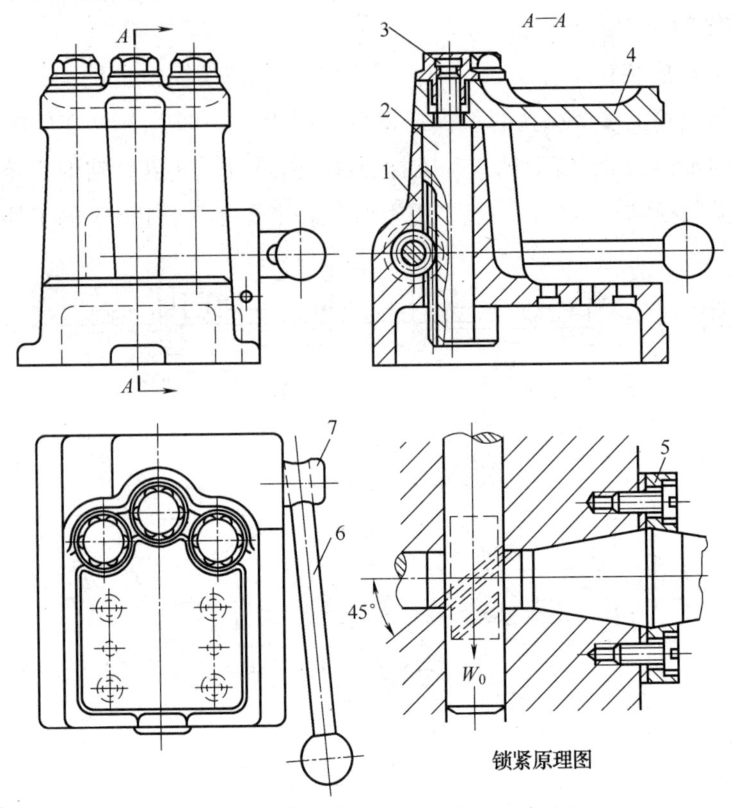

图 1—4—43　手动滑柱式钻模的通用结构

1—夹具体　2—导柱　3—锁紧螺钉　4—钻模板　5—套环　6—手柄　7—螺旋齿轮轴

2. 可换钻套

可换钻套如图 1—4—44c 所示，当工件为单一钻孔工步的大批量生产时，为便于更换磨损的钻套，选用可换钻套。钻套与衬套之间采用 F7/m6 或 F7/k6 配合，衬套与钻模板之间采用 H7/n6 配合。当钻套磨损后，可卸下螺钉，更换新的钻套。螺钉能防止加工时钻套转动和退刀时随刀具拔出。

3. 快换钻套

快换钻套如图 1—4—44d 所示，当工件需要钻孔、扩孔、铰孔多工步加工时，为能快速更换不同孔径的钻套，应选用快换钻套。钻套与衬套之间采用 F7/g7 配合，衬套与钻模板之间采用 H7/n6 配合。更换钻套时，将钻套削边部分转至螺钉处，即可取出钻套。削边的方向应考虑刀具的旋向，以免钻套随刀具自行拔出。

以上三类钻套已标准化，其结构参数、材料、热处理方法等可查阅有关手册。

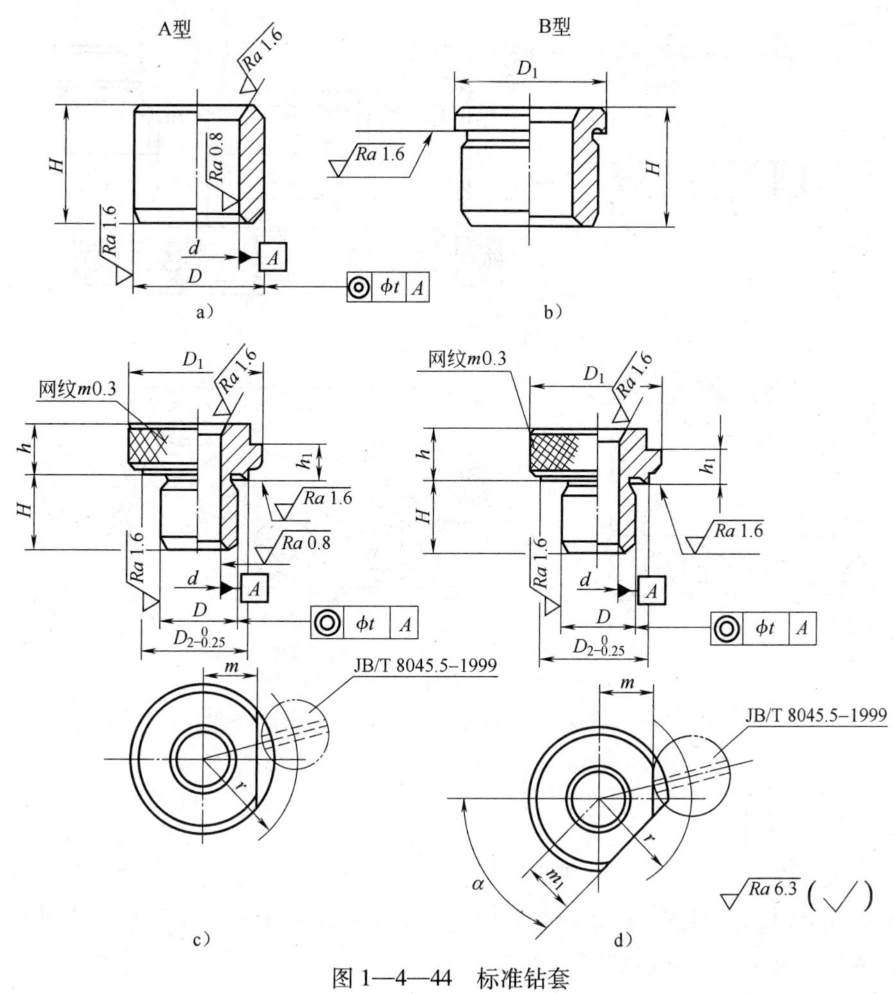

图 1—4—44 标准钻套

a）、b）固定钻套 c）可换钻套 d）快换钻套

三、钻模板的连接方式

钻模板通常装配在夹具体或支架上，或与夹具上的其他元件相连接。常见的有以下四种类型：

1. 固定式钻模板

钻模板和夹具体或支架一般采用两个圆锥销和多个螺钉固定连接，如图 1—4—45a 所示。在装配时可调整位置，结构简单，钻孔精度较高，因而使用较广泛，但要注意不能妨碍工件的装卸。

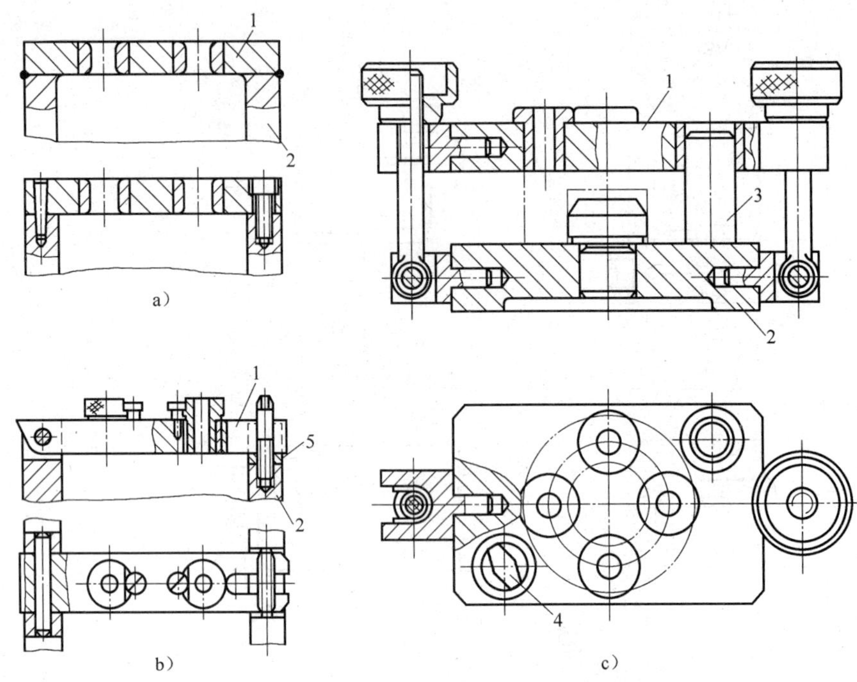

图1—4—45　夹具上的钻模板

a）固定式钻模板　b）铰链式钻模板　c）可卸式钻模板

1—钻模板　2—夹具体（支架）　3—圆柱销　4—菱形销　5—垫片

2. 铰链式钻模板

铰链式钻模板如图1—4—45b所示。加工时，钻模板需要用菱形螺母或其他方法予以锁紧。由于铰链销孔之间存在配合间隙，因此其加工精度比采用固定式钻模板低，一般在钻孔位置精度要求不高的场合采用。

3. 可卸式钻模板

可卸式钻模板（见图1—4—45c）以两孔在夹具体上的圆柱销3和菱形销4上定位，并用铰链螺栓将钻模板和工件一起夹紧。加工完毕需要将钻模板卸下，才能装卸工件。使用这类钻模板时，装卸钻模板费时费力，钻套的位置精度较低，故一般多在使用其他类型钻模板不便于装夹工件时才采用。

4. 悬挂式钻模板

在立式钻床上采用多轴传动头进行平行孔系加工时，所用的钻模板就连接在传动箱上，并随机床主轴往复移动，这种钻模板称为悬挂式钻模板。采用悬挂式钻模板时，由于钻模板的定位采用活动连接，被加工孔与定位基准之间的位置精度只能控制在（±0.20～±0.25 mm）之间。

第 5 节　机械制造工艺

学习单元 1　基本概念

学习目标

- 了解机械加工工序的种类。
- 熟悉三种生产类型的概念和工艺特征。
- 掌握工艺过程、机械加工工艺过程的概念。
- 掌握工序、安装、工位、工步的概念。

知识要求

一、工艺过程的概念

机械加工的主要任务是采用金属切削加工的方法，按一定顺序进行加工，改变毛坯的尺寸和形状，生产出合格的零件。直接改变生产对象的形状、尺寸、相对位置、性质等，使其成为半成品或成品的过程，称为工艺过程。它是生产过程中的主要部分，但原材料等的运输、保管不属于工艺过程。其中，采用机械加工的方法，直接改变毛坯的形状、尺寸、表面质量等，使其成为零件的过程，称为机械加工工艺过程。

二、机械加工工艺过程的组成

在工艺过程中，根据被加工零件的结构特点、技术要求，在不同的生产条件下，需要采用不同的加工方法和加工设备，并通过一系列加工步骤，才能使毛坯成为零件。

机械加工工艺过程是由一个或若干个按顺序排列的工序组成的，而工序又可分为安装、工位、工步和行程。毛坯依次通过这些工序就成为成品。

1. 工序

一个或一组操作者，在一个工作地对同一个或同时对多个工件所连续完成的那一部分工艺过程称为工序。工序是构成工艺过程的基本单位。判断加工内容是否属于同一个工序，主要依据是工作地是否变动和是否连续加工同一工件。例如，在车床上加工一个台阶轴类零件，尽管在加工中多次掉头拆装工件及变换刀具，但只要不去加工另一个工件，则所有的加工内容都属于同一工序。

2. 安装

工件（或装配单元）经一次装夹后所完成的那一部分工序称为安装。

一道工序中可以只有一次安装，也可以有多次安装。工件在加工中应尽量减少安装次数，因为安装次数越多，则零件加工的生产效率和精度越低。例如，在车床上加工一个台阶轴类零件，尽管在加工中多次掉头拆装工件及变换刀具，但属于同一工序，仅变换了一次安装。

3. 工位

为了完成一定的工序部分，一次装夹工件后，工件与夹具或设备的可动部分一起相对于刀具或设备的固定部分所占据的每一个位置称为工位。一台四工位机床的工作原理图如图 1—5—1 所示。工件可与夹具一起随机床工作台转动，在Ⅰ、Ⅱ、Ⅲ三个工位中分别进行钻孔、倒角、铰孔，在Ⅳ工位中装卸工件，该机床为四工位机床。同样，在镗床上镗削箱体孔，先镗孔的一端，然后，工作台回转 180°，再镗孔的另一端，该加工过程有两个工位。将一个法兰工件装在分度头上钻 6 个等分孔，钻好一个孔要分度一次，再钻第二个孔，钻削该工件的 6 个孔就有 6 个工位。因此，在机械加工中，采用多工位机床可以在多个工位中同时进行加工及装卸工件，减少了工件的安装次数，所以有很高的生产效率。

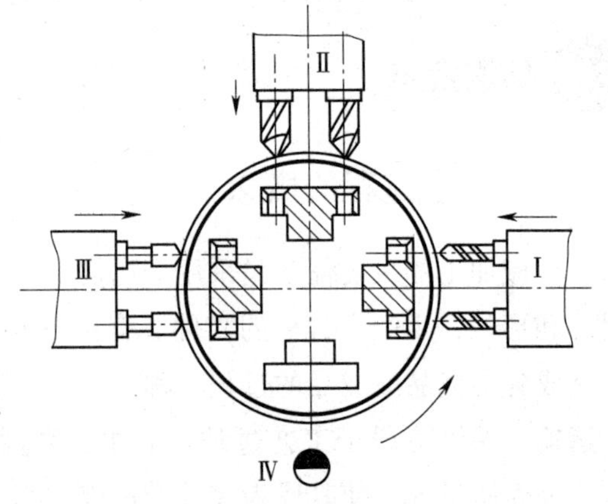

图 1—5—1　四工位机床的工作原理图

4. 工步

在加工表面和加工工具不变的情况下所连续完成的那一部分工序称为工步。只要加工表面（或装配时的连接表面）与加工（或装配）工具中改变一个，就应算作不同的工步。例如，在摇臂钻床上加工一个工件上的 6 个相同孔，钻好一个孔钻第二个孔，钻削该工件的 6 个孔就是一个工步。而对同一个孔进行钻孔、扩孔、铰孔，就应分为三个工步。为了提高生产效率，用多把刀具同时加工工件上的多个表面，在工艺文件上这种复合工步应当看作一个工步。在工艺卡片中按顺序写出各加工工步，就规定了一个工序的具体操作方法

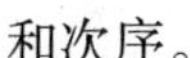

和次序。

三、机械加工工序的种类

根据加工时切除余量的多少及所达到的加工精度，机械加工可以分为以下三类工序：

1. 粗加工工序

从工件上切除大部分加工余量，使其形状和尺寸接近成品要求的工序称为粗加工工序。其加工精度一般在IT11级以下，表面粗糙度大于$Ra6.3\ \mu m$。粗加工工序一般用于要求不高或非配合表面的最终加工，也作为精加工的预加工。

2. 精加工工序

从经过粗加工的表面上切除较少的加工余量，使工件达到较高的加工精度和表面质量的工序称为精加工工序。其加工精度一般在IT7级以下，表面粗糙度可达$Ra1.6\sim0.8\ \mu m$。如果工件表面无特别高的要求，精加工工序经常作为最终加工。

3. 光整加工工序

光整加工工序是从经过精加工的工件表面上切除很少的加工余量，得到很高的加工精度和很小的表面粗糙度值。研磨、珩磨、超精加工、抛光等方法属于光整加工工序。

这三类工序的划分不是绝对的，在粗加工之前可安排荒加工，在粗、精加工之间可安排半精加工。

在确定零件的工艺过程时，应将粗、精加工分开，也就是将粗、精加工工序分阶段进行，各表面的粗加工结束后再进行精加工。尽量不要将粗、精加工工序交叉进行，也不要在一台机床上既进行粗加工，又进行精加工。这样可以合理使用机床，并使粗加工产生的加工误差和工件变形在精加工时得到修正，有利于提高加工精度。此外，先进行粗加工可提早发现裂纹、气孔等毛坯缺陷，及时终止加工。在单件、小批量生产时，可以在一台机床上完成粗、精加工。

四、生产类型

生产类型是指企业生产专业化程度的分类。同一零件当其生产数量不同时，采用的生产方法是有很大区别的。如果仅生产一个或几个，一般采用万能机床进行加工；如果要连续大批量生产，则采用高效率的专用机床和专用的夹具、刀具、量具。这是两种完全不同的生产类型。

生产类型根据产品的大小、复杂程度和年产量的多少，可以分为以下三种：

1. 单件生产

单个地或少量地制造不同的产品，很少重复或完全不重复，称为单件生产。例如，重型机械制造、专用设备制造、非标准设备制造和新产品试制都属于单件生产。

2. 成批生产

成批地制造相同的产品，并且按一定周期重复地进行生产，称为成批生产。例如，机床生产、纺织机械的制造等一般属于成批生产。

一次投入或产出的同一产品（或零件）的数量称为生产批量。

3. 大量生产

产品的数量很大，大多数工作是在同一场地按照一定的生产节拍进行某种零件的某道工序的重复加工。这种连续不断地生产数量很多的相同产品称为大量生产。例如，汽车、自行车、手表、轴承等的制造都属于大量生产。

五、各种生产类型的工艺特征

不同生产类型的生产单位，在毛坯制造、生产组织、工艺流程、设备选用、加工方法等方面都有很大的区别。大批大量生产因产品数量很多，需要采用先进的、高生产效率的专用机床，以保证所需的生产能力。但这类设备往往没有通用性或通用性很差，很难适应改换产品的生产。单件、小批量生产的产品数量少而品种多，不宜采用高生产效率的专用设备，而应以通用性好的“万能”机床为主。由此可见，零件的机械加工工艺规程必须与零件的生产类型相适应。各种生产类型的工艺特征见表 1—5—1。

表 1—5—1　　各种生产类型的工艺特征

项目	单件、小批量生产	中批量生产	大批量生产
加工对象	经常变化	周期性变化	固定不变
毛坯制造方法和加工余量	木模手工造型，砂型铸造或自由锻造。毛坯精度低，加工余量大	部分采用金属型铸造或模锻，毛坯精度和加工余量中等	广泛采用金属型机器造型、模锻，或其他高效、高精度的毛坯制造方法。毛坯精度高，加工余量小
机床设备和布置	采用通用机床、数控机床，机群式排列	采用通用机床和部分高效专用机床，按零件类别分工段排列	广泛采用高效专用机床和自动机床，按流水线排列或采用自动线排列设备
工艺装备	使用通用夹具，极少采用专用夹具，由划线法和试切法保证尺寸	一般采用专用夹具，少部分采用划线法保证尺寸	广泛采用高效专用夹具，靠夹具和定程法保证尺寸

续表

项目	单件、小批量生产	中批量生产	大批量生产
刀具和量具	采用通用刀具和万能量具	较多采用专用刀具和专用量具	广泛采用高效专用刀具、复合刀具、专用量具或自动检验装置
装配方法	广泛采用修配法	一般采用互换法	广泛采用互换法
操作工人技术水平	较高技术水平	中等技术水平	技术水平较低的工序操作工和技术水平较高的调整工
工艺规程	简单的工艺过程卡片	较详细的工艺卡片，部分工序采用工序卡片	详细的过程卡片、工序卡片和其他工艺文件
生产效率	比较低	一般	较高

学习单元 2　加工精度

学习目标

- 了解位置精度的获得方法。
- 掌握加工精度的定义和主要内容。
- 掌握尺寸精度、形状精度的获得方法。

知识要求

一、加工精度的定义

加工精度是指零件在机械加工后的实际几何参数与设计图样中理想几何参数（几何尺寸、几何形状、表面相互位置）的符合程度。理想几何参数，对尺寸而言，就是平均尺寸；对表面几何形状而言，就是绝对的圆、圆柱、平面、锥面、直线等；对表面之间的相互位置而言，就是绝对的平行、垂直、同轴、对称等。零件实际几何参数相对于理想几何参数的偏离数值称为加工误差。加工误差的大小反映了加工精度的高低。误差越大，加工精度越低；误差越小，加工精度越高。

在机械加工过程中，由于各种因素的影响，刀具和工件正确的相对位置产生偏移，因而加工出的零件不可能与理想的要求完全符合。而产品的质量又取决于零件的质量和装配的质量，特别是零件的加工精度将直接影响产品的使用性能和寿命。因此，提高零件的加工精度是非常重要的。

二、加工精度的主要内容

零件的加工精度包括尺寸精度、形状精度和位置精度。

1. 尺寸精度

尺寸精度是指加工表面的尺寸（如孔径、轴径、长度等）和加工表面到基面位置的尺寸的精度。

2. 形状精度

形状精度是指加工表面的几何形状精度（如圆度、圆柱度、平面度等）。

3. 位置精度

位置精度是指加工表面与其他表面间的相互位置精度（如平行度、垂直度、同轴度等）。

三、尺寸精度的获得方法

工件在加工时，其尺寸精度的获得方法主要有试切法、调整法、定尺寸刀具法和主动测量法四种。

1. 试切法

试切法是指依靠试切工件、测量尺寸、调整刀具、再试切、再调整……这样反复数次，直到符合规定的尺寸精度时，再正式切出整个加工表面的加工方法。试切法主要用于单件、小批量零件加工的场合。

2. 调整法

调整法是指先按试切法调整好刀具，并使刀具与工件（或机床、夹具）的相对位置在加工过程中保持不变，然后再成批加工工件的加工方法。调整法主要用于中等批量零件加工的场合。

3. 定尺寸刀具法

定尺寸刀具法是指用刀具的相应尺寸来保证加工表面尺寸的加工方法，如孔加工时常用钻孔、铰孔、拉孔、攻螺纹、套螺纹等加工方法。用定尺寸刀具控制加工尺寸十分方便，生产效率高，加工精度也较稳定。定尺寸刀具法主要用于大批量零件加工的场合。

4. 主动测量法

磨削时的加工表面是逐渐接近加工尺寸的，因此，在磨床上常在加工时采用主动测量

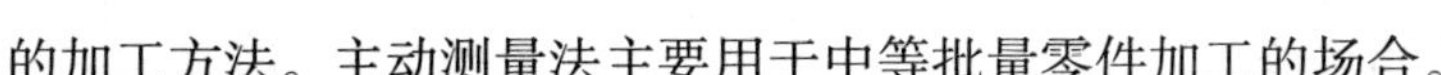

的加工方法。主动测量法主要用于中等批量零件加工的场合。

四、形状精度的获得方法

工件在加工时，其形状精度的获得方法主要有刀尖轨迹法、成形法和展成法三种。

1. 刀尖轨迹法

依靠刀尖的运动轨迹来获得形状精度的方法称为刀尖轨迹法。刀尖的运动轨迹取决于刀具与工件的相对成形运动，如用靠模获得曲线运动来加工成形表面等。

2. 成形法

利用成形刀具对工件进行加工的方法称为成形法。例如，用成形车刀加工回转曲面，用拉刀拉削内花键，用成形螺纹车刀车削螺纹等均属于成形法。这些加工方法所得到的表面形状精度取决于刀具切削刃的形状精度。

3. 展成法

刀具与工件做具有确定速比关系的运动，工件的被加工表面是切削刃在运动中形成的包络面，且切削刃是被加工表面轮廓线的共轭曲线，这种方法称为展成法。常见的滚齿、插齿等齿轮加工方法均属于展成法。

五、位置精度的获得方法

工件在加工时，其位置精度的获得方法主要有划线找正法和夹具保证法。

1. 划线找正法

对于形状复杂的零件，有必要按零件图在毛坯上划线，并检查它们不加工表面的尺寸、位置情况，然后按照划好的线找正工件在机床上的位置，并进行装夹。例如，加工箱体时就需要划线找正、装夹后进行加工，但是划线找正法的加工精度较低。

2. 夹具保证法

夹具以正确的位置安装在机床上，工件按照六点定位原理在夹具中定位并夹紧，工件的位置精度完全由夹具来保证。用夹具装夹工件，定位精度较高且稳定。

学习单元3　工件的装夹和基准

学习目标

➤ 了解基准的概念和种类。

➢ 熟悉工件装夹的三种常用方法。

➢ 掌握定位基准、工序基准、定位基准面的概念。

➢ 掌握粗基准、精基准的选择原则。

知识要求

一、常用的工件装夹方法

工件的装夹包括定位与夹紧两个内容。确定工件在机床上或夹具中占有正确位置的过程称为定位。用找正的方法或用夹具的定位元件都可对工件进行定位。定位可以在夹紧前实现，如将工件置于定位元件上而未夹紧；定位也可以在夹紧过程中实现，如用三爪自定心卡盘装夹工件，夹紧的同时确定工件位置。工件定位后将其固定，使其在加工过程中保持定位位置不变的操作称为夹紧。

常用的工件装夹方法有直接找正装夹法、划线找正装夹法、专用夹具装夹法三种。

1. 直接找正装夹法

直接找正装夹法是将工件在机床上做初步装夹后，用划针、百分表或千分表对工件进行找正定位，包括毛坯面和已加工表面，按照工件或刀具的切削运动轨迹进行比较，经多次修正、比较后，使工件占有正确的位置，然后再夹紧。在车床四爪单动卡盘上用千分表找正定位，使本工序加工的内孔表面与已加工的外圆表面保持较高的同轴度，如图1—5—2所示。直接找正装夹法要求操作者具有较高的技术水平，一般用于单件、小批量生产。

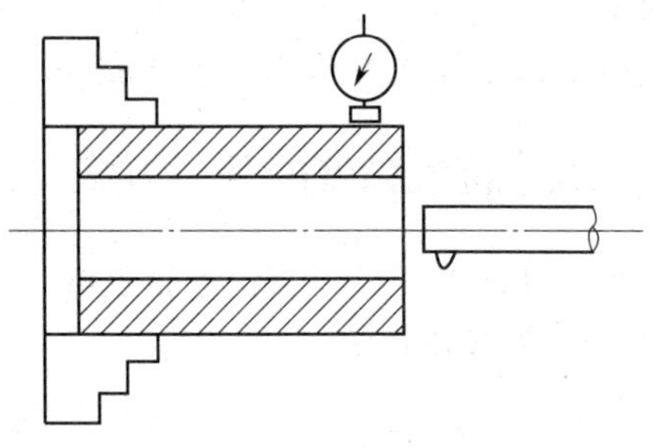

图1—5—2　直接找正装夹

2. 划线找正装夹法

划线找正装夹法要事先在毛坯表面或已加工表面上划出所需的加工位置线，然后在机床上用划针对划线进行找正，有时可利用铸件的分型线或铸出的找正标记进行找正。在机械加工中，当铸件毛坯形状复杂、尺寸偏差较大时，加工初期为了合理分配加工余量，常采用划线找正装夹法。

3. 专用夹具装夹法

专用夹具装夹法是用夹具的定位元件，对工件的定位表面进行定位。由于夹具定位元件与机床的运动和刀具的相对位置可以事先调整，因此加工一批零件时不必逐个找正，省时方便，且有很高的重复精度，能保证工件的加工要求。因采用专用夹具需要一定的投

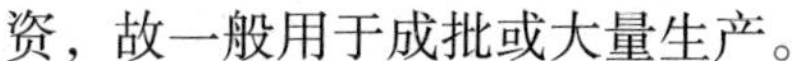

资，故一般用于成批或大量生产。

二、基准的种类

机械零件由若干表面组成，各表面之间有确定的尺寸和位置精度要求。用来确定零件或部件几何要素间几何关系所依据的点、线、面称为基准。按其作用，基准可以分为设计基准与工艺基准两大类。

1. 设计基准

零件图上所采用的基准称为设计基准。这是产品设计人员按零件在机器中的作用和装配位置所选用的基准。

主轴箱箱体的设计基准如图 1—5—3 所示，顶面 *F* 的设计基准是底面 *D*；孔Ⅳ的设计基准在竖直方向是底面 *D*，在水平方向是导向面 *E*；孔Ⅱ的设计基准是孔Ⅲ和孔Ⅳ的轴线，图上分别用 R_2 和 R_3 表示。作为设计基准的点、线、面在工件上不一定具体存在，如孔的中心线、轴线、基准中心平面等，而常常由某些具体表面来体现，这些表面称为基面。

2. 工艺基准

在工艺过程中采用的基准称为工艺基准。它可分为装配基准、测量基准、定位基准和工序基准。

（1）装配基准。装配基准是指产品在装配时用来确定零件或部件在机器中的相对位置所用的基准。图 1—5—4 所示的齿轮以内孔 *A*、端面 *B* 和键槽 *C* 在轴上装配，这些表面即为齿轮的装配基准。

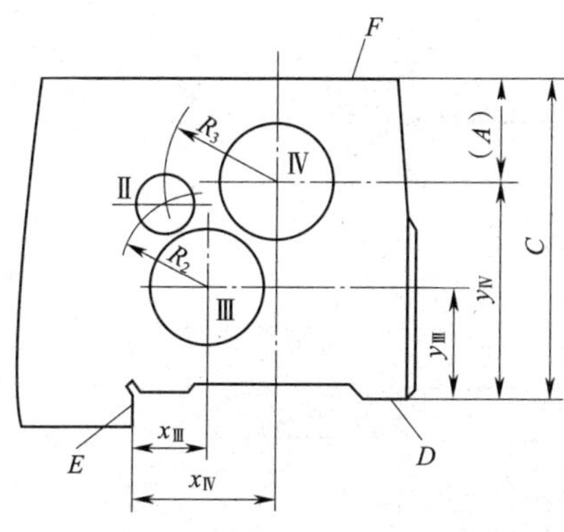

图 1—5—3　主轴箱箱体的设计基准

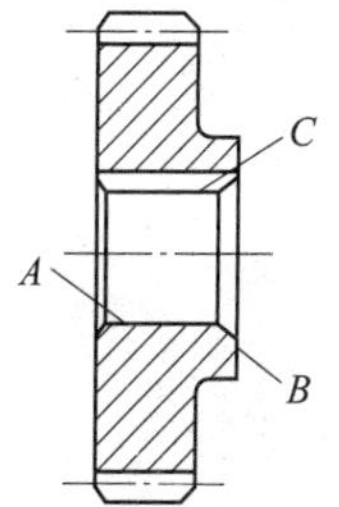

图 1—5—4　装配基准

（2）测量基准。测量基准是指测量工件加工表面的尺寸和位置精度所采用的基准。如图 1—5—5 所示的工件，直径为 *d* 的外圆的轴线是测量直径为 *D* 的外圆对直径为 *d* 的外圆同轴度误差的测量基准。

（3）定位基准。定位基准是指加工中用作定位的基准，是用以确定加工表面与刀具相互关系的基准。定位基准包括用于找正的基准，也包括用于在夹具中定位的基准。如图1—5—3所示的主轴箱箱体镗孔时，若以底面 D 及导向面 E 定位，则 D 面及 E 面与定位元件接触，它们就是镗孔时的定位基准。

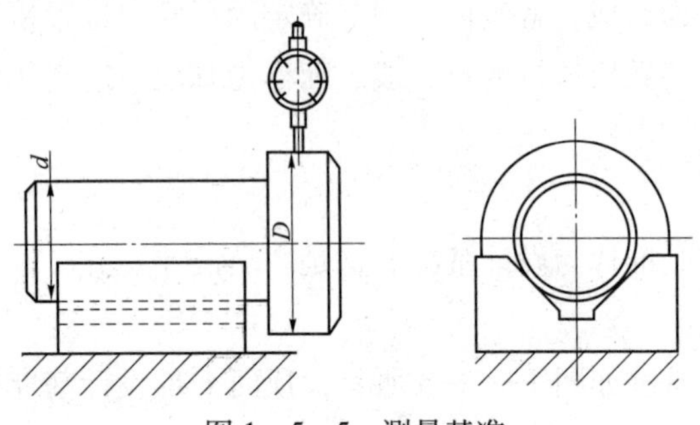

图1—5—5　测量基准

（4）工序基准。工序基准是指在每一工序中确定加工表面的尺寸、形状、位置所依据的基准。在机械加工工艺规程中，每一道工序都有对加工表面提出位置要求的依据，这些依据即为工序基准。工序基准是工艺人员为满足工艺要求而选用的基准，也是操作人员用以确定加工表面位置的依据。

如图1—5—6所示的工件，两个孔在水平位置方向的尺寸为 l_2，设计基准为左侧面。钻孔时如果从工艺上考虑需要按 l_3 加工，则 B 面即为工序基准，加工尺寸 l_3 称为工序尺寸。

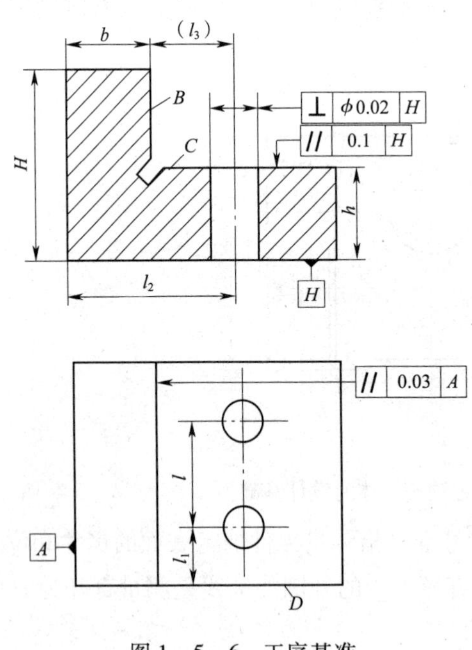

图1—5—6　工序基准

三、定位基准面的概念

定位基准面是指工件在定位时与定位元件直接接触的表面。它与定位基准是两个不同的概念。例如，套类零件以心轴定位车削外圆时，定位基准面是工件的内圆柱面；轴类零件以 V 形块定位时，定位基准面是工件的外圆柱面。

四、定位基准的选择

定位基准分为粗基准、精基准和辅助基准。各基准有各自的选择原则。

当毛坯进入机械加工的第一道工序时，只能用毛坯上未经加工的表面作为定位基准，称为粗基准；用经过加工并且具有一定精度的表面作为定位基准，称为精基准；有时工件上缺乏合适的定位基准面，需要在工件上另外增加专供定位用的基面，称为辅助基面。辅助基面在零件的功能上毫无作用，完全是为了加工需要而设置的，如加工轴类零件时用的中心孔。下面主要讲述粗基准和精基准的选择原则。

1. 粗基准的选择原则

（1）余量均匀的原则。若工件上某表面在工作时比较重要，希望此表面加工时切去的余量少而均匀；或某表面的加工余量较少，而加工余量不足会使工件报废，则应选用这些表面为粗基准。

选择机床床身粗基准的方法如图 1—5—7 所示。毛坯各表面间的尺寸误差很大，表面 1 为较重要的工作表面，当以表面 1 为粗基准加工非重要表面 2 时，毛坯的误差仅造成首道工序加工余量的变化，再以加工过的表面 2 定位来加工表面 1 这一粗基准时，就可得到小而均匀的余量，所以应选用图 1—5—7a 的加工方案。

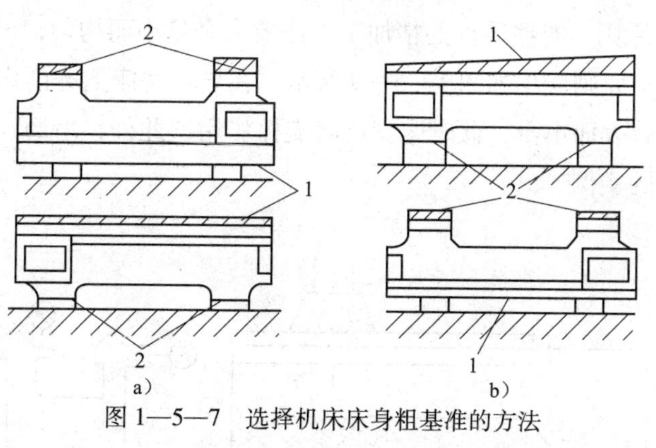

图 1—5—7　选择机床床身粗基准的方法

a）正确　b）错误

（2）保证不加工面位置正确的原则。若工件有不加工表面，则应以不加工表面为粗基准，以达到壁厚均匀、外形对称等要求。若有多个不加工表面，则粗基准应选位置精度要求较高的表面。如图1—5—8所示的工件，设计上要求外圆1与加工后的内孔2保证一定的同轴度，则应选不加工表面1作为粗基准来加工内孔2。若工件上每个表面都要加工，则以余量最小的表面作为粗基准，以保证各表面都有足够的余量。

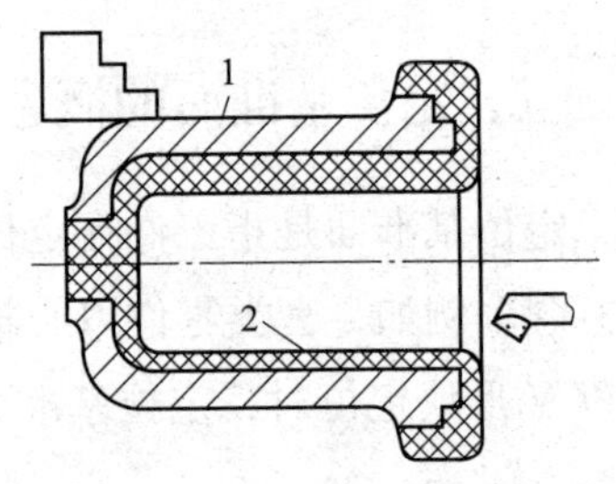

图1—5—8　以不加工面为粗基准
1—外圆　2—内孔

（3）粗基准表面应尽可能平整光洁、定位可靠的原则。选为粗基准的表面，应尽可能平整，并有足够的面积，且不能有飞边、浇冒口或其他缺陷，以使定位正确，夹紧可靠。

（4）粗基准只能有效使用一次的原则。由于粗基准定位精度低，两次装夹不能保证工件与机床、刀具的相对位置正确。因此，在同一尺寸方向上粗基准通常只允许使用一次，以免定位误差太大。

2. 精基准的选择原则

精基准的选择原则主要应考虑减小定位误差和装夹方便，其选择原则如下：

（1）基准重合原则。尽可能选用设计基准作为定位基准，避免基准不重合引起的误差。例如，机床主轴锥孔最后精磨工序应选择支撑轴颈定位。

（2）基准统一原则。选用的定位基准能用于多个表面、多个工序的加工，以保证各表面间相互位置精度，避免基准转换带来误差。例如，轴类零件的中心孔，箱体零件的一面两销定位，都是基准统一原则的实例。

（3）自为基准原则。有些零件的精加工工序要求余量小而均匀，可用加工表面本身作为精基准。自为基准原则应用如图1—5—9所示，在导轨磨床上磨削床身导轨，安装后用百分表找正工件导轨表面本身，此时床脚仅起支撑作用。此外，珩磨、铰孔、浮动镗孔等都是自为基准原则的实例。

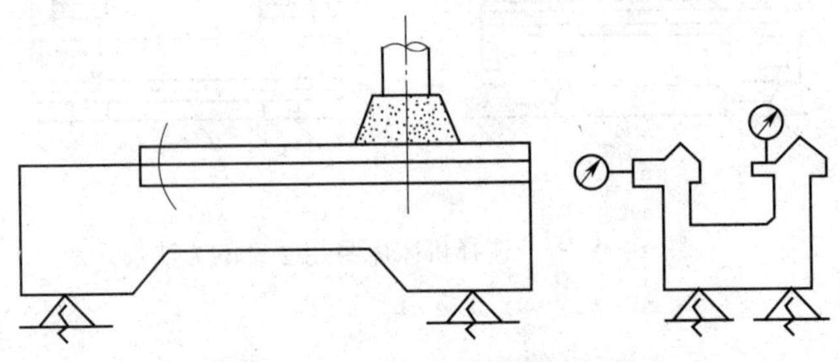
图1—5—9　自为基准原则应用

（4）对于精密零件，有时还用互为基准、反复加工的原则。加工精密齿轮时，在齿圈高频感应淬火后，淬火变形可能造成齿圈对内孔同轴度误差。要使磨削余量小而均匀，应先以齿圈为基准磨内孔，再以内孔为基准磨齿圈，齿圈与内孔互为基准，反复加工。

此外，选择的精基准还应能使工件定位正确，夹具结构简单，夹紧稳定可靠，操作方便。精基准应具有一定的面积，必要时可增加工艺凸台，以扩大定位面。

学习单元 4　工艺尺寸链

学习目标

- 了解尺寸链的定义。
- 掌握尺寸链的组成以及封闭环、组成环的概念。
- 掌握工艺尺寸链极值法的应用。

知识要求

一、工艺尺寸链的基本概念

1. 尺寸链的定义

工件在加工过程中，当改变工件某一尺寸的大小时，会引起其他有关尺寸的变化。同样，在机器装配过程中，零件与零件之间的有关尺寸也是密切联系的。这种由互相联系的尺寸按一定顺序首尾相接排列成的尺寸封闭图就称为尺寸链。一个零件在加工过程中，由有关工序尺寸所组成的尺寸链称为工艺尺寸链。

在图 1—5—10a 中，零件的平面 1 和 3 已经加工，平面 3 为平面 2 的设计基准，设计尺寸是 A_Δ。在实际加工中，为了便于装夹，往往采用平面 1 作为定位基准。显然，这就造成定位基准与设计基准不重合，尺寸 A_Δ 将有基准不重合误差，其值取决于 A_1 和 A_2，也就是通过直接保证尺寸 A_1 和 A_2 来间接得到 A_Δ。把这三个尺寸按一定顺序首尾衔接起来，成为如图 1—5—10b 所示的封闭图形，就是该工序的工艺尺寸链。

2. 尺寸链的组成

构成尺寸链的每一尺寸称为尺寸链的环。一般由封闭环、组成环（增环和减环）组成。图 1—5—10 中的尺寸 A_1、A_2、A_Δ 都是尺寸链中的环。

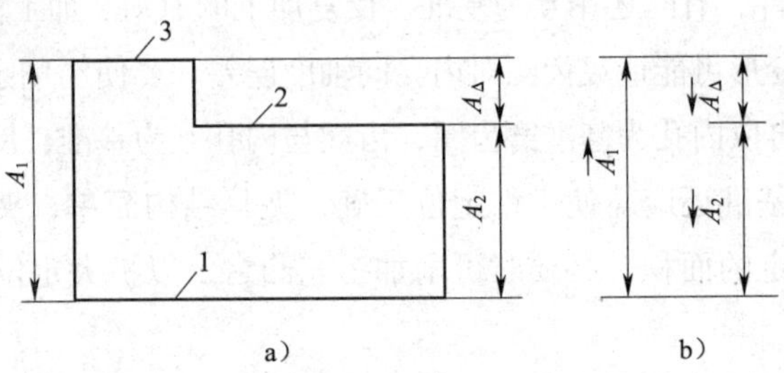

图1—5—10　零件工序尺寸及工艺尺寸链

a）工序尺寸标注　b）工艺尺寸链

（1）封闭环。在尺寸链中，当其他尺寸确定后，最后间接产生的一个环称为封闭环。封闭环以代号 A_Δ 表示。在图1—5—10中，A_Δ 是工艺尺寸链中的封闭环。在工艺尺寸链中，封闭环只有一个。

（2）组成环。除封闭环以外的其他环都称为组成环。它们本身都是直接得来的，而又间接影响封闭环。在图1—5—10中，尺寸 A_1、A_2 就是组成环。按组成环对封闭环的影响方式不同可分成增环和减环两类。

1）增环。当其余各组成环不变，而某个环增大时封闭环也增大，则此组成环为增环。在尺寸链中必须有增环。在图1—5—10中，尺寸 A_1 是增环，以代号 $\overrightarrow{A_1}$ 表示。

2）减环。当其余各组成环不变，而某个环增大时封闭环反而减小，则此组成环为减环。在图1—5—10中，尺寸 A_2 是减环，以代号 $\overleftarrow{A_2}$ 表示。

3. 尺寸链的绘制

（1）首先找出间接保证的尺寸，并把它定为封闭环。

（2）从封闭环的任一端起，按照零件上表面间的联系，依次画出有关的直接获得的尺寸，作为组成环，直到尺寸的终端回到封闭环的另一端，从而形成一个封闭图形。

（3）确定增环、减环。根据各尺寸按一定顺序首尾相接的原则，可顺着一个方向在各尺寸线终端画单向循环箭头。凡是箭头方向与封闭环箭头方向相同的尺寸就是减环，箭头方向与封闭环箭头方向相反的尺寸就是增环。

另外必须指出：一个尺寸链只能解一个封闭环；确定哪个尺寸是封闭环很重要，不可搞错；工艺尺寸链的构成取决于工艺方案和具体的加工方法。

二、工艺尺寸链极值法的应用

尺寸链中封闭环的公差大小是由组成这个尺寸链的其余各环的公差大小决定的。

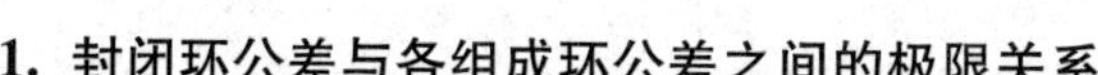

1. 封闭环公差与各组成环公差之间的极限关系

（1）封闭环上极限尺寸等于所有增环的上极限尺寸之和减去所有减环的下极限尺寸之和，即：

$$A_{\Delta\max} = \sum_{i=1}^{m} \overrightarrow{A}_{i\max} - \sum_{j=1}^{n} \overleftarrow{A}_{j\min}$$

（2）封闭环下极限尺寸等于所有增环的下极限尺寸之和减去所有减环的上极限尺寸之和，即：

$$A_{\Delta\min} = \sum_{i=1}^{m} \overrightarrow{A}_{i\min} - \sum_{j=1}^{n} \overleftarrow{A}_{j\max}$$

式中 $A_{\Delta\max}$——封闭环的上极限尺寸；

$A_{\Delta\min}$——封闭环的下极限尺寸；

$\overrightarrow{A}_{i\max}$——各增环的上极限尺寸；

$\overrightarrow{A}_{i\min}$——各增环的下极限尺寸；

$\overleftarrow{A}_{j\max}$——各减环的上极限尺寸；

$\overleftarrow{A}_{j\min}$——各减环的下极限尺寸；

m——增环数；

n——减环数。

2. 封闭环公差、上极限偏差、下极限偏差与各组成环的上极限偏差、下极限偏差之间的关系

（1）封闭环的公称尺寸等于增环公称尺寸之和减去减环公称尺寸之和，即：

$$A_{\Delta} = \sum_{i=1}^{m} \overrightarrow{A}_{i} - \sum_{j=1}^{n} \overleftarrow{A}_{j}$$

（2）封闭环的上极限偏差等于所有增环的上极限偏差之和减去所有减环的下极限偏差之和，即：

$$\delta_{\Delta\max} = \sum_{i=1}^{m} \mathrm{ES}_{i} - \sum_{j=1}^{n} \mathrm{EI}_{j}$$

（3）封闭环的下极限偏差等于所有增环的下极限偏差之和减去所有减环的上极限偏差之和，即：

$$\delta_{\Delta\min} = \sum_{i=1}^{m} \mathrm{EI}_{i} - \sum_{j=1}^{n} \mathrm{ES}_{j}$$

（4）封闭环的公差等于全部组成环公差之和，即：

$$T_{\Delta} = \sum_{i=1}^{m} T_{i} + \sum_{j=1}^{n} T_{j}$$

式中　A_{Δ}——封闭环的公称尺寸；

$\overrightarrow{A_i}$——各增环的公称尺寸；

$\overleftarrow{A_j}$——各减环的公称尺寸；

$\delta_{\Delta max}$——封闭环的上极限偏差；

$\delta_{\Delta min}$——封闭环的下极限偏差；

ES_i——各增环的上极限偏差；

EI_i——各增环的下极限偏差；

ES_j——各减环的上极限偏差；

EI_j——各减环的下极限偏差；

T_{Δ}——封闭环的公差；

T_i——各增环的公差；

T_j——各减环的公差。

3. 计算实例

例：套筒零件如图1—5—11所示，根据零件图的设计要求标注尺寸$50_{-0.17}^{\ 0}$ mm和$10_{-0.36}^{\ 0}$ mm（见图1—5—11a），大孔的深度并无明确精度要求，只要满足上述两个尺寸，就能符合要求。在具体加工时，往往先加工外圆，车端面，再钻孔，切断，然后再掉头装夹，车另一端面，保证全长$50_{-0.17}^{\ 0}$ mm。由于测量$10_{-0.36}^{\ 0}$ mm比较困难，因此一般用游标深度尺直接测量大孔深度，这时$10_{-0.36}^{\ 0}$ mm成为间接保证的尺寸，故成为工艺尺寸链的封闭环A_{Δ}，其工艺尺寸链如图1—5—11b所示。制定工艺规程时，为了间接保证$A_{\Delta}=10_{-0.36}^{\ 0}$ mm，就需要进行尺寸链计算，以确定作为组成环的大孔深度A_2的制造公差，这也常称为测量基准不重合引起的尺寸换算。

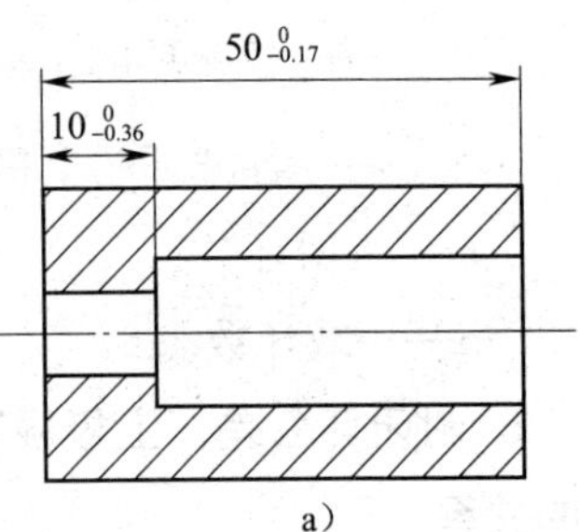

a）

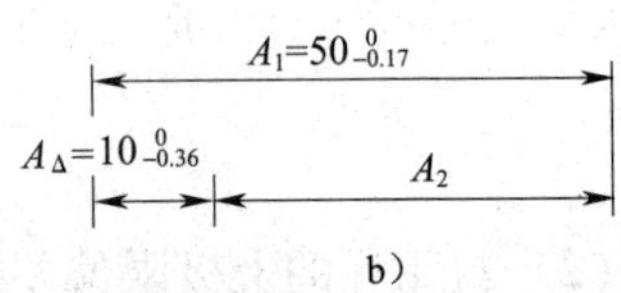

b）

图1—5—11　套筒零件

a）零件设计图　b）工艺尺寸链图

解：（1）由封闭环的公称尺寸计算公式得：

$$A_{\Delta}=\sum_{i=1}^{m}\overrightarrow{A_i}-\sum_{j=1}^{n}\overleftarrow{A_j}=A_1-A_2$$

$$A_2=A_1-A_{\Delta}=50-10=40\ (\text{mm})$$

（2）由封闭环的上极限偏差计算公式得：

$$\delta_{\Delta max}=\sum_{i=1}^{m}ES_i-\sum_{j=1}^{n}EI_j=ES_1-EI_2$$

$$EI_2=ES_1-\delta_{\Delta max}=0$$

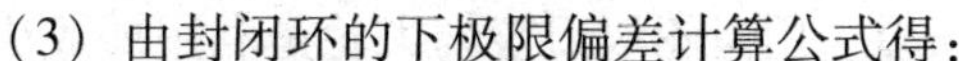

（3）由封闭环的下极限偏差计算公式得：

$$\delta_{\Delta\min} = \sum_{i=1}^{m} EI_i - \sum_{j=1}^{n} ES_j = EI_1 - ES_2$$

$$ES_2 = EI_1 - \delta_{\Delta\min} = (-0.17) - (-0.36) = 0.19 \text{ mm}$$

所以，当大孔深度的加工尺寸达到 $A_2 = 40^{+0.19}_{0}$ mm 时，即能满足零件的加工尺寸要求。

学习单元 5　误差产生的原因

学习目标

- 熟悉工件残余应力引起的误差所包括的内容。
- 掌握工艺系统、加工原理误差的概念。
- 掌握机床主轴回转误差、机床传动链误差的概念以及机床导轨误差的敏感方向。
- 掌握工艺系统受力变形产生的误差、工艺系统刚度的概念。
- 掌握切削中误差复映规律及其计算方法。
- 掌握工艺系统受热变形引起的误差所包含的内容。

知识要求

一、工艺系统

在机械加工中，机床、夹具、刀具和工件构成了一个完整的系统，称为工艺系统。工艺系统的各种误差在不同条件下，以不同程度反映为加工误差，是产生零件加工误差的根源，如刀具误差、夹具误差、调整误差、定位误差等工件与刀具的相对位置在静态下已存在的误差；机床主轴的回转误差、导轨的导向误差、传动链的传动误差等工件与刀具的相对位置在运动状态下存在的误差；工艺系统受力变形和工件内应力引起的误差；工艺系统热效应引起的误差；磨损引起的误差等。

二、加工原理误差

采用近似的成形运动或近似的切削刃轮廓进行加工而产生的误差称为加工原理误差。用成形刀具加工复杂的曲线表面时，要使刀具刃口加工出完全符合理论曲线的轮廓有时非常困难，所以往往采用圆弧、直线等简单、近似的线型。例如，用仿形法铣削齿轮时，所形成的齿廓和理论上的渐开线有一定的原理误差。用齿轮滚刀滚切齿轮是利用展成法原理加工，和理论上的光滑渐开线相比较，滚切齿轮就是一种近似的加工方法。另外，不采用近似的成形运动或近似的切削刃轮廓进行加工就不会产生加工原理误差，如各种表面的车削加工、螺纹车削、键槽的拉削加工等。

在实际生产中，之所以经常采用近似的加工原理，是因为误差值不会超过允许的范围。近似的加工原理往往还可以提高生产效率并使工艺过程更为经济。

三、机床误差

零件在机床上加工时，其精度在很大程度上是由机床保证的，机床的各种误差将对工件产生不同的影响。机床误差对工件加工精度影响较大的主要是主轴回转误差、导轨误差和传动链误差。

1. 机床主轴回转误差

评定主轴旋转精度的主要指标是主轴前端的径向圆跳动和轴向窜动。

由于机床主轴是工件或刀具的位置和运动基准，因此，与滚动轴承相配合的主轴轴颈和轴承壳体孔具有较高的同轴度要求。主轴回转误差直接影响工件的加工精度。在主轴部件中，由于存在主轴本身误差（主轴轴颈的圆度误差、轴颈的同轴度误差）、轴承支撑系统的误差（轴承本身的各种误差、轴承之间的同轴度误差）、主轴的挠度和支撑端面对轴承轴线的垂直度误差等原因，主轴的回转轴线相对于理想轴线做相对运动，存在回转误差。主轴的回转误差可以分为径向圆跳动、角度摆动、轴向窜动三种基本形式。不同形式的主轴回转误差或不同的加工方式对加工精度的影响不同。例如，径向圆跳动使车削、磨削后的外圆及镗削出的孔产生圆度误差；磨床砂轮轴的径向圆跳动使砂轮产生振动，增大工件的表面粗糙度值；主轴的轴向窜动使车削后的平面产生平面度误差，车削端面会使端面与内、外圆的中心线产生垂直度误差，车螺纹时将增大工件的螺距误差；镗床主轴纯角度摆动使镗削加工的孔产生圆柱度误差。

影响主轴回转精度的主要因素是轴承精度的误差、轴承的间隙、与轴承相配合零件的误差、主轴系统的径向不等刚度和热变形。更换滚动轴承，调整轴承间隙，换用高精度的静压轴承，可以恢复及提高主轴回转精度。

2. 机床导轨误差

导轨是确定工作台、刀架、动力头、砂轮架等主要部件相对位置和进行运动的基准。导轨的误差直接影响工件的形状和位置精度。

（1）导轨的形状精度。导轨的形状精度包括在水平面内及在垂直平面内的直线度误差（弯曲）、导轨副的平行度误差（扭曲度），这些误差在不同机床上将对工件产生不同的影响。

车床、外圆磨床的纵向导轨在水平面内的直线度误差将使工件外圆产生母线直线度误差，如图 1—5—12a 所示。当以工作台进给镗孔时，卧式镗床的纵向导轨在水平面内的直线度误差将使孔的中心线产生直线度误差，如图 1—5—12b 所示。龙门刨床、平面磨床的主导轨在垂直平面内的直线度误差将使加工后的平面产生平面度误差，如图 1—5—12c 所示。

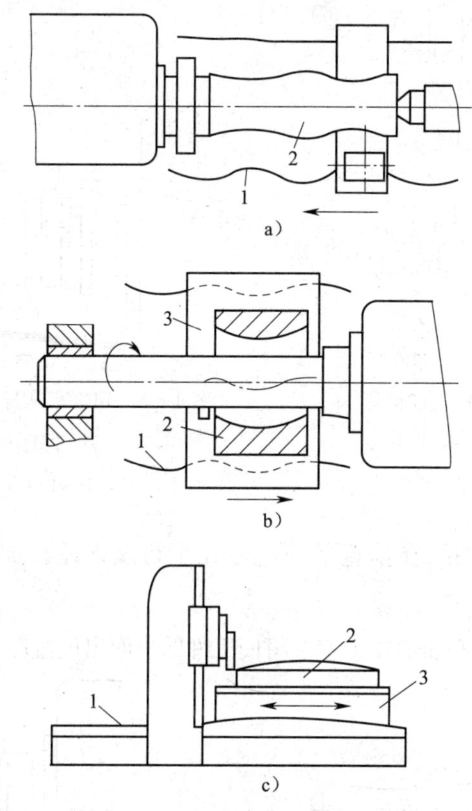

图 1—5—12　导轨直线度误差的影响

a）对车床、磨床的影响　b）对卧式镗床的影响　c）对龙门刨床的影响

1—导轨　2—工件　3—工作台

导轨副的扭曲将使滑板等运动部件在运动中产生不规则的摇摆。车床导轨的扭曲直接影响车削外圆时的直径尺寸和圆柱度，如图 1—5—13 所示。

除机床的制造误差外，使用中的不均匀磨损也增加了导轨的误差。大型机床床身的刚度相对较低，安装与调整不当、地基下沉会使导轨产生弯曲和扭曲。为减小加工误差，应经常对导轨进行检查和测量，及时调整床身的安装垫铁，修刮磨损的导轨，以保持其必需的精度。

（2）导轨的位置精度。一副导轨除保证本身的精度外，还要保证其与主轴及有关导轨的相对位置精度；否则会造成工件的几何误差。

车床导轨如果与主轴轴线在水平面内存在平行度误差，加工后的外圆将出现锥形，如图1—5—14所示。

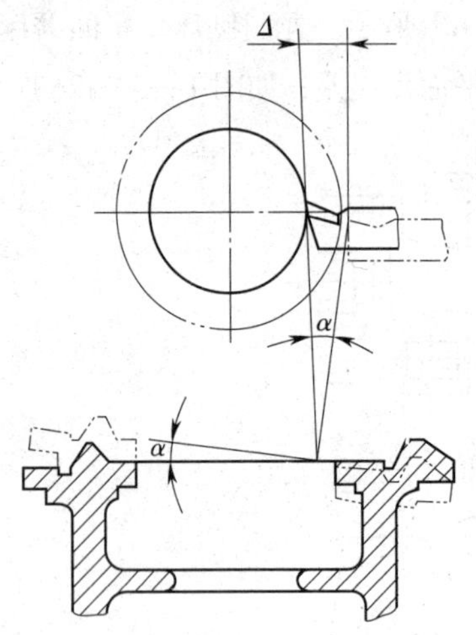

图1—5—13　车床导轨扭曲的影响

（Δ代表刀尖位移）

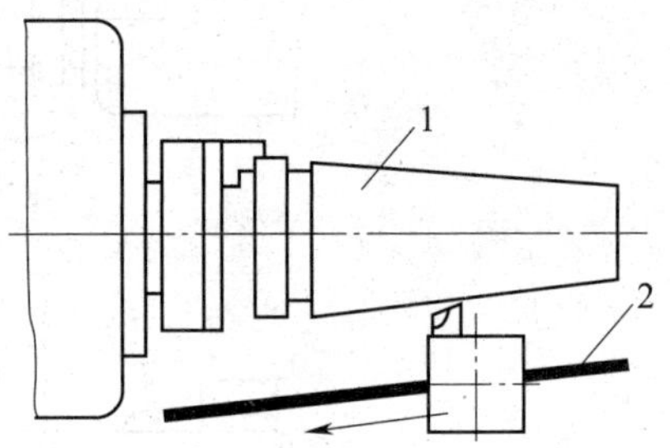

图1—5—14　车床导轨与主轴轴线在水平面内存在平行度误差

1—工件　2—导轨

车床导轨如果与主轴轴线在垂直平面内存在平行度误差，加工后的外圆将出现双曲面，如图1—5—15所示。

车床横导轨与纵导轨存在垂直度误差，将使工件的平面出现盆形，如图1—5—16所示。

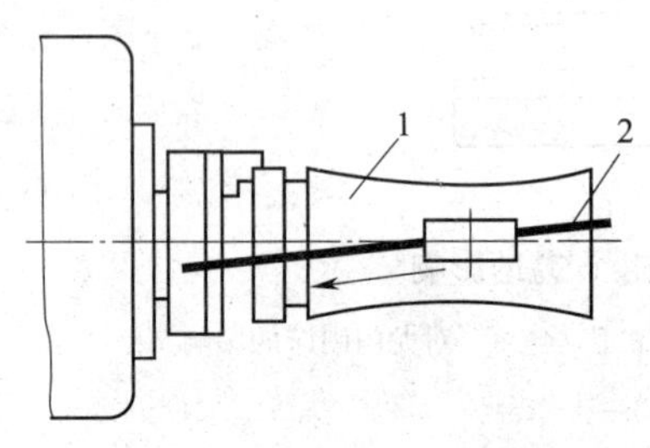

图1—5—15　车床导轨与主轴轴线在垂直平面内存在平行度误差

1—工件　2—导轨

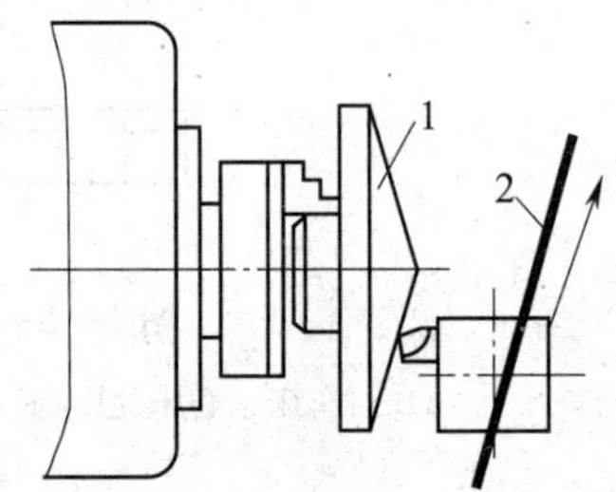

图1—5—16　车床横导轨与纵导轨不垂直

1—工件　2—导轨

立式铣床主轴如果与工作台的纵向导轨不垂直，铣削平面时将出现下凹度，如图1—5—17所示。

卧式镗床工作台的纵向与横向导轨如果不垂直，则镗出孔的中心线与铣出的端面将有垂直度误差，如图1—5—18所示。

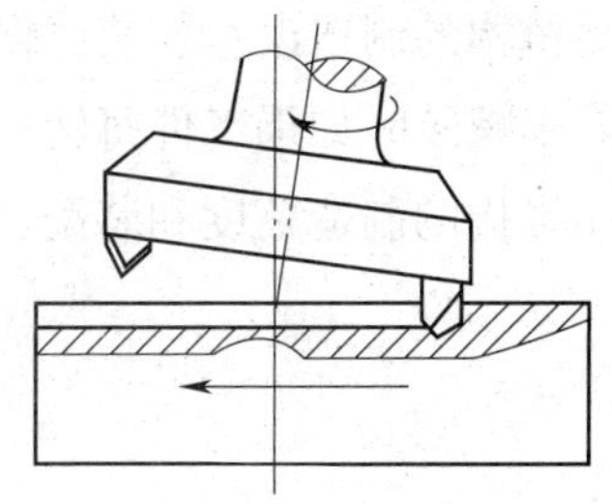
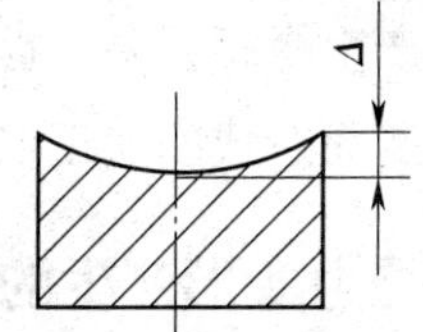

图 1—5—17　立式铣床主轴与工作台的纵向导轨不垂直

此外，机床工作台台面应与导轨或主轴轴线保持良好的位置精度。例如，铣床、龙门刨床、平面磨床的工作台台面在垂直平面内应与其主导轨平行，而摇臂钻床、立式钻床的工作台台面应与其主轴垂直，它们的误差将直接影响工件的加工精度。

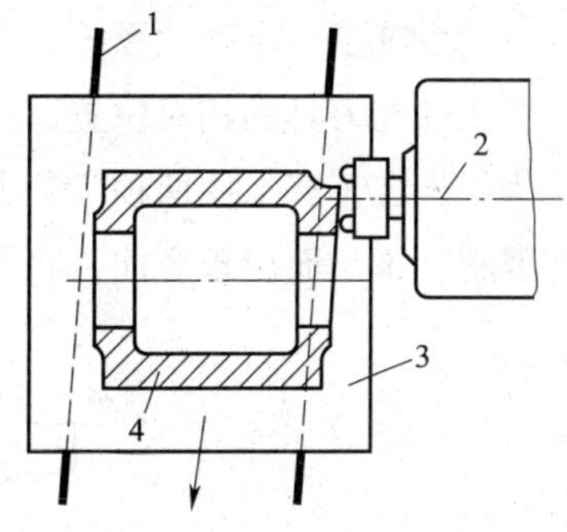

图 1—5—18　卧式镗床工作台的纵向与横向导轨不垂直

1—导轨　2—主轴轴线
3—工作台　4—工件

（3）误差的敏感方向。所谓误差的敏感方向，是指通过切削刃的加工表面的法线方向，此方向上对工件的加工精度影响最大，而切线方向为非敏感方向，对加工精度影响较小。

在分析导轨误差对加工精度的影响时，主要考虑导轨误差引起的刀具与工件在误差敏感方向上的相对位移。例如，在卧式车床上加工外圆表面时，导轨在水平面内的直线度误差将直接反映在被加工工件表面的法线方向上，对加工精度的影响最大，而在垂直平面内的直线度误差对工件圆柱度误差影响较小。在镗床上镗孔时，误差敏感方向为导轨的切削点与孔中心连线方向。

分析主轴回转误差对加工精度的影响时，应着重分析误差敏感方向的影响。不同类型的机床，其主轴回转误差所引起的加工误差形式也不同，它们可以分为两大类：一类是工件回转类机床（如车床、内圆磨床、外圆磨床等），主轴轴颈的圆度误差影响较大，而轴承孔的圆度误差对主轴回转精度的影响较小；另一类是刀具回转类机床（如镗床等），其误差敏感方向与回转类机床相反。

3. 机床传动链误差

机床传动链的运动误差是由传动链中各传动件的制造误差和装配误差造成的。每个中间传动件的转角误差使传动链产生了相对运动的不均匀性，破坏了严格的速比关系，影响了传动链末端的传动精度。升速运动中，传动件的转角误差将被放大；而降速运动中，其误差反被缩小。

刀具与工件的正确运动关系是由齿轮、丝杠螺母、蜗轮蜗杆等传动机构的准确传动实现的，如车螺纹及滚齿、插齿时的运动。传动机构的制造误差、装配误差及一定的磨损构成了传动链的误差，将破坏正确的运动关系。车螺纹时如果工件每转一转床鞍不能准确地移动一个导程，则将产生螺距误差。提高传动机构的制造精度和装配精度，缩短传动链长度，可以减小因传动链而造成的加工误差。

四、工艺系统受力变形产生的误差

作用在工艺系统中的力有切削力、夹紧力、构件及工件的重力、运动部件产生的惯性力。工艺系统是一个弹性系统，在力的作用下将产生相应的变形和振动。这种变形和振动将改变工件与刀具的相对位置，从而产生加工误差。

例如，在车床上用两顶尖装夹车削细长轴时（见图 1—5—19），在切削力的作用下，工件因刚度不足而出现弯曲，将零件轴向截面车成鼓形。

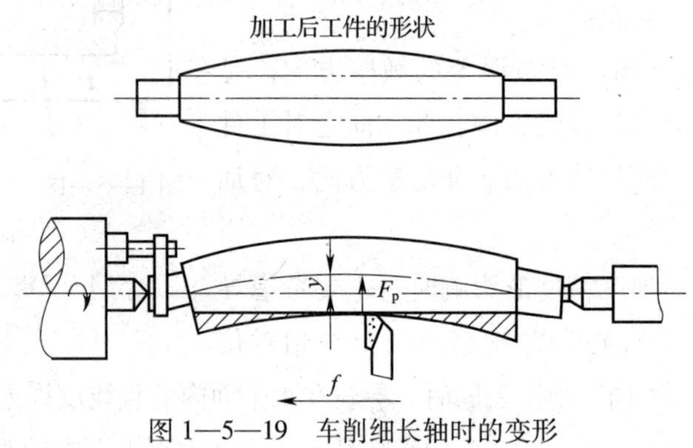

图 1—5—19　车削细长轴时的变形

薄壁套筒零件安装在车床三爪自定心卡盘上，如图 1—5—20 所示，以外圆定位车内孔，在夹紧力的作用下，零件因刚度不足出现变形，使零件孔的圆度产生较大的形状误差。

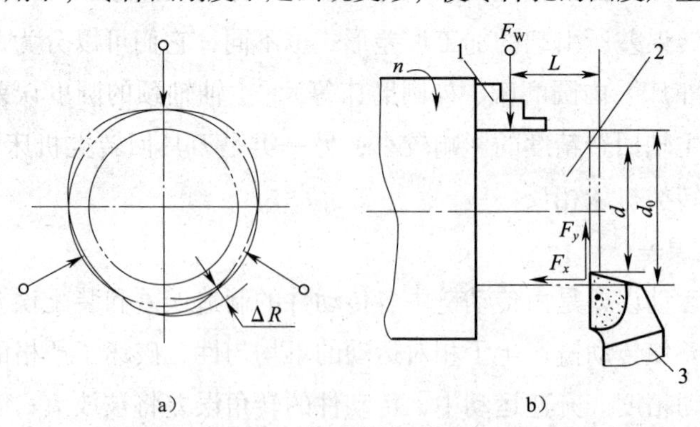

图 1—5—20　薄壁套筒零件装夹变形

1—自定心卡盘　2—工件　3—车刀

在车床上用两顶尖装夹车削粗而短的光轴，因前、后顶尖刚度不足，加工时工件产生变形，使加工后的工件产生中间直径偏小、两端直径偏大的鞍形。

由此可见，工艺系统的受力变形是加工中一项很重要的原始误差，它不仅严重地影响加工精度，而且还影响表面质量。

1. 工艺系统的刚度

使工艺系统的刀具与工件之间产生单位位移量所需的力称为工艺系统的刚度。工艺系统的刚度等于系统各环节的刚度之和。

如图 1—5—19 所示，切削时被加工表面法线方向上作用的总切削力 F_p 与该方向上刀具或工件的相对位移 y 的比值称为工艺系统的刚度 K，即 $K=F_p/y$，其中变形量 y 是在总切削力 F_p 作用下的变形量。在同样力的作用下，变形小的工艺系统具有较大的刚度，而变形大的工艺系统具有较小的刚度。

（1）机床各部件的刚度。工件的变形和改善方法如图 1—5—21 所示，车床的主轴、尾座、刀架等部件的刚度除受本身的结构、尺寸和材料的影响外，还与轴承和导轨的间隙、连接面的多少、接触面的情况和连接零件的预紧力有关。如果连接件之间的接触刚度较低，在外力作用下，接触部位因产生较大的接触应力而引起变形。

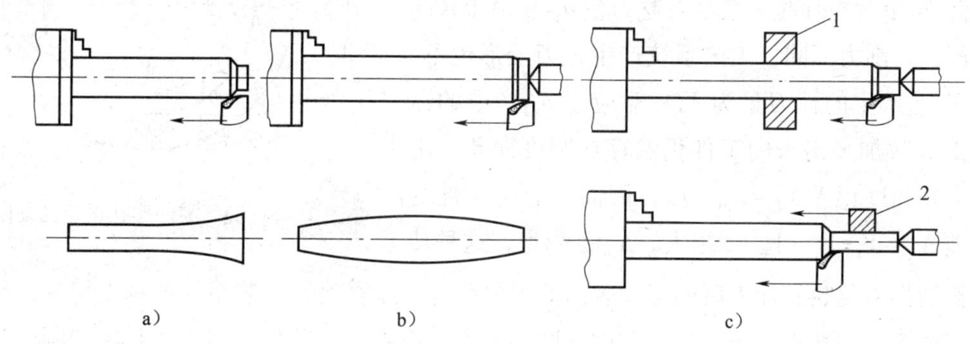

图 1—5—21　工件的变形和改善方法

a）单端夹持　b）中心孔支撑　c）中心架与跟刀架应用

1—固定中心架　2—跟刀架

（2）工件刚度的大小与其结构、尺寸和形状有关，也与其在机床上的装夹和支撑情况有关。例如，单端夹与跟刀架能有效地提高长轴工件的刚度，如图 1—5—21c 所示。

（3）刀具刚度与刀具尺寸、结构和装夹方法有关。例如，镗深孔时，刀杆截面尺寸受工件孔径限制，又有很大的悬伸量，所以刚度很低，如图 1—5—22a 所示。为提高细长镗杆镗孔时的刚度，一般可采用前、后和中间支撑来提高其刚度，如图 1—5—22b 所示。

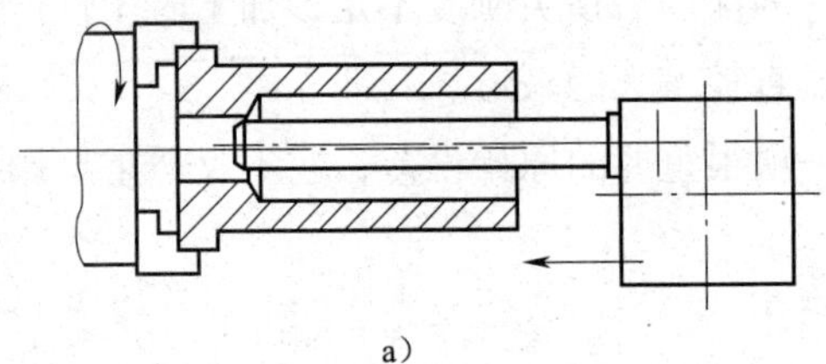

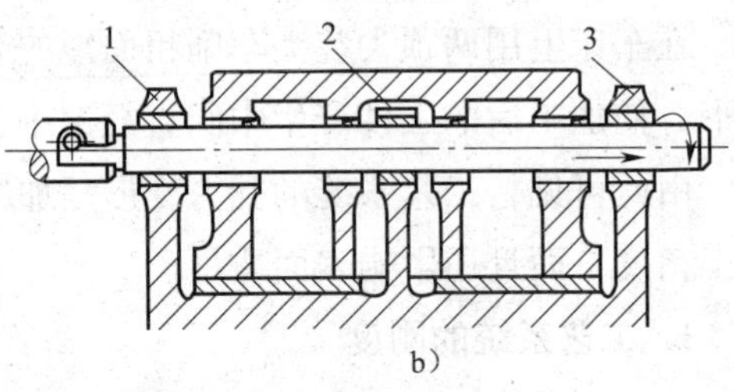

图 1—5—22　刀具刚度和改进方法

a）悬伸镗杆　b）多支撑镗杆

1—后支撑　2—中间支撑　3—前支撑

2. 切削中误差复映规律

毛坯加工余量和材料硬度的变化引起了切削力和工艺系统受力变形的变化，从而使工件产生误差。

零件形状误差的复映如图 1—5—23 所示，为车削一个有圆度误差的毛坯，将刀尖调整到要求的位置（图中的虚线圆），在工件每转一转的过程中，背吃刀量发生变化，当车刀车至毛坯较长轴时为最大背吃刀量 a_{p1}，车至较短轴时为最小背吃刀量 a_{p2}。由于背吃刀量不同，切削力不同，工艺系统产生让刀变形也不同，对应于 a_{p1} 产生的让刀量为 Y_1，对应于 a_{p2} 产生的让刀量为 Y_2，故加工出来的工件仍然存在圆度误差。由于毛坯存在圆度误差 $\Delta_{毛}=a_{p1}-a_{p2}$，因而引起了工件的圆度误差 $\Delta_{工}=Y_1-Y_2$，且 $\Delta_{毛}$ 越大，$\Delta_{工}$ 也越大，这种使毛坯的圆度误差复映到加工后的工件表面的现象称为误差复映。工艺系统的刚度越低，则误差的复映现象越严重。所以，在车削外圆加工中，误差复映系数 ε 与工艺系统的刚度和径向切削力系数有关。

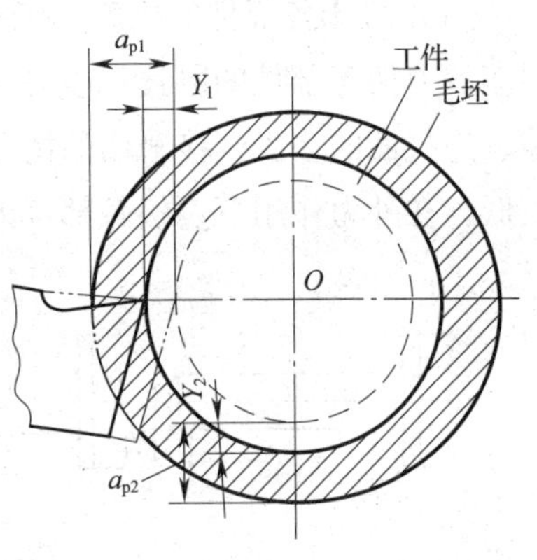

图 1—5—23　零件形状误差的复映

误差复映系数 ε 是指 $\Delta_{工}$ 与 $\Delta_{毛}$ 的比值，它是误差复映程度的度量，即：

$$\varepsilon=\Delta_{工}/\Delta_{毛} \text{或} \Delta_{工}=\Delta_{毛}\varepsilon$$

上式中，通常 $\varepsilon<1$。

多次走刀的总复映系数为：

$$\varepsilon=\varepsilon_1\times\varepsilon_2\times\varepsilon_3\cdots$$

经过 n 次走刀，则：

$$\Delta_{工}=\Delta_{毛}\times\varepsilon_1\times\varepsilon_2\times\varepsilon_3\times\cdots\times\varepsilon_n$$

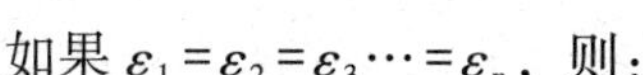

如果$\varepsilon_1=\varepsilon_2=\varepsilon_3\cdots=\varepsilon_n$，则：

$$\Delta_{工}\geqslant\Delta_{毛}\ \varepsilon^n$$

当加工过程有多次走刀时，每次走刀的复映系数为ε_1、ε_2、ε_3、…、ε_n，则总复映系数为：

$$\varepsilon_{总}=\varepsilon_1\times\varepsilon_2\times\varepsilon_3\cdots$$

上式可简化为：

$$\varepsilon_{总}\approx(\varepsilon_1)^n$$

由于$\varepsilon<1$，因此，经过多次走刀则可能使毛坯误差复映到工件上的误差减小到公差带允许值的范围内。

例：一个工艺系统，其误差复映系数为0.25，工件在本工序前的圆度误差为0.5 mm。为保证本工序的形状精度达到规定的公差0.01 mm内，本工序最少走刀几次？

解：

$$\Delta_{工}\geqslant\Delta_{毛}\ \varepsilon^n$$

$$0.01\geqslant0.5\times(0.25)^n$$

$$n=3$$

根据以上分析，可以把误差复映概念做以下推广：

（1）在分析工艺系统弹性变形条件下，毛坯的各种误差都会由于余量不均匀而引起切削力的变化，并以一定的复映系数复映成工件的加工误差。

（2）由于误差复映系数通常小于1，多次加工后，很快减小，因此，当工艺系统的刚度足够时，只有粗加工时用误差复映规律估算才有意义；在工艺系统刚度较低的场合，如镗一定深度的小直径孔、车细长轴、磨细长轴等，则误差复映现象比较明显，有时需要从实际反映的复映系数着手，分析提高加工精度的途径。

（3）在大批量生产中，一般采用调整法加工，即刀具调到一定背吃刀量后，对同一批零件一次走刀加工到该工序要求的尺寸。这时，毛坯的“尺寸分散”使每件毛坯的加工余量不等，而造成一批工件的“尺寸分散”。要使一批零件尺寸分散在公差范围内，必须控制毛坯的尺寸公差。

（4）毛坯材料硬度的不均匀将使切削力产生变化，引起工艺系统受力变形的变化，从而产生加工误差。铸件和锻件在冷却过程中的不均匀是造成毛坯硬度不均匀的根源。

3. 减小受力变形的措施

减小工艺系统的受力变形是机械加工中保证质量和提高生产效率的有效途径。根据生产实际，可从以下四个方面采取措施：

（1）提高接触刚度，减小受力变形。常用的方法是改善工艺系统主要零件接触面的配合质量，如机床导轨副的刮研，配研顶尖锥体与主轴和尾座套筒锥孔的配合面，有效提高配合面的表面质量和形状精度，以提高接触刚度。另一种提高接触刚度的方法是预加载荷，这样可以消除配合面间的间隙。

（2）提高工件刚度，减小受力变形。切削力引起加工误差，往往是因为工件本身刚度不高，可以用缩短切削力作用点和支撑点距离的方法来提高工件的刚度，如车削细长轴，可利用中心架使支撑距离缩短一半，提高工件刚度。

（3）提高机床部件刚度，减小受力变形。机床部件刚度在工艺系统中很重要，所以加工时常采用一些辅助装置提高其刚度。

（4）合理装夹工件，减小夹紧变形。在工件装夹时必须力求减小弯曲力矩或使作用力通过支撑面，以提高工艺系统刚度。

五、工艺系统受热变形引起的误差

切削加工时，切削热和机床传动部分产生的热量使工艺系统产生不均匀的温升，并产生复杂的变形，从而改变了刀具与工件的相互位置及已调整好的加工尺寸，产生加工误差。

1. 工件受热变形

在切削加工中，工件的热变形主要是切削热引起的。在热膨胀下达到的加工尺寸，冷却收缩后会变小，甚至超差。因此，工件受热变形产生的加工误差是在工件加工过程中产生的。

对不同形状的工件和不同的加工方法，工件的受热变形是不同的。长轴在顶尖间装夹时，工件受热伸长。例如，磨削床身导轨面时，由于切削热的影响（不考虑其他因素），被加工面与底面的温差所引起的热变形也是很大的，会使加工后床身导轨呈中凹形状。

2. 刀具受热变形

一般刀具体积小，切削时刀具受热变形的热源主要是切削热，因此温升快，温度高，在开始加工后的短时间内就产生很大的伸长量，然后其尺寸就基本稳定下来。因此，成批生产连续加工时，要特别注意开始工作时的加工尺寸变化。

3. 机床受热变形

机床结构的不对称、不均匀受热，使其产生不对称的热变形。工作一段时间后，大型外圆磨床床身、导轨磨床床身、车床床身等上部的温升高于下部，于是机床床身变形弯曲，床身上拱呈中凸形状；另外，车床主轴箱前端的温升高于后端，床身变形弯曲，主轴上翘，如图1—5—24所示。这种变形对精密机床加工精度的影响较为明显，只有机床达到热平衡状态后，才能使工件得到稳定的加工精度。

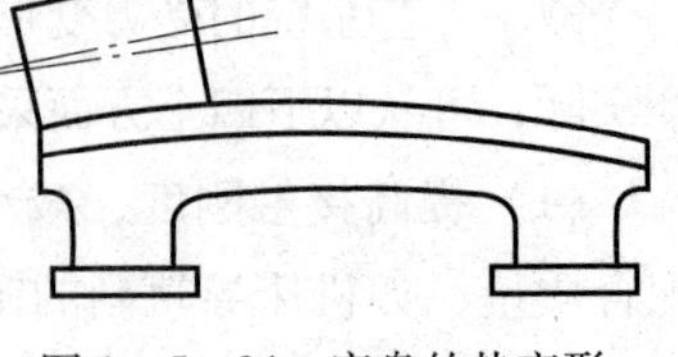
图1—5—24　床身的热变形

4. 减小热变形误差的措施

（1）可通过合理选择切削用量和正确选择刀具几何角度的方法减少切削热。

（2）减少机床各运动副的摩擦热，从结构、润滑等

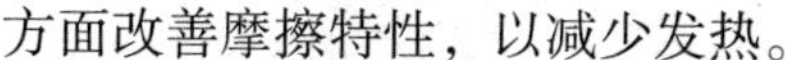

方面改善摩擦特性，以减少发热。

（3）分离热源。

（4）隔开热源，用隔热材料将发热部件和机床大件隔离开。

六、工件残余应力引起的误差

残余应力是指在没有外力作用或去除外力后的情况下存在于零件内部的应力。存在残余应力的工件处于不稳定状态，具有恢复到无应力状态的倾向，在常温下，零件会不断缓慢地产生变形，直至此应力消失。因此，工件会逐渐地改变形状，丧失其原有的加工精度。若把具有残余应力的重要零件装配成产品，在使用中会产生变形，影响整台产品的质量。

1. 产生残余应力的原因

（1）毛坯制造和热处理等加工过程中产生的残余应力。在铸造、锻造、焊接、热处理等加工过程中，各部分冷热收缩不均匀，以及金相组织转变时体积发生变化，使毛坯内部产生了相当大的残余应力。具有残余应力的毛坯在短时间内还显示不出来，残余应力暂时处于相对平衡的状态，但当切去一层金属后，就打破了这种平衡，残余应力重新分布，工件就出现了明显的变化。

（2）冷校直产生的残余应力。生产中常用冷校直的方法校直弯曲的毛坯和工件，如丝杠等一些刚度较低的细长工件，经车削后，棒料产生的残余应力要重新分布，因此产生弯曲变形。为了纠正这种变形，常用冷校直的方法，就是在常温下将已弯曲变形的工件，在变形的相反方向施加外力 F，如图 1—5—25 所示，使工件向相反方向弯曲，产生塑性变形，以达到校直的目的。但在校直的同时会使工件内部产生内应力，使工件处于不稳定状态，产生缓慢的恢复变形。若再次加工或放的时间久些，又会产生新的弯曲变形或恢复原来的变形。因此，对于 IT6 级以上的高精度丝杠等重要、精密零件，不允许采用冷校直工艺，而是采用多次车削和时效处理来消除残余应力。

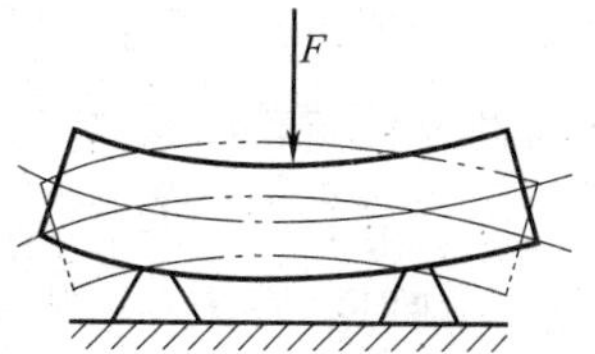

图 1—5—25　冷校直产生的残余应力

（3）切削加工产生的残余应力。在机械加工中，由于工件表面存在强烈的塑性变形，产生表面残余应力。磨削时的高温使工件表面局部膨胀后因受阻而屈服，在冷却时形成很大的拉应力。粗刨床身导轨面时，由于内应力的影响，会使加工后床身导轨呈中凹变形。同时，刨削加工中由于工件表面受到刀具后面或砂粒的挤压和摩擦，经常在表面层产生压应力。此外，局部高温使工件表面发生金相组织变化，产生新的表面残余应力。

2. 减小残余应力的措施

（1）合理设计零件结构。在零件结构设计中应尽量简化结构，保证零件各部分厚度均匀，以减小铸件、锻件毛坯在制造中产生的内应力。

（2）增加时效处理工序。一是对毛坯或在大型工件粗加工后，让工件在自然条件下停留一段时间再加工，进行自然时效。二是通过热处理工艺进行人工时效，如对铸、锻、焊接件进行退火或回火；零件淬火后进行回火；对精度要求高的零件，如床身、丝杠、箱体、精密主轴等，在粗加工后进行低温回火，甚至对丝杠、精密主轴等在精加工后进行冰冷处理等。三是对一些铸、锻、焊接件进行振动时效处理，使金属内部结构状态稳定，消除内应力。

（3）合理安排工艺过程。将粗、精加工分开在不同工序中进行，使粗加工后有足够的时间变形，让残余应力重新分布，以减少对精加工的影响。

七、磨损引起的误差

1. 机床导轨磨损引起的误差

导轨在机床中起承载和导向作用，是机床各主要部件的相对位置基准和运动基准。机床使用一段时间后，不可避免地造成一定的磨损。其中，以机床导轨的磨损对加工精度的影响最为严重，导轨的磨损将不能保证它的导向精度，并将影响工件的尺寸精度、形状精度、相互位置精度及表面粗糙度。

车床导轨副的磨损与工作的连续性、负荷特性、工作条件、导轨的材质和结构等有关，一般卧式车床在两班制使用一年后，前导轨（三角形）磨损量可达0.04~0.05 mm，而粗加工条件下磨损量可达0.1~0.2 mm。对于经常加工铸铁工件的车床，导轨磨损更严重。而磨损量最大的地方一般都在导轨靠近主轴箱的部位。所以，车床出厂检验标准规定导轨只允许中凸，主要是考虑导轨的磨损。同样，在冷态情况下，检验车床主轴与尾座孔中心线的等高度时，要求尾座孔中心线应稍高于主轴中心线，这样，在确保车床几何精度的情况下延长机床的使用寿命。

2. 刀具磨损引起的误差

机械加工中常用的刀具有一般刀具（如车刀、铣刀、镗刀等）、定尺寸刀具（如钻头、铰刀、镗刀块、拉刀、键槽铣刀等）和成形刀具（如成形车刀、成形铣刀、成形砂轮等）。刀具对加工精度的影响根据刀具种类的不同而不同。其中，用定尺寸刀具加工时，对被加工工件的尺寸精度影响最大；在用成形刀具加工时，刀具刃口的磨损直接复映在被加工表面上，造成形状误差；一般刀具制造精度对加工精度无直接影响。

为减少刀具制造误差和磨损对加工精度的影响，除合理规定定尺寸刀具和成形刀具的制造误差外，还应正确选择刀具材料、切削用量、冷却及润滑，并准确地进行刃磨，以减少磨损。

3. 夹具磨损引起的误差

夹具在使用中磨损，将引起工件的定位误差。主要是定位元件的磨损会造成被加工表面和定位基面之间的位置误差。

夹具的磨损比较缓慢，因此，对加工精度的影响不太明显。一般只采取定期鉴定和维修的方法来保持其几何精度。

对于精密加工所采用的夹具，要求夹具工作表面采用耐磨材料（如耐磨铸铁、硬质合金等）制造或镶贴，以提高夹具精度的保持性，延长机床夹具的使用寿命。

学习单元 6　机械加工表面质量

学习目标

- 熟悉冷作硬化层、表面残余应力对零件使用性能的影响。
- 熟悉机械加工表面粗糙度的影响因素。
- 掌握机械加工表面质量的概念、种类。

知识要求

一、机械加工表面质量的含义

表面质量是指零件加工后的表面层状态，是衡量机械加工质量的一个重要方面。表面质量包括零件加工后表面的微观几何形状误差、物理性能、力学性能、残余应力的大小及性质等。零件的损坏大部分是由于表面磨损、腐蚀和由表面开始的疲劳破坏而造成的。因此，表面质量直接影响零件的工作性能、使用寿命和可靠性。

1. 表面的几何形状误差

表面的几何形状误差主要有表面粗糙度、表面波纹度、表面加工纹理和伤痕。

（1）表面粗糙度。表面粗糙度是指加工表面上具有的很小间距的波峰、波谷组成的微观几何形状特性。它主要是由所使用的刀具、切削用量、加工方法和其他因素造成的，波高与波长的比值一般大于 1∶50。

（2）表面波纹度。表面波纹度是介于微观几何形状误差和宏观几何形状误差之间的中间几何形状误差。它主要是由工艺系统的低频振动造成的，波高与波长的比值一般为1∶50~1∶1 000（即波长与波高的比值为50~1 000）。波高与波长的比值如果小于1∶1 000，则属于宏观几何形状误差，可以用加工精度中的形状误差来表示。

（3）表面加工纹理。表面加工纹理是指表面微观结构的主要方向。它是由形成表面过程中所采用的加工方法、主运动与进给运动的关系决定的。

（4）伤痕。伤痕是指在加工表面的某个位置上出现的缺陷，包括气孔、划痕、裂纹、砂眼等。

2. 表面层力学性能

（1）表面层加工硬化。表面层加工硬化主要是由切削过程中的切削力、切削热等因素造成的，主要参数是硬化层的深度和硬化程度。

（2）表面层金相组织的变化。切削时产生的高温往往造成工件表面层金相组织发生变化，从而降低表面层的力学性能。例如，磨削加工是一种典型的易产生加工表面金相组织变化的加工方法。

（3）表面层残余应力。毛坯在铸造时发生塑性变形，以及工件在热处理过程中、机械加工时表面发生塑性变形等，由于整体冷却速度不均匀和切削加工时的切削力作用，在其表面层产生残余应力。

二、机械加工表面质量对零件使用性能的影响

1. 表面粗糙度的影响

（1）对零件耐磨性的影响。由于加工后的零件表面存在凹凸不平的情况，而配合表面实际上只是在一些凸峰顶部接触，当两个零件做相对运动时，在接触处就会产生弹性变形、塑性变形、剪切等现象，凸峰部分被压平，造成磨损。一般表面粗糙度值低的表面，耐磨性能较好。

（2）对零件疲劳强度的影响。由于表面上微观不平的凹谷处在交变载荷作用下，容易形成应力集中，产生和加剧疲劳裂纹以致疲劳损坏，因此，减小表面粗糙度值，可提高零件的疲劳强度。在重要零件的应力集中区域，其表面应采用精磨甚至用抛光方法来减小表面粗糙度值。

（3）对零件耐腐蚀性的影响。表面粗糙度值大的表面与腐蚀介质有很大的接触面积，而且凹谷中容易积留腐蚀介质，所以容易腐蚀，而经过精磨、研磨和抛光的表面不易腐蚀。

（4）对零件配合性质的影响。零件的表面粗糙度影响零件的配合性质。在间隙配合中，如果零件的配合表面粗糙，使表面凸峰部分产生很大的剪切力，在开始运转时即被剪

断，工作过程中的初期磨损量大，使配合间隙增大。在过盈配合中，如果零件的配合表面粗糙，装配时表面上的凸峰被挤平，使有效过盈量减小，降低了过盈配合的强度，同样也降低了配合精度。因此，为了提高零件之间配合的稳定性，必须对有配合要求的表面规定较小的表面粗糙度值。

2. 冷作硬化层的影响

工件表面在加工过程中产生强烈的塑性变形后，其强度、硬度都得到提高并达到一定深度层，这种现象称为冷作硬化。表面层冷作硬化对零件的耐腐蚀性和疲劳强度都有影响。表面层冷作硬化提高了表面的硬度和表层的接触刚度，减少了摩擦表面间发生弹性变形和塑性变性的可能性，使金属之间的咬合现象减小，耐磨性提高。冷作硬化程度越高，其耐磨性越好；但要有一定限度，过度硬化会使表面产生细小的裂纹和剥落，从而加剧磨损。

3. 表面残余应力的影响

表面层在加工或热处理过程中会产生残余的拉应力或压应力。当工作载荷产生的拉应力与残余拉应力叠加后大于材料的强度时，表面会产生疲劳裂纹。而工件表面的残余压应力可以抵消部分工作拉应力，防止产生表面裂纹，从而提高零件的疲劳强度。在交变载荷下工作的零件，其表面一般需要具有很高的残余压应力。

残余压应力使零件表面组织紧密，腐蚀性物质不易渗入，可增强零件的耐腐蚀性。适当的残余压应力能阻碍已有裂纹的继续扩大和新裂纹的产生，有助于提高零件的疲劳强度。

三、机械加工表面粗糙度的影响因素

从工件表面的微观几何形状来分析，切削刃与工件相对运动的轨迹（切削用量）、切削刃几何形状、工件的材料性质等是影响表面粗糙度的主要因素，且进给量的影响因素最大。残留面积的高度越大，表面越粗糙。根据切削原理可知，残留面积的高度与进给量、刀尖圆弧半径、刀具的主偏角和副偏角有关。从图 1—5—26 中可以看出，减小进给量 f，减小刀具的主偏角、副偏角，并加大刀尖圆弧半径，可以减小残留面积和残留高度 H，从而减小表面粗糙度值。但进给量 f 不能过小，否则切削刃由于切削厚度过小而无法切入工件，会与工件发生强烈的挤压与摩擦。

用砂轮磨削工件表面时，磨粒形状也在工件表面产生残留面积。采用细砂轮并提高砂轮的切削速度，可以有效地减小表面粗糙度值。

采用交叉且互不重复的加工轨迹，可以有效地减小残留面积和残留高度，因此，研磨、珩磨和超精加工可以获得很光洁的加工表面。

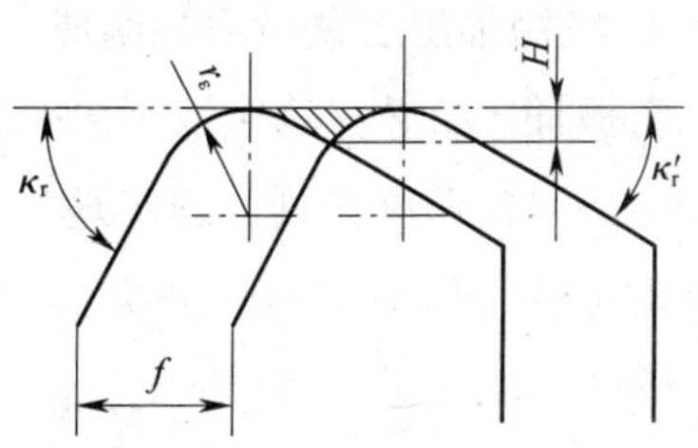

图 1—5—26　残留面积和残留高度

第6节　零件加工工艺

学习目标

- 了解工艺文件的内容。
- 熟悉机械加工工艺规程文件的应用。
- 掌握制定机械加工工艺规程的基本要点、方法和步骤。
- 能够编制阀盖加工工艺规程。

知识要求

一、零件加工工艺概述

1. 机械制造工艺的作用

机械制造工艺按传统专业可分为零件的机械加工工艺和产品的装配工艺。在零件机械加工工艺中，零件的结构差别虽然较大，如轴类零件、盘类零件、叉类零件、箱体类零件等，但它们在机械加工过程中有很多共同之处。

长期以来，机械加工工艺采用的方法大多是将原材料或零件毛坯通过切削加工或磨削加工等方法，按规定顺序用硬度比零件高的切削刃在力的作用下使零件材料发生分离，从而获得需要的形状、尺寸精度和表面质量，这种将原材料或毛坯变为零件的过程称为零件机械加工工艺过程。

在许多情况下，工艺过程并不是唯一的。在一定生产条件下，总存在相对最佳的合理方案，通常将比较合理的工艺过程确定下来写成工艺文件，称为工艺规程。

2. 机械加工工艺过程的组成

机械加工工艺过程由一系列工序组成。而工序又可分为若干个安装、工位、工步和走刀，它按一定顺序排列，逐步地改变原材料或毛坯的形状、尺寸和材料的性能，使之成为合格的零件，如图1—6—1所示。从台阶轴的工艺过程中可以看出工序的划分，具体见表1—6—1。

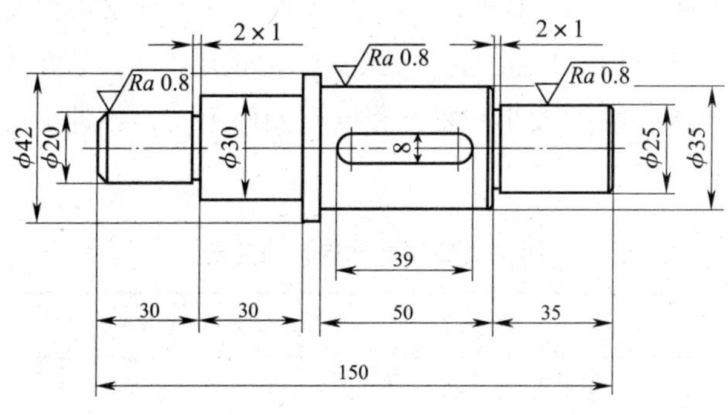

图 1—6—1 台阶轴

表 1—6—1 **台阶轴的工艺过程**

工序号	工序名称	工作地点
1	铣端面、钻中心孔	专用机床
2	车外圆、端面、倒角	车床
3	铣键槽	铣床
4	去毛刺	钳台
5	磨外圆	磨床

在前面的章节中已对工序、安装、工位、工步和走刀的概念进行了论述，这里不做具体介绍。

3. 生产类型及其工艺特征

在编制零件机械加工工艺规程和组织生产时，先确定零件机械加工的生产组织形式。通常先根据零件的年生产纲领选取合适的生产类型，然后再由生产类型确定零件机械加工的组织形式。

（1）生产纲领与生产类型的关系。企业根据市场需求和自身的生产能力决定生产计划，在计划期内生产的产品、产量和进度计划称为生产纲领。计划期一般为一年，所以生产纲领一般就是年产量。生产纲领的大小决定了零件的生产类型，而各种生产类型又有不同的工艺特征，制定工艺规程必须符合相应的工艺特征。因此，生产纲领是制定和修改工艺规程的重要依据。

1）生产纲领的计算。零件的生产纲领是指包括备品和废品在内的该零件的年产量。生产纲领的大小对零件加工工艺规程的制定和生产组织有很大的影响，它决定所应选用的工艺方法和工艺装备，以及各工序所需专业化和自动化的程度。

2）生产类型。根据工厂（或车间、工段、班组）生产专业化程度的不同，存在三种不同的生产类型，即大量生产、成批生产（大、中批量生产）、单件或小批量生产。生产类型与生产纲领的关系随产品的大小和复杂程度不同而不同，各种生产类型与生产纲领的关系见表1—6—2。

表1—6—2　　生产类型与生产纲领的关系

生产类型	生产纲领（件/年）		
	重型机械	中型机械	轻型机械
单件生产	≤5	≤20	≤100
小批量生产	>5~100	>20~200	>100~500
中批量生产	>100~300	>200~500	>500~5 000
大批量生产	>300~1 000	>500~5 000	>5 000~50 000
大量生产	>1 000	>5 000	>50 000

（2）由于生产类型不同，产品制造对生产组织、生产管理、车间布置、毛坯、设备、工具、加工方法、工人的技术熟练程度等方面的要求均有所不同。因此，在制定工艺规程时必须与生产类型相适应，以取得最大的经济效益。

二、工艺文件

将零件机械加工工艺规程的内容填入一定格式的卡片，即成为生产准备和施工依据的工艺文件。工艺文件目前还没有统一的格式，各企业都根据零件的复杂程度和生产类型自行确定。为了加强科学管理和便于交流，机械行业标准《工艺规程格式》（JB/T 9165. 2—1998）对工艺文件的格式做了规定，常用的有机械加工工艺过程卡、机械加工工艺卡和机械加工工序卡三种形式。

1. 机械加工工艺过程卡

机械加工工艺过程卡主要列出整个零件加工所经过的工艺路线（包括毛坯、机械加工、热处理等）、完成各道工序的车间（工段）和时间定额，内容较简单，但从中能了解零件的工艺流程和加工方案，见表1—6—3。

但在单件、小批量生产中，通常不编制其他较详细的工艺文件，而是以机械加工工艺过程卡来指导生产。在这种情况下，应将机械加工工艺过程卡编制得较详细，如加入各道工序的时间定额等。

表 1—6—3

机械加工工艺过程卡

（二厂名称）		机械加工工艺过程卡		产品型号		零（部）件图号			共（　）页	
				产品名称		零（部）件名称			第（　）页	
材料牌号		毛坯种类		毛坯外形尺寸		毛坯件数		每台件数		备注
工序号	工序名称	工序内容		车间	工段	设备	工艺装备		时间	
									准终	单件

描图	
描校	
底图号	
装订号	

										编制（日期）	审核（日期）	会签（日期）			
标记	处数	更改文件号	签字	日期	标记	处数	更改文件号	签字	日期						

2. 机械加工工艺卡

机械加工工艺卡是以工序为单位详细说明整个工艺过程的工艺文件，广泛应用于成批生产的零件和小批量生产的重要零件，见表1—6—4。机械加工工艺卡比机械加工工艺过程卡详细，增加了技术参数、装夹方法的文字说明等。机械加工工艺卡主要用于中、小批量生产。机械加工工艺卡是车间技术人员掌握整个零件加工过程和指导工人生产的主要技术文件。

3. 机械加工工序卡

机械加工工序卡是为每一工序零件机械加工编制的一张卡片，是用来具体指导工人进行操作的一种工艺文件。机械加工工序卡多用于大批大量生产的零件和成批生产的重要零件，见表1—6—5。机械加工工序卡以工序图和文字说明工序的具体加工内容为主，包括工件的定位基准和夹紧方法、时间定额、加工尺寸和公差，以及技术要求所采用的机床、工艺装备等，对于重要的工序还要绘出工艺蓝图。机械加工工序卡是工厂进行技术准备和组织生产的依据，也是指导生产的重要文件。

三、工艺规程制定的原则和方法

1. 制定工艺规程的原则

制定零件加工工艺规程的原则是在一定的生产条件下，以最少的劳动量和最低的费用，按计划规定的速度，可靠地加工出符合图样要求的零件。工艺规程首先要保证产品质量，同时要争取最好的经济效益。在制定工艺规程时应注意以下问题：

（1）技术上的先进性。在制定零件加工工艺规程时，应了解国内外本行业工艺技术的发展水平，根据本企业的具体情况，通过必要的工艺试验，积极采用合适的、先进的工艺和装备。

（2）经济上的合理性。在一定的生产条件下，可能会提出多个保证产品技术要求的工艺方案。此时应做全面衡量，并通过核算或评比，选择经济上最合理的方案，使制造该产品的能源、物资消耗等最低。

（3）良好的劳动条件。制定零件加工工艺规程时，要保证工人具有良好而安全的劳动条件。因此，在工艺方案中要注意采取机械化或自动化的措施，将工人从某些繁重的体力劳动中解放出来。

2. 制定工艺规程的原始资料

制定零件加工工艺规程时应具备下列原始资料：

（1）产品的整套装配图和零件图。

（2）产品的整套工艺装备资料，包括原有的专用工具、夹具、刀具、量具和专用设备。

表 1—6—4

机械加工工艺卡

<table>
<tr><td colspan="3" rowspan="2">（工厂名称）</td><td colspan="2" rowspan="2">机械加工工艺卡</td><td colspan="2">产品型号</td><td colspan="2"></td><td colspan="2">零（部）件图号</td><td colspan="2" rowspan="2"></td><td>共（ ）页</td></tr>
<tr><td colspan="2">产品名称</td><td colspan="2"></td><td colspan="2">零（部）件名称</td><td>第（ ）页</td></tr>
<tr><td colspan="2">材料牌号</td><td></td><td>毛坯种类</td><td></td><td>毛坯外形尺寸</td><td></td><td>毛坯件数</td><td></td><td>每台件数</td><td></td><td>备注</td><td colspan="2"></td></tr>
<tr><td rowspan="2">工序</td><td rowspan="2">安装</td><td rowspan="2">工步</td><td rowspan="2">工序内容</td><td rowspan="2">同时加工零件数</td><td rowspan="2">设备</td><td rowspan="2">工艺装备</td><td rowspan="2">主轴转速（r/min）</td><td rowspan="2">切削速度（m/min）</td><td rowspan="2">进给量（mm/r）</td><td rowspan="2">背吃刀量（mm）</td><td rowspan="2">走刀次数</td><td colspan="2">时间</td></tr>
<tr><td>准终</td><td>单件</td></tr>
<tr><td></td><td></td><td></td><td></td><td></td><td></td><td></td><td></td><td></td><td></td><td></td><td></td><td></td><td></td></tr>
<tr><td></td><td></td><td></td><td></td><td></td><td></td><td></td><td></td><td></td><td></td><td></td><td></td><td></td><td></td></tr>
<tr><td></td><td></td><td></td><td></td><td></td><td></td><td></td><td></td><td></td><td></td><td></td><td></td><td></td><td></td></tr>
<tr><td></td><td></td><td></td><td></td><td></td><td></td><td></td><td></td><td></td><td></td><td></td><td></td><td></td><td></td></tr>
</table>

<table>
<tr><td></td><td></td><td></td><td></td><td></td><td></td><td></td><td></td><td></td><td></td><td>编制（日期）</td><td>审核（日期）</td><td>会签（日期）</td><td></td></tr>
<tr><td></td><td></td><td></td><td></td><td></td><td></td><td></td><td></td><td></td><td></td><td rowspan="2"></td><td rowspan="2"></td><td rowspan="2"></td><td rowspan="2"></td></tr>
<tr><td>标记</td><td>处数</td><td>更改文件号</td><td>签字</td><td>日期</td><td>标记</td><td>处数</td><td>更改文件号</td><td>签字</td><td>日期</td></tr>
</table>

描图
描校
底图号
装订号

表 1—6—5

机械加工工序卡

<table>
<tr><td rowspan="2">（工厂名称）</td><td rowspan="2">机械加工工序卡</td><td>产品型号</td><td></td><td>零（部）件图号</td><td></td><td>第（　　）页</td></tr>
<tr><td>产品名称</td><td></td><td>零（部）件名称</td><td></td><td>第（　　）页</td></tr>
</table>

<table>
<tr><td rowspan="12">（工序简图）</td><td>车　间</td><td>工序号</td><td>工序名称</td><td colspan="2">材料编号</td></tr>
<tr><td></td><td></td><td></td><td colspan="2"></td></tr>
<tr><td>毛坯种类</td><td>毛坯外形尺寸</td><td>每批件数</td><td colspan="2">每台件数</td></tr>
<tr><td></td><td></td><td></td><td colspan="2"></td></tr>
<tr><td>设备名称</td><td>设备型号</td><td>设备编号</td><td colspan="2">同时加工件数</td></tr>
<tr><td></td><td></td><td></td><td colspan="2"></td></tr>
<tr><td>夹具编号</td><td colspan="2">夹具名称</td><td colspan="2">切削液</td></tr>
<tr><td></td><td colspan="2"></td><td colspan="2"></td></tr>
<tr><td rowspan="2"></td><td rowspan="2"></td><td rowspan="2"></td><td colspan="2">工序工时</td></tr>
<tr><td>准终</td><td>单件</td></tr>
<tr><td></td><td></td><td></td><td></td><td></td></tr>
</table>

<table>
<tr><td rowspan="2"></td><td rowspan="2">工步号</td><td rowspan="2">工步内容</td><td rowspan="2">工艺装备</td><td rowspan="2">主轴转速
（r/min）</td><td rowspan="2">切削速度
（m/min）</td><td rowspan="2">进给量
（mm/r）</td><td rowspan="2">背吃刀量
（mm）</td><td rowspan="2">走刀
次数</td><td colspan="2">时间定额</td></tr>
<tr><td>机动</td><td>单件</td></tr>
<tr><td>描　图</td><td></td><td></td><td></td><td></td><td></td><td></td><td></td><td></td><td></td><td></td></tr>
<tr><td>描　校</td><td></td><td></td><td></td><td></td><td></td><td></td><td></td><td></td><td></td><td></td></tr>
<tr><td>底图号</td><td></td><td></td><td></td><td></td><td></td><td></td><td></td><td></td><td></td><td></td></tr>
<tr><td>装订号</td><td></td><td></td><td></td><td></td><td></td><td></td><td></td><td></td><td></td><td></td></tr>
</table>

<table>
<tr><td></td><td></td><td></td><td></td><td></td><td></td><td></td><td></td><td></td><td></td><td></td><td>编制（日期）</td><td>审核（日期）</td><td>会签（日期）</td><td></td><td></td><td></td></tr>
<tr><td></td><td></td><td></td><td></td><td></td><td></td><td></td><td></td><td></td><td></td><td></td><td rowspan="2"></td><td rowspan="2"></td><td rowspan="2"></td><td rowspan="2"></td><td rowspan="2"></td><td rowspan="2"></td></tr>
<tr><td></td><td>标记</td><td>处数</td><td>更改文件号</td><td>签字</td><td>日期</td><td>标记</td><td>处数</td><td>更改文件号</td><td>签字</td><td>日期</td></tr>
</table>

（3）产品验收的质量标准。

（4）产品的生产纲领。

（5）毛坯资料，包括各种毛坯制造方法的技术经济特征，各种钢材或型材的品种和规格、毛坯图等。

（6）本厂的生产条件。为了使制定出的零件加工工艺规程切实可行，一定要考虑本厂的生产条件。因此，要深入生产实际，了解毛坯生产能力和技术水平、加工设备和工艺装备的规格及性能、工人的技术水平，以及专用设备和工艺装备的制造能力等。

（7）有关的各种技术资料。如切削用量手册、夹具手册、机械工艺师手册、有关的国家标准、部颁和厂颁标准、相似零件的工艺规程及国内外新技术、新工艺资料等。

3. 制定工艺规程的步骤

制定零件机械加工工艺规程的主要步骤如下：

（1）对照产品的装配图对所加工的零件进行工艺分析。

（2）选择毛坯的制造方法。

（3）拟定工艺路线，确定零件加工工序和工步，选择定位基准。

（4）确定各工序的加工余量和公差。

（5）确定各工序的设备和工具、夹具、刀具、量具。

（6）确定各工序的切削用量和时间定额。

（7）选择零件机械加工设备。

（8）确定各主要工序的技术要求和检验方法。

（9）填写工艺文件。

四、零件的工艺分析

在制定零件的机械加工工艺规程时，首先要分析该零件的零件图。要对照产品装配图，明确零件在产品中的位置、作用和与相关零件的关系，然后对零件进行工艺分析。

1. 零件技术要求的分析

零件技术要求的分析包括下列内容：

（1）加工表面的尺寸精度、几何精度和表面质量。

（2）各加工表面之间的相互位置精度。

（3）热处理和其他要求，如动平衡、镀铬处理等。

零件的尺寸精度、几何精度和表面粗糙度的选择对确定机械加工工艺方案和生产成本影响很大。因此，必须认真审查，以避免过高的要求使加工工艺复杂化及增加不必要的加工费用。

2. 零件结构的分析

机械零件的结构根据不同的使用要求而设计成各种形状和尺寸。但从形体上加以分析，都是由一些基本表面和特形表面组成的。基本表面主要有内外圆柱表面、内外圆锥表面、平面等；特形表面主要有螺旋面、渐开线齿形表面、圆弧面（如球面）等。

在研究具体零件的结构特点时，首先要分析该零件表面的组成和特征，因为表面形状和特征是选择加工方法的基本因素。例如，外圆通常由车削或磨削加工；内孔则通过钻削、扩削、铰削、镗削、磨削等加工方法获得。除表面形状外，表面尺寸和特征对加工工艺方案也有重要影响。以内孔为例，大孔与小孔、深孔与浅孔、薄壁孔与一般孔在加工工艺方案上均有明显的不同。

机械零件不同表面的组合形成零件结构上的特点。在机械制造中，通常按零件结构和工艺过程的相似性，将各类零件大致分为轴类零件、套类零件、箱体类零件、齿轮类零件、叉架类零件等。

五、毛坯的选择

毛坯的形状和特性（如硬度、精度、表面质量、组织等）对机械加工的难易程度、工序数量的多少和所需工作量的大小有直接影响。因此，在制定工艺规程时，正确选择毛坯有重大的技术经济意义。

1. 毛坯的种类

常用的毛坯种类有铸件、锻件、型材和组合毛坯。一般来说，零件在设计并选好材料后就大致确定了毛坯的种类，如铸铁材料毛坯为铸件，钢材料毛坯一般为锻件或型材。

2. 毛坯的制造

毛坯制造方法有很多，概括起来说，毛坯的制造方法越先进，毛坯精度越高，其形状、尺寸越接近成品零件，就使机械加工的劳动量大为减少，材料的消耗也低，降低了成本，但毛坯的制造费用却因采用了先进设备而提高。因此，在选择毛坯时，应当综合考虑各方面的因素，其中生产类型是主要的一方面，以求获得最合理的效果。

3. 毛坯选择的主要考虑因素

（1）零件材料的性能。如果零件材料为铸铁或青铜，均不可锻造，只能选取铸件；重要的钢质零件，如机床主轴、精密丝杠等，为了保证其良好的力学性能，不可直接选取轧制型材，而应采用锻件。

除此之外，选择毛坯时还要考虑本厂毛坯制造的实际工艺水平、设备状况以及外协的可能性和经济性。

（2）生产类型。当零件产量较大时，应选择精度和生产效率都较高的毛坯制造方法，如模锻、金属型铸造等。这样，用于毛坯制造的设备和装备费用可以由材料消耗的减少和机械加工费用的降低来补偿。零件的产量较小时，应选择精度和生产效率较低的毛坯制造方法，如自由锻造、手工造型铸造等。不同的生产类型决定了不同的毛坯制造方法，其工艺特征见表1—6—6。

表1—6—6　　各种生产类型的工艺特征

项目	单件、小批量生产	中批量生产	大批量生产
加工对象	经常变化	周期性交化	固定不换
毛坯和余量	采用木模手工造型、自由锻。毛坯精度低，余量大	部分采用金属型铸造、模锻。毛坯精度和余量中等	广泛采用金属型机器造型和模锻。毛坯精度高，余量小
机床设备	采用通用机床、机群式排列数控机床	部分采用专用机床，可按流水线布置，部分采用数控机床	广泛采用专用机床，按流水线布置
工艺装备	主要采用通用工艺装备，必要时采用专用夹具	广泛采用专用夹具、可调夹具	广泛采用高效专用工艺装备
工件装夹方法	采用通用夹具装夹和划线找正	广泛采用专用夹具装夹，少数采用划线找正	全部采用专用夹具装夹
刀具和量具	一般采用通用标准刀具和量具	大部分采用专用的刀具和量具	采用高效刀具和量具
装配方法	广泛采用修配法	大部分采用互换法	采用互换法
操作工人技术水平	高	中	较低
工艺文件	机械加工工艺过程卡	机械加工工艺卡，内容详细	机械加工工艺过程卡、机械加工工序卡，内容详细
生产效率	低	中	高
成本	高	中	低

（3）零件的结构、形状和外形尺寸。它决定所采用毛坯制造方法的可行性和经济性。例如，各种台阶轴，若各台阶直径相差不大，可直接选取热轧圆钢；若各台阶直径相差较大，为节约材料和减少机械加工的工作量，则应选择锻件毛坯。大型零件一般只能选择毛

坯精度与生产效率都比较低的砂型铸造和自由锻造的毛坯，也可考虑采用焊接件，将钢板焊接成所需的结构。

在确定了毛坯制造方法以后，应当充分了解毛坯的特点，如铸件的分型面、浇注系统的位置、余量和起模斜度，各种锻件、型钢的加工余量及热处理要求等。

六、加工方法的选择

在实际生产中，通过各种加工方法（如车削、钳加工、刨削、铣削、磨削、钻削等）达到零件所要求的加工精度。选择加工方法时，首先应根据零件的加工要求，通过查阅工艺手册或根据经验来确定哪些加工方法能达到所要求的加工精度和表面粗糙度，但从表1—6—7~表1—6—9中可以看出，满足同样精度要求的加工方法有多种，因此，选择加工方法还必须考虑以下因素才能最后确定：

（1）工件材料的性质。有色金属加工不宜采用磨削，因为有色金属易使砂轮孔隙堵塞，可采用高速精细车削或金刚石刀具切削等加工方法。

（2）工件的形状、尺寸。对于形状较复杂、尺寸较大的零件，其孔一般不宜采用拉削或磨削；直径大于60 mm的孔不宜采用钻孔、扩孔、铰孔等加工方法。

（3）生产类型。选择加工方法要与生产类型相适应。一般来说，大批量、大量生产应选用专用设备和专用刀具、量具；单件、小批量生产应选用通用设备和标准刀具、量具。平面一般采用刨削、铣削加工，但批量生产时采用铣削加工；在加工孔时，一般批量生产采用拉削加工，单件、小批量生产采用镗削加工。

（4）具体生产设备。应熟悉本企业现有的加工设备及其工艺能力，充分利用现有设备和工艺手段，做到设备规格与工件尺寸相适应，设备精度与零件精度相适应。

表1—6—7　外圆加工中各种加工方法的加工经济精度和表面粗糙度

加工方法	加工经济精度	表面粗糙度（μm）	适用范围
粗车	IT13~IT11	*Ra*50~12.5	适用于淬火钢以外的各种金属
粗车—半精车	IT10~IT8	*Ra*6.3~3.2	
粗车—半精车—精车	IT8~IT7	*Ra*1.6~0.8	
粗车—半精车—磨削	IT8~IT7	*Ra*0.8~0.4	主要用于淬火钢，也可用于未淬火钢，但不宜加工有色金属
粗车—半精车—粗磨—精磨	IT7~IT6	*Ra*0.4~0.1	
粗车—半精车—粗磨—精磨—研磨	IT5~IT4	*Ra*0.1~*Rz*0.05	
粗车—半精车—粗磨—精磨—超精磨	IT5~IT4	*Ra*0.025~*Rz*0.05	

表 1—6—8　孔加工中各种加工方法的加工经济精度和表面粗糙度

加工方法	加工经济精度	表面粗糙度 Ra（μm）	适用范围
钻孔	IT12～IT11	20～12.5	加工未淬火钢和铸铁的实心毛坯，也可用于加工有色金属，但表面粗糙度值稍大，孔径小于15 mm时不需要扩孔
钻孔—铰孔	IT9	3.2～1.6	
钻孔—铰孔—精铰孔	IT8～IT7	1.6～0.8	
钻孔—扩孔	IT11～IT10	12.5～6.3	
钻孔—扩孔—铰孔	IT9～IT8	3.2～1.6	
钻孔—扩孔—铰孔—精铰孔	IT7	1.6～0.8	
粗镗孔	IT12～IT11	12.5～6.3	除淬火钢外的各种材料，毛坯有铸出孔或锻出孔
粗镗孔—半精镗孔	IT9～IT8	3.2～1.6	
粗镗孔—半精镗孔—精镗孔	IT8～IT7	1.6～0.8	
粗镗孔—半精镗孔—磨孔	IT8～IT7	0.8～0.2	主要用于淬火钢、未淬火钢，不适用于加工有色金属
粗镗孔—半精镗孔—粗磨孔—精磨孔	IT7～IT6	0.2～0.1	

表 1—6—9　平面加工中各种加工方法的加工经济精度和表面粗糙度

加工方法	加工经济精度	表面粗糙度 Ra（μm）	适用范围
粗车—半精车	IT10～IT9	6.3～3.2	广泛适用
粗车—半精车—精车	IT8～IT7	1.6～0.8	端面
粗车—半精车—磨削	IT9～IT8	0.8～0.2	
粗铣（粗刨）—精铣（精刨）	IT9～IT8	6.3～1.6	一般不淬硬平面（端铣时表面粗糙度值较小）
粗铣（粗刨）—精铣（精刨）—刮研	IT7～IT6	0.8～0.1	精度要求较高的不淬硬平面
粗刨（粗铣）—精刨（精铣）—粗磨	IT7	0.8～0.2	精度要求高的淬硬平面或不淬硬平面
粗刨（粗铣）—精刨（精铣）—粗磨—精磨	IT7～IT6	0.4～0.02	

七、基准的分类和定位基准的选择

1. 基准的分类

基准根据作用不同可分为设计基准和工艺基准两类。其中，工艺基准又分为定位基准、测量基准、装配基准和工序基准；而定位基准又分为粗基准、精基准。

2. 定位基准的选择

工件定位时必须依据一定的基准，即工件几何实体中几何元素（点、线、面）与另外一些点、线、面的相互关系（如尺寸、平行度、同轴度等）来确定。在制定工艺规程时，必须正确选择定位基准。在加工过程中，选择哪些点、线、面作为定位基准，直接影响零件的尺寸精度和相互位置精度。

选择工件上哪些表面作为定位基准是制定工艺规程的一个十分重要的问题。零件加工时，在最初的工序中只能用毛坯上未经加工的表面作为定位基准，这种定位基准称为粗基准。经过加工的表面所组成的定位基准称为精基准。在制定零件的机械加工工艺规程时，总是先考虑选择怎样的精基准把各表面加工出来，然后考虑选择怎样的粗基准把精基准的各基面加工出来。前面章节已对粗基准和精基准的选择原则进行论述，这里不再具体介绍。

在选择定位基准时主要考虑以下要求：保证加工表面和不加工表面之间的位置正确；保证加工表面和待加工表面之间的位置正确；提高加工表面与定位基准面之间的位置精度（包括相对尺寸精度）；装夹方便，定位可靠，夹具简单。

八、工件的装夹方式

零件机械加工规程中，工序中的安装（即装夹）包括定位和夹紧两个方面的内容。

1. 定位

使工件在机床或夹具中有一个正确的位置，这个过程称为定位。

2. 夹紧

保证工件在各种力（如切削力、重力、离心力等）的作用下保持正确位置始终不变，这个过程称为夹紧。因此，装夹是否正确、稳定、迅速、方便，对加工质量、生产效率和经济效益均有较大影响。工件的装夹是制定工艺规程时必须认真考虑的重要问题之一。

3. 零件定位和夹紧的应用

根据定位特点不同，工件在机床上装夹一般有三种方式，即直接找正装夹、划线找正装夹和用夹具装夹。

（1）直接找正装夹。这种装夹方式是在工件定位时用量具直接找正工件某一表面，使工件处于正确位置。这种方式的定位精度与所用量具的精度和操作者技术水平有关，找正时测量结果不稳定，并且生产效率低，一般用于单件生产。

（2）划线找正装夹。这种装夹方式是先按加工表面的要求在工件上划线，加工时在机床上按线找正以获得工件的正确位置。此方式受到划线精度限制，定位精度较低，多用于批量较小、毛坯精度较低的大型零件粗加工。

（3）用夹具装夹。常用的夹具有通用夹具和专用夹具两种类型。使用夹具装夹时，工件在夹具中迅速而正确地定位、夹紧，不找正就能保证工件与机床、刀具间的正确位置。这种方式生产效率高，定位精度高，广泛用于成批生产和单件、小批量生产的关键工序中，但制造专用夹具使加工成本提高，故一般用于大批量生产。

九、工艺路线的拟定

机械加工工艺规程的制定大体上可分为两个步骤。首先拟定零件加工的工艺路线，然后再确定每一工序的工序尺寸、所用设备和工艺装备、切削规范、时间定额等。这两个步骤是相互联系的，应进行综合的分析和考虑。

拟定零件机械加工的工艺路线，包括选定各表面的加工方法、各表面的加工顺序、定位基准面、装夹方法；确定工序集中与分散的程度；合理选用机床、刀具；确定所用夹具的大致结构等。

1. 零件各种表面的加工路线

对零件表面加工方案的选择应同时满足加工质量、生产效率、经济效益等方面的要求。首先要保证达到零件表面加工精度和表面粗糙度的要求，再结合零件的结构大小以及材料和热处理的要求进行选择。零件各种表面的加工路线如下：

（1）外圆表面的加工路线。粗车—半精车—精车—磨削。

（2）孔的加工路线

1）钻孔—扩孔—铰孔—精铰孔。

2）粗镗（或钻）—半精镗—精镗（对直径稍大、精度高的孔也可采用磨削）。

（3）平面的加工路线。一般采用铣削或刨削，精度要求较高的表面铣削或刨削后还必须安排精加工，如高速精铣或宽刀精刨、磨削、刮研等。

零件上比较精确的表面，其精度是通过粗加工、半精加工和精加工逐步提高的。对这些表面仅根据其要求达到的加工精度和表面粗糙度来选择相应的最终加工方法是不够的，还应正确地选择从毛坯起到最后加工结束为止的加工方案。表 1—6—7 ~ 表 1—6—9 为常见外圆、孔和平面的加工方法，制定工艺时可根据零件表面所要求的加工精度和表面粗糙度参考选择。

任何一种加工方法，可以获得的加工精度和表面粗糙度均有相当大的范围，但只有在一定精度范围内才是经济的，一定范围内的加工精度即为该种加工法的经济精度。

2. 加工阶段的划分

（1）划分方法。零件的机械加工过程一般可根据零件的加工精度和表面粗糙度划分为不同阶段。对于加工精度要求较高的零件，一般将整个工艺过程划分为粗加工、半精加工、精加工三个阶段。当零件要求精度很高、表面粗糙度值很小时，还应增加光整加工阶段。在各加工阶段之间还需要安排热处理工序。零件机械加工阶段划分的具体内容如下：

1）粗加工阶段。粗加工阶段的主要目的是切除各加工表面上的大部分加工余量，因此，应采取措施尽可能提高生产效率。同时，要为半精加工阶段提供基准，并留有充分和均匀的加工余量，为后续工序创造有利条件。

2）半精加工阶段。半精加工阶段可达到一定的精度要求，并保证留有一定的加工余量，为主要加工表面的精加工做好准备。同时，完成一些次要表面的加工（如紧固孔的钻削、攻螺纹、铣键槽等）。

3）精加工阶段。精加工阶段的主要目的是保证工件各主要表面的精度和表面粗糙度。

4）光整加工阶段。对于精度很高（IT6 及 IT6 级以上）、表面粗糙度值很小（小于 *Ra*0.32 μm）的加工表面，要安排专门的光整加工，以提高加工表面的尺寸精度和表面质量。

（2）划分原因

1）保证加工质量。零件在粗加工时要切除大量金属，会产生很大的变形。产生变形的原因包括：因粗加工时切去毛坯最外层金属，引起毛坯内应力重新分布而产生变形；粗加工时夹紧力大，使工件产生弹性变形；粗加工时切削热大，使工艺系统产生热变形等。

加工过程划分阶段后，粗加工造成的加工误差通过半精加工和精加工阶段逐步纠正，并提高工件各加工表面的加工精度，减小表面粗糙度值，保证零件加工质量符合要求。

2）合理使用设备。粗加工可以采用功率大、刚度高、精度不高的机床设备，以保证获得较高的生产效率。精加工需要采用精度高的机床设备，有利于长期保持高精度设备的精度，也有利于零件加工精度的稳定。

3）及时发现毛坯缺陷。粗加工阶段如果发现毛坯有缺陷（如裂纹、气孔、夹砂或加工余量不够等），就可以及时修补或报废，以免继续进行后续工序，浪费时间和加工费用。

4）便于安排热处理工序。热处理工序使加工过程划分成不同阶段，例如，工件淬硬前安排粗加工和半精加工，淬硬后安排精加工；再如，精密主轴在粗加工后进行去除应力的人工时效处理，半精加工后进行淬火，精加工后进行低温回火和冰冷处理，最后再进行光整加工。这几次热处理就把整个加工过程划分为粗加工、半精加工、精加工、光整加工四个阶段。

划分加工阶段还要根据零件的情况而定。例如，重型零件加工为了免于运输，往往不划分加工阶段，粗加工、精加工常安排在同一台机床上进行；在转塔车床和自动机床上加工零件时，也常把全部加工归并为一道工序。

3. 工序的集中与分散

工序集中和工序分散是拟定工艺路线时确定工序数目的两种不同安排。所谓工序集中，是指在一个工序中包含尽可能多的工步内容。而工序分散与上述情况不同，整个工艺过程的工序数目较多，工艺路线较长，而每道工序所完成的工步内容较少，最少时一个工序仅一个工步。

（1）工序集中的特点

1）减少了工件的装夹次数，有利于保证各表面之间的位置精度，减少了装卸工件的辅助时间。

2）减少了机床的数量和机床占地面积，便于采用高生产效率的机床加工，大大提高了生产效率。

3）减少了工序数目，缩短了工艺路线，从而简化了生产计划和生产组织工作。

4）机床结构过于复杂，一次投资费用较高，机床的调整和使用费时费事，转换新产品比较困难。

5）减少了设备数量，相应地减少了操作工人和生产面积。

（2）工序分散的特点

1）由于工序内容、设备与工艺装备比较简单，调整方便，对操作工人的技术水平要求较低。

2）可以采用最合理的切削用量，减少机动时间。

3）容易适应产品的变换。

4）设备数量多，操作工人多，生产面积大。

（3）工序集中与分散程度的确定。在制定机械加工工艺规程时，恰当地选择工序集中与分散的程度是十分重要的，必须根据生产规模、工件的加工要求、设备条件等具体情况进行分析，进而确定最佳方案。

一般情况下，单件、小批量生产时多将工序集中。大批量生产时，既可采用多刀、多轴等高效率机床将工序集中，也可将工序分散后组织流水生产线。

4. 工序顺序的安排

（1）工序顺序安排的原则

1）基准先行。零件加工一般多从精基准的加工开始，再以精基准定位加工其他表面。

2）先粗后精。精基准加工好以后，应按先粗后精的原则先加工精度要求较高的主要表面，即先粗加工再半精加工各主要表面，最后再进行精加工和光整加工。

3）先主后次。先安排主要表面的加工，再把次要表面的加工工序插入其中。

4）先面后孔。对于箱体类、底座类等零件，平面的轮廓尺寸较大，用平面作为精基准加工孔比较稳定可靠，也容易加工；如果先加工孔，再以孔为基准加工平面，则比较困难，加工质量也受影响。

（2）热处理工序的安排。在零件机械加工中，热处理可用来提高材料的力学性能，改善金属的加工性能和消除内应力。因此，热处理工序在工艺路线中安排得是否恰当，对零件的加工质量和材料的使用性能影响很大。其安排的次序应视其作用而定。

在安排零件机械加工工序顺序时，除了要考虑上述原则外，还应注意因工序顺序安排不合理而造成的工件变形和加工精度降低。例如，先加工键槽后加工内孔和先加工开口槽后加工内孔等是错误的。

1）正火、退火和调质。正火、退火和调质一般安排在粗加工之前或在粗加工和半精加工之间进行，在粗加工之前可改善粗加工的加工性能，并可减少转换车间的次数；在粗加工与半精加工之间可消除粗加工产生的内应力。由于调质后零件的综合力学性能较好，因此，对某些硬度和耐磨性要求不高的零件来说，调质也可作为最终的热处理工序。

2）时效处理。毛坯制造和切削加工都会在工件内部留下残余应力，这些残余应力将引起工件变形，影响加工质量，甚至造成废品。为了消除残余应力，在工艺过程中常安排时效处理。对于一般铸件，常在粗加工之前或之后安排一次时效处理。

3）淬火。因为淬火后的零件硬度高且不易切削，所以一般将淬火工序安排在精加工阶段的磨削加工之前进行。在淬火工序之前需要将铣键槽、车螺纹、钻螺纹底孔、攻螺纹等次要表面的加工进行完毕，以防止零件淬硬后不能加工。表面淬火因为变形、氧化和脱碳现象都较少，所以常用于机床主轴、齿轮等。其加工路线为下料—正火（退火）—粗加工—调质—半精加工—表面淬火—精加工。

（3）检验工序的安排。为了确保零件的加工质量，在工艺过程中必须合理地安排检验工序，一般在重要工序前后、各加工阶段之间和工艺过程的最后都应当安排检验工序，以保证加工质量。零件加工结束经最后检验合格后入库。

5. 机床的选择

在拟定工艺路线时，已经同时确定了各工序所用机床的类型以及是否需要设计专用机床等。在具体确定机床型号时还须考虑以下基本原则：

（1）机床的加工规格范围应与零件的外部形状、尺寸相适应。

（2）机床的精度应与工序要求的加工精度相适应。

（3）机床的生产效率应与工件的生产类型相适应。

（4）采用数控机床加工的可能性。

（5）机床的选择应与现有生产条件相适应。

6. 工艺装备的选择

工艺装备主要包括夹具、刀具和量具，其选择原则如下：

（1）夹具的选择。在单件、小批量生产中，应尽量选用通用夹具或组合夹具；在大批量生产中，则应根据加工要求设计及制造专用夹具。

（2）刀具的选择。合理地选用刀具是保证产品质量和提高切削效率的重要条件。在选择刀具形式和结构时应考虑以下因素：

1）生产类型和生产效率。单件、小批量生产时，一般尽量选用标准刀具；大批量生产中广泛采用专用刀具、复合刀具等，以获得较高的生产效率。

2）工艺方案和机床类型。不同的工艺方案必须选用不同类型的刀具。

3）工件的材料、形状、尺寸和加工要求。刀具的生产类型确定后，根据工件的材料和加工要求确定刀具的材料。

（3）量具的选择。在选择量具前，首先要确定各工序加工要求如何进行检测。工件的几何精度要求一般是依靠机床和夹具的精度而直接获得的，操作工人通常只检测工件的尺寸精度和部分几何精度，而表面粗糙度一般是在该表面的最终加工工序中用样板对照目测来检验的。选择量具时应使量具的精度与工件加工精度相适应，量具的量程与工件被测尺寸的大小相适应，量具的类型与被测要素的性质和生产类型相适应。一般来说，单件、小批量生产广泛采用游标卡尺、千分尺等通用量具；大批量生产则采用极限量规和高效专用量仪等。

7. 切削用量的选择

正确地选用切削用量，对保证产品质量，提高切削效率和经济效益具有重要作用。应综合考虑工件材料、加工精度和表面粗糙度要求、刀具寿命和机床功率等因素来选择确定。

（1）单件、小批量生产时，在工艺文件上常不具体规定切削用量，而由操作工人根据具体情况确定。

（2）成批量以上生产时，则应科学、严格地选择切削用量，并把它写在工艺文件上，以充分发挥高效设备的潜力，有效控制加工时间和生产节拍。

（3）选择切削用量的基本原则。首先选取尽可能大的背吃刀量；其次根据机床动力和刚度条件（粗加工）或对加工表面质量的要求（精加工），选取尽可能大的进给量；最后在刀具寿命和机床功率允许的条件下选择合理的切削速度。

（4）切削用量的选择方法可分为计算法和查表法。有关公式和表格可查阅各种工艺手册。查表法简单、方便、实用，在生产中得到广泛应用。

十、加工余量和工序尺寸

在选择了毛坯、拟定出加工工艺路线后，就可确定加工余量，计算各工序的工序尺寸。余量大小与加工成本有密切关系，余量过大，不仅浪费材料，而且增加切削时间，增大刀具和机床的磨损，从而增加成本；余量过小，会使前一道工序的缺陷得不到纠正，造成废品，从而也使成本增加。

1. 加工余量的概念

机械加工时，从工件表面切去的一层金属厚度称为加工余量。在一个工序中，从工件表面切去的一层金属厚度称为工序余量，它等于相邻两工序的工序尺寸之差。加工表面上所切除的金属层总厚度称为总余量。它等于毛坯尺寸与零件图样上的设计尺寸之差。

对于外圆和孔等旋转表面，加工余量在直径方向对称分布，称为双边余量，它的大小实际上等于工件表面切去金属层厚度的两倍，如图 1—6—2 所示。

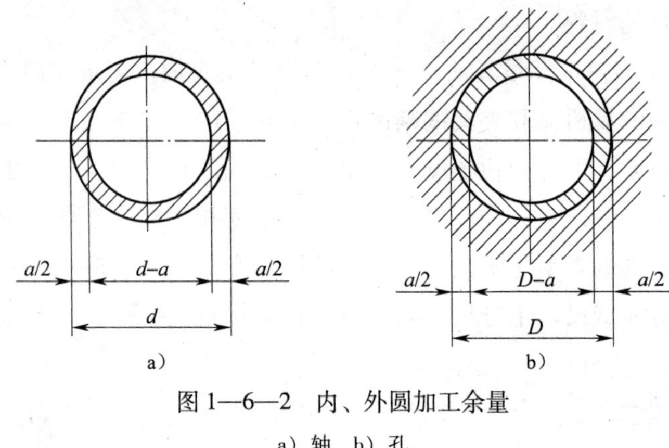

图 1—6—2　内、外圆加工余量

a）轴　b）孔

对于单面非对称表面来说，加工余量即等于切去的金属层厚度，称为单边余量，图 1—6—3 表示了它们与工序尺寸之间的关系。

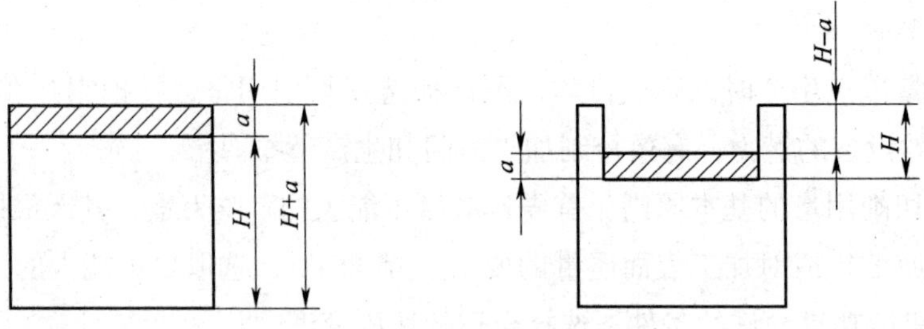

图 1—6—3　平面加工余量

加工过程中，工序完成后的工件尺寸称为工序尺寸。由于存在加工误差，各工序加工后的尺寸也有一定的公差，称为工序公差。

工序公差确定后，工序公差带都采用“单向、入体”的方法布置。对被包容面，如轴、键宽等，工序的公称尺寸就是最大工序尺寸；对包容面，如孔、键槽宽等，工序的公称尺寸就是最小工序尺寸。但毛坯尺寸的制造公差带常取双向布置。

2. 确定加工余量的基本要求

（1）采用最小的加工余量，可缩短加工时间，并降低零件制造费用。

（2）加工余量应能保证得到图样上所规定的表面粗糙度和精度。

（3）确定加工余量时应考虑零件热处理时引起的变形，否则可能产生废品。

（4）确定加工余量时应考虑所采用的加工方法和设备，以及加工过程中零件可能发生的变形。

（5）确定加工余量时应考虑被加工零件的大小，零件越大，则加工余量也越大。

3. 确定加工余量的方法

确定加工余量的方法一般有以下三种：

（1）经验法。在单件、小批量生产中，根据经验来确定加工余量的大小，因为往往在主观上怕余量不够，所以这样确定的余量往往偏大。

（2）计算法。按照前面所述的影响加工余量的因素，逐一进行分析并计算。这样确定的余量比较准确，但必须有充分的统计分析资料并清楚各项因素对余量的影响程度。因为分析计算比较麻烦，一般情况下并不采用。

（3）查表法。在各种机械加工工艺手册上都有加工余量表，这些表格的数据来源于工厂生产实践和试验研究，使用时可结合本厂实际加工情况进行一定的修正。这种方法方便、迅速，在生产中应用广泛，常用加工方法的加工余量见表1—6—10～表1—6—15。

表1—6—10　　车削外圆的加工余量　　mm

直径	直径余量				公差等级	
	粗车		精车			
	长度				荒车	粗车
	≤200	>200～400	≤200	>200～400		
≤10	1.5	1.7	0.8	1.0	IT14	IT13～IT12
>10～18	1.5	1.7	1.0	1.3		
>18～30	2.0	2.2	1.3	1.3		
>30～50	2.0	2.2	1.4	1.5		
>50～80	2.3	2.5	1.5	1.8		
>80～120	2.5	2.8	1.5	1.8		
>120～180	2.5	2.8	1.8	2.0		
>180～260	2.8	3.0	2.0	2.3		
>260～360	3.0	3.3	2.0	2.3		

表 1—6—11　　磨削外圆的加工余量　　mm

直径	直径余量		公差等级	
	粗磨	精磨	精车	粗磨
≤10	0.2	0.1	IT11	IT9
>10~18	0.2	0.1		
>18~30	0.2	0.1		
>30~50	0.3	0.1		
>50~80	0.3	0.2		
>80~120	0.3	0.2		
>120~180	0.5	0.3		
>180~260	0.5	0.3		
>260~360	0.5	0.3		

表 1—6—12　　车削内孔的加工余量　　mm

直径	直径余量		公差等级	
	粗车	精车	钻孔	粗车
≤18	0.8	0.5	IT13~IT12	IT12~IT11
>18~30	1.2	0.8		
>30~50	1.5	1.0		
>50~80	2.0	1.0		
>80~120	2.0	1.3		
>120~180	2.0	1.5		

表 1—6—13　　磨削内孔的加工余量　　mm

直径	直径余量		公差等级	
	粗磨	精磨	粗镗	粗磨
≤18	0.2	0.1	IT10	IT9
>18~30	0.2	0.1		
>30~50	0.2	0.1		
>50~80	0.3	0.1		
>80~120	0.3	0.2		
>120~180	0.3	0.2		

表 1—6—14　　精车端面的加工余量　　mm

工件长度	端面的精车余量				粗车端面后的尺寸公差等级
	端面最大尺寸				
	≤30	>30~120	>120~260	>260~450	
≤10	0.5	0.6	1.0	1.5	IT13~IT12
>10~18	0.5	0.7	1.0	1.5	
>18~30	0.6	1.0	1.2	1.6	
>30~50	0.6	1.0	1.2	1.6	
>50~80	0.7	1.0	1.3	1.8	
>80~120	1.0	1.0	1.3	1.8	
>120~180	1.0	1.3	1.5	2.0	
>180~260	1.0	1.3	1.5	2.0	

表 1—6—15　　磨削端面的加工余量　　mm

工件长度	端面的磨削余量				精铣（车）平面后的尺寸公差等级
	端面最大尺寸				
	≤30	>30~120	>120~260	>260~450	
≤10	0.2	0.2	0.3	0.4	IT11~IT10
>10~18	0.2	0.3	0.3	0.4	
>18~30	0.2	0.3	0.3	0.4	
>30~50	0.2	0.3	0.3	0.5	
>50~80	0.3	0.3	0.4	0.5	
>80~120	0.3	0.3	0.5	0.6	
>120~180	0.3	0.4	0.5	0.6	
>180~260	0.3	0.5	0.5	0.7	

4. 确定各工序公称尺寸

以设计尺寸为最终加工工序尺寸，逐项向前加上（或减去）各工序余量，便得到各工序公称尺寸（包括毛坯尺寸）。

十一、时间定额的组成和制定

时间定额是指在一定生产条件下，规定生产一件产品或完成一道工序所消耗的时间。它是安排生产计划，进行成本核算的重要依据。

1. 时间定额的组成

（1）基本时间（$t_{基}$）。直接改变生产对象的尺寸、形状、相对位置、表面状态或材料性质等工艺过程所消耗的时间称为基本时间。

（2）辅助时间（$t_{辅}$）。为实现工艺过程，必须进行各种辅助动作，如装卸工件、开停机床、改变切削用量、试切和测量工件等，进行上述辅助动作所用时间称为辅助时间。

2. 时间定额的制定方法

（1）由定额员、工艺人员和工人相结合，在总结经验的基础上，参考有关资料后估算确定。

（2）以同类产品的时间定额为依据，进行对比分析后推算确定。

（3）通过对实际操作时间的测定和分析确定。

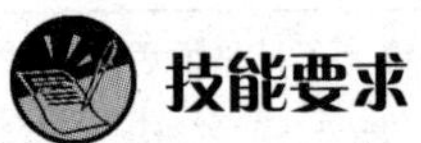

技能要求

编制阀盖加工工艺规程

根据编制加工工艺规程的步骤，通过对阀盖加工工艺规程的编制，能够进一步熟悉机械零件加工中各项要求的选择，能够熟练查阅一般机械加工的各种图表，正确地选择加工基准、工艺装备、加工余量、加工工序、加工设施设备等，编制一般简单机械零件的机械加工工艺过程卡。

一、操作准备

了解制定加工工艺规程的原始资料。

1. 零件图

阀盖如图1—6—4所示，生产类型为小批量生产。

阀盖属于套类零件，是基础件之一。它将与丝杆轴、齿轮等零件装配在一起，使它们保证正确的相互位置关系，彼此能按照一定的传动关系协调运动。运动的精度在很大程度上取决于该阀盖本身的加工精度。该零件装配在产品上后，还要与其他部件保持一定的相互位置精度，因此，阀盖的加工质量也会直接影响整个产品的精度和使用寿命。

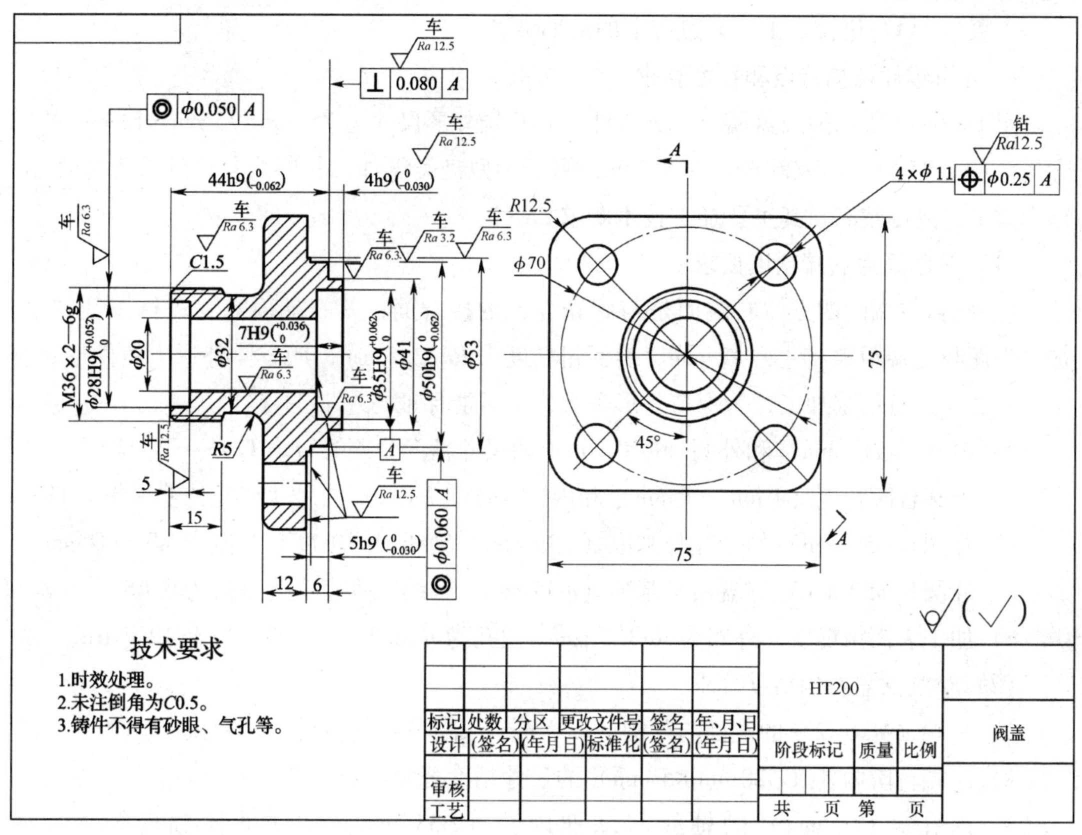

图 1—6—4 阀盖

2. 零件的生产纲领和生产类型

生产类型为小批量生产，根据表 1—6—6，这种生产类型的工艺特征选择如下：

（1）工艺规程：一般采用机械加工工艺过程卡。

（2）机床设备：采用通用机床或机群式排列数控机床。

（3）工艺装备：主要采用通用工艺装备，必要时采用专用夹具。

（4）工件装夹方法：采用通用夹具装夹和划线找正。

（5）刀具和量具：一般采用通用标准刀具和量具。

（6）操作工人技术水平：根据零件工艺结构和精度要求，一般工人技术水平为中级。

二、操作步骤

编制零件加工工艺规程一般的基本程序如下：分析零件结构特点和技术要求，选择毛坯，选择加工基准，选择工艺装备，选择设备和工具、量具，确定加工工序和工步，确定加工余量和工序尺寸，确定零件加工各工序时间，填写工艺过程卡。

步骤1 填写机械加工工艺过程卡的前期准备

1. 分析零件结构特点和技术要求

图1—6—4所示的阀盖属于套类零件，其右端外形尺寸为75 mm×75 mm×12 mm的四方体，左端为ϕ36 mm×26 mm的圆柱体，属于小型盘类零件，材料为灰铸铁，无加强肋，结构简单，刚度较高。其主要加工技术要求如下：

（1）车削阀盖右端精度要求

1）阀盖右端的四方体右端面是与阀壳连接的接合面，其右端面需要进行车削加工，加工表面与左端距离尺寸为12 mm，表面粗糙度为*Ra*12.5 μm，四方体外形由铸件形状决定，不需要进行切削加工，为保持外形美观，尽可能保证与左端平行。

2）内孔（ϕ35 mm）和外圆（ϕ50 mm）的尺寸精度公差等级为IT9。

3）外圆台阶长度（4 mm、5 mm）和内圆深度（7 mm）的尺寸精度公差等级为IT9。

4）外圆（ϕ50 mm）的轴线与基准（ϕ35 mm）轴线的同轴度公差值为ϕ0.060 mm。

5）外圆（ϕ50 mm）的端面与基准（ϕ35 mm）轴线的垂直度公差值为0.080 mm。

6）加工表面粗糙度，外圆为*Ra*3.2 μm，内孔为*Ra*6.3 μm，端面为*Ra*12.5 μm。

（2）车削阀盖左端精度要求

1）左端（M36×2）的端面与外圆（ϕ50 mm）端面的尺寸精度公差等级为IT9。

2）左端台阶内孔（ϕ28 mm×5 mm）的尺寸精度公差等级为IT9。

3）内孔（ϕ28 mm）的轴线与基准内孔（ϕ35 mm）轴线的同轴度公差值为ϕ0.050 mm。

4）外螺纹（M36×2）的螺纹有效长度为15 mm，外螺纹中径、大径尺寸公差同为6 g。

5）加工表面粗糙度，内孔为*Ra*6.3 μm，端面为*Ra*12.5 μm。

（3）钻削阀盖装配螺栓孔精度要求

1）加工四个螺栓孔（ϕ11 mm），均布在理论正确尺寸直径为70 mm的圆周线上。

2）孔的位置度公差值为ϕ0.25 mm。

3）加工表面粗糙度为*Ra*12.5 μm。

（4）阀盖其他加工面精度要求

1）其他未注公差等级的加工面，尺寸精度一般取IT14～IT13级，可查阅有关国家标准。

2）除标注表面粗糙度*Ra*值以外的表面均为不加工表面，即为铸件毛坯表面。

（5）外螺纹大径尺寸精度的选择。国家标准（GB/T 197—2018）对内螺纹的公差带规定了G和H两种位置，对外螺纹的公差带规定了e、f、g、h四种位置。内、外螺纹的部分基本偏差数值见表 1—6—16。从表 1—6—16 中可以看出，除 H 和 h 外，其余基本偏差数值均与螺距有关。部分外螺纹大径公差（T_d）见表 1—6—17。

表 1—6—16　　内、外螺纹的基本偏差

螺距 P（mm）	基本偏差（μm）					
	内螺纹 D_1、D_2		外螺纹 d_1、d_2			
	G EI	H EI	e es	f es	g es	h es
1.25	+28	0	-63	-42	-28	0
1.5	+32	0	-67	-45	-32	0
1.75	+34	0	-71	-48	-34	0
2	+38	0	-71	-52	-38	0
2.5	+42	0	-80	-58	-42	0
3	+48	0	-85	-63	-48	0
3.5	+53	0	-90	-70	-53	0
4	+60	0	-95	-75	-60	0
4.5	+63	0	-100	-80	-63	0
5	+71	0	-106	-85	-71	0
5.5	+75	0	-112	-90	-75	0
6	+80	0	-118	-95	-80	0

表 1—6—17　　外螺纹大径公差（T_d）

螺距 P（mm）	公差等级		
	4	6	8
	公差值（μm）		
1.5	150	236	375
1.75	170	265	425
2	180	280	450
2.5	212	335	530
3	236	375	600
3.5	265	425	670
4	300	475	750
4.5	315	500	800

续表

螺距 P（mm）	公差等级		
	4	6	8
	公差值（μm）		
5	335	530	850
5.5	355	560	900
6	375	600	950

阀盖外螺纹中径和大径的公差等级同为6g，螺纹大径的公称尺寸为ϕ36 mm，螺距为2 mm。查表1—6—16和表1—6—17，得螺纹大径的尺寸精度：上极限尺寸为ϕ35.962 mm，下极限尺寸为ϕ35.682 mm，故阀盖螺纹大径精车的尺寸公差为$\phi36_{-0.318}^{-0.038}$。

2. 选择毛坯

阀盖设计材料为灰铸铁（HT200），称为铸件。在生产类型为小批量且结构较简单的情况下，参考表1—6—6，采用木模手工造型方法生产毛坯。在零件切削加工前需要对阀盖进行以下处理：

（1）时效处理。为了消除铸件残余应力，在加工前需要对材料进行时效处理。时效处理可分天然时效处理和人工时效处理，可根据加工周期和生产成本选取。

（2）清洁处理。对阀盖进行清砂和去浇注飞边处理，检查铸件是否存在砂眼、气孔等缺陷，并在时效处理后对箱体进行涂漆处理，外部一般涂底漆。

（3）单件、小批量生产时，铸件的外径和平面上可留7~12 mm总余量，阀盖的中心通孔直径小于50 mm时，毛坯在浇注时一般不留孔。单件、小批量生产时，直径大于50 mm的孔可预先铸出，以减少加工余量。

3. 选择加工基准

（1）保证不加工面位置正确原则。因为是小批量生产，采用木模手工造型方法生产毛坯，所以毛坯精度较低。小批量生产时，粗加工可采用划线方法进行找正，并根据余量均匀原则划线，具体方法是以阀盖毛坯不加工面为基准找正划线。

（2）先基面后其他原则。在工艺开始时，先将定位基准面加工出来。以阀盖四方体外轮廓面为基准（按加工线校正）装夹，荒车左端（M36×2）的外圆（留有一定的粗加工余量），并以它为粗基准。

（3）基准重合原则。因为阀盖四方体右端面和阀盖外圆（ϕ50 mm）是精加工外螺纹（M36×2）和孔（ϕ35 mm）的精基准，将该基准与几何公差基准（设计基准）重合，有利于加工精度的提高。

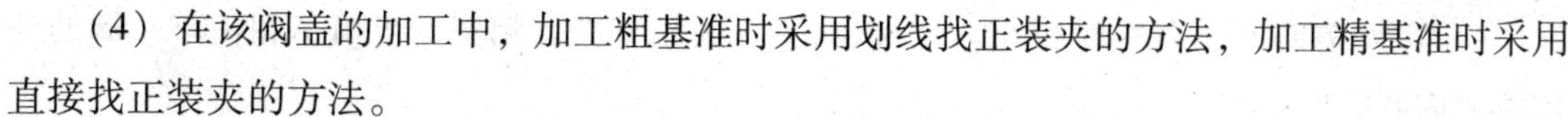

（4）在该阀盖的加工中，加工粗基准时采用划线找正装夹的方法，加工精基准时采用直接找正装夹的方法。

4. 选择工艺装备

根据小批量生产类型的工艺特征，查表 1—6—6，该阀盖机械加工采用通用工艺装备，如四爪单动卡盘、机床用平口虎钳（车削、钻孔等）。在车削和钻孔时也可采用简易夹具，如为了保证阀盖四个安装孔的位置精度，可采用简易钻夹具。

5. 选择设备和工具、量具

根据小批量生产类型的工艺特征，查表 1—6—6，该阀盖机械加工中一般采用通用机床，如 CA6140 型车床和 Z4112B 型钻床，其设备规格和加工精度适应阀盖的尺寸和几何精度要求。

在选用工具、量具、刀具时，小批量生产一般不考虑专用工具、量具、刀具，而是尽可能选用通用工具、量具、刀具。在阀盖加工、测量中，可用游标卡尺、千分尺、划线盘、百分表来进行测量和定位。

6. 确定加工工序和工步

阀盖材料为灰铸铁，几何精度和表面质量要求中等。在阀盖加工中，加工尺寸精度和表面质量要求高的表面时，可采用粗车—半精车—精车加工方案；在加工精度要求高的表面时，也可以采用粗加工和半精加工交替加工后再精加工的工序，以提高加工精度。

阀盖的部分孔和外圆有一定的尺寸精度和几何公差要求，可采用工序集中的加工方法，工序集中减少了工件的装夹次数，有利于保证各表面之间的位置精度，阀盖右端面内孔（ϕ35 mm）的轴线有垂直度要求，外圆（ϕ50 mm）和内孔（ϕ28 mm）的轴线有同轴度要求，采用工序集中方法可保证它们的垂直度和同轴度在精度要求范围内。

阀盖具体加工工序和工步如下：

（1）准备工序

1）检查铸件，清除浇冒口、型砂、飞边、毛刺等。

2）为了消除铸件残余应力，应进行时效处理。

3）非加工表面涂底漆。

（2）阀盖加工

1）根据余量均匀原则，以阀盖毛坯不加工面为基准，荒车阀盖左端 36 mm×15 mm 的外圆（留有一定的粗加工余量）。

2）以荒车后 M36×2 的螺纹外圆为粗基准（留有一定的粗加工余量），粗车、半精车和精车阀盖四方体右端的各外圆、内孔和各端面。

3）以阀盖四方体右端面和外圆（ϕ50 mm）为精基准，粗车、半精车和精车左端的外螺纹和内孔。

4）以中心轴线和外轮廓为精基准，钻四个装配螺栓孔。

（3）结束工作

1）清洁工件，去除切屑、毛刺，倒角。

2）按图样检验工件。

3）防锈处理，编号入库。

7. 确定加工余量和工序尺寸

加工余量的确定可采用查表法、计算法或经验法，一般常用查表法。工序尺寸一般以设计尺寸为最终加工工序尺寸，逐项向前加上（或减去）各工序余量，便得到各工序尺寸（包括毛坯尺寸）。

对阀盖部分无具体尺寸精度要求的，其加工表面一般不考虑半精车工步，零件经粗加工后可直接进入精加工。

（1）阀盖右端面的加工余量

1）荒车左端外圆和端面（M36×2）。查表1—6—10，得外圆和端面的粗车加工余量为2 mm。

2）粗车阀盖外圆（ϕ53 mm）和右端面（12 mm）。查表1—6—10，得外圆（ϕ53 mm）精加工余量为1.5 mm；查表1—6—14，得端面（12 mm）精加工余量为0.7 mm。

3）粗车、半精车阀盖右端外圆（ϕ50 mm）和端面（1 mm）。查表1—6—10，得外圆（ϕ50 mm）精加工余量为1.4 mm；查表1—6—14，得端面（1 mm）精加工余量为0.6 mm。

4）粗车、半精车阀盖右端外圆（ϕ41 mm）和端面（5 mm）。查表1—6—10，得外圆（ϕ41 mm）精加工余量为1.4 mm；查表1—6—14，得端面（5 mm）精加工余量为0.6 mm。

5）粗车、半精车阀盖右端端面（4 mm）。查表1—6—14，得端面（4 mm）精加工余量为0.6 mm。

6）钻孔、粗车阀盖通孔（ϕ20 mm）。查表1—6—12，得通孔（ϕ20 mm）精加工余量为0.8 mm。

7）粗车、半精车阀盖右端内孔（ϕ35 mm）和孔深端面（7 mm）。查表1—6—12，得内孔（ϕ35 mm）精加工余量为1.2 mm；查表1—6—14，得端面（7 mm）精加工余量为0.6 mm。

（2）阀盖左端面的加工余量

1）粗车、半精车阀盖左端外圆和端面（M36×2）。查表1—6—10，得外圆（ϕ36 mm）精加工余量为1.4 mm；查表1—6—14，得端面轴长（44 mm）精加工余量为1.0 mm。

2）粗车、半精车阀盖左端内孔（ϕ28 mm）和端面（5 mm）。查表1—6—12，得内孔（ϕ28 mm）精加工余量为0.8 mm；查表1—6—14，得端面（5 mm）精加工余量为0.5 mm。

（3）阀盖装配螺栓孔加工余量。对小批量加工，一般用划线定位的方法进行钻孔。在钻削阀盖装配螺栓孔时，为了保证与阀体安装螺纹孔的相对位置，也可采用简易钻夹具。阀盖装配螺栓孔为ϕ11 mm，由于孔径小于35 mm，并且孔径尺寸要求不高，可以一次钻出，故不需要安排精加工余量。

8. 确定零件加工各工序时间

（1）根据小批量生产特点，每道工序应制定辅助时间。

（2）工序时间可根据经验，以同类产品时间定额和查表计算等方法估算确定。

（3）阀盖机械加工工艺过程卡中的零件加工各工序时间（时间定额）不做具体安排，具体的时间定额应根据本企业实际情况设定。

9. 填写工艺文件说明

前面内容中提到，在单件、小批量生产中通常不编制其他较详细的工艺文件，而是以机械加工工艺过程卡来指导生产。因此，对阀盖机械加工工艺过程卡进行了一些调整，加入了各道工序要求等，满足了该零件加工过程中指导工人生产的要求。阀盖机械加工工艺过程卡见表1—6—18，具体说明如下：

（1）文件为简易机械加工工艺过程卡。

（2）文件减去了车间、工段等工序内容，增加了工序要求等内容。

（3）时间定额以min为计算单位，具体的时间定额应根据本企业实际情况设定。

步骤2 填写工艺过程卡

表1—6—18 **阀盖机械加工工艺过程卡**

<table>
<tr><td>名称</td><td colspan="2">阀盖</td><td>图号</td><td></td><td>下料性质</td><td>铸件</td><td>生产类型</td><td>小批量</td><td>材料</td><td>HT200</td></tr>
<tr><td>工序</td><td>工序名称</td><td colspan="7">工序内容和要求</td><td>设备工装</td><td>时间定额</td></tr>
<tr><td>1</td><td>铸</td><td colspan="7">铸造毛坯</td><td></td><td></td></tr>
<tr><td>2</td><td>热处理</td><td colspan="7">时效处理，消除铸件内应力</td><td></td><td></td></tr>
<tr><td>3</td><td>钳</td><td colspan="7">清砂、去毛刺和浇注飞边，检查铸件缺陷</td><td></td><td></td></tr>
</table>

续表

工序	工序名称	工序内容和要求	设备工装	时间定额
4	油漆	非加工表面涂底漆		
5	钳（划线）	以阀盖毛坯不加工面为基准找正划线，划出阀盖端面中心十字线和四方体右端端面的加工线	平板 划线盘	
6	车	以阀盖四方体外轮廓面为基准（按加工线校正）装夹，荒车左端 36 mm×15 mm 的外圆和端面（留粗车余量 2 mm）	车床 CA6140	
7	车	以 36 mm×15 mm 的外圆为粗基准定位装夹，加工右端以下各面： （1）粗车外圆（ϕ53 mm）和端面（12 mm），留外圆（ϕ53 mm）精车余量 1.5 mm、端面（12 mm）精车余量 0.7 mm （2）粗车、半精车外圆（ϕ50 mm）和端面（1 mm），留外圆（ϕ50 mm）精车余量 1.4 mm、端面（1 mm）精车余量 0.6 mm （3）粗车、半精车外圆（ϕ41 mm）和端面（5 mm），留外圆（ϕ41 mm）精车余量 1.4 mm、端面（5 mm）精车余量 0.6 mm	车床 CA6140	
8	车	（1）钻中心通孔，粗车通孔（ϕ20 mm），留通孔（ϕ20 mm）精车余量 0.8 mm （2）粗车、半精车内孔（ϕ35 mm）和孔深（7 mm），留内孔（ϕ35 mm）精车余量 1.2 mm、孔深（7 mm）精车余量 0.6 mm	车床 CA6140	
9	车	（1）精车四方体右端面和外圆（ϕ53 mm），要求：端面（12 mm）、外圆（ϕ53 mm）尺寸精度为 IT14，表面粗糙度分别为 Ra6.3 μm 和 Ra12.5 μm （2）精车外圆（ϕ50 mm）和端面（1 mm），要求：ϕ50 mm 尺寸精度为 H9；1 mm 尺寸精度为 IT14；表面粗糙度分别为 Ra3.2 μm 和 Ra12.5 μm；垂直度公差值为 0.080 mm；同轴度公差值为 ϕ0.060 mm （3）精车外圆（ϕ41 mm）和端面（5 mm），要求：ϕ41 mm 尺寸精度为 IT14；5 mm 尺寸精度为 h9；表面粗糙度分别为 Ra6.3 μm 和 Ra12.5 μm （4）精车端面（ϕ41 mm），要求：4 mm 尺寸精度为 h9；表面粗糙度为 Ra12.5 μm （5）车削各加工面的未注倒角 C0.5 mm	车床 CA6140	

续表

工序	工序名称	工序内容和要求	设备工装	时间定额
10	车	（1）精车通孔（ϕ20 mm），要求：ϕ20 mm 尺寸精度为 IT14；表面粗糙度为 Ra6.3 μm （2）精车内孔（ϕ35 mm）和孔深（7 mm），要求：ϕ35 mm 尺寸精度为 H9；孔深 7 mm 尺寸精度为 H9；表面粗糙度分别为 Ra6.3 μm 和 Ra12.5 μm	车床 CA6140	
11	车	以阀盖四方体右端面和 ϕ50 mm 外圆为精基准装夹，加工左端以下各面：粗、半精车外圆和端面（M36×2），留外圆（ϕ36 mm）精车余量 1.4 mm、端面轴长（44 mm）精车余量 1.0 mm	车床 CA6140、简易车床夹具	
12	车	（1）粗、半精车内孔（ϕ28 mm）和孔深（5 mm），留内孔（ϕ28 mm）精车余量 0.8 mm、孔深（5 mm）精车余量 0.5 mm （2）精车内孔（ϕ28 mm）和孔深（5 mm），要求：ϕ28 mm 尺寸精度为 H9；5 mm 尺寸精度为自由公差；表面粗糙度分别为 Ra6.3 μm 和 Ra12.5 μm；同轴度公差值为 ϕ0.060 mm	车床 CA6140	
13	车	（1）精车端面（M36×2），要求：44 mm 尺寸精度为 h9；表面粗糙度为 Ra12.5 μm （2）精车外圆（M36×2），要求：尺寸精度为 $\phi 36_{-0.318}^{-0.038}$ （3）车 C1.5 mm 倒角，要求：表面粗糙度为 Ra6.3 μm （4）车削螺纹（M36×2），要求：螺纹中径加工精度为 6g （5）车削各加工面的未注倒角 C0.5 mm	车床 CA6140、螺纹环规、百分表	
14	钳（划线）	以阀盖中心轴线和四方体外轮廓定位基准找正划线，划四个孔（ϕ11 mm）的中心线	分度头、游标高度卡尺	
15	钳（钻孔）	钻四个通孔（ϕ11 mm），要求：位置度公差值为 ϕ0.25 mm；孔径尺寸精度为 IT14；表面粗糙度均为 Ra12.5 μm	钻床 Z4112B、简易钻模	
16	检验	按图样检验入库	检具	
17	入库	防锈处理，编号入库		

三、注意事项

机械制造过程是一种离散的复杂生产过程，在制造过程中各环节之间有一定的关联，但并不一定很严密，尤其是传统的制造工艺方法，在一定程度上还依赖个人的经验和技艺，工艺过程目前还很难用数学方法或严密的逻辑关系来完全描述，这就使工艺基本理论具有很大的灵活性和局限性，并且工艺基本理论本身也在不断地更新、充实和完善。因此，学习工艺基本理论要注意理论联系实际，具体问题要具体分析，切忌生搬硬套，应从实际应用的角度去学习、理解和掌握它。

第 2 章

钳工专业知识

第1节　工件的划线

学习单元1　复杂工件的划线

学习目标

- 掌握箱体类工件划线基准的选择原则、划线注意事项。
- 掌握畸形工件划线的注意事项。
- 掌握凸轮划线的步骤。

知识要求

在机器制造业中，箱体类工件占有很大比例。箱体类工件的工艺性和加工工序都比较复杂，各种尺寸和位置精度都有较高要求。所以，箱体类工件的划线难度也比一般工件大。

一、箱体类工件的划线

在选择尺寸基准时，应使划线时的尺寸基准与设计基准一致，还要注意对工件进行找正借料。

1. 箱体类工件划线的注意事项

（1）第一划线位置应该是选择待加工表面和非加工表面比较重要和比较集中的位置，这样有利于划线时正确找正和及早发现毛坯的缺陷，既保证了划线质量，又可减少工件的翻转次数。

（2）箱体类工件划线时，一般都要划出十字校正线，在四个面上都要划出，划在长或平直的部位。一般常以基准孔的轴线作为十字校正线。在毛坯面上划的十字校正线，经过刨削加工后再次划线时，必须以已加工的面作为基准面，原十字校正线必须重划。

（3）为避免和减少工件翻转次数，其垂直线可利用角铁或直角尺一次划出。

（4）某些箱体内壁不需要加工，而且装配齿轮等零件空间又较小，在划线时要特别注意找正箱体内壁，以保证加工后能顺利装配。

2. 箱体类工件划线的实例

齿轮减速箱如图 2—1—1 所示，它是由箱盖（见图 2—1—1a）和箱座（见图 2—1—1b）

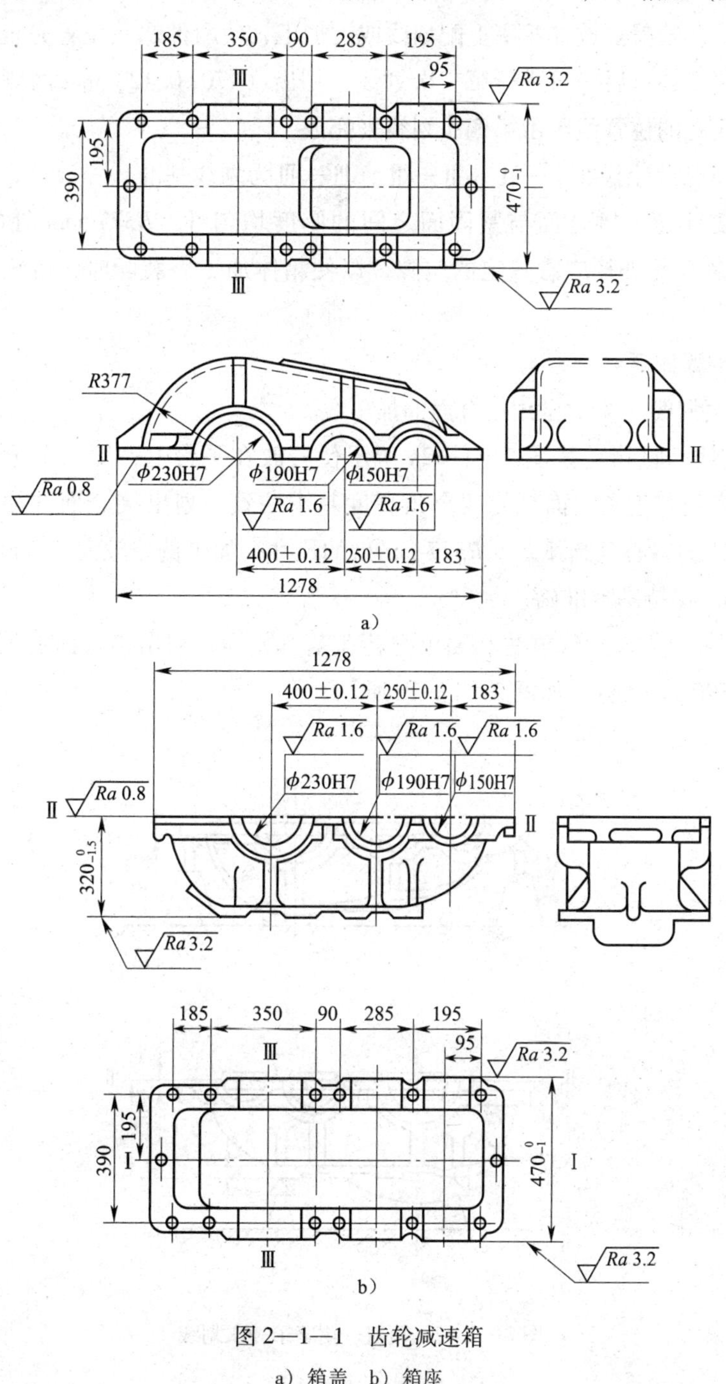

图 2—1—1　齿轮减速箱

a）箱盖　b）箱座

组合而成的一个整体。根据此工件的加工要求，第一次划线要分别划出箱盖、箱座接合面的加工线。接合面加工好后，找正该面第二次划安装螺孔位置线（只需要划箱盖），箱盖螺孔加工好后，将箱盖安放在箱座上配划线或配加工，使两件螺孔位置完全一致，用螺栓将它们紧固为一个整体后，可进行第三次划线，划出（470±0.12）mm 两侧的校正线和加工线，至于各大孔的位置线则由第四次划线来完成。

划线时选择以设计基准Ⅰ—Ⅰ、Ⅱ—Ⅱ、Ⅲ—Ⅲ为划线基准。

划线时需要注意：接合面与紧固面之间的厚度均匀性，*R*377 mm 处的内壁与装在 ϕ230H7孔上的大齿轮外径应有一定的空隙，以便箱体加工后装配时，齿轮外径与内壁不致相撞。

具体划线步骤如下：

（1）第一次划线（主要是划接合面的加工线）

1）箱盖划线。将箱盖按图 2—1—2a 所示位置放在平台上；用三个千斤顶支撑紧固面。用划线盘弯钩校正紧固面，使四个角高度基本一致，划出接合面的加工线，并检查 ϕ230 mm 在该线的中心至圆弧背（*R*377 mm）的尺寸，如果偏差较大，应调整接合面加工线，使 *R*377 mm 保持基本准确。

2）箱座划线。箱座划线方法和要求与箱盖基本相同，划出接合面加工线后，再划出底面加工线（320 mm 处），如图 2—1—2b 所示。

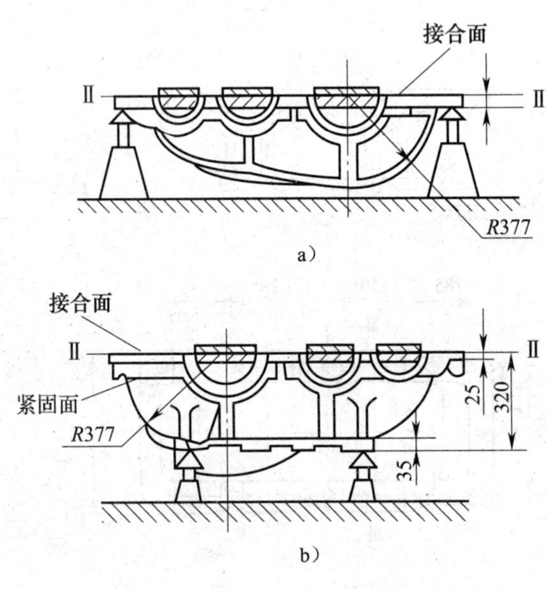

图 2—1—2　箱盖、箱座第一次划线

a）箱盖　b）箱座

（2）第二次划线（接合面加工好后）

1）箱盖划线。将箱盖按图 2—1—3 所示位置放在平台上；侧面朝上用三个千斤顶支撑。用直角尺校正加工后的接合面，并找正尺寸 470 mm，使两端处于等高位置划中心线I—I，以此中心线为划线基准，划出各孔的位置线。划长度方向位置线时，找正方法相同。

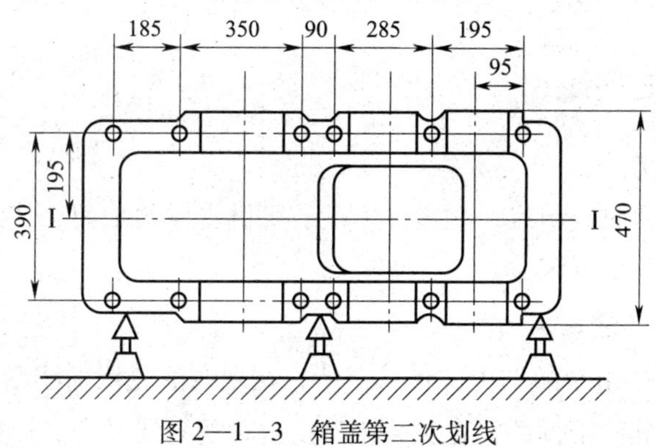

图 2—1—3　箱盖第二次划线

2）箱座划线。箱座划线方法与箱盖划线方法相同。将箱盖钻好安装孔后，可将箱座与箱盖配划线或配钻孔。

（3）第三次划线（箱盖与箱座组合成一体后）。将箱体安放在平台上，如图 2—1—4 所示，用直角尺校正底面，并用划针校正尺寸 470 mm 的毛坯平面（两端）与平台基本平行，重新划出基准线Ⅰ—Ⅰ，并根据基准线Ⅰ—Ⅰ划出 470 mm 的两平面加工线，保证 470 mm 尺寸与基准线对称。

（4）第四次划线（470 mm 两平面已加工完成）。在箱体孔中嵌入中心塞块，如图 2—1—5 所示。用千斤顶将箱体竖立支撑在平台上，用直角尺校正底面和三孔的两端面，

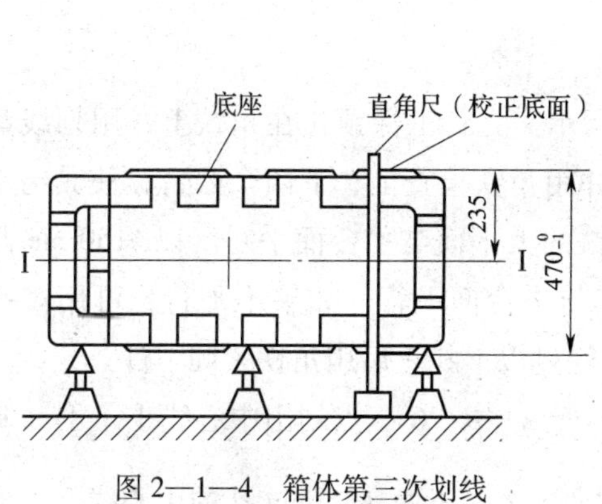

图 2—1—4　箱体第三次划线

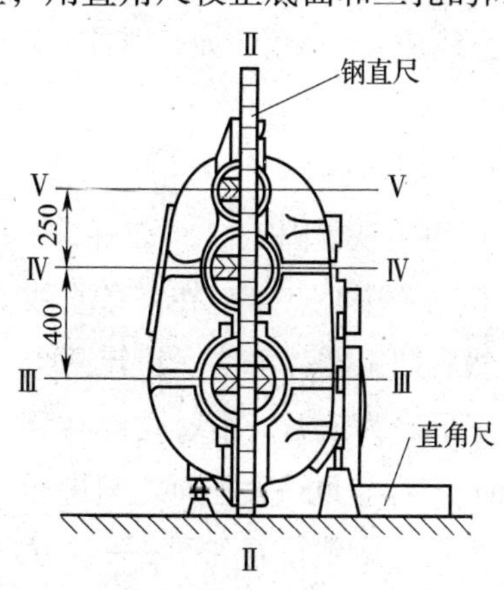

图 2—1—5　箱体第四次划线

使其与平台垂直，找正 $\phi230$ mm 孔凸台外缘，划出基准线Ⅳ—Ⅳ，并划出另外两孔中心线Ⅴ—Ⅴ、Ⅲ—Ⅲ。将箱体放平，以底面为基准，划出中心线Ⅱ—Ⅱ，以各交点为圆心划出各孔加工校正线。

当上述划线操作完成后，应进行尺寸校对。检查所有尺寸是否符合图样要求，然后在各加工线和位置线上打样冲眼。

二、畸形工件的划线

1. 畸形工件的特点

畸形工件由不同的曲线组成，在工件上没有可供支撑的平面，使划线中的找正、借料和翻转都比其他类型的工件困难。

2. 畸形工件划线的注意事项

（1）基准的选择。由于畸形工件形状奇特，在划线前应特别注意：根据工件的装配位置、加工特点和它与其他工件的配合关系来确定合理的划线基准，以保证加工后能满足装配要求。一般情况下，是以其设计时的中心线或主要表面作为划线时的基准。

（2）安放位置。由于畸形工件表面不规则也不平整，故直接采用千斤顶三点支撑或安放在平台上一般都适应不了畸形工件的特殊情况。为保证划线的准确性，往往借助专用工具、辅助工具进行装夹、找正和划线。例如，将带孔的工件穿在心轴上划线；带圆弧面的工件支撑在V形铁上划线；某些畸形工件可置于方箱、角铁、三爪自定心卡盘、专用支撑等工具上进行划线。

3. 畸形工件划线的实例

传动机架如图2—1—6所示，该工件形状奇特，其中 $\phi40$ mm 孔的中心线与 $\phi75$ mm 孔的中心线成45°夹角，而且其交点在空间，不在工件本体上。故划线时要采用辅助基准和辅助工具。

具体划线步骤如下：

（1）用角铁紧固工件，如图2—1—7a所示。先将工件预紧在角铁上，用划线盘找出 A、B、C 三个中心点（应在一条直线上），并用角铁检查上、下两个凸台，使其与平台面垂直。然后把工件和角铁一起转90°，使角铁的大平面与平台面平行。以 $\phi150$ mm凸台下的不加工平面为依据，用划线盘找正，使其与平台面平行，如果不平行，可用楔铁垫在 $\phi225$ mm 凸台与角铁大平面之间进行调整。经过以上找正后用角铁紧固工件。

（2）第一划线位置如图2—1—7a所示。经 A、B、C 三点划出中心线Ⅰ—Ⅰ（基准），然后按尺寸 $a+\frac{364}{2}\cos30°$ 和 $a-\frac{364}{2}\cos30°$ 分别划出上、下两 $\phi35$ mm 孔的中心线。

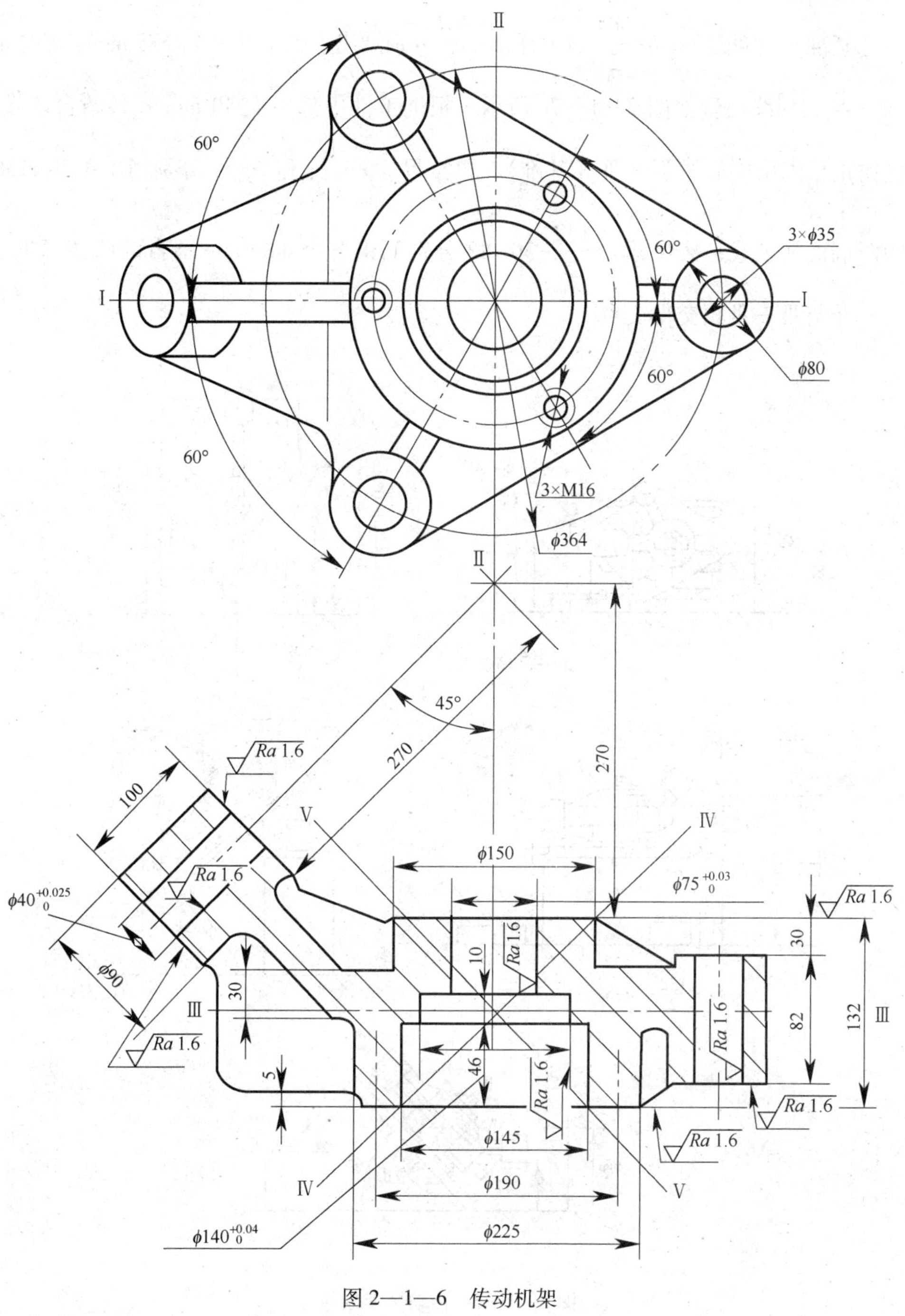

图 2—1—6 传动机架

（3）第二划线位置如图 2—1—7b 所示。根据各凸台外圆找正后划出 φ75 mm 孔的中心线Ⅱ—Ⅱ（基准），再按尺寸 $b+\frac{364}{2}\sin30°$和 $b-\frac{364}{2}$分别划出上、下共三个 ϕ35 mm 孔的中心线。

（4）第三划线位置如图 2—1—7c 所示。根据工件中部厚度 30 mm 和各凸台两端的加工余量找正后划出中心线Ⅲ—Ⅲ（基准），再按尺寸 $c+\frac{132}{2}$和 $c-\frac{132}{2}$分别划出中部ϕ150 mm 凸台的两端面加工线；按尺寸 $c+\frac{132}{2}-30-82$ 分别划出三个 ϕ80 mm 凸台的两端面加工线。基准Ⅱ—Ⅱ与Ⅲ—Ⅲ相交得交点 F。

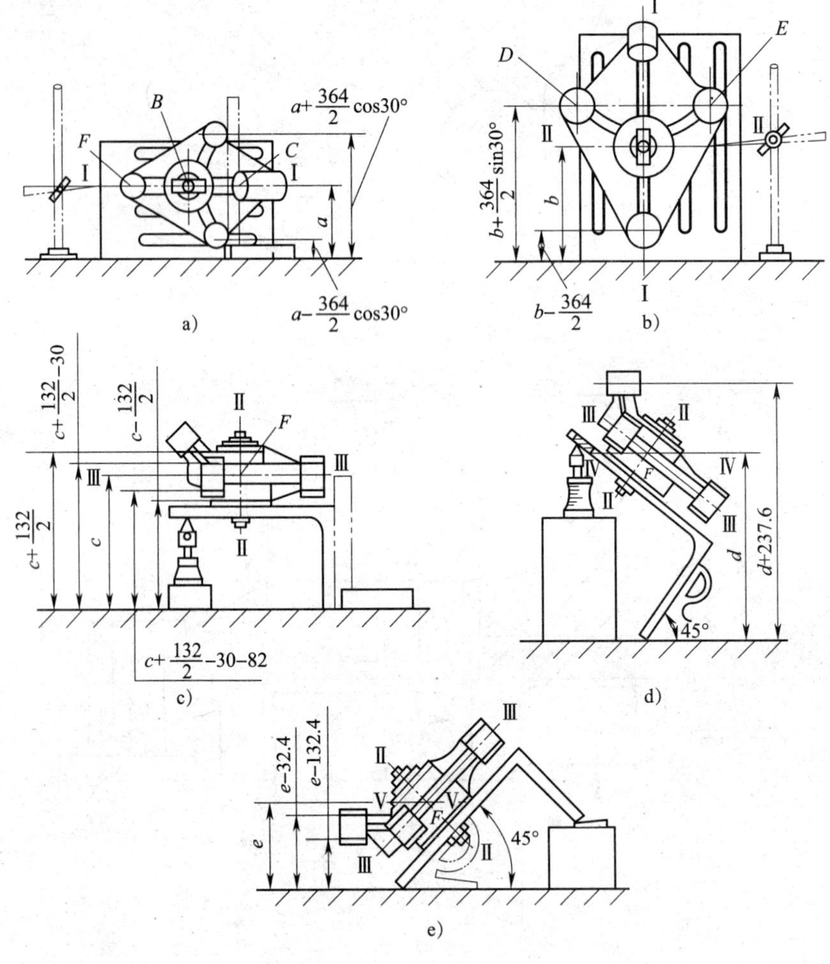

图 2—1—7　传动机架划线

a）第一次划线位置　b）第二次划线位置　c）第三次划线位置　d）第四次划线位置　e）第五次划线位置

（5）第四划线位置如图 2—1—7d 所示。将角铁斜放，用角度规或游标万能角度尺测量，使角铁与平台面成45°倾角。通过交点 A，划出辅助基准Ⅳ—Ⅳ，再按尺寸 $\left(270+\frac{132}{2}\right)\sin45° \approx 237.6$ 划出 $\phi40$ mm孔的中心线，此中心线与已划出的Ⅰ—Ⅰ中心线的交点即为 $\phi40$ mm孔的圆心。

（6）第五划线位置如图2—1—7e所示。将角铁向另一方向成45°斜放，通过交点 A，划出第二辅助基准线Ⅴ—Ⅴ，再按尺寸 $e-\left[270-\left(270+\frac{132}{2}\right)\sin45°\right] \approx e-32.4$ 划出 $\phi40$ mm孔上端面的加工线；按尺寸 $e-\left[270-\left(270+\frac{132}{2}\right)\sin45°\right]-100 \approx e-132.4$ 划出 $\phi40$ mm孔下端面的加工线。

（7）定圆心，划圆周加工线。从角铁上卸下工件，在 $\phi75$ mm孔和 $\phi145$ mm孔内装入中心塞块，用钢直尺将已划的中心线连接后，便可在中心塞块上得到相交的圆心。用圆规划出各孔的圆周加工线。

三、凸轮的划线

1. 凸轮划线的基本方法

分度法是凸轮划线的基本方法，用分度头测量凸轮轮廓如图2—1—8所示。在铣床分度头（或光学分度头）上划线，配合千分表测量端面凸轮工作曲线，所绘出的凸轮轮廓要进一步校正。

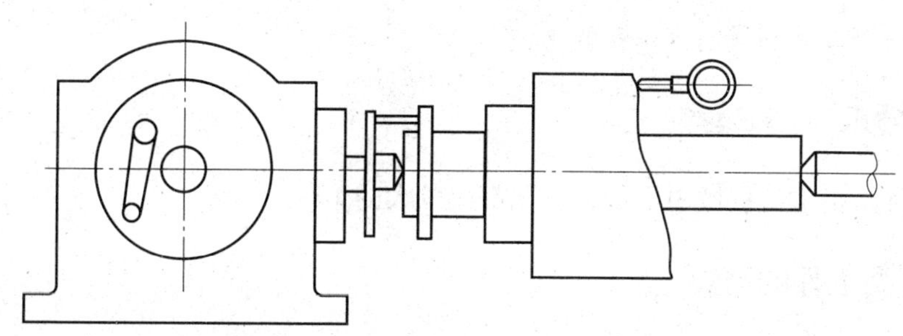

图2—1—8 用分度头测量凸轮轮廓

2. 凸轮划线的注意事项

（1）凸轮划线要准确、清晰，曲线连接要平滑，无用辅助线要去掉。

（2）凸轮曲线的公切点（如过渡圆弧的切点）要明确标记于线中，才能方便机械加工；曲线的起始点、装配“0”线等也要明确标清。

（3）样冲眼必须冲正，使其落在线正中，方便检查且易加工。

（4）精度要求高的凸轮曲线还需要经过装配、调整和钳工修整，直至准确才定型，划线时要看清工艺，为修整留有一定余量。

3. 凸轮划线的步骤（以圆盘凸轮划线为例）

（1）分析图样，装夹工件——应将圆盘凸轮坯夹持在分度头上进行划线。

（2）划十字中心线——第一步划十字中心线。

（3）划分度射线——第二步划分度射线。

（4）定曲率半径——确定各点的曲率半径，用曲线板连接划出凸轮的理论曲线。

（5）连接凸轮曲线——用曲线板连接，最后划出凸轮的工作曲线。

（6）打样冲眼——在加工线上打样冲眼，并去掉不必要的辅助线，着重突出加工线。凸轮曲线的起始点应明确做出标记。

对圆盘等凸轮划线时，其分度射线的数量与凸轮形状（曲率半径的变化）有关，不能太多或太少，太少会增大划线误差，降低凸轮工作曲线的加工精度。

学习单元2　大型工件的划线

学习目标

➢ 掌握大型工件划线的方法和概念。

知识要求

大型工件是指重型机械中质量和体积都比较大的工件。

一、大型工件的特点

重型机械的零部件体积大，质量大，划线时吊装、翻转、找正都比较困难。因此，对于一些特大工件的划线，最好只经过一次吊装、找正，在第一划线位置上把各面的加工线都划好，既提高了工效，又解决了多次翻转的困难。

二、大型工件划线的注意事项

1. 应选择待加工的孔和面最多的一面为第一划线位置，减少由于翻转工件而造成的困难。

2. 大型工件的划线应有足够的安全措施，即有可靠的支撑和保护措施，防止发生工伤事故。

3. 大型工件造价高，耗时多，划线是重要工作，责任重大，以下两点更显得重要：

（1）在划线过程中，每划一条线都要认真检查、校对。

（2）特别是对翻转困难、不具备复查条件的大型工件，在每划完一个部位后，便需要及时复查一次，对一些重要的加工尺寸必须反复检查。

三、大型工件划线的支撑基准

在大型工件的划线中，首先需要解决的就是划线用的支撑基准问题，除了可以利用大型机床的工作台划线外，一般较为常用的有以下方法：

1. 工件移位划线法

当大型工件的长度超过划线平台的三分之一时，则采用工件移位方法划线。先将工件放置在划线平台的中间位置，找正后，划出所有能够划到部位的线，然后将工件分别向左（或右）移位，经过找正，使第一次划出的线与划线平台平行，就可划出工件左（或右）端所有的线。

2. 平板接长划线法

当大型工件的长度比划线平板略长时，则以最大的平板为基准，在工件需要划线的部位，用较长的平板或平尺接出基准平板的外端，校正各平面之间的平行度，并接长平板面至基准平板面之间的尺寸。然后将工件支撑在基准平板面上，绝不能让工件接触接长的平板或平尺，不然由于承受压力，必将影响划线的高低尺寸和平行度，只有划线盘、游标高度卡尺、直角尺等划线工具能在这些平板和平尺上移动划线。

3. 拉线与吊线划线法

拉线与吊线法适用于特大工件的划线，它只需要经过一次吊装、找正（第一划线位置），就能完成整个工件的划线，解决了多次翻转的困难。

拉线与吊线法原理是采用拉线（$\phi 0.5 \sim 1.5$ mm 的钢丝或尼龙线，通过拉线支架和线坠拉成的直线）、吊线（尼龙线，用 30°锥体坠吊直）、线坠、直角尺和钢直尺互相配合，通过投影来引线的方法。

拉线与吊线法原理如图 2—1—9 所示，这种方法是在平台面上设一基准直线 $O—O$，将两个直角尺上的测量面对准 $O—O$，用钢直尺在两个直角尺上量取同一高度 H，再用拉线或钢直尺连接两点，即可得到平行线 $O_1—O_1$。如果要得到距离 $O_1—O_1$ 线尺寸为 h 的平行线 $O_2—O_2$，可在相应位置设一拉线，移动拉线，用钢直尺在两个直角尺 H 高处至拉线量准 h，并使拉线与平台面平行，即可获得平行线 $O_2—O_2$。倘若尺寸较大，则可用线坠代替直角尺。

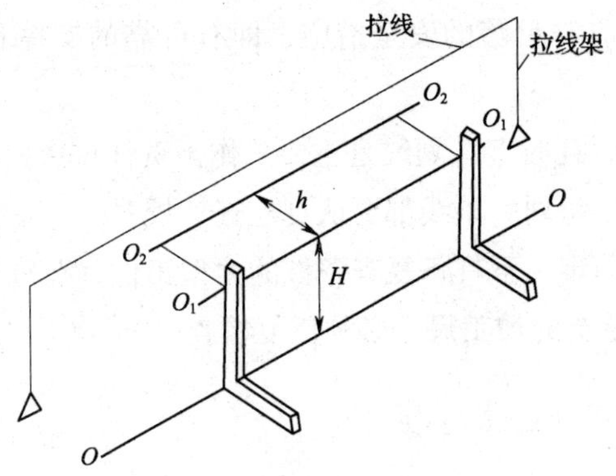

图 2—1—9　拉线与吊线法原理

学习单元 3　回转体和多面体的展开

学习目标

- 掌握可展表面的概念和适用场合。
- 掌握不可展表面的概念和适用场合。

知识要求

一块长方形的钢板可以卷成圆筒，反过来也可将圆筒摊开成长方形钢板。这样将零件的表面摊开在一个平面上的过程称为展开。在平面上画得的图形称为展开图，作展开图的过程称为展开放样。

回转体和多面体在作展开图时通常有两种方法，一是计算法，二是作图法。大多数零件都用作图法。

根据组成零件表面的展开性质，展开表面可分为可展表面和不可展表面。

一、可展表面

零件的表面能全部摊平在一个平面上，而不发生撕裂或褶皱的称为可展表面。

可展表面有圆柱面、多面体表面、锥面（体）等。

二、不可展表面

如果零件的表面不能自然地展开摊平在一个平面上，称为不可展表面。

不可展表面有球面、圆环表面、螺旋面等。

三、展开方法

在机械行业中，物体表面大多采用平行线法来展开。平行线法展开的原理如下：将零件的表面看作由无数条相互平行的素线组成，取相邻素线及其两端线所围成的微小面积作为平面，只要将每一小块平面的真实大小按顺序画在平面上，就得到了零件表面的展开图，所以，只有零件表面素线或棱线互相平行的几何形体，如棱柱体、圆柱体曲面等，才可用平行线法展开。

除了平行线法外，还有放射线法、三角形法等展开方法。

第 2 节　群钻、特殊孔钻削和钻床

学习单元 1　群钻

学习目标

- 熟悉铸铁群钻、黄铜群钻、纯铜群钻、铝合金群钻、薄板群钻、胶木群钻、有机玻璃群钻、橡胶群钻等的构造特点。
- 掌握麻花钻的缺点。
- 掌握标准群钻的构造特点、优点、适用场合。

知识要求

一、麻花钻

麻花钻是一种已标准化的常用钻头，它在切削过程中存在以下缺点：

1. 横刃较长，横刃上各点前角为负值，在切削过程中处于挤刮状态，使轴向抗力增大，并且定心较差，钻头容易产生抖动。

2. 主切削刃上各点前角变化较大，最外缘处前角为 30°，钻头中心的 $d/3$ 范围内为负值，接近横刃处前角为-30°，对切削不利。

3. 棱边较宽，没有副后角。所以与孔壁的摩擦严重，又因该处切削速度最高，容易发热磨损。

4. 刀尖角（主、副切削刃的交角）处前角较大，故刀齿薄弱。该处在切削过程中速度又最高，产生较大的热量，所以磨损严重。

5. 主切削刃全宽进行切削，切屑较宽，造成排屑不畅和切削液流入困难。

二、标准群钻

群钻是指将标准麻花钻的切削部分修磨成特殊形状的钻头。

标准群钻主要用来钻削碳素结构钢和各种合金结构钢。它具有各种群钻的特点，同时，标准群钻又是其他群钻变革的基础，应用也最为广泛。

1. 标准群钻的构造特点

（1）群钻上磨出两条月牙槽，形成凹形圆弧刃，降低了钻尖高度。把主切削刃分成三段：外刃——*AB* 段，圆弧刃——*BC* 段，内刃——*CD* 段，形成了三尖七刃的结构特点，如图 2—2—1 所示。

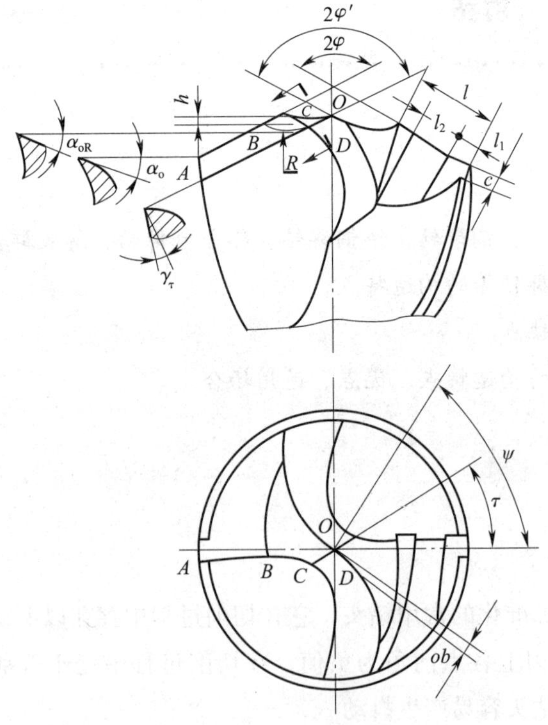

图 2—2—1　标准群钻

（2）修磨横刃，使横刃缩短为原来的 1/7～1/5，并使新形成的内刃上的前角大大增加。

（3）后面上磨出单边分屑槽（不对称），且分屑槽应磨在主切削刃的外刃段。

2. 标准群钻的优点

（1）磨出月牙槽后形成凹形圆弧刃，把主切削刃分成三段，切屑变窄，起到了分屑、断屑的作用，使排屑顺利。

（2）圆弧刃上各点的前角增大，减小了切削阻力，可提高切削效率。

（3）降低了钻尖高度，可将横刃磨得较短而不影响钻尖强度。同时大大降低了切削时的轴向阻力，有利于切削速度的提高。

（4）钻孔时，标准群钻的月牙槽在孔底切出圆环肋，加强了定心作用和钻头钻削时的稳定性，有利于提高孔的加工质量。

（5）磨出分屑槽后，使切屑变窄，有利于排屑和切削液的进入，延长了钻头的使用寿命，并且减小了工件变形，提高了加工质量。

三、铸铁群钻

1. 铸铁上钻孔常遇到的问题

因铸铁较脆，切屑呈碎块并夹杂着粉末，挤压在钻头的后面、棱边与工件孔之间，产生剧烈的摩擦。所以在钻头的后面，尤其在刀尖处磨损极为严重。此时可采用修磨顶角和加大后角的方法来解决。同时，由于铸铁强度较低，切削抗力较小，因此可把横刃磨得更短。经过这样修磨的钻头可延长使用寿命，并可减小轴向抗力而有利于加大进给量。

2. 铸铁群钻的构造特点

铸铁群钻切削部分的形状如图 2—2—2 所示，其构造有以下特点：

（1）修磨顶角，为了增大刀尖处的面积，以利于散热。磨出第二顶角，对直径较大的钻头也可磨出第三顶角，以延长钻头的使用寿命，并可减小轴向抗力，有利于提高进给量。

（2）将后角磨得更大，比钻钢材的钻头大 3°～5°，并可将后面磨去一块（见图 2—2—3），即磨出第二重后角，而不会影响刀齿强度。还可增大后面与孔底间的容屑空间，有利于切削。

（3）在刀尖处磨出 $R0.5$ mm 左右的圆角，有利于提高加工精度。

铸铁群钻不是铸铁钻的俗称，而是铸铁钻和标准群钻的结合，它保留了铸铁钻和标准群钻各自的特点。由于铸铁群钻的刀尖高度 h 比标准群钻更小，因此横刃可磨得更短，是标准麻花钻的 1/7～1/5。

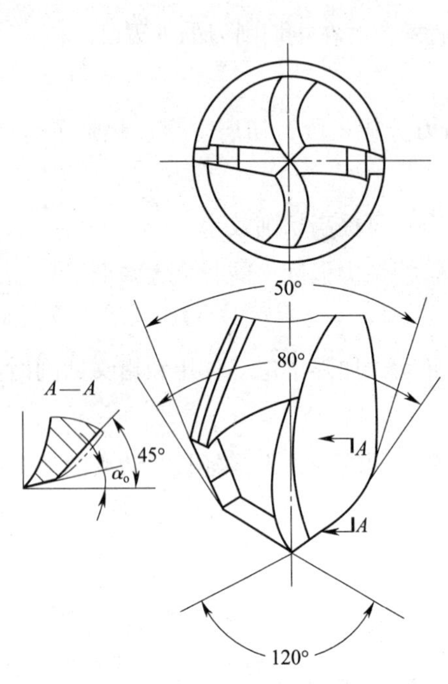

图 2—2—2　铸铁群钻切削部分的形状

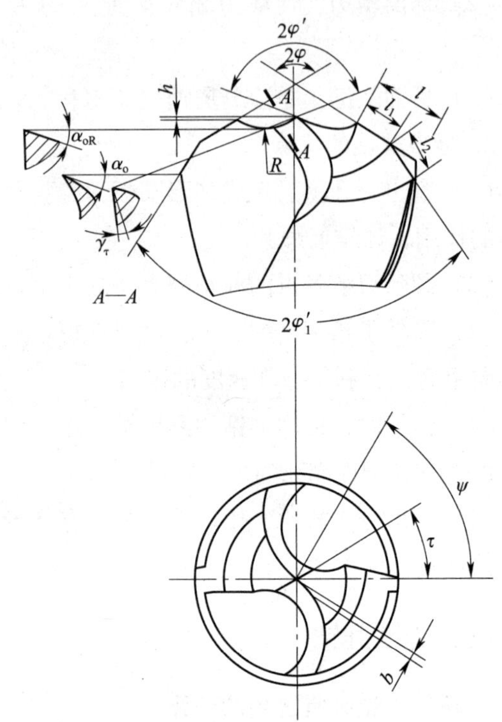

图 2—2—3　铸铁群钻

四、黄铜群钻

1. 黄铜上钻孔常遇到的问题

黄铜与青铜的强度和硬度较低，组织也较疏松，切削阻力小。若采用较锋利的刃口（γ_o 与 α_o 较大），则很容易产生扎刀现象。轻者使孔的出口处损坏，或使钻头的切削刃崩掉；重者将使钻头扭断，甚至把工件从机床用平口虎钳中拉出而发生事故。

钻头的扎刀现象是由工件材料对钻头产生较大的向下拉力而造成的。此时不仅不需要操作者施加进给压力，相反，钻头将拉着钻床主轴而自动切入工件。图 2—2—4 所示为钻削时钻头受力图，p 为工件材料作用于钻头前面上的正压力，F 为切屑与钻头前面的摩擦力，R 为 p 与 F 的合力。由图可知，当钻削黄铜或青铜材料时，摩擦阻力 F 较小，此时若 γ_o 越大，则合力 R 将越向下倾斜，其分力 Q 也就越大，而分力 Q 就是拉钻头向下的力。由于钻削黄铜或青铜材料时钻头后面所受的阻力也较小，因此钻头就容易向下切入了。

2. 黄铜群钻的构造特点

黄铜群钻切削部分的形状如图 2—2—5 所示，其构造有以下特点：

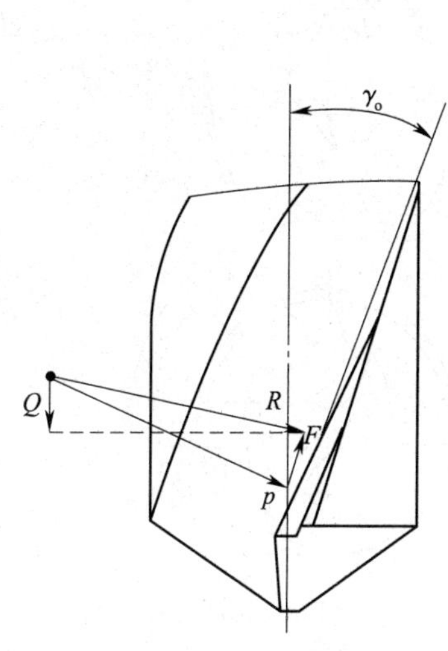

图 2—2—4　钻头受力图

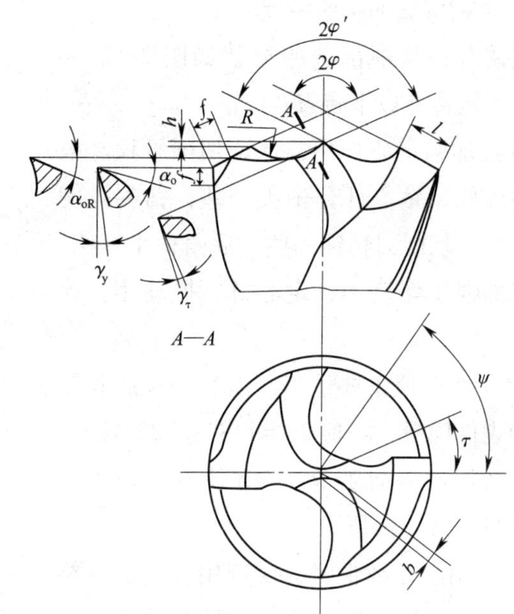

图 2—2—5　黄铜群钻

（1）要避免扎刀现象，就要设法把钻头外缘处的较大纵向前角磨小（8°左右），此时切削刃的锋利程度稍差，而分力 Q 可以减小。

（2）为了进一步提高生产效率，钻头的横刃可磨得更短。

（3）在主切削刃与副切削刃的交角处，磨出 $r=0.5\sim1$ mm 的过渡圆弧，还可改善孔壁的表面质量。

（4）黄铜群钻与标准群钻相比，结构上没有分屑槽。

五、纯铜群钻

由于纯铜制品使用条件和使用场合的特殊性，要求所钻孔的精度比一般孔加工精度高，其表面质量要求也高。

1. 纯铜上钻孔常遇到的问题

（1）孔形不圆，钻出的孔上部偏大。

（2）孔的表面质量不理想，孔壁有撕痕，有时会出现螺旋线挤痕，出口出现毛刺。

（3）软纯铜的切屑不断，随钻头甩动不安全，且阻挡切削液进入孔中。

（4）硬纯铜的切屑较碎，造成孔壁不光洁。

（5）钻头容易在孔中咬住。

2. 纯铜群钻的构造特点

纯铜群钻切削部分的形状如图2—2—6所示，其构造有以下特点：

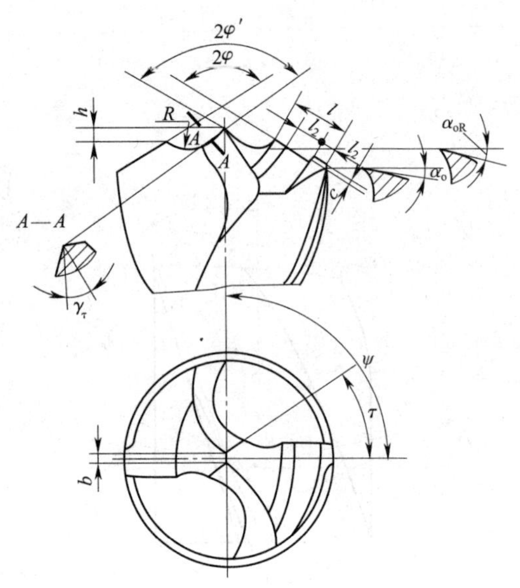

图2—2—6 纯铜群钻

（1）加强定心作用，保证切削平稳。根据纯铜性能，钻心部分稍尖一些，钻尖高度稍大一些，切削刃稍钝一些，后角稍小一些，这样就加强了钳制力，定心好，振动小，孔形圆。

（2）外刃顶角要适当，以利于排屑和改善孔的表面质量，一般$2\varphi=118°\sim122°$较好。当钻孔较深而表面质量要求不高时，应加大外刃顶角，改善排屑。

（3）钻削软纯铜时，应选用较大的进给量，以改善出屑情况，也可在钻头前面磨出负前角的断屑面。钻削硬纯铜时，应增大外刃顶角，以改善排屑情况，或先将工件进行退火。

（4）将钻头外缘刀尖处磨出倒角或圆弧刃，钻孔时采用高转速和小进给量的方法，使孔壁的表面质量得以改善。

（5）磨出分屑槽，使切屑变窄，有利于排屑和切削液的进入，能延长钻头的使用寿命，并且减小了工件变形，提高了加工质量。

六、铝合金群钻

1. 铝合金上钻孔常遇到的问题

铝合金的强度和硬度较低，导热性好，熔点较低。钻孔时切屑容易熔黏在切削刃和前面上，形成积屑瘤，使排屑的摩擦力增大，对孔壁的表面质量产生不利影响。有时甚至因切屑挤塞于钻头螺旋槽内而使钻头折断。

除纯铝外，一般铝合金的塑性和延展性都较小，所以切屑较碎，不易排出，尤其是钻深孔时更为突出。

由此可见，铝合金上钻孔主要考虑避免积屑瘤产生和便于切屑顺利排出的问题。

2. 铝合金群钻的构造特点

铝合金群钻切削部分的形状如图2—2—7所示，其构造有以下特点：

（1）将横刃磨得更短。

（2）将外刃顶角 2φ 磨得大一些，一般 $2\varphi=140°\sim170°$较好，有利于排屑。

（3）可磨出第二重后角，以增大容屑空间。

（4）铝合金上钻孔，在粗加工时可选用较浓的乳化液，在精加工时可选用煤油或煤油与机油的混合液。这样可减小切屑与前面的摩擦，避免产生严重的积屑瘤。

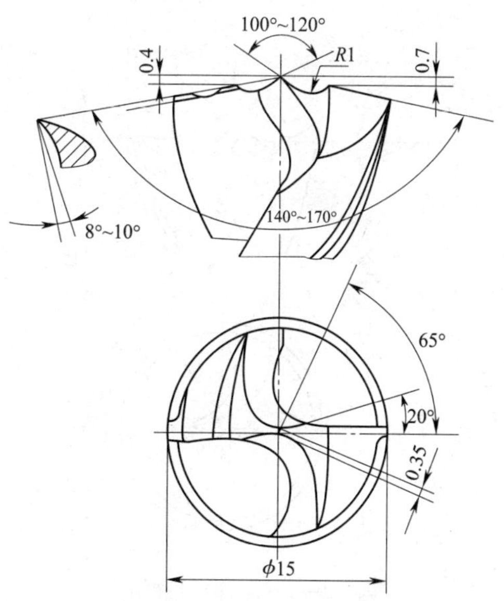

图 2—2—7　铝合金群钻

七、薄板群钻

1. 薄板上钻孔常遇到的问题

用标准麻花钻钻削薄板工件时，由于钻尖先钻穿工件后立即失去定心作用和突然使轴向阻力减小，此时工件上留有两块应切除但还未切除的部分，使工件在加工时产生弹动，钻头的螺旋槽沿其已形成的孔状迅速滑下，且因突然切入过多而产生扎刀或钻头折断事故。钻出的孔不圆，出口处的飞边很大。

2. 薄板群钻的构造特点

薄板群钻切削部分的形状如图 2—2—8 所示，其构造有以下特点：

（1）两主切削刃外缘磨成锋利的刀尖，外缘刀尖处与钻尖的高度差 h 仅为 0.5～1 mm。磨成后的薄板群钻又称三尖钻。

（2）刃磨后的薄板群钻其圆弧的深度 h'应比薄板工件的厚度大 1 mm。

（3）刃磨后的薄板群钻在钻削时利用钻心尖定中心、两主切削刃外刀尖切圆的原理，在工件上切出一条圆环槽，这不仅起到了良好的定心作用，同时使薄板上钻出的孔圆整、光洁，并且不会引起扎刀现象。

八、胶木群钻

1. 胶木上钻孔常遇到的问题

胶木、层压板等材料在钻孔时存在中间分层、出口脱皮等现象，并有扎刀现象存在。

2. 胶木群钻的构造特点

胶木群钻切削部分的形状如图 2—2—9 所示，其构造有以下特点：

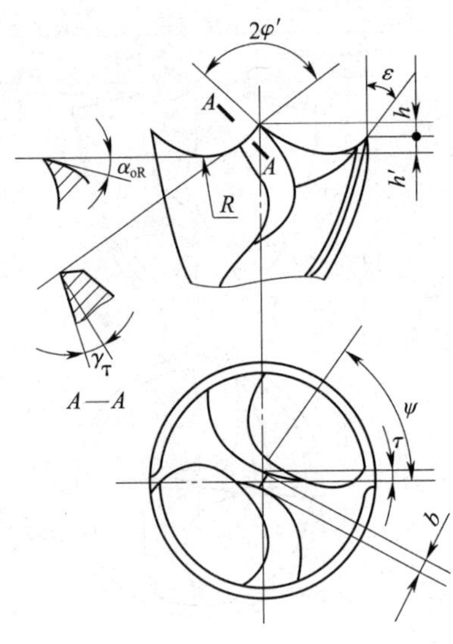

图 2—2—8　薄板群钻

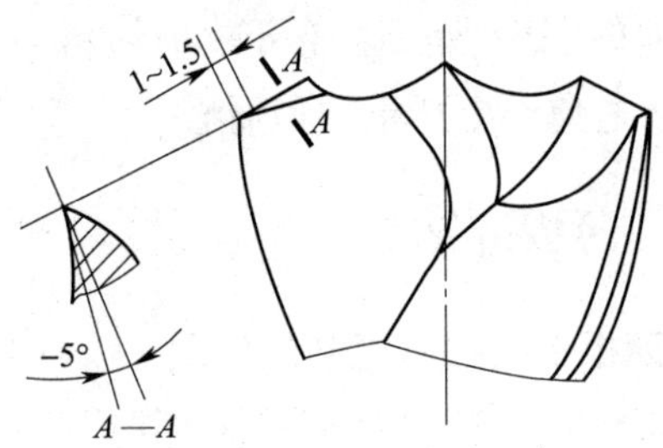

图 2—2—9　胶木群钻

（1）其几何参数基本与钻削黄铜的群钻相同。

（2）因材料强度不高，其横刃可以磨得更窄，以减小轴向力。

（3）在外刃上磨出三角小平面，以适当减小前角，但离外缘处应留有 1~1.5 mm 的距离。这样既可减轻扎刀现象，又可保持外刃外缘处的锋利，提高孔的加工质量。

九、有机玻璃群钻

有机玻璃是一种热塑性材料。因它具有良好的耐腐蚀性、绝缘性、耐寒性、透明度，以及容易黏结等特性，得到越来越广泛的应用。

1. 有机玻璃上钻孔常遇到的问题

（1）难以得到理想的透明度。

（2）孔壁有时会产生“银斑”状裂纹。

（3）孔两端有时发生崩块现象。

2. 有机玻璃群钻的构造特点

有机玻璃群钻切削部分的形状如图 2—2—10 所示，其构造有以下特点：

（1）加大外刃的纵向前角 $γ_y$ 为 35°~40°；将横刃磨得尽可能短，以减小切削力和切削热的产生。

（2）外刃顶角 2φ 为 100°~110°；外缘处磨出过渡圆角，以利于减轻孔两端的崩块现象。

（3）加大棱边倒锥，磨出副偏角 φ_1 为 15′~30′的角度；磨窄棱边，以减小摩擦，提高孔壁质量。

（4）将外刃外缘后角 α_o 磨成 25°~27°，以减小钻头后面的摩擦，防止黏结。把刃口和棱边用磨石修光；钻孔时加充足的切削液；选用适中的转速和较小的进给量。

十、橡胶群钻

橡胶因其具有独特的物理和力学性能，在各行业中得到了广泛的应用。

橡胶强度很低，但有很高的弹性。受到很小的力就会产生很大的变形，尤其是软橡胶。

1. 橡胶上钻孔常遇到的问题

（1）孔的收缩量很大，易成锥形，上大下小，严重时孔壁有撕伤，甚至不成圆形。

（2）钻削温度高时，橡胶变质，产生臭味。

由此可见，在橡胶上钻孔要求切削刃锋利一些，使材料还未变形前就被切割开，这样才能得到较为理想的圆孔。

2. 橡胶群钻的构造特点

橡胶群钻切削部分的形状如图 2—2—11 所示，其构造有以下特点：

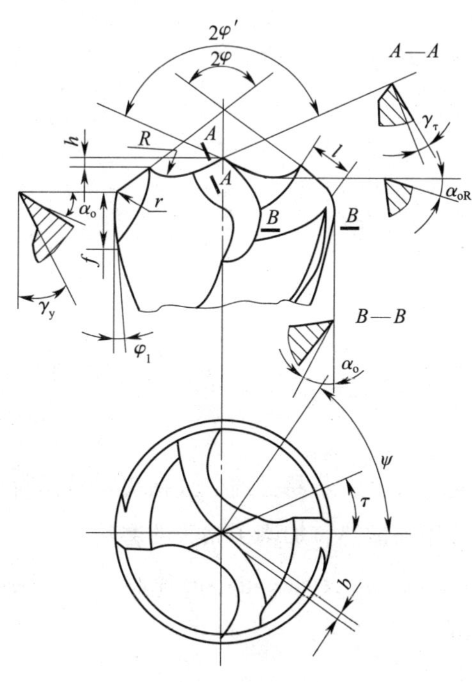

图 2—2—10　有机玻璃群钻

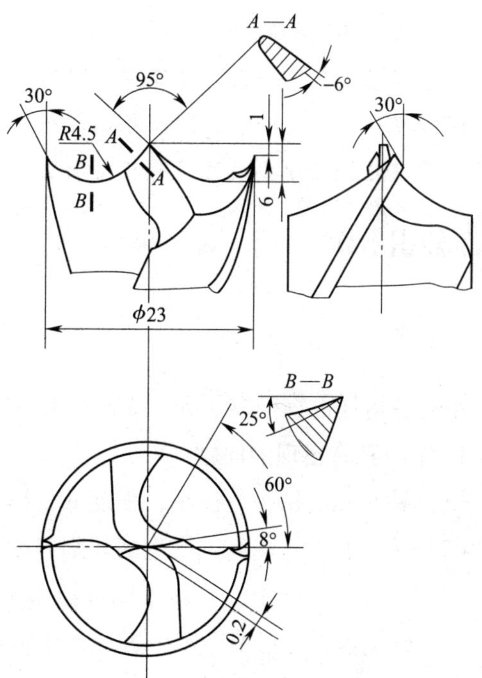

图 2—2—11　橡胶群钻

（1）橡胶群钻是在薄板群钻的基础上修磨而成的。

（2）将两外缘处向心的圆弧刃改磨出一段很锋利的沿棱边圆周切线方向的切向刃，并使这一小段刃口稍向前倾斜，如图2—2—11所示。

（3）加大钻头后角，α_o 约为30°，以减小已加工表面与后面的摩擦。

（4）横刃尽量磨得短些，内刃顶角比薄板群钻更小，一般 $2\varphi'$ 约为95°，以增大圆弧刃深度。若橡胶越软、越厚，则应将内刃顶角再减小，进一步增大圆弧刃深度和加大后角。

（5）在钻孔时应采用较大的切削速度，一般 v_c 为30~40 m/min，进给量 f 较小，为0.05~0.12 mm/r。

学习单元2　特殊孔钻削

学习目标

- 熟悉钻相交孔的方法。
- 掌握钻小孔、斜孔、深孔常出现的问题和钻削时的注意事项。
- 掌握钻精孔的概念、方法和切削用量的选择。
- 掌握孔距精度要求较高的孔系加工方法。

知识要求

一、钻小孔

小孔是指加工直径在3 mm以下的孔。

1. 钻小孔常出现的问题

（1）钻小孔的钻头直径小，强度低，螺旋槽又比较窄，不易排屑，故钻头容易折断。

（2）钻小孔时转速高，产生的切削温度高，又不易散热，加剧了钻头的磨损。

（3）在钻削过程中，一般手动进给不易掌握均匀，孔表面质量不易控制，钻头刚度低，钻头碰到硬点会滑偏原定位置，致使钻孔容易发生倾斜。

2. 钻小孔的注意事项

（1）起钻时，进给力要小，防止钻头弯曲和滑偏。可采用直径相同或略小的中心钻定位和导向，以保证钻孔的初始位置和钻削方向。

（2）要采用手动进给，不可采用机动进给。进给时要用力均匀，以防止钻头折断飞出而造成事故。

（3）切削速度选择要适当，不宜过大。一般钻床精度不高，高速转动容易产生振动，影响加工精度。钻头直径为 2~3 mm 时，切削速度可选 14~19 m/min；钻头直径在 1 mm 以下时，切削速度可选 6~9 m/min。

（4）在钻削过程中应注意及时提起钻头进行排屑，并及时注入切削液。

（5）应采用与钻头直径相应的小型钻夹头进行装夹。

二、钻斜孔

孔中心线与孔端面不垂直的孔称为斜孔。钻斜孔有三种情况，即在斜面上钻孔、在平面上钻斜孔、在曲面上钻孔。下面主要介绍在斜面上钻孔常出现的问题和一般方法。

1. 在斜面上钻孔常出现的问题

（1）在斜面上钻孔时，钻尖接触工件时先是单边受力，钻头两条切削刃上负荷不对称，会使钻头轴线偏斜、滑移，很难保证孔的正确位置。

（2）如果钻头刚度不足，会造成钻头因偏斜而不易切入工件，使钻头崩刃或折断。

（3）用麻花钻直接在斜面上钻孔，难以保证其孔的直线度和圆度要求。

2. 在斜面上钻孔的一般方法

（1）先用与孔径相等的立铣刀在斜面上铣出一个平面，然后再钻孔。

（2）用錾子在斜面上錾出一个小平面，然后用中心钻钻出一个中心孔或用小钻头钻出一个浅孔，再用所需孔径的钻头钻孔。

（3）在斜面上钻孔，如果加强了钻头的定位和导向作用，就可提高孔的加工质量。

三、钻深孔

深孔通常是指孔的深度为孔径 10 倍以上的孔。不论用接长钻还是深孔钻，深孔加工一般均较困难。

1. 用接长钻钻深孔常出现的问题

（1）由于钻头较细长（长径比大），使钻头的刚度和强度比较低，起钻时不易钻进工件，加工时容易引起振动和孔的歪斜。

（2）由于孔比较深，故给排屑带来困难。切屑堵塞或排屑不畅，不但容易使钻头折断，还会擦伤孔壁，降低孔壁表面质量。

（3）冷却困难，切削液不易注入到切削刃上，会造成钻头磨损加快，甚至退火烧坏钻头。

（4）导向性能差，使孔容易偏斜。

（5）切削用量不能选得过大。

2. 用接长钻钻深孔的注意事项

（1）钻头的接长部分要有很好的刚度和导向性，接长部分与钻头本体必须有较高的同轴度精度，以免影响孔的加工质量。

（2）钻深孔前先用普通钻头钻至一定深度后，再用接长钻继续钻孔，这样孔不易产生歪斜现象。

（3）用接长钻或深孔钻钻深孔时，钻头每钻进一段不长的距离后，必须及时从孔中退出，进行排屑和注入切削液，以防堵塞。

（4）用深孔钻钻深孔时，不论内排屑还是外排屑，都必须保持排屑畅通，即通入一定压力的切削液。

（5）钻头前面或后面必须磨出分屑槽与断屑槽，使切屑呈碎块状，容易排屑。

（6）切削速度不能太高。

（7）开始钻进时，进给力要小，防止钻头弯曲和滑移。

四、钻精孔

1. 钻精孔的概念

钻精孔是一种孔的精加工方法。钻孔公差等级可达 IT8 ~ IT7 级，表面粗糙度可达 $Ra6.3\sim1.6\ \mu m$。在单件生产或修配工作中常采用这种方法来加工精孔。在某些特殊情况下还可替代铰孔。

2. 钻精孔的方法

（1）加工方法。首先钻出底孔，留有 0.5 ~ 1 mm 的加工余量，然后再进行精扩。这样在加工过程中，由于切削量小，产生热量小，工件不易变形，而且钻头磨损小，所产生的振动也小，可大大提高加工精度。

（2）改进钻头的几何角度，如图 2—2—12 和图 2—2—13 所示。

1）磨出第二顶角 $2\varphi_1$，铸铁精孔钻头 $2\varphi_1\leqslant50°$，铜材精孔钻头 $2\varphi_1\leqslant75°$。新磨出的切削刃长度 τ 为 3 ~ 4 mm，外缘处夹角全部磨成 R 为 0.2 mm 的过渡圆弧。

2）后角 α_o 一般磨成 6° ~ 10°，以免产生振动。

3）将棱边磨窄，保留 0.1 ~ 0.2 mm 的宽度，或者磨出副后角 $\alpha_f = 6° \sim 8°$，以减小摩擦。

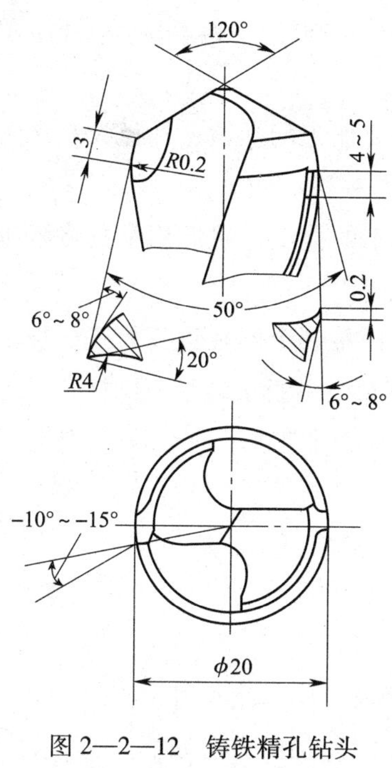

图 2—2—12　铸铁精孔钻头

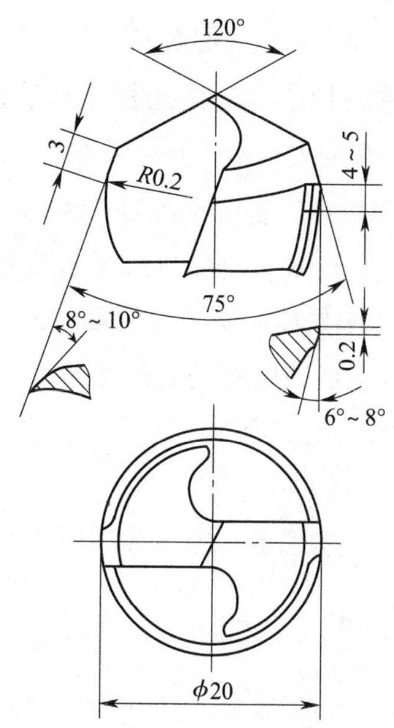

图 2—2—13　铜材精孔钻头

4）用油石研磨切削刃处的前面、后面，使表面粗糙度达 Ra0.2 μm。

（3）正确选择切削用量。切削速度：钻削铸铁时 v_c 为 20 m/min 左右；钻削钢材时 v_c 为 10 m/min 左右。尽量采用机动进给，f 为 0.1 mm/r 左右。

3. 钻精孔的注意事项

（1）钻孔时应选用精度较高的钻床，主轴径向圆跳动误差要小。如果主轴径向圆跳动误差较大时，应采用浮动夹头装夹钻头。

（2）选用尺寸精度较高的钻头。

（3）钻头的两切削刃需要修磨对称，两刃的径向圆跳动误差应控制在 0.05 mm 范围内。

（4）钻削过程中要注入充足的切削液，并正确选用切削液。钻精孔属于精加工，所以选用切削液时应考虑以润滑为主。

五、孔距精度要求较高的孔系加工方法

对于孔的精度和中心距精度要求较高的多孔加工，应选用精度较高的钻床进行加工。具体方法如下：

1. 按图样准确划线。

2. 在各孔中心先加工一个螺纹孔，用来固定校正圆柱。螺纹孔大小视所需加工孔的大小而定，M5、M6、M8 均可。

3. 制作一批带孔校正圆柱。其数量不少于需要加工的孔数；外径大小一致；孔径比已加工好的螺纹大径大 1 mm 左右。

4. 先用螺钉将各校正圆柱安装在工件需要加工的孔上，然后用量具将各校正圆柱的中心距校正至与图样相符的精度范围内，加以固定。

5. 在钻床主轴上安装杠杆百分表，对工件上任意一个圆柱进行校正，保证校正圆柱轴线与钻床主轴轴线满足同轴度要求。然后固定工件，并拆去该校正圆柱。

6. 利用钻孔、扩孔、镗孔、铰孔等加工方法，边加工边测量，直到符合图样的加工要求为止。

7. 用上述方法逐一加工其余未加工孔，直至全部结束。

六、钻相交孔的方法

某些工件如阀体等，在互成角度的各个面上都有一些大小相等或不等的孔，呈相交的状态分布。相交的孔有正交、斜交、偏交等情况。具体加工方法如下：

1. 选择基准，准确划线。

2. 加工孔径不等的交叉（相交）孔时，按划线基准定位，先钻直径较大的孔，再钻直径较小的孔。

3. 对于精度要求不高的孔，用分 2~3 次扩孔加工的方法来达到要求；对于精度要求较高的孔，钻孔后应留有铰削或研磨的余量。

4. 两孔即将钻穿时，应采用手动的较小进给量进给，以免在偏切的情况下造成钻头折断或孔的歪斜。

5. 对于斜交孔，可采用在斜面上钻孔的方法加工。

学习单元 3　钻床

学习目标

- 了解常用钻床种类、型号。
- 掌握立式钻床常见故障的产生原因和排除方法。

知识要求

一、钻床简介

钻床是用来加工孔的常用设备，也是机械加工企业必备的基本设备之一。常用的钻床有台式钻床、立式钻床和摇臂钻床。

1. 台式钻床

台式钻床简称台钻，它是一种小型钻床，一般安装在工作台上，用来钻削直径 16 mm 以下的孔，台钻的规格是指所钻孔的最大直径，常用的有 ϕ6 mm、ϕ12 mm、ϕ16 mm 等规格，如 Z4012、Z4016 型台钻。

台式钻床具有较强的灵活性，均为手动进给，能适应各种场合的钻孔需要。但它的最低转速较高，一般不低于 400 r/min，因此不适用于锪孔和铰孔。

2. 立式钻床

立式钻床简称立钻，一般用来加工中、小型工件上的孔。其规格有 ϕ25 mm、ϕ35 mm、ϕ40 mm、ϕ50 mm 等。立钻可以自动进给，其功率和机构强度都允许采用较大的切削用量，因此，加工工件时可获得较高的生产效率和加工精度。另外，它的主轴转速和进给量都有较大的变动范围，可适用于不同材料、不同要求的加工，如钻孔、扩孔、锪孔、铰孔、攻螺纹等工作。常用的有 Z5125 型立式钻床。

3. 摇臂钻床

摇臂钻床简称摇臂钻，适用于较大工件和多孔工件的加工。它靠移动或转动主轴来校正工件上孔的中心位置，加工时比立钻更方便。其特点是主轴箱能沿摇臂左右移动，而摇臂又能 360°回转，所以其加工范围广。摇臂的位置由电动锁紧装置固定在立柱上，主轴箱也由电动锁紧装置固定在摇臂上。工件不大时，可压在工作台上加工；若工件很大，可将工作台移走，把工件直接放在底座上进行加工。

摇臂钻床的主轴转速和进给量的变动范围都很广，所以加工范围也较广，可进行钻孔、扩孔、锪平面、锪孔、铰孔、攻螺纹、环切大圆孔等加工。常见的有 Z3040 型摇臂钻床。

二、立式钻床常见故障的产生原因和排除方法

1. 保险离合器失效

（1）产生原因

1）超负荷钻削。

2）弹簧弹力不足。

3）离合器的钢珠损坏。

（2）排除方法

1）按使用说明书或工艺要求进行正常的钻削。

2）通过弹簧一端的限位螺杆调整到超过正常负荷的10%（即达到10 000 N），此时即停止进给。

3）更换钢珠或整个离合器。

2. 油管断油

（1）产生原因

1）油管断裂。

2）油管接头接合面配合不良。

3）柱塞油泵的柱塞与泵体间隙过大。

4）柱塞弹簧失效。

5）油泵的单向阀失效（弹簧失效或钢珠与接合面配合不好）。

（2）排除方法

1）更换新油管。

2）检查各油管接头接合面，若接合面不良，则重新配制管接头斜面。

3）若柱塞与泵体间隙过大，用研磨棒研磨泵体孔，按泵体孔配研柱塞。

4）更换柱塞弹簧。

5）若单向阀失效，则需要修整或更换弹簧，或修整钢珠与其接合面的配合。

3. 主轴在进给箱内上下移动时出现轻重现象

（1）产生原因

1）主轴箱的花键套与主轴中心偏移。

2）主轴花键部分弯曲。

3）主轴套筒的外径变形超过公差范围。

4）主轴套筒齿条有碰撞伤痕和毛刺。

（2）排除方法

1）在主轴上安装百分表，表针触及空心轴，旋转主轴，若同轴度超差（允差为0.05 mm），可调整变速箱位置，重新铰削定位销孔。

2）校正主轴花键弯曲部分。

3）检查主轴套筒外径是否有咬痕或变形。若有咬痕，则用油石修整。若因装配轴承引起主轴套筒的外径变形，则修整主轴套筒。若因修整套筒而引起套筒与箱体套的间隙过大，则需要按套筒的尺寸重新更换箱体套。

4）修整主轴套的齿条和啮合的齿轮，保证啮合正常。

4. 钻孔轴线倾斜

（1）产生原因

1）主轴移动轴线与立柱导轨不平行。

2）主轴回转中心与工作台面不垂直。

（2）排除方法

1）检查主轴套移动中心线与立柱导轨的平行度，若超差，则修刮进给箱体导轨面，直到达到技术要求。

2）检查主轴套移动中心线对工作台面的垂直度误差，若超差，则修刮工作台导轨面，直至达到技术要求。

5. 渗油或漏油

（1）产生原因

1）接合面不够平直而引起渗油。

2）油管接头接合面配合不良，或插入式油管端部溢油。

3）主轴旋转时甩油。

（2）排除方法

1）如果箱盖、轴承盖的接合面不够平直，可重新刮削平整，并涂上人造树脂溶液，但涂层厚薄必须均匀，也可以用密封膏作涂料。

2）油管接头处若装配不当，往往也容易引起漏油。改进方法之一是重新配制管接头斜面，改进方法之二是将插入式油管改用管接头拧紧。

3）因主轴承润滑供油量过多造成甩油，可调整导油线，以控制供油量。

第3节　机 床 导 轨

学习单元1　机床导轨的结构类型

学习目标

➢ 了解滚动导轨的特点。

➢ 熟悉机床导轨的结构类型和特点。

知识要求

机床床身是机器的基础零件，又是装配机器零部件的基准件。机床床身上的导轨是用来承载和导向的，是引导床身上的运动部件沿一定方向运动的，是保证刀具和工件相对运动精度的关键。

一、导轨的结构

机床导轨按运动性质不同可分为直线运动导轨和旋转运动导轨；按摩擦性质不同可分为滑动导轨、滚动导轨、弹性导轨、流体导轨。滑动导轨是机床导轨中使用最广泛的类型，也是其他类型导轨的基础。

直线运动导轨截面的基本形状主要有三角形（或V形）、矩形、燕尾形和圆柱形四种，如图2—3—1所示。

导轨由凹件和凸件组成，又称导轨副。工作时不动的称为支撑导轨（如机床床身导轨），运动的称为动导轨（如机床工作台、滑板的导轨）。凸形导轨不易积存切屑，不易存油，故常用于低速移动的场合。凹形导轨能存油，润滑条件好，常用于速度较大的场合，但必须有充分的防护措施。

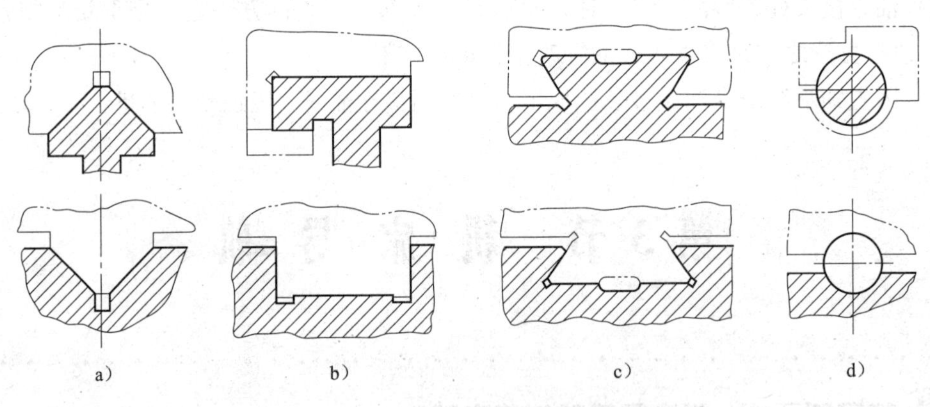

图2—3—1　直线运动导轨截面的基本形状

a）三角形　b）矩形　c）燕尾形　d）圆柱形

机床导轨按受力情况不同可分为开式导轨、闭式导轨，如图2—3—2所示。开式导轨是在部件自重和外载作用下，导轨面在全长上始终贴合，使运动件导轨面和承导件导轨面接触的导轨；闭式导轨是在受较大倾覆力矩时，部件自重不能使导轨面贴合，必须用压板

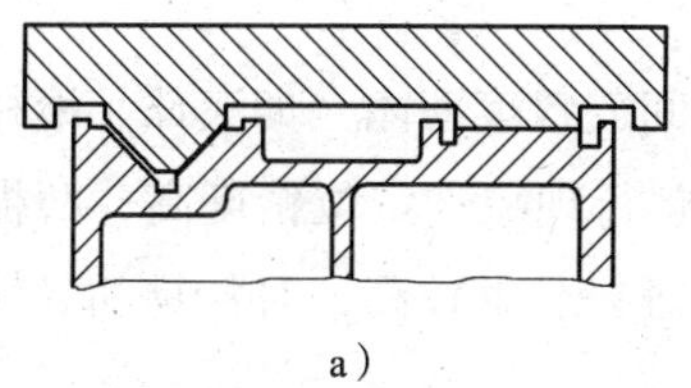
a）

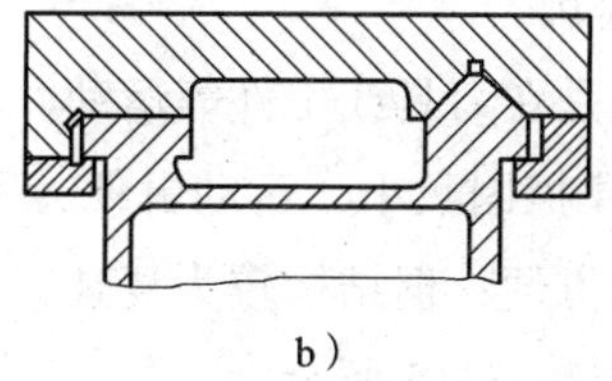
b）

图 2—3—2　机床导轨按受力情况不同的分类

a）开式导轨　b）闭式导轨

作为辅助导轨面保证主导轨面贴合的导轨。

二、常见导轨

1. 三角形导轨

三角形导轨的截面形状为三角形，该导轨导向精度高，无间隙，可自动补偿磨损，但制造较麻烦。三角形导轨顶角与导轨导向精度和承载能力有关，小于 90°可提高导向精度，110°~120°可提高承载能力，通常三角形导轨的顶角为 90°。

2. 燕尾形导轨

燕尾形导轨的截面形状类似于等腰梯形，如图 2—3—3 所示。该导轨结构紧凑，可多向受力，调整间隙方便，但形状复杂，摩擦力大，运动灵活性差，磨损不能补偿，必须要有消除间隙装置，如带镶条间隙调节装置。燕尾形导轨一般用于机床多层次移动部件中的定位，如车床上的中滑板、小滑板，如图 2—3—4 所示，刀架可以在燕尾形导轨上面快速移动，然后迅速夹紧。牛头刨床和插床上的滑枕导轨也都采用燕尾形导轨。

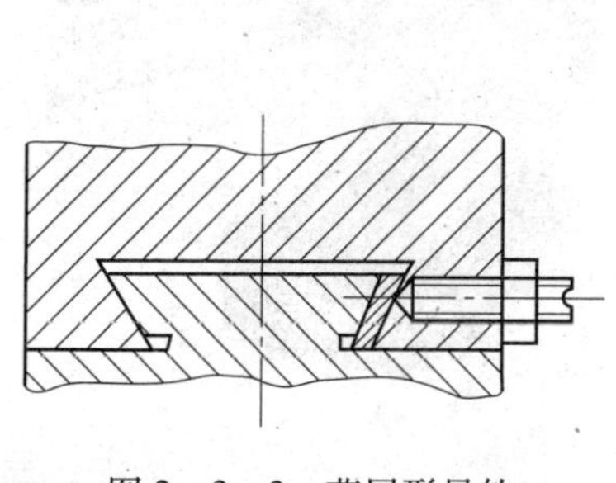
图 2—3—3　燕尾形导轨

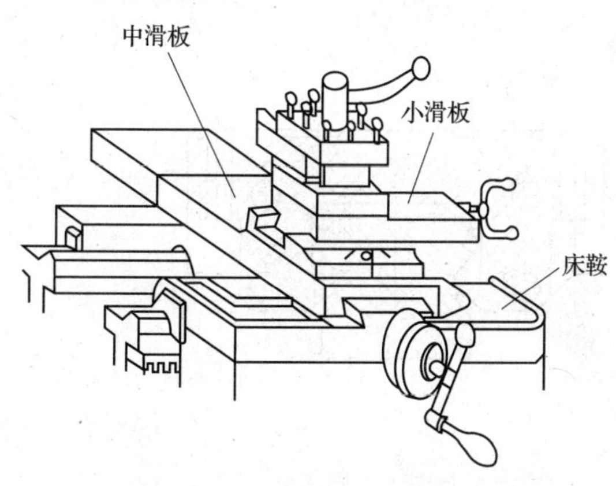

图 2—3—4　车床刀架

3. 滚动导轨

滚动导轨是在刀具或工件等运动件和导轨之间放置滚动体（如滚珠、滚柱、滚动轴承等）。该导轨摩擦因数小，运动灵便，不易出现爬行现象；定位精度高，磨损较小，使用寿命长，润滑方便；但结构较为复杂，加工较困难，成本较高，对污物和导轨面的误差比较敏感，如图2—3—5所示。

图2—3—5　滚动导轨

（1）直线滚子导轨。直线滚子导轨摩擦因数小，精度高，安装方便。由于它是一个独立部件，对机床支撑导轨的部分要求不高，其表面既不需要淬硬，也不需要磨削或刮研，只要精铣或精刨加工即可。由于这种导轨可以预紧，因而刚度高，承载能力大。为提高抗振性，直线滚子导轨可装有抗振阻尼滑座，如图2—3—6b所示。在冲击载荷大、振动大的机床上不易应用直线导轨。

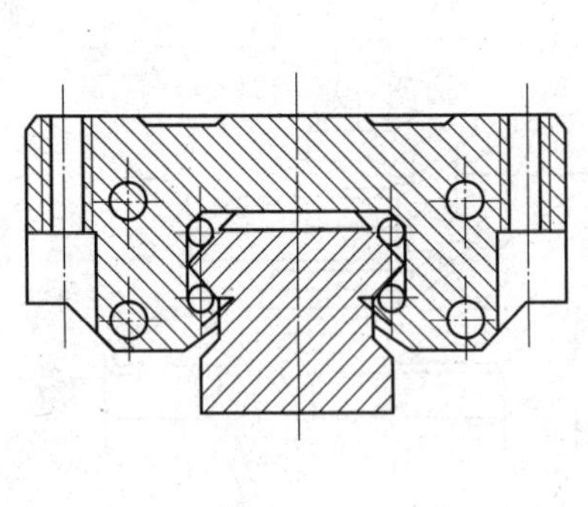

a）

b）

图2—3—6　直线滚子导轨

a）导轨截面　b）导轨外形

直线运动导轨的移动速度可达 60 m/min，在数控机床和加工中心等机床上广泛应用。

（2）直线滚柱导轨。直线滚柱导轨是平面导轨与滚柱导轨的组合，是将滚柱安装在平行导轨上，用滚柱替代钢球承载机床的运动部件，如图 2—3—7 所示。直线滚柱导轨接触面积大，承载负荷大，灵敏度高。从导轨截面看，支架与滚柱置于平面导轨的顶面和侧面，为了获得高精度，在机床工作部件和支架内面之间设置一块楔板，使预加负载作用于支架的侧面，工作部件的重力作用于支架的顶面。与传统的平面导轨相比，直线滚柱导轨能经受高速运转，可改善机床的性能，广泛用于中型或大型机床上。

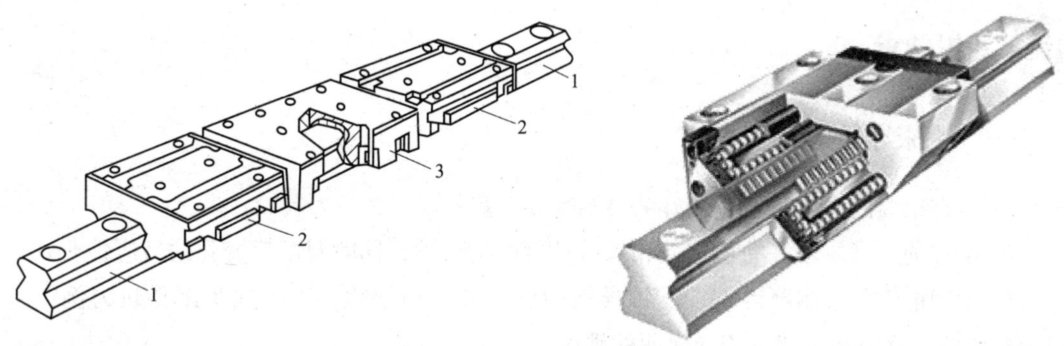

图 2—3—7　直线滚柱导轨

1—导轨条　2—循环滚柱滑座　3—抗振阻尼滑座

安装导轨时，当振动和冲击较大、精度要求较高时，两条导轨的凹面都要定位，这种定位称为双导轨定位，如图 2—3—8 所示。双导轨定位对定位面的平行度要求高，对调整垫的加工精度要求高，调整难度较大。

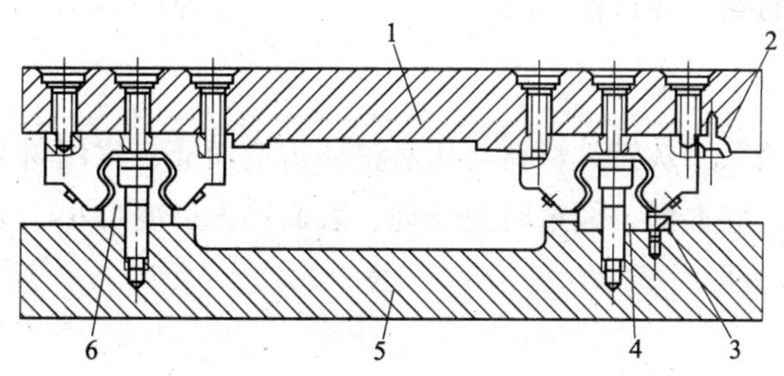

图 2—3—8　双导轨直线滚柱导轨

1—工作台　2、3—调整垫　4、6—导轨条　5—床身

学习单元2 机床导轨的基本要求、材料特性和精度要求

学习目标

- 熟悉机床导轨的基本要求和材料特性。
- 掌握机床导轨精度的概念。
- 掌握机床导轨直线度的测量方法和步骤。

知识要求

一、机床导轨的基本要求

1. 具有很高的导向精度、较好的灵活性和平稳性。

2. 足够的刚度、较好的稳定性和保持精度的持久性，同时对温度变化的适应性要好。

3. 承载能力大，耐磨性好，支撑导轨硬度应高于动导轨，以卧式车床导轨为例，床身导轨面的硬度应高于溜板箱导轨面的硬度。

4. 具有良好的结构工艺性。

机床导轨的基本参数包括：导轨的宽度 b、运动件和承导件的配合长度 L、三角形导轨的顶角 α。导轨的宽度与运动件绕导轨轴线转动速度的大小有关，导轨的配合长度与倾覆力矩和导向精度有关。

二、机床导轨的材料特性

1. 铸铁导轨

普通机床导轨一般采用灰铸铁材料与床身整体铸造而成，常用材料是HT200。该材料铸造性好，容易制造，成本低，经过时效处理、表面淬火后变形小，吸收振动，耐压力性能和耐磨性好，应用广泛。

2. 镶钢导轨

精密机床、数控机床或滚珠丝杠导轨多采用镶钢导轨。该导轨耐磨性比铸铁导轨高5~10倍；但制造工艺复杂，成本较高。

3. 青铜导轨

青铜导轨大多用于重型机床的动导轨，并与铸铁支撑导轨相配，可防止导轨表面拉

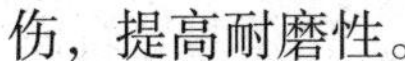

伤，提高耐磨性。

4. 镶塑导轨

镶塑导轨常用在与铸铁导轨相配合的工作台导轨上，导轨表面用螺钉紧固或黏结一层塑料板（如尼龙板等），形成塑料-铸铁摩擦副，以减少导轨磨损和研伤，延长使用寿命。塑料板材质较软，可使导轨的磨损减少1/4~1/2；另外，塑料板具有自润滑性能，磨损后可以更换，无须对导轨面再加工，还有良好的吸振能力、防爬行能力和一定的耐磨能力。目前，镶塑导轨已在中、小型精密机床和数控机床中应用。

三、机床导轨的精度要求

1. 精度种类

（1）导轨几何精度。导轨几何精度包括导轨在水平面和垂直平面内的直线度，以及导轨与导轨之间或导轨与其他接合面之间的相互位置精度，即导轨之间的平行度和垂直度。

1）导轨在水平面内的直线度。沿导轨的长度方向作假想水平面 A 与导轨相截，所得交线即为导轨在水平面内的实际轮廓，如图 2—3—9 所示。用两条平行且距离最小的直线包容该交线最高、最低点，所得距离 Δ 即为导轨在水平面内的直线度误差。

2）导轨在垂直平面内的直线度。沿导轨的长度方向作假想垂直平面 B 与导轨相截，所得交线即为导轨在垂直平面内的实际轮廓，如图 2—3—10 所示。用两条平行且距离最小的直线包容该交线最高、最低点，所得距离 Δ 即为导轨在垂直平面内的直线度误差。

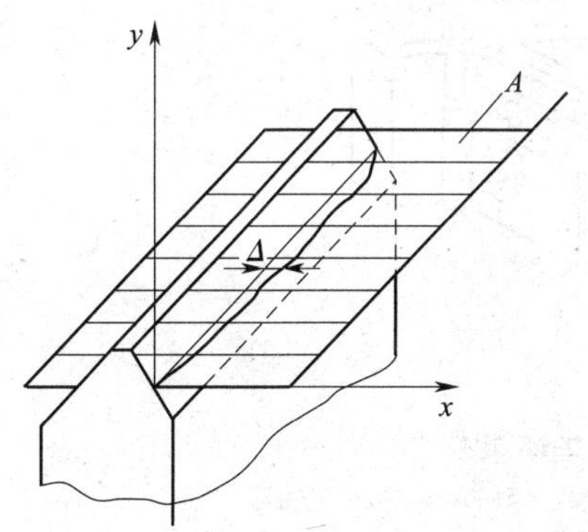

图 2—3—9　导轨在水平面内的直线度误差

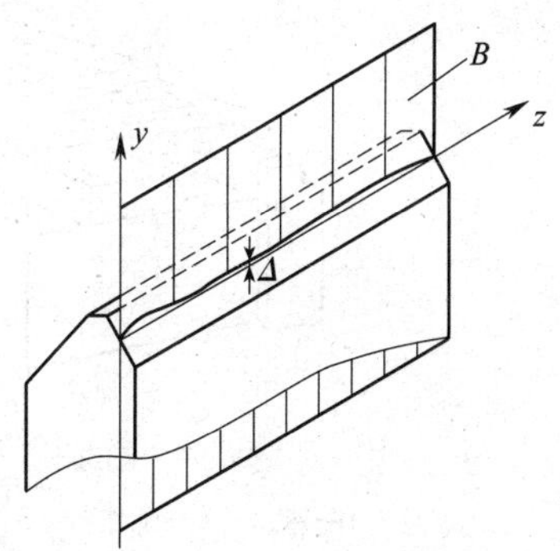

图 2—3—10　导轨在垂直平面内的直线度误差

导轨直线度误差分为 1 m 长度内的直线度误差和导轨在全长内的直线度误差，一般机床导轨在 1 m 长度内的直线度误差为 0. 015~0. 02 mm。

3）两导轨面间的平行度。两导轨面间的平行度误差也称导轨的扭曲，它是两导轨面在横向每米长度内的扭曲值 δ，如图2—3—11所示。例如，立式双柱坐标镗床（见图2—3—12）的两根立柱4、7必须相互平行。一般机床导轨的平行度误差为0.02～0.05 mm/1 000 mm。

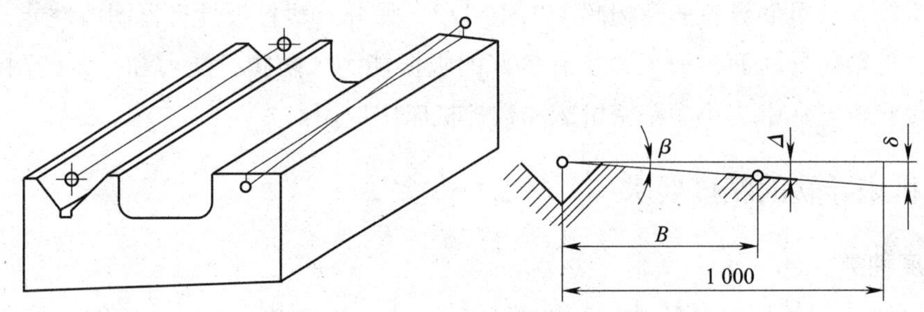

图2—3—11　导轨与导轨间的平行度误差

4）两导轨面间的垂直度。两导轨面间的垂直度形式有很多，如图2—3—12所示，立式双柱坐标镗床的立柱4、7与横梁3必须垂直才能保证被加工件的加工精度。

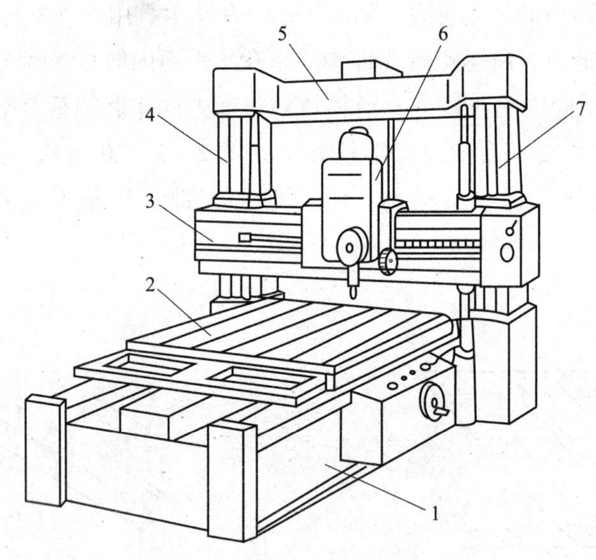

图2—3—12　立式双柱坐标镗床

1—床身　2—工作台　3—横梁　4、7—立柱　5—顶梁　6—主轴箱

（2）导轨接触精度。一对导轨的接触精度一般用涂色法检查。对于刮削的导轨，以导轨表面25 mm×25 mm范围内的接触点数作为精度指标；对于磨削的导轨，一般用接触面积大小作为精度指标。

（3）导轨表面粗糙度。机床导轨表面粗糙度直接影响机床的精度和使用寿命，机床导轨表面粗糙度要求见表 2—3—1。

表 2—3—1　　机床导轨表面粗糙度要求

μm

机床类型		表面粗糙度 *Ra*	
		支撑导轨	动导轨
普通精度机床	中、小型	0.8	1.6
	大型	1.6~0.8	1.6
精密机床		1.6~0.8	1.6~0.8

2. 精度测量

(1) 用水平仪测量导轨在垂直平面内的直线度误差。导轨几何精度的测量方法有多种，在实际生产中，一般都使用水平仪来进行测量。但是，用水平仪只能测量导轨在垂直平面内的直线度、平行度、平面度误差，不能测量导轨在水平面内的直线度误差。下面将以框式水平仪（见图 2—3—13）为例进行讲解。

图 2—3—13　框式水平仪

1）框式水平仪的读数方法。框式水平仪的读数方法有绝对读数法和平均读数法两种。

①绝对读数法。以气泡两端的长刻线作为零线，气泡向任意一端偏离零线的格数即为实际偏差的格数，如图 2—3—14 所示。图 2—3—14a 表示框式水平仪处于水平位置，气泡两端位于零线上，读数为“0”；图 2—3—14b 表示框式水平仪逆时针方向倾斜，气泡向

右移动，图示位置读数为“+2”；图2—3—14c表示框式水平仪顺时针方向倾斜，气泡向左移动，图示位置读数为“-3”。

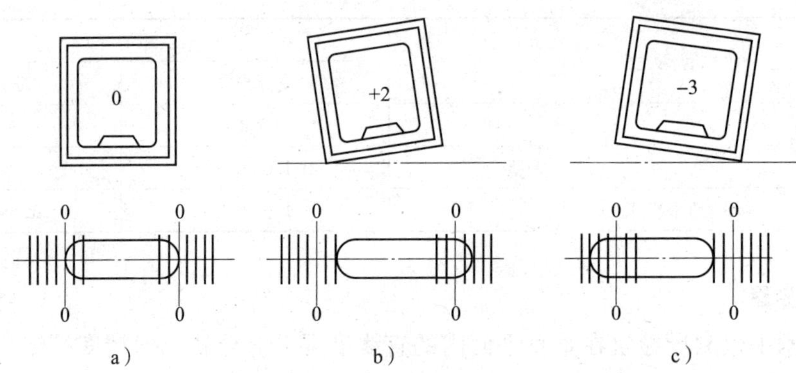

图2—3—14 绝对读数法

a）水平位置 b）逆时针方向倾斜 c）顺时针方向倾斜

②平均读数法。由于环境温度变化较大，会使气泡变长或缩短，引起读数误差而影响测量的正确性，此时，可采用平均读数法，以消除读数误差。平均读数法是分别从两条长刻线起，向气泡移动方向读至气泡端点止，然后取这两个读数的平均值作为这次测量的读数值。

图2—3—15a表示由于环境温度较高，气泡变长，测量位置使气泡左移。读数时，从左边长刻线起，向左读数“-3”；从右边长刻线起，向左读数“-2”，取这两个读数的平均值作为这次测量的读数值：

$$\frac{(-3)+(-2)}{2}=-2.5$$

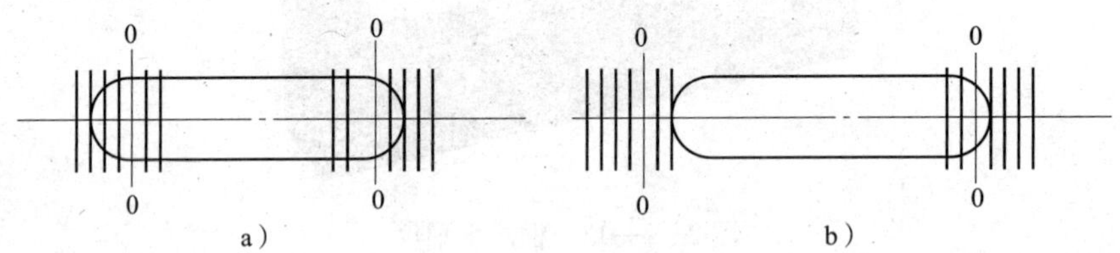

图2—3—15 平均读数法

a）气泡变长 b）气泡缩短

图2—3—15b表示由于环境温度较低，气泡缩短，测量位置使气泡右移，按上述读数方法，读数分别为“+2”和“+1”，则测量的读数值为：

$$\frac{(+2)+(+1)}{2}=+1.5$$

由于平均读数法不受环境温度影响，因此读数精度高。

2）框式水平仪的测量步骤

①把框式水平仪固定在专用的测量垫板上，垫板下部的支撑面应按导轨形状制造，上部两端支撑面中心线的间距 l 称为跨距（与水平仪长度相当），总长 L 通常比跨距长5～30 mm。

②把垫板与框式水平仪一起放在被测导轨的两端和中部位置上，将导轨先大致调整成水平位置。将导轨全长进行分段，每段长度与垫板跨距长度相适应，依次首尾相接逐段测量，取得各段读数以反映各段倾斜值。

③把各段测量读数值逐点累积，画出导轨直线度误差的曲线图。

④用最小包容区域法或两端点连线法确定最大误差格数，计算出导轨直线度误差值，并判断导轨凹凸部位。若求出的误差值不符合技术要求，则应对照曲线图上误差部位制定导轨的下一步刮削方案。

（2）用光学平直仪测量导轨直线度误差

1）光学平直仪。光学平直仪（又称自准直仪）由仪器主体和反射镜两部分组成，主体由平行光管和读数望远镜组成，反射镜安装在桥板上，如图 2—3—16 所示。

a）

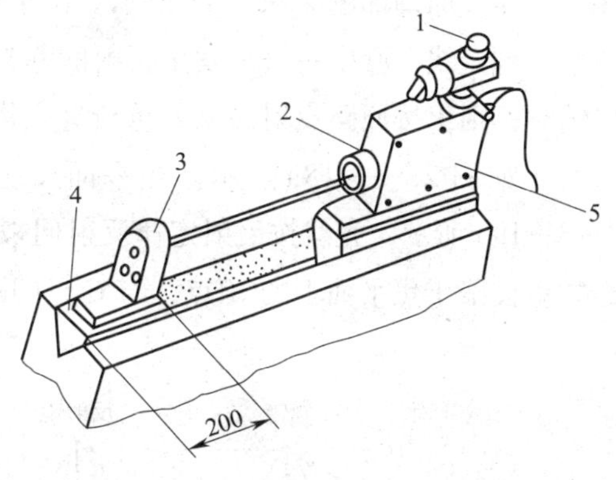

b）

图 2—3—16　光学平直仪

a）光学平直仪外观　b）测量示意图

1—目镜　2—物镜　3—反射镜　4—垫板　5—光学平直仪主体

光学平直仪的光学原理如图 2—3—17a 所示，光线由灯泡 1 发出，经绿色滤光片 2 照亮十字指示分划板 3 上的十字目标物像，并经立方棱镜 4、反射镜 5、物镜 6 后形成十字平行光照射在平面反射镜 12 上。经反射回的十字平行光再经物镜 6、反射镜 5、立方棱镜

4原路返回并向上聚焦在固定分划板7上成像。固定分划板7上刻有粗读刻度标尺。若导轨平直，反射镜与平行光垂直，反射形成的亮十字物像在固定分划板中间，并与可动分划板8的黑长刻线重合，如图2—3—17b所示。

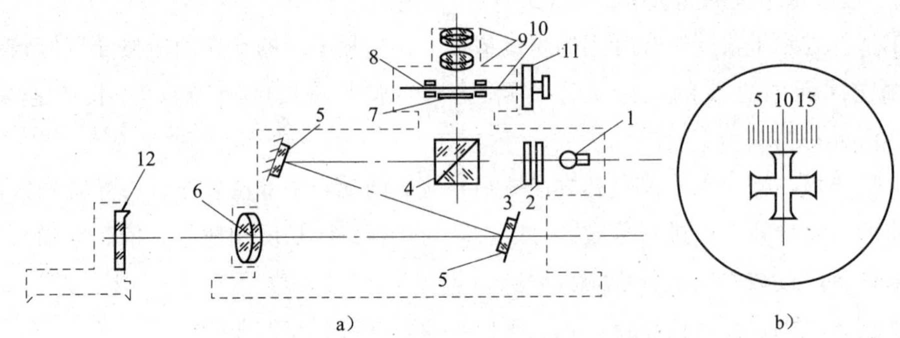

图2—3—17　光学平直仪的光学系统

a）光学原理图　b）读数显示

1—灯泡　2—绿色滤光片　3—十字指示分划板　4—立方棱镜　5—反射镜　6—物镜　7—固定分划板　8—可动分划板　9—目镜　10—测微螺杆　11—测微鼓轮　12—平面反射镜

光学平直仪具有精度高、应用范围广、使用方便、受温度影响小等优点，可检查导轨在垂直平面和水平面内的直线度，在机床修理中已得到广泛应用。

自准直原理如图2—3—18所示。位于物镜焦点上的物体 C 所发出的光线经物镜变成一束平行光线，其中一条没发生折射的称为主光轴。光线前进遇到一块与主光轴垂直的反射镜时，则仍按原路反射回来，重新进入物镜，光线仍聚焦在焦点上，使实像 C' 与目标 C 重合，如图2—3—18a所示。当平面反射镜与主光轴不垂直，存在偏转角度时，如图2—3—18b所示，光线按反射定律反射回来，反射光线与入射光线的夹角为 2α。反射光线经物镜会聚于焦平面上的 C'' 点，与 C 点的距离为 l。

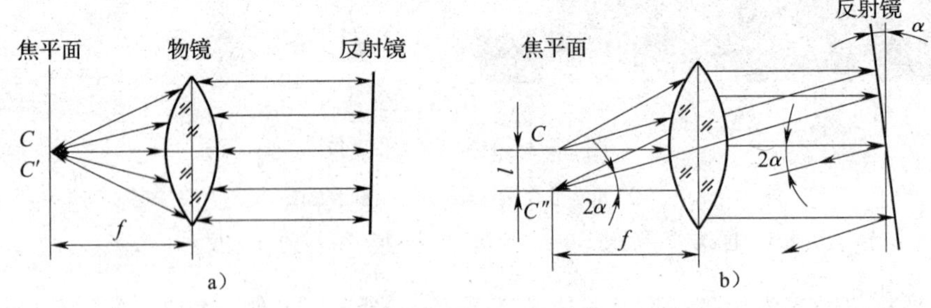

图2—3—18　自准直原理

a）反射镜与主光轴垂直　b）反射镜与主光轴倾斜

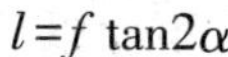

$$l=f\tan 2\alpha$$

式中　f —— 物镜焦距，mm；

　　α —— 平面反射镜与垂直位置偏转角度。

测量时，平面反射镜 12 随被测导轨直线度误差而偏转，偏转量可由亮十字物像相对固定分划板 7 上的刻度值粗略读得。图 2—3—19a 所示为测量时作为起始测量位置的视场，因导轨直线度误差而引起十字物像偏移如图 2—3—19b 所示。此时，转动测微鼓轮 11 并通过测微螺杆 10，使刻有长单刻线的可动分划板 8 移动，使长单刻线对准亮十字中间，由测微鼓轮 11 上的刻度盘直接读出读数，如图 2—3—19c 所示。

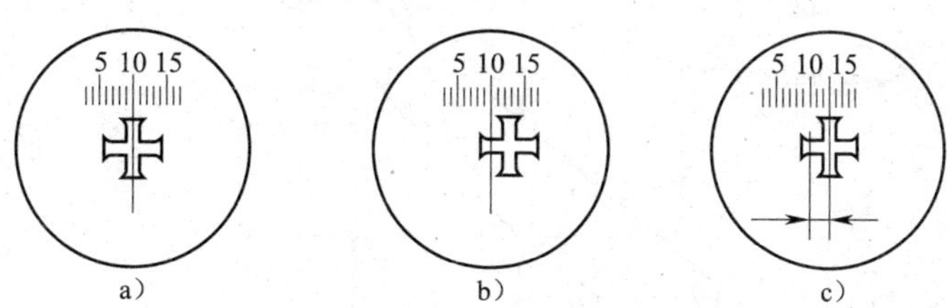

图 2—3—19　目镜观察物场

a）起始测量位置的视场　b）十字物像偏移　c）读出刻度

测微鼓轮的分度有两种：一种以秒值表示，一圈上有 60 格，一格示值为 1″；另一种以弧度值（即线性值）表示，一圈上有 100 格，一格示值为 0. 005 mm/m，相当于鼓轮转一格，反光镜桥板在 1 000 mm 长度上一端升高 0. 005 mm。若平面反射镜垫板两支撑点间距离 $B=200$ mm 时，鼓轮一格反映桥板两端高度差为 0. 001 mm，所以，在使用时要结合平面反射镜垫板长度来计算读数值。

2）用光学平直仪测量三角形导轨直线度误差

①测量方法。先将光学平直仪本体和反射镜分别置于被测导轨的两端，垫上 V 形垫板，随后移动反光镜垫板，使其接近于光学平直仪主体。左右摆动反射镜，同时观察目镜，直至反射回来的亮十字物像位于视场中心为止。然后将反射镜移至原位，再观察十字物像是否仍在视场中；否则，需要重新调整光学平直仪主体和反射镜（可用薄纸片垫塞）。调整好后，光学平直仪主体不许移动。此时将反射镜垫板移至导轨的起始测量位置，转动手轮，使目镜指示的黑长单刻线在亮十字物像中间，记下手轮刻度的数值，再每隔 200 mm移动反射镜垫板一次，记下手轮的示值，直至测完导轨全长。根据记下的数值，采用作图或计算方法求出导轨的直线度误差。

②误差计算方法。用光学平直仪测量时，可按作图或计算两种方法求出导轨的直线度误差。

作图法就是按测得的读数直接作图，下面以用光学平直仪测量2 m长导轨为例：

a. 记录测得的原始读数（格）：28、31、31、34、36、39、39、39、41、42。

b. 各原始读数都减去第一个读数“28”后，变成基准为“0”的读数：0、3、3、6、8、11、11、11、13、14。

c. 画出误差曲线Ⅰ，如图2—3—20所示，可知导轨全长最大直线度误差为0.02 mm，并且中凹。

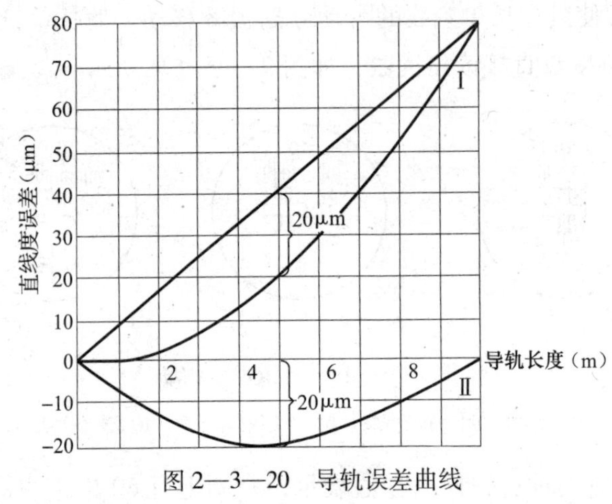

图2—3—20　导轨误差曲线

图2—3—20中曲线Ⅱ比曲线Ⅰ更加直观，它的曲线末端与横坐标重合，而导轨全长最大直线度误差不变，仍为δ=0.02 mm（δ为最大直线度误差）。

曲线Ⅱ的作图方法如下：将各简化了的读数0、3、3、6、8、11、11、11、13、14相加后取其平均值，再将各简化读数分别减去平均值，把所得出的值逐项累积起来，按新的逐项累积值就能画出曲线Ⅱ的形状。

计算过程见表2—3—2。

表2—3—2　　计算过程

原始读数	28	31	31	34	36	39	39	39	41	42
简化读数	0	3	3	6	8	11	11	11	13	14
平均值	8									
减去平均值	−8	−5	−5	−2	0	3	3	3	5	6
逐项累积	−8	−13	−18	−20	−20	−17	−14	−11	−6	0

注：导轨全长直线度误差δ=0.02 mm。

学习单元 3　机床导轨的刮削

学习目标

➢ 掌握刮削机床导轨的基本原则。

➢ 了解卧式车床导轨的刮削修整步骤。

➢ 能够进行滑块组件加工的操作。

知识要求

一、机床导轨的刮削和检查

机床导轨精加工分为手工刮削加工和机床磨削加工两种。手工刮削适用于高精度设备或设备条件较差情况下导轨面的修整，应用广泛，如床身导轨面和工作台导轨面的修复等。经过刮削的机床导轨具有精度高、耐磨性好、表面美观等特点，并且不需要大型修理设备，不受导轨结构限制，但导轨刮削劳动强度大，工作效率低。为了提高导轨修整效率，减小劳动强度，同时又能达到理想的配合精度，导轨的修整可采用磨削与刮削相结合的方法。一般机床导轨面磨损在3 mm 以上时，应采用先精刨再刮削或磨削的方法进行修整。

1. 刮削导轨的基本原则

采用合理的刮削步骤不仅能保证和提高刮削质量，而且还能明显提高生产效率。刮削导轨的基本原则如下：

（1）选择基准导轨。通常以比较长的、限制自由度比较多的、比较难刮的和测量困难的支撑导轨作为基准导轨。例如，刮削卧式车床床身导轨时，应选择床鞍用的凸形三角形导轨作为基准导轨；刮削外圆磨床床身导轨时，应选择工作台用的凹形三角形导轨作为基准导轨。

（2）先刮基准导轨。一对导轨副在刮削时应先刮基准导轨，后刮另一相配导轨。刮削基准导轨必须进行精度检验，而另一相配导轨只需进行配刮，不进行单独的精度检验。刮削机床导轨时，滑动导轨的配刮检查一般只需进行接触点数的检查。

（3）按顺序刮削。为了提高刮削效率，保证刮削精度和稳定性，在刮削组合导轨各表面时，应按先刮削大表面后刮削小表面，先刮削比较难刮的表面后刮削容易刮的表面，先刮削刚度较高的表面后刮削其他表面的顺序选择刮削面。例如，刮削 V 形-矩形组合导轨时，应先刮削支撑导轨的 V 形导轨面，后刮削矩形导轨面。

（4）正确的刮削位置。刮削时应将导轨放在调整垫铁上调整至水平（或垂直）位置，以便于测量和保证刮削精度。

（5）保证导轨的位置精度。以导轨上已加工的平面或孔为基准刮削导轨表面，保证导轨的位置精度。

2. 导轨刮削后接触精度的检查

机床导轨刮削后，一般用涂色法检查其接触精度，具体要求见表 2—3—3。

表 2—3—3　　导轨表面刮削后的接触精度要求

机床类别	每条导轨宽度≤250 mm	每条导轨宽度>250 mm	镶条、压板
	25 mm×25 mm 正方形面积内接触点数		
高精度机床	20	—	12
精密机床	16	12	10
普通机床	10	6	6

3. 导轨刮削后表面粗糙度的检查

一般刮削的滑动导轨表面粗糙度在 $Ra1.6\ \mu m$ 以下，磨削导轨和精刨导轨表面粗糙度在 $Ra0.8\ \mu m$ 以下。

二、卧式车床床身导轨的刮削修整举例

卧式车床床身的导轨截面如图 2—3—21 所示，其刮削步骤具体如下：

1. 将车床床身放在调整垫铁上，用水平仪调整至水平位置，如图 2—3—22 所示。

2. 选择床鞍用凸形三角形导轨 6、7 作为基准导轨，用 V 形底座和百分表测量该凸形三角形导轨与平导轨 2 之间的平行度误差，如图 2—3—23a 所示。用平尺研点刮削平导轨面 a，用水平仪检测该导轨面直线度误差和对基准导轨的平行度误差，并达到技术要求，如图 2—3—23b 所示。

3. 以导轨面 6、7 为基准刮削尾座导轨面 5，用百分表检查其平面直线度误差，以及与平导轨面 2 的平行度误差，并达到技术要求，如图 2—3—24a 所示。

图 2—3—21　卧式车床床身的导轨截面

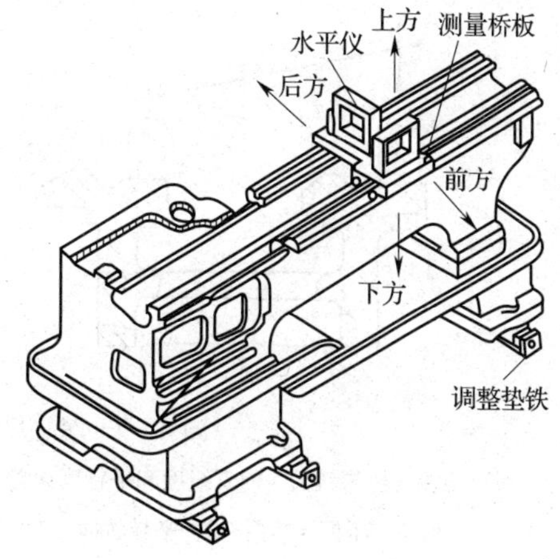

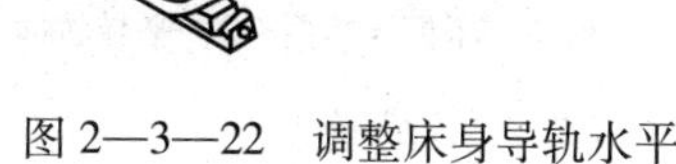

图 2—3—22　调整床身导轨水平

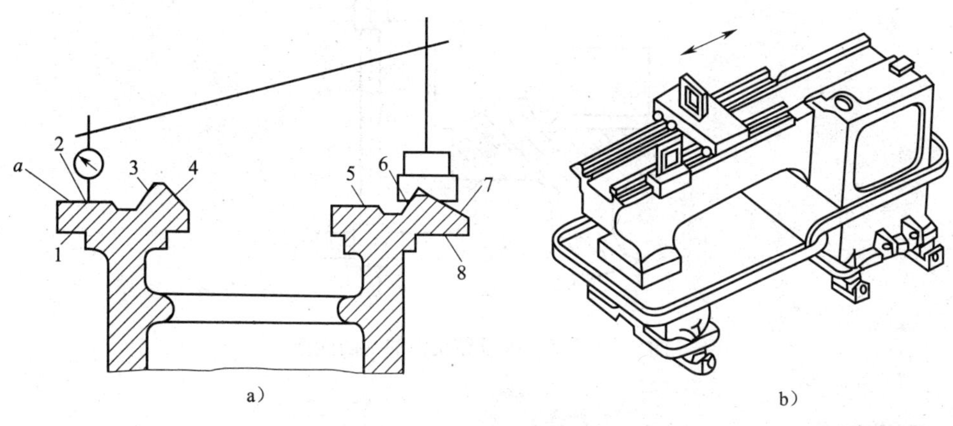

图 2—3—23　床身导轨面的刮削检查

a）检测三角形导轨与平导轨 2 的平行度误差　b）检测平导轨面 a 的直线度和平行度误差

1、8—压板导轨　2—床鞍用平导轨　3、4、5—尾座用导轨　6、7—床鞍用凸形三角形导轨

4. 刮削尾座导轨面 3、4。此时导轨面 3、4 在水平面和垂直平面两个方向的直线度必须保证，同时还要保证对基准导轨面和平导轨面的平行度要求。可用百分表测量，如图 2—3—24b 所示。

5. 压板导轨面的刮削检查。刮削压板导轨面应达到直线度的要求，并与基准导轨面保证平行度的要求，测量方法如图 2—3—25 所示。

6. 机床导轨在修整前后应对导轨的精度进行检验，并绘制导轨直线度曲线图，以供修整、调整时参考分析。

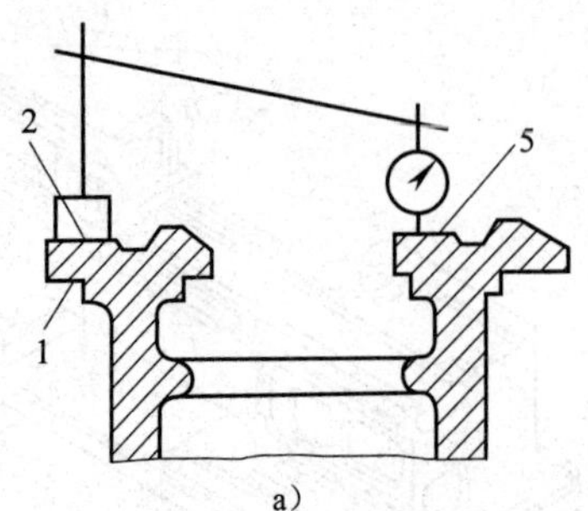

a）

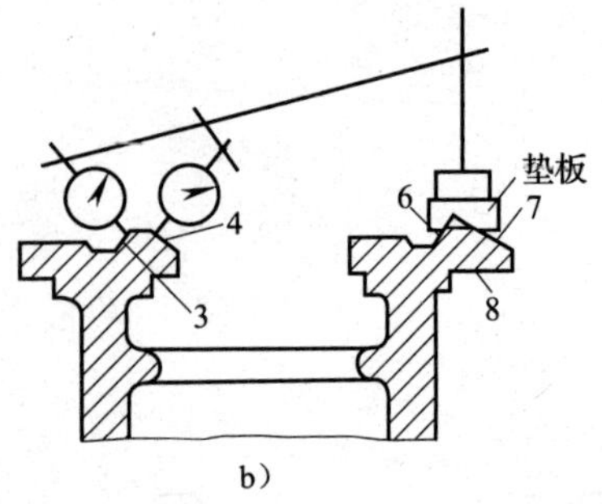

b）

图 2—3—24　尾座导轨面的刮削检查

a）检测尾座导轨面5的直线度和平行度误差　b）检测尾座导轨面3、4的直线度和平行度误差

1、8—压板导轨面　2—平导轨面　3、4、5—尾座导轨面　6、7—凸形三角形导轨面

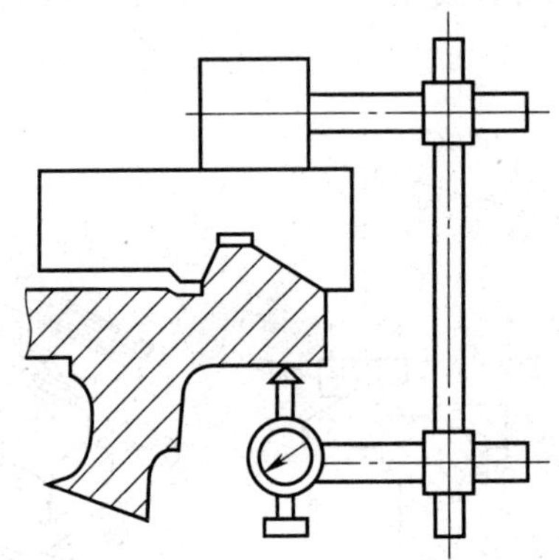

图 2—3—25　压板导轨面的刮削检查

技能要求

滑块组件加工

滑块组件（见图2—3—26）是摇杆滑块传动机构（见图2—3—27）的运动基准件，也是保证该机构运动精度的关键。滑块组件由滑块座、滑块、压板等组成，其中滑块座和滑块就是用一对三角导轨副来承载和导向的。

滑块组件加工内容包括滑块（见图2—3—28）、滑块座（见图2—3—29）和压板（见图2—3—30）的刮削、平面锉削、钻孔和螺纹孔加工，以及滑块组件装配和摇杆滑块传动机构总装配。

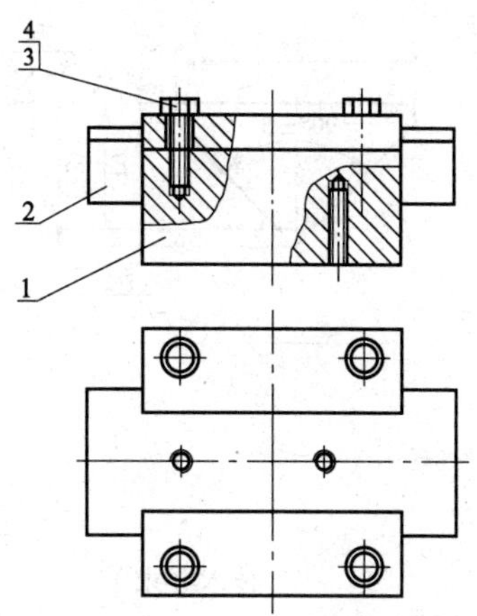

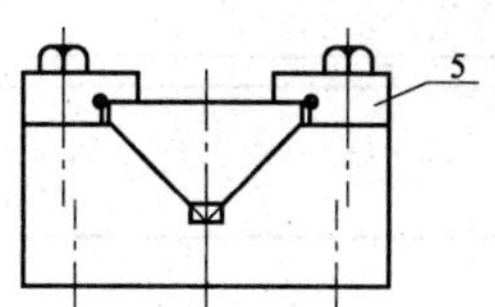

图 2—3—26 滑块组件

1—滑块座 2—滑块 3—螺钉（M5×16） 4—平垫圈 5—压板

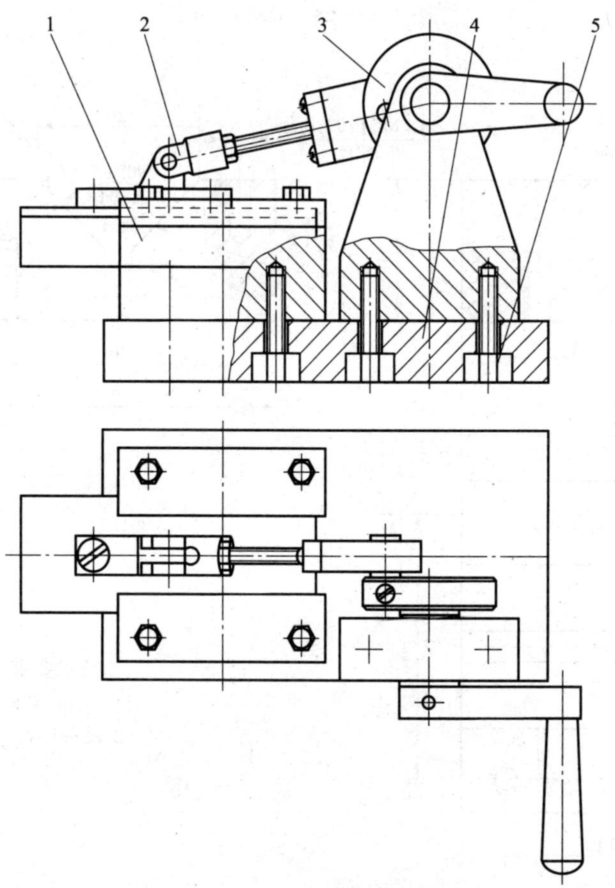

图 2—3—27 摇杆滑块传动机构

1—滑块组件 2—接头与支座 3—偏心转动机构 4—底座 5—螺钉（M6×25）

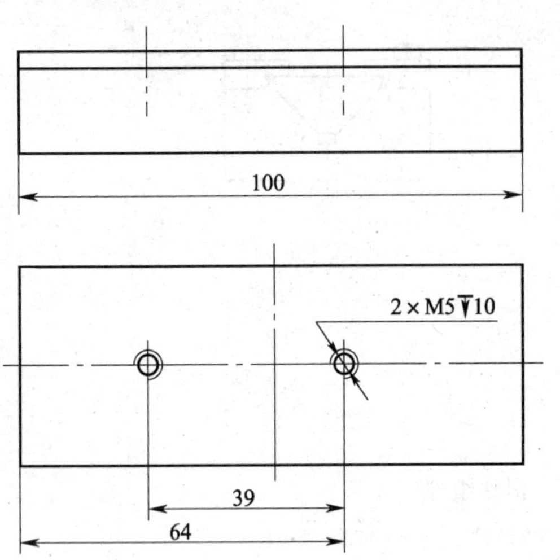

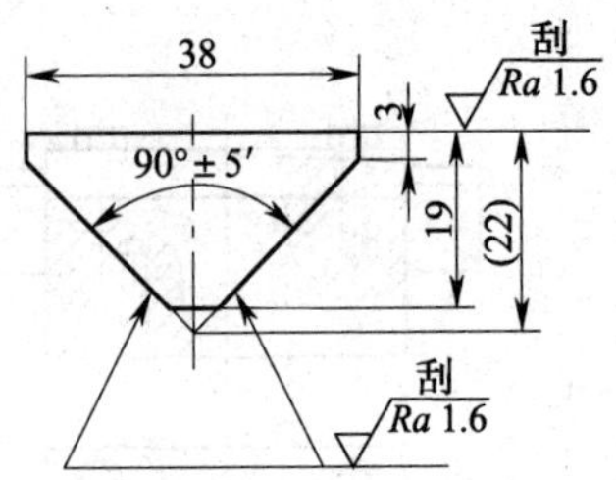

38
刮
Ra 1.6
3
90°±5′
19
(22)
刮
Ra 1.6
100
2×M5↧10
39
64
Ra 6.3 (✓)
技术要求
1. 未注倒角为C1。
2. 锐角倒钝。

图 2—3—28 滑块零件图

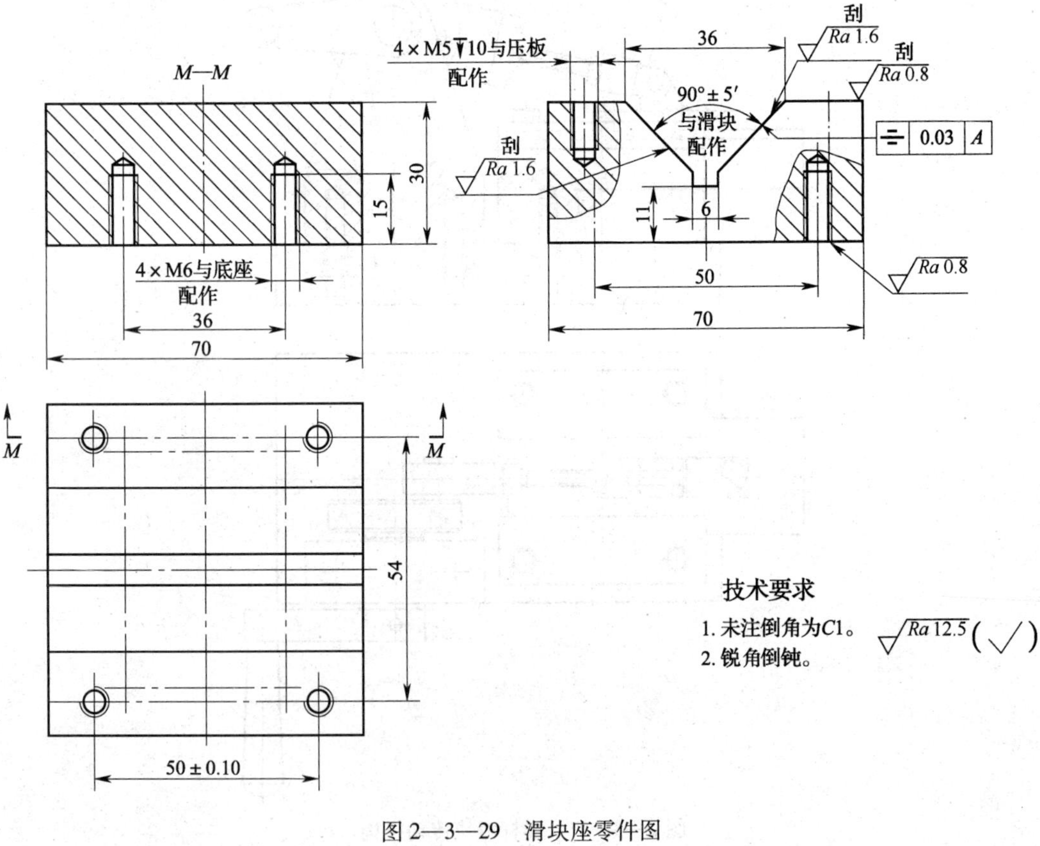

4×M5↧10与压板
配作
M—M
36
刮
Ra 1.6
刮
Ra 0.8
90°±5′
与滑块
配作
0.03 A
刮
Ra 1.6
30
15
11
6
4×M6与底座
配作
36
70
50
70
Ra 0.8
M
M
54
50±0.10
技术要求
1. 未注倒角为C1。
2. 锐角倒钝。
Ra 12.5 (✓)

图 2—3—29 滑块座零件图

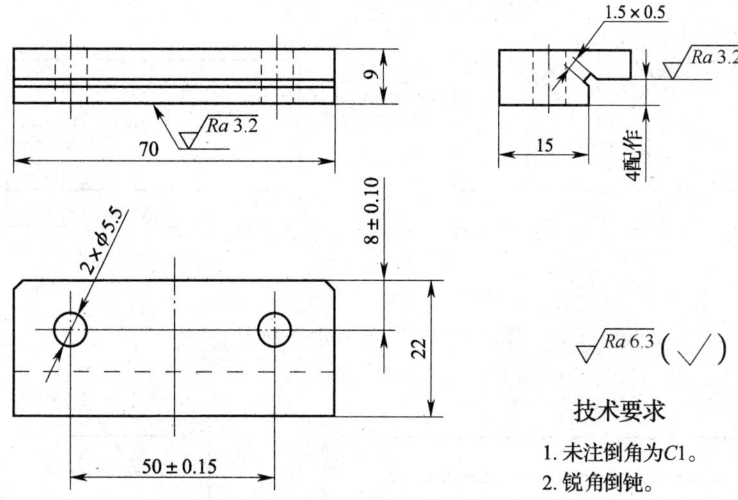

图 2—3—30　压板零件图

一、操作准备

1. 工具

钳工锉、平面刮刀、活扳手、内六角扳手、一字旋具、手用铰杠、锤子、划针、样冲、圆规、钻头（ϕ4. 1 mm、ϕ5. 5 mm、ϕ8. 5 mm）、丝锥（M5、M6）。

2. 量具

游标卡尺、游标高度卡尺、刀口形直角尺、杠杆百分表、塞尺等。

3. 材料

（1）滑块（见图 2—3—31）。材料：HT200。数量：1 件。

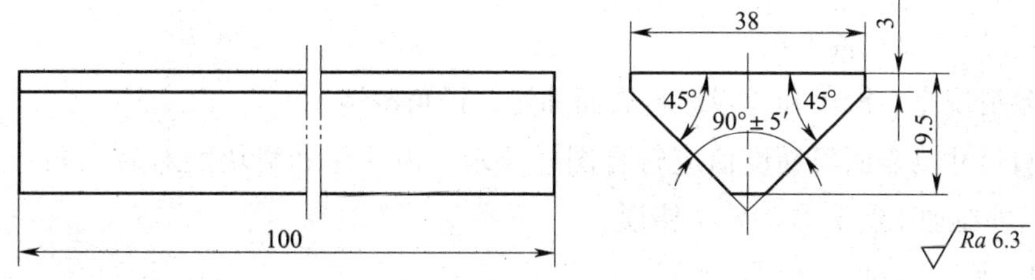

图 2—3—31　滑块备料图

（2）滑块座（见图 2—3—32）。材料：HT200。数量：1 件。

（3）压板（见图 2—3—33）。材料：Q235A。数量：2 件。

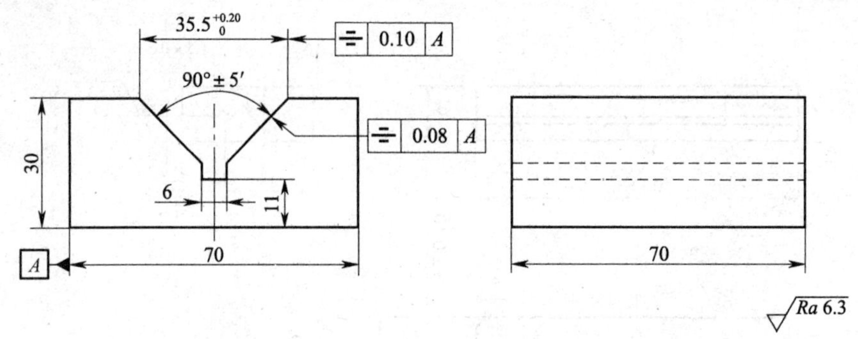

图 2—3—32　滑块座备料图

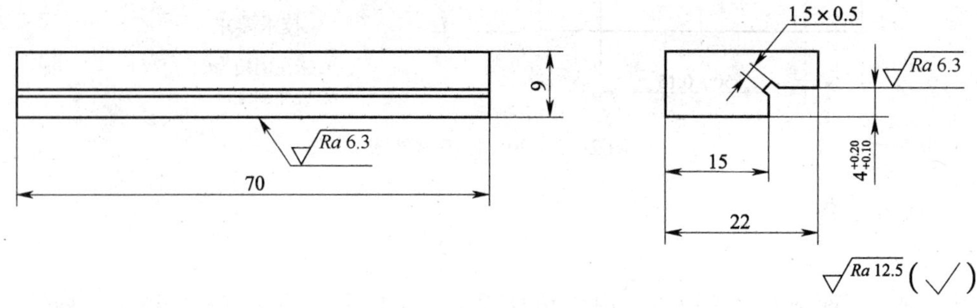

图 2—3—33　压板备料图

4. 设备

台虎钳、刮削台、台式钻床。

5. 其他

锉刀刷、毛刷、钳口软金属垫片、机床用平口虎钳、平行靠铁、切削液、红丹粉等。

二、操作步骤

步骤 1　加工前准备工作

1. 去除滑块座、滑块和压板坯料表面油污，锐角倒钝。

2. 坯料尺寸、表面粗糙度值应符合图样要求，滑块座和滑块配对后在同一端面做标记，防止工件在加工时配合面发生错误。

步骤 2　加工滑块

1. 粗刮滑块导轨面 1（见图 2—3—34），去除机械加工刀痕，用标准平板配研该表面，待每 25 mm×25 mm 正方形面积内有 3~5 个显点，且分布均匀后再进行细刮，直至显点数达到 10 个，刮削面无明显划痕、划道，表面粗糙度达到 $Ra1.6$ μm 即可。

2. 刮削导轨面 2，方法同上。刮削时，除了要检查刮削面点数外，还必须用刀口形直角尺测量滑块导轨面两端角度，确保角度大小一致，避免出现一端角度大、另一端角度小的现象。

3. 刮削顶面3。刮削时，除了显点数达到每25 mm×25 mm正方形面积内10个显点外，滑块顶面与两导轨面中心的垂直度误差应小于0.03 mm。测量方法是将滑块放入90°V形铁内，使百分表测头与滑块顶面接触，滑块在V形铁内移动，此时百分表的读数差即为滑块顶面与两导轨面中心的垂直度误差。

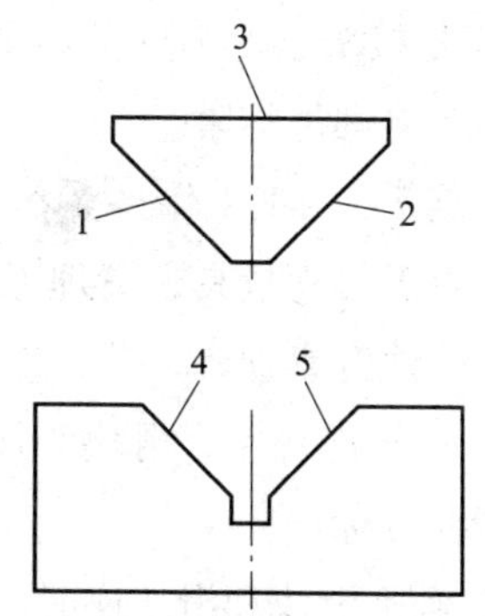

图2—3—34 滑块、滑块座表面刮削顺序

步骤3 加工滑块座

1. 用滑块配刮滑块座，粗刮导轨面4、5，待刮削到每25 mm×25 mm正方形面积内3~5个显点且分布均匀时即可。配刮时滑块端面标记应与滑块座标记一致。

2. 细刮导轨面4、5，并用百分表测量滑块顶面移动的平行度，直至显点数达到8个，滑块顶面移动的平行度误差小于0.04 mm，刮削面无明显划痕，表面粗糙度达到$Ra1.6\ \mu m$即可。

步骤4 加工压板

1. 将滑块装入滑块座，用游标卡尺测量滑块顶面露出滑块座两边的高度尺寸，并按测出的尺寸配锉压板配合面，直至压板与滑块顶面配合间隙不大于0.03 mm，表面粗糙度达到$Ra3.2\ \mu m$即可。

2. 去除毛刺，倒角。

步骤5 滑块座组件装配

1. 按图样尺寸在滑块座上划出4个M5螺孔中心线。

2. 以外侧面和端面（左右压板方向一致）为基准，在压板上划出2个$\phi5.5$ mm孔中心线，检查划线尺寸正确后在孔中心打样冲眼。

3. 在滑块座上钻M5螺纹底孔，孔口倒角后攻螺纹。

4. 在压板上钻$\phi5.5$ mm孔，孔口倒角。

5. 安装组合件。用螺钉将压板和滑块座连接，用塞尺检查压板与滑块配合间隙，并根据间隙大小对压板配合面进行配锉。要求配合间隙小于0.04 mm，滑块移动灵活，无阻滞现象。

步骤6 机构总装配

1. 按图样要求分别在滑块顶面和滑块座底面加工出M5、M6螺纹孔。

2. 将滑块组件与底座和支座连接。连接时，先将螺钉初步拧上，然后转动手柄调整滑块组件位置，待手柄转动灵活、滑块移动轻松无阻滞时，再将螺钉拧紧。

3. 把接头上的圆柱销拆下，旋转接头调节拉杆长度，待滑块移动位置正确后再插入圆柱销，将螺母拧紧。

步骤7 结束工作

清点工具和量具，清理工作台，把工作区域打扫干净。

三、注意事项

1. 由于滑块座、滑块和压板外形对称，为了避免出现误加工现象，工件配对后在配合位置要做标记。

2. 刮削滑块和滑块座时应按顺序进行，先刮滑块，后配刮滑块座；刮削滑块表面时，应先刮导轨面，后刮顶面，刮削顺序按图2—3—34所示。

3. 为了保证装配质量，装配时不应对零件表面硬敲，避免零件表面损伤。装配时要保持零件表面清洁，在导轨面上涂些润滑油。

第4节 连接件、轴承和旋转件

学习单元1 连接件的装配

学习目标

- 熟悉螺纹连接的特点和应用。
- 熟悉螺纹连接的防松类别和成组螺钉、螺栓、螺母的拧紧顺序。
- 熟悉平键、花键连接的定位方式和注意事项。
- 掌握螺纹连接的注意事项和螺纹连接的预紧方法。
- 掌握销连接和圆柱面过盈连接的方法。

知识要求

一、螺纹连接

1. 螺纹连接的形式

螺纹连接是一种可拆的固定连接，具有结构简单、连接可靠、装拆方便等优点，在机械装配中应用广泛。常用的螺纹连接件由螺钉或螺栓、螺母、垫圈等组成，称为普通螺纹连接。普通螺纹连接的基本类型、特点及应用见表 2—4—1。

表 2—4—1　　普通螺纹连接的基本类型、特点及应用

基本类型	图例	连接形式	特点及应用
螺栓连接		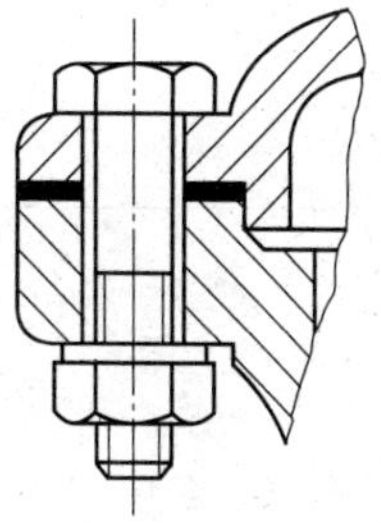	螺栓连接无须在被连接件上加工螺纹，被连接件不受材料的限制。主要用于被连接件不太厚、并能从两边进行装配的场合
双头螺柱连接		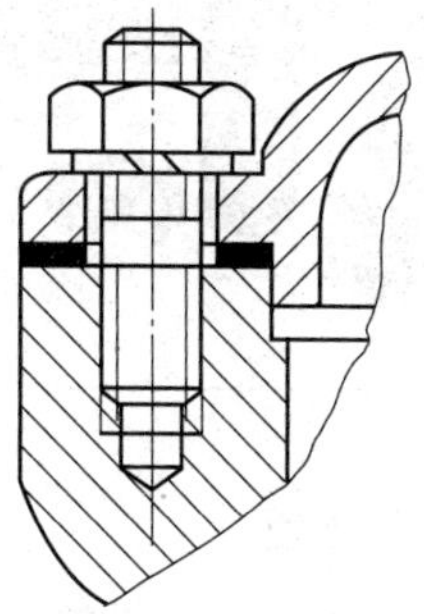	双头螺柱拆卸时只需要旋下螺母，螺柱仍留在机体螺纹孔内，故螺纹孔不易损坏。主要用于连接件较厚而又需要经常装拆的场合
螺钉连接	 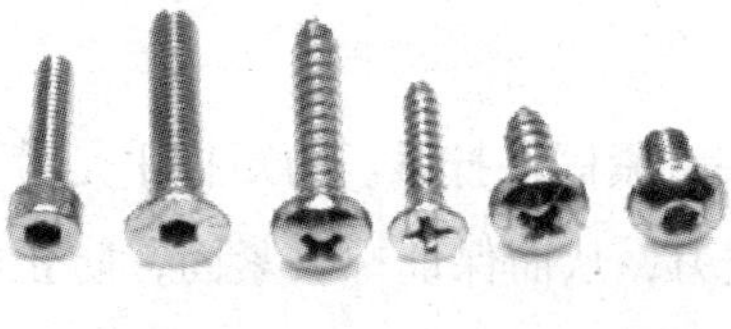	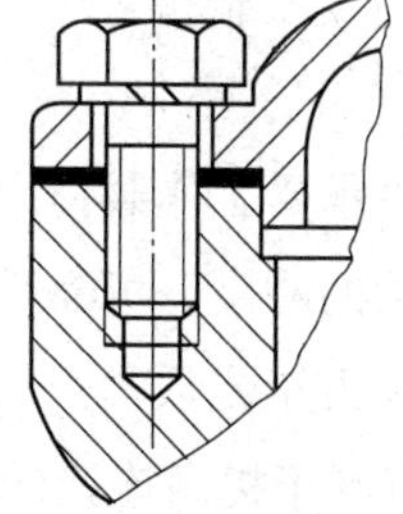 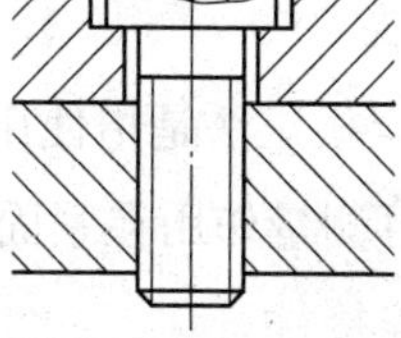	主要用于连接件较厚，或结构上受到限制，不能采用螺栓连接，且不需要经常装拆的场合。经常拆装很容易使螺纹孔损坏

续表

基本类型	图例	连接形式	特点及应用
螺钉连接			
紧定螺钉连接			紧定螺钉的末端顶住连接件的表面或锥坑，以固定两零件的相对位置。多用于传递力或转矩不大的轴与轴上的零件连接

2. 螺纹连接的注意事项

（1）螺栓不应有歪斜或弯曲现象，螺母应与被连接件接触良好。

（2）为达到螺纹连接可靠和紧固的目的，连接时必须保证螺纹副具有一定的预紧力和摩擦力矩。

（3）为了使连接件承受工作载荷之前就受到预紧力的作用，装配时一般都必须拧紧。

（4）为了增强连接的刚度、可靠性和紧密性，螺纹连接在装配时一般都必须预紧。

（5）螺纹连接拧紧力矩或预紧力的大小根据使用要求确定，适当地加大预紧力可以提高螺栓的疲劳强度，有利于提高连接的可靠性和紧密性。

（6）螺纹连接应有可靠的防松装置，以防止摩擦力矩减小和螺母回转。

（7）螺纹连接时必须保证其连接的配合精度。

3. 螺纹连接的预紧

（1）定扭矩法。定扭矩法是指使用力矩扳手将紧固件拧紧。力矩扳手是带有力矩测量功能的专用工具，它可测量作用在紧固件上的拉力，从而保证螺纹紧固，防止由于力矩过大而破坏紧固件或被连接件。

力矩扳手有棘轮式力矩扳手、可弯梁指针式力矩扳手、棒式棘轮式力矩扳手、扭力杆式力矩扳手等多种类型，如图 2—4—1 所示。

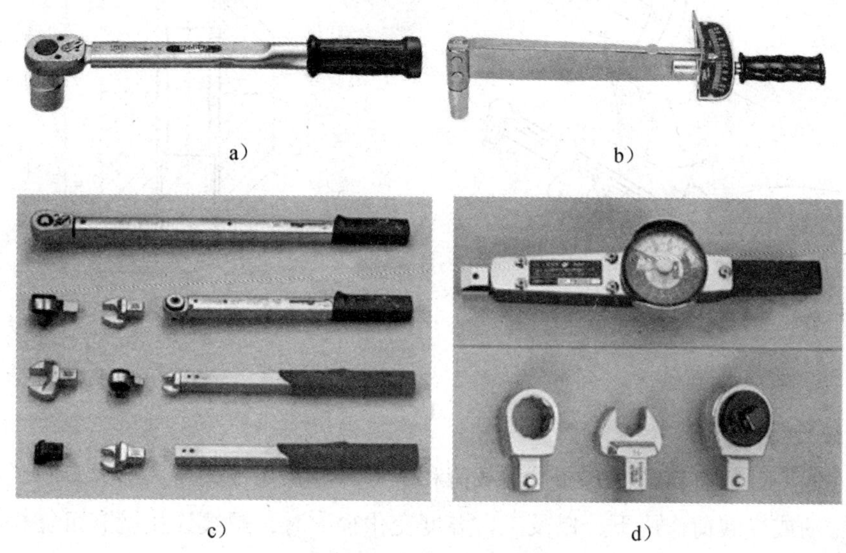

a）　　b）

c）　　d）

图 2—4—1　力矩扳手

a）棘轮式　b）可弯梁指针式　c）棒式棘轮式　d）扭力杆式

力矩扳手的使用方法如下：

1）按照大于 1/3 且小于 3/4 满量程的原则选用力矩扳手的规格。

2）设定需要的扭矩值，扭矩值大小应按照连接件安装技术要求设定，如图 2—4—2 所示。

3）使用力矩扳手时应平稳、柔和，避免冲击力。

4）当扳手发出“咔嗒”声时，提示已达到设定的扭矩值了，可停止施力。

5）扳手使用结束后，应将扭矩值设定为零。

6）为了保证扭矩值的准确性，所有的力矩扳手应定期进行检验。

（2）控制螺栓伸长法。控制螺栓伸长法是指用液力拉伸器或加热法（一般低于 400℃）使螺栓伸长从而控制预紧力的方法，如图 2—4—3 所示。螺母拧紧前长度为 L_1，按预紧力要求拧紧后长度应为 L_2。通过测量 L_1 和 L_2 便可确定拧紧力矩是否准确。

（3）扭角法。扭角法是指将螺母拧紧至消除间隙后，再将螺母扭转一定角度来控制预紧力的方法，其原理和测量螺栓伸长法相同，操作时不需要专用工具，操作简便，但误差较大。

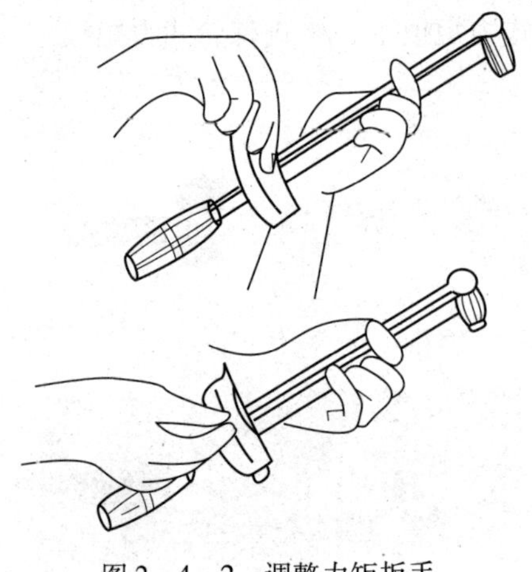

图 2—4—2　调整力矩扳手

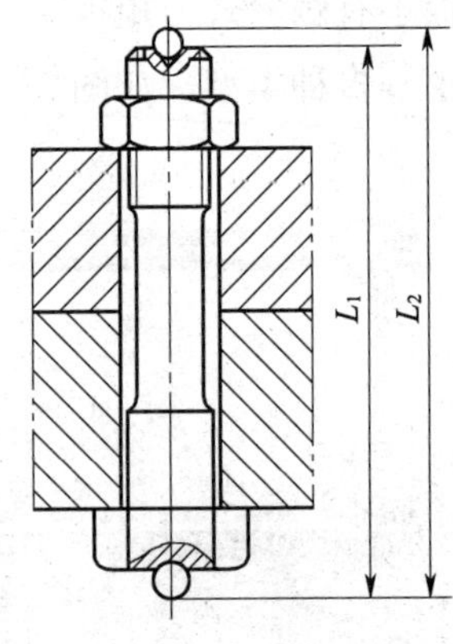

图 2—4—3　控制螺栓伸长

4. 螺纹连接的防松

螺纹连接一般都有自锁性，在受静载荷和工作温度变化不大时，不会自行脱落。但是在冲击、振动或变载荷作用下，以及工作温度变化很大时，螺纹连接就有可能松开。为了保证连接可靠，必须采取防松措施。螺纹防松装置分为附加摩擦力防松装置和机械防松装置两类，见表 2—4—2。

表 2—4—2　　　　常用螺纹防松装置类型和防松方法

螺纹防松装置类型	防松方法	简图	说明
附加摩擦力防松装置	弹簧垫圈防松	65°~80°	弹簧垫圈材料为弹簧钢，装配后垫圈被压平，其反弹力能使螺纹间保持压紧力
	锁紧螺母（双螺母）防松	副 P 主 P′	利用两螺母的对顶作用，使螺栓始终受到附加的拉力和对顶摩擦力作用。一般用于低速、重载场合

续表

螺纹防松装置类型	防松方法	简图	说明
	自锁螺母防松	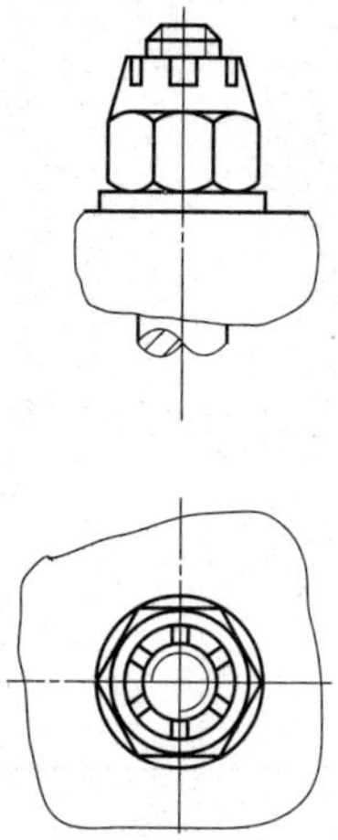	螺母外端螺纹孔为椭圆形（或嵌入尼龙），拧上螺母后，螺纹孔被胀大箍紧螺栓，达到防松的目的。螺母只能一次性使用，拆卸后不可重复使用
机械防松装置	开口销与槽形螺母防松	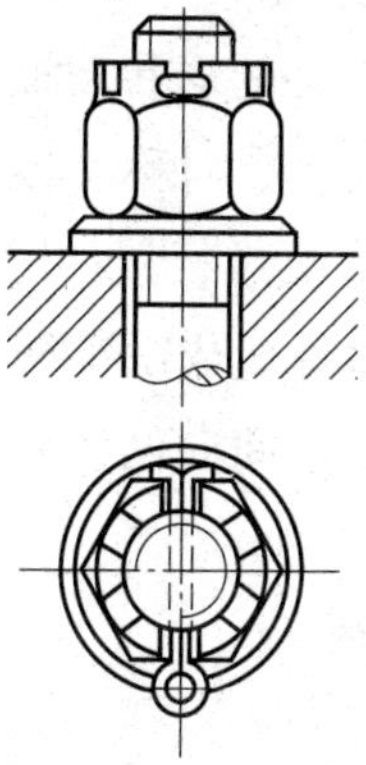	槽形螺母拧紧后，用开口销穿过螺栓尾部小孔和螺母的槽，将开口销尾端分叉弯曲贴靠在螺母上，使螺母不会产生松动
	止动垫圈防松		将止动垫圈折边分别向螺母和被连接件的侧面折弯贴紧，使螺母锁紧

续表

螺纹防松装置类型	防松方法	简图	说明
	串联钢丝防松		用钢丝连续穿过一组螺钉头部（或螺母）的小孔，利用拉紧的钢丝来防止螺钉（或螺母）回松。连接时应注意钢丝的穿绕方向（拉力方向）与紧固件的拧紧方向一致

5. 成组螺钉、螺栓、螺母的装配方法

在多点螺纹连接中，应根据被连接件的形状和螺钉、螺栓、螺母的分布情况，按照一定的顺序拧紧，做到分次（一般2~3次）、对称、逐步拧紧。拧紧呈直线或长方形分布的成组螺母时，应从中间向两边对称地依次进行，如图2—4—4a和图2—4—4b所示；拧紧呈正方形、圆形分布的螺母时，必须对称地依次进行，如图2—4—4c和图2—4—4d所示；拧紧呈多孔形分布的成组螺母时，应从中间向两边对称、逐步地依次进行，如图2—4—4e所示。

二、键销连接

1. 键连接

通过键将轴与轴上的零件（如齿轮、带轮、凸轮等）结合在一起，实现周向固定，并传递转矩的连接称为键连接。键连接属于可拆连接，它具有结构简单、工作可靠、装拆方便并且已经标准化等特点，因此应用广泛。

常用的键连接类型有平键连接、半圆键连接、楔键连接、花键连接等。

（1）平键连接。平键是矩形截面的连接件，用于静连接，即轴与轮毂间无相对轴向移动。平键置于轴和轴上零件的键槽内。平键连接通过平键与键槽的两侧面接触传递转矩和承受双向径向力。平键分为普通平键和导向平键两种。

1）普通平键连接（见图2—4—5）。普通平键连接具有对中性好、装拆方便等特点，适用于高速、高精度和承受变载、冲击的场合，但不能实现轴上零件的轴向定位。根据键

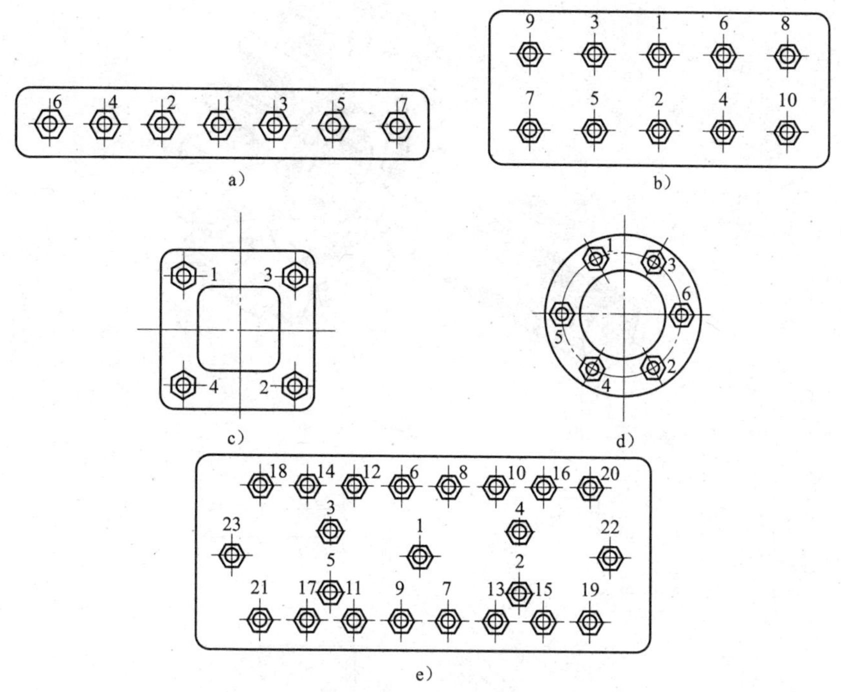

图 2—4—4　螺纹分布接拧紧顺序

a）直线形分布　b）长方形分布　c）正方形分布　d）圆形分布　e）多孔形分布

的头部形状不同，普通平键有圆头（A 型）、方头（B 型）和单圆头（C 型）三种形式，如图 2—4—6 所示。其中，圆头普通平键因在键槽中不会发生轴向移动而应用最广泛，单圆头普通平键则多用在轴的端部。

平键连接时，平键两侧工作面与轴及轮毂的配合应符合配合精度要求；键与轴槽底紧贴，键的顶面与轮毂槽之间应有 0. 3~0. 5 mm 的间隙；锉配平键长度时，在键长方向键与轴槽有 0. 1 mm 左右的间隙。

2）导向平键连接。有些轴上的回转零件，如变速箱中的滑移齿轮，工作时需要在轴上做一定量的轴向移动，这时可采用导向平键连接，如图 2—4—7 所示。由于导向平键较长，且与键槽配合较松，因此要用螺钉将其固定于键槽内。为拆卸方便，在导向平键中部设有起键用螺孔。导向平键有圆头和方头两种形式。

（2）半圆键连接。半圆键连接如图 2—4—8 所示，键在键槽中能绕自身几何中心沿槽底圆弧摆动，装拆方便，但因键槽较深，削弱了轴的强度，一般只用于轻载及锥形轴和轮毂的连接。

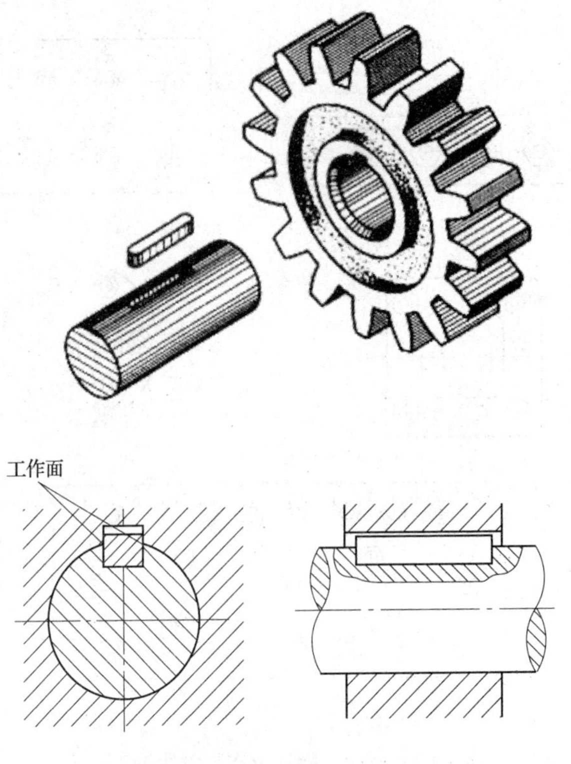

图 2—4—5　普通平键连接

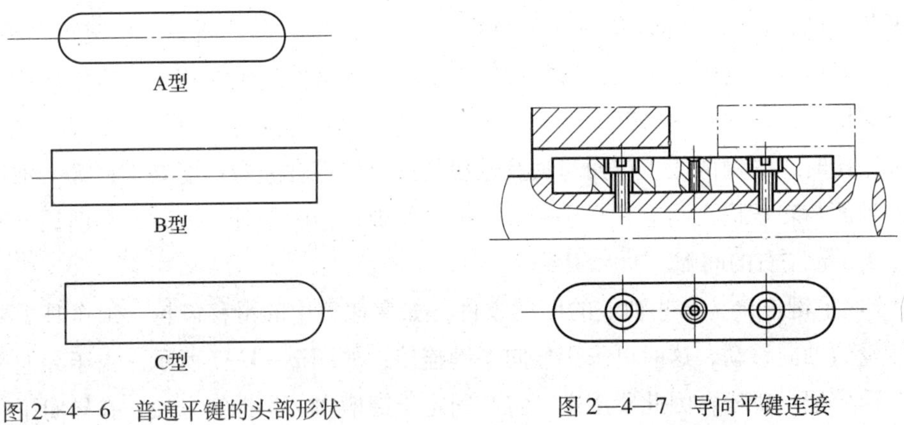

图 2—4—6　普通平键的头部形状

图 2—4—7　导向平键连接

（3）楔键连接。楔键分为普通楔键和钩头楔键两种，如图 2—4—9 所示。楔键的上、下表面为工作面，两个侧面不接触，为非工作面。楔键上表面和轮毂槽底面有 1∶100 的斜度，装配时，将楔键打入轴与轴上零件之间的键槽内，使轴上的零件轴向固定，使之连接成一个整体，从而实现转矩的传递。

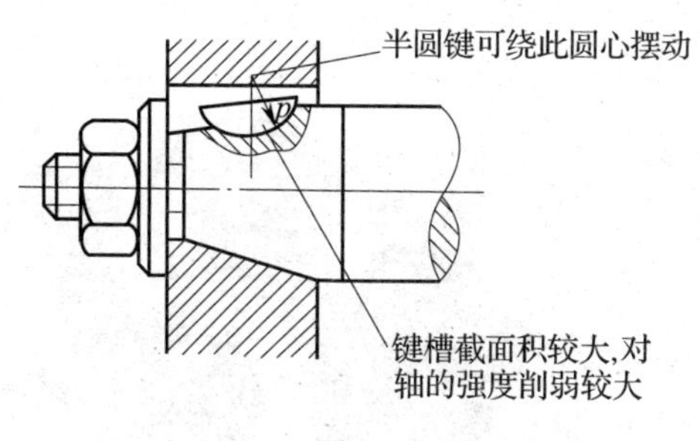

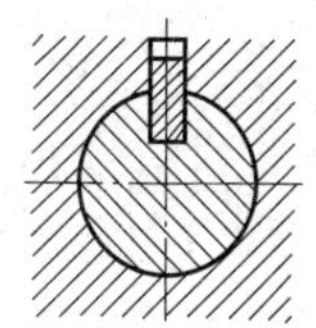

图 2—4—8　半圆键连接

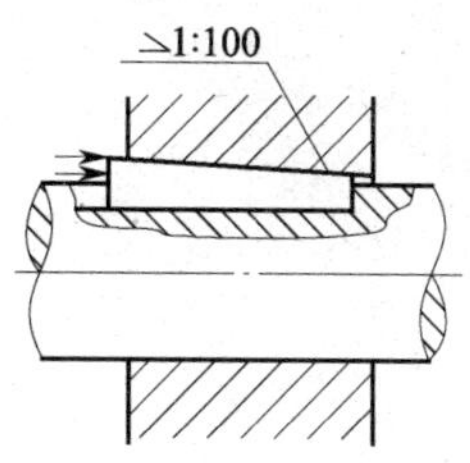

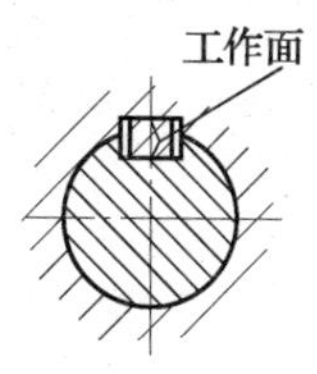

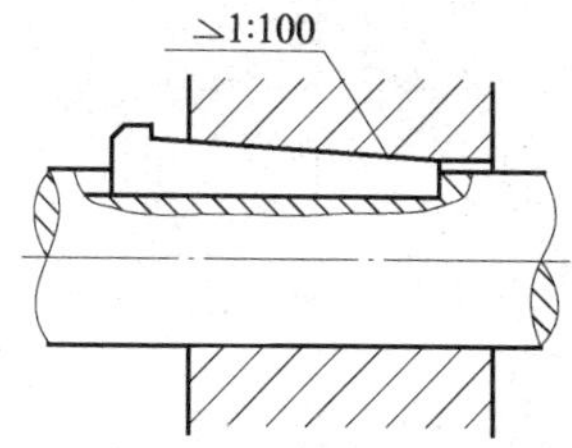

图 2—4—9　楔键连接

（4）花键连接。花键连接如图 2—4—10 所示。花键连接具有互换性好，轴上零件对中性好，导向性好，定位精度高，连接强度、承载能力高，对轴强度削弱小等特点，适用于大载荷和同轴度要求较高的连接，在机床、汽车和工程机械中应用广泛。

图 2—4—10　花键连接

花键连接按工作方式不同可分为静连接和动连接两种。花键按齿廓形状可分为矩形花键、渐开线形花键和三角形花键三种，如图 2—4—11 所示。矩形花键因加工方便，应用最为广泛。

国家标准《矩形花键尺寸、公差和检验》（GB/T 1144—2001）规定矩形花键用小径定心。采用小径定心，定心精度高，定心稳定性好，易实现热处理后磨削花键的工艺，可获得较高的精度；使用寿命长，有利于提高产品质量。由于传递转矩是通过键和键槽侧面进行的，因此，键宽和键槽宽也应保证足够的尺寸精度。

花键连接的注意事项如下：

1）对于静连接花键，如果过盈较小，可用铜棒将花键轴轻轻打入，但不得过紧，以防止拉伤配合表面。如果过盈较大，则应将套件加热至 80~120℃后进行装配。

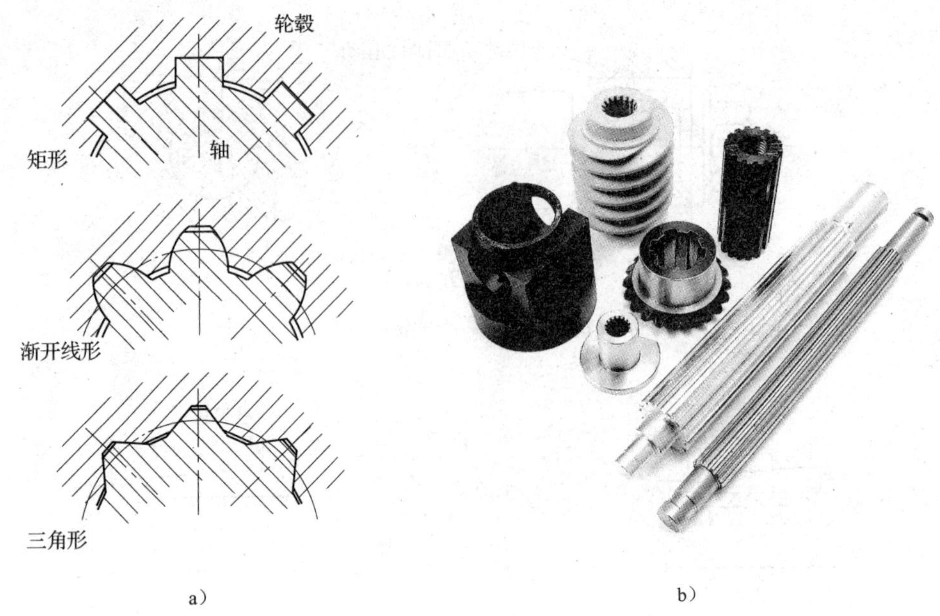

图 2—4—11　花键

a）花键的齿形　b）带花键的零件

2）对于动连接花键，装配后花键套件在花键轴上可以自由滑动，没有阻滞现象，但也不能过松，用手摆动套件时，应无明显的周向间隙。

2. 销连接

销是一种标准件，其形状和尺寸已标准化，其中应用较多的是圆柱销和圆锥销，如图 2—4—12 所示。

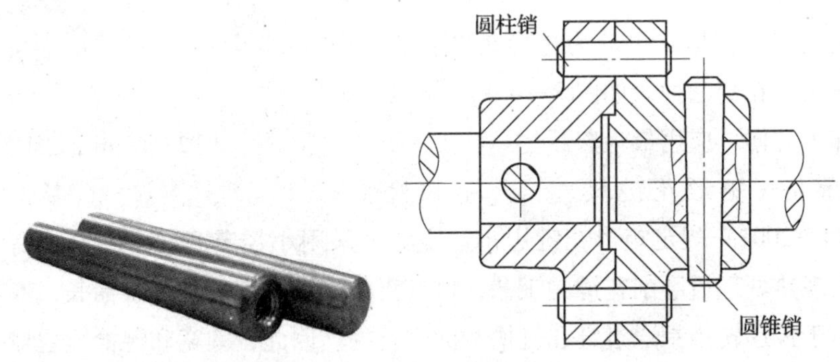

图 2—4—12　销连接

销连接的主要作用是定位、连接或锁定零件，有时还可以作为安全装置中的过载剪断元件，如图 2—4—13 所示。

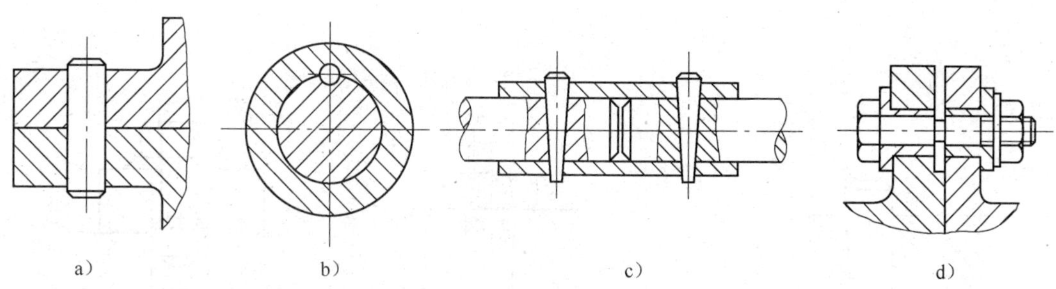

图 2—4—13 销的作用和种类

a）、b）定位销 c）连接销 d）安全销

（1）圆柱销的安装。圆柱销靠过盈固定在孔中用以定位时，对销孔尺寸、形状和表面质量要求较高，为了保证连接或定位的紧固性和准确性，通常圆柱销与销孔的配合应具有少量的过盈量。装配时，为了保证连接件两销孔的中心重合，零件上的销孔应同时钻、铰，如图 2—4—14 所示。装配时，在圆柱销表面涂少量机油，用铜锤将其轻轻打入。如果某些定位销不能用敲入法，可用 C 形夹头或压力机把销子压入孔中。圆柱销连接不宜多次装拆，否则将降低定位精度和连接的可靠性。

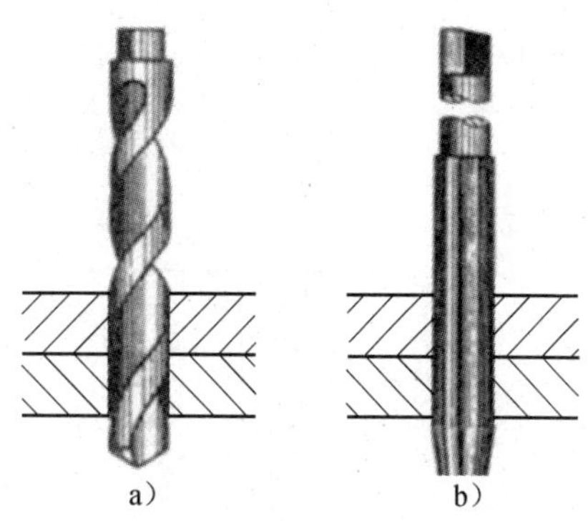

图 2—4—14 销孔加工

a）先钻孔 b）后铰孔

（2）圆锥销的安装。圆锥销具有 1∶50 的锥度，定位准确，可多次装拆而不降低定位精度，在横向力作用下能保证自锁。圆锥销以小端直径和长度代表其规格。连接时，被连接件的两孔应同时钻、铰。首先按圆锥销小头直径选用钻头钻孔，然后用 1∶50锥度的铰刀铰孔，用试装法控制孔径，一般以圆锥销自由地插入全长的 80%～85%为宜，如图 2—4—15 所示。用锤子（铜质）打入后，圆锥销的大头可稍露出或平于被连接件表面。

拆卸普通圆柱销和圆锥销时，可用锤子轻轻敲击（圆锥销从小头向外敲击）。有螺尾的圆锥销可用螺母将其旋出，如图 2—4—16a 所示。拆卸带内螺纹的圆柱销和圆锥销时，可用与内螺纹相符的螺钉将其取出，如图 2—4—16b 所示；也可用拔销器（见图 2—4—17）将其拔出。

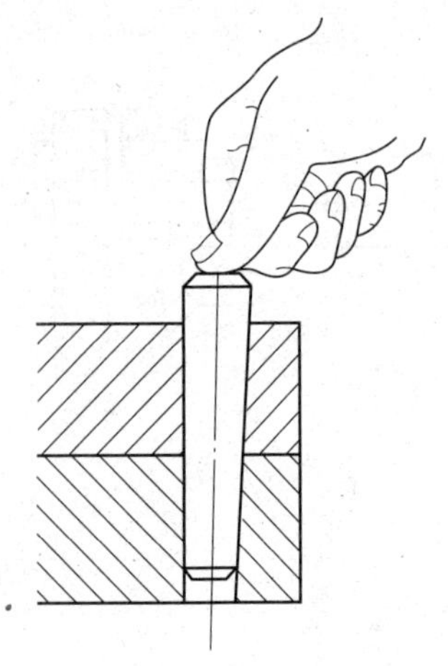

图2—4—15　圆锥销自由放入深度

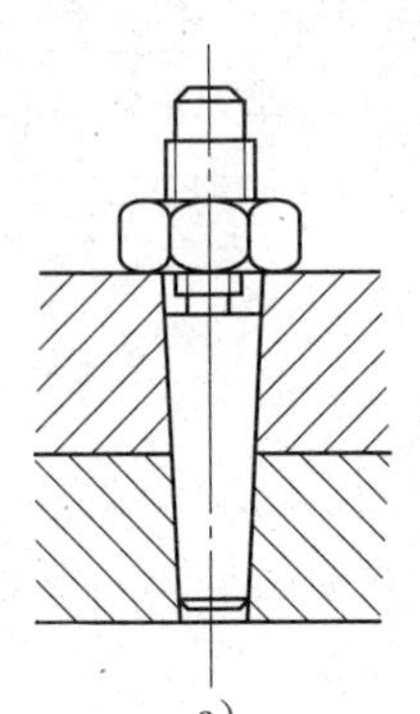

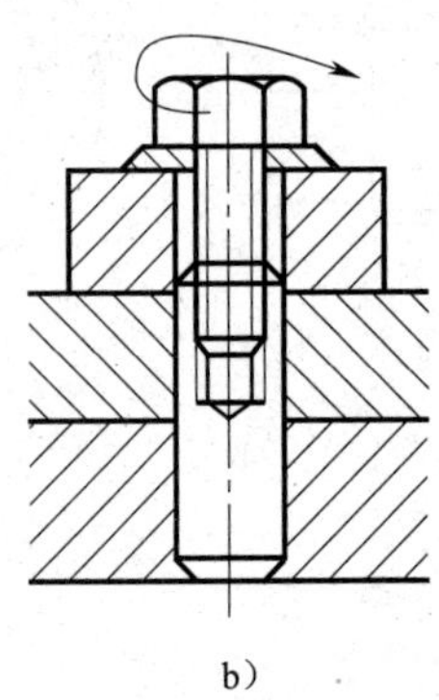

图2—4—16　销的拆卸

a）带螺尾圆锥销的拆卸　b）带内螺纹圆柱销的拆卸

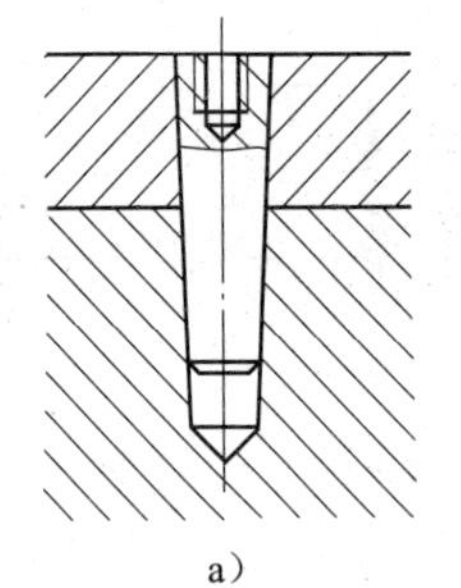

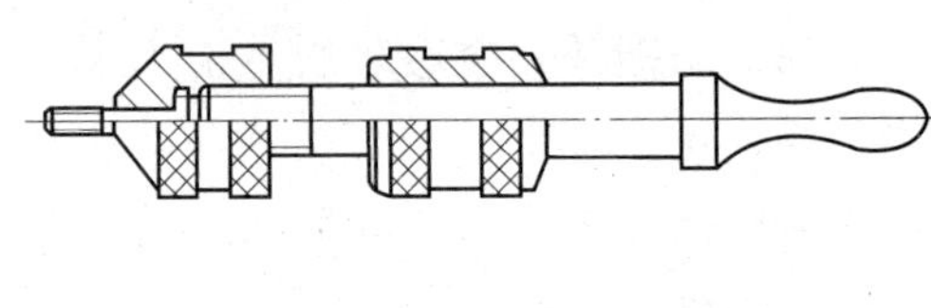

图2—4—17　带内螺纹圆锥销的连接和拔销器

a）带内螺纹圆锥销的连接　b）拔销器

销连接损坏或磨损时，一般是更换销子。如果销孔损坏或磨损严重时，可重新钻、铰尺寸较大的销孔，更换相适应的新销。

三、过盈连接

过盈连接是通过包容件（孔）和被包容件（轴）配合后的过盈值达到紧固连接的。如图2—4—18a所示，过盈连接时，轴的直径被压缩，孔的直径被胀大，包容件和被包容件因弹性变形而使配合面间产生很大的压力；工作时，此压力产生摩擦力传递转矩、轴向力。机轮与轴的过盈连接如图2—4—18b所示。

过盈连接结构简单，同轴度精度高，承载能力强，能承受变载和冲击力，同时可避免键连接中切削键槽而削弱零件强度的不足；但过盈连接配合表面的加工精度要求较高，装配较困难。过盈连接的配合面多为圆柱面，也有圆锥面或其他形式的。

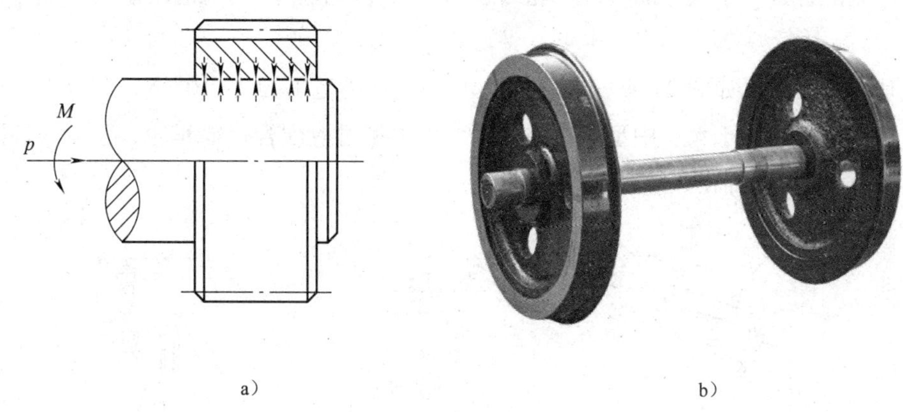

图 2—4—18　过盈连接

a）过盈连接原理　b）机轮与轴的连接

1. 圆柱面过盈连接

（1）圆柱面过盈连接的注意事项

1）应按连接件紧固要求确定配合过盈量。过盈量太小，不能满足传递转矩的要求；过盈量太大，则造成装配困难，一般最小过盈量应等于或稍大于连接所需的最小过盈量。

2）连接件的配合表面应具有较高的表面质量，孔端和轴的进入端应有倒角，装配时应将配合表面擦干净并涂些油，以免装入时擦伤表面。

3）装配中注意保持轴、孔中心线的同轴度，以保证装配后对中性较好。

4）装配时，压入过程应连续，速度应稳定，不宜太快，通常为 2～4 mm/s。装配时应准确控制压入行程。

5）细长件或薄壁件必须注意检查过盈量和几何误差。装配时应垂直压入，以免变形。

（2）圆柱面过盈连接的方法

1）压入法。对于配合尺寸较小和过盈量不大的圆柱面过盈连接，一般用锤子加垫块敲击压入或用压力机压入装配。常用压入方法和设备如图 2—4—19 所示。

用锤子加垫块冲击压入的方法简便，如图 2—4—19a 所示，但不易控制导向性，常出现歪斜。此法适用于配合要求较低或配合长度较短的过渡配合连接，常用于单件生产。

螺旋压力机、C形夹头、齿条压力机分别如图2—4—19b、c、d所示，采用这些设备压入，其导向性比锤子加垫块的冲击压入法好，生产效率高。此法适用于较紧的过渡配合和轻型过盈配合，如小尺寸的轮圈、轮毂、齿轮、套筒和一般要求的滚动轴承等，常用于成批生产。

气动杠杆压力机如图2—4—19e所示，该设备压力范围为1~107 N，配合夹具可以提高导向性。此法适用于大、中型连接件的轻型和中型过盈配合，如车轮、飞轮、齿圈、轮毂、连杆衬套、滚动轴承等，多用于成批生产。

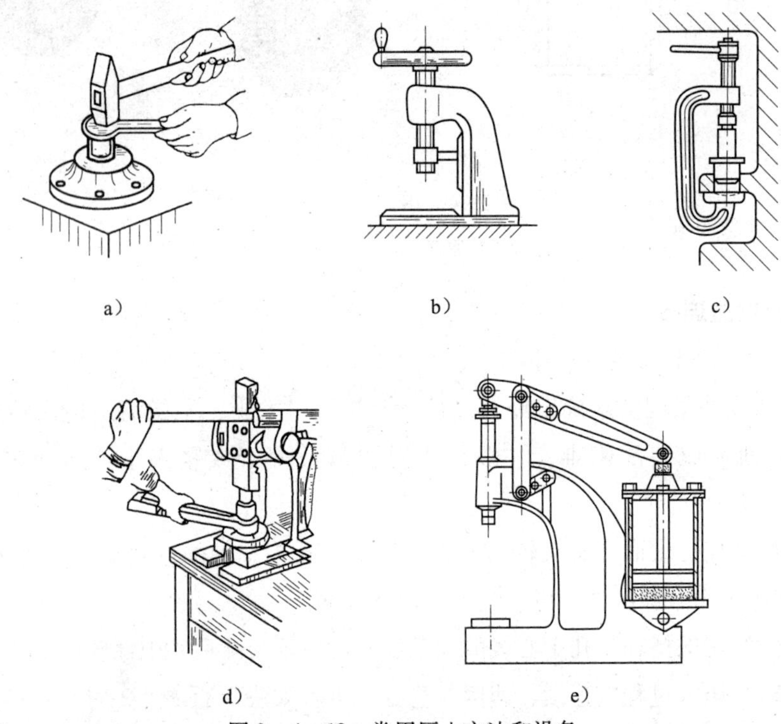

图2—4—19　常用压入方法和设备

a）锤子和垫块　b）螺旋压力机　c）C形夹头　d）齿条压力机　e）气动杠杆压力机

2）温差法连接。是指利用金属材料热胀冷缩的原理对过盈连接件进行装配。

①热装法。对于配合尺寸较大或过盈量较大的圆柱面过盈连接，可采用热装法（又称红套）。连接时将孔加热，使孔径增大，然后将轴装入孔中，待孔冷却收缩后形成过盈连接。热装法应根据过盈量和套件尺寸的大小选择加热设备，过盈量较小的中、小型连接件可放在沸水槽（80~100℃）、蒸汽加热槽（120℃）和热油槽（90~320℃）中加热；过盈量较大的中、小型连接件可放在电阻炉或红外线辐射加热箱中加热；过盈量大的大、中型连接件可用感应加热器加热。

②冷装法。冷装法是指将轴用冷却剂进行低温冷却，待轴缩小后再把轴装入孔中得到过盈连接。对于过盈量较小的小型连接件和薄壁衬套等，可采用干冰将轴冷却至-78℃；对于过盈量较大的连接件，如发动机连杆衬套等，可采用液氮将轴冷却至-195℃。

当配合面为圆柱面时，可采用压入法或温差法（加热包容件或冷却被包容件）装配。当其他条件相同时，用温差法能获得较高的摩擦力或转矩，因为它不像压入法那样会擦伤配合表面。采用哪一种装配法由企业设备条件、过盈量大小、零件结构和尺寸等决定。

2. 圆锥面过盈连接

圆锥面过盈连接是利用轴和孔产生相对轴向位移互相压紧而获得过盈连接的，常用的连接方法有以下两种：

（1）螺母压紧连接。这种连接如图 2—4—20 所示，拧紧螺母可使配合面压紧形成过盈连接。配合面的锥度小时，所需轴向力小，但不易拆卸；锥度大时，拆卸方便，但拉紧轴向力增大。通常锥度可取 1∶30~1∶8。

（2）高压压入连接。装配时，用高压油泵将油通过包容件上的油孔和油沟压入配合面之间（见图 2—4—21a），也可以由被包容件上的油孔和油沟压入配合面之间（见图 2—4—21b）。高压油使包容件内径胀大、被包容件外径缩小，施加一定的轴向力，就使之互相压入。当压入至预定的轴向位置后，排出高压油，即可形成过盈连接。同样，也可以利用高压油进行拆卸。利用液压装置装拆过盈连接件时，不需要很大的轴向力，这样配合面不易擦伤，但对配合面接触精度要求较高，且需要高压油泵等专用设备。这种方法多用于承重较大且需要多次装拆的场合，尤其适用于大型零件。

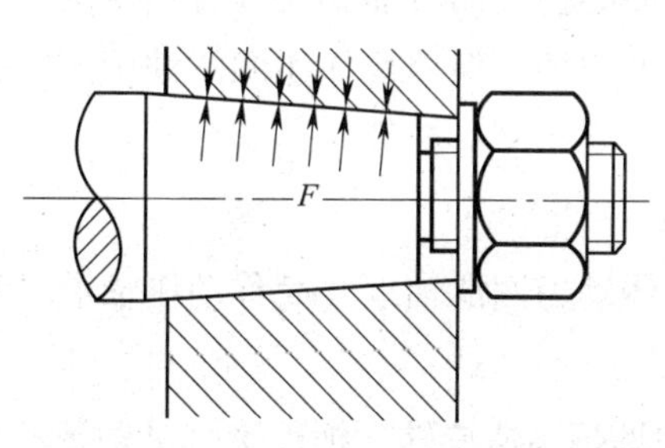

图 2—4—20　靠螺母压紧圆锥面的过盈连接

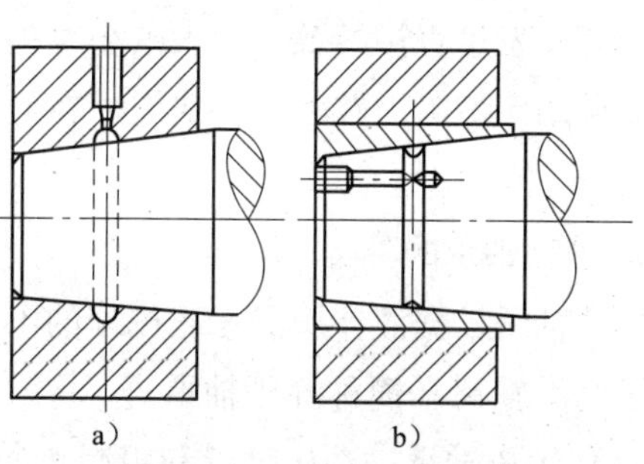

图 2—4—21　液压装拆的圆锥面过盈连接
a）高压油径向压入　b）高压油轴向压入

学习单元2　轴承的装配

学习目标

- 了解动、静压轴承的工作原理和特点。
- 熟悉滑动轴承的种类和装配要求。
- 熟悉滚动轴承的配合和选择。
- 掌握滑动轴承的装配方法。
- 掌握各类滚动轴承的装配和拆卸方法。

知识要求

轴承是支撑轴的部件，有时也可用来支撑轴上的回转零件。

轴承的种类有很多，按其工作时的摩擦性质分为滑动摩擦轴承（简称滑动轴承）和滚动摩擦轴承（简称滚动轴承）；按其承受载荷的方向分为向心轴承（承受径向力）、推力轴承（承受轴向力）、向心推力轴承（同时承受径向力和轴向力）等。

一、滑动轴承

滑动轴承工作平稳可靠，无噪声，承载能力大。在液体润滑条件下，滑动表面被润滑油分开而不发生直接接触，大大减小摩擦损失和表面磨损，同时油膜还具有一定的吸振能力，但启动摩擦阻力较大，一般应用在低速重载或者维护、保养及加注润滑油困难的运转部位。

1. 滑动轴承的种类

滑动轴承根据液体润滑承载机理的不同分为液体动力润滑轴承（简称动压轴承）和液体静压润滑轴承（简称静压轴承）。

（1）动压轴承。动压轴承利用润滑油的黏性和轴颈高速旋转，把油液带进轴承的楔形空间建立起压力油膜，使轴颈与轴承被油膜隔开，如图2—4—22所示。形成动压润滑的条件如下：动压轴承相对运动两表面间必须形成油楔，油楔的承载能力与轴承的几何尺寸、润滑油的黏度、轴的转速和轴承配合间隙有关。动压轴承工作时，为了平衡轴的载荷，使轴能浮在油中，必须使轴有一定的转速。

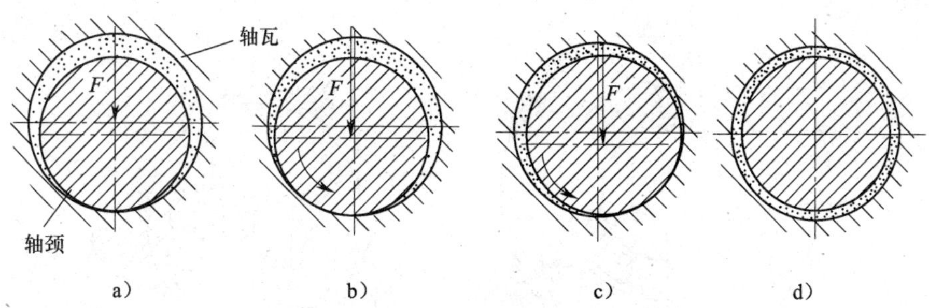

图 2—4—22　动压轴承建立油膜的过程

a）静止状态　b）轴颈开始转动时　c）轴颈转速继续增加时　d）轴颈达到工作转速时

动压轴承分为动压径向轴承和动压推力轴承，如图 2—4—23 所示。动压径向轴承又分为单油楔和多油楔两类。

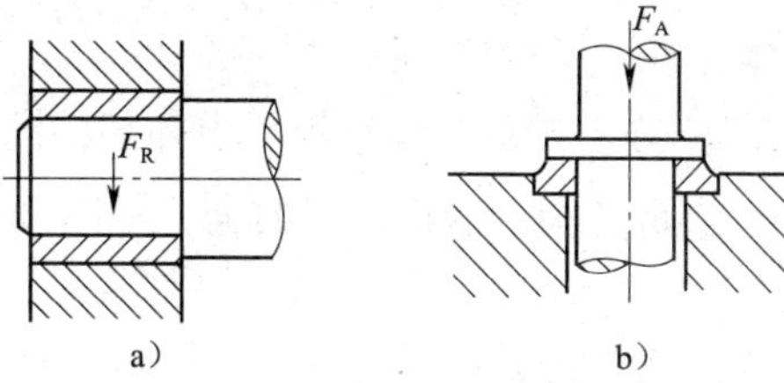

图 2—4—23　动压轴承

a）动压径向轴承　b）动压推力轴承

1）单油楔动压径向轴承。单油楔动压径向轴承是指轴颈周围只有一个承载油楔的轴承。单油楔动压径向轴承在高速、轻载时偏心率小，容易出现失稳，产生油膜振荡。因此，它多用于中等以上速度或高速、重载的机械设备，如发动机活塞连杆（见图 2—4—24）、轧机、一般机床等。

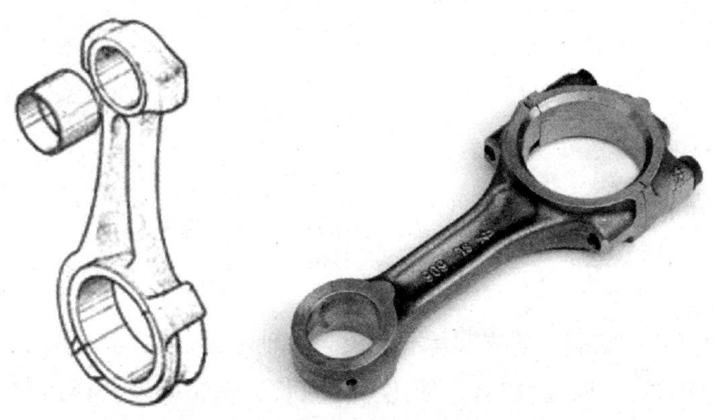

图 2—4—24　发动机活塞连杆

2）多油楔动压径向轴承。多油楔动压径向轴承是指轴颈周围有两个或两个以上油楔的轴承。其主承载瓦面的对面附加有油膜压力，因而能提高轴承运转的稳定性，但承载能力比单油楔动压径向轴承低，因此，多用于高速、轻载的设备，如汽轮机、风力机、精密磨床等。目前，磨床砂轮架中常采用三瓦式动压轴承，如图 2—4—25 所示。

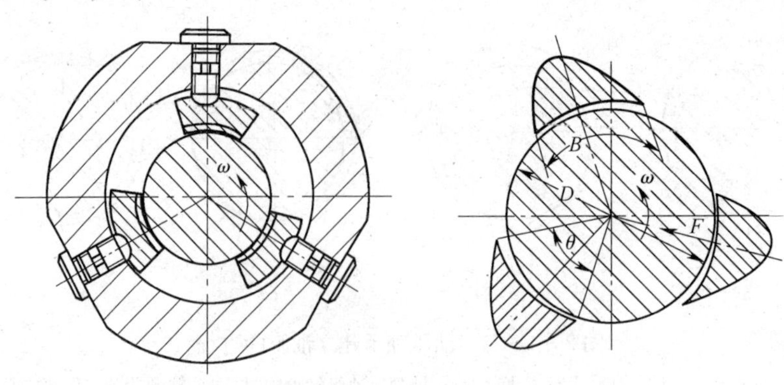

图 2—4—25　三瓦式动压轴承

（2）静压轴承。静压轴承由外部的润滑油泵提供油液，并强制送入轴和轴承的配合间隙中，形成压力油膜以承受载荷，如图 2—4—26 所示。

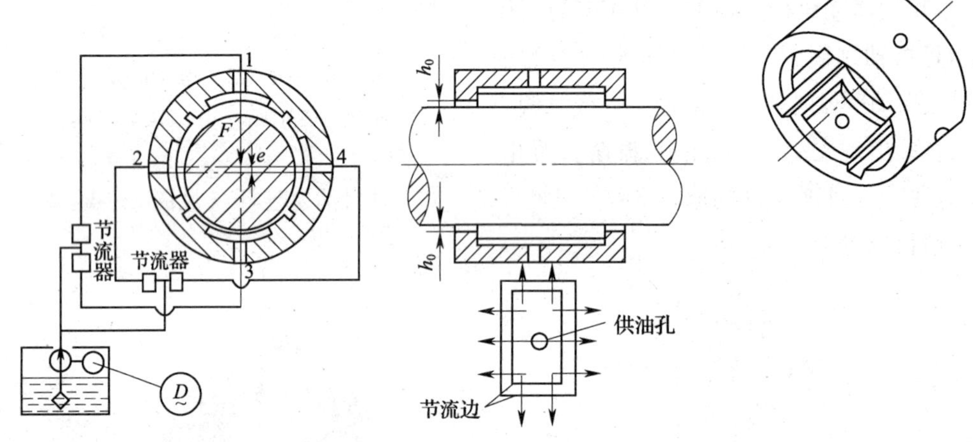

图 2—4—26　静压轴承工作原理

静压轴承的特点如下：

1）能在完全静止的状态下建立起承载油膜，使轴浮起，轴承表面摩擦小，工作寿命长。

2）表面压力均匀，可靠性较高，使用寿命较长，可精确地获得预期的轴承性能。

3）轴心位置稳定，具有良好的抗振性能。

4）温度分布较均匀，热膨胀问题不严重。

5）适应范围广，从载荷小的精密仪器到载荷大的重型设备都可使用。

6）必须有静压润滑系统，因此维护和管理工作量大，维护费用较高。

2. 滑动轴承的装配

（1）整体式向心滑动轴承的装配。整体式向心滑动轴承由轴承座和轴套组成，轴套内开有油槽、油孔，以便润滑轴承配合面，轴套与轴承座用紧定螺钉固定，以防止轴套因旋转错位而缺油，如图 2—4—27 所示。

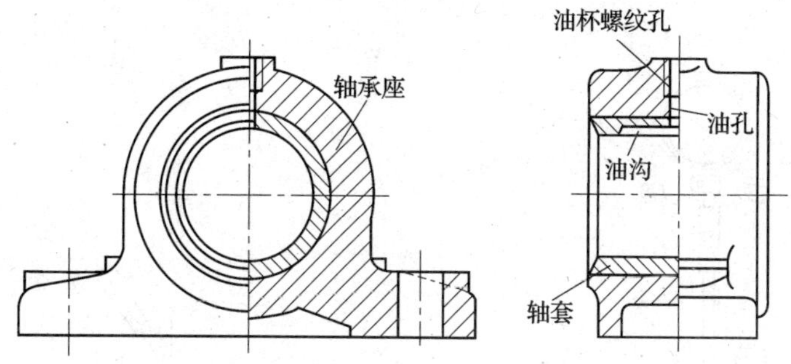

图 2—4—27 整体式向心滑动轴承

整体式向心滑动轴承的装配过程如下：

1）压入轴套。根据轴套尺寸和配合时过盈量的大小，采用压入法或敲入法进行装配。压入时，先将轴套和轴承孔配合面擦干净，检查、测量轴套和轴承孔尺寸，在配合面涂上润滑油，将轴套 2 套在心轴 3 上；若轴套上有油孔，则应与轴承座上的油孔对正，拧上垫板 1，然后将心轴 3 插入孔内用压力机垂直压入，如图 2—4—28 所示。

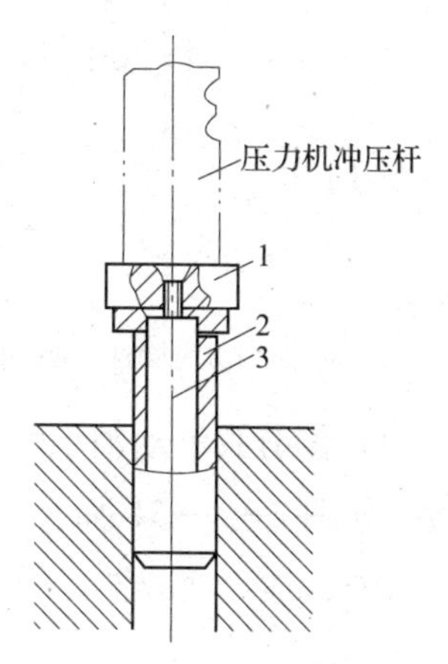

图 2—4—28 压入轴套工具

1—垫板 2—轴套 3—心轴

2）固定轴套。压入轴套后，按图样要求用紧定螺钉或定位销等固定轴套位置，以防轴套随轴转动。常用的轴套固定方式如图 2—4—29 所示。

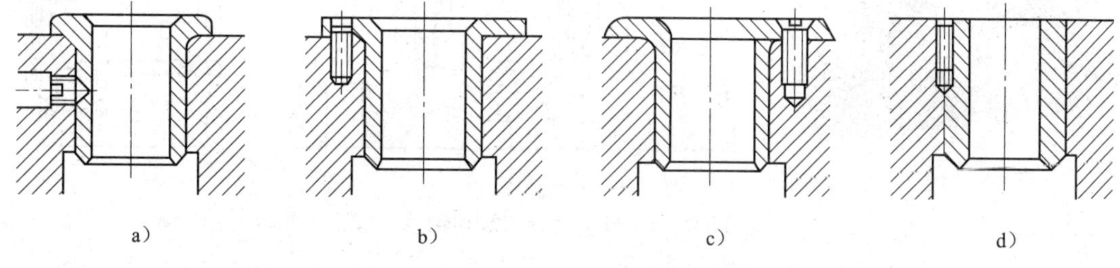

图 2—4—29 常用的轴套固定方式

a）径向紧定螺钉固定 b）端面铆钉固定 c）端面螺钉固定 d）骑缝螺钉固定

3）修整轴套。由于轴套壁薄，压入后内孔易发生内径缩小等变形。因此，压装后要用铰削、刮削或滚压等方法对轴套孔进行修整。

4）检验轴套。轴套修整后，沿孔轴线方向取两三处，用百分表检验轴套孔的圆度误差和尺寸，如图 2—4—30a 所示；用塞尺检验轴套孔中心线对轴套端面的垂直度，如图 2—4—30b 所示。

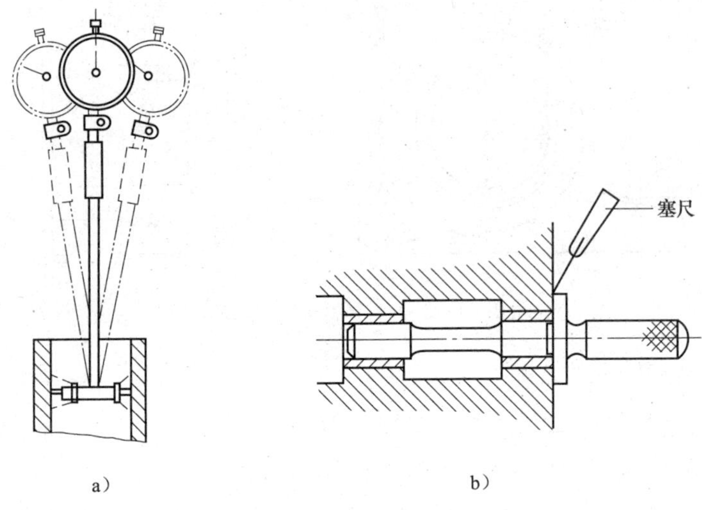

图 2—4—30　轴套的检验

a）用百分表检验轴套孔的圆度误差和尺寸　b）用塞尺检验轴套孔中心线对轴套端面的垂直度

（2）剖分式滑动轴承的装配。剖分式滑动轴承由轴承盖、轴承座、轴瓦、双头螺柱等组成，如图 2—4—31 所示。剖分式滑动轴承在装拆轴时，轴颈不需要轴向移动，装拆方便。另外，适当增减轴瓦剖分面间的调整垫片可以调节轴颈与轴承之间的间隙。

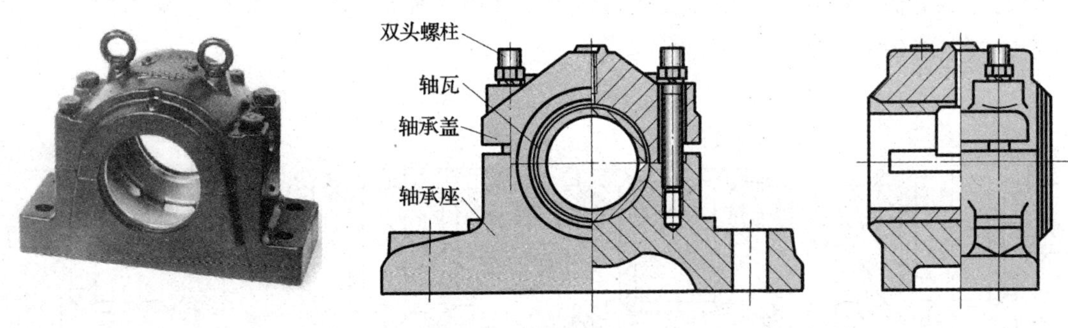

图 2—4—31　剖分式滑动轴承

剖分式滑动轴承装配过程如下：

1）装配轴瓦。上、下轴瓦与轴承座、轴承盖装配时，应使轴瓦背与座孔接触良好，可用涂色法检查，要求着色均匀。如果不符合要求，厚壁轴瓦应以座孔为基准修刮轴瓦背部，薄壁轴瓦不便修刮的需要进行选配。为了达到紧密配合的要求，保证有合适的过盈量，薄壁轴瓦的剖分面应比轴承座的剖分面略高一些，如图 2—4—32 所示。Δh 取 0.05～0.1 mm。同时，应注意轴瓦的台阶与座孔的两端面达到 H7/f7 配合，若太紧，可通过刮削进行修配。轴瓦装配前应认真做好清理和清洗工作。装配时应将轴瓦对准油孔位置，在剖分面上垫木板，用锤子轻轻敲入直至贴实。

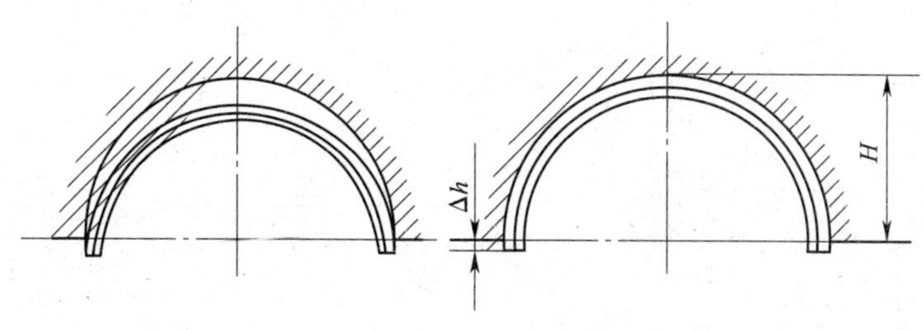

图 2—4—32　轴瓦的装配

2）刮削轴瓦孔。通常以与其相配的轴为基准配刮轴瓦孔，用涂色法将轴与半轴瓦对研，先刮削下半轴瓦内表面至接触均匀，达到规定的接触点数，然后再将上半轴瓦装上，拧紧轴承座上的双头螺柱，用同样的方法修刮上半轴瓦，直到轴与轴瓦的配合表面接触均匀、配合良好为止。

3）装配与间隙调整。清洗刮研好的轴瓦，重新装入轴承孔，调整接合处的垫片，保证轴与轴瓦之间的径向配合间隙符合装配技术要求。

（3）整体式可调节径向滑动轴承的装配。整体式可调节径向滑动轴承通过螺纹连接改变轴套的相对位置，从而改变轴与轴承之间的间隙。这类轴承通常有两种形式，即内柱外锥式和外柱内锥式，如图 2—4—33 所示。

整体式可调节径向滑动轴承的装配过程如下：

1）将轴承外套 3 压入箱体。清理轴承外套 3 和箱体 2 的内孔，将轴承外套 3 压入箱体孔中，其配合为 H7/r6。

2）刮削轴承外套 3 内孔。以专用心轴为基准刮削轴承外套 3 内孔，使其接触点为 12～16 点/（25 mm×25 mm），并保证前、后轴承孔同轴度符合要求。

3）在轴承 5 上钻通油孔。钻孔时应与箱体 2、轴承外套 3 的油孔对应，并与自身的油槽相接。

4）刮削轴承 5 外圆表面。以轴承外套 3 内孔为基准，研点配刮轴承 5 外圆表面，接触点数同上。

5）安装轴承 5。把轴承 5 装入轴承外套 3 内，两端拧入螺母 1、4，调整轴承 5 的轴向位置。

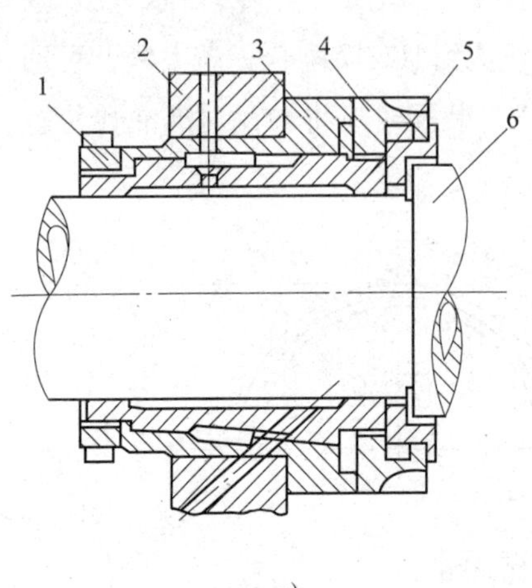

a)

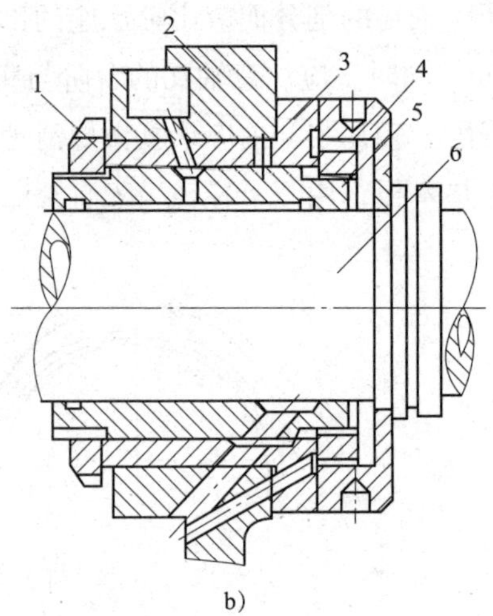

b)

图 2—4—33　整体式可调节径向滑动轴承

a）内柱外锥式　b）外柱内锥式

1、4—螺母　2—箱体　3—轴承外套　5—轴承　6—主轴

6）刮研轴承 5 内孔表面。以主轴 6 为基准研点，配刮轴承 5 内孔表面，接触点为 12 点/(25 mm×25 mm)。刮研时，轴承 5 处于工艺套支撑状态，以保证前、后轴承孔的同轴度。

7）清洗轴承、轴颈，重新安装。安装后要调整轴承间隙，一般精度的车床主轴与轴承间隙为 0. 015~0. 03 mm。

（4）多瓦式动压滑动轴承的装配。多瓦式动压滑动轴承有三瓦式和五瓦式两种结构，如图 2—4—34 所示。

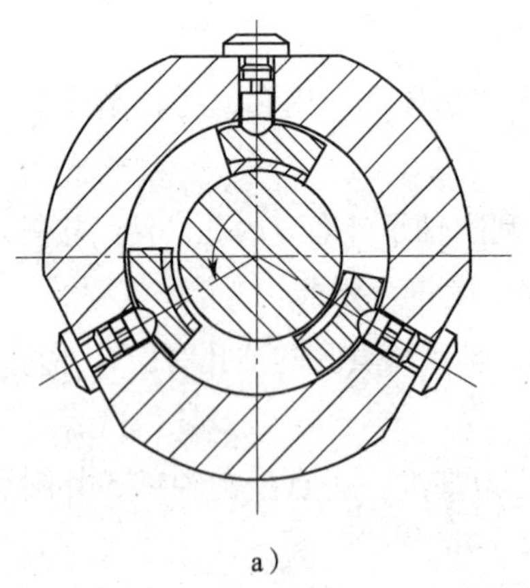

a）

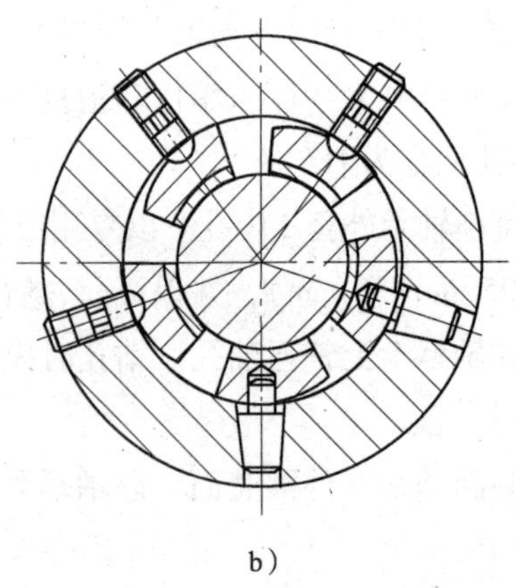

b）

图 2—4—34　多瓦式动压滑动轴承

a）三瓦式　b）五瓦式

多瓦式动压滑动轴承运转时可产生多个油楔，同时，由于主轴与轴承孔形成的楔形缝隙位置随主轴的负荷和转速而改变，即能自动调位。因此，多瓦式动压滑动轴承具有油膜刚度好、主轴旋转精度高和轴承工作稳定性良好的特点，广泛用于高速机械和精密机械上。

二、滚动轴承

滚动轴承是机器中广泛应用的标准零件，一般由内圈、外圈、滚动体和保持架组成，如图 2—4—35 所示。

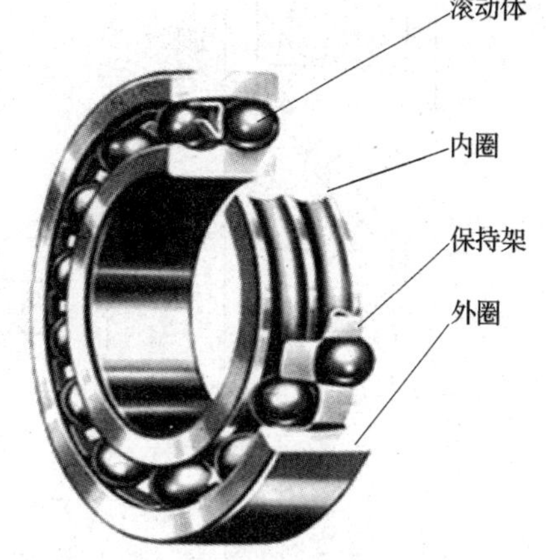

图 2—4—35　滚动轴承的结构

滚动轴承内圈与轴相配合，外圈安装在轴承座（或壳体）中与孔配合。滚动轴承具有摩擦小、效率高、轴向尺寸小、装拆方便等优点，是机器中的重要部件之一。

1. 滚动轴承的配合与选择

滚动轴承的配合是指内圈与轴颈、外圈与轴承座孔的配合。滚动轴承内圈与轴颈的配合采用基孔制，外圈与轴承座孔（或壳体孔）的配合采用基轴制，配合的松紧程度由轴和轴承座孔的基本偏差来保证，一般采用过渡配合。

图 2—4—36 为滚动轴承内径与外径的公差带图。其中，图 2—4—36a 为轴承外径与轴承座孔的公差带相对位置，ΔD 为轴承外径公差带，基本偏差为零，尺寸偏差为负偏差，公差带在零线的下方，以轴承外径为基准与不同偏差的轴承座孔配合；图 2—4—36b 为轴承内径与轴的公差带相对位置，Δd 为轴承内径公差带，基本偏差为零，公差带在零线的下方，以轴承内径为基准孔与不同偏差的轴配合。

由于滚动轴承内孔公差带在零线以下，与一般零件配合相比，在配合件采用相同基本偏差的情况下，滚动轴承内孔与轴的配合较紧。选择轴承配合时，一般要考虑负荷的大小、方向和性质，转速的大小，旋转精度和装拆是否频繁等一系列因素。一般情况下，滚动轴承内圈随轴一起转动，其配合具有一定的过盈，但过盈量不能太大，所以，内圈与轴常取具有过盈的配合，如 n6、m6、k6 等；而外圈安装在外壳中固定不动，通常取较松的配合，如 K7、J7、H7、G7 等。

轴和轴承座孔的公差等级则根据轴承精度选择，如 C、D 级轴承用 IT5 级轴和 IT6 级孔，E、G 级轴承用 IT6 级轴和 IT7 级孔等。

2. 滚动轴承的装配与拆卸

（1）滚动轴承的装配要求

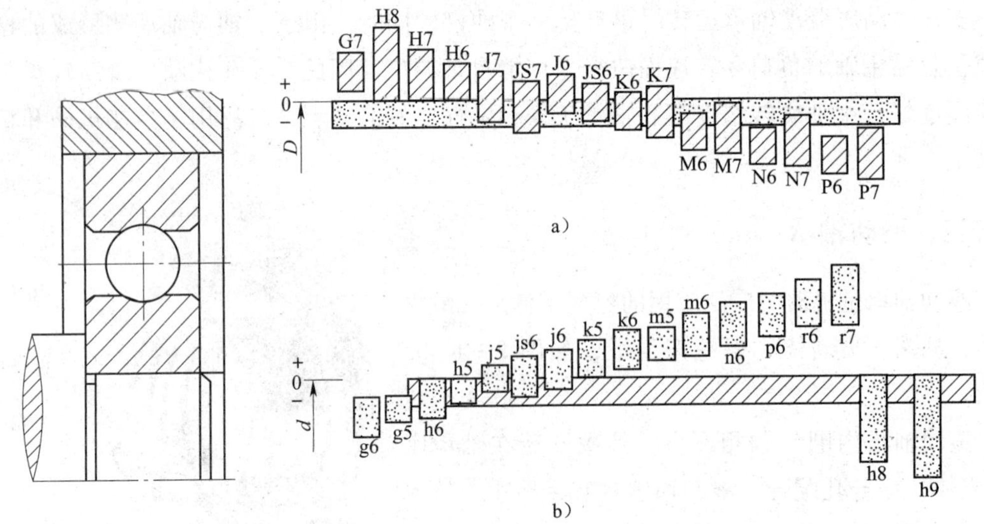

图 2—4—36 滚动轴承内径与外径的公差带图

a）轴承外径与轴承座孔配合公差带图 b）轴承内径与轴配合公差带图

1）装配前对滚动轴承和零件进行清洗。除了两面带防尘盖或密封圈的滚动轴承外，其他滚动轴承均应在装配前用干净的汽油或煤油进行清洗，并加防锈润滑剂。清洗时不应影响滚动轴承的间隙，不能用毛刷、棉纱清洗滚动轴承，清洗后的滚动轴承不能直接放在平板或工作台上，更不允许直接用手去拿或触摸，应垫上干净的纸或布。

2）根据先紧后松的原则安装滚动轴承内圈和外圈。当滚动轴承内圈与轴颈为紧配合、外圈与壳体孔为较松配合时，应先将滚动轴承装在轴上，如图 2—4—37a 所示，然后再将轴连同滚动轴承一起装入壳体内。压装时，可用安装套施加压力，同时作用在滚动轴承内圈和外圈上，把滚动轴承同时压入轴颈和壳体孔中，如图 2—4—37b 所示。当滚动轴承外圈与壳体孔为紧配合、内圈与轴颈为较松配合时，则应先将滚动轴承压入壳体孔中，如图 2—4—37c 所示。总之，装配时的压力应直接加在待配合的套、圈端面上，绝不能通过滚动体传递压力，错误的装配方法如图 2—4—38 所示。

对于分离型轴承（如圆锥滚子轴承），由于外圈可以自由脱开，装配时内圈和滚动体一起装在轴上，外圈装在壳体孔内，然后再调整它们之间的游隙（即滚动轴承的间隙）。

安装滚动轴承内圈、外圈的方法和工具主要由配合过盈量的大小确定。当配合过盈量较小时，可用铜棒对称地在滚动轴承内圈（外圈）端面均匀敲入，如图 2—4—39 所示，注意严禁直接用锤子敲打滚动轴承内圈和外圈。当配合过盈量较大时，可用压力机将滚动轴承压入，如图 2—4—40 所示。

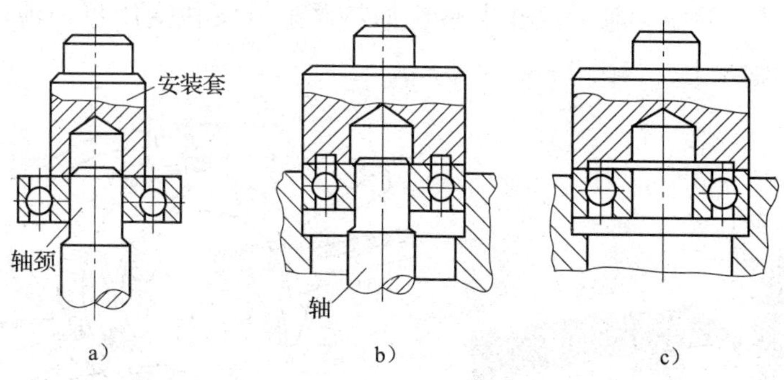

图 2—4—37　轴承内圈和外圈的装配

a）轴承先装在轴上　b）轴承同时压入轴和壳体　c）轴承先压入壳体孔

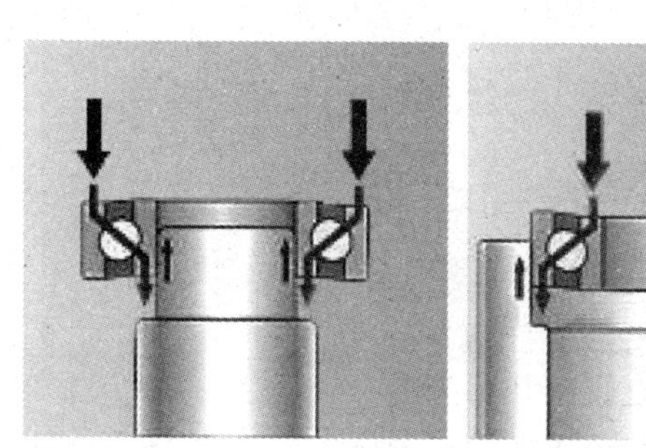
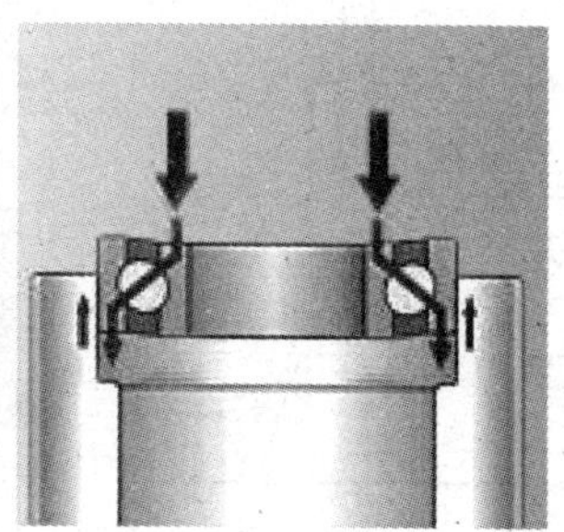

图 2—4—38　错误的装配方法

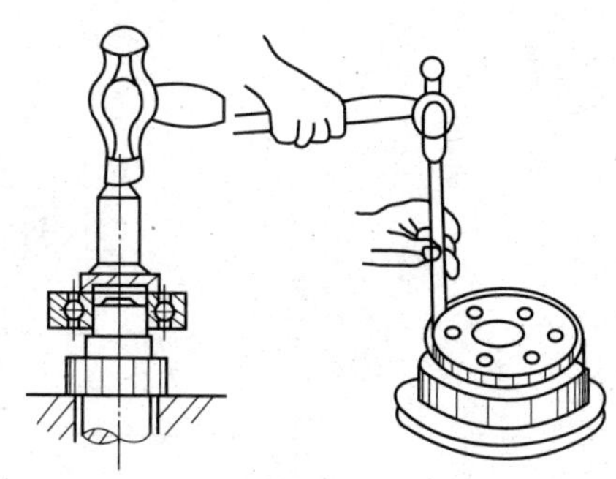

图 2—4—39　用铜棒、套筒压入轴承

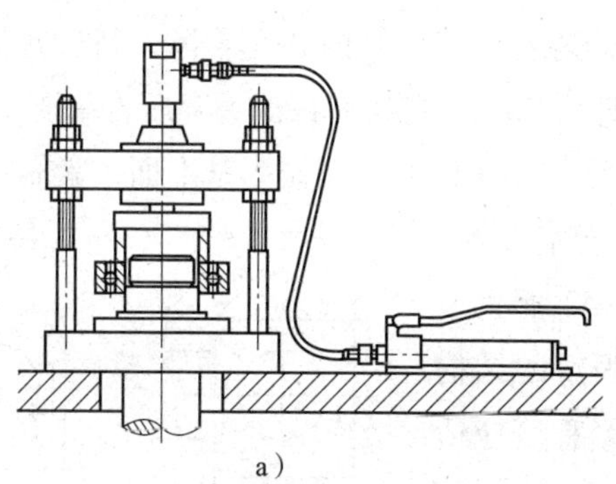

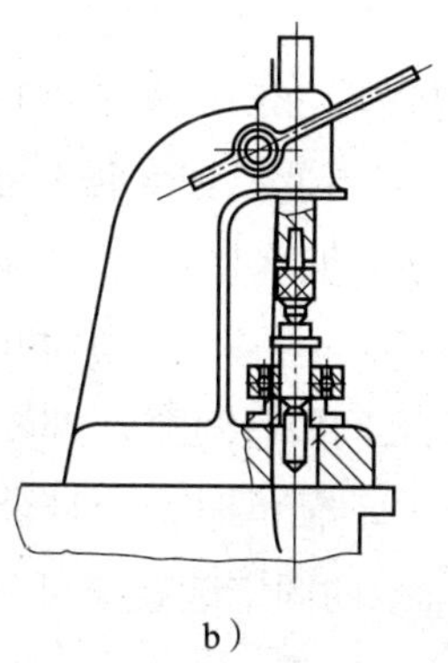

图 2—4—40　用压力机安装滚动轴承

a）用压力机压入　b）用杠杆齿条式压力机压入

当过盈量很大或滚动轴承尺寸大时可用温差法（包括热胀法和冷冻法）进行装配，具体方法如下：

①热胀法装配。将滚动轴承放在电感应加热器上或浸在变压器油池内加热，加热至80~100℃时装到轴颈上，如图2—4—41所示。

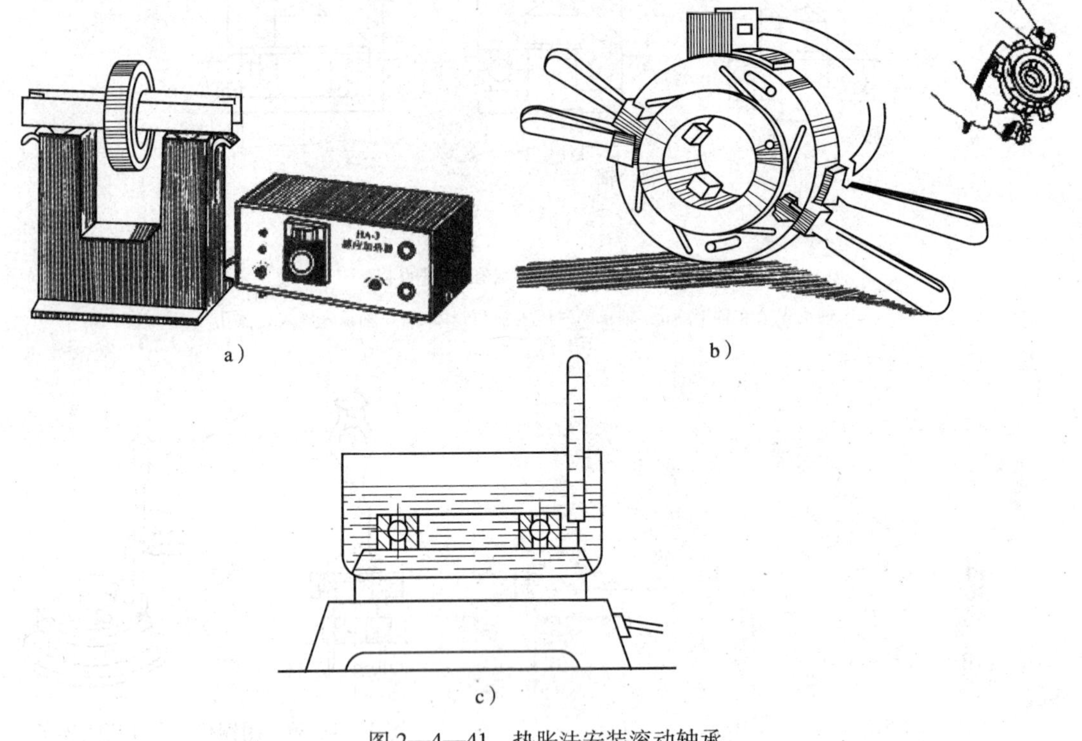

图2—4—41　热胀法安装滚动轴承

a）电感应加热器加热　b）手持式电感应加热器加热　c）变压器油池加热

②冷冻法装配。把滚动轴承置于低温箱内冷却，箱内装有干冰，待轴承冷却至-78℃时取出安装。取出低温轴承时不可用手直接拿取，应戴上石棉手套后再拿取。

3）安装滚动轴承时，应以滚动轴承端面无字标的一面作为基准面，紧靠在轴肩处。同时应保证滚动轴承外圈与轴肩和轴承座台肩紧贴，而不应在它们之间留有间隙，如图2—4—42所示。

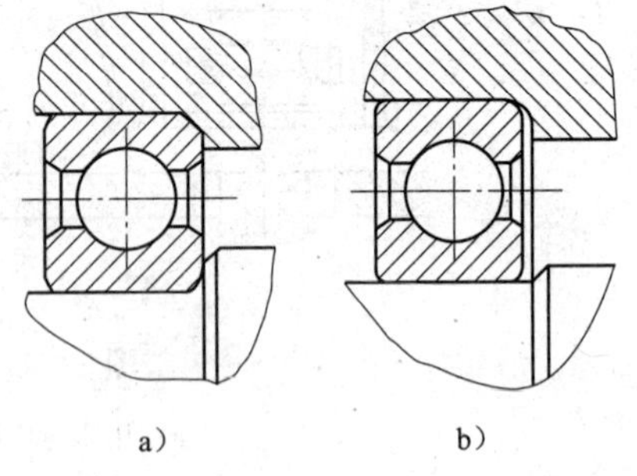

图2—4—42　滚动轴承在台肩处的配合

a）正确　b）错误

4）安装滚动轴承时，应符合轴系固定的结构要求。滚动轴承的固定装置应可靠，松紧程度应适中，防松装置应完善。

5）滚动轴承与轴、壳体孔的配合应符合图样技术要求。

6）密封装置应严密，在油沟式和迷宫式密封装置中应按要求填入干油。

7）在安装滚动轴承过程中，应严格保持清洁，严防有杂物或污物进入轴承内。

8）滚动轴承安装后运转应灵活，无噪声，工作温升应控制在图样技术要求范围内，施加的润滑剂应符合图样技术要求。

（2）滚动轴承的间隙调整和预紧。合理调整滚动轴承的间隙是保证轴承寿命、提高轴旋转精度的关键。滚动轴承的间隙分径向间隙和轴向间隙两类。径向间隙是指内、外圈之间在径向上的最大相对游动量；轴向间隙是指内、外圈在轴线方向的最大相对游动量。间隙大小直接影响机构的运转性能（如精度、振动、噪声等）和轴承使用寿命。因此，在装配过程中要控制和调整滚动轴承的间隙，使滚动轴承内、外圈有一定的相对位移，如图2—4—43所示。

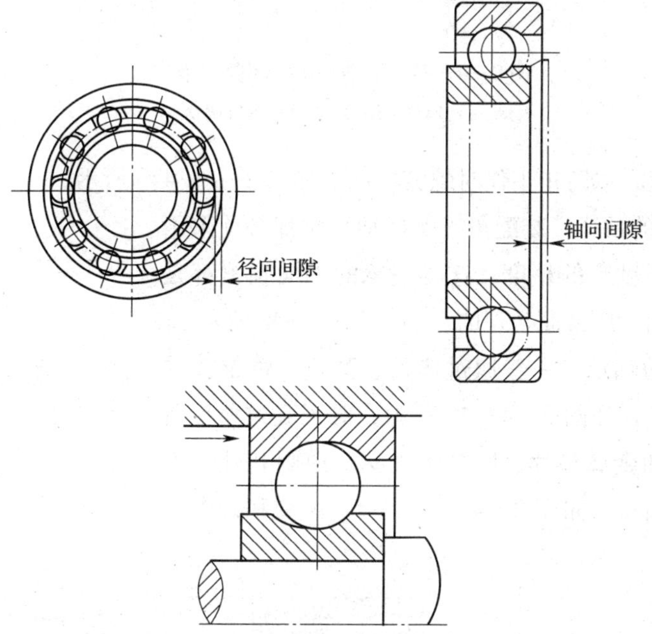

图2—4—43　滚动轴承的间隙及其调整

成对组装滚动轴承时，为了提高轴承系统的刚度，常在安装时给滚动轴承预加一定的载荷，使轴承滚动体与滚道的间隙全部消失，并形成一定的弹性变形，这种方法称为预紧。合理的预紧能提高滚动轴承的旋转精度，延长其使用寿命，减少机器工作时轴的振动和噪声，防止振动损伤和摩擦、磨损。

1）滚动轴承的间隙调整方法

①用垫片调整间隙。通过改变轴承盖处的垫片厚度δ来调整轴承的间隙，如图2—4—44a所示。

②用螺钉调整间隙。先将调节螺钉拧紧至滚动轴承间隙为零，然后倒拧螺钉至一定角

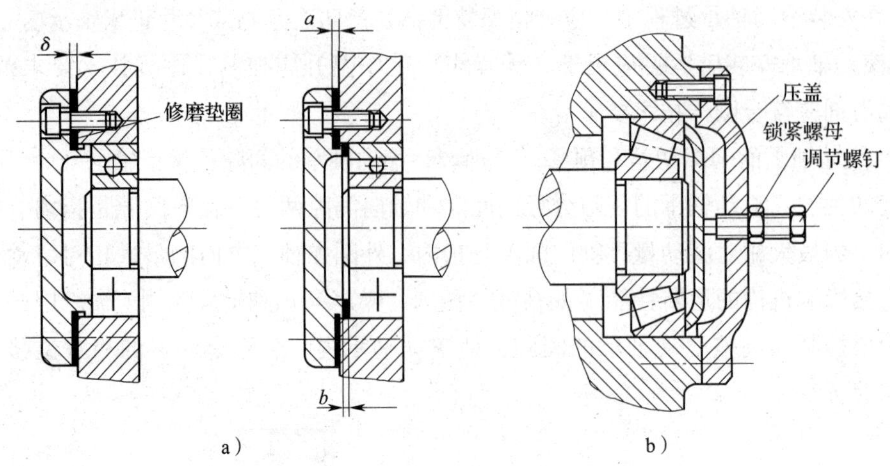

a） b）

图2—4—44 滚动轴承的间隙调整方法

a）用垫片调整 b）用螺钉调整

度，再将螺母锁紧，以防止工作时螺钉松动，如图2—4—44b所示。

2）滚动轴承的预紧。装配角接触球轴承时都必须采用预紧的方法来保证轴承的精度。这类轴承的轴向预紧都是靠内、外圈之间相对压紧而实现的，如图2—4—45所示。

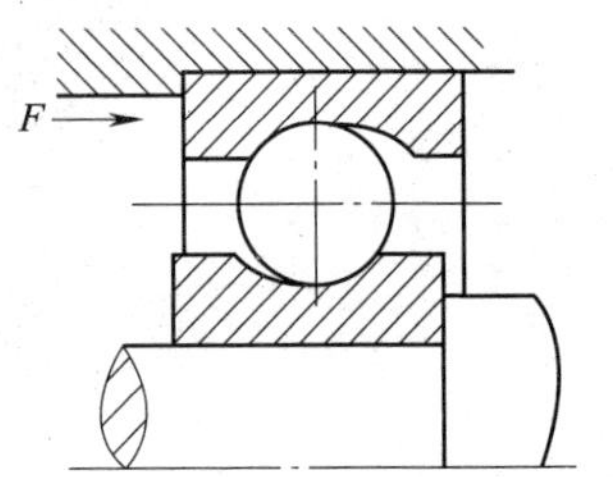

图2—4—45 角接触球轴承预紧

对于单个滚动轴承，一般通过垫片、弹簧、带锥孔的内圈轴承实现预紧，如图2—4—46所示。对于成对角接触轴承，一般采用加金属垫片、磨窄轴承圈、内圈和外圈厚度差等方法实现预紧，如图2—4—47所示。内圈和外圈厚

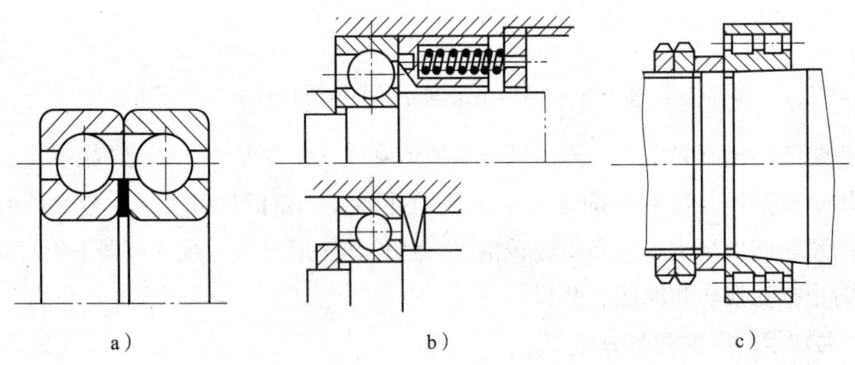

a） b） c）

图2—4—46 单个滚动轴承的预紧

a）用垫片预紧 b）用弹簧预紧 c）用带锥孔的内圈轴承预紧

度差是将轴承施加预定载荷后，用百分表测量轴承内圈和外圈的相对移动量，也可通过计算求得，角接触轴承内圈和外圈厚度差测量方法如图 2—4—48 所示。

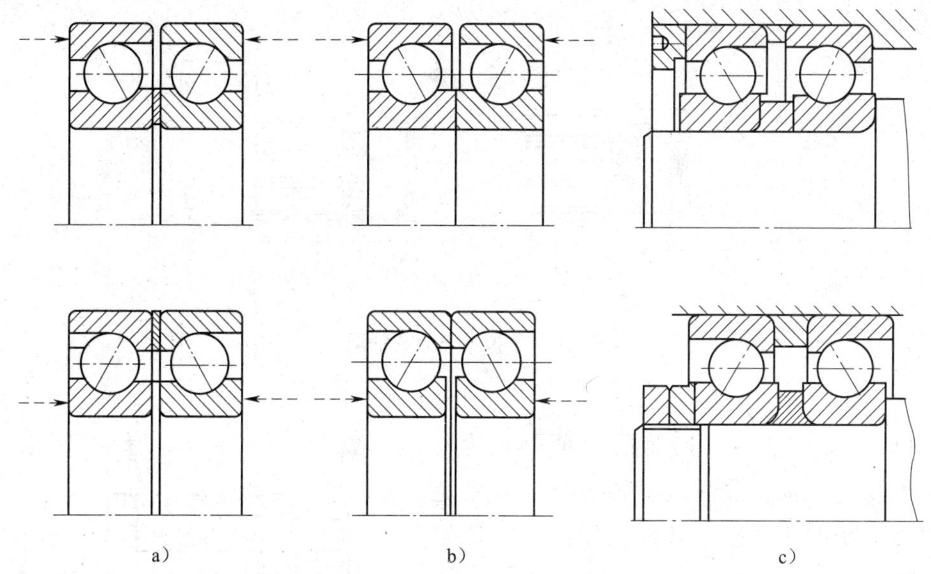

图 2—4—47　成对角接触轴承的预紧

a）加金属垫片　b）磨窄轴承圈　c）内圈和外圈厚度差

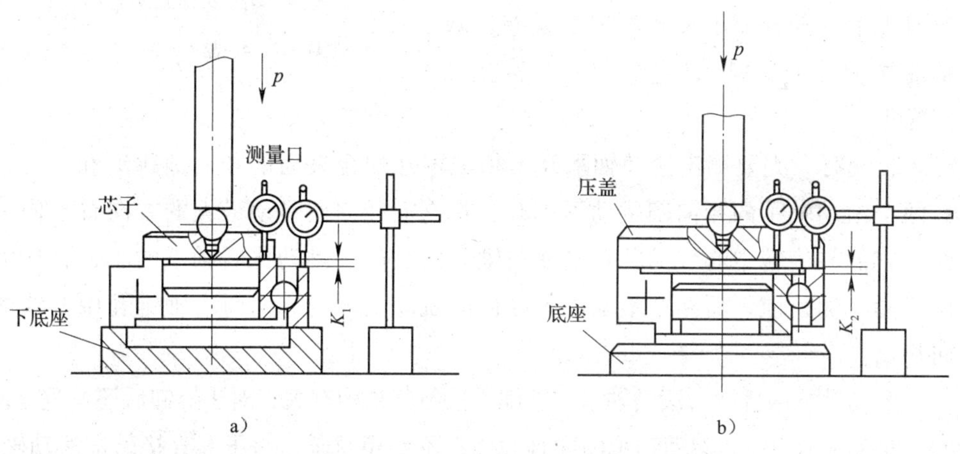

图 2—4—48　角接触轴承内圈和外圈厚度差测量方法

a）测量轴承窄边　b）测量轴承宽边

（3）推力球轴承的装配。推力球轴承主要承受轴向载荷，用于轴向载荷较大而轴又需要轴向定位的场合，推力球轴承如图 2—4—49 所示。

推力球轴承有松圈（松环）和紧圈（紧环）之分，装配时应使紧圈靠在转动零件的端面上，松圈靠在静止零件的端面上，如图 2—4—50 所示；否则，滚动体会丧失作用，同时会加速配合零件间的磨损。安装推力球轴承后应检查轴承的轴向间隙，不符合要求时应进行调整。

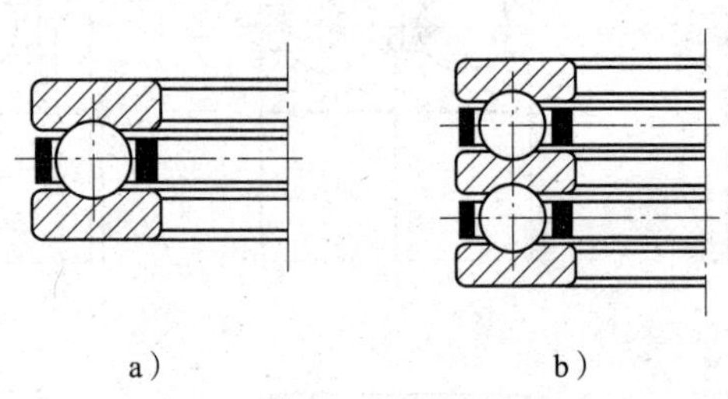

图 2—4—49　推力球轴承

a）单向推力球轴承　b）双向推力球轴承

（4）滚动轴承的定向装配。对于旋转精度要求很高的主轴，装配滚动轴承时应采用定向装配法。所谓滚动轴承的定向装配，就是使轴承内圈的偏心（径向圆跳动）与轴颈的偏心、轴承外圈的偏心与轴承座孔的偏心都分别配置于同一轴向截面内，并按一定的方向装配，通过抵消一部分相配尺寸的加工误差，减小主轴前端的径向圆跳动误差，从而提高主轴的旋转精度。

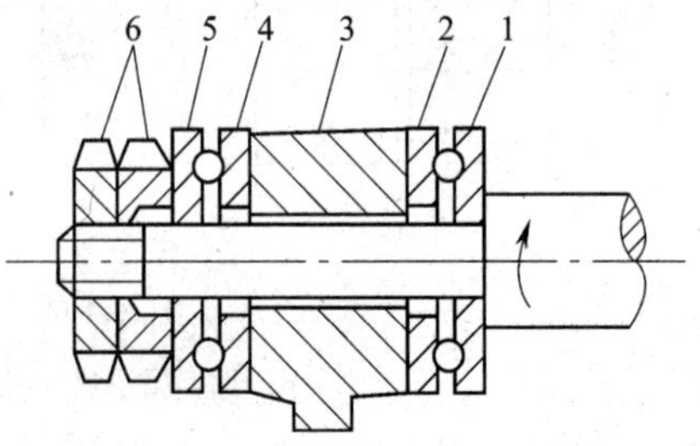

图 2—4—50　推力球轴承的装配

1、5—紧圈　2、4—松圈　3—箱体　6—螺母

定向装配时，先要测出滚动轴承及其相配零件配合表面的径向圆跳动和方向，当前、后两个滚动轴承的径向圆跳动不等时，将它们径向圆跳动最大的方向置于同一轴向截面；它们与旋转中心线的关系是使前轴承的径向圆跳动比后轴承的小，且最大的方向位于同一侧；前、后两个滚动轴承径向圆跳动最大的方向与主轴锥孔中心线的偏差方向相反。

（5）滚动轴承的拆卸。滚动轴承的拆卸方法与其结构有关，对于拆卸后还要重复使用的轴承，拆卸时不能损坏滚动轴承的配合表面，不能用錾子、锤子等直接敲击滚动轴承，不能将拆卸时所施加的力作用在滚动体上。常用的拆卸方法如图 2—4—51 所示，不正确的拆卸方法如图 2—4—52 所示。

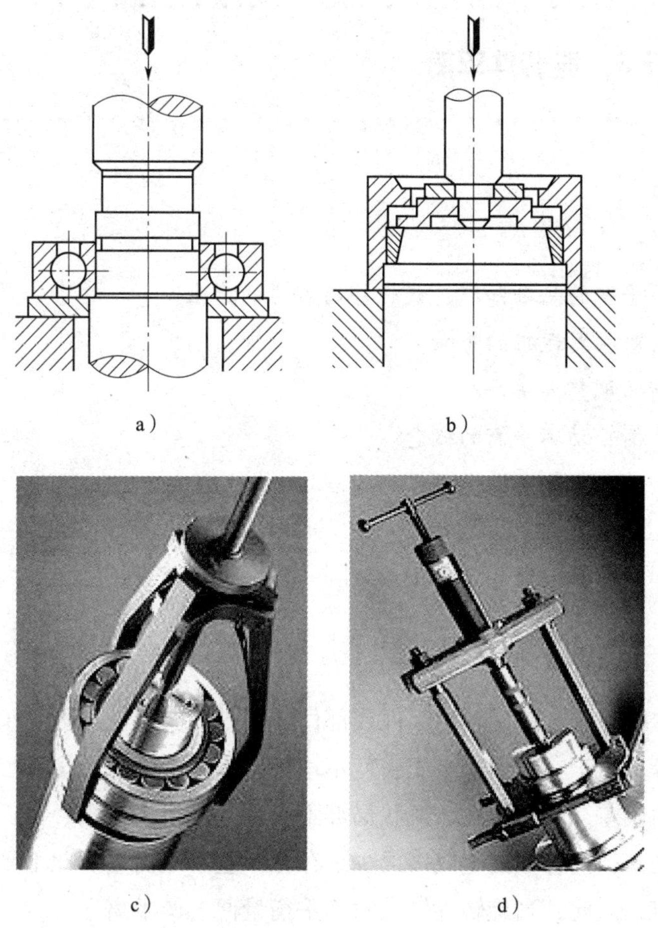

图 2—4—51　常用的拆卸方法

a）用压力机从轴上压出轴承　b）用压力机拆卸可分离轴承　c）、d）用拉拔器拆卸轴承

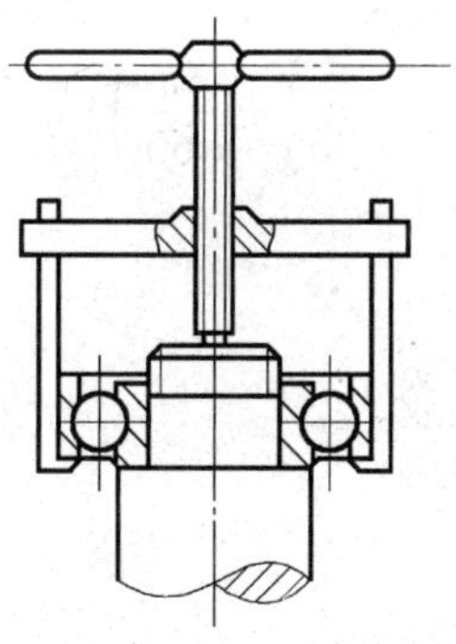

图 2—4—52　不正确的拆卸方法

学习单元3 旋转件平衡

学习目标

- 了解旋转件平衡的基础知识、旋转件离心力的产生。
- 熟悉离心力对机器运行的影响。
- 熟悉静平衡的调整方法。
- 掌握静不平衡、动不平衡的概念。
- 掌握静平衡、动平衡的概念及平衡原理。

知识要求

一、旋转件平衡的基础知识

在运行的机器中，有许多旋转的零件或部件，如带轮、飞轮、齿轮、叶轮、曲轴、砂轮、电动机转子等，由于它们内部组织密度不均匀，零件本身的形状（加工或未加工）不对称，装配产生的误差，以及结构、形状局部不对称（如键、键槽、销、紧定螺钉等）等原因，使旋转件在其径向各截面上或多或少地存在一些不平衡量。此不平衡量与旋转中心之间有一定的距离，因此，当旋转件转动时不平衡量便会产生离心力。

1. 旋转件的离心力

旋转件因质量偏心而引起离心力，其大小与不平衡量、不平衡量和旋转中心之间的径向距离以及转速的平方成正比，即：

$$F=\frac{W}{g}e\left(\frac{2\pi n}{60}\right)^2$$

式中 F——离心力，N；

W——旋转体的偏重，N；

g——重力加速度，$g=9.81\ \mathrm{m/s^2}$；

e——质量偏心距，m；

n——转速，r/min。

例：有一直径为400 mm的叶轮，在离旋转中心0.18 m的径向位置有0.4 N的不平衡量，如果以3 000 r/min的转速旋转，则产生的离心力F是多少？

解： $F=\frac{W}{g}e\left(\frac{2\pi n}{60}\right)^{2}=\frac{0.4}{9.81}\times0.18\times\left(\frac{2\times3.14\times3\,000}{60}\right)^{2}\approx723.6$（N）

2. 离心力对机器运行的影响

旋转件因不平衡而产生离心力，对于重型或高转速的旋转体，即使具有不大的偏心距也会引起很大的离心力。离心力的大小随转速平方的变化而变化，转速增大时，离心力将迅速增大，其方向随着旋转件的旋转而不断发生周期性的变化，因而旋转件旋转中心的位置也要不断发生变化，这样会增加轴承负荷，加速轴承磨损；使轴产生径向圆跳动和轴向窜动，降低机器精度；使机器在工作中发生摆动和振动，增大机械噪声，甚至造成零件疲劳损坏或断裂。因此，为了保证机器的运转质量，在装配前要对旋转体（尤其是在高速运转的情况下）进行平衡调整，以消除因不平衡量而产生的离心力，从而达到所要求的平衡精度。

二、旋转件不平衡的概念

1. 静不平衡

对于一些长径比较小的盘类旋转件，在径向截面上有不平衡量，这种不平衡量所产生的离心力或多个不平衡量所产生的离心力合力通过旋转件的重心；它们各自的重力在轴线的同一侧，不会使旋转件旋转时产生轴线倾斜的力矩，这种不平衡称为静不平衡。

静不平衡的旋转件在自然静止时，其不平衡量在重力作用下会处于铅垂线下方。在旋转时，其不平衡离心力使旋转件产生垂直于旋转轴线方向的振动。旋转件的静不平衡如图 2—4—53 所示。

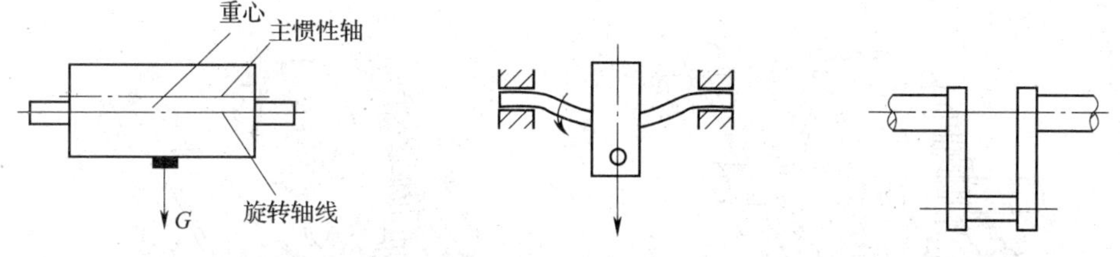

图 2—4—53 旋转件的静不平衡示意

2. 动不平衡

对一些长径比较大的轴类旋转件，在沿轴线的各径向截面的不平衡量产生离心力，形成力偶，旋转件在旋转时使轴产生弯曲变形，旋转件两端不仅会产生垂直于旋转轴线方向的振动，而且还要使旋转轴线产生倾斜的振动，这种不平衡称为动不平衡，如图 2—4—54 所示。动不平衡的旋转件一般同时存在静不平衡。

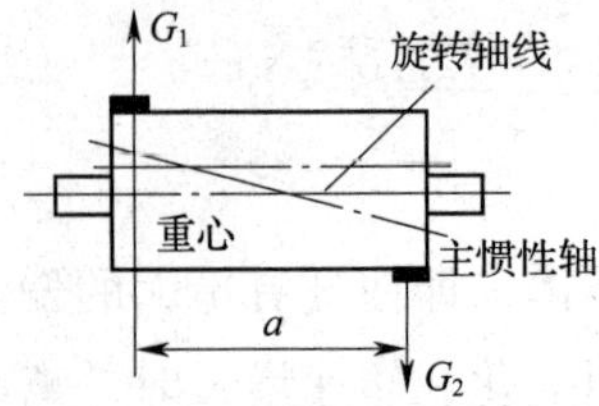

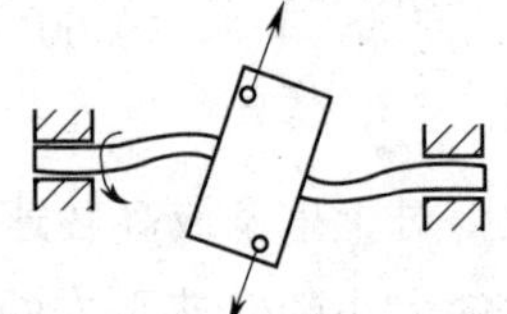

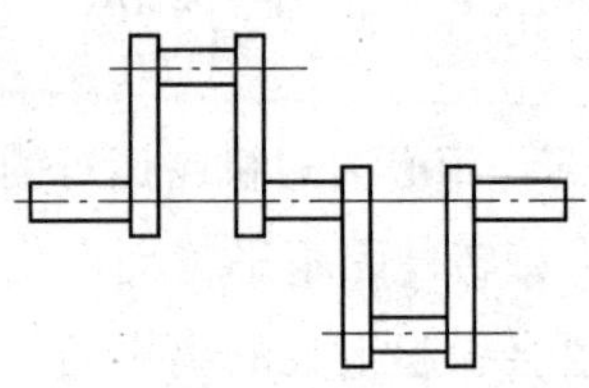

图2—4—54 旋转件的动不平衡示意

旋转件上不平衡量的分布是复杂和无规律的，但它们最终产生的影响总是属于静不平衡或动不平衡。

三、静平衡

旋转件的静不平衡可以用静平衡的方法来解决。静平衡只能平衡旋转件重心的不平衡，而不能消除不平衡力偶。因此，静平衡一般仅适用于长径比较小的盘类旋转件（如带轮、飞轮、齿轮、叶轮、磨床砂轮等）或长径比较大而转速不高的旋转件。

静平衡的实质在于确定旋转件上不平衡量的大小和位置。有些旋转件是用去除材料的方法来校正平衡的，如带轮、齿轮等；有些旋转件是用调整法兰盘上平衡块位置的方法来校正平衡的，如磨床砂轮等。

1. 静平衡的工艺装备

进行静平衡调整时，需要将旋转件放在专门的静平衡装置上进行。静平衡装置由框架、平衡架等组成。平衡架有圆柱形的（见图2—4—55a）、棱形刀口的（见图2—4—55b）和滚轮式的。

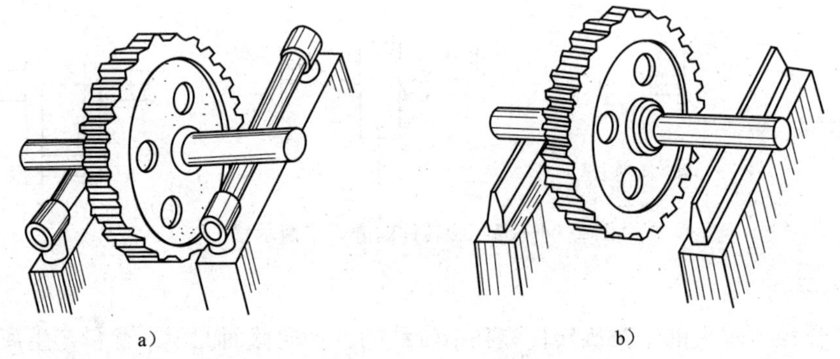

图2—4—55 静平衡装置

a）圆柱形平衡架 b）棱形刀口平衡架

为了使静平衡工艺准确，旋转件装上心轴后，其转动的灵敏度是关键，若灵敏度太低，不可能获得较高的静平衡精度。因此，对平衡架和心轴都有较高的要求，平衡架的支撑面（圆柱面或棱形面）必须坚硬（50~60HRC）、光滑（表面粗糙度值小于 $Ra0.4$ μm），并具有较高的直线度精度（直线度误差不大于 0.005 mm）。

平衡架由导轨和支架组成，支架底部有三个调整螺钉，用来调整导轨的水平位置，调整时需要用水平仪和两块平行垫铁配合进行。静平衡砂轮用的工艺装备如图 2—4—56 所示。

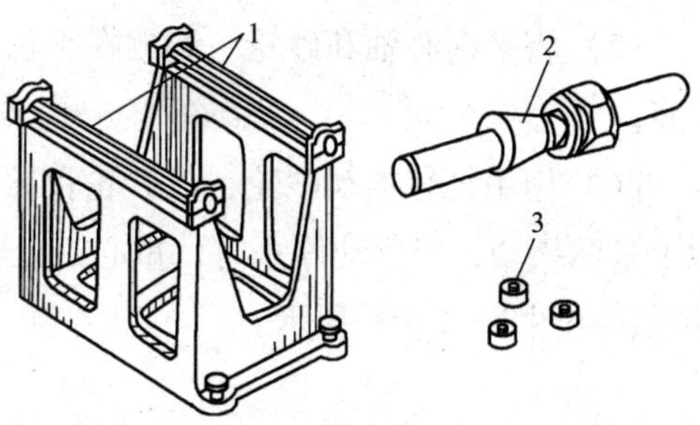

图 2—4—56 静平衡砂轮用的工艺装备
1—平衡架 2—平衡心轴 3—平衡块

两个支撑面在水平面内必须相互平行，并严格找正至水平位置（平行度误差不大于 0.02 mm/1 000 mm），以减小摩擦阻力，提高平衡精度。专用心轴也应具有较高的平衡精度，心轴的直线度和圆柱面的表面粗糙度都应符合要求。

2. 静平衡的调整方法

（1）擦净平衡架导轨表面，在平衡架导轨上放两块等高的平行垫铁，并将分度值为 0.02 mm/1 000 mm 的水平仪放在平行垫铁上，如图 2—4—57 所示。调整平衡架右端两个螺钉，使水平仪上的水准器气泡处于中间位置，此时平衡架导轨横向处于水平位置。

（2）将水平仪转 90°安放，调整平衡架左端螺钉，使平衡架导轨纵向处于水平位置，如图 2—4—58 所示。

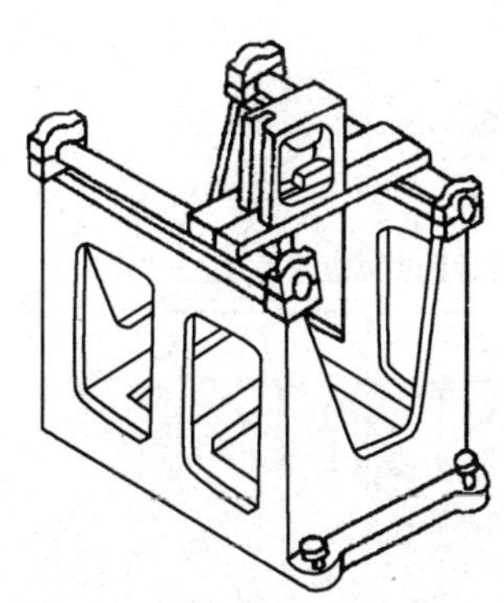
图 2—4—57 平衡架导轨横向处于水平位置

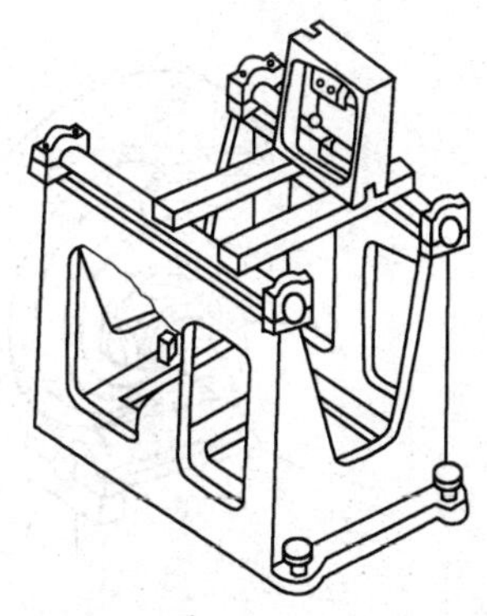
图 2—4—58 平衡架导轨纵向处于水平位置

（3）反复调整平衡架的横向和纵向水平位置，使水平仪在横向和纵向的读数均在一格之内。

（4）擦净平衡心轴圆锥表面和砂轮法兰盘内锥孔表面，将平衡心轴装入砂轮法兰盘内锥孔中，如图2—4—59所示。用着色法检查其接触面积，接触面积应大于75%；若接触不良，应检查出其原因，并进行修整。

（5）将平衡心轴和砂轮一起放在平衡架导轨上，并使平衡心轴的轴线与导轨的轴线相垂直。

（6）用手轻轻推动砂轮，让砂轮在导轨上缓慢滚动。如果砂轮不平衡，则砂轮会在导轨上来回摆动；当摆动停止时，重心必处在砂轮下方的位置。此时在上方对应位置处做一标记，如图2—4—60所示。

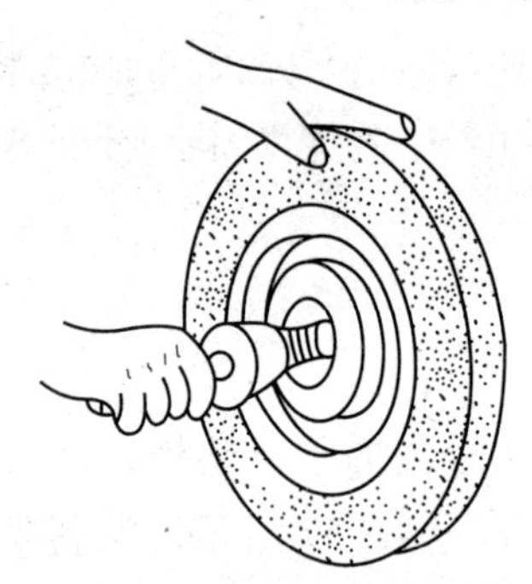

图2—4—59　平衡心轴与砂轮的装配

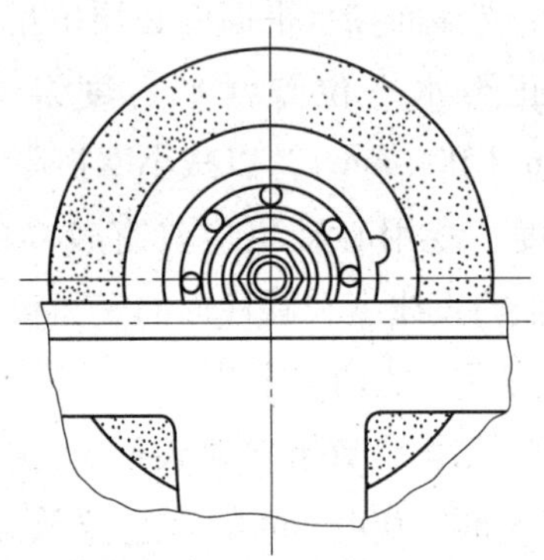

图2—4—60　在上方对应位置做标记

（7）在砂轮轻的一边装上第一个平衡块，并在其两侧对称地各装一个平衡块，如图2—4—61a所示。

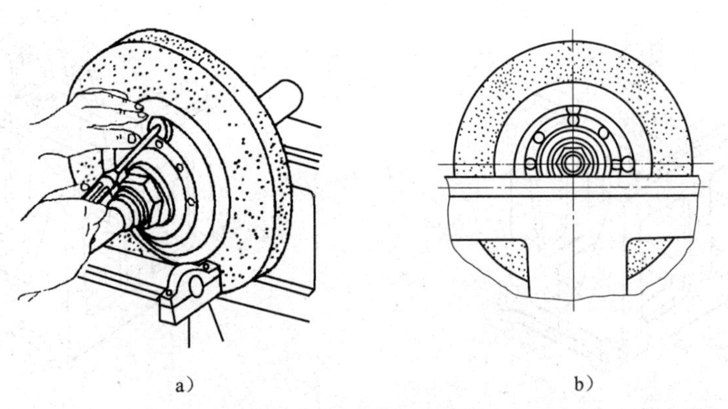

a）　b）

图2—4—61　装平衡块并检查砂轮平衡

a）装平衡块　b）检查砂轮平衡

（8）将砂轮转90°，使原来轻点处转到水平位置，检查砂轮是否平衡，如图2—4—61b所示。如果不平衡，则可同时移动两侧对称平衡块，向砂轮轻的一边移动，直至平衡为止。如果砂轮不平衡量较大，则需再加装平衡块。调整平衡块位置的目的就是使平衡力矩等于重心偏移所形成的力矩。

(9) 用手轻轻拨动砂轮，使砂轮缓慢滚动，如果在任何位置都能使砂轮处于静止状态，则说明砂轮已经平衡。

(10) 拧紧各平衡块上的紧定螺钉。

四、动平衡

对长径比较小、转速不高的旋转件，不需要进行动平衡。而对于长径比较大的旋转件，只进行静平衡是不够的，还要进行动平衡。由于动平衡是在旋转状态下进行的，较小的不平衡量可反映出较大的离心力，因此，高速旋转的盘类零件经过动平衡可获得较高的平衡精度。而如果只进行静平衡，则由于灵敏度受限，微小的剩余不平衡量在高速旋转时仍会产生较大的离心力而达不到平衡精度要求。

由此可见，动平衡转速的高低对平衡精度也有一定影响。因此，有些转速和要求不高的旋转件只需做低速动平衡即可，而转速较高的旋转件则必须进行高速动平衡。

为了防止动平衡时因不平衡量过大而产生剧烈的振动，在低速动平衡前一般都要先经过静平衡，而在高速动平衡前要先做低速动平衡。

第 5 节　传动机构的装配与调整

学习单元 1　带传动机构的装配与调整

学习目标

➢ 了解带传动机构的类型。

➢ 熟悉 V 带传动机构的装配方法和要求。

➢ 熟悉 V 带传动机构的使用和维护注意事项。

➢ 掌握带轮的装配和传动带张紧力的调整方法。

知识要求

一、带传动机构的类型

带传动是应用广泛的一种机械传动。带传动机构一般由主动带轮、从动带轮和传动带组成。由于带被张紧，带与带轮接触面间产生正压力。当主动带轮转动时，利用传动带与带轮之间的摩擦力带动从动带轮一起转动，并传递一定的运动和动力。

常用的带传动有 V 带、平带、同步带等，如图 2—5—1 所示。

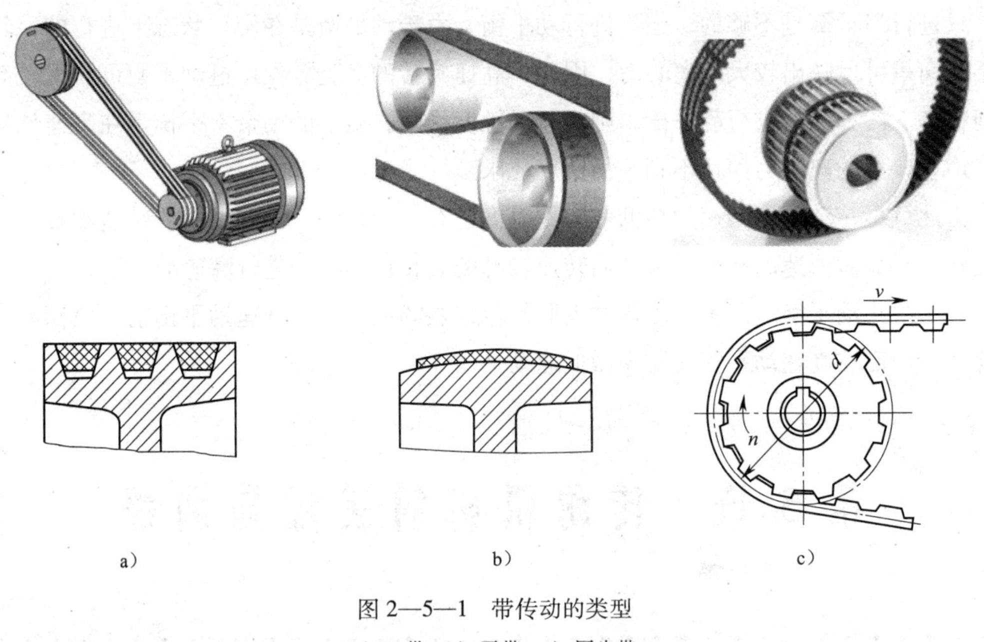

图 2—5—1　带传动的类型

a）V 带　b）平带　c）同步带

二、V 带传动机构的装配

在一般机械传动中，应用较广泛的是 V 带传动。V 带的横截面呈等腰梯形，传动时，带的两侧面为工作面，V 带与轮槽槽底不接触，如图 2—5—1a 所示。在同样的张紧力下，V 带传动产生的摩擦力大，这是 V 带传动的最大优点。

常见 V 带的横截面结构由包布、顶胶、抗拉体、底胶等部分组成。按抗拉体结构不同，V 带可分为帘布芯 V 带和绳芯 V 带两种，如图 2—5—2 所示。帘布芯 V 带制造方便，抗拉强度高；绳芯 V 带柔韧性好，抗弯强度高，适用于转速较高、载荷不大和带轮直径较小的场合。

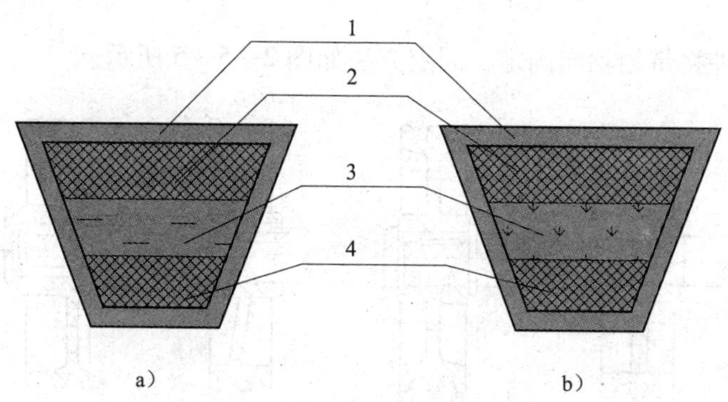

图 2—5—2 V 带结构

a）帘布芯 V 带 b）绳芯 V 带

1—包布 2—顶胶 3—抗拉体 4—底胶

V 带传动的装配方法和要求如下：

1. 检查带轮加工精度

（1）检查带轮轮槽的表面粗糙度。轮槽工作表面的粗糙度要适当，过于粗糙，工作时发热量大，加剧带的磨损；过于光滑，则带容易打滑。一般 $Ra \leqslant 3.2$ μm。

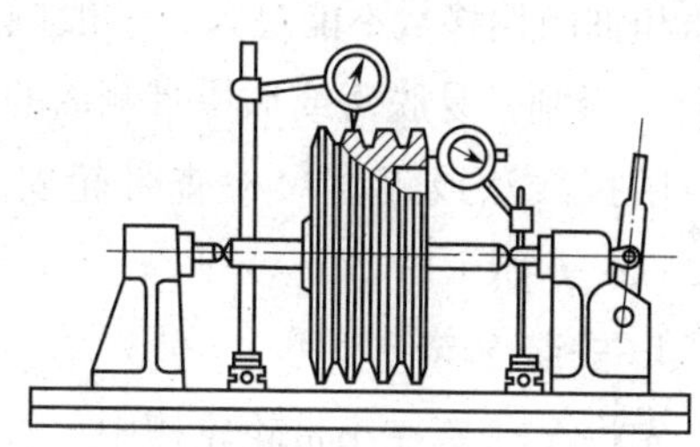

图 2—5—3 带轮圆跳动误差的检查

（2）检查带轮径向圆跳动和轴向圆跳动误差。用百分表检查带轮的径向圆跳动和轴向圆跳动误差，如图 2—5—3 所示，要求其径向圆跳动误差为（0.002 5~0.000 5）D，轴向圆跳动误差为（0.000 1~0.000 5）D，其中 D 为带轮直径。

2. 安装带轮

（1）检测带轮孔与传动轴装配部位的配合公差。一般带轮孔与轴为过渡配合，按配合公差大小决定带轮装配方式。

（2）配键。按轴和轮毂孔的键槽修配键，清除轴和轮毂安装面上的污物后涂上润滑油。

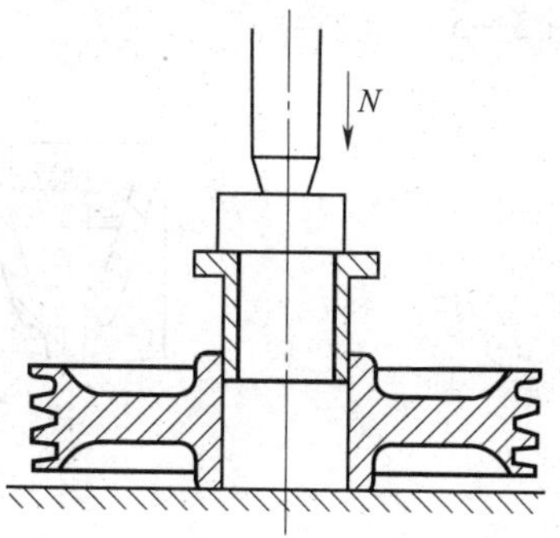

图 2—5—4 带轮的安装方法——用压力机压入

（3）根据带轮孔与轴的配合过盈量大小，采用锤子击打或压力机压入的方法（见图 2—5—4）将带轮压到轴上。由于带轮通常用铸铁制造，因此用锤子敲击时用力不能太大，应避免敲击轮缘，且敲击点应尽量靠近轴线。

（4）用紧固件将带轮轴向固定，固定方法如图2—5—5所示。

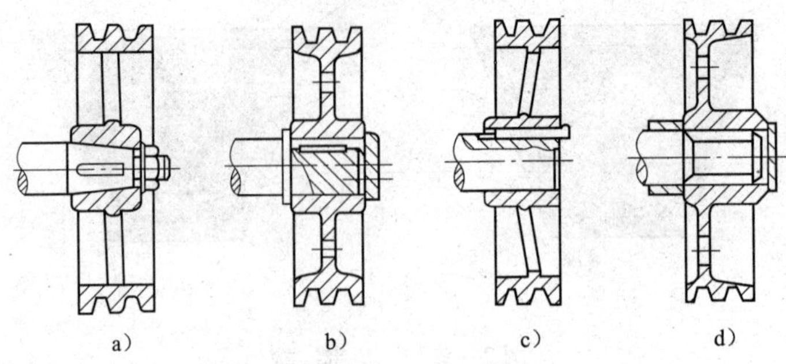

图2—5—5　带轮与轴的固定方法

a）圆锥轴颈、挡圈轴向固定　b）轴肩、挡圈轴向固定　c）楔键径向、轴向固定　d）隔套、挡圈轴向固定

3. 检查两带轮安装位置

带轮安装后要求两带轮的中心平面重合，倾斜角和轴向偏移量不能过大，一般倾斜角应不超过1°，否则带易脱落或加快带侧面的磨损。安装后应用拉线法或钢直尺检查带轮安装位置，如图2—5—6所示。

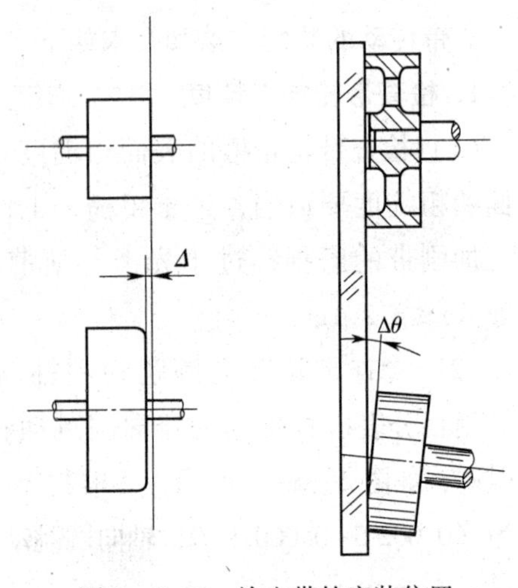

图2—5—6　检查带轮安装位置

4. 安装V带

先将V带套在小带轮轮槽中，然后再套在大带轮上，边转动大带轮，边用旋具或铜棒将V带拨入带轮槽中。V带在轮槽中的位置应正确，如图2—5—7a所示。

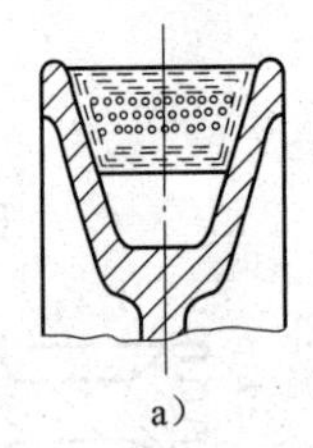
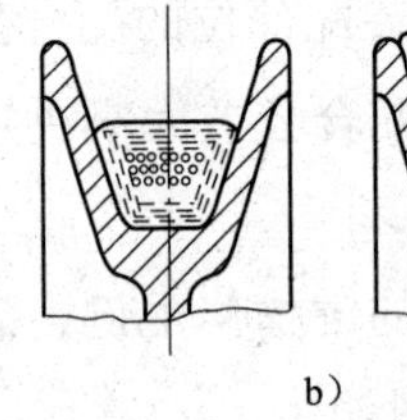
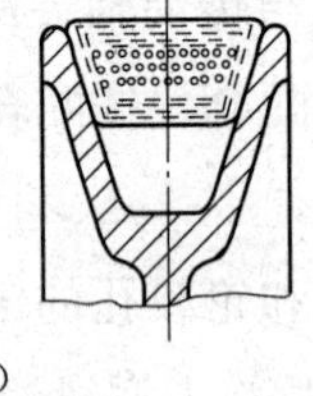

图2—5—7　V带在轮槽中的位置

a）正确　b）不正确

5. 调整张紧力

V带的张紧程度要适当，不宜过松或过紧。过松时，不能保证足够的张紧力，传动时

容易打滑，传动能力不能充分发挥；过紧时，带的张紧力过大，使传动中磨损加剧，带的使用寿命缩短。V 带的张紧程度一般规定如下：在测量载荷 W 作用下，带与两轮切点跨距中每 100 mm 长度使中点产生 1.6 mm 挠度为宜。实践经验表明，在中等中心距情况下，V 带安装后，用拇指能将带按下 15 mm 左右时张紧程度合适，如图 2—5—8 所示。安装新传动带时，最初的张紧力应为正常张紧力的 1.5 倍。

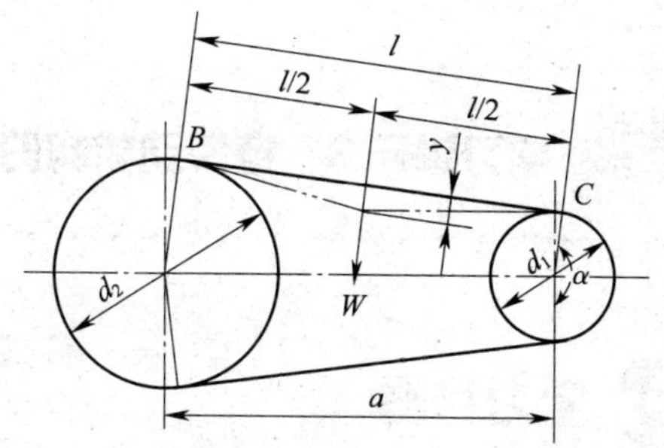

图 2—5—8　张紧力的检查

调整张紧力的方法是改变两带轮的中心距或用张紧轮张紧，如图 2—5—9 所示。在 V 带传动机构中，带在带轮上的包角不能小于 120°，否则容易打滑。在带传动机构中都有调整张紧力的张紧机构，V 带传动机构中张紧力的调整方法是改变两带轮的中心距。

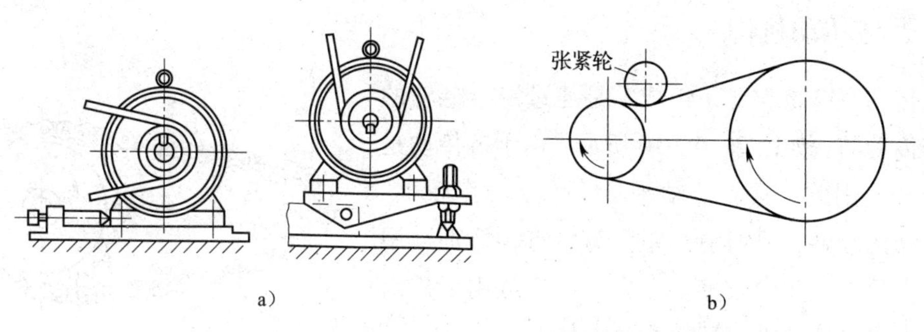

图 2—5—9　张紧力的调整

a）改变中心距　b）用张紧轮张紧

三、V 带传动机构的使用和维护注意事项

1. V 带出现磨损现象时应及时更换。更换时要求一组带全部更换，不允许新带、旧带并用。

2. 选用普通 V 带时，带的型号和基准长度应正确，以保证 V 带在轮槽中的位置正确。

3. 对 V 带传动机构应定期检查和及时调整，如发现有不能继续使用的 V 带应及时更换。

4. V 带不能接触油污，不允许用工具或硬物划伤 V 带。

5. V 带传动部位必须装防护罩，这样既可防止人身伤害事故，又可防止润滑油、切削液、其他杂物等飞溅到 V 带上而影响传动。此外，使用防护罩可避免 V 带在露天作业下因受烈日曝晒而过早老化变质。

学习单元2　链传动机构的装配与调整

学习目标

- 了解链传动机构的特点和类型。
- 掌握链传动机构的装配技术要求。
- 掌握套筒滚子链接头的连接方法。

知识要求

一、链传动机构

链传动由链轮和链条组成，是通过链与链轮的啮合来传动的，如图2—5—10所示。由于链传动是啮合传动，因此，具有传动平稳、传动功率较大、平均传动比准确、两轴中心距大等特点，特别适用于温度变化大且灰尘较多的场合，广泛应用于矿山机械、冶金机械、机床等各类机械中。

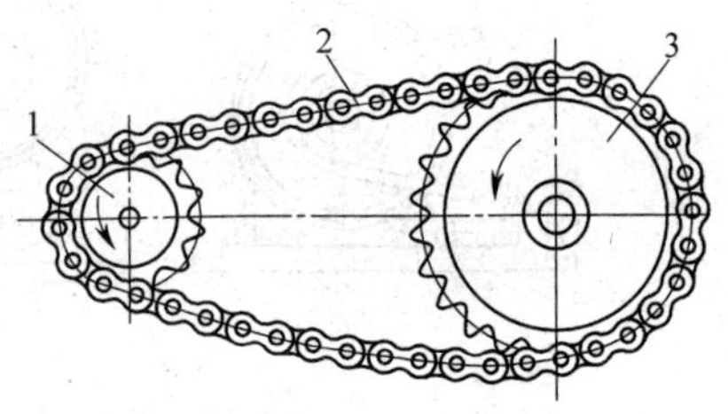

图2—5—10　链传动

1—主动链轮　2—链条　3—从动链轮

链传动按用途不同可分为传动链、输送链和起重链三大类。

用于传递动力的传动链有套筒滚子链和齿形链两种，如图2—5—11所示。齿形链运转较平稳，噪声低，又称无声链，适用于高速、运动精度较高的传动；缺点是制造成本高，质量大。套筒滚子链与齿形链相比，噪声大，运动平稳性差，速度不宜过高，但成本低，故使用广泛。

二、链传动机构的装配技术要求

链传动机构要求运行平稳，链条与链轮之间啮合良好，噪声低。具体装配技术要求如下：

1. 链轮两轴线必须平行

链轮两轴线不平行会加剧链条和链轮的磨损，降低传动平稳性并增大噪声。两轴线的

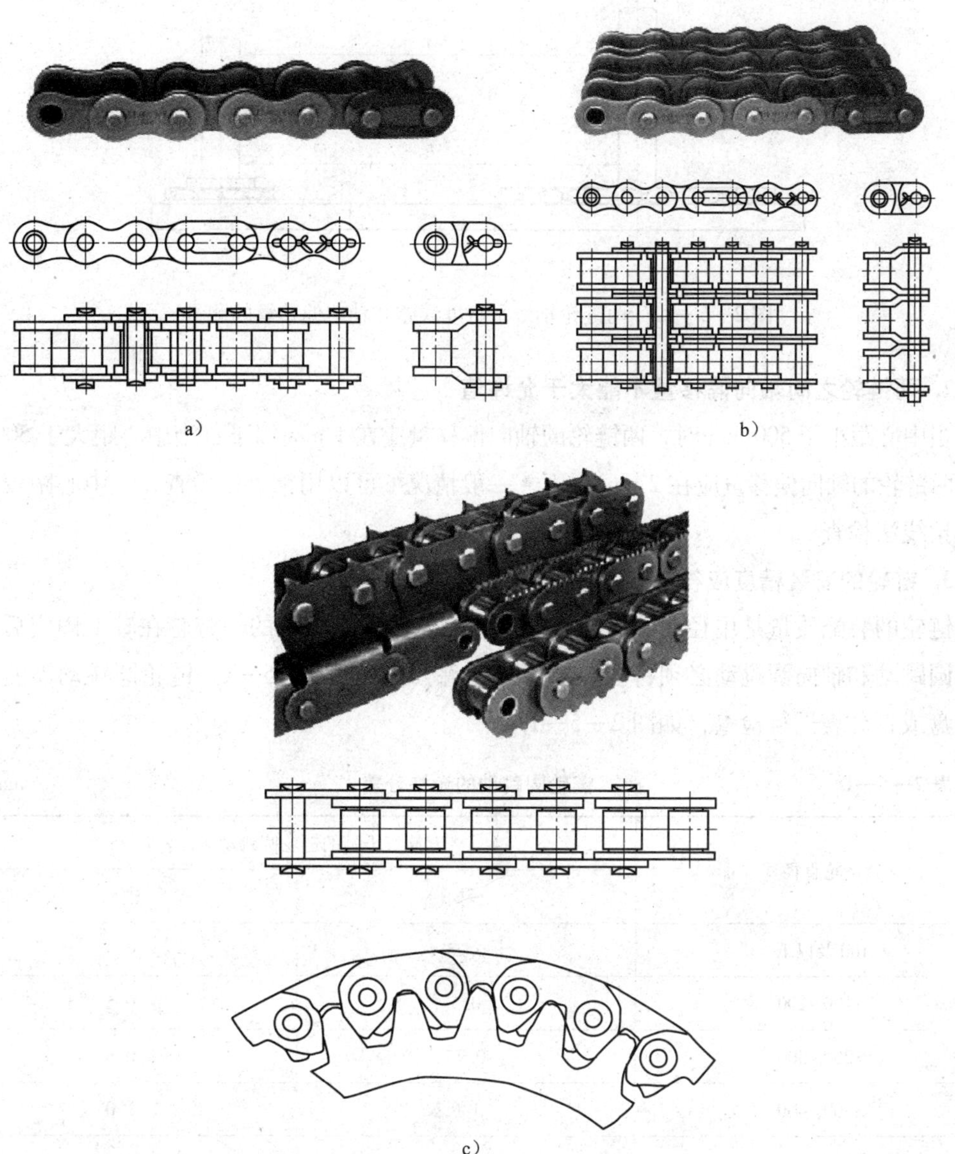

图 2—5—11 传动链的形式

a）单排套筒滚子链 b）三排套筒滚子链 c）齿形链

平行度误差可用量具检查，如图 2—5—12 所示，通过测量 A、B 的尺寸来检查其误差。平行度误差为 $A-B$。

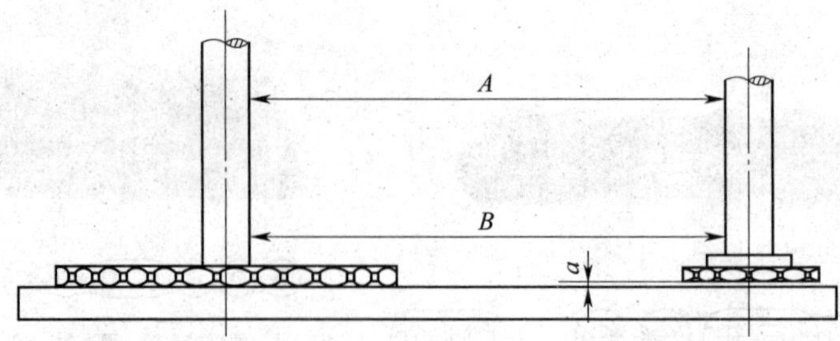

图 2—5—12　两链轮轴线平行度误差和轴向偏移量的测量

2. 两链轮之间轴向偏移量不能大于允许值

当中心距小于 500 mm 时，两链轮的轴向偏移量应在 1 mm 以下；当中心距大于 500 mm 时，两链轮的轴向偏移量应在 2 mm 以下。一般情况下可以用钢直尺检查，当中心距较大时可用拉线法检查。

3. 链轮的安装精度应符合技术要求

链轮的装配质量是用径向圆跳动和轴向圆跳动误差来衡量的，链轮在轴上固定后，其径向圆跳动和轴向圆跳动必须符合要求，其允许公差见表 2—5—1。链轮圆跳动误差可用划线盘或百分表进行检查，如图 2—5—13 所示。

表 2—5—1　　链轮圆跳动的允许公差　　mm

链轮直径	套筒滚子链的链轮圆跳动允许公差	
	径向	轴向
100 及以下	0. 25	0. 3
>100~200	0. 5	0. 5
>200~300	0. 75	0. 8
>300~400	1. 0	1. 0
400 以上	1. 2	1. 5

4. 链条的下垂度要适当

链条的下垂度要适当。过紧会增加负载，加剧磨损；过松则容易产生振动或脱链现象。检查链条下垂度的方法如图 2—5—14 所示。如果链传动处于水平或稍微倾斜（在 45°以内）位置时，下垂度 f 应不大于 0. 02L（L 为两链轮的中心距）；倾斜度增大时，就要减小下垂度 f，当链条竖直放置时，f 应小于 0. 002L。

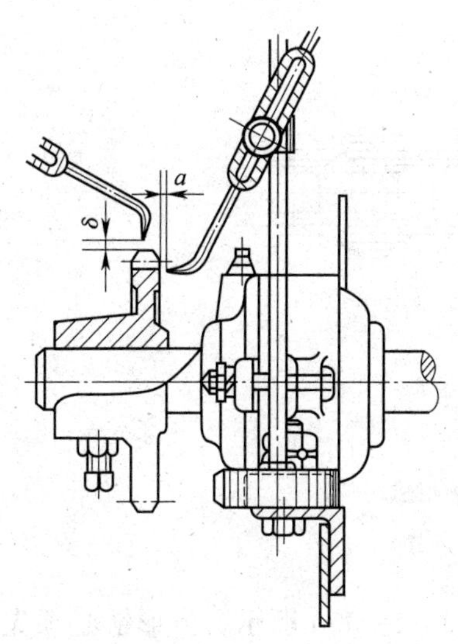

图 2—5—13　链轮圆跳动误差的检查

δ—径向圆跳动误差　a—轴向圆跳动误差

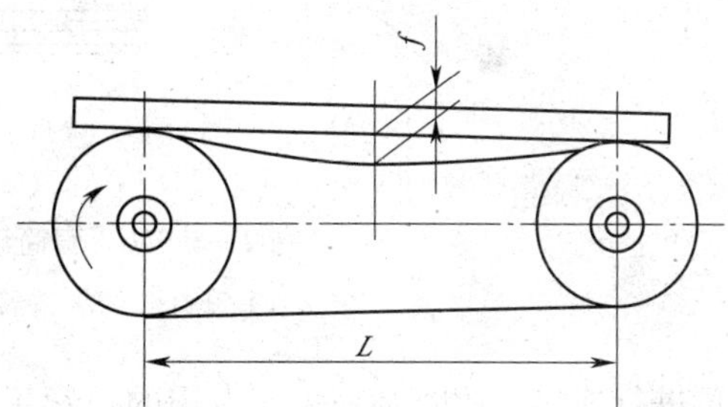

图 2—5—14　链条下垂度的检查

三、链传动机构的装配方法

链轮装配方法与带轮装配方法基本相同。

1. 链轮在轴上必须固定

链轮在轴上固定的方法有用紧定螺钉固定和用圆锥销连接及固定，如图 2—5—15 所示。

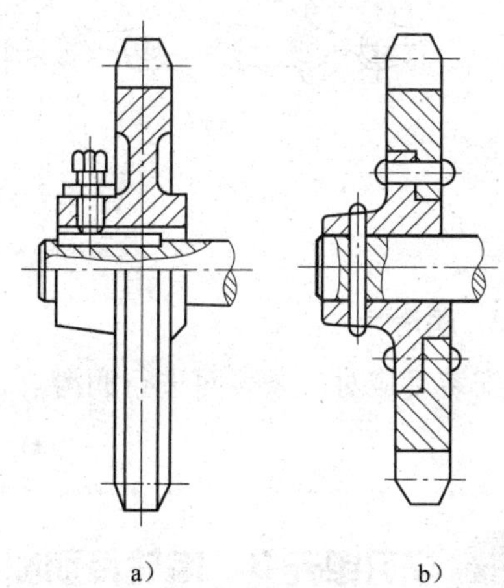

图 2—5—15　链轮的固定形式

a）用紧定螺钉固定　b）用圆锥销连接及固定

2. 链条的连接

套筒滚子链的接头形式有多种，用开口销固定活动销轴如图 2—5—16a 所示，用弹簧夹固定活动销轴如图 2—5—16b 所示，这两种形式都在链条节数为偶数时使用。安装弹簧夹时要注意其开口方向应与链条的运动方向相反，以免运转中受到碰撞而脱落。图 2—5—16c 所示为采用过渡链节连接，适用于链条节数为奇数时的连接。过渡链节的柔性较好，具有缓冲和减振作用，但这种链板会受到附加弯曲作用，一般情况下应尽量避免使用奇数链节。

对于套筒滚子链两端的接合，如两链轮中心距可调节且链轮在轴端时，可以预先接好链条，再将其装到链轮上。如果结构不允许预先将链条接头连好，则必须先将链条套在链

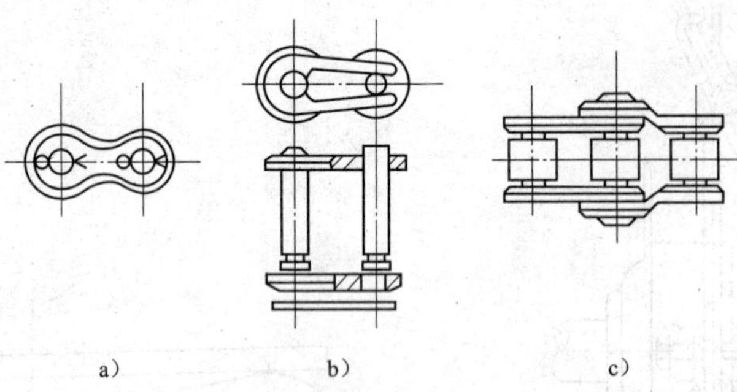

图 2—5—16　套筒滚子链的接头形式

a）开口销　b）弹簧夹　c）过渡链节

轮上再进行连接，此时必须采用专用的拉紧工具，如图 2—5—17a 所示。齿形链必须先套在链轮上，再用拉紧工具拉紧后进行连接，如图 2—5—17b 所示。

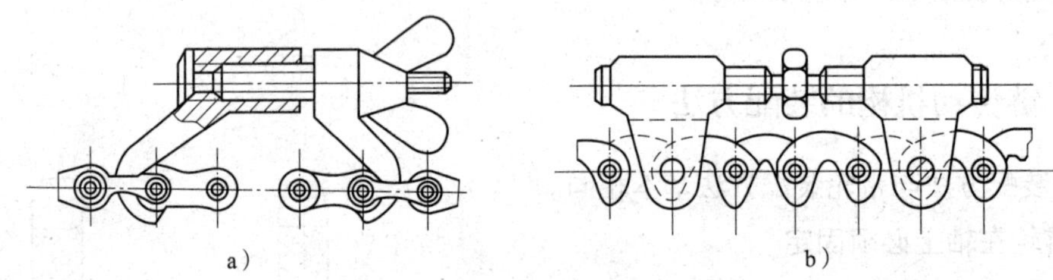

图 2—5—17　拉紧链条的工具

a）拉紧套筒滚子链的工具　b）拉紧齿形链的工具

3. 润滑

安装后应对链条表面进行润滑。

学习单元 3　齿轮传动机构的装配与调整

学习目标

- 掌握齿轮传动机构的装配技术要求。
- 掌握圆柱齿轮装配方法和装配精度的检验方法。
- 熟悉锥齿轮装配要求和装配精度的检验方法。

知识要求

齿轮传动是机械中最常用的传动方式之一。齿轮传动机构依靠轮齿间的啮合来传递运动和转矩，如图 2—5—18 所示。

图 2—5—18　齿轮传动机构

一、齿轮传动机构的装配技术要求

1. 齿轮孔与轴的配合要适当。对于固定连接的齿轮，不得有偏心和歪斜现象；对于滑移齿轮，齿轮孔与轴不应有咬死或阻滞现象；对于空套在轴上的齿轮，不得有晃动现象。

2. 两齿轮的中心距和齿侧间隙要合适。两啮合齿轮的中心距与齿侧间隙相互关联。齿侧间隙过小，齿轮传动不灵活，会使磨损加剧，甚至卡齿；齿侧间隙过大，换向空程大，会产生冲击。

3. 两齿轮啮合位置应正确，接触斑点大小合适。

4. 齿轮定位要正确。对于变换机构的齿轮，应保证齿轮定位正确，其错位量不得超过规定值。

5. 高速旋转的齿轮安装后要做平衡检查，以免工作时产生过大的振动。

二、圆柱齿轮传动机构的装配方法

圆柱齿轮传动机构的装配一般分两步进行。齿轮减速箱如图 2—5—19 所示，装配时，先将齿轮、轴承等零件安装在轴上，然后将轴装入箱体并与电动机相连接，安装箱盖后便完成了减速箱的装配。

1. 齿轮与轴配合

齿轮在轴上有空转、滑移和固定三种安装方式。空转或滑移齿轮与轴采用间隙配合，装配精度主要取决于零件本身的加工精度，这类齿轮装配较方便，装配时应注意检查轴、孔的尺寸。在轴上固定的齿轮与轴的配合多为过渡配合，有少量的过盈。当过盈量不大时，用手工工具敲击装入；当过盈量较大时，可用压力机压装；过盈量很大的齿轮则需要采用液压套合的方法装配。压装齿轮时要尽量避免齿轮偏心、歪斜和端面未紧贴轴肩等安装误差，齿轮在轴上的安装误差如图2—5—20所示。

图2—5—19 齿轮减速箱

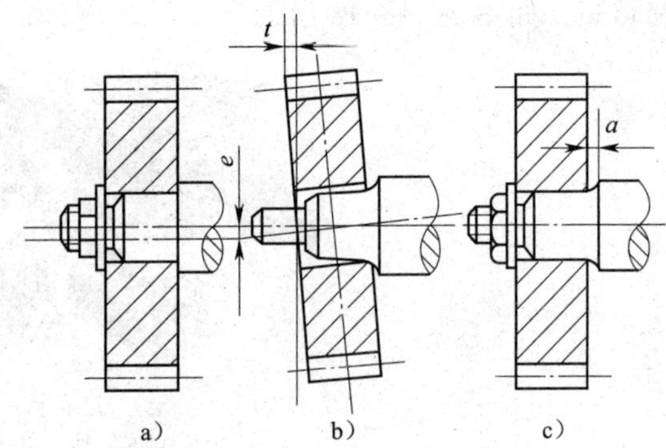

图2—5—20 齿轮在轴上的安装误差

a）齿轮与轴中心线不重合 b）齿轮端面与轴中心线不垂直 c）齿轮端面与轴肩未贴紧

2. 检查齿轮精度

对于精度要求高的齿轮传动机构，安装前应检查齿轮的径向圆跳动和轴向圆跳动误差，如图2—5—21所示。将齿轮轴支撑在V形架或两顶尖上，使轴与平板平行，把圆柱规放在齿轮的轮齿间，将百分表的测头抵在圆柱规上并读数，然后转动齿轮，每隔3~4个齿测量一次，直至齿轮旋转一周，此时百分表的最大读数与最小读数之差就是齿轮分度圆上的径向圆跳动误差，如图2—5—21a所示。检查齿轮轴向圆跳动误差时，将装有齿轮的轴顶在两顶尖间轴向固定，将百分表的测头抵在齿轮端面上，转动齿轮一周即可测得齿轮的轴向圆跳动误差，如图2—5—21b所示。

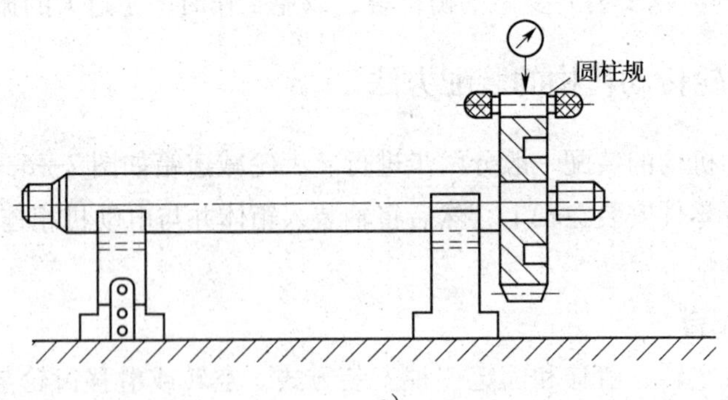

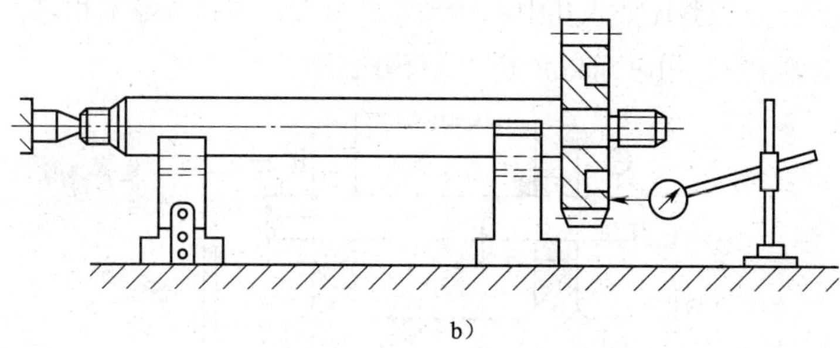

b)

图 2—5—21　测量齿轮几何精度

a）测量齿轮径向圆跳动误差　b）测量齿轮轴向圆跳动误差

3. 将齿轮轴装入箱体

（1）检验孔距精度和平行度误差。一对相互啮合的齿轮中心距（简称孔距）是影响齿侧间隙的主要因素，孔距应在规定的公差范围内。孔距和平行度误差可用游标卡尺、专用套和检验棒测量，具体检验方法如图 2—5—22 所示。

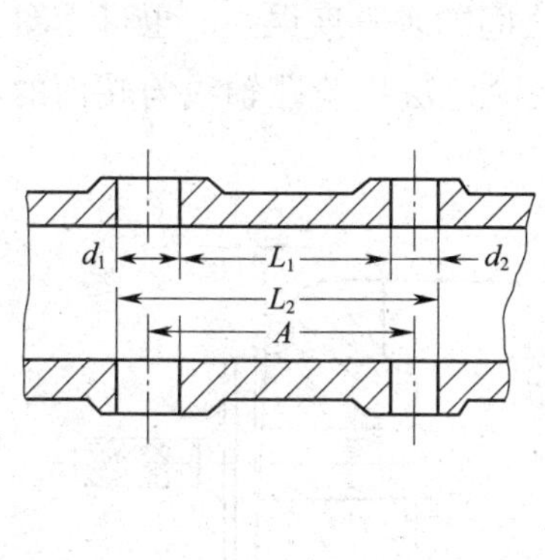

a）

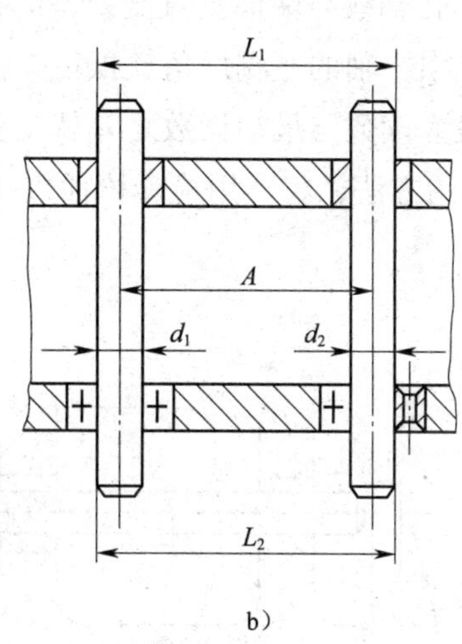

b）

图 2—5—22　孔距精度和轴线平行度误差的检验

a）用游标卡尺测量　b）用检验棒和游标卡尺测量

孔距由图 2—5—22a 可知：　$A=L_1+\left(\frac{d_1+d_2}{2}\right)$　或　$A=L_2-\left(\frac{d_1+d_2}{2}\right)$

孔距由图 2—5—22b 可知：　$A=\frac{L_1+L_2}{2}-\frac{d_1+d_2}{2}$

两轴平行度误差：　$\Delta=|L_1-L_2|$

箱体孔轴线与基面的尺寸和平行度误差的检验如图 2—5—23 所示。箱体基面用等高垫块支撑在平板上，将检验棒插入孔中（如果检验棒直径与孔直径不相符，可在孔中装入专用套后再插入检验棒），用游标高度卡尺或百分表测量。

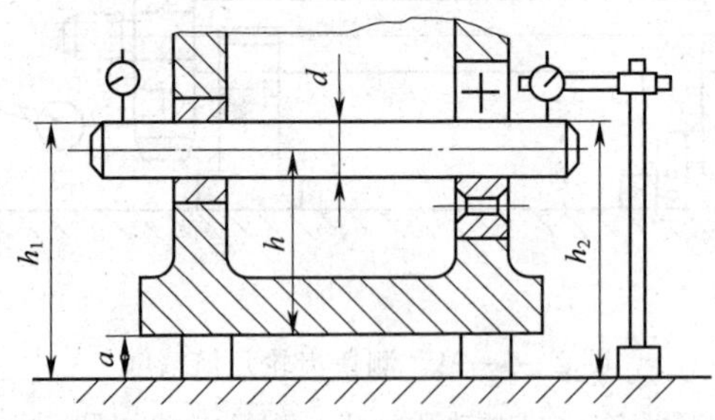

图 2—5—23　箱体孔轴线与基面的尺寸和平行度误差的检验

孔轴线与基面的尺寸：$h=\frac{h_1+h_2}{2}-\frac{d}{2}-a$

平行度误差：$\Delta=|h_1-h_2|$

（2）孔轴线与端面垂直度误差的检验。如图 2—5—24a 所示，将检验棒插入装有专用套的孔中，轴的一端用角铁抵住，使轴不能轴向窜动。转动检验棒一周，百分表指针摆动的最大读数与最小读数之差就是孔端面与轴线之间的垂直度误差。也可用图 2—5—24b 所示的方法，将专用检验棒插入孔中，用塞尺或涂色法检验孔轴线与端面的垂直度误差。

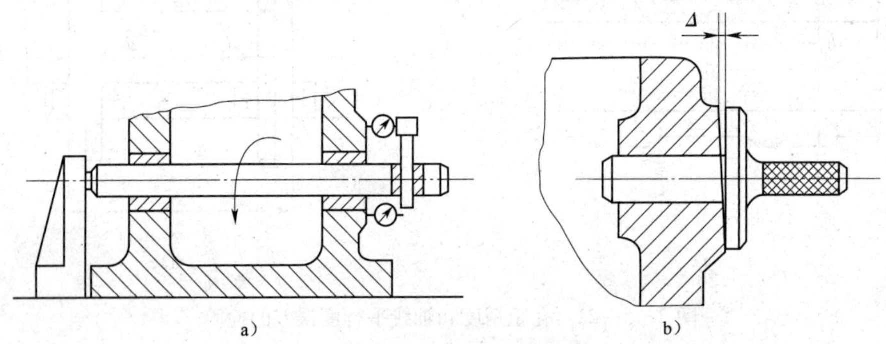

图 2—5—24　孔轴线与端面垂直度误差的检验

a）用百分表测量　b）用塞尺测量

（3）同轴线孔同轴度误差的检验。在成批生产时，可用专用检验棒进行检验。若检验棒能自由地推入多个孔中，即表明孔的同轴度误差在规定的范围内，如图 2—5—25a 所示。用百分表和检验棒检验的方法如图 2—5—25b 所示，将百分表固定在检验棒上，转动检验棒一周，百分表最大读数与最小读数之差的一半为同轴度误差。

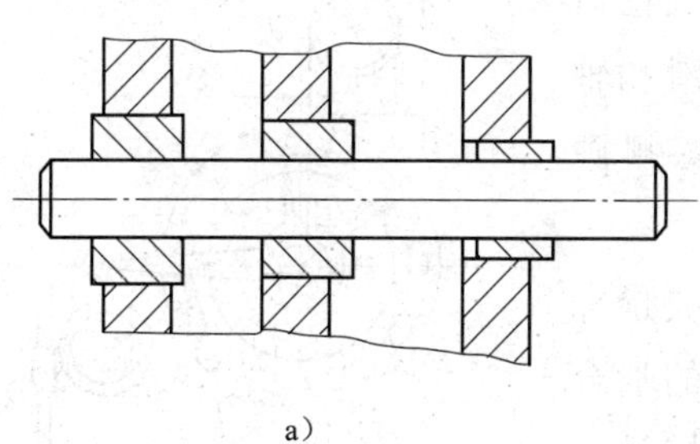

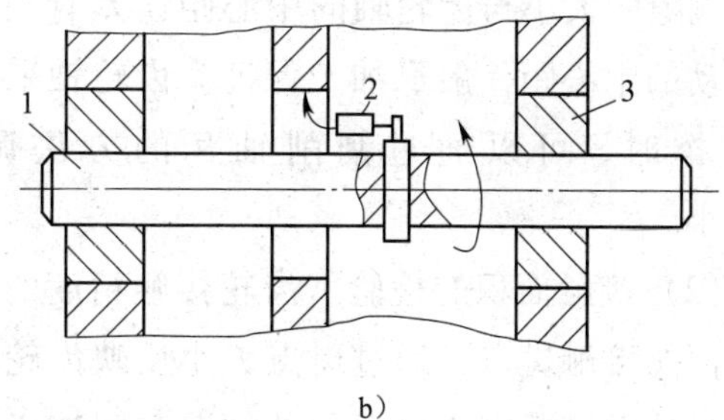

a）　　　　b）

图 2—5—25　同轴线孔同轴度误差的检验

a）用检验棒　b）用百分表和检验棒

1—检验棒　2—百分表　3—检验专用套

4. 装配质量的检验与调整

齿轮与轴等部件装入箱体后，应保证啮合齿面有一定的接触斑点和正确的接触位置，以保证各齿轮之间有良好的啮合精度。齿轮装配质量的检验包括侧隙的检验和接触面积的检验。

（1）侧隙的检验。齿轮副的侧隙应适当，侧隙过大，则换向时空行程大，易产生冲击和振动；侧隙过小，则热胀时会出现卡齿现象。

1）用铅丝检验。在齿宽两端的齿面上，沿齿轮径向方向平行放置两条铅丝（宽齿应放置 3~4 条），铅丝的直径不大于齿轮副规定的最小极限侧隙的 4 倍。齿轮啮合挤压后，测得铅丝最薄处的厚度即为该齿轮副的侧隙值，如图 2—5—26 所示。

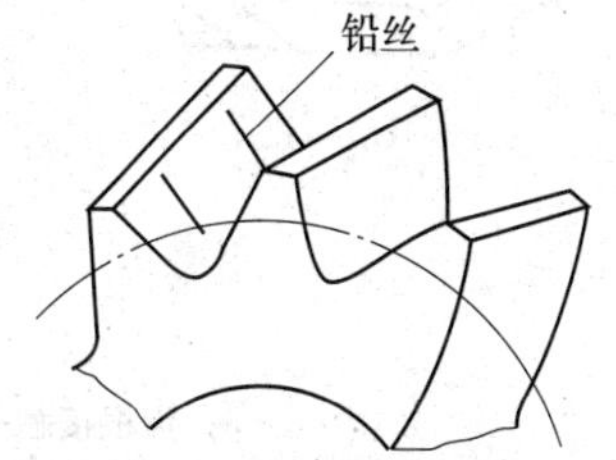

图 2—5—26　用铅丝检验侧隙

2）用百分表检验。用百分表检验侧隙如图 2—5—27 所示。检验时，将一个齿轮固定，在另一个齿轮上安装夹紧杆 1。由于侧隙的存在，装有夹紧杆的齿轮便可摆动一定的角度，在百分表 2 上可得到读数 C，则此时侧隙 C_n 可通过下式计算得到：

$$C_n = C\frac{R}{L}$$

式中　C——百分表的读数差，mm；

R——装夹紧杆齿轮的分度圆半径，mm；

L——百分表测头至齿轮回转中心的距离，mm。

另外，可将百分表的测头直接抵在未固定的齿轮齿面上，将可动齿轮从一侧啮合迅速转到另一侧啮合，百分表的读数差即为齿轮副的侧隙值。

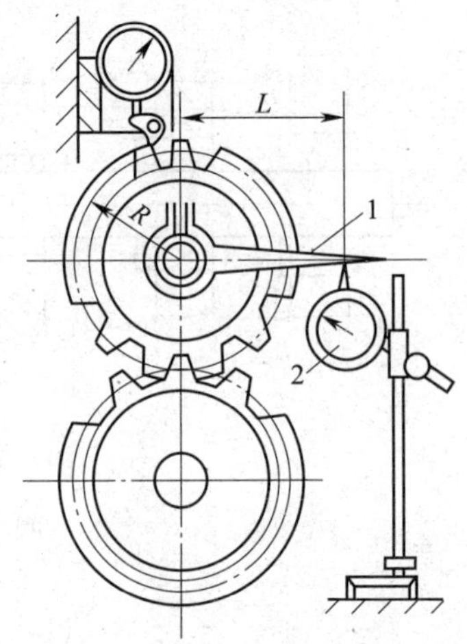

图 2—5—27　用百分表检验侧隙

1—夹紧杆　2—百分表

侧隙的大小与齿轮轴的中心距误差有关，圆柱齿轮传动的中心距一般靠加工保证。齿轮轴采用滑动轴承支撑时，可以通过刮削轴瓦的方法调整侧隙的大小。

（2）接触面积的检验。齿轮接触精度的主要指标是齿面的接触斑点，通过斑点大小反映齿轮副的啮合质量，从而判断中心距误差的情况，圆柱齿轮接触斑点的位置如图 2—5—28 所示。齿面接触斑点一般用涂色法检验，将红丹粉涂于大齿轮齿面上，转动齿轮并使从动齿轮轻微制动。对双向工作的齿轮，正、反两个方向都应检验。轮齿上接触斑点的分布位置应自节圆处上下对称分布。对于 9~6 级精度的齿轮，其接触斑点沿齿宽方向应不少于 40%，在齿高方向应不少于 30%。

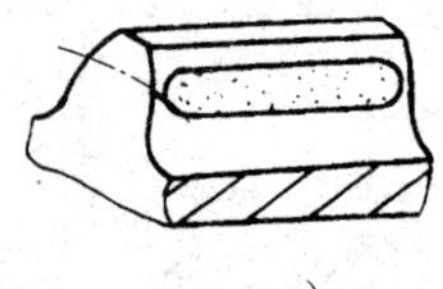
a）

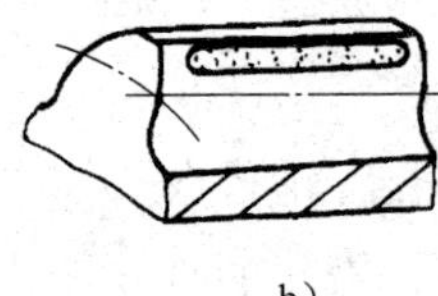
b）

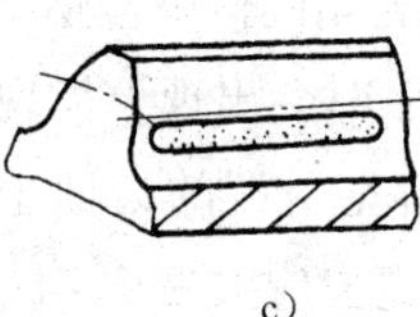
c）

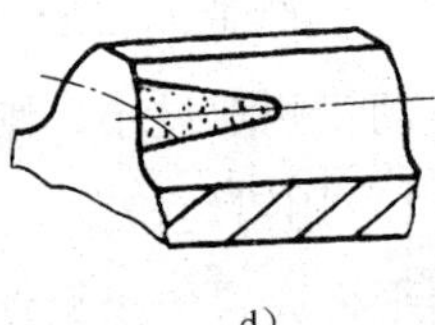
d）

图 2—5—28　圆柱齿轮接触斑点的位置

a）正确　b）齿顶接触——中心距太大

c）齿根接触——中心距太小　d）齿面一侧接触——两齿轮轴线歪斜

对于中心距误差过大或两齿轮轴线歪斜的，可通过调整轴承座或刮削轴瓦进行修正。

三、锥齿轮传动机构的装配方法

锥齿轮传动机构的装配顺序和圆柱齿轮传动机构的装配顺序相似。

1. 箱体的检验

锥齿轮一般用于传递互相垂直的两根轴之间的运动，装配之前需要检验箱体两安装孔轴线的垂直度和相交误差。

同一平面内两孔轴线垂直度误差的检验方法如图 2—5—29a 所示。百分表装在检验棒 1上，为防止检验棒轴向窜动，检验棒上应有定位套。旋转检验棒 1，在 180°的两个位置上百分表的读数差就是两个孔轴线在 L 长度内的垂直度误差。

不同平面内两孔轴线垂直度误差的检验方法如图 2—5—29b 所示。箱体用千斤顶 3 支撑在平板上，用直角尺 4 将检验棒 2 调至垂直位置。测量检验棒 1 对平板的平行度误差，即两孔轴线的垂直度误差。

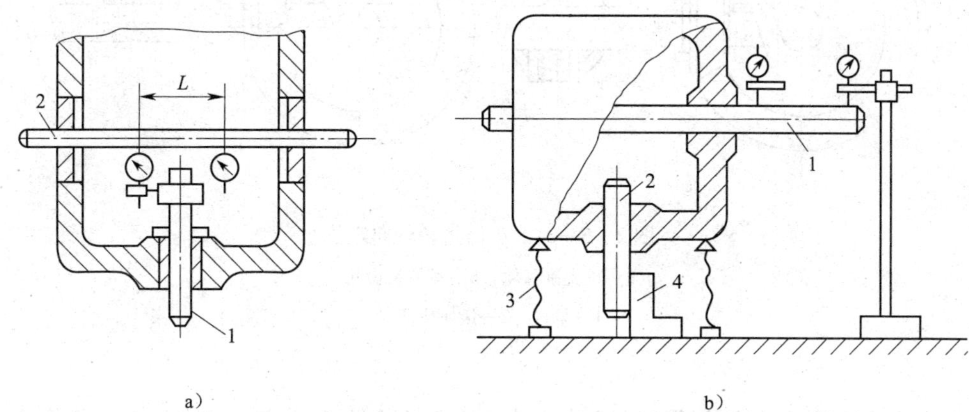

图 2—5—29 两孔轴线垂直度误差的检验

a）同一平面内两孔轴线垂直度误差的检验 b）不同平面内两孔轴线垂直度误差的检验

1、2—检验棒 3—千斤顶 4—直角尺

2. 两锥齿轮轴向位置的确定

一对标准的锥齿轮传动时，必须使两齿轮分度圆相切，两锥顶重合，如图 2—5—30 所示。装配时应根据此要求来确定小齿轮的轴向位置，即小齿轮轴向位置应根据小齿轮基准面至大齿轮轴的距离来确定，如图 2—5—31 所示。如果此时大齿轮尚未装好，可用工艺轴代替，然后按侧隙要求决定大齿轮的轴向位置。有些用背锥面作为基准的锥齿轮，装配时应将背锥面对齐、对平，这样就可保证两齿轮的装配位置正确。

图 2—5—30 锥齿轮啮合

3. 锥齿轮啮合质量的检验

锥齿轮啮合质量的检验包括侧隙的检验和接触斑点的检验。其中，侧隙的检验方法与圆柱齿轮侧隙的检验方法基本相同。而接触斑点通常用涂色法进行检验，无载荷时，接触斑点应靠近齿轮小端，以保证工作时轮齿在全宽上能均匀地接触；满载时，接触斑点在齿高和齿宽方向应不少于 40%，其大小依据齿轮精度而定。

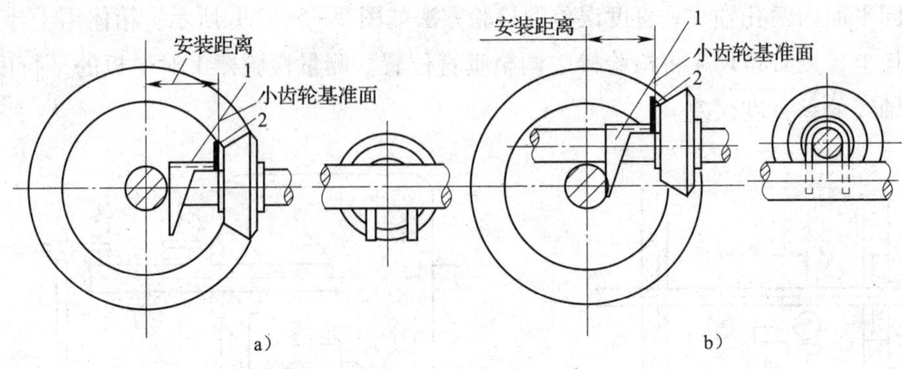

图2—5—31　小锥齿轮轴向定位

a）正交锥齿轮　b）偏置锥齿轮

1—量规　2—量块或塞尺

学习单元4　蜗杆传动机构的装配与调整

学习目标

➢ 掌握蜗杆传动机构的装配技术要求。

➢ 掌握蜗轮、蜗杆、箱体孔位置精度检验和蜗杆副齿侧隙的检验方法。

知识要求

蜗杆传动机构以蜗杆为主动件，蜗轮为从动件，用来传递互相交错、垂直的两轴之间的运动和动力。一般情况下，蜗杆轴线与蜗轮轴线在空间交错的交角为90°，如图2—5—32所示。蜗杆传动机构具有降速比大、结构紧凑、自锁性好、传动平稳、噪声低等优点，但其传动效率低，发热量大，需要良好的润滑。

图2—5—32　蜗杆传动机构

一、蜗杆传动机构的装配技术要求

1. 蜗杆轴线应与蜗轮轴线垂直，且蜗杆轴线应与蜗轮轮齿的对称中心平面重合。

2. 蜗轮与蜗杆间的中心距尺寸要正确，以保证有适当的啮合侧隙和正确的接触斑点。

3. 蜗杆传动机构工作时应转动灵活，蜗轮在任意位置时，旋转蜗杆的手感应相同，无卡滞现象。

二、蜗杆传动机构的装配方法

装配蜗杆传动机构时，应先对蜗轮蜗杆箱体孔的中心距和轴线之间的垂直度误差进行检测，然后再进行装配。一般先装蜗轮，后装蜗杆。装配后应进行检验和调整。

1. 检测箱体孔中心距

蜗杆轴孔与蜗轮轴孔中心距的测量如图 2—5—33 所示，把箱体用 3 个千斤顶支撑在平板上，检验棒 1 和 2 分别插入箱体的蜗轮轴和蜗杆轴的孔中。调整千斤顶，使任一检验棒与平板平面平行，然后再分别测量两个检验棒与平板平面的距离，即可计算出其中心距 *A*。

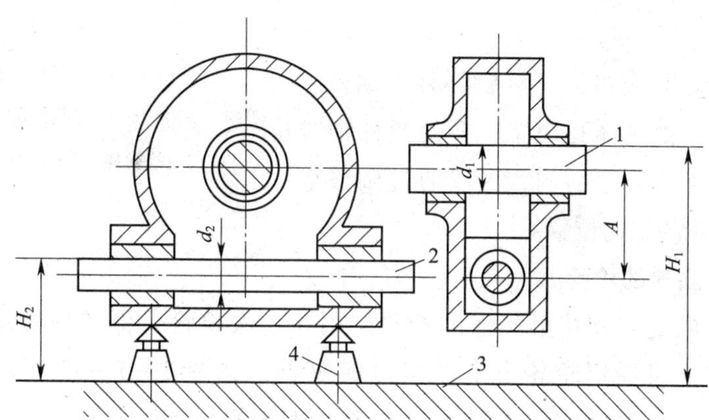

图 2—5—33 蜗杆轴孔与蜗轮轴孔中心距的测量

1、2—检验棒 3—平板 4—千斤顶

$$A=\left(H_1-\frac{d_1}{2}\right)-\left(H_2-\frac{d_2}{2}\right)$$

式中 H_1——检验棒 1 至平板的距离，mm；

H_2——检验棒 2 至平板的距离，mm；

d_1、d_2——检验棒 1、检验棒 2 的直径，mm。

应该指出的是，当一个检验棒与平板平面平行时，另一个检验棒不一定平行于平板平面，这时应测量检验棒两端到平板平面的距离，取其平均值作为该检验棒到平板平面的距离。

2. 检测箱体孔轴线之间的垂直度误差

箱体孔轴线之间垂直度误差的测量如图 2—5—34 所示。先将检验棒 1 和 2 分别插入箱体上蜗轮和蜗杆孔内。在检验棒 1 的一端套上百分表支架 3，并用螺钉 4 固定，百分表测头抵住检验棒 2。旋转检验棒 1，百分表在检验棒 2 上 L 长度范围内的读数差即为两轴线在 L 长度内的垂直度误差。

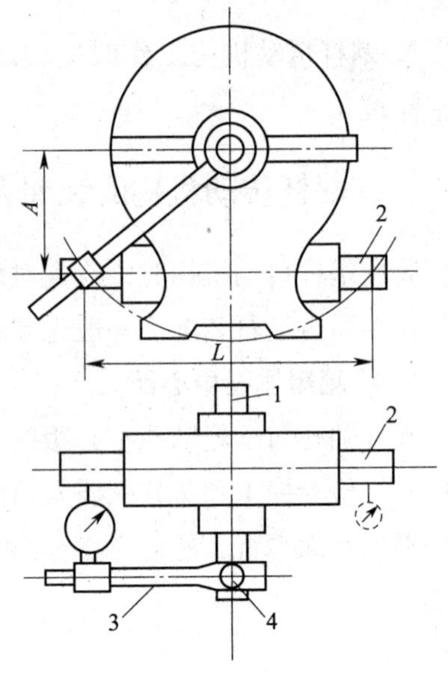

图 2—5—34　箱体孔轴线之间垂直度误差的测量

1、2—检验棒　3—百分表支架　4—螺钉

3. 安装蜗轮和蜗杆

通常先装蜗轮，后装蜗杆。具体安装步骤如下：

（1）组合式蜗轮应先将齿圈压装在轮毂上，其方法与过盈配合装配相同，并用螺钉加以紧固。

（2）将蜗轮装在轴上，其安装及检验方法与圆柱齿轮相同。

（3）把蜗轮轴装入箱体，然后再装入蜗杆。因为蜗杆轴的位置已由箱体孔决定，要使蜗杆轴线位于蜗轮轮齿的对称中心平面内，可以通过调整垫片的厚度来调整蜗轮的轴向位置。

4. 蜗杆啮合质量的检验

（1）蜗轮轴向位置和接触斑点的检验。用涂色法检验，将红丹粉涂在蜗杆的螺旋面上并转动蜗杆，可在蜗轮轮齿上获得接触斑点，如图 2—5—35 所示。正确接触如图 2—5—35a 所示，其接触斑点应在蜗轮中部稍偏于蜗杆旋出方向。图 2—5—35b、c 表示蜗轮轴向位置不正确，应配磨垫片来调整蜗轮的轴向位置。接触斑点的长度，轻载时为齿宽的25%～50%，满载时为齿宽的 90%左右。

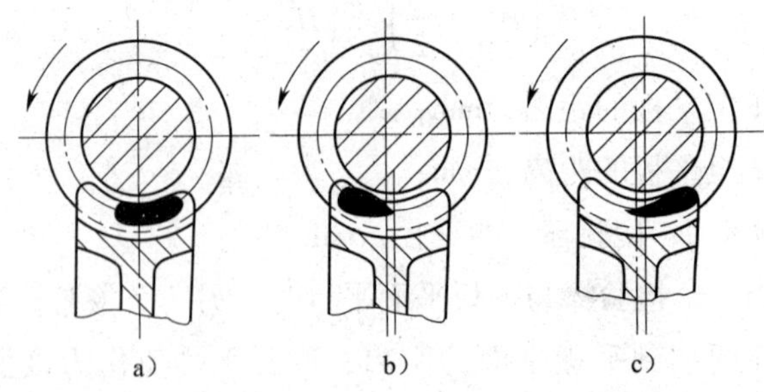

图 2—5—35　用涂色法检验蜗轮齿面接触斑点

a）正确　b）蜗轮偏右　c）蜗轮偏左

（2）侧隙的检验。由于蜗杆传动机构的限制，侧隙用铅丝或塞尺检验非常困难，因此，除了不重要的蜗杆机构可以用手感检验外，一般都采用百分表检验，如图2—5—36所示。其中，直接检验如图2—5—36a所示，在蜗杆轴上固定一带量角器的刻度盘2，百分表测头顶在蜗轮齿面上。用手转动蜗杆，在百分表指针不动的条件下，指针1所对应的刻度盘读数的最大差值即为蜗杆空程角 α，则可用下式计算侧隙 C_n：

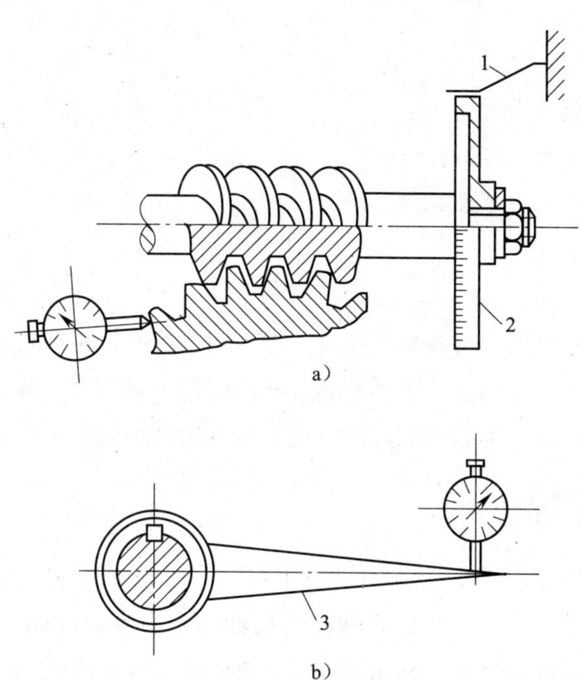

图2—5—36　蜗杆传动机构侧隙的检验

a）直接检验　b）用测量杆检验

1—指针　2—刻度盘　3—测量杆

$$C_n = z_1 m \pi \frac{\alpha}{360°}$$

式中　C_n——蜗轮蜗杆副的法向侧隙，mm；

z_1——蜗杆头数；

m——模数，mm；

α——空程角，（°）。

当百分表直接与蜗轮齿面接触有困难时，可在蜗轮轴上装一测量杆3进行检验，如图2—5—36b所示。

学习单元 5　联轴器和离合器的装配与调控

学习目标

➢ 了解联轴器和离合器的作用。

➢ 熟悉联轴器的类型。

➢ 掌握联轴器装配的技术要求。

知识要求

联轴器和离合器主要用于将两轴连接成一体，用以传递转矩或运动。离合器能够在工作时接合和分离，联轴器则不能。联轴器具有补偿两轴相对位移、缓冲、减振和安全防护的功能；而离合器也可以作为启动或过载时控制所传递转矩的安全保护装置。

一、联轴器的装配

1. 联轴器的装配要求

联轴器装配的基本要求是装配后联轴器两根轴的中心应保证同轴，如图 2—5—37 所示。装配时，要对轴系进行找中，并用百分表检查联轴器径向圆跳动误差和两轴的同轴度误差，两者应符合技术要求。

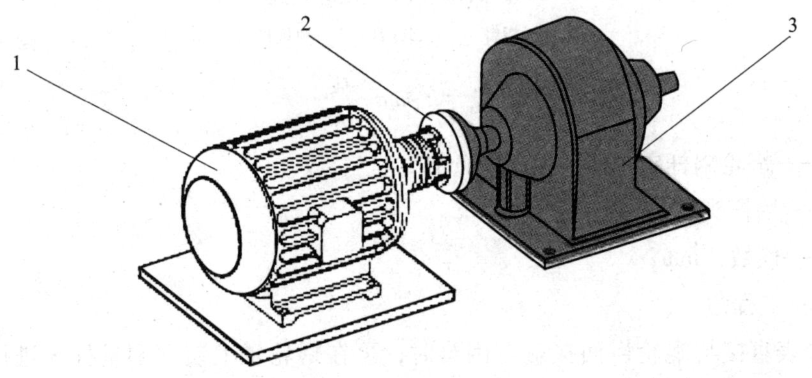

图 2—5—37　联轴器

1—电动机　2—联轴器　3—齿轮箱

联轴器装配时两轴线的同轴度误差分为轴线径向偏移、轴线扭斜、轴线同时偏移和扭斜三种情况，如图 2—5—38 所示。如果联轴器的同轴度误差过大，将使联轴器、传动轴及轴承产生附加载荷，引起发热，加速磨损，甚至发生疲劳而断裂。因此，装配联轴器时必须严格按照技术要求进行装配，做好两根轴的对中检查和调整。

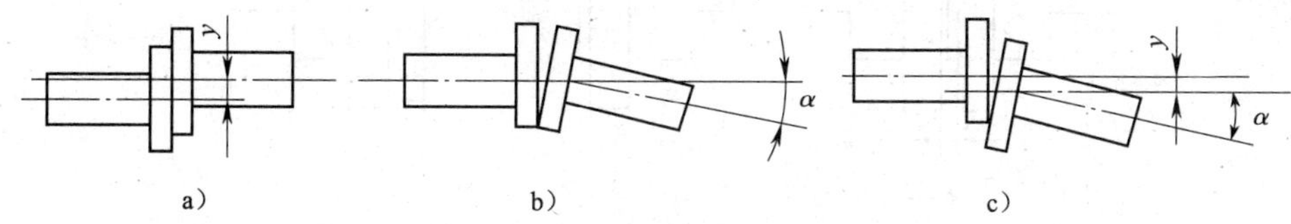

图 2—5—38　联轴器装配偏差

a）轴线径向偏移　b）轴线扭斜　c）轴线同时偏移和扭斜

2. 凸缘联轴器的装配

凸缘联轴器是刚性联轴器的一种，是通过螺栓将安装在两根轴上的圆盘连接起来传递转矩的，因此，两轴间的对中性要求高，其装配步骤如下：

（1）将轴、凸缘盘等零件清理干净，在轴 1 和轴 6 上装入平键 2、5 和凸缘盘 3、4。

（2）轴系找中，将百分表固定在凸缘盘 3 上，如图 2—5—39 所示，百分表测头顶在凸缘盘 4 的外圆上，转动轴 1 找正凸缘盘 3 和凸缘盘 4 的同轴度。

（3）移动轴 1，使凸缘盘 3 的凸台插入凸缘盘 4 的凹孔中少许。

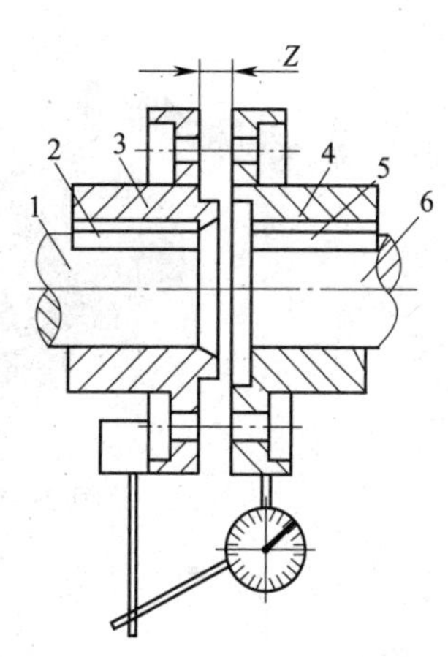

图 2—5—39　凸缘联轴器的装配

1、6—轴　2、5—平键　3、4—凸缘盘

（4）转动轴 6，用塞尺或百分表测量两个凸缘盘端面的间隙 Z 和 Z'，若间隙均匀，则移动轴 6 使两个凸缘盘的端面紧密接触并用螺栓紧固。

通常联轴器的同轴度误差可用百分表进行测量，如图 2—5—40 所示。对于两轴间同轴度精度要求不高的联轴器，可用钢直尺和塞尺进行测量及调整，如图 2—5—41 所示；对于两轴间同轴度精度要求高的联轴器，可通过激光对中仪进行测量及调整，如图 2—5—42 所示。

3. 十字滑块联轴器的装配

十字滑块联轴器属于挠性联轴器，它是利用中间滑块 4 在其两侧半联轴器 2、5 内滑动实现连接的，因此，在装配时允许轴线有少量的径向偏移和扭斜，如图 2—5—43 所示。

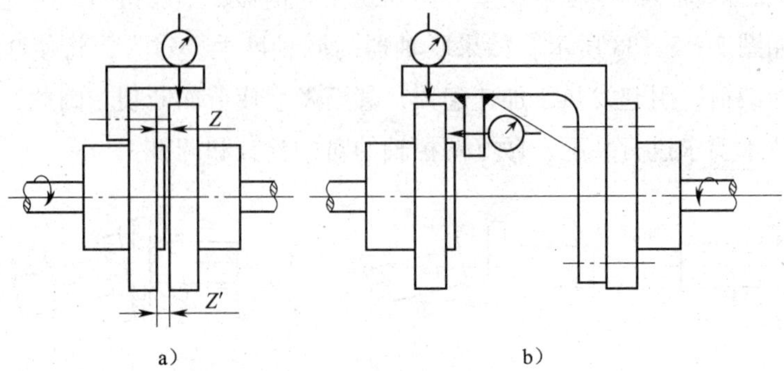

图2—5—40　联轴器同轴度误差的测量

a）联轴器相距较近的测量方法　b）联轴器相距较远的测量方法

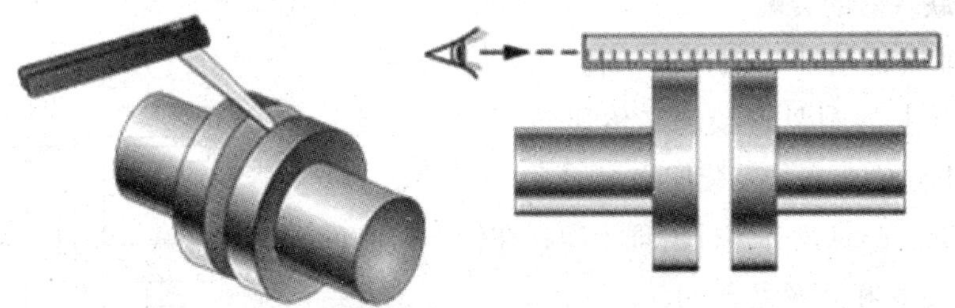

图2—5—41　用钢直尺和塞尺测量同轴度误差

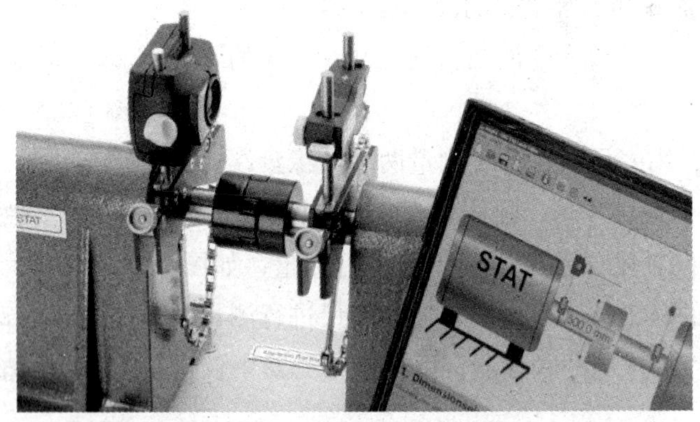

图2—5—42　用激光对中仪测量同轴度误差

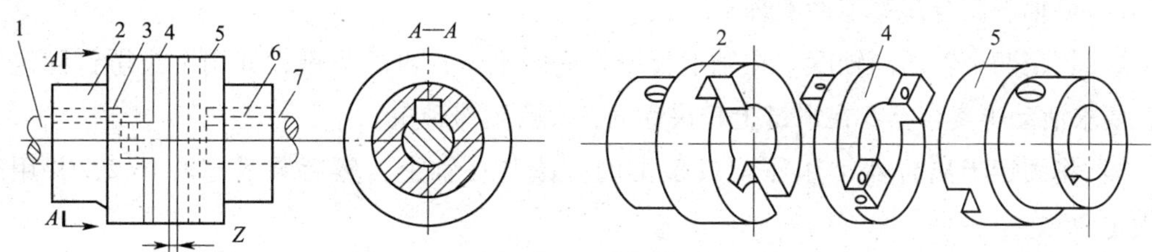

图 2—5—43　十字滑块联轴器

1、7—轴　2、5—半联轴器　3、6—平键　4—中间滑块

其装配步骤如下：

（1）将零件清理干净，根据轴 1、7 和半联轴器 2、5 上的键槽配键。

（2）分别将两个半联轴器安装在两根轴上，把钢直尺放在半联轴器 2、5 的外圆柱面上，在垂直和水平两个方向上检查两根轴的同轴度，要求半联轴器外圆与钢直尺均匀接触。

（3）安装中间滑块 4 并移动轴，使半联轴器 2、5 和中间滑块 4 之间留有少量间隙 Z，要求中间滑块 4 在半联轴器 2、5 的槽内自由滑动。

二、离合器的装配

1. 离合器的装配要求

离合器的装配要求是保证两根轴的同轴度，接合和分开时运动要灵活，工作要平稳，能传递足够的转矩。

2. 离合器的装配方法

（1）牙嵌离合器（见图 2—5—44）的装配

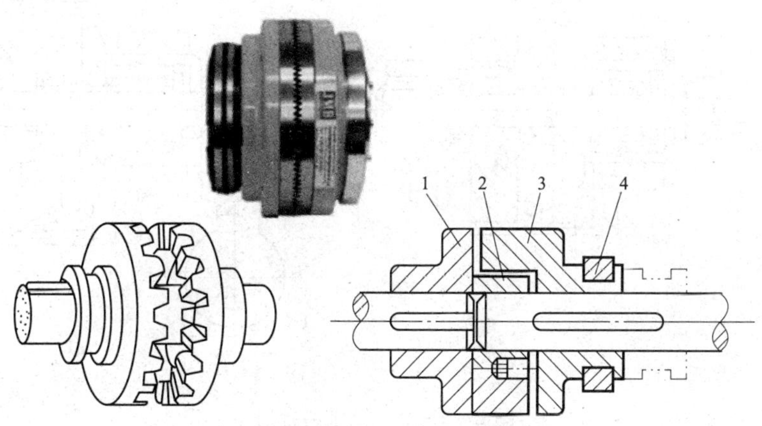

图 2—5—44　牙嵌离合器

1—固定半离合器　2—定心环　3—活动半离合器　4—拨叉

1）将轴、离合器等零件清理干净。

2）找正两个轴的同轴度，在轴上配键。先配平键，再配滑键，并用沉头螺钉固定滑键，要求活动半离合器3在滑键上轻快移动，没有阻滞现象。

3）将固定半离合器1用压配或敲击的方法装在轴上，然后装入定心环2，并用螺钉固定。

4）将装有活动半离合器3的轴装入定心环2内，对正中心。

5）检查半离合器啮合间隙，要求在保证顺利啮合的前提下啮合间隙尽量小些，以免啮合时产生冲击。

（2）圆锥离合器的装配。圆锥离合器是通过摩擦轮内、外锥面的接合或分离来实现转矩的传递或断开传动的，如图2—5—45所示。

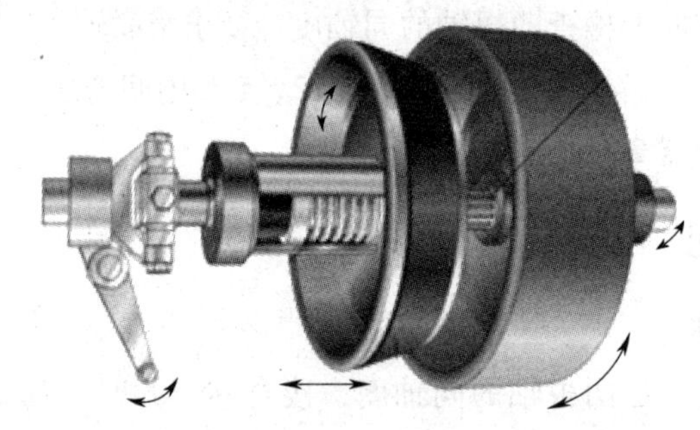

a）

b）

c）

图2—5—45　圆锥离合器

a）工作原理　b）啮合状态　c）分离状态

1—手柄　2—螺母　3—外套　4—内套　5、6—摩擦轮　7—弹簧　8—轴

其装配过程如下：

1）将轴、齿轮、摩擦轮、螺母等零件清理干净。

2）检查摩擦轮内、外锥面的接合状况。用涂色法检查摩擦轮 5 的内锥面与摩擦轮 6 的外锥面接合是否良好，要求接触斑点应均匀地分布在整个圆锥表面上。如果接触斑点分布偏向锥底或锥顶，则表示锥体的角度不正确，必须采用刮研或磨削的方法来修正，接触斑点的分布情况如图 2—5—46 所示。

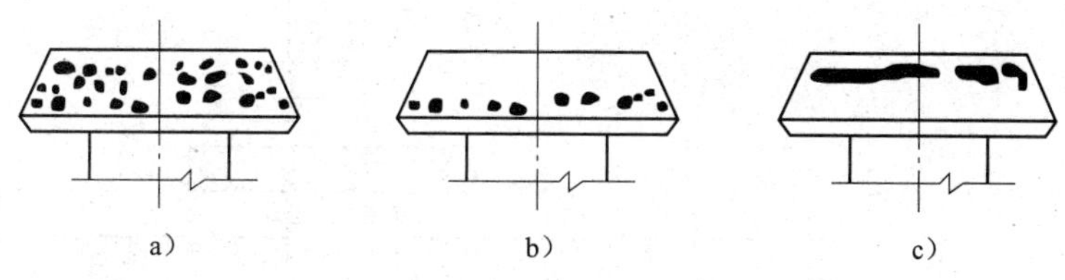

图 2—5—46　锥体上接触斑点的分布情况

a）均匀分布　b）靠近锥底　c）靠近锥顶

3）安装摩擦轮。先将摩擦轮 5 与外锥面配键后用螺钉连接固定。然后在轴上安装推力球轴承，并依次安装摩擦轮 6、弹簧 7、摩擦轮 5、内套 4、外套 3、手柄 1、螺母 2 等。安装时应在轴承表面涂适量润滑脂。

4）调节摩擦力的大小。离合装置必须调整到手柄 1 呈水平位置，使两个锥面之间能产生足够的摩擦力，以保证能够传递一定的转矩。其调整方法如下：固定摩擦轮 5，然后在摩擦轮 6 上绕一根细绳，细绳连接拉力计，沿圆周方向拉至规定的转矩，然后旋动螺母 2，直到使摩擦轮 4 不能自由地转动为止。要求离合器接合平顺、柔和、轻便，分离迅速、彻底，既要保证传递的转矩最大，又要防止传动过载。

学习单元 6　螺旋机构的装配与调整

学习目标

- 掌握螺旋机构的装配技术要求。
- 熟悉螺旋机构配合间隙的调整类型和方法。
- 掌握螺旋机构的校正方法。

知识要求

螺旋机构（见图 2—5—47）是将旋转运动变换为直线运动，用来传递能量、作用力或调整零件之间相互位置的机构。其特点是传动精度高、工作平稳、无噪声、易于自锁、能传递较大的转矩。在机床中，螺旋机构应用广泛。常用的螺旋机构有普通螺旋机构、差动螺旋机构、滚珠螺旋机构等，本单元学习普通螺旋机构的装配。

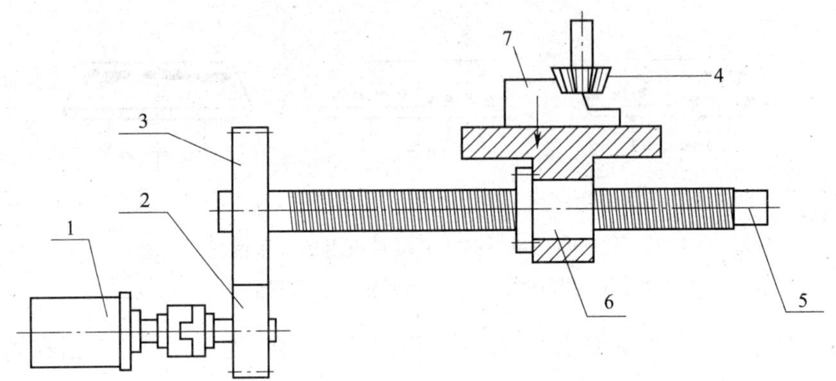

图 2—5—47　螺旋机构

1—电动机　2、3—齿轮　4—刀具　5—丝杠　6—螺母　7—工件

一、螺旋机构的装配技术要求

1. 丝杠螺母副配合间隙应达到规定要求。
2. 丝杠与螺母的同轴度及丝杠支撑轴线与基准面的平行度都必须符合规定要求。
3. 丝杠与螺母相互之间的转动应灵活。
4. 丝杠的回转精度应在规定范围内。

二、螺旋机构的装配

1. 调整螺旋机构的配合间隙

丝杠与螺母的配合间隙是保证其传动精度的主要因素，分为径向间隙和轴向间隙两种。

（1）径向间隙的测量。在螺旋机构中，丝杠螺母副的配合精度决定丝杠的传动精度和定位精度。丝杠螺母副的配合精度常以径向间隙来表示，其测量方法如图 2—5—48 所示。将螺母旋置于距丝杠一端（3~5）P 的距离，百分表测头触及螺母上部，轻轻地抬起螺母，此时百分表指针的摆动差值即为径向间隙值。

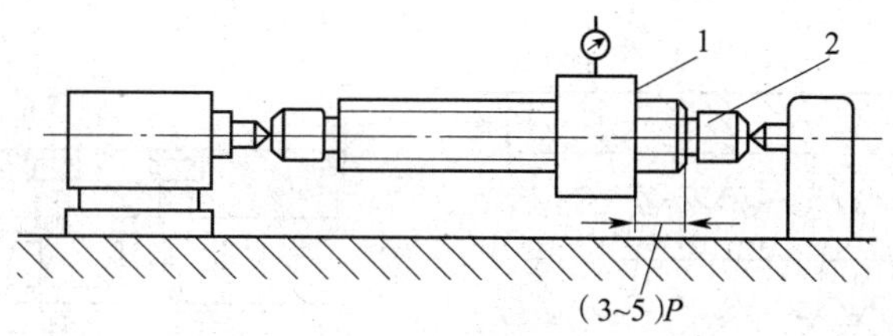

图 2—5—48　径向间隙的测量

1—螺母　2—丝杠

（2）轴向间隙的调整。丝杠螺母副的轴向间隙直接影响其传动的准确性，进给丝杠应有轴向间隙消除机构，简称消隙机构。无消隙机构的丝杠螺母副用单配或选配方法来保证合适的配合间隙；有消隙机构的丝杠螺母副可根据其结构采用下列调隙方法：

1）单螺母消隙机构的调隙方法。利用强制施加外力的手段，迫使螺母与丝杠始终保持单向接触。装配时，消隙机构消隙力 F 的方向必须与切削力 F_x 方向一致，以防止进给时产生爬行现象，影响进给精度。常用的弹簧拉力消隙机构、液压缸压力消隙机构和重锤消隙机构如图 2—5—49 所示。

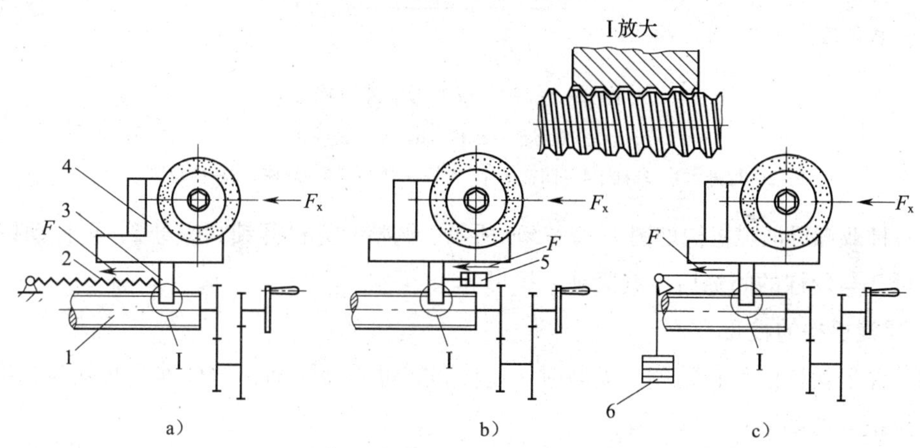

图 2—5—49　单螺母消隙机构

a）弹簧拉力消隙机构　b）液压缸压力消隙机构　c）重锤消隙机构

1—丝杠　2—弹簧　3—螺母　4—砂轮架　5—液压缸　6—重锤

2）双螺母消隙机构的调隙方法。在图 2—5—50a 中，两个螺母 1、2 的轴向相对位置通过调整垫片 4 厚度消除丝杠轴向间隙并实现预紧。

斜面消隙机构如图 2—5—50b 所示。其调整方法如下：拧松螺钉 7，再拧动螺钉 5，使斜楔 6 向上移动，从而推动带斜面的螺母右移而消除轴向间隙，调整好以后再将螺钉 7 拧紧固定。

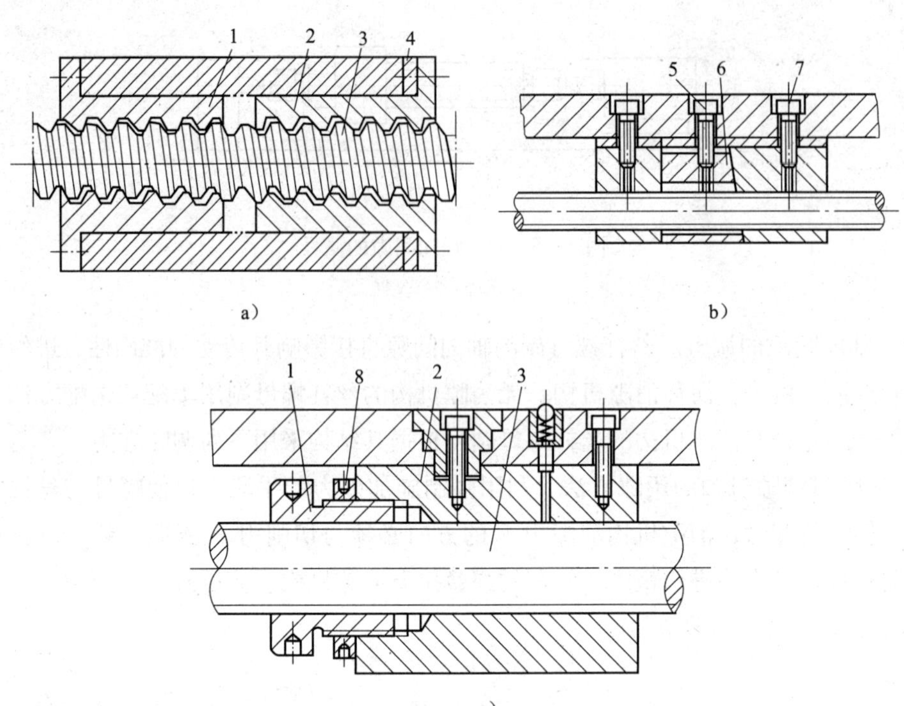

图 2—5—50　双螺母消隙机构

a）、c）双螺母消隙机构　b）斜面消隙机构

1、2—螺母　3—丝杠　4—调整垫片　5、7—螺钉　6—斜楔　8—锁紧螺母

另一种双螺母消隙机构如图 2—5—50c 所示。调整时先松开锁紧螺母 8，再拧动螺母 1，消除螺母 2 与丝杠的间隙后，旋紧锁紧螺母 8。

2. 螺旋机构的校正

为了保证丝杠的回转精度，安装时，丝杠和螺母必须同轴，丝杠轴线必须与基准面平行，其校正方法如下：

（1）用专用量具校正。以导轨面为基准，用百分表、检验棒测量丝杠两轴承座孔中心线的平行度误差，通过调整两轴承座的安装位置，实现丝杠轴线对基准面的平行度要求，如图 2—5—51 所示。

（2）用丝杠直接校正。用丝杠直接校正两轴承座孔与螺母的同轴度，如图 2—5—52 所示。校正带有中间支撑的丝杠螺母副同轴度时，为了考虑丝杠的自重挠度，中间支撑孔中心位置应略低于两端。

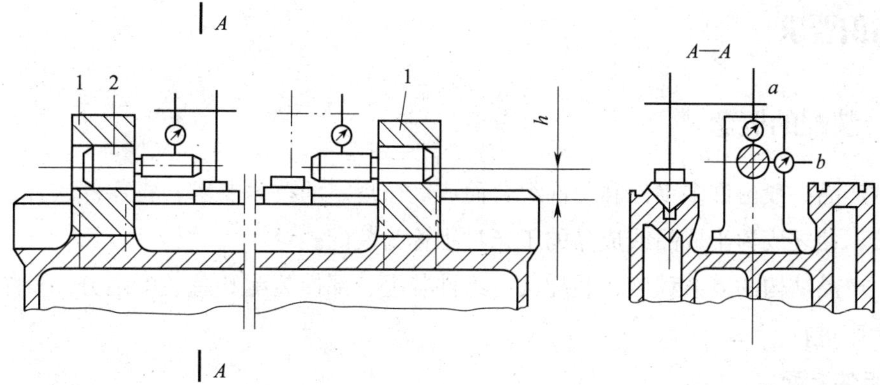

图 2—5—51　测量及校正前、后轴承座孔的同轴度误差

1—轴承座　2—检验棒

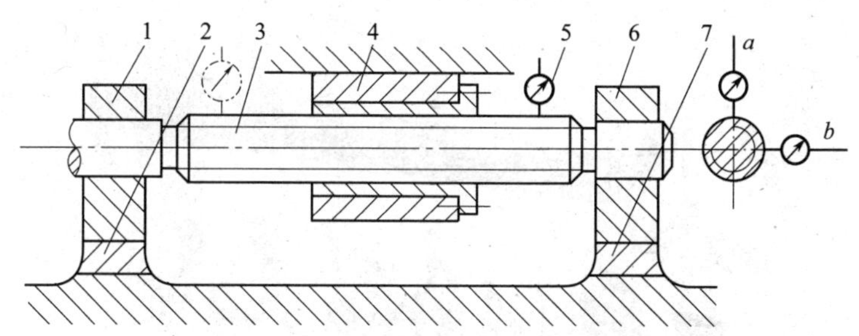

图 2—5—52　用丝杠直接校正两轴承座孔与螺母的同轴度

1、6—前、后轴承座　2、7—垫片　3—丝杠　4—螺母　5—百分表

第 6 节　装 配 工 艺

学习单元 1　装配工艺规程基础知识

学习目标

➤ 掌握装配的概念和装配层次的划分。

➤ 掌握装配单元的概念。

知识要求

一、装配的概念

机械产品一般由许多零件和部件组合而成。按规定的技术要求，将零件或部件进行配合和连接，使之成为半成品或成品的工艺过程称为装配。

根据产品结构的复杂程度，装配又有组件装配、部件装配和总装配之分，整个装配过程要按次序进行。

1. 组件装配

将若干零件安装在一个基础零件上的装配工艺过程称为组件装配，如车床主轴箱中的主轴组件装配是由主轴、齿轮、键等零件装配而成为组件的，如图2—6—1所示。

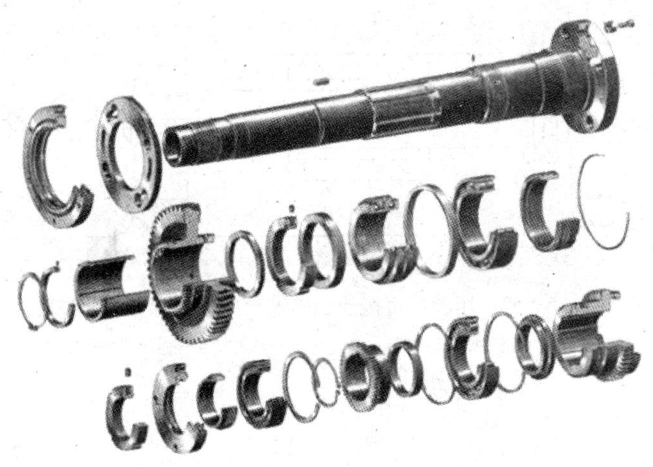

图2—6—1　CA6140型主轴箱主轴组件

2. 部件装配

将若干零件和组件连接在一起构成机器的一个部分（独立机构）的装配工艺过程称为部件装配，如车床尾座和主轴箱、进给箱系统等的装配分别如图2—6—2和图2—6—3所示。

3. 总装配

将若干零件和部件装配成最终产品的工艺过程称为总装配，如完整的机床、汽车、汽轮机等的装配。CA6140型卧式车床（见图2—6—4）就是由主轴箱、进给箱、尾座、丝杠、床鞍、底座等部件、组件、零件装配而成的。国产ARJ21-700型飞机总装配如图2—6—5所示。

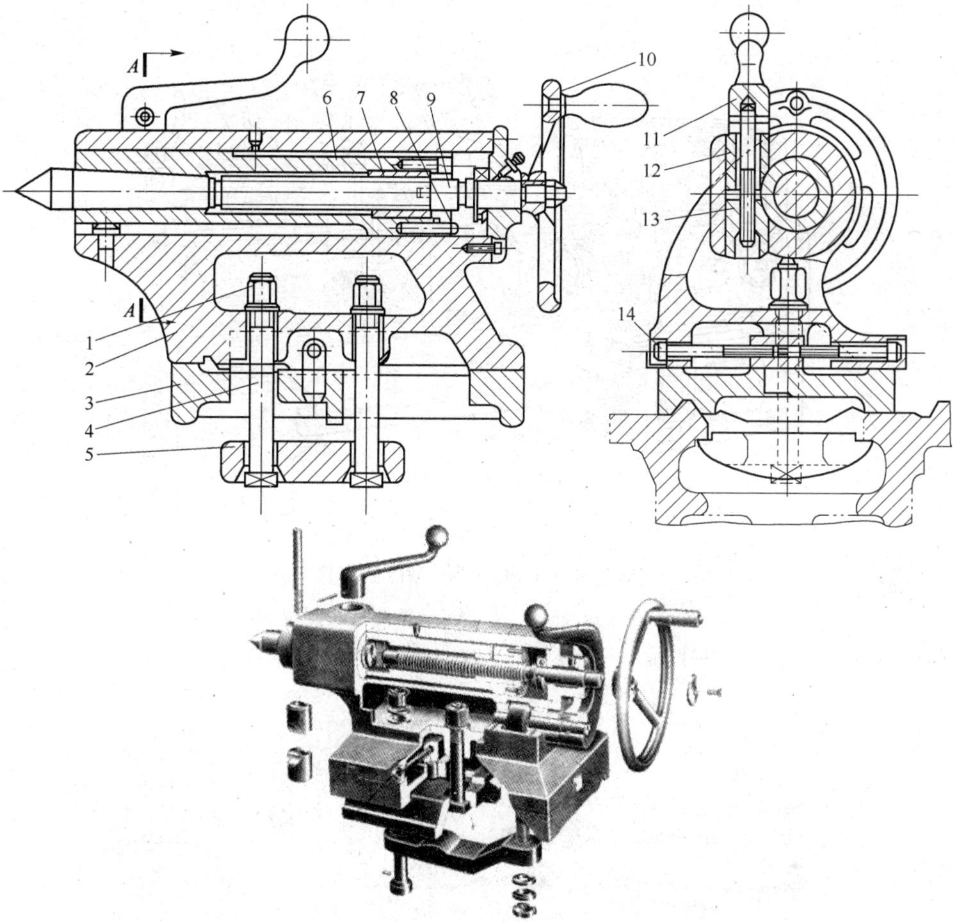

图 2—6—2　CA6140 型车床尾座

1—紧固螺母　2—尾座体　3—尾座垫板　4—紧固螺栓　5—压板　6—尾座套筒　7—丝杆螺母
8—螺母压盖　9—丝杆　10—手轮　11—压紧块手柄　12—上压紧块　13—下压紧块　14—调整螺栓

图 2—6—3　CA6140 型车床主轴箱、进给箱系统

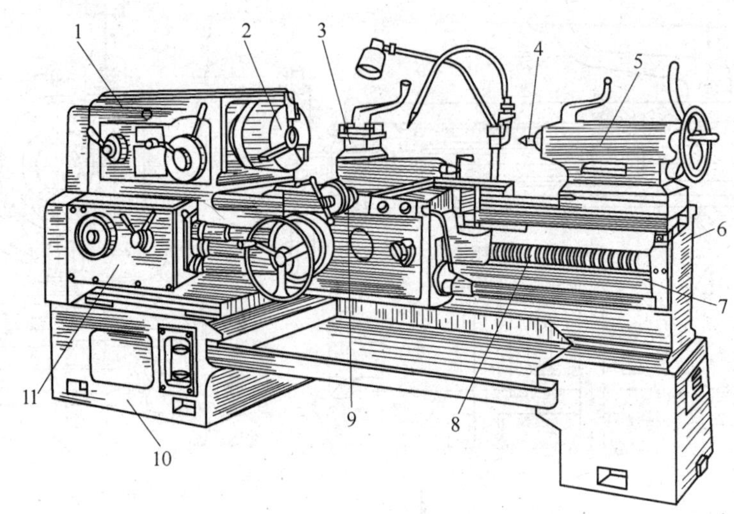

图 2—6—4　CA6140 型卧式车床

1—主轴箱　2—卡盘　3—刀架　4—后顶尖　5—尾座　6—床身

7—光杠　8—丝杠　9—床鞍　10—底座　11—进给箱

图 2—6—5　国产 ARJ21-700 型飞机总装配

二、装配单元的概念

部件进入装配是有层次区别的，通常把直接进入产品总装配的部件称为组件；直接进入组件装配的部件称为一级分组件；直接进入一级分组件装配的部件称为二级分组件；以此类推。机器越复杂，分组件的级数也越多。

任何级的分组件都由若干低一级的分组件和若干零件组成，但最低级的分组件则只由若干个单独的零件所组成。蜗轮减速器装配图如图 2—6—6 所示，从图中可以看出该减速器由蜗杆轴组、蜗轮轴组和锥齿轮轴组三部分组成。锥齿轮轴组的装配如图 2—6—7 所示。

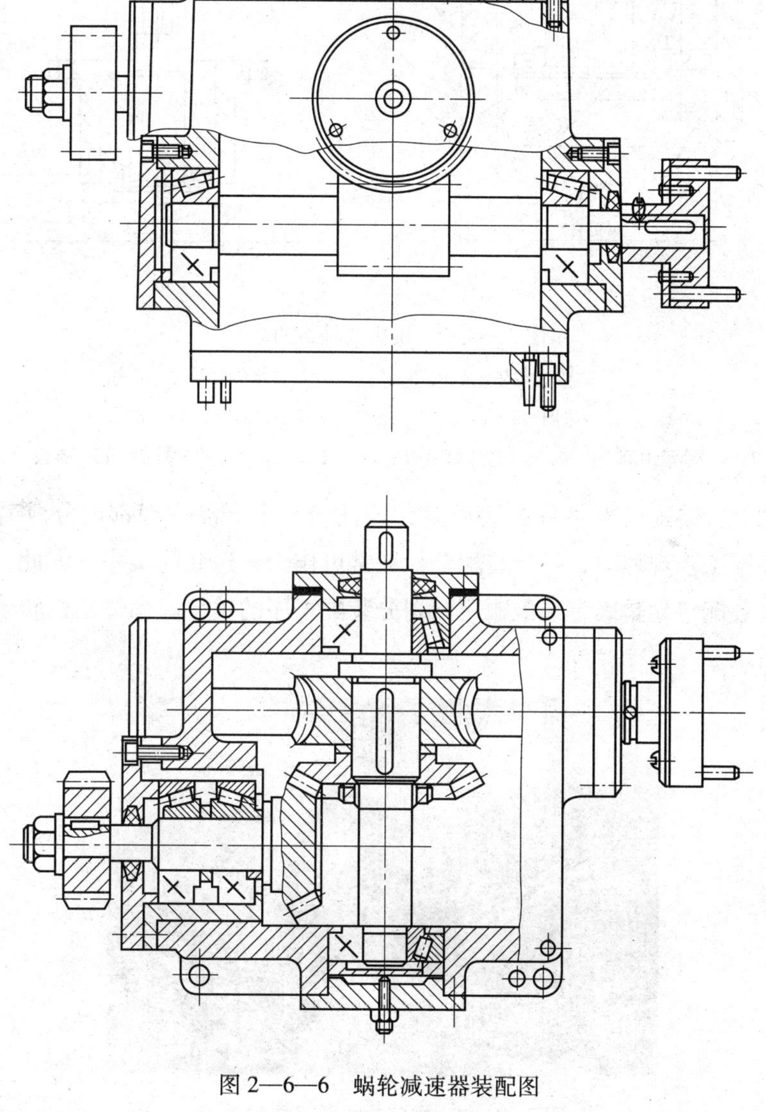

图 2—6—6　蜗轮减速器装配图

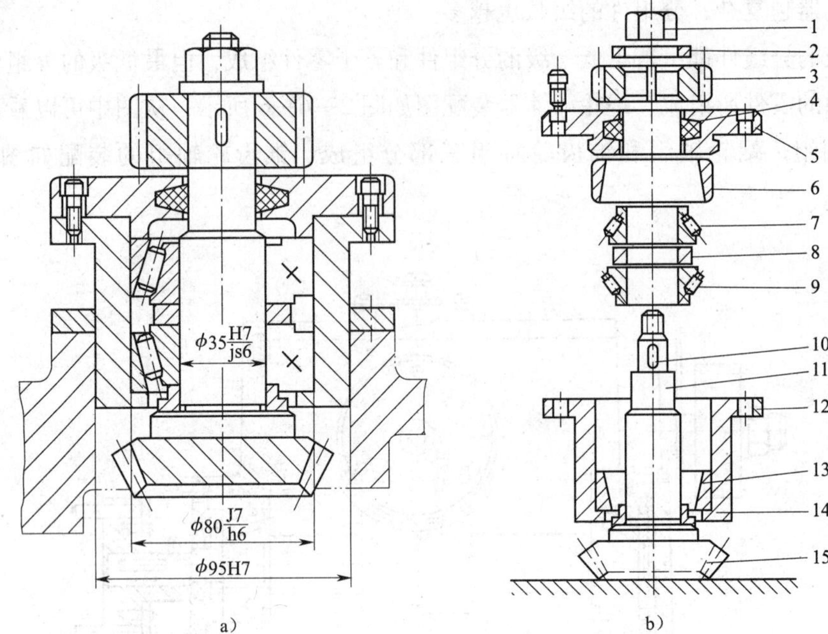

图2—6—7　锥齿轮轴组的装配

a）锥齿轮轴组装配图　b）锥齿轮轴组装配顺序

1—螺母　2—垫圈　3—齿轮　4—毛毡　5—轴承盖　6、13—轴承外圈

7、9—轴承内圈　8—隔圈　10—键　11—轴　12—轴承盖　14—衬垫　15—锥齿轮

可以单独进行装配的部件称为装配单元。任何一个产品一般都能分成若干个装配单元。在制定装配工艺规程时，每个装配单元通常可作为一道装配工序。因此，将装配产品划分成若干个装配单元是确定装配顺序和划分装配工序的关键。燃气轮机转子装配单元如图2—6—8所示。

图2—6—8　燃气轮机转子装配单元

学习单元 2 制定装配工艺规程

学习目标

- 熟悉装配的组织形式。
- 熟悉装配单元系统图。
- 掌握确定装配顺序的基本原则。

知识要求

一、装配的组织形式

随着生产类型和产品复杂程度不同，装配工作的组织形式一般分为固定式装配和移动式装配两种。

1. 固定式装配

固定式装配是指将产品或部件的全部装配工作安排在一个固定的工作地点进行，在装配过程中产品的位置不变，装配所需要的零件和部件都汇集在工作地附近。固定式装配主要应用于单件、小批量生产中，如图 2—6—9 所示。

a）

b）

图 2—6—9 固定式装配

a）燃气轮机装配 b）飞机装配

单件生产时，产品的全部装配工作均在某一固定地点，由一个工人或一组工人去完成，这样的组织形式装配周期长，占地面积大，并要求工人具有综合技能。

成批生产时，装配工作通常分为部件装配和总装配，每个部件由一个工人或一组工人来完成，然后进行总装配，一般应用于较复杂的产品，如机床、飞机的制造。

2. 移动式装配

移动式装配是指工作对象（部件或组件）在装配过程中有顺序地由一个工人转移到另一个工人，如图2—6—10所示。这种转移可以是装配对象的移动，也可以是工人自身的移动。通常把这种装配组织形式称为流水装配法。进行移动式装配时，常利用传送带、滚道或轨道上行走的小车来运送装配对象。每个工作地点重复地完成固定的工作内容，并且广泛地使用专用设备和专用工具，因而装配质量好，生产效率高，生产成本低，适用于大量生产，如汽车、拖拉机的装配。

a）

b）

图2—6—10　移动式装配

a）发动机生产线　b）轿车生产线

二、装配顺序的确定

装配顺序是由产品的结构和装配组织形式决定的。产品的装配顺序是从基准件开始，从零件到部件，从部件到产品，从内到外，从下到上，先难后易，先精密后一般，先重后轻，以不影响下道工序的进行为原则，有次序地进行的。以车床为例，床身部件是机床产品的装配基准部件，装配时，先将床身与底座连接，然后再安装主轴箱、进给箱、溜板箱、尾座、丝杠、床鞍等部件。

三、装配单元系统图

在装配工艺规程的文件中，常用装配单元系统图来表示装配单元的先后顺序，这种图能简明、直观地反映产品的装配顺序。某产品的装配单元系统图如图 2—6—11 所示，图中每个零件、分组件或组件都用一个长方格表示，在长方格内注明零件、分组件或组件的名称、编号和装入件数。

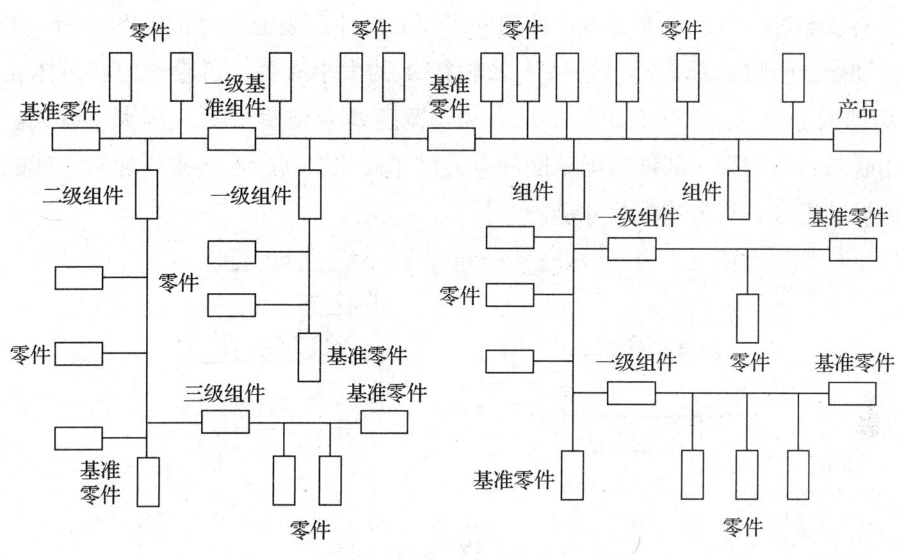

图 2—6—11　装配单元系统图

装配单元系统图的含义如下：系统图从左往右表示从零件到产品的装配顺序，上方长横线左端长方格代表基准零件（或部件），长横线右端长方格代表产品。横线上方的长方格代表直接进入产品装配的零件，横线下方的长方格代表其余的组件，由下往上装配。

学习单元 3　装配尺寸链和常用装配方法

学习目标

➢ 熟悉装配尺寸链封闭环的特点。

➢ 掌握完全互换法、分组法、修配法、调整法的特点。

知识要求

一、装配尺寸链

在机器装配过程中，要涉及各零件的许多相关尺寸。装配尺寸链如图2—6—12所示，齿轮孔与轴配合间隙A_0的大小与孔径A_1及轴径A_2的大小有关；齿轮端面和机体孔端面配合间隙B_0的大小与机体孔端面距尺寸B_1、齿轮宽度B_2及垫圈厚度B_3的大小有关。如果把这些互相联系且影响某一部件装配精度的有关尺寸彼此按顺序连接排列起来，就能构成一个封闭的尺寸组合，称为装配尺寸链。

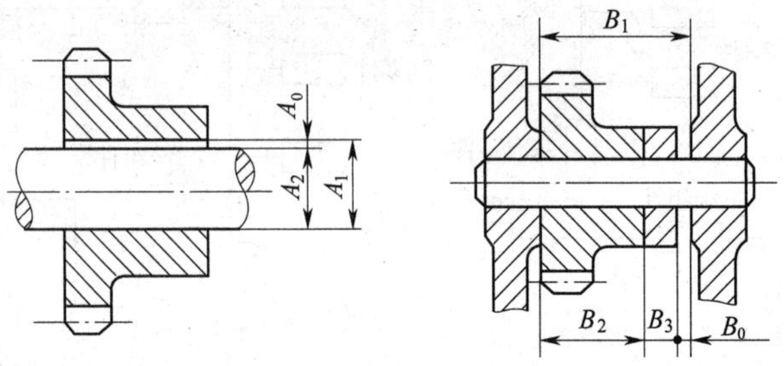

图2—6—12　装配尺寸链

组成尺寸链的各个尺寸称为尺寸链的环。装配尺寸链中每个独立尺寸的偏差都将影响装配精度。其中，装配技术要求的那个尺寸就是封闭环，其余尺寸称为组成环。装配时应根据装配精度（即封闭环公差）合理分配其他环的公差。

二、常用装配方法

为了保证机器的工作性能和精度，装配后必须达到零部件相互配合的规定要求，因此，装配时可根据产品的结构、生产条件和产品批量采用不同的装配方法。常用的装配方法有完全互换法、分组法、修配法、调整法。

1. 完全互换法

装配时，在同类零件中任取一个零件，不经挑选、修配、调整即可装入部件中，能达到预先规定的装配精度和技术要求的方法称为完全互换法。

完全互换法的特点如下：产品的装配精度完全依赖于零件的加工精度，装配工作简单，质量稳定、可靠，易于实现装配工作的机械化及自动化，便于组织流水线作业和零部件的协作与专业化生产。但它对零件的加工精度要求较高，适用于组成环数量少、装配精度较高的大批量生产。一般情况下，只要能满足零件加工经济精度要求，无论何种生产类型都应首先考虑采用完全互换法装配。

2. 分组法

对加工后的一批零件或部件按其加工后的实际尺寸大小进行分组，装配时按组进行互换装配，使其达到装配精度的方法称为分组法。

分组法的特点如下：对零件加工精度的要求降低，只需要按经济精度加工，通过对加工后的零件测量、分组，确保组内零件公差相等，这样既能保证装配精度，又可以降低制造成本，广泛用于装配精度高、装配尺寸链较短（即组成环数较少）的成批或大量的生产。

3. 修配法

装配时修去指定零件上预留的修配量，使之达到装配精度的方法称为修配法。车床尾座的修配如图 2—6—13 所示。修理卧式车床时，如果主轴锥孔中心线与尾座顶尖锥孔中心线高度不符合要求，可通过修刮尾座底板的尺寸 A_2 的预留量，使之达到规定的等高度要求（即允差为 A_0）。

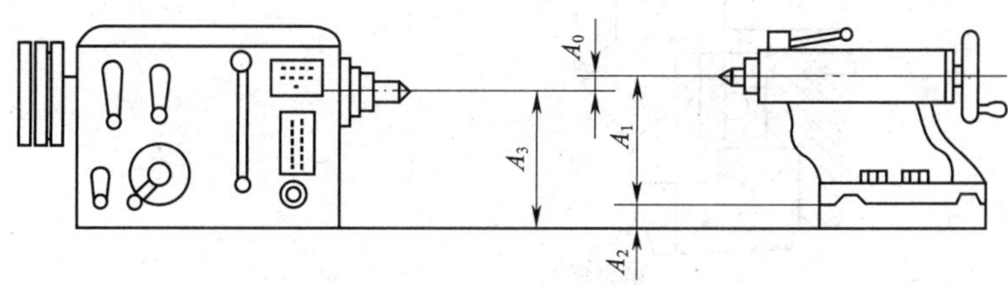

图 2—6—13　车床尾座的修配

修配法的特点如下：对零件的加工精度要求低，只要规定一个组成环预留修配量，在装配时用钳工修配等方法对该环进行修配，就能达到装配的精度要求，装配成本低。但该装配法使装配工作复杂化，装配时间长，故只适用于单件、小批量生产以及成批生产中精度要求较高的产品装配。

4. 调整法

装配时通过改变产品中可以调整零件的相对位置或选用合适的补偿件以达到装配精度的方法称为调整法。以螺钉作为调整件来调整滚动轴承的轴向间隙如图 2—6—14 所示。

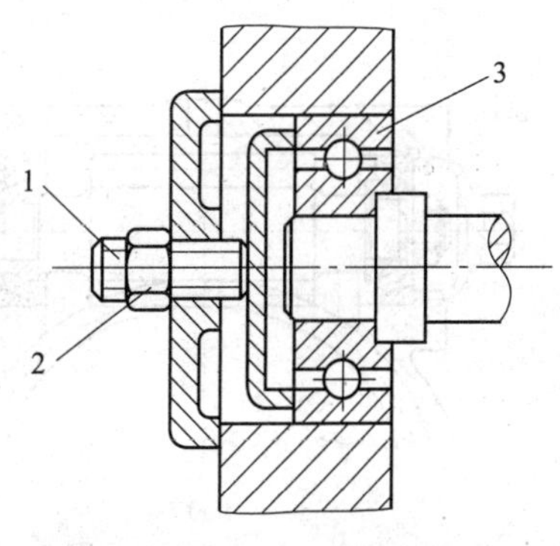

图 2—6—14　调整法

1—调整螺钉　2—锁紧螺母　3—滚动轴承

调整法的特点是不需要对零件进行任何修配加工，只靠调整就能达到装配精度。调整法分为固定调整法和可动调整法两种。

（1）固定调整法。固定调整法是采用更换不同尺寸的调整件的方法来保证装配精度的。常用的调整件有垫圈、可换垫片、衬套、镶条等。固定调整法调整锥齿轮啮合间隙如图 2—6—15 所示，该方法通过两个调整垫圈使锥齿轮处于正确的啮合位置。装配时，根据所测得轴承的实际间隙大小选择合适的调整垫圈，即可使间隙增大或减小到所要求的范围。

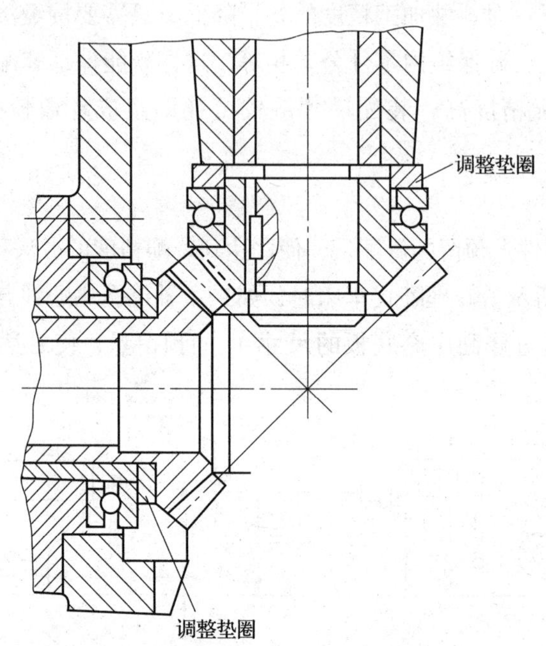

图 2—6—15　固定调整法调整锥齿轮啮合间隙

（2）可动调整法。可动调整法是指采用改变调整件位置的方法来保证装配精度。在机器中作为可动调整件的有螺钉、螺母、偏心杆、斜面件、锥体件、弹性件等。可动调整法分为定期调整补偿和自动补偿。定期调整补偿如图 2—6—16a 所示，它利用具有螺纹的端盖定期地调整轴承所需的间隙。自动补偿如图 2—6—16b 所示，它利用弹簧来消除轴承间隙。

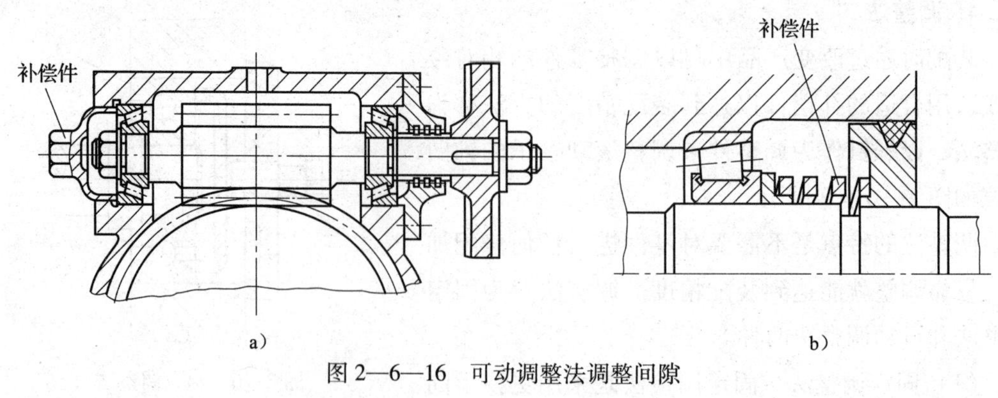

图 2—6—16　可动调整法调整间隙

a）定期调整补偿　b）自动补偿

第 7 节 车床的装配

学习单元 1 卧式车床的结构特点

学习目标

➢ 了解 CA6140 型卧式车床主要部件和功能。

➢ 熟悉 CA6140 型卧式车床主轴部件结构特点。

➢ 熟悉车螺纹传动链机构、变换螺距机构的特点。

➢ 掌握 CA6140 型卧式车床传动链及主轴转速级数的确定方法。

➢ 掌握主轴部件、多片式摩擦离合器、制动装置的作用和调整方法。

➢ 掌握溜板箱中主要机构（互锁机构、安全离合器和超越离合器）的作用。

知识要求

车床是用车刀进行切削加工的机床。其主要用于加工零件的各种回转表面，如内、外圆柱表面，内、外圆锥表面，成形回转表面及回转体的端面等，在机械制造企业中使用广泛。

CA6140 型卧式车床的传动机构和结构形式比较典型，是一种加工效率高、操作性能好、使用较多的卧式车床，其结构如图 2—7—1 所示。

一、车床的主要部件和功能

1. 主轴箱

主轴箱 1 固定在床身 4 的左面，主要用来支撑主轴，使其带动工件做旋转主运动。主轴箱内装有由齿轮、轴等组成的变速传动机构，变换主轴箱的手柄位置，可使主轴得到多种转速。主轴通过卡盘等夹具装夹工件，并带动工件旋转，以实现车削加工。

2. 刀架部件

刀架 2 用于装夹车刀，并使其做纵向、横向或斜向运动。刀架部件由床鞍、中滑板、小滑板等部件组成，装在床身4的导轨上，可沿此导轨做纵向移动。

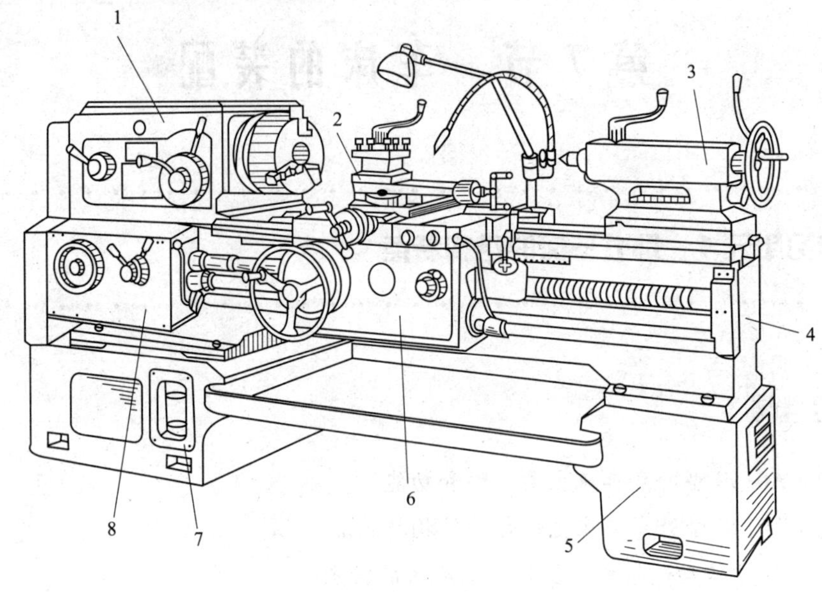

图2—7—1　CA6140型卧式车床的结构

1—主轴箱　2—刀架　3—尾座　4—床身　5、7—床脚　6—溜板箱　8—进给箱

3. 尾座

尾座3安装在床身导轨上，可沿此导轨纵向移动，以调整其工作位置。尾座主要用来安装后顶尖，以支撑较长的工件，也可安装钻头、铰刀等进行孔加工。

4. 进给箱

进给箱8安装在床身的左前侧，是进给传动系统的变速机构。它把主轴箱传递过来的运动经过变速后传递给丝杠，以实现各种螺纹的车削；而传递给光杠，则实现机动进给。

5. 溜板箱

溜板箱6接受丝杠或光杠传递的运动，以驱动床鞍、中滑板、小滑板和刀架，并实现车刀的纵向、横向进给运动。其上还装有一些手柄和按钮，可以很方便地操纵车床，从而选择如机动进给、手动进给、车螺纹、快速移动等运动方式。

6. 床身

床身4是车床上精度要求较高的带有导轨（三角形导轨和平导轨）的一个大型基础部件。它支撑和连接车床的各个部件，并保证各部件在工作时有准确的相对位置。

7. 床脚

左、右两个床脚 7、5 分别与床身 4 左右两端下部连为一体，用以支撑安装在床身上的各部件。同时，通过地脚螺栓和调整垫块使整台车床固定在工作场地上，并使床身调整到水平状态。

二、传动系统

车床为完成工作任务要实现主运动和进给运动。主运动是以电动机为动力，通过一系列传动零件的传动联系，使主轴得到不同的转速；进给运动则是由主轴开始，通过各种传动联系，使刀架产生纵向、横向运动。

从电动机到主轴或主轴到刀架的这种传动联系称为传动链。由电动机到主轴的传动链，即实现主运动的传动链称为主传动链。由主轴到刀架的传动链，即实现进给运动的传动链称为进给传动链。CA6140 型卧式车床传动系统图如图 2—7—2 所示，其传动链简图如图 2—7—3 所示。

1. 主轴转速的级数

CA6140 型卧式车床主轴箱传动系统图如图 2—7—4 所示，其运动由主电动机经 V 带传给主轴箱中的轴Ⅰ，轴Ⅰ上装有一个双向多片式摩擦离合器 M1，用以控制主轴的启动、停止和换向。M1 的左、右两部分分别与空套在轴Ⅰ上的齿轮连在一起。离合器 M1 向左接合时，主轴正转；离合器 M1 向右接合时，主轴反转；左、右都不接合时，主轴停转。轴Ⅰ的运动经离合器 M1 和轴Ⅰ—Ⅲ间的变速齿轮传至轴Ⅳ，然后分两路传至主轴。

当主轴Ⅵ上的齿轮式离合器 M2 脱开时，运动由轴Ⅲ经齿轮副 63/50 直接传给主轴，使主轴得到高转速（450~1 400 r/min）；当 M2 接合时，运动由轴Ⅲ—Ⅳ—Ⅴ间的齿轮机构和齿轮副 26/58 传给主轴，使主轴获得中、低转速（10~500 r/min）。主传动链的传动路线表达式如图 2—7—5 所示。

由传动路线图可以看出，滑移齿轮每改变一次啮合位置，主轴即以不同转速旋转。主轴正转时，利用各滑移齿轮轴向位置的不同组合使主轴获得多种转速。例如，Ⅰ轴与Ⅱ轴之间滑移齿轮有两个啮合位置，Ⅱ轴与Ⅲ轴之间有三个啮合位置，当Ⅰ轴有一种转速时，Ⅲ轴有 2×3＝6 种转速，以此类推，主轴正转时理论转速级数为 30 级，实际转速级数为 24 级。这是因为Ⅲ轴通过低速传动路线传动时，Ⅲ轴到Ⅴ轴之间滑移齿轮四种传动比中$\frac{20}{80}\times\frac{51}{50}$与$\frac{50}{50}\times\frac{20}{80}$基本相同，实际上只有三种不同的传动比。同理，主轴反转时理论转速级数为 15 级，实际转速级数为 12 级。

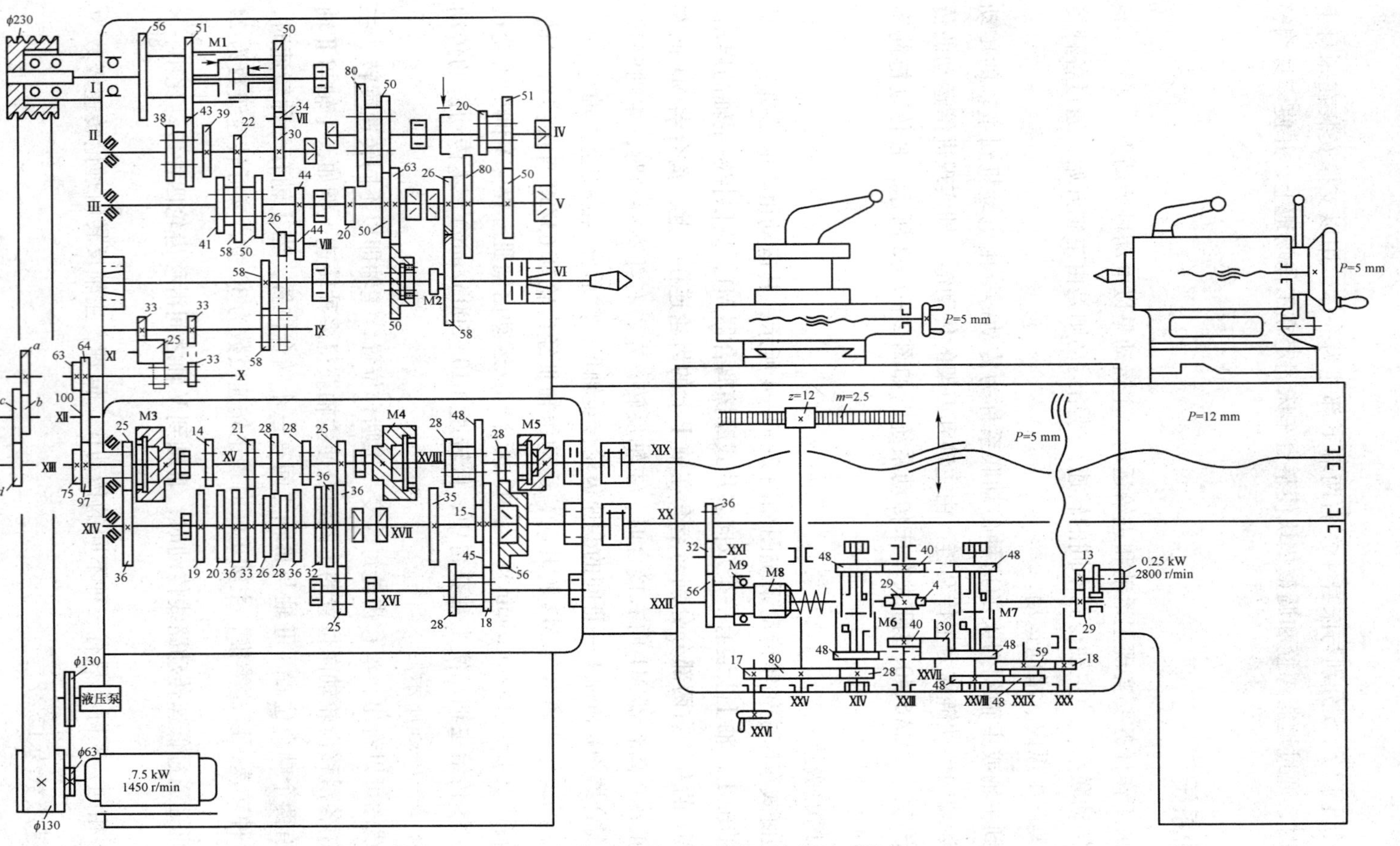

图2—7—2 CA6140型卧式车床传动系统图

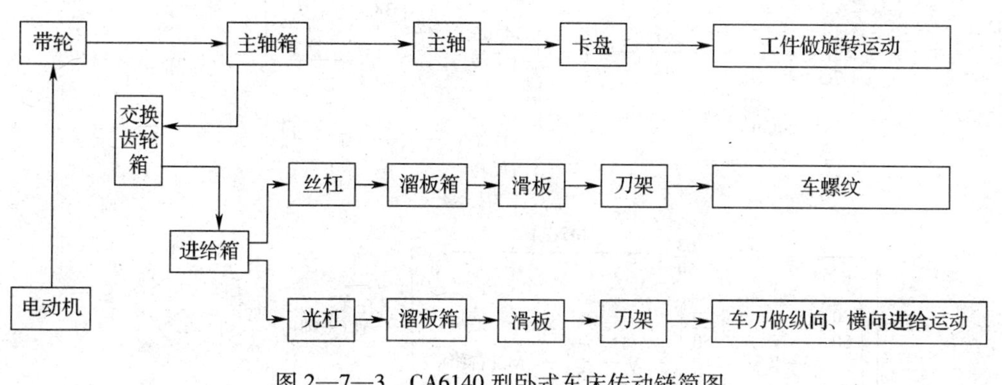

图 2—7—3　CA6140 型卧式车床传动链简图

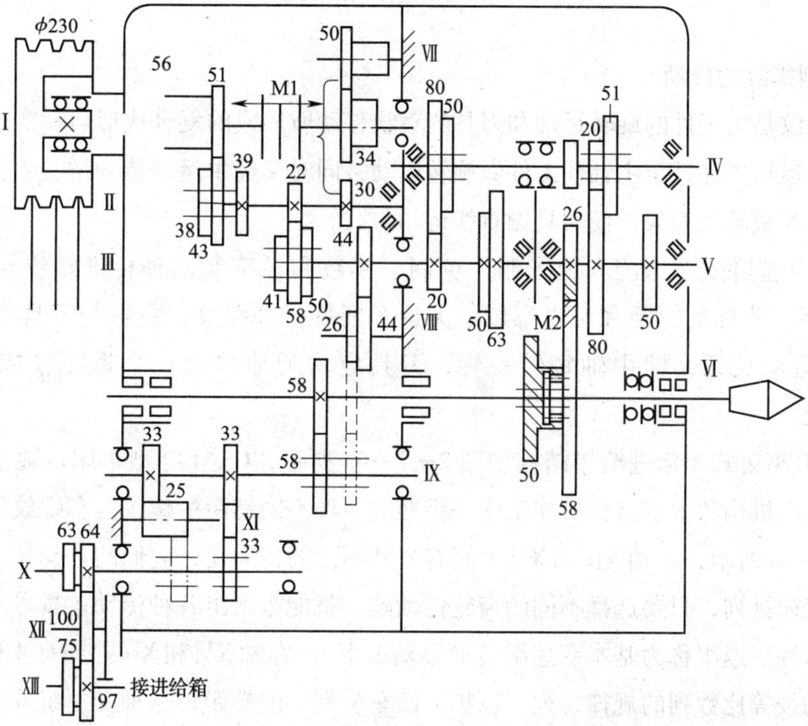

图 2—7—4　CA6140 型卧式车床主轴箱传动系统图

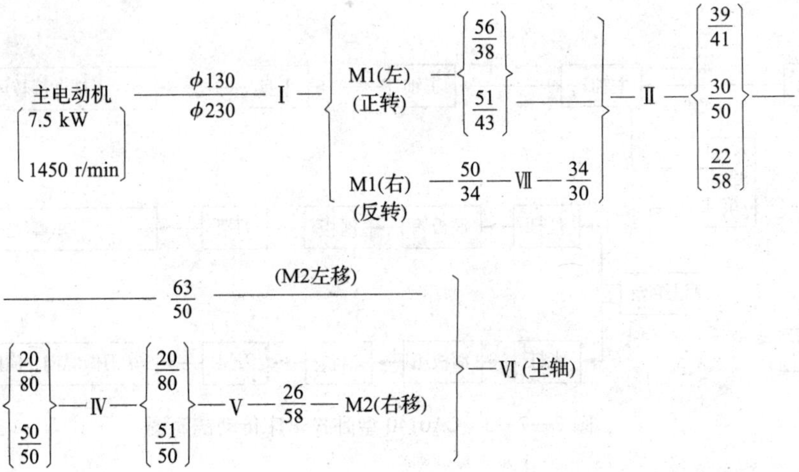

$$\text{主电动机}\begin{pmatrix}7.5\ \text{kW}\\1450\ \text{r/min}\end{pmatrix}-\frac{\phi130}{\phi230}-\text{I}-\left\{\begin{matrix}\text{M1(左)(正转)}-\begin{Bmatrix}\frac{56}{38}\\\frac{51}{43}\end{Bmatrix}-\\\text{M1(右)(反转)}-\frac{50}{34}-\text{VII}-\frac{34}{30}\end{matrix}\right\}-\text{II}-\begin{Bmatrix}\frac{39}{41}\\\frac{30}{50}\\\frac{22}{58}\end{Bmatrix}-$$

$$\text{III}-\left\{\begin{matrix}\frac{63}{50}\ \text{(M2左移)}\\\begin{Bmatrix}\frac{20}{80}\\\frac{50}{50}\end{Bmatrix}-\text{IV}-\begin{Bmatrix}\frac{20}{80}\\\frac{51}{50}\end{Bmatrix}-\text{V}-\frac{26}{58}-\text{M2(右移)}\end{matrix}\right\}-\text{VI(主轴)}$$

图 2—7—5　主运动传动路线表达式

2. 车削螺纹的传动

车削螺纹是由工件的旋转运动和刀具的直线移动所形成的复合成形运动实现的，它由电动机经主运动传动链至主轴使工件做旋转运动，同时又经主运动传动链、主轴箱、进给箱、丝杠、溜板箱至刀架，使刀具做直线运动。

CA6140 型卧式车床能车削米制、英制、模数和径节制四种标准螺纹，还可以车削加大螺距、非标准螺距和精密螺纹。无论车削哪一种螺纹，主轴与刀具之间必须保持严格的运动关系，即主轴每转一转，刀具应均匀地移动一个螺距（或导程）的距离。

CA6140 型卧式车床进给箱结构如图 2—7—6a 所示，CA6140 型车床可通过变换进给箱内的基本组机构和增倍组机构加工同一标准的各种不同螺距的螺纹。车螺纹传动系统图如图 2—7—6b 所示，在轴 XⅣ 和 XⅤ 之间有 8 种不同的传动比，它们的传动比按近似于等差数列的规律排列，只要选择不同的齿轮传动副，就能车削出各种传动比按等差数列排列的螺纹，这种变速组称为基本变速组（简称基本组）。在轴 XⅥ 和 XⅧ 之间有 4 种不同的传动比，它们按等比数列的规律排列，以扩大所车削螺纹的螺距，这种变速组称为增倍变速组（简称增倍组）。

加工螺纹时，只要将交换齿轮箱（X 到 XⅢ 轴）的齿轮传动变为 $\frac{63}{100}\times\frac{100}{75}$ 就能加工各种螺纹；加工蜗杆时，只要将交换齿轮传动变为 $\frac{64}{100}\times\frac{100}{97}$ 即可。例如，车削米制螺纹时，

a）

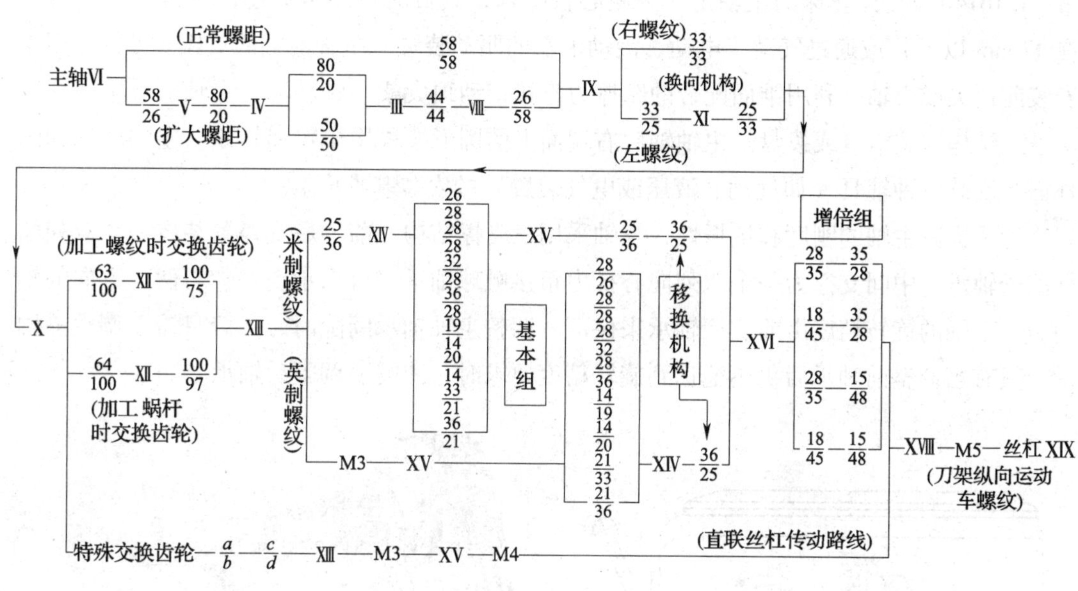

b）

图 2—7—6　CA6140 型卧式车床进给箱

a）进给箱结构　b）车螺纹传动系统图

进给箱中的内齿轮离合器 M3 和 M4 脱开，M5 接合。该传动路线如下：运动由主轴Ⅵ经齿轮副$\frac{58}{58}$、换向机构$\frac{33}{33}$（车削左螺纹时经$\frac{33}{25}\times\frac{25}{33}$）、交换齿轮$\frac{63}{100}\times\frac{100}{75}$传到进给箱，然后由齿轮副$\frac{25}{36}$传至 XⅣ 轴，经两轴滑移齿轮变速机构$\frac{26}{28}$、$\frac{28}{28}$、$\frac{32}{28}$、$\frac{36}{28}$、$\frac{19}{14}$、$\frac{20}{14}$、$\frac{33}{21}$、$\frac{36}{21}$传至轴

XV，再由移换机构齿轮副$\frac{25}{36}\times\frac{36}{25}$传至轴XVI，经过轴XVI与XVIII之间的齿轮副传至轴XVIII，最后经由M5传至丝杠XIX，当溜板箱中的开合螺母与丝杠相啮合时，就可带动刀架车削米制螺纹。

三、主轴箱中主要部件的结构

CA6140型卧式车床主轴箱内有主轴部件、主传动变速及操纵机构、摩擦离合器及制动器、主轴到交换齿轮间的传动与换向机构、润滑装置等，如图2—7—7所示。下面主要介绍主轴部件、多片式摩擦离合器和制动装置。

1. 主轴部件

CA6140型卧式车床的主轴是一个空心台阶轴，其目的主要是穿过长棒料（一般直径在47 mm以下）或通过气动、电动、液动卡盘的驱动装置。主轴前端的莫氏6号锥孔用于安装前顶尖或心轴，利用锥面配合的摩擦力直接带动顶尖或心轴转动。主轴前端采用短锥法兰式结构安装卡盘或拨盘。主轴轴肩右端面上的圆形拨块用于传递转矩。主轴尾端的圆柱面是安装各种辅具（如气动、液压或电气装置）的安装基准面。

为了提高主轴的刚度和抗振性，主轴采用三支撑结构，前、后支撑各装有一个双列圆柱滚子轴承，中间支撑为一个双列向心推力角接触球轴承，可以承受左、右两个方向的轴向力。主轴的旋转精度由前、后轴承来保证。调整主轴轴承间隙时，一般只需要调整前轴承，只有当调整前轴承后仍不能达到旋转精度要求时，才需要调整后轴承。

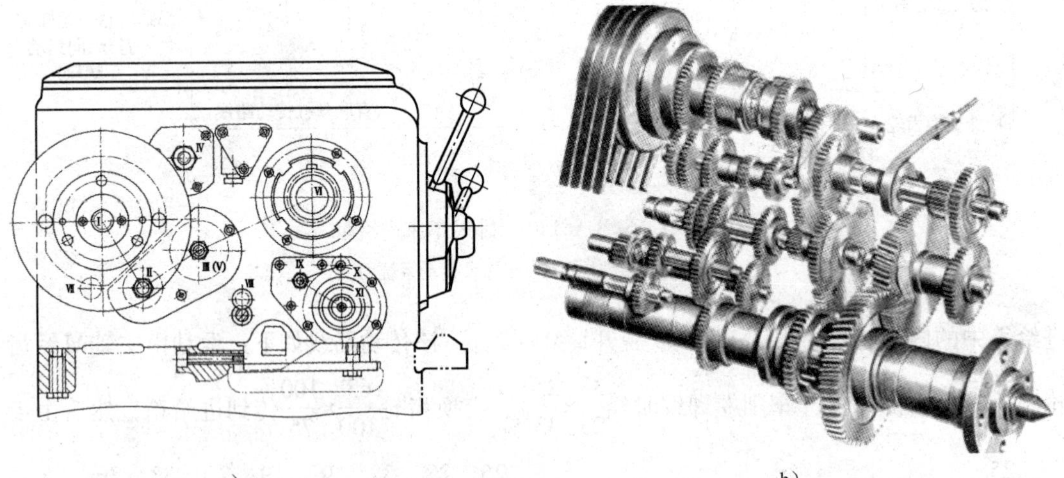

a)　　b)

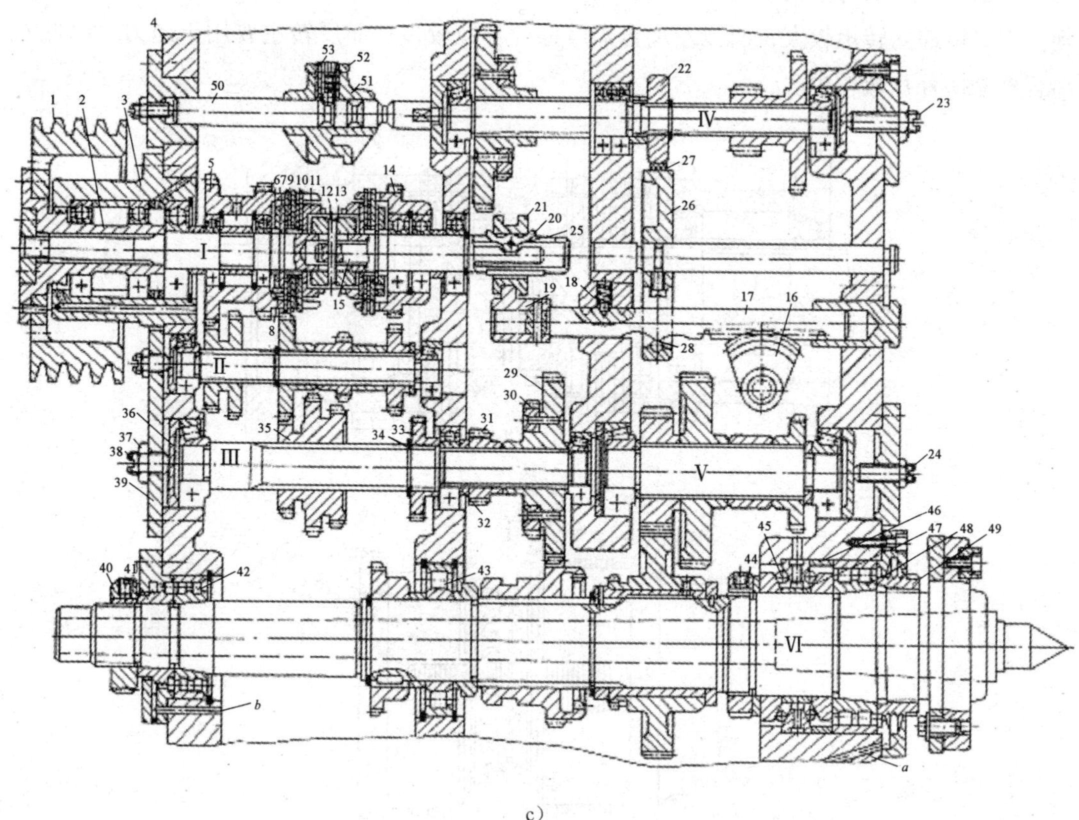

c）

图 2—7—7　CA6140 型卧式车床主轴箱

a）主轴箱左侧视图　b）主轴箱Ⅰ～Ⅵ轴结构图　c）主轴箱Ⅰ～Ⅵ轴结构展开图

1—V 带轮　2—花键套筒　3—连接盘　4—箱体　5—双联齿轮　6、7—止推环　8、12、25—圆柱销　9—内摩擦片
10—外摩擦片　11—调整螺圈　13、21—滑套　14—单联齿轮　15—拉杆　16—扇形齿轮　17—齿条轴
18—弹簧钢球　19、51—拨叉　20—元宝形摆块　22—制动轮　23、24、38—螺钉　26—制动杠杆
27—制动带　28—钢球　29、30、31、33—齿轮　32—垫圈　34—弹簧卡圈　35—三联滑移齿轮
36—压盖　37、40、44—锁紧螺母　39—轴承盖　41、46—隔套　42—后轴承　43—中间轴承
45—双列向心推力角接触球轴承　47—调整垫圈　48—前轴承
49、52—螺母　50—导向轴　53—调整螺钉

2. 多片式摩擦离合器

CA6140 型卧式车床采用双向多片式摩擦离合器控制主轴的启动、停止和换向，如图 2—7—8 所示。它由结构相同的左、右两部分组成，左离合器传动时主轴正转，右离合器传动时主轴反转。摩擦片有内外之分，且相间安装。如果将内、外摩擦片压紧，产生摩擦力，轴Ⅰ的运动就是通过内、外摩擦片带动空套齿轮旋转的；反之，如果内、外摩擦片

松开，轴Ⅰ的运动与空套齿轮的运动无关，内、外摩擦片之间处于打滑状态。正转用于切削，需要传递的转矩较大，所以左离合器摩擦片片数较多；而反转主要用于退刀，因此右离合器摩擦片片数较少。

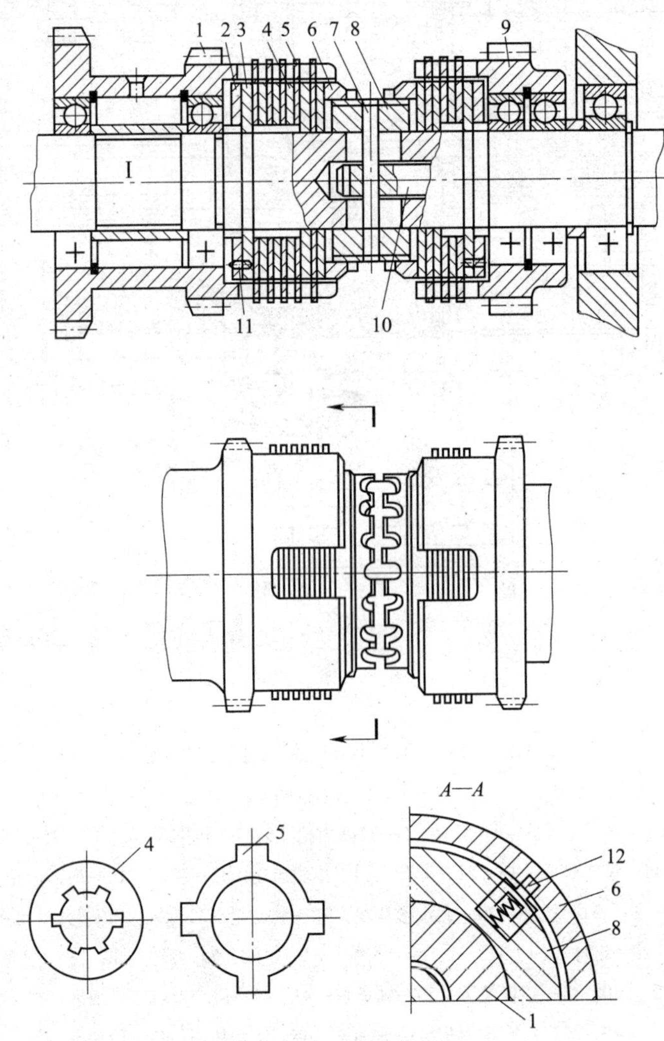

图2—7—8　轴Ⅰ上的双向多片式摩擦离合器的结构

1—双联齿轮　2、3—止推环　4—内摩擦片　5—外摩擦片　6—调整螺圈

7、11—圆柱销　8—滑套　9—单联齿轮　10—拉杆　12—弹簧定位销

多片式摩擦离合器除换向和传递转矩外，还可起到断开传动链的作用。车床往往要频繁变换主轴转速，如果通过关停主电动机来停车变速，电动机频繁启动容易损坏。利用多片式摩擦离合器的脱开位置，可切断轴Ⅰ之后的传动链，即在主电动机运转情况下，轴Ⅱ

以后各轴停转。此外，多片式摩擦离合器还可起到过载保护作用。当机床过载时，摩擦片打滑，主轴停转，就可避免损坏机床。

调整时，多片式摩擦离合器内、外摩擦片之间的间隙大小应适当，如果调得太松，摩擦片压不紧，会打滑，切削加工时会出现主轴突然停止不转动而电动机仍继续旋转的现象；反之，如果调得太紧，停车或换向时摩擦片又不易脱开，主轴产生自转现象，严重时会导致摩擦片烧坏。摩擦片间的压紧力要根据离合器应传递的额定转矩来确定，方法是用旋具将弹簧定位销 12 从调整螺圈 6 的轴向槽中压下并拨动螺圈转过一个槽距，然后压一次定位销，再转过一个槽距，直到间隙合适为止，如图 2—7—8 所示。

3. 制动装置

CA6140 型卧式车床主轴采用钢带式制动装置，其作用是在多片式摩擦离合器脱开时用来克服惯性，使主轴迅速停止转动，以缩短辅助时间。该制动器与多片式摩擦离合器采用同一操纵机构（见图 2—7—9）联动控制，只有当多片式摩擦离合器向左或向右压紧时，钢带制动器才能制动主轴的正转或反转运动。当主轴正转和反转时，齿条轴 11 上的凹槽处与制动杠杆 1 的下端接触，使制动杠杆 1 顺时针转动，制动器松开；停车时（操纵手柄 5 处于中间位置），齿条轴 11 上的凸起处与制动杠杆 1 的下端接触，制动杠杆逆时针转动，拉紧制动钢带，制动器工作，使主轴立即停下来，钢带式制动器的结构如图 2—7—10 所示。

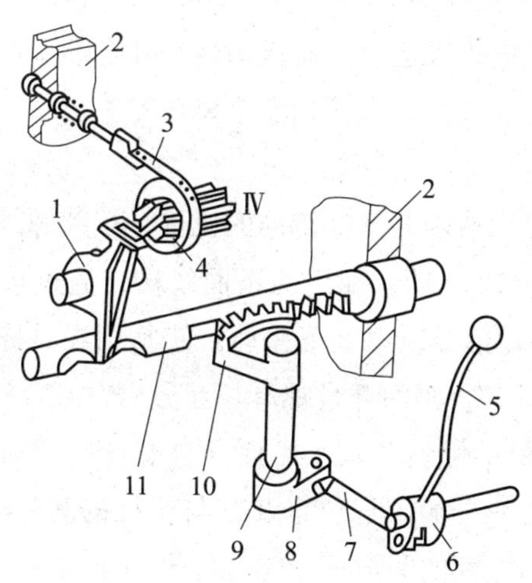

图 2—7—9　离合器与制动器的操纵机构

1—制动杠杆　2—箱体　3—制动钢带　4—制动轮　5—操纵手柄　6—凸轮　7—拉杆
8—偏心块　9—垂直轴　10—扇形板　11—齿条轴

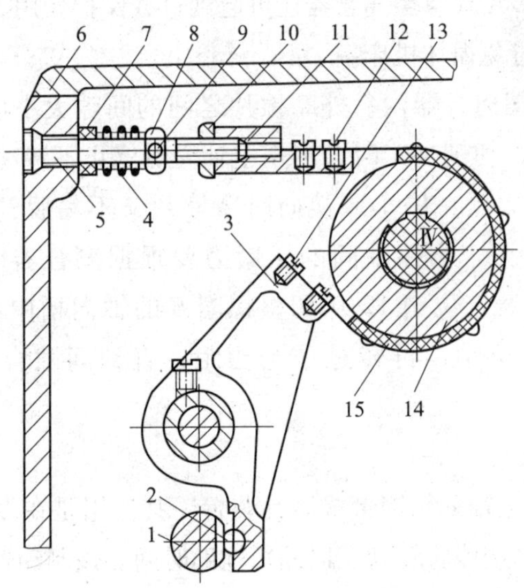

图 2—7—10　钢带式制动器的结构

1—齿条轴　2—钢球　3—制动杠杆　4—弹簧　5—调整螺栓　6—箱盖　7—垫圈　8—挡圈　9—销子　10—螺母　11—连接块　12、13—螺钉　14—制动轮　15—制动钢带

四、溜板箱的主要机构

CA6140 型卧式车床溜板箱如图 2—7—11 所示。溜板箱的作用是将丝杠或光杠的旋转运动转换为刀具的纵向或横向直线运动。溜板箱内有开合螺母机构、纵向或横向机动进给及快速移动机构、互锁机构、超越离合器和安全离合器等。

1. 开合螺母机构

开合螺母机构是用来接通或断开丝杠传动的机构。车削螺纹时，必须顺时针转动手柄 27，通过轴 6 带动曲线槽盘 26 转动，利用两条曲线槽，通过拨销 25 带动开合螺母 23 和 24 在溜板箱体 19 背后的燕尾形导轨内上下移动，使其相互靠拢，于是开合螺母与丝杠啮合。若逆时针方向转动手柄 27，则两开合螺母相互分离，开合螺母与丝杠脱开。曲线槽盘 26 的曲线槽接近盘中心部位的倾斜角较小，使开合螺母闭合后能自锁，不会因为螺母上的径向力而自动脱开。开合螺母的闭合位置及其与丝杠的间隙可用调整螺钉 22 调整并限定；开合螺母与燕尾形导轨之间的间隙可用螺钉经平镶条进行调整。

2. 纵向或横向机动进给及快速移动机构

溜板箱传动操纵机构如图 2—7—12 所示，纵向或横向机动进给及快速移动由手柄 1 集中操纵，手柄扳动方向与刀架运动方向一致。当手柄 1 向左或向右扳动时，手柄绕圆柱销 3

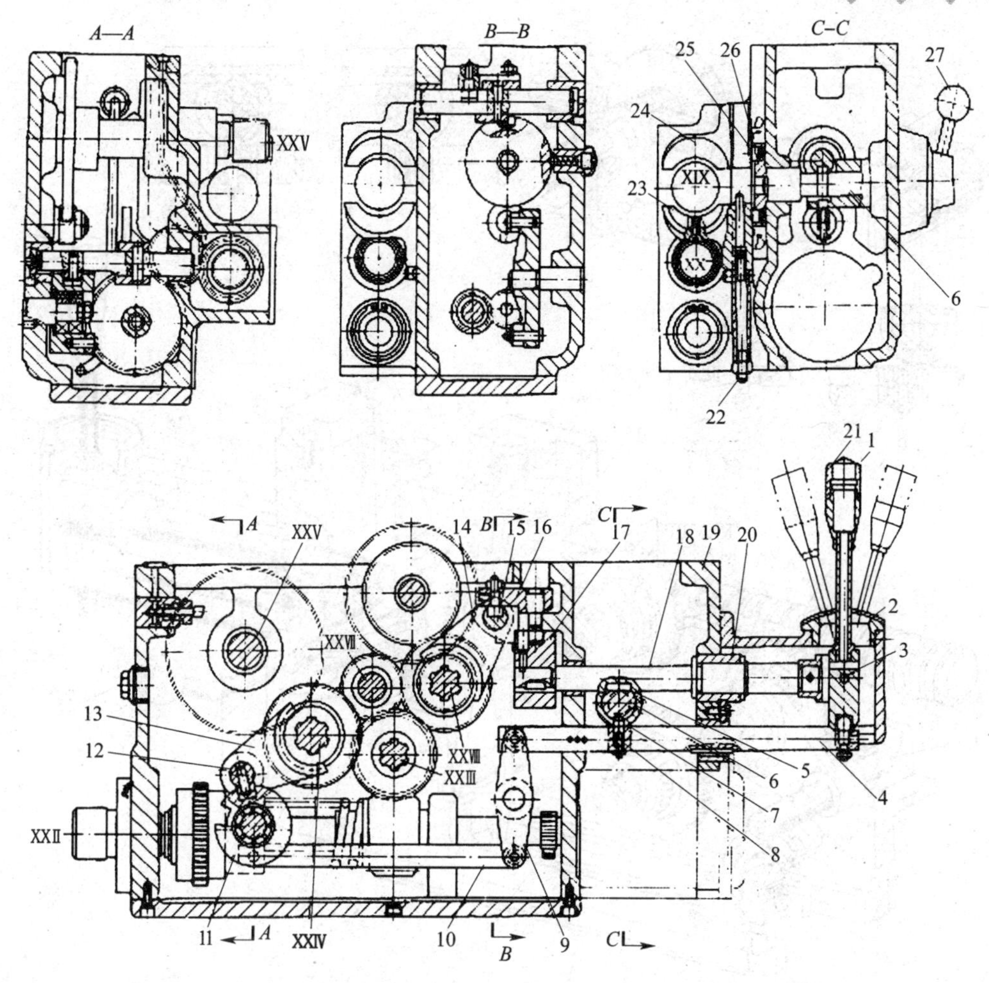

图 2—7—11　CA6140 型卧式车床溜板箱

1、27—手柄　2—盖　3、7—圆柱销　4、6—轴　5、20—套筒　8—弹簧　9、16—杠杆　10—推杆　11、17—凸轮　12、15—拨叉轴　13、14—拨叉　18—手柄轴　19—溜板箱体　21—快速按钮　22—调整螺钉　23、24—开合螺母　25—拨销　26—曲线槽盘

摆动，通过轴 4、杠杆 9、推杆 10、凸轮 11、拨叉轴 12 和拨叉 13 使双向带端面齿的齿式离合器 M6 与轴 XXⅣ上相应的空套齿轮的端面齿啮合，实现向左或向右的纵向进给运动。当手柄 1 向前或向后扳动时，通过手柄轴 18、凸轮 17、杠杆 16 和拨叉轴 15 使双向带端面齿的齿式离合器 M7 与轴 XXⅧ上的空套齿轮的端面齿啮合，实现向前或向后的横向进给运动。将手柄 1 扳至中间直立位置时，齿式离合器 M6 和 M7 均处于中间断开状态，停止了纵向和横向进给。

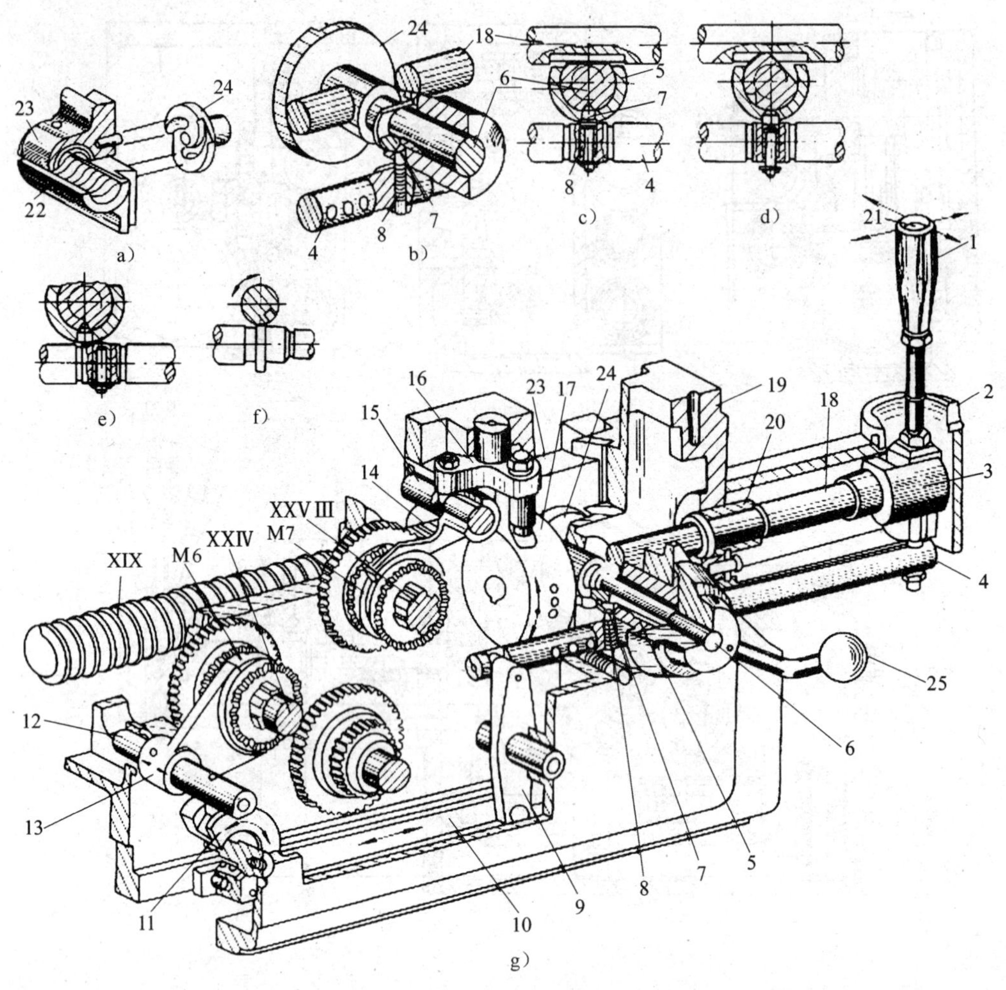

图 2—7—12　溜板箱传动操纵机构

a）、b）、c）、d）、e）、f）开合螺母互锁机构放大图　g）溜板箱传动结构图

1、25—手柄　2—盖　3、7—圆柱销　4、6—轴　5、20—套筒　8—弹簧　9、16—杠杆　10—推杆

11、17—凸轮　12、15—拨叉轴　13、14—拨叉　18—手柄轴　19—溜板箱体　21—快速按钮

22、23—开合螺母　24—曲线槽盘

手柄 1 的顶端装有控制快速电动机用的快速按钮 21，当把手柄 1 扳到左、右、前、后任一位置时，就可实现相应方向的慢速机动进给，若再按下快速按钮 21，则可使相应方向的刀架快速移动。另外，为了避免同时接通纵向和横向机动进给，在手柄 1 的盖 2 上开有十字槽，以限制手柄的位置。

3. 互锁机构

互锁机构是为了防止因操作不当而同时接通丝杠传动和纵向、横向机动进给的。当接通机动进给或快速移动时，开合螺母不能闭合；而闭合开合螺母时，则不允许接通机动进给或快速移动，纵向、横向机动进给操纵机构和开合螺母机构必须互锁。

图 2—7—12b 所示为开合螺母操纵机构轴 6 和刀架进给与快速移动操纵机构手柄轴 18 之间的互锁机构放大图。图 2—7—12c、d、e 分别表示互锁机构不同状态的工作原理，其中图 2—7—12c 所示为停机位置状态，即开合螺母脱开，机动进给也未接通，此时手柄 1 或 25 可任意扳动；图 2—7—12d 所示为闭合开合螺母时的状态，轴 6 的凸肩在手柄轴 18 的槽中不能转动，手柄 1 锁住时不能实现机动进给和快速移动。

4. 超越离合器和安全离合器

（1）超越离合器。超越离合器的作用是在机动慢进和快进两个运动交替作用时能实现运动的自动转换，如图 2—7—13 所示。当接通机动进给时，光杠 XX 的运动经齿轮副传动至蜗杆轴 XXⅠ 做慢速转动。当接通快速移动时，快速电动机 12 经一对齿轮副传动至蜗杆轴 XXⅠ 做快速运动。这两种不同转速的运动同时传到一根轴上而使轴不受损坏的机构称为超越离合器。

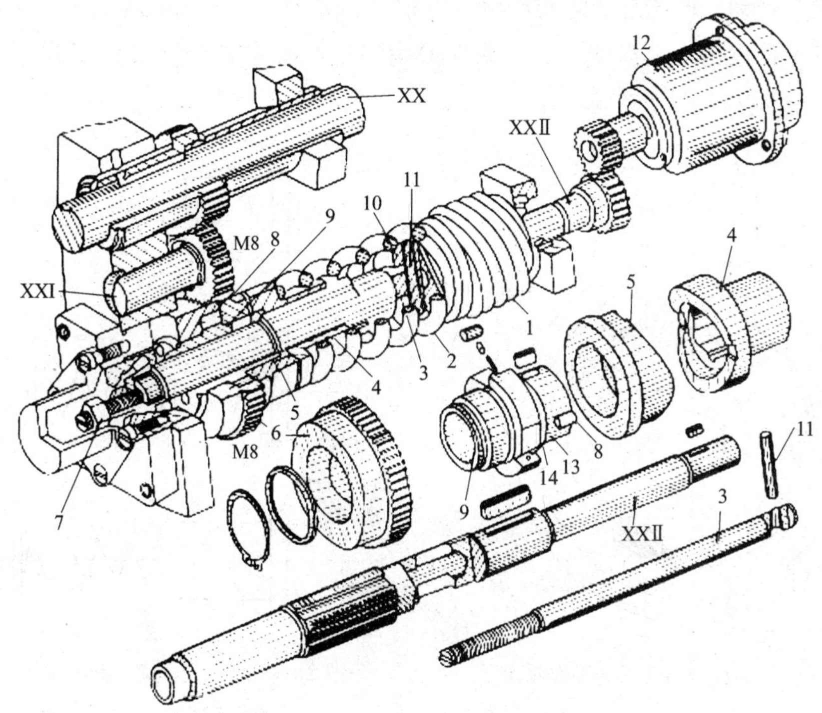

图 2—7—13　超越离合器与安全离合器

1—蜗杆　2、14—弹簧　3—杠杆　4、5—左、右离合器　6—齿轮　7—螺母　8—滚柱　9—星状体　10—止推套　11—圆柱销　12—快速电动机　13—顶销

超越离合器的工作原理如图 2—7—14 所示。滚柱 3 在弹簧 5 和顶销 4 的作用下被楔紧在齿轮 1 和星状体 2 的楔缝里。机动进给时，齿轮逆时针转动，使滚柱在齿轮和星状体的楔缝中越挤越紧，从而带动星状体旋转，使蜗杆轴慢速转动。如果同时接通快速移动，星状体直接随蜗杆轴一起做逆时针快速转动。此时，由于星状体比齿轮转得快，迫使滚柱压缩弹簧滚到楔缝的宽端，则齿轮的慢速转动不能传给星状体，也就切断了慢速机动进给。当快速电动机停止时，蜗杆轴又恢复慢速转动，刀架重新获得慢速机动进给。

（2）安全离合器。安全离合器又称过载保护机构。在刀架机动进给过程中，当进给阻力过大或刀架移动受阻时，安全离合器能自动断开机动进给传动链，使刀架停止运动，避免传动机构损坏，起到过载保护作用。

安全离合器的工作原理如图 2—7—15 所示。在正常进给情况下，运动由超越离合器和左离合器 4 带动右离合器 3，使蜗杆轴 1 转动，如图 2—7—15a 所示。当出现过载或有阻碍时，蜗杆轴的转矩增大并超过了许用值，两接合端面处产生的轴向力超过弹簧 2 的压力，则推开右离合器，如图 2—7—15b 所示。此时，左离合器继续转动，而右离合器却不能被带动，两离合器之间产生打滑现象，如图 2—7—15c 所示，从而切断了进给运动，可保护机构不受损坏。当过载现象消除后，安全离合器又恢复到原来的正常状态。

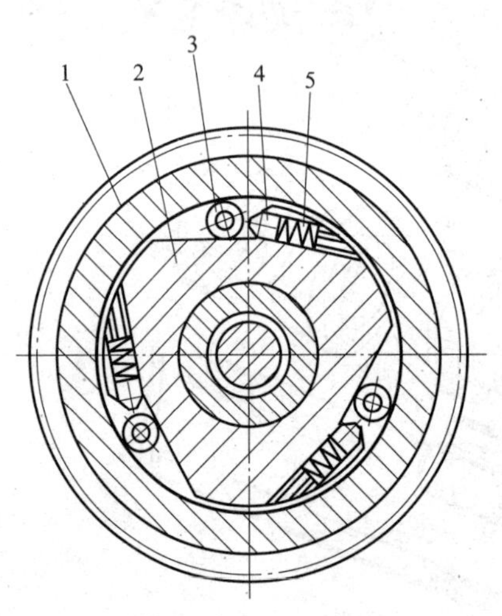

图 2—7—14　超越离合器的工作原理

1—齿轮　2—星状体　3—滚柱　4—顶销　5—弹簧

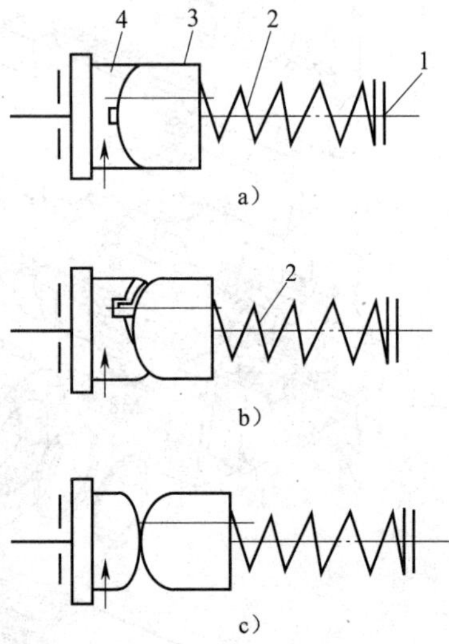

图 2—7—15　安全离合器的工作原理

a）左、右离合器接合　b）左、右离合器分离

c）左、右离合器打滑

1—蜗杆轴　2—弹簧　3—右离合器　4—左离合器

学习单元 2　卧式车床的装配工艺

学习目标

- 了解检验棒的主要用途。
- 熟悉水平仪与检验桥板结合的使用方法。
- 掌握齿条、溜板箱、丝杠的安装要点。
- 掌握主轴箱的安装要求。

知识要求

一、卧式车床总装前的准备工作

1. 工具和量具的准备

（1）平尺。平尺主要用作导轨刮研和测量的基准，主要有桥形平尺、平行平尺及角形平尺三种。

（2）方箱和直角尺。方箱和直角尺是用来检查机床部件之间垂直度误差的重要工具。

（3）垫铁。在机床制造和修理工作中，垫铁是一种检验导轨精度的通用工具，主要用于支垫水平仪、百分表表架等测量工具。

（4）检验棒。检验棒是机床维修工作中常备的工具之一，主要用来检查机床主轴套筒类零件的径向圆跳动误差、轴向窜动误差、同轴度误差、主轴与导轨的平行度误差等，但不能用来检查主轴的直线度误差。检验棒按主轴的结构和检验项目不同，可以做成不同的结构形式，如图 2—7—16 所示。

（5）检验桥板。检验桥板是检查导轨面间相互位置精度的一种工具，一般与水平仪结合使用。根据不同形状的导轨，检验桥板可以做成不同的结构。

（6）水平仪。水平仪是机床装配与维修中最常用的测量仪器，一般与检验桥板结合使用来检验导轨的几何精度，可用来测量机床 V 导轨在垂直平面内的直线度误差、V–平组合两导轨间在垂直平面内的平行度误差以及零件间垂直度和平行度等误差。水平仪分为条形水平仪、框式水平仪、合像水平仪等。

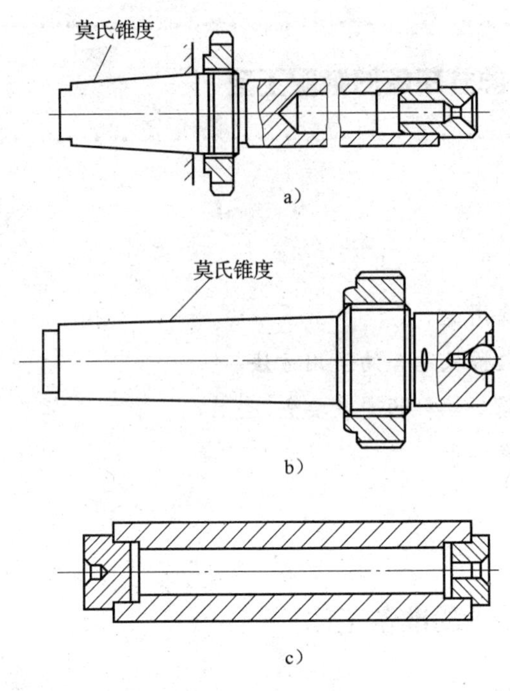

图2—7—16　检验棒

a）长检验棒　b）短检验棒　c）圆柱检验棒

2. 装配顺序的确定原则

（1）首先选择正确的装配基准面。由于床身是车床的基准支撑件，上面安装着各主要部件，且床身导轨面是检验机床各项精度的基准。因此，车床的装配应从装配床身开始。

（2）当装配不会相互影响装配精度的部件时，其装配顺序以简单方便来定，一般可按先下后上、先内后外的原则进行。

（3）当装配会相互影响装配精度的部件时，应先装配好一个公共的装配基准，然后再依次达到各有关精度的要求。

3. 装配精度的影响因素

为了保证机床装配后达到各项装配精度要求，在装配时必须注意以下各影响因素，并在工艺上采取必要的补偿措施。

（1）零件刚度对装配精度的影响。由于零件刚度不够，装配后受到机件重力和紧固力的作用会产生变形。例如，在装配车床时，将进给箱、溜板箱等装到床身上后，床身导轨会受到重力影响而变形，因此，必须再次校正其精度，才能继续进行其他装配工序。

（2）工作温度变化对装配精度的影响。机床主轴与轴承的间隙将随温度的变化而变化，一般都应调整到使主轴部件达到热平衡时具有合理的最小间隙为宜。

（3）磨损的影响。在装配某些组成环的作用面时，其公差带中心坐标应适当偏向有利于补偿磨损的一面，这样可以延长机床精度的有效期限。例如，调整车床主轴顶尖和尾座顶尖对滑板移动方向的等高度时，考虑磨损因素，只许尾座高。同样，车床床身导轨在铅垂平面内的直线度误差只许凸。

二、卧式车床总装配步骤

1. 在床腿上安装床身

（1）在床腿上安装床身时，必须先做好接合面去毛刺、倒钝锐边的工作，以保证两零件平整接合，避免紧固时导致床身变形，同时在整个接合面上垫纸垫防漏。

（2）当床身通过磨削来达到精度要求时，将床身置于可调的机床垫铁上（垫铁应安放在机床地脚螺栓附近），用水平仪指示读数来调整各垫铁，使床身处于自然水平位置，并使滑板用导轨的扭曲误差处于最小值。各垫铁应均匀受力，使整个床身搁置稳定。

（3）当床身的几何精度由刮削来保证时，即可进行导轨面的刮削工作。

2. 检查床身导轨的精度

床身导轨是确立车床主要部件位置和刀架运动的基准，也是总装配的基准部件，应予以重视。

（1）滑板用导轨的直线度公差，在铅垂平面内，全长为 0.02 mm；在任意长 250 mm 测量长度上的局部公差为 0.007 5 mm，只许凸。

（2）滑板用横向导轨应在同一平面内，水平仪的变化误差在全长上小于 0.04 mm/1 000 mm。

（3）尾座移动对滑板移动的平行度公差，在铅垂平面和水平面内全长均为 0.03 mm；在任意 500 mm 测量长度上的局部公差均为 0.02 mm。

（4）床身导轨在水平面内的直线度公差全长为 0.02 mm。

（5）滑板用导轨与下滑面的平行度公差全长为 0.03 mm；在任意 500 mm 测量长度上的局部公差为 0.02 mm，只许车床床头处厚。

（6）导轨面的表面粗糙度，采用磨削加工时 $Ra \leqslant 1.6$ μm，采用刮削加工时接触点应不少于 10 点/(25 mm×25 mm)。

3. 配刮滑板及安装前、后压板

滑板部件是保证刀架直线运动的关键。滑板下、上导轨面分别与床身导轨和刀架下滑座配刮完成。滑板配刮步骤如下：

（1）将滑板放在床身导轨上，以刀架下滑座表面2、3为基准，配刮滑板横向燕尾导轨面5、6，如图2—7—17所示。

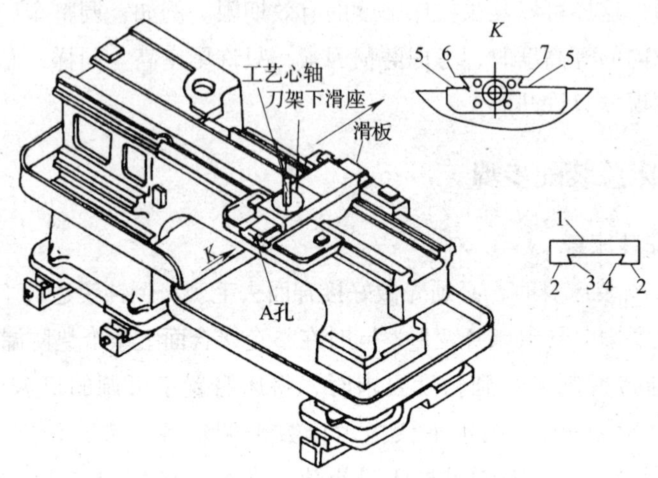

图2—7—17　刮研滑板上导轨

1、2、3、4、5、6、7—导轨面

导轨面5、6配刮后应满足对中滑板丝杆孔A的平行度要求，其误差在全长上不大于0.02 mm。测量方法如图2—7—18所示，在A孔中插入检验棒，百分表吸附在角度平尺上，分别在检验棒上母线和侧母线上测量其平行度误差。

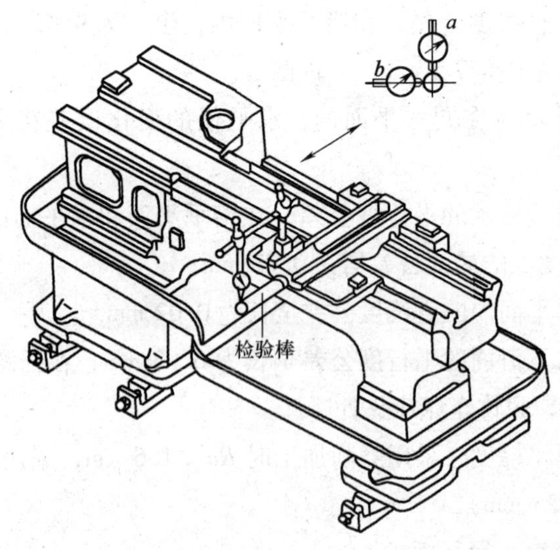

图2—7—18　测量中滑板上导轨对丝杆孔的平行度误差

（2）修刮燕尾导轨面 7，保证其与导轨面 6 的平行度要求，以保证刀架横向移动顺利。可以用角度平尺或下滑座为研具刮研。用如图 2—7—19 所示的方法测量平行度误差，将测量圆柱 2 放在燕尾导轨两端，用千分尺分别在两端测量，两次测得的读数差就是平行度误差，在全长上应不大于 0. 02 mm。

（3）配镶条的目的是使刀架横向进给时有准确的间隙，并能在使用过程中不断调整间隙，保证足够的使用寿命。镶条按导轨和下滑座配刮，使刀架下滑座在中滑板燕尾导轨全长上移动时无轻重或松紧不均匀的现象，并保证大端有 10~15 mm 的调整余量。燕尾导轨与刀架下滑座配合表面之间用 0. 03 mm 塞尺检查，插入深度应不大于 20 mm。

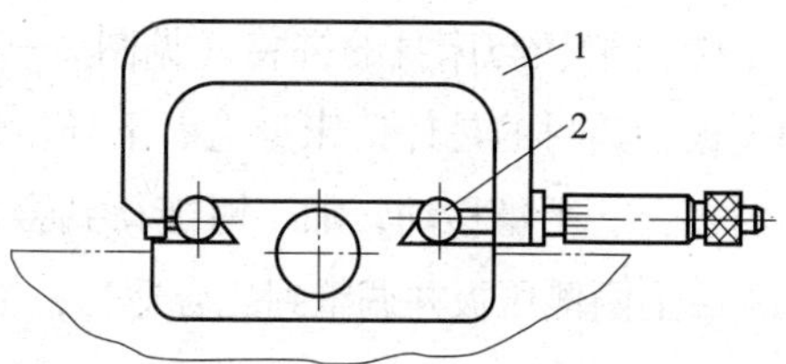

图 2—7—19　测量燕尾导轨的平行度误差

1—千分尺　2—测量圆柱

（4）配刮滑板下导轨时，以床身导轨为基准刮研滑板与床身配合的表面至接触点为 10~12 点/（25 mm×25 mm），并按图 2—7—20 所示的方法测量滑板上、下导轨的垂直度误差。测量时，先纵向移动滑板，校正床头放的直角尺的一个边与滑板移动方向平行。然后将百分表移放在刀架下滑座上，沿燕尾导轨全长向后方移动，要求百分表读数由小到大，在 300 mm 长度上公差为 0. 02 mm。

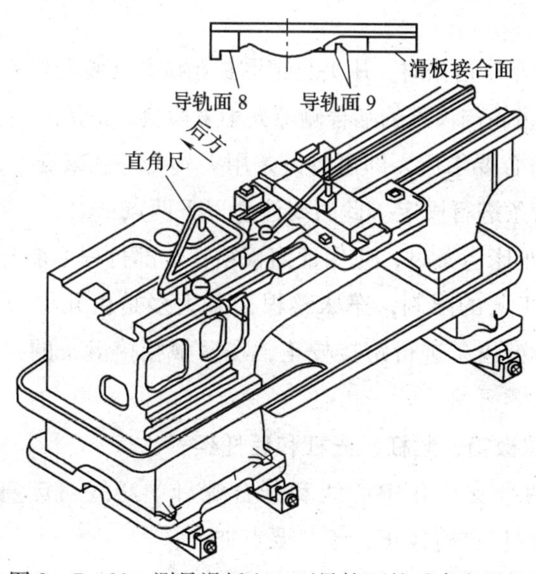

图 2—7—20　测量滑板上、下导轨面的垂直度误差

超过公差时，刮研滑板下导轨面，在达到垂直度要求的同时，还要保证溜板箱安装面的下列两项要求：

1）在横向上与进给箱、托架安装面垂直，要求垂直度公差在每 100 mm 长度上为 0. 03 mm。

2）在纵向上与床身导轨平行，要求在溜板箱安装面全长上百分表最大读数差不得超过 0. 06 mm。

（5）滑板与床身的拼装（见图 2—7—21），主要是刮研床身的下导轨面及配刮滑板两侧压板。其目的是保证床身上、下导轨面的平行度要求，以使滑板与床身导轨在全长上能均匀接合、平稳移动，加工时能得到合格的表面质量。

装上两侧压板并调整到配合适当，推研滑板，根据接触情况刮研两侧压板，要求接触点为 6~8 点/（25 mm×25 mm）。将全部螺钉调整及紧固后，用 200~300 N 的力推动滑板在导轨全长上移动，应无阻滞现象。用 0. 04 mm 塞尺检查密合程度，插入深度应不大于 10 mm。

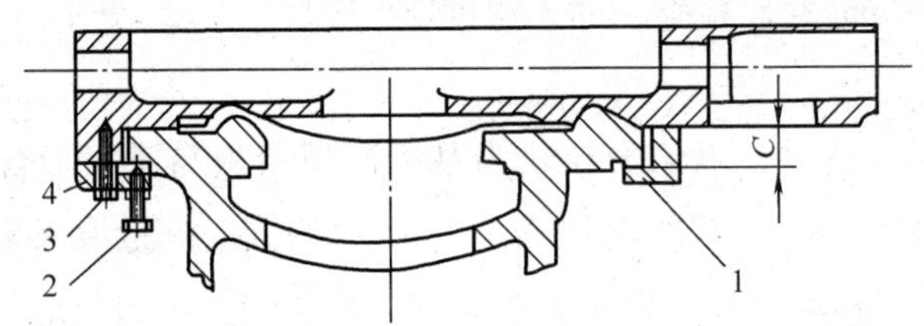

图 2—7—21　滑板与床身的拼装

1—内侧压板　2—调节螺钉　3—紧定螺钉　4—外侧压板

4. 安装齿条

（1）在床身上安装车床齿条时，用夹具把溜板箱试装在装配位置，塞入齿条，检验溜板箱纵向进给情况，用小齿轮与齿条的啮合侧隙大小来检验。正常的啮合侧隙为 0. 08 mm。

（2）在侧隙大小符合要求后，即可将齿条用夹具夹持在床身上，钻、攻床身螺纹孔及钻、铰定位销孔，对齿条进行固定。此时要注意以下两点：

1）在床身上安装车床齿条时，应保证溜板箱在全部行程上能与齿条啮合。

2）由于齿条加工工艺的限制，车床整根齿条大多是由几根短齿条拼接装配而成的。拼装齿条时，必须用标准齿条进行跨接校正，在两根相接齿条的接合端面处应有 0. 1 mm 左右的间隙。

5. 安装进给箱、溜板箱、丝杠、光杠和后托架

装配时应使丝杠两端支撑孔中心线和开合螺母中心线对床身导轨的等距误差小于 0. 15 mm。直接装配丝杠后进行校正，工艺要点如下：

（1）安装溜板箱是确定进给箱和丝杠后托架的装配基准，安装时应保证溜板箱齿轮与横向进给齿轮具有正确的啮合侧隙，其最大侧隙量应使横向进给齿轮的空转量不超过 1/30 r。同时，纵向进给手柄空转量也不超过 1/30 r。

（2）安装及调整丝杠和开合螺母时，在垂直平面内以开合螺母轴线为基准，调整进给箱与后托架丝杠支撑孔高低位置来达到精度要求。在水平面内则以进给箱的丝杠支撑孔中心线为基准，前后调整溜板箱的位置来达到精度要求。

（3）装配丝杠时，应使丝杠两端支撑孔中心线和开合螺母中心线对床身导轨的等距误差小于 0.10 mm。

（4）安装丝杠、光杠时，其左端必须与进给箱轴套端面紧贴，右端与托架端面露出轴的倒角部位紧贴。当用手旋转光杠时，能灵活转动，然后再用百分表检验及调整。

（5）装配精度的检验。丝杠三点等距误差的测量如图 2—7—22 所示，用专用检具和百分表测量，将开合螺母放在丝杠中间位置，闭合开合螺母，在Ⅰ、Ⅱ、Ⅲ位置（近丝杠支撑和开合螺母处）的上母线和侧母线处检验。为消除丝杠弯曲误差对检验的影响，可将丝杠旋转 180°后再检验一次，各位置两次读数代数和的一半就是该位置对导轨的相对距离。三个位置中任意两个位置对导轨相对距离的最大差值就是等距误差值。

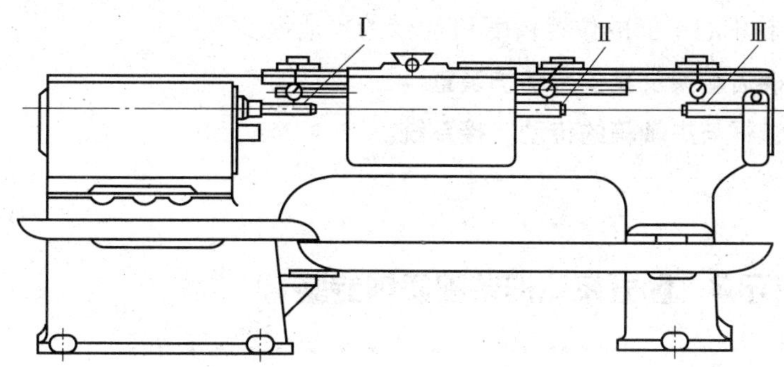

图 2—7—22　丝杠三点等距误差的测量

（6）初装达到要求后，即可进行钻孔、攻螺纹，并用螺钉进行连接及固定；然后对其各项精度再复验一次，最后即可钻、铰定位销孔，用锥销定位。

6. 安装操纵杆前支架、操纵杆和操纵杆手柄

要保证操纵杆对床身导轨在两垂直平面内的平行度要求，就要以溜板箱中的操纵杆支撑孔为基准，通过调整前支架的高低位置和修刮前支架与床身接合的平面来达到精度要求。后支架中操纵杆中心位置的误差用增大后支架操纵杆支撑孔与操纵杆直径的间隙来补偿。

7. 安装主轴箱

在床身上安装主轴箱时，应保证主轴中心线对滑板移动在垂直平面和水平面内的平行度要求，并且主轴中心线只许向上偏和向前偏。装配时，通过修刮主轴箱与床身接触的底面而达到精度要求。

8. 安装尾座

尾座的安装主要是通过刮研尾座底板来达到精度要求。

9. 安装刀架

小滑板部件装配在刀架下滑座上，用如图 2—7—23 所示的方法测量小滑板移动对主轴中心线的平行度误差。测量时，先横向移动中滑板，使百分表测头触及主轴锥孔中插入的检验棒上母线的最高点；再纵向移动小滑板进行测量，误差在 300 mm 测量长度上应小于0. 04 mm。若超差，通过刮削小滑板与刀架下滑座的接合面来修整。

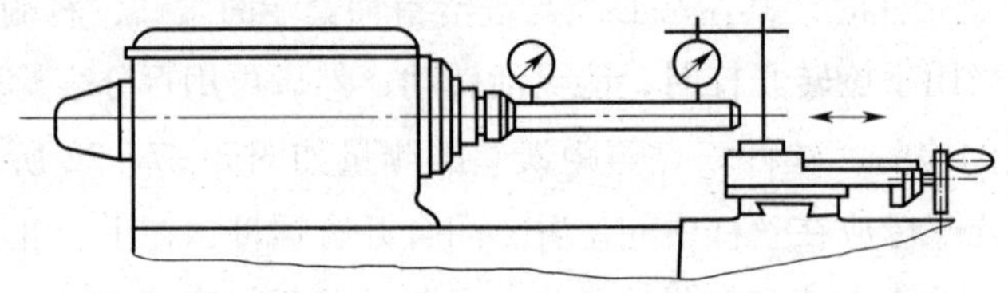

图 2—7—23　小滑板移动对主轴中心线平行度误差的测量

10. 安装电动机

调整好两带轮中心平面的位置精度和 V 带的预紧程度。

11. 安装交换齿轮架及其安全防护装置。

12. 安装操纵杆与主轴箱的传动连接系统。

学习单元 3　卧式车床的装配质量检验

学习目标

- 了解卧式车床试车和验收程序。
- 了解车床负荷强度试验、工作精度检验、车槽试验和几何精度检验的目的。
- 熟悉车床空运转试验的方法和空运转时对轴承温度的要求。
- 熟悉车床几何精度检验项目要求。

知识要求

一、卧式车床的试车和验收

车床总装后必须经过试车和验收，按静态检查、空运转试验、负荷强度试验和精度检验四个方面的检验程序依次进行。

1. 静态检查

静态检查是车床进行性能试验之前的检查，主要是检查车床各部位传动机构、操纵机构、夹紧机构、调整机构等是否运转灵活、定位准确、安全可靠，以保证试车时不出事故。具体要求如下：

（1）变速手柄和换向手柄应操纵灵活、定位准确、安全可靠，手轮、手柄的操纵力及空行程应符合规定要求。

（2）各连接件和紧固件应固定可靠。

（3）移动机构移动时应均匀、平稳，反向空行程应尽量小，锁紧机构灵敏且无卡死现象。

（4）开合螺母机构应开合准确，安全离合器应灵活、可靠。

（5）润滑系统畅通，油线清洁，标记清楚。

（6）电气设备启动、停止安全可靠。

2. 空运转试验

空运转试验是在无负荷状态下运转机床，检验各机构的运转状态。检验时，车床主轴从最低转速依次提高到最高转速，各级转速的运转时间不少于 5 min，最高转速的运转时间不少于 30 min；同时，机床的进给机构也要进行低、中、高进给量的空运转，并检查润滑泵输油情况。具体要求如下：

（1）在各级转速下，车床的各工作机构应运转正常，不应有明显的振动，各操纵机构应平稳、可靠。

（2）安全防护装置和保险装置应安全可靠。

（3）在主轴轴承达到稳定温度（即热平衡状态）时，轴承的温度和温升均不得超过下列规定：滑动轴承温度为 60℃，温升为 30℃；滚动轴承温度为 70℃，温升为 40℃。

3. 负荷强度试验

负荷强度试验的目的是考核机床主传动系统能否承受设计所允许的最大旋转力矩和功率。

（1）全负荷强度试验。全负荷强度试验的目的是考核车床主传动系统能否输出设计所允许的最大转矩和功率。试验时，将 ϕ100 mm×250 mm 中碳钢试件的一端用卡盘夹紧，另一端用顶尖顶住，用牌号为 YT5 的硬质合金 45°标准右偏刀进行强力切削，要求车床在全负荷试验时所有机构工作正常，动作平稳。

（2）精车外圆试验。精车外圆试验的目的是检验车床在正常工作温度下，主轴轴线与床鞍移动方向是否平行，主轴的旋转精度是否合格。试验要求试件切削后，其圆度误差不大于 0. 01 mm，圆柱度误差不大于 0. 01 mm/100 mm，表面粗糙度不大于 Ra3. 2 μm。

（3）精车端面试验。该试验应在精车外圆合格后进行。目的是检查车床在正常工作温度下，刀架横向移动对主轴轴线的垂直度和横向导轨的直线度误差。例如，车床中滑板导轨与主轴轴线的垂直度超差，精车后工件端面中凸或中凹。精车端面试验要求精车端面后试件平面度误差不大于0.02 mm（只许凹）。

（4）车槽试验。车槽试验的目的是检验车床主轴系统和刀架系统的抗振性能，检查主轴部件的装配精度、主轴旋转精度、滑板和刀架系统刮研配合面的接触质量，并检查配合间隙的调整是否合格。试验要求车槽后加工面不应有明显振动痕迹。

（5）精车螺纹试验。精车螺纹试验的目的是检验机床丝杠传动的位移精度。试验要求螺距累积误差应小于0.025 mm/100 mm，表面粗糙度不大于$Ra3.2$ μm，无振动波纹。

4. 精度检验

机床工作精度检验的目的主要是检验机床在切削状态下的几何精度和运动精度。应在完成上述各项试验后，在车床热平衡状态下，根据机床几何精度和工作精度的验收标准进行全面检查。

二、几何精度的检验

几何精度的检验又称静态精度检验，是综合反映机床关键零部件经装配后的综合几何误差。CA6140型卧式车床精度检验项目共18项，见表2—7—1。

表2—7—1　CA6140型卧式车床精度检验项目\ ［GB/T 4020—1997（普通级部分允差）\ ］mm

序号	简图	检验项目		允差 床身上最大工件回转直径 D_a≤800 最大工件长度 500<DC≤1 000
G1	a）	床身导轨调平	a）纵向：导轨在垂直平面内的直线度	1. 0.02（凸） 2. 局部公差任意250测量长度上为0.007 5
	b）		b）横向：导轨应在同一平面	水平仪的变化0.04/1 000

续表

<table>
<tr><th rowspan="2">序号</th><th rowspan="2">简图</th><th rowspan="2" colspan="2">检验项目</th><th>允差</th></tr>
<tr><th>床身上最大工件回转直径 $D_a \leqslant 800$
最大工件长度 $500 < DC \leqslant 1\ 000$</th></tr>
<tr><td>G2</td><td> 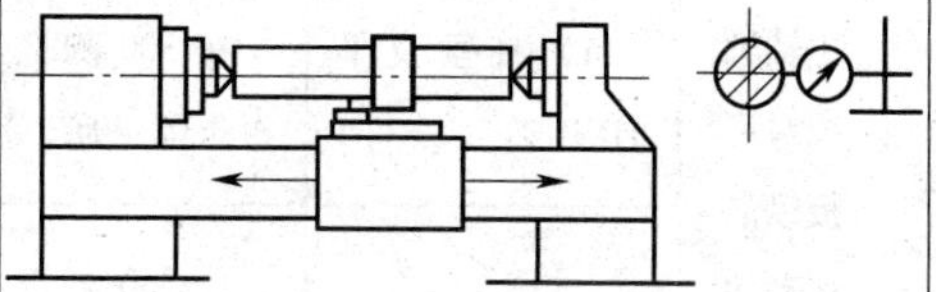</td><td colspan="2">溜板移动在水平面内的直线度</td><td>0.02</td></tr>
<tr><td>G3</td><td> 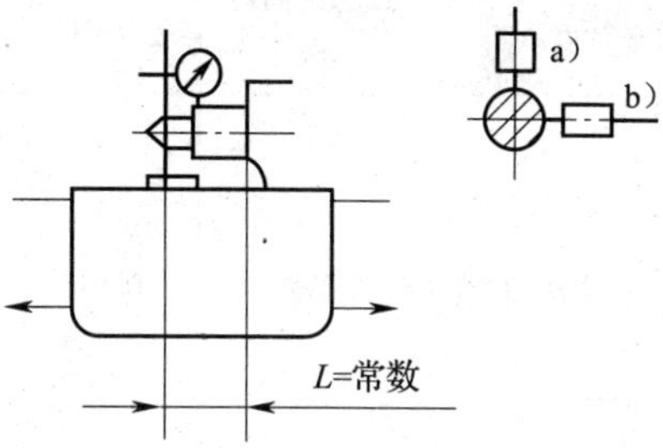</td><td colspan="2">尾座移动对溜板移动的平行度
a）在垂直平面内
b）在水平面内</td><td>1. a）和 b）均为 0.03
2. 任意 500 测量长度上为 0.02</td></tr>
<tr><td rowspan="2">G4</td><td rowspan="2"> 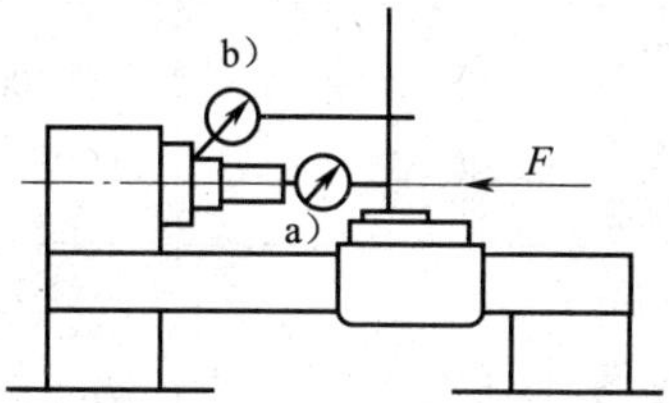</td><td rowspan="2">主轴</td><td>a）主轴的轴向窜动</td><td>0.01</td></tr>
<tr><td>b）主轴轴肩支撑面的跳动</td><td>0.02</td></tr>
<tr><td>G5</td><td> 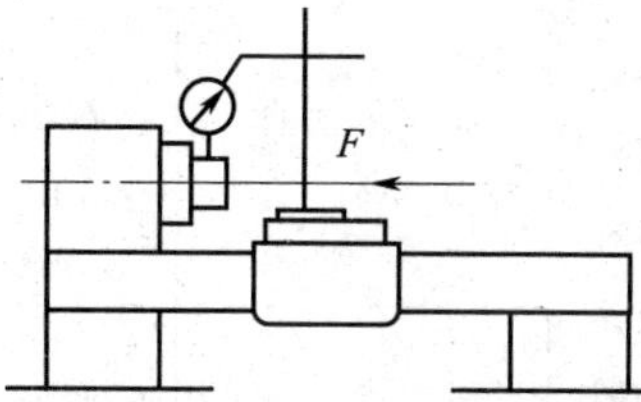</td><td colspan="2">主轴定心轴颈的径向跳动</td><td>0.01</td></tr>
<tr><td rowspan="2">G6</td><td rowspan="2"> 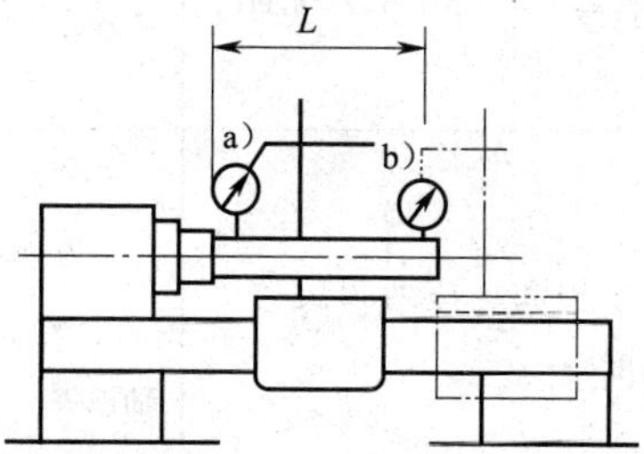</td><td rowspan="2">主轴轴线的径向圆跳动</td><td>a）靠近主轴端面</td><td>0.01</td></tr>
<tr><td>b）距主轴端面 L 处</td><td>在 300 测量长度上为 0.02</td></tr>
</table>

续表

序号	简图	检验项目		允差 床身上最大工件回转直径 $D_a \leq 800$ 最大工件长度 $500 < DC \leq 1\ 000$
G7		主轴轴线对溜板纵向移动的平行度	a）在垂直平面内	在300测量长度上为0.02（向上）
			b）在水平面内	在300测量长度上为0.015（向前）
G8		主轴顶尖的径向圆跳动		0.015
G9		尾座套筒轴线对溜板移动的平行度	a）在垂直平面内	在100测量长度上为0.02（向上）
			b）在水平面内	在100测量长度上为0.015（向前）
G10		尾座套筒锥孔轴线对溜板移动的平行度	a）在垂直平面内	在300测量长度上为0.03（向上）
			b）在水平面内	在300测量长度上为0.03（向前）
G11		主轴和尾座两顶尖的等高度		1. 0.04 2. 尾座顶尖高于主轴顶尖

续表

序号	简图	检验项目	允差
			床身上最大工件回转直径 $D_a \leqslant 800$ 最大工件长度 $500 < DC \leqslant 1\ 000$
G12	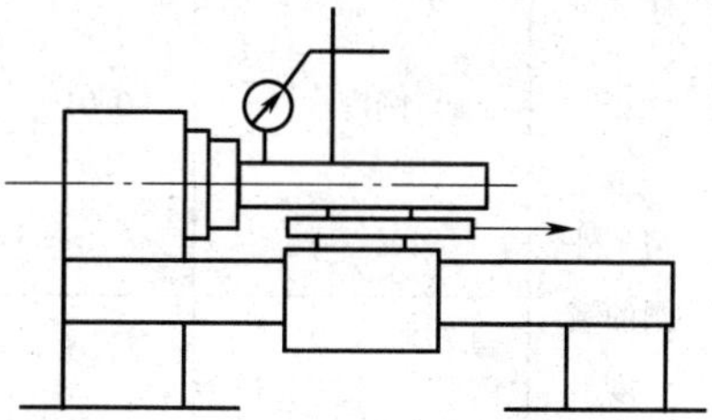	小刀架纵向移动对主轴轴线的平行度	在 300 测量长度上为 0.04
G13	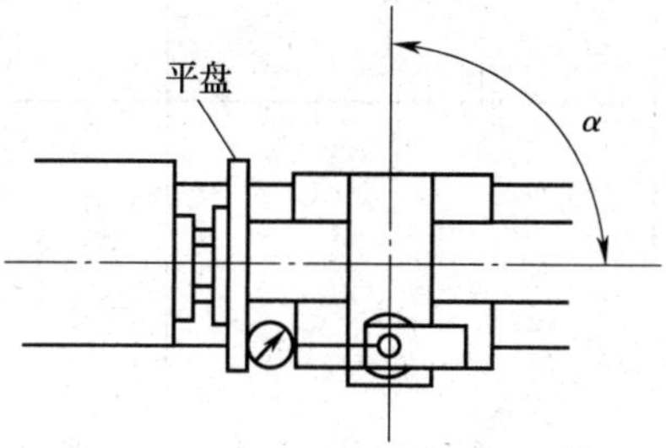	横刀架横向移动对主轴轴线的垂直度	1. 0.02/300 2. 偏差方向 $\alpha \geqslant 90°$
G14	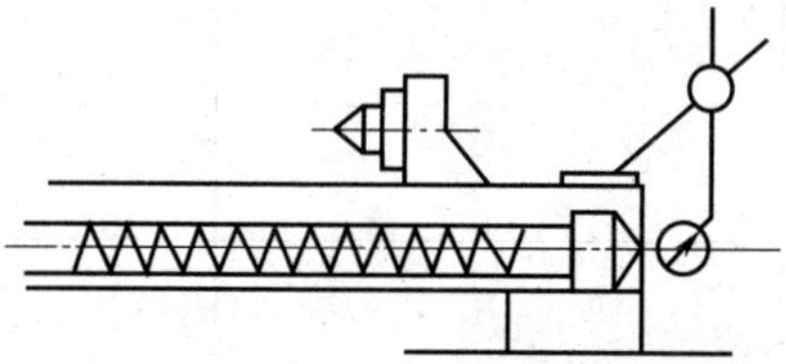	丝杠的轴向窜动	0.015
G15	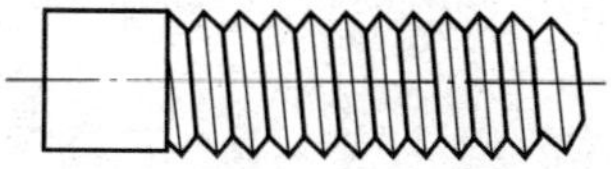	由丝杠所产生的螺距累积误差	1. 在 300 测量长度上为 0.04 2. 任意 60 测量长度上为 0.015

续表

序号	简图	检验项目		允差 床身上最大工件回转直径　$D_a \leqslant 800$ 最大工件长度 $500 < DC \leqslant 1\ 000$
P1	$D \geqslant D_a/8$　$l_1 = D_a/2$ $l_{1max} = 500$　$l_{2max} = 20$	精车外圆的精度	a）圆度	0.01
			b）圆柱度	0.04
P2	$L_{max} = D_a/8$　$D \geqslant D_a/2$	精车端面的平面度		300 直径上为 0.025
P3	$L = 300$	精车 300 长螺纹的螺距误差		0.04

第 8 节　泵、制冷机和压缩机

学习单元 1　泵

学习目标

- 了解泵的定义、种类和主要参数。
- 了解离心泵的工作原理。
- 熟悉离心泵运行中的操作和检查要点。
- 掌握离心泵常见故障的原因分析。

知识要求

一、泵的定义

泵是改变容积内流体的压力或输送流体的机器。在沿管路输送液体时，必须使液体具有一定的压力，以便把液体输送到一定的高度及克服管路中液体流动的阻力。泵是将原动机的动能转变成液体压力的机械，它既能输送液体，又能提高液体的压力和能量。

二、泵的种类

1. 按工作原理不同

（1）叶片泵。叶片泵依靠泵体内高速旋转的叶轮输送液体，如离心泵、涡流泵、轴流泵等。

（2）容积泵。容积泵依靠包容液体密封工作室容积的周期变化来输送液体，如活塞泵、齿轮泵、叶片泵、柱塞泵等。

（3）喷射泵。喷射泵依靠工作流体的能量来输送液体。

2. 按叶轮级数不同，泵可分为单级泵、多级泵。

3. 按轴的位置不同，泵可分为卧式泵、立式泵。

4. 按工作压力不同，泵可分为低压泵、中压泵、高压泵。

5. 按应用场合不同，泵可分为船用泵、排水泵、给水泵、泥浆泵、冷凝泵等。

6. 按结构形式不同，泵可分为单吸泵、双吸泵。

部分常用泵如图2—8—1所示。

图2—8—1 泵

a）单级离心泵 b）高压齿轮泵 c）喷射泵

d）立式多级离心泵 e）卧式多级离心泵

三、泵的主要参数

1. 流量

流量是指泵在单位时间内输送的液体量，用 Q 表示，单位为 m^3/h。

2. 扬程

扬程又称压头，是泵在运转过程中每单位质量的液体流过该泵以后能量的增值，用 H

表示，单位为 m。

3. 转速

转速是指泵轴单位时间的转数，用 n 表示，单位为 r/min。

4. 功率

功率分为有效功率、轴功率和电动机功率。有效功率是泵传给液体的功率；轴功率是原动机传给泵轴上的功率；电动机功率是电动机的额定功率。功率的单位用 kW 表示。

5. 效率

效率是指有效功率和轴功率之比，用η 表示。它是泵的一项综合性指标，一般在泵的铭牌上标明。

四、离心泵的工作原理

离心泵是依靠高速旋转的叶轮而使液体获得压力，通过离心力的作用来输送液体的。

单级离心泵的工作原理如图 2—8—2 所示。泵的主要工作部分是安装在主轴 8 上的叶轮 1，叶轮上面有一定数量的叶片 2，泵的外壳是螺旋形的扩散室 3。泵的进水口与进水管 6 连接，进水管末端安装有进水阀 5 并置于水池 4 中；排水口与排水管 7 连接。

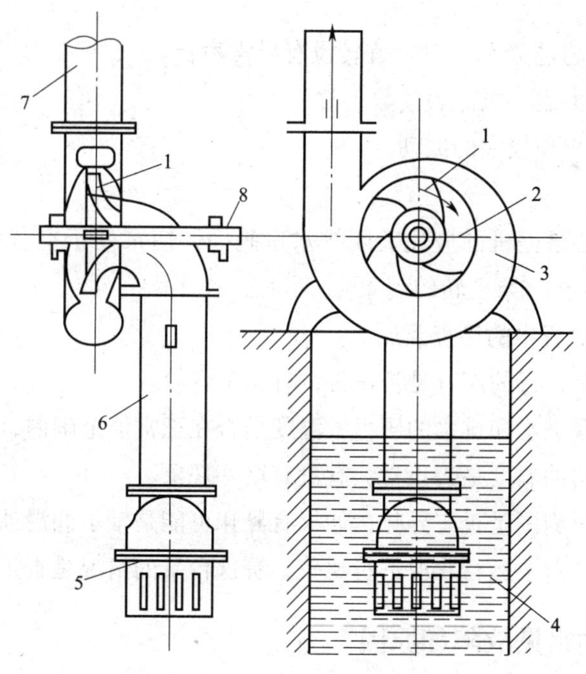

图 2—8—2 单级离心泵的工作原理

1—叶轮 2—叶片 3—扩散室 4—水池 5—进水阀 6—进水管 7—排水管 8—主轴

开动前泵壳内必须先充满液体。叶轮旋转后，叶轮间的液体在叶片的推动下获得一定的动能和压力能，以较高的速度自叶轮中心流向叶轮四周，并经扩散室流入排水管。叶轮内的液体向外流动时，叶轮的中心就形成了一定的真空，在大气压力作用下，水被吸入进水管，上升后流入叶轮。这样，就使水连续地进入泵内，并在泵中获得必要的压力，然后从排水口排出。

五、离心泵的运行

离心泵的运行分为启动、运行和停机三个步骤。

1. 离心泵运行的操作要点

（1）启动

1）检查泵的完好状况，如电动机旋转方向是否正确，轴承充油、油位是否正常等。

2）在泵内灌满液体，打开所有进水口阀门，关闭排水口阀门后启动电动机。

3）泵运转正常后，逐步开启排水口阀门，调整到所需工况。注意关闭排水口阀门，泵空运转的时间不宜超过 3 min。

（2）运行

1）轴承温度不超过 75℃，轴承旋转没有异常声音。

2）真空表、压力表、电流表读数正常。

3）泵机组没有出现较大的振动。

4）密封正常。

（3）停机。离心泵停机前应先关闭排水口阀门，使泵处于空载状态，然后关闭原动机，否则易造成原动机与泵反转的现象。

2. 离心泵运行过程中的检查要点

（1）听。离心泵运行的声音是否正常，有无杂音等。

（2）看。离心泵进水和排水的压力、温度是否在正常值范围内，看有无泄漏现象。

（3）摸。冷却水的温度是否正常，有没有堵塞现象。

（4）闻。离心泵周围是否有异味，如果有异味可能是轴承润滑油不足。

（5）比。与另一台泵运行状况进行比较，看这台泵的情况是否正常。

六、离心泵的常见故障和原因

离心泵的常见故障和原因见表 2—8—1。

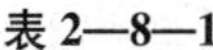

表 2—8—1　　离心泵的常见故障和原因

常见故障	原因
泵启动后没有液体排出	1. 进水管或填料处漏气 2. 泵室内有空气
泵在运转过程中流量减小	1. 转速降低 2. 空气进入进水管或经密封填料处进入泵内 3. 排出管路中阻力增大 4. 吸入高度增加，使吸入量减小 5. 叶轮堵塞、损坏，或叶轮与泵体之间的密封损坏
泵在运转过程中压力降低	1. 转速降低 2. 泵内有空气 3. 排出口管路有泄漏 4. 叶轮与泵体之间密封损坏 5. 叶轮损坏
泵在运转过程中振动过大	1. 泵的安装不符合要求 2. 叶轮不平衡 3. 叶轮局部堵塞 4. 泵轴弯曲 5. 轴承损坏 6. 泵体结构有松动等

学习单元 2　制冷机和压缩机

学习目标

- 了解制冷机和压缩机的构造及分类。
- 熟悉制冷机的制冷过程和应用。
- 掌握压缩机各组件的特点和作用。

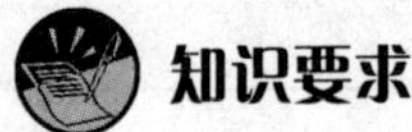

知识要求

一、制冷机

1. 制冷剂

制冷剂又称制冷工质，是在制冷装置中进行制冷循环的工作介质。制冷剂在蒸发器内汽化，吸收被冷却介质的热量而进行制冷，又在高温下把热量释放给周围介质，重新成为液态制冷剂，如此不断进行制冷循环。蒸气压缩式制冷装置就是利用制冷剂的集态变化达到制冷目的的。因此，制冷剂的性质直接影响制冷循环的经济性能指标，同时与制冷装置的特性及运行管理也有着密切的关系。

2. 制冷机的制冷过程

蒸气压缩式制冷机有单级、多级、复叠式等多种形式。单级蒸气压缩式制冷机是目前应用最广泛的一种。所谓单级压缩，是指制冷剂在一个循环中只经过一次压缩。

单级蒸气压缩式制冷系统由压缩机、冷凝器、节流（膨胀）阀和蒸发器四个基本部分组成。四部分之间用管道连接，形成一个封闭系统。制冷剂在系统内循环流动，发生一系列状态变化，并与外界进行能量交换，从而达到制冷的目的，如图2—8—3所示。

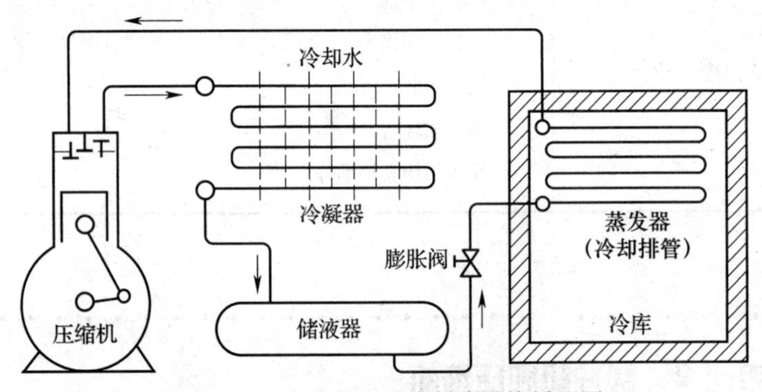

图2—8—3　蒸气压缩式制冷系统循环图

具体的工作过程如下：

工作时，压缩机吸入蒸发器内产生的低压（低温）制冷剂蒸气，保持蒸发器内的低压状态，使蒸发器内的制冷剂液体在低温下能够沸腾；吸入的蒸气经过压缩，压力和温度都升高，使制冷剂能够在常温下进行液化；高压、高温的制冷剂蒸气排入冷凝器后，在压力不变的情况下被冷却介质（水或空气）冷却，放出热量，温度降低，最后凝结成液体从冷凝器排出；高压制冷剂液体经节流（膨胀）阀节流降压，导致部分制冷剂液体汽化，吸收汽化潜热，使其本身的温度也相应降低，成为低压、低温的湿蒸气，然后进入蒸发器；在蒸发器中制冷剂液体在等压的情况下，吸收被冷却介质（如空气、水或盐水等）的热量从而发生汽化，形成的低压、低温蒸气再被压缩机吸走，如此不断进行循环。

3. 制冷循环的四个过程

蒸气压缩式制冷系统的工作原理简单地说，就是使制冷剂通过在压缩机、冷凝器、节流阀、蒸发器等热力设备中进行蒸发（吸热）、压缩、冷凝（冷却与放热）、膨胀（节流）四个热力过程，从而完成一个制冷循环，然后周而复始进行。单级压缩制冷系统如图2—8—4所示。

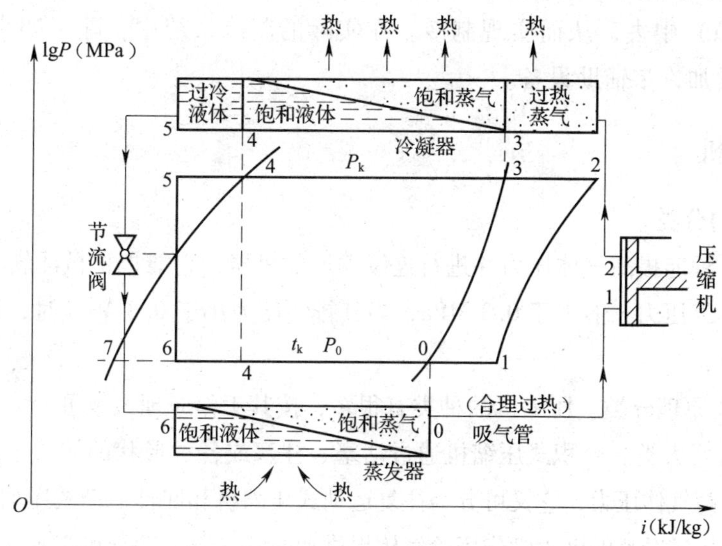

图2—8—4 单级压缩制冷系统

制冷循环分为以下四个过程：

（1）蒸发（吸热）过程（图2—8—4中6—0）。蒸发过程是通过节流（膨胀）阀的低温、低压湿蒸气在蒸发器中从周围介质吸热制冷，并逐渐降低湿度的过程。在蒸发过程中，制冷剂压力和温度是不变的（吸气过程）。

（2）压缩过程（图2—8—4中1—2）。完成制冷后从蒸发器出来的蒸气进入压缩机。在压缩过程中，制冷剂的温度、压力升高，变成过热蒸气。这里压缩机要消耗一定的压缩功。

（3）冷凝（冷却与放热）过程（图2—8—4中2—5）。从压缩机排出的高温、高压过热蒸气进入冷凝器后同冷却水或空气进行热交换，使过热蒸气变成饱和蒸气，然后变成饱和液体。在冷凝过程中，制冷剂温度下降，压力不变（排气过程）。

（4）膨胀（节流）过程（图2—8—4中5—6）。从冷凝器出来的液体通过节流（膨胀）阀被节流。在膨胀过程中，制冷剂压力、温度下降，成为低温、低压湿蒸气，然后再进入蒸发器重复前述的蒸发（吸热）过程。

在蒸气压缩式制冷系统中，压缩机是整个系统的“心脏”，不断地进行压缩和输送制冷剂蒸气；节流阀对制冷剂起到一定的节流降压作用，同时可以调节进入蒸发器的制冷剂流量；蒸发器是吸收热量（输出冷量）的换热设备，制冷剂在其中汽化，吸收被冷却物体的热量，达到制冷的目的；冷凝器是输出热量的换热设备，制冷剂蒸气在冷凝器中冷却和凝结，并向冷却介质（空气或者水）放出热量。由于压缩机消耗的功起到了补偿作用，因此，能够实现由制冷剂将被冷却物体（低温热源）的热量转移到冷却介质（高温热源）中去，从而实现制冷。在实际的制冷系统中，除了四个基本组成部分外，还需要增加许多辅助设备。

二、压缩机

1. 压缩机的分类

压缩机是一种能提高气体压力并进行连续输送的机器，它能把机械能转变为气体的能量。压缩机的排气压力一般大于0.3 MPa，当其排气压力小于0.3 MPa时，称为风机。压缩机的分类如下：

（1）按工作原理分类。压缩机的种类有很多，按其工作原理大致可分为容积式压缩机和速度式压缩机两大类。容积式压缩机通过活塞、柱塞或各种形状的转子压缩密闭型腔内气体的体积来提高气体压力，它又可分为往复运动式压缩机和回转运动式压缩机；速度式压缩机是利用高速旋转叶片的动力学作用给气体提供动能的（部分动能转变成气体的压力能），按气体在机器内的流动方向，它又可分为离心式压缩机、轴流式压缩机、混流式压缩机等。

各类制冷压缩机的结构特点见表2—8—2。

表2—8—2　各类制冷压缩机的结构特点

<table>
<tr><th colspan="4">压缩机类型</th><th>结构特点</th></tr>
<tr><td rowspan="5">压缩机</td><td rowspan="5">容积式压缩机</td><td rowspan="2">往复运动式</td><td>活塞式压缩机</td><td>曲柄连杆驱动机构，活塞在圆筒形气缸内做往复运动</td></tr>
<tr><td>膜式压缩机</td><td>具有穹形面的盖板和弹性膜片组成的膜腔，膜片上下挠曲变形改变膜腔容积</td></tr>
<tr><td rowspan="3">回转运动式</td><td>滑片式压缩机</td><td>具有圆形工作腔和偏心转子，转子或缸体上开设若干个槽并装有自由滑动的叶片</td></tr>
<tr><td>螺杆式压缩机</td><td>具有“∞”形气缸和一对相互啮合的螺旋形转子，转子齿间容积随螺杆的转动而改变</td></tr>
<tr><td>转子式压缩机</td><td>气缸和转子其中之一的型线为摆线，另一个型线为摆线的共轭包络线，转子在气缸内做行星运动，以改变气缸的工作容积</td></tr>
</table>

续表

压缩机类型				结构特点
	速度式压缩机	径流式	离心式压缩机	具有高速回转的叶轮以及扩压器、弯道、回流器等固定元件
		轴流式	轴流式压缩机	具有高速回转的动叶栅及起导流和扩压作用的静叶栅
		混流式	混流式压缩机	前面几级采用大流量的轴流机，后面几级采用较小流量的离心机

（2）按结构分类。在工程上，从结构角度对压缩机进行分类的方法也是经常使用的，其主要分类如下：

1）按照压缩机级数分：单级、两级、三级、……、多级。

2）按照压缩方法分：单作用（单动）、双作用（复动）。

3）按照气缸数分：单缸、双缸、……、多缸。

4）按照气缸轴线布置的相互关系分：卧式、立式、L 形、V 形、W 形、星形、对称平衡形。

5）按照气缸壁的冷却方式分：空冷式、水冷式。

6）按照压缩机的安装方式分：固定式、半移动式、移动式。

7）按照排气量大小分：微型、小型、中型、大型。

8）按照气缸部件的润滑方式分：有润滑油、无润滑油、非接触润滑。

2. 压缩机的应用

各种气体经压缩机提高压力后，大致有以下用途：

（1）压缩气体用于合成及聚合，如氢气、氮气混合加压至 3.2×10^{7} Pa 合成氨，氨与二氧化碳合成尿素等；又如高压下将乙烯聚合反应生产聚乙烯等。

（2）压缩气体作为动力，如压缩空气驱动各种风动机械与风动工具，以及控制仪表与自动化装置等。

（3）压缩气体便于输送，如许多原料气体常用压缩机增压后利用管道进行输送；又如煤气和天然气的远程输送，氧气等气体的装瓶输送。

（4）压缩气体用于制冷和气体分离，如家用冰箱中的气体氟利昂经压缩、冷却、膨胀而液化，用作制冷剂。若液化气体为混合气，则可根据其汽化温度的不同而将其分离出来，得到各种纯度的气体，如石油裂解气的分离、空气中氧气和氮气的分离等。

3. 压缩机的结构和工作过程

目前我国制造的中心型制冷机大多采用活塞式制冷压缩机。8FS10 型压缩机的总体结构如图 2—8—5 所示。

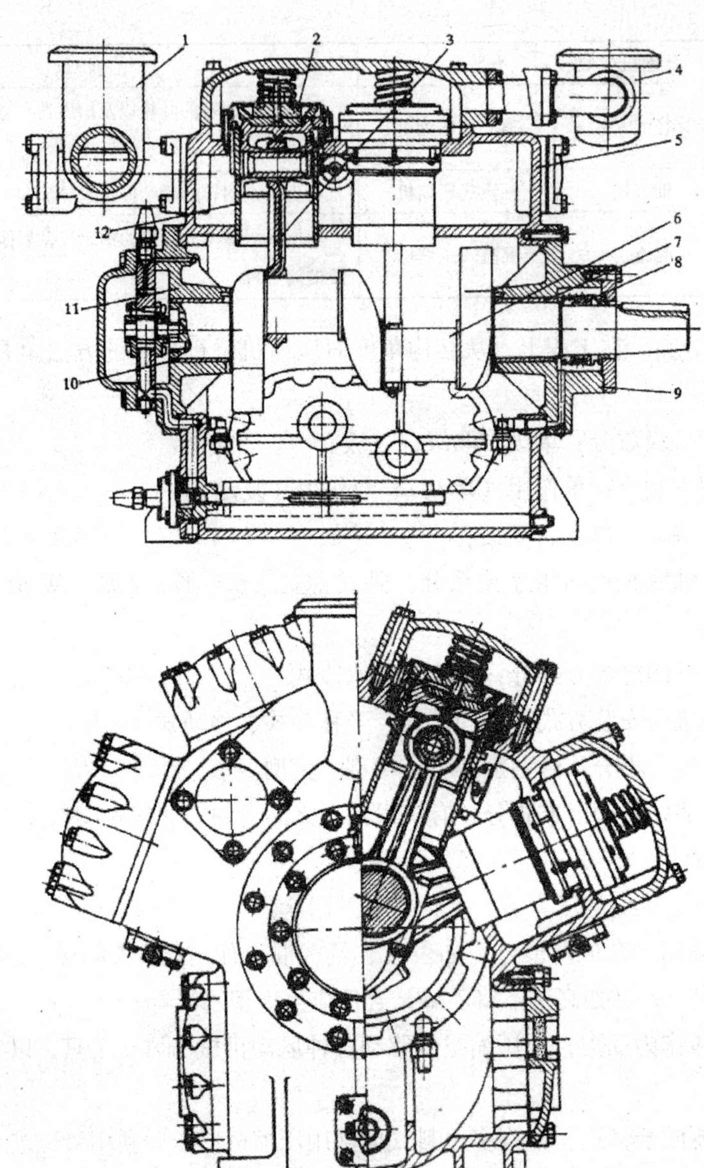

图 2—8—5　8FS10 型压缩机的总体结构

1—吸气管　2—阀盖　3—连杆　4—排气管　5—气缸体　6—曲轴

7—前轴承　8—轴封　9—前轴承盖　10—后轴承　11—后轴承盖　12—活塞

（1）活塞式制冷压缩机的结构。活塞式制冷压缩机主要由机体、气阀缸套组件、卸载装置、活塞组件、连杆组件、曲轴组件、轴封装置、联轴器组件、润滑系统等组成。

1）机体。机体是制冷机最主要的部件之一，机体上包括气缸体、曲轴箱等，是压缩机的支架。机体的作用是支撑各零部件，并保证各零部件正确的相对位置和配合精度。机体必须有合理的结构，以保证足够的强度，尤其是足够的刚度，以维持运动件之间的正确位置，在此前提下，尽可能减小机体的质量和尺寸，便于装配、操作、维修等。由于机体形状复杂，尺寸大，因此必须提高机体铸造的工艺性，保证其密封性良好。制造时必须进行强度和气密性试验。机体的结构形式有很多，不同类型和用途的压缩机机体各不相同，如图 2—8—6 所示。

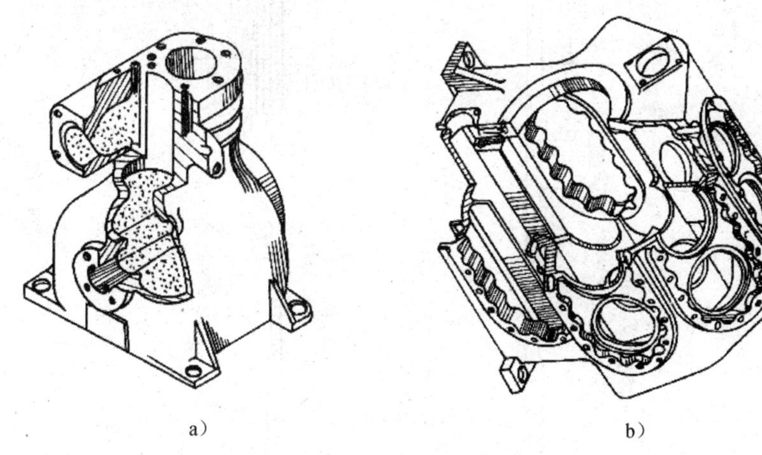

a）　　　　　　　　　　　　b）

图 2—8—6　压缩机机体

a）无气缸套的机体　b）有气缸套的机体

2）气阀缸套组件。它也是制冷机的主要部件，对制冷机的性能和功率消耗有直接影响，其构造如图 2—8—7 所示。

3）卸载装置。制冷系统的负载（热负荷）随着降温时间的延长会逐步减小，而按原负荷配置的压缩机就显得工作容积过大。为了适应热负荷的变化，减少停机、开机的次数，多缸压缩机卸去了一部分工作的缸，留下适当的缸仍旧工作。同时，这套装置也可以达到无负载或小负荷启动，这一套装置就是卸载装置。卸载装置的构造和工作原理如图 2—8—8 所示。

4）活塞组件。活塞组件是活塞、活塞销、活塞环等的总称。活塞组件在连杆的带动下在气缸内做往复运动，形成不断变化的气缸容积。在气阀等部件的配合下，实现气缸中制冷工质的吸入、压缩、排出和膨胀过程。活塞组件的结构与压缩机的结构形式有密切关系。筒形活塞组件如图 2—8—9 所示。

5）连杆组件。连杆是活塞与曲轴的连接体，它的作用是将曲轴的圆周运动转化为活塞的往复直线运动，同时传递动力。连杆分为剖分式和整体式两类。剖分式连杆由杆体、

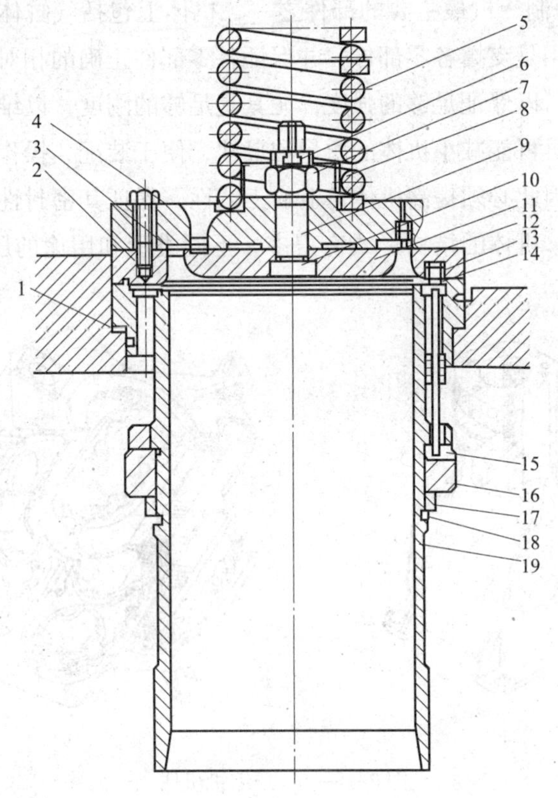

图 2—8—7　气阀缸套组件

1—调整垫片　2—螺栓　3—排气阀片　4—阀盖　5—阀盖弹簧　6—开口销　7—螺母　8—钢碗　9—气阀螺栓　10—垫片　11—内阀座　12—外阀座　13—气阀弹簧　14—吸气阀片　15—顶杆　16—转动环　17—垫圈　18—弹性圈　19—气缸套

小头、大头和螺栓组成，在剖分式连杆中有一种斜剖分式，往往用于较大型的压缩机。连杆的形状和组成如图 2—8—10 所示。

6）曲轴组件。曲轴是活塞式制冷压缩机的重要运动部件之一。它传递主电动机的功率，并将本身的旋转运动通过连杆变成活塞的往复直线运动。由于曲轴承受很大且复杂的活塞力，因而产生交变的弯、扭组合应力。同时，轴颈还受到严重的摩擦和磨损。为此，要求曲轴有足够的疲劳强度和刚度、好的耐磨性和制造工艺性。双拐曲轴如图 2—8—11 所示。

7）轴封装置。轴封装置是开启式制冷压缩机的重要部件之一，它的作用是防止曲轴箱内的制冷剂经曲轴外伸端间隙漏出，或者当压缩机真空运行时，防止外界空气经曲轴外伸端间隙漏入。轴封装置要求结构简单，密封可靠，使用寿命长，维修方便。

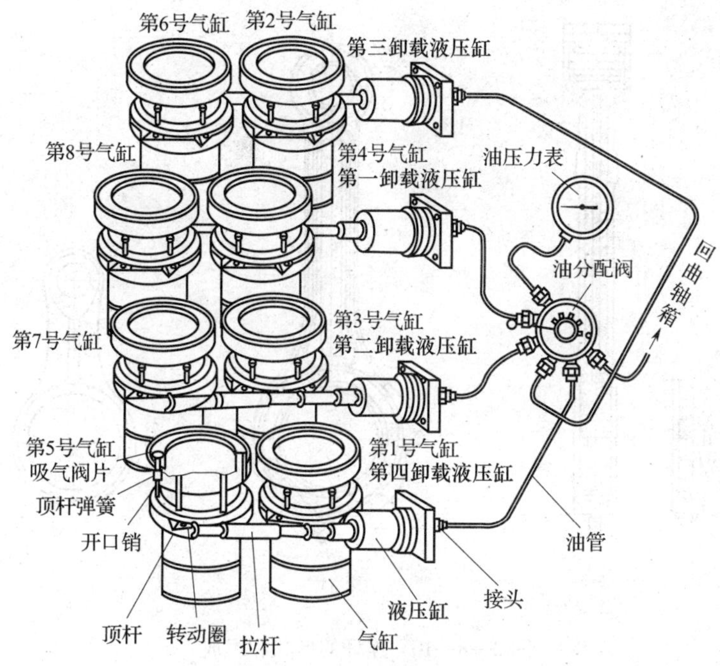

图 2—8—8　卸载装置的构造和工作原理

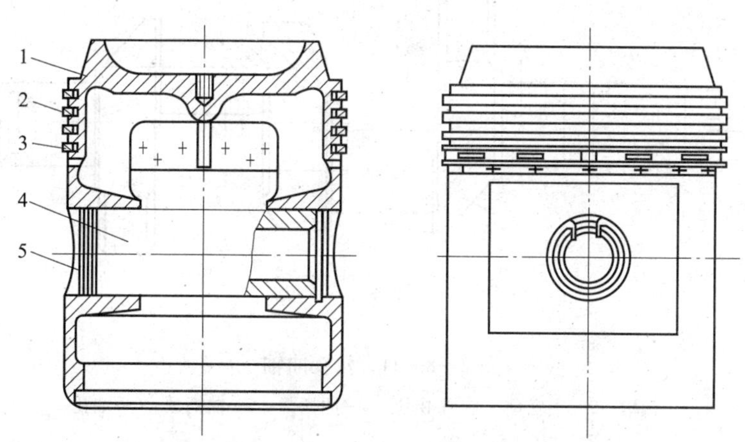

图 2—8—9　筒形活塞组件

1—活塞　2—气环　3—油环　4—活塞销　5—弹簧挡圈

目前最常用的轴封装置是端面摩擦式。端面摩擦式轴封装置的形式也有很多，摩擦环式轴封是较常见的一种，其结构如图 2—8—12 所示。

8）联轴器组件。开启式压缩机存在电动机轴与压缩机轴的连接问题，大多数开启式

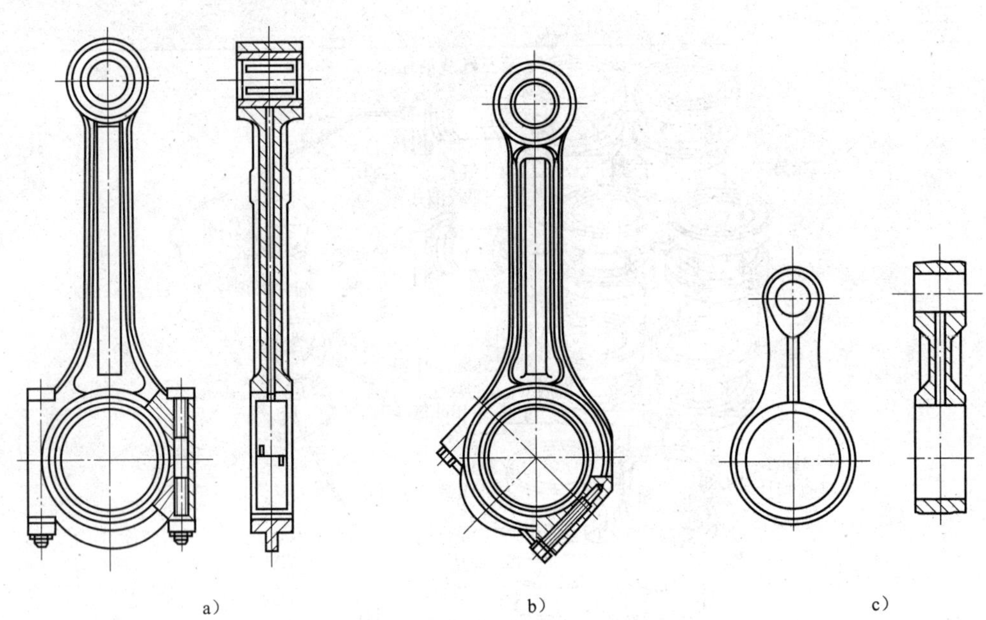

图 2—8—10　连杆的形状和组成

a）直剖分式　b）斜剖分式　c）整体式

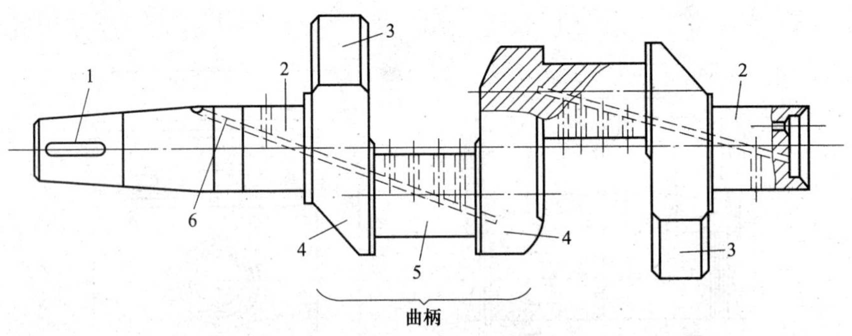

图 2—8—11　双拐曲轴

1—键槽　2—主轴颈　3—平衡块　4—曲柄臂　5—曲柄颈　6—油孔

压缩机采用弹性联轴器。电动机轴上装一个半联轴器，压缩机轴上装一个半联轴器，中间由多个套有弹性橡胶圈的螺栓柱销插入相应的孔中来连接，并传递转矩，缓冲减振。压缩机半联轴器的外圈就是压缩机的飞轮，如图 2—8—13 所示。安装时应保证两半联轴器的同轴度。安装后进行同轴度误差检测，保证径向同轴度误差小于等于 0.3 mm，角度偏差小于等于 1°，在没有适用的千分表时，可以用一根铁丝代替。两半联轴器之间留有约几毫米的轴向间隙，以保证轴的轴向窜动空间。

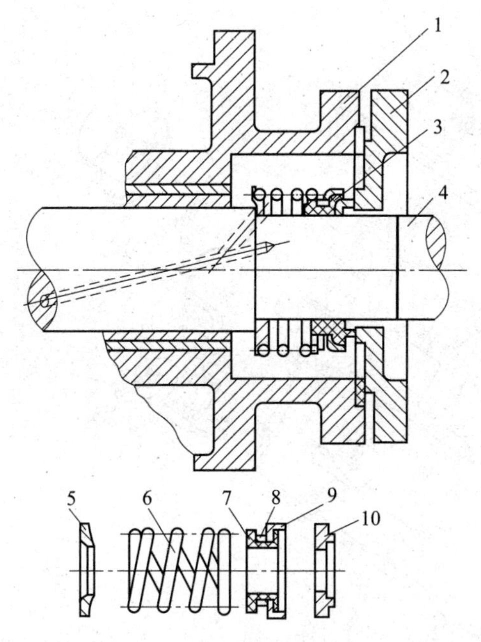

图 2—8—12　摩擦环式轴封的结构

1—前轴承座　2—压板　3—轴封　4—曲轴　5—托板　6—弹簧　7—轴封橡胶　8—紧圈　9—钢壳　10—摩擦环

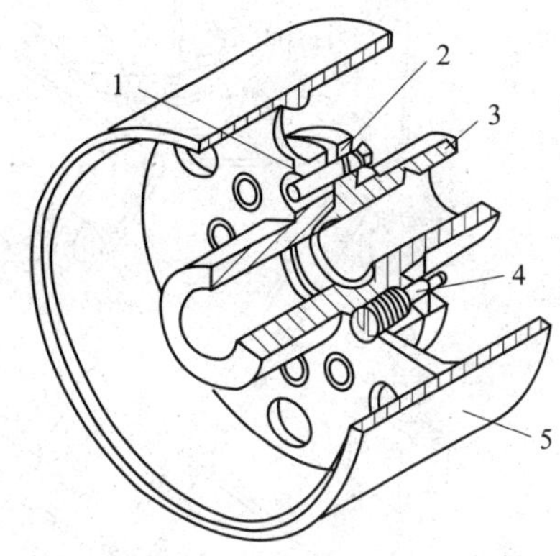

图 2—8—13　弹性联轴器的结构

1—弹性橡胶圈　2—挡圈　3—电动机半联轴器　4—柱销　5—压缩机半联轴器

9）润滑系统。目前，压缩机的润滑分为飞溅润滑和压力润滑两种。润滑的作用是降低摩擦及磨损，带走摩擦热，避免零件温度升得过高，同时冲走磨屑和协助密封，并可提供液压动力。

飞溅润滑是靠曲柄连杆机构的运动，把曲轴箱内的油甩向需要润滑的表面，或是让甩起来的油按加工好的路线流到需要润滑的表面。这种润滑方式虽然没有油泵压力润滑效果好，但制造简单，价格低廉且可在负压力下正常进行润滑，保证压缩机正常运转。

压力润滑系统如图 2—8—14 所示。利用油泵的压力，通过输油管路，将润滑油压送到各摩擦面，并且通过油路把油液送入卸载装置，为其提供动力。

（2）活塞式制冷压缩机的工作过程。活塞式压缩机的工作过程如图 2—8—15 所示，压缩机的曲轴旋转一周，完成压缩、排气、膨胀和吸气四个过程。

1）压缩过程。活塞从下止点开始向上移动，吸气阀片受到气缸内蒸气压力的作用而关闭。排气阀片因蒸气压缩后压力尚未超过排气腔的压力而保持关闭状态，如图 2—8—15a 所示。

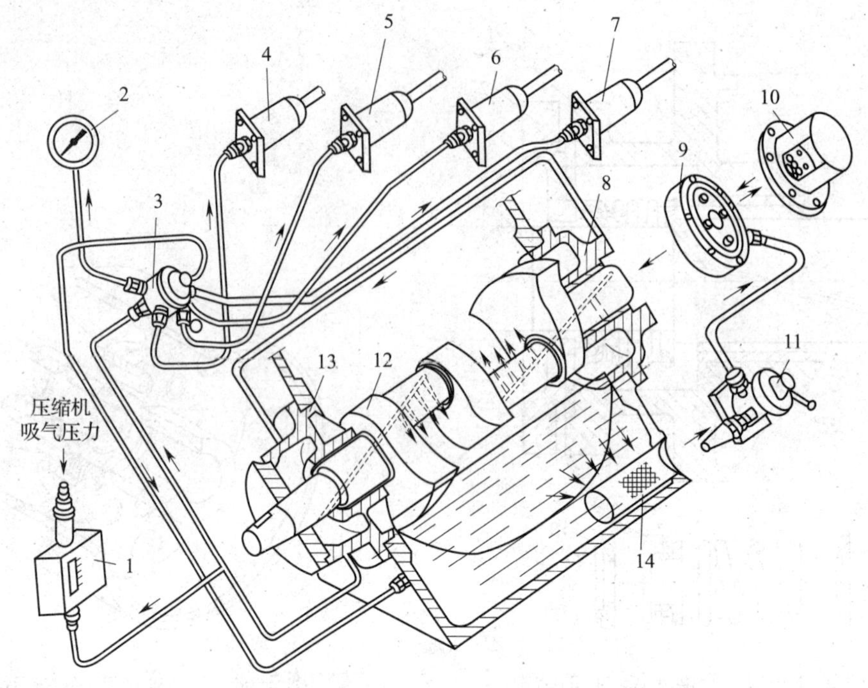

图 2—8—14　压力润滑系统

1—压差继电器　2—油压力表　3—油分配阀　4—第一卸载液压缸　5—第二卸载液压缸
6—第三卸载液压缸　7—第四卸载液压缸　8—后轴承座　9—油泵　10—滤油器
11—三通阀　12—曲轴　13—前轴承座　14—油过滤器

2）排气过程。活塞继续上移，被压缩的蒸气压力超过排气腔压力，排气阀片被顶开，气缸内的高温蒸气在活塞的推动下进入排气腔，直至活塞到达上止点。当排气腔压力与气缸内压力相等时，排气阀片靠本身重力和弹簧力关闭，如图 2—8—15b 所示。

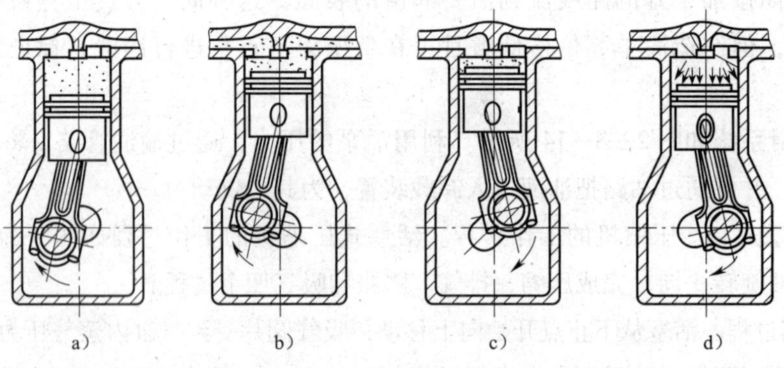

图 2—8—15　活塞式压缩机的工作过程

a）压缩过程　b）排气过程　c）膨胀过程　d）吸气过程

3）膨胀过程。活塞从上止点开始向下移动，气缸容积逐渐变大，残留的蒸气开始膨胀。当蒸气压力降低到等于吸气腔压力时，膨胀过程结束，吸排气阀片都处于关闭状态，如图 2—8—15c 所示。

4）吸气过程。活塞继续下移，气缸内蒸气压力开始低于吸气腔压力。当压力差足以使吸气阀片顶开时，吸气过程便开始，直至活塞到下止点为止，如图 2—8—15d 所示。

第 9 节　机械运行的参数测定

学习单元 1　温度、转速、功率和振动的测定

学习目标

➢ 了解机械运行检测的意义。

➢ 熟悉机械运行时温度、转速、功率和振动的检测方法。

➢ 掌握接触式、非接触式测温仪的应用特点。

➢ 掌握离心式、磁电式转速计的工作原理。

➢ 掌握功率测定方法和特点。

知识要求

随着机械设备大型化、连续化、自动化程度越来越高，机构更加复杂，各部分关联更加密切，因此，微小的故障就能产生连锁反应，造成整个设备或生产线不能运行。

机械运行时，其工作状态可从有关参数上反映出来。例如，轴承的工作状态可以从温度、润滑油流量和压力、振动等多方面来判断其是否正常；一台动力机可以从其运行中的转速、功率等参数来判断其工作状态的好坏。因此，在机械运行中或者在基本不拆卸的情况下，可通过检测装置来获取机械运行的温度、振动等信号，检查和识别机械实时运行状态，预报机械的异常现象，及时发现早期故障，诊断出故障的原因，以便及时排除。

一、温度的测定

测定温度的方法有很多，按照测量体是否与被测介质接触，可分为接触式测温法和非接触式测温法两大类。

接触式测温仪有玻璃管液体温度计、热电偶、热电阻、热敏电阻等，这些测温仪的特点是测温元件直接与被测对象接触，感温元件测量值直接反映了被测对象的温度。

非接触式测温仪有光学高温计、比色高温计等，这些测温仪与被测介质不接触，而是利用辐射原理接受被测介质的辐射能而确定所测的温度，具有较高的测温上限。

常用的测温元件和测温仪有玻璃管液体温度计、热电阻、热敏电阻、光学高温计等，如图2—9—1所示。用红外线测温仪检测电气系统故障如图2—9—2所示。

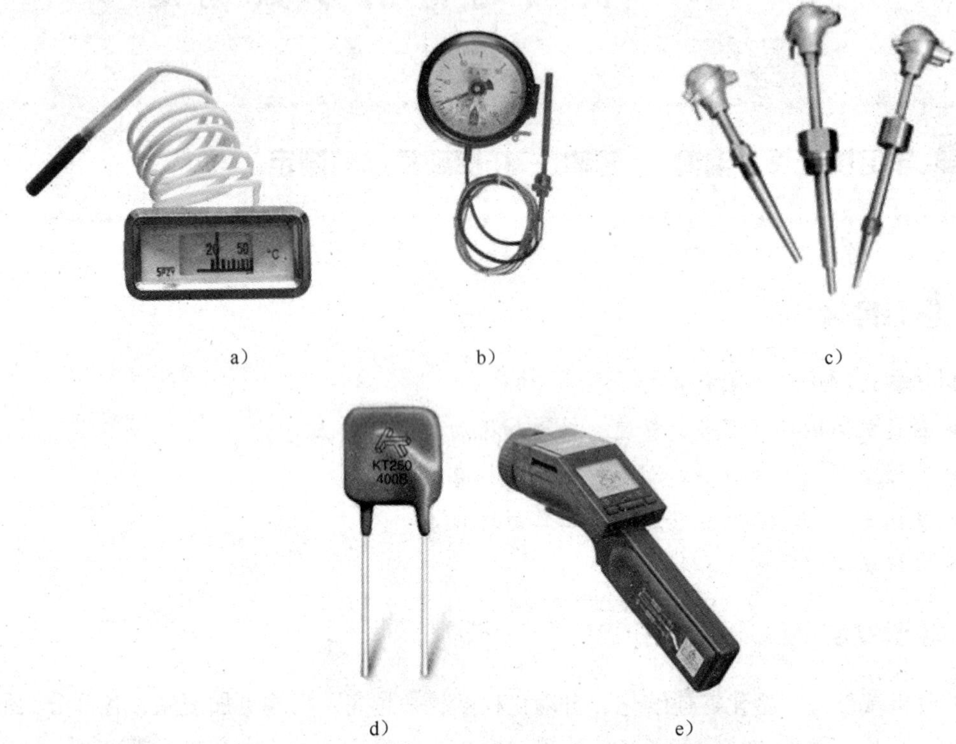

a） b） c） d） e）

图2—9—1 测温仪和测温元件

a）、b）玻璃管液体温度计 c）热电阻 d）热敏电阻 e）光学高温计

二、转速的测定

测定转速是机械运行中最基本的检测项目之一，测量仪器有离心式转速表、磁电式转速表、光电式转速表。

1. 离心式转速表

离心式转速表是利用旋转体的离心力作用来测定转速的。离心式转速表主要由机芯、变速器和指示器三部分组成，其外形如图 2—9—3a 所示。重锤利用连杆与活动套环及固定套环连接，固定套环装在离心器轴上，离心器通过变速器从输入轴获得转速。另外还有传动扇形齿轮、游丝、指针等装置，离心式转速表工作原理如图 2—9—3b 所示。为使转速表与被测轴能够可靠接触，转速表都配有不同的接触头。使用时可根据被测对象选择合适的接触头安装在转速表输入轴上。

离心式转速表指示直观，运行可靠，但测量精度较低。

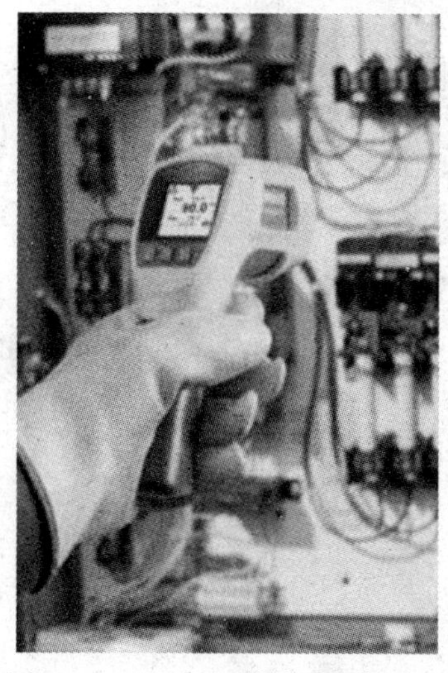

图 2—9—2 用红外线测温仪检测电气系统故障

2. 磁电式转速表

如图 2—9—4 所示，磁电式转速表是利用齿轮与磁钢间的间隙变化，在线圈中产生脉冲感应电动势的频率来测定转速的，其频率与转速及齿轮齿数有关。传感器主要由永久磁铁和感应线圈组成，永久磁铁通过软轴与动力设备连接。当永久磁铁被带动旋转后，在线圈中产生感应电流，通过导线传输给指示器，经过降压整流后带动广角度电流表指示被测转速。

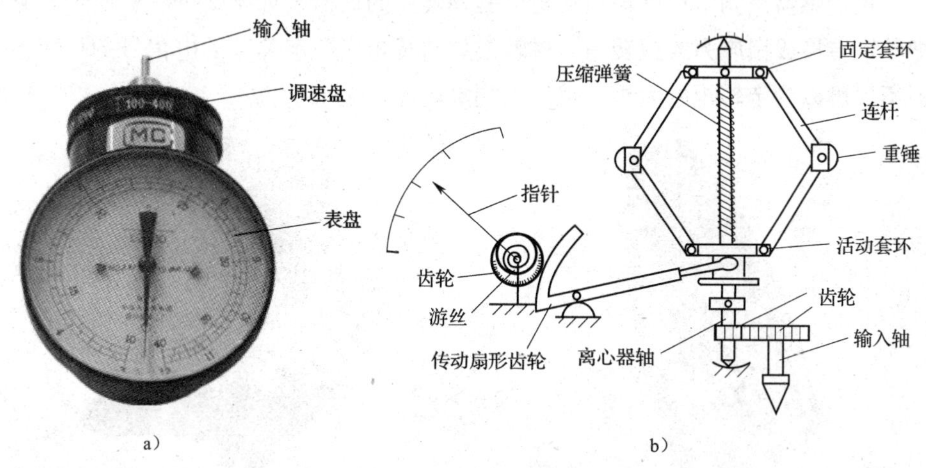

图 2—9—3 离心式转速表

a）离心式转速表外形 b）工作原理图

3. 光电式转速表

光电式转速表是采用光电敏感元件测量并显示转速的非接触式测速仪表，其光电管产生的光电脉冲数与轴的转速和轴上标记间隔数有关。光电式转速表外形如图 2—9—5 所示。

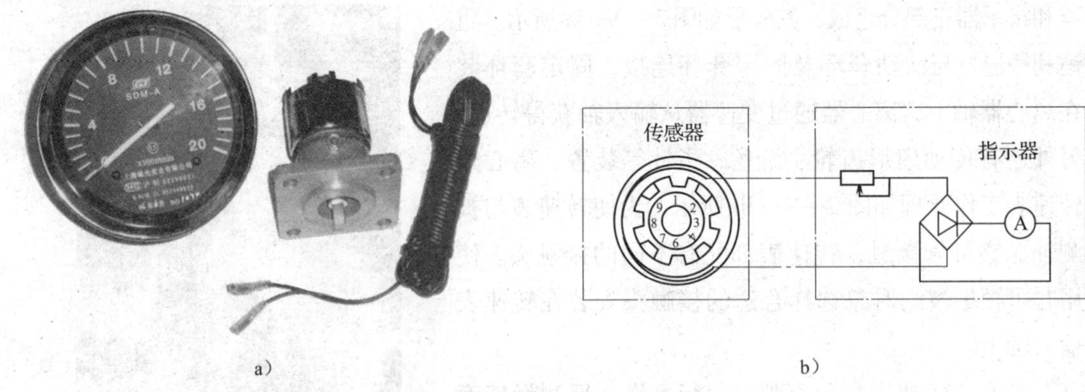

a）　　b）

图2—9—4　磁电式转速表

a）磁电式转速表外形　b）工作原理图

三、功率的测定

功率是表示机械工作时性能的参数之一。测定功率的方法一般有两类，一类是用发电机作为被测机械的制动装置，通过测量发电机功率，考虑各种损失后确定被测机械的功率；另一类是测量机械的转矩和转速后，通过计算来确定被测机械的功率。

转矩传感器是测量机械输出转矩或驱动转矩的仪器，如图2—9—6所示。它是利用转轴把转矩转换成扭应力或扭转角，再转换成与转矩成一定关系的电信号的传感器。转矩传感器不仅可以测定转矩的大小，也可以测定转速的大小。

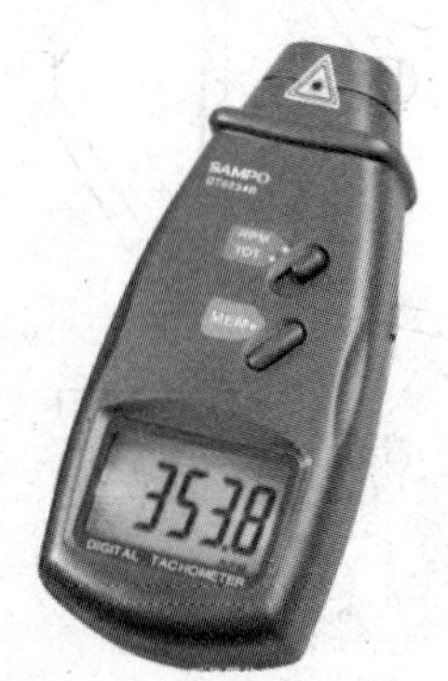

图2—9—5　光电式转速表外形

图2—9—6　转矩传感器

四、振动的测定

机械在运行过程中会产生振动，60%～70%的机械故障是通过振动和由振动辐射出的噪声反映出来的。振动检测就是用振动传感器将转轴组件的平衡性能及滚动轴承、传动齿轮的冲击和噪声振动信号，经放大滤波处理后送入转换器，把模拟信号转换为数字信号，经分析处理后，以振动位移作为诊断的依据判定设备的运行状态。轴承振动检测如图 2—9—7 所示，将传感器置于轴承外圈或靠近轴承外圈处，通过振动仪反映轴承处的振动状态，以此分析出轴承的磨损状况。用振动仪检测电动机转子的振动如图 2—9—8 所示。

为了真实地反映机械状态，检测时要合理选择振动测量点，通常选择对机械振动敏感的部位作为测量点进行测量。

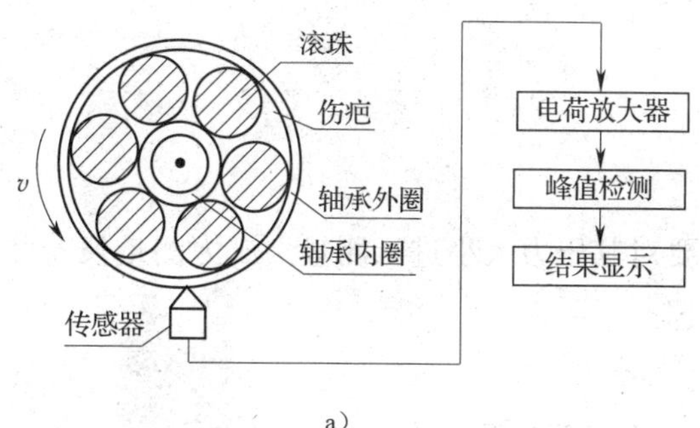

a）

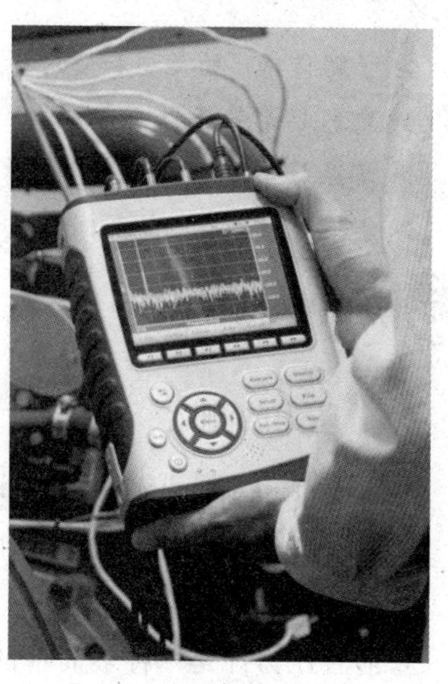

b）

图 2—9—7　轴承振动检测

a）原理图　b）振动分析

图 2—9—8　用振动仪检测电动机转子的振动

学习单元2　压力和流量的测定[①]

学习目标

➤ 了解传感器的类型和使用特点。

➤ 熟悉U形管压力计、弹簧管压力表和椭圆齿轮流量计的工作原理。

➤ 掌握U形管压力计、弹簧管压力表的结构特点和应用场合。

➤ 掌握流量直接测量和间接测量的特点。

知识要求

一、压力的测定

压力是最普通的物理量，在机械运行中要对其压力大小进行测量。压力测量仪器种类较多，除机械式外，现在普遍使用压力传感器。

1. U形管压力计

U形管压力计是一种最简单的液体压力计，是根据流体静力学原理，用一定高度液柱所产生的静压力平衡被测压力的方法来测定流体压力的。U形管压力计外形如图2—9—9所示。

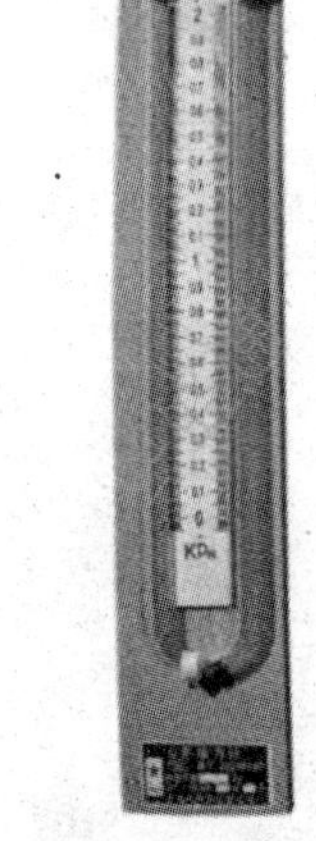

图2—9—9　U形管压力计外形

U形管压力计由一个U形玻璃管固定在划有刻度的面板上。玻璃管内装有水、水银或酒精等液体。其工作原理是测压点的压力通过橡胶软管作用于U形玻璃管一端管口内的液面，使U形玻璃管敞口一端的液面产生变动（正压上升，负压下降），压力数值在刻度上能表示出来。

U形管压力计结构简单，测量精度较高，但只适用于测量较低的压力范围。

---

① 根据国家标准《流体传动系统及元件　词汇》（GB/T 17446—2012），本学习单元的“压力”即物理学中的“压强”。

2. 弹簧管压力表

弹簧管压力表（见图 2—9—10）由弹簧弯管、游丝、指针、小齿轮、扇形齿轮、连杆、中心轴、表盘等构件组成。

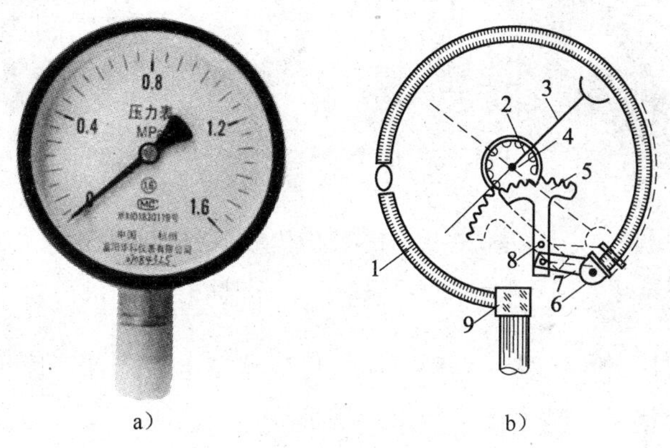

a）　　　　b）

图 2—9—10　弹簧管压力表

a）外形　b）结构

1—弹簧弯管　2—游丝　3—指针　4—小齿轮　5—扇形齿轮　6—自由端

7—连杆　8—支点　9—固定端

弹簧弯管 1 是由金属管（无缝铜管或无缝钢管）制成的。管子截面呈扁圆形或椭圆形，它的一端固定在支撑座上，并与介质相通；另一端是封闭的自由端 6，与连杆 7 连接。连杆的另一端连接扇形齿轮 5，扇形齿轮 5 又与中心轴上的小齿轮 4 相啮合，压力表的指针 3 固定在中心轴上。

当弹簧弯管受到介质的压力作用时，它的截面有变成圆形的趋势，迫使弹簧弯管逐渐伸直，从而使弹簧弯管的自由端向上翘起。压力越高，自由端向上翘起的幅度越大。这一动作经过连杆、扇形齿轮、小齿轮的传动，使指针偏转一个角度，在刻度盘上指示出压力高低。当被测介质压力降低时，弹簧管要恢复原状，指针退回相应刻度处。

弹簧管压力表能制成多种规格，以适应不同的测量范围。对于 10 MPa 以下压力范围的压力表，其弹簧常用锡磷青铜制造。弹簧管压力表一般用于氧气瓶、高压水泵、液压泵、压缩机、蒸汽锅炉等压力的测量。

3. 压力传感器

压力传感器是机械设备中最为常用的一种传感器，它将感受到的压力转换为电信号。压力传感器比机械压力仪表更有实用性，广泛用于各种自动化机械设备中，压力传感器外形如图 2—9—11 所示。

压力传感器种类繁多，如电阻应变式压力传感器、半导体应变式压力传感器、压阻式

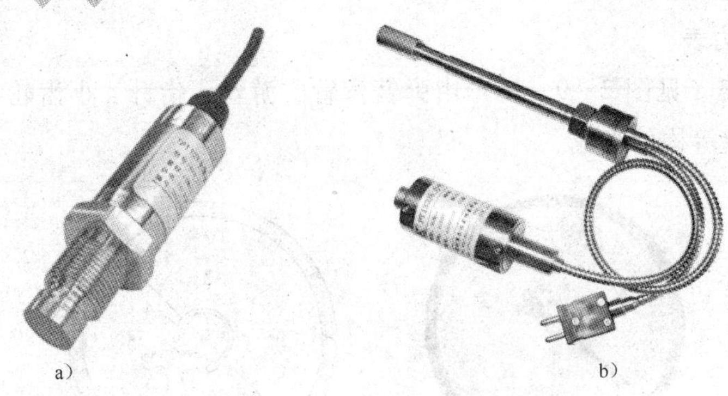

a）　　b）

图2—9—11　压力传感器外形

a）通用型压力传感器　b）高温压力传感器

压力传感器、电感式压力传感器、电容式压力传感器、电容式加速度传感器等。其中，压阻式压力传感器因价格低、精度高，所以应用最为广泛。

二、流量的测定

有些机械在工作或试验时，常常要测定所用流体（如气、水、润滑油或燃料油等）的流量。流量是指单位时间内流经管道的流体质量或体积，即质量流量（kg/s）或体积流量（m^3/s）。

测定流量的方法分为直接测定法和间接测定法两种。

1. 直接测定法

直接测定法是用容积式流量计（见图2—9—12）或质量法对流体进行测定。

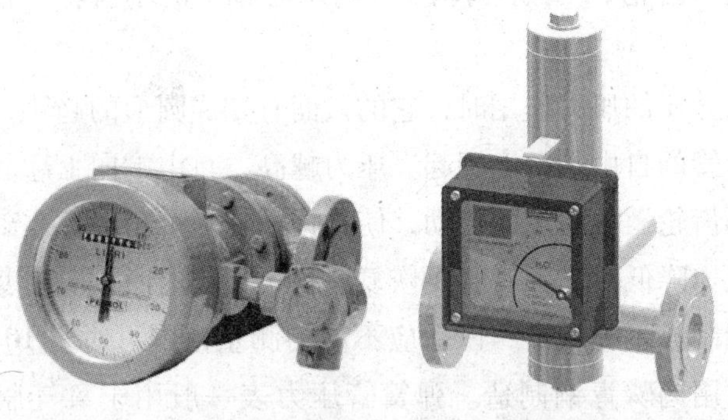

图2—9—12　容积流量计

椭圆齿轮流量计主要由计量箱和装在计量箱内的一对椭圆齿轮组成，它们与盖板构成密封的初月形空腔。其工作原理是流量计进、出口处的压力差推动椭圆齿轮旋转，流体经初月形空腔计量后排出，如图2—9—13所示，所以，椭圆齿轮每旋转一周可输出4倍初月形空腔的容积。因此，椭圆齿轮的转数与流体的流量成正比。通过测量齿轮转动次数，可得到通过流量计的流体量。

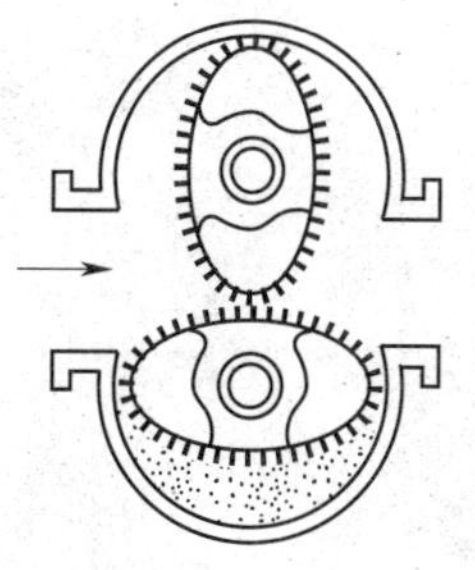
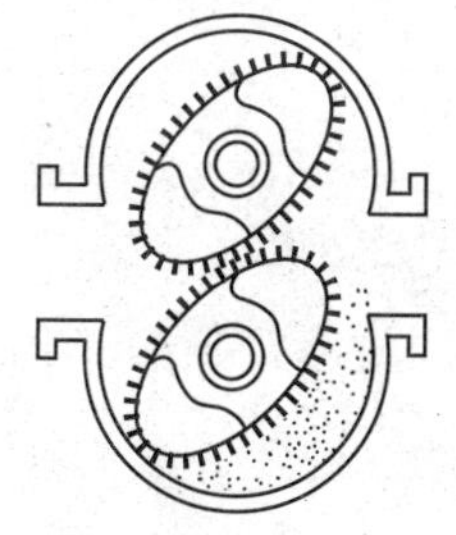
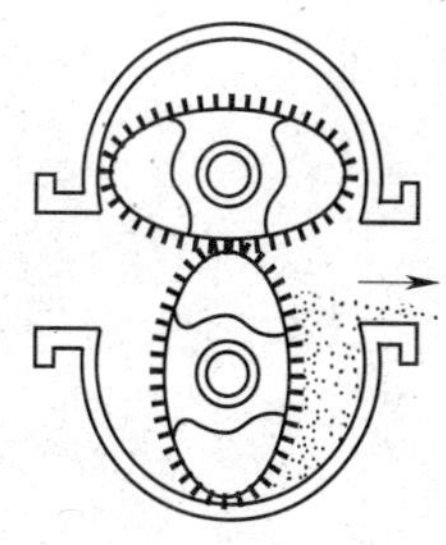

图 2—9—13　椭圆齿轮流量计工作原理

2. 间接测定法

间接测定法是先测出流体的流速，再根据公式计算得出流量。由于直接测定法受测量设备容积或质量的限制，一般只宜进行小流量或间断性的流量测定。目前机械上采用较多的是间接测定法。

超声波流量计如图 2—9—14 所示，其工作原理是超声波在流动的流体中传播时载上流体流速的信息，通过接收到的超声波就可以检测出流体的流速，从而换算成流量。超声脉冲穿过管道从一个传感器到达另一个传感器。当流体不流动时，超声脉冲以相同的速度在两个方向上传播。如果管道中的流体有一定流速 v，则顺着流动方向的超声脉冲会传输得快些，而逆着流动方向的超声脉冲会传输得慢些。

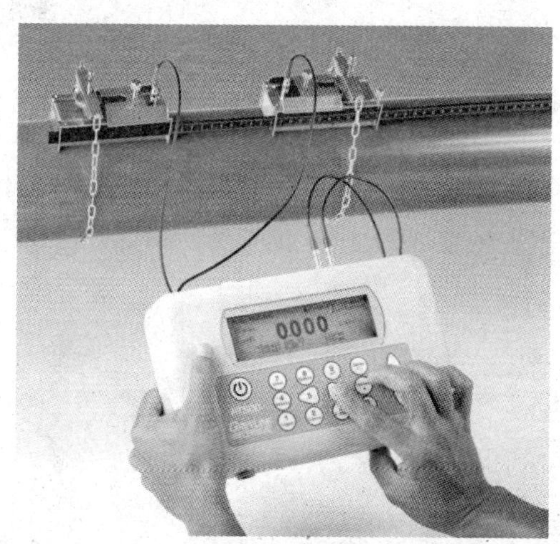

图 2—9—14　超声波流量计

根据检测方式不同，超声波流量计可分为传播速度差法、多普勒法、波束偏移法、噪声法等不同类型。超声波流量计是随着集成电路技术迅速发展才开始应用的测量技术，具有广阔的应用前景。

第 3 章

钳工相关知识

第1节　生产管理和专业技术管理基本内容

学习单元1　生产管理

学习目标

➢ 了解车间在制品管理的含义和车间生产调度的要求。

➢ 熟悉车间生产过程的组成和车间内生产单位的组织形式。

➢ 掌握车间布置的要求和车间定置管理的任务。

知识要求

一、车间生产过程的组成

1. 横向展开

（1）生产技术准备过程。生产技术准备过程是指产品在投入生产前所进行的一系列技术准备工作。

（2）基本生产过程。基本生产过程是指直接把劳动对象变为企业基本产品（以销售为目的，满足社会或市场需要而生产的产品）的过程，如机械工业中的铸造、机械加工、部件（总成）装配等生产过程属于基本生产过程。

（3）辅助生产过程。辅助生产过程是指为保证基本生产过程正常进行而从事的各种辅助产品及劳务的生产过程，如机械工业中的维修和有关动力的输送等工作属于辅助生产过程。

（4）生产服务过程。生产服务过程是指为基本生产和辅助生产所进行的各种生产服务活动的过程，如机械工业中的原材料、半成品、工具、夹具的供应和运输等工作属于生产服务过程。

（5）附属生产过程。附属生产过程是指利用企业的边角余料或废料进行生产的过程。

企业生产过程的核心是基本生产过程，其他部分根据企业的生产规模、管理模式、专业化程度等具体情况可包括在企业生产过程之中，或由专门的单位来完成。

2. 纵向展开

（1）工序。工序是指一个（或一组）工人，在一台机床（或一个工作地点），对同一个（或同时对多个）工件所连续完成的那一部分工艺过程。工艺过程是指直接改变劳动对象的性质、形状、大小等的过程。

（2）工步。在加工表面不变、加工工具不变、切削用量不变的条件下所连续完成的那一部分工序称为工步。

二、车间内生产单位的组织形式

基本生产车间是工业企业内部的主要生产单位，是车间布置的重点，它包括工段、班组。基本生产车间有以下三种基本的组织形式：

1. 工艺专业化形式

工艺专业化形式又称工艺原则，它把同类型的机器设备和同工种的工人集中在一起，建立一个车间生产单位（工段、班组），对企业生产的各种产品进行相同工艺的加工。按这种原则布置的车间称为工艺专业化车间，又称“机群式”“开放式”车间。

按工艺原则组成生产单位的优点包括：有利于充分利用生产面积、生产设备能力；采用通用设备生产，设备的投资费用较少；便于进行专业化的技术管理和开展同工种工人之间的学习与竞赛；灵活性好，适应性强，增强了企业适应市场需求变化的能力。其缺点如下：制品在制造过程中的运输路线长，交叉迂回运输多，消耗于运送原材料和制品的劳动量大，增加了在制品的数量，延长了生产周期，占用流动资金多，各生产单位之间的协作关系复杂，难以掌握零部件的成套性，生产管理工作复杂。

按工艺原则组成的生产单位适用于品种复杂多变、工艺不稳定的单件、小批量生产，如新产品试制车间、工具车间、机修车间等。

2. 对象专业化形式

对象专业化形式又称对象原则，它是把不同类型的机器设备和不同工种的工人集中在一起，建立一个生产单位（车间、工段、班组），对相同制品进行不同工艺的加工。按照这种原则组成的车间称为对象专业化车间，也称“封闭式”车间。在这种车间里，加工对象是不变的，机器设备、工艺方法是多种多样的，工艺过程是封闭的，如发动机车间、齿轮车间等。

按对象专业化形式组成的生产单位的优点包括：可以缩短制品的加工路线，节约运输等辅助劳动量和辅助生产面积；便于采用流水生产等先进的生产组织形式，减少制品在生产过程中的等待时间，缩短生产周期，降低流动资金占用量；可以减少车间之间的协作关系，简化管理工作；工人的操作单一，技术要求不高，培训时间短，熟练程度高，劳动效率高。其缺点如下：设备专用性强，需求量多，投资大；由于同类设备分散使用，个别设备的负荷可能不足，有些设备的生产能力不能得到充分利用，甚至有可能因一台设备出了故障而导致生产线全部停工；工种复杂，难以进行工种管理；对产品品种变化的适应能力差，一旦品种改变，调整起来非常困难。

3. 混合专业化形式

混合专业化形式是综合工艺原则和对象原则的优点所构成的介于它们之间的一种专业化形式。这种形式在我国企业中应用比较普遍。一般来讲，很多企业可能有些车间是按工艺原则布置，有些车间是按对象原则布置；也可能在按工艺原则布置的车间内，有的工段是按对象原则布置，如机械加工车间是按工艺原则布置的，而这个车间内部的连杆工段是按对象原则布置的；还有可能在按对象原则布置的车间内部，有的工段是按工艺原则布置的，如活塞车间是按对象原则布置的，而这个车间内部的车工工段是按工艺原则布置的。这种布置形式机动灵活，如果应用得当，可取得较好的经济效益。

三、车间布置

车间是产品生产的主要场所，所以在企业总平面布置的基础上，还应进行车间的平面布置，规定各基本工段、辅助工段和生产服务部门的相互位置，以及工作场地、设备之间的相互位置。车间布置设计的内容可分为车间厂房布置和车间设备布置。

车间厂房布置是对整个车间各工段、各设施在车间场地范围内，按照它们在生产中和生活中所起的作用进行合理的平面和立体布置。

车间设备布置根据生产流程情况和各种有关因素，把各种工艺设备在一定区域内进行排列。在车间设备布置中又分为初步设计和施工图设计两个阶段，每个设计阶段均要求平面和剖面布置。

1. 车间平面布置

（1）车间平面布置的内容。

1）生产设施。生产设施包括生产工段、原料和产品仓库、控制室、露天堆场或储罐区等。

2）生产辅助设施。生产辅助设施包括除尘通风室、变配电室、机修室、化验室、储藏室等。

3）生活行政设施。生活行政设施包括车间办公室、工人休息室、更衣室、浴室、厕所等。

4）其他特殊用途设施。如劳动保护室、保健室等。

车间平面布置就是将上述车间（装置）在平面上进行组合布置。

（2）车间平面布置的要求。车间平面布置的总体要求包括：有利于保证安全生产，必须使生产正常进行，有利于职工的身心健康，有利于加强管理，有利于提高经济效益。

具体要求如下：

1）全厂的总图布置与其他车间、公用工程系统、运输系统等结合成一个有机整体。

2）保证经济效益，尽量做到占地少、基建和安装费用少、生产成本低。

3）便于生产管理、物料运输，操作及维修要方便。

4）生产要安全，并妥善解决防火、防毒、防腐、防爆等问题，必须符合国家的各项有关规定和标准。

5）要考虑将来扩建、增建和改建的余地。

（3）车间平面布置的方法

1）资料准备。工艺流程图表示了车间组成、工段划分、物料输送关系、主要设备特征等，由此可以估算出各工段的面积。

总图与规划设计资料总图表明了场地与道路情况、公用工程管道、污水排放点及有关车间的位置，由此可以从相互关联的角度确定车间各工段的位置。

有关的规范与标准，如防火、防爆、防毒规定和卫生标准等，可据此确定各工段及设备之间的安全距离以及车间厂房的有关等级。

确定各工段的布置形式，包括露天布置、室内布置。

2）流程式布置。按流程顺序在中心管道的两侧依次布置各工段，可以避免管道重复往返，缩短管道总长，是最经济的布置方案。总的来说，车间平面越接近方形就越经济。

2. 车间设备布置

（1）车间设备布置的内容。车间设备布置是确定各设备在车间平面与空间上的位置；确定管道、电气仪表管线、采暖通风管道的走向和位置。具体地说，它主要包括：确定各工艺设备在车间平面和空间的位置；确定某些在工艺流程图中一般不予表达的辅助设备或公用设备的位置；确定供安装、操作与维修所用的通道系统的位置与尺寸；在上述各项基础上确定建筑物与场地的尺寸。

车间设备布置的最终结果表现为车间设备布置图。

（2）车间设备布置的要求。一个优良的车间设备布置设计应做到经济合理，节约投资，操作及维修方便、安全，设备排列简洁、紧凑、整齐、美观。要做到上述各点必须正确、充分地利用有关的国家标准与设计规范，特别是设计单位已积累的经验和经过实践证明有价值的参考资料。正确、充分地利用这些资料，可以提高设计的技术水平和可靠性，也能大大节约设计时间。

车间设备布置的各项基本要求是满足生产工艺要求，符合经济原则，符合安全生产要求，便于安装和检修，适合建筑条件，保证良好的操作条件。

（3）车间设备布置的方法与步骤。根据工艺的要求与土建专业人员共同拟订各车间的结构形式、柱距、跨度、层高、间隔等初步方案，并画成比例为 1∶50 或 1∶100 的车间建筑平面图。

认真考虑设备布置的原则，应满足各方面的要求。

将确定的设备按其数量和最大的外形尺寸剪成相同比例的硬纸板（一般为 1∶50 或 1∶100），并标明设备的名称。

将这些设备的硬纸板按工艺流程布置在相同比例的车间建筑平面图上，布置形式可多种多样，一般设计 2~3 个方案，以便加以比较。经过多方面的比较，选择一个最佳方案，绘成平面和立体草图。

根据设备布置草图，考虑以下因素加以修改：考虑总管道排列的位置，做到管路短而顺；检查各设备基础大小，考虑设备安装、起重、检修的可能性；考虑设备支架的外形、结构，常用设备的安全距离；考虑外管及上、下水管进出车间的位置；考虑操作平台、局部平台的位置大小等。设备草图经修改后，要广泛征求各有关专业部门的意见，集思广益，做必要的调整，提交建筑人员设计建筑图。

工艺设计人员在取得建筑设计图后，根据布置草图绘制成正式的车间设备平面布置图。

四、车间在制品管理的含义

1. 在制品的概念

企业生产过程中，正在进行加工、装配或待进一步加工、装配或待检验入库的毛坯、零部件和最终产品称为在制品。

2. 在制品管理的分类

按在制品存放地点不同，分为现场（车间）在制品管理、仓库在制品管理和外协厂在制品管理；按管理表现形式的不同，分为实物管理和账卡管理。车间在制品管理包括在制品的实物管理和在制品的财卡管理。

3. 职责

生产处负责在制品管理的业务指导，具体负责外协单位在制品的管理。各车间、工段（班组）是现场在制品管理工作的实施和执行单位。仓库是仓库在制品管理的实施和执行单位，生产处应组织人员予以配合。

4. 管理内容和要求

班组依据“派工单”按限额规定领用材料，并填写领料（出库）单；领料（出库）单要填写完整、规范，涂改作废。

领用材料、毛坯、零部件投入生产、转序应及时登记在“零件记录卡”上，注明完成数量、合格品、废品，字迹清晰，填写规范。

班组生产任务结束后，在“派工单”上填写实际完成数量、合格品、废品，转交计划员；计划员用完后交统计员存档。

对于生产过程中出现的废品，应填写“质量检查废品通知单”，注明名称、数量，经质检员签字，交统计员，作为统计、考核和补料的凭证。

班组或车间生产任务结束后应及时办理入库手续。毛坯、零部件和总成经检验合格入库时，应填写“产品送库单”，要求内容齐全，数字及规格准确，签字齐全，作为仓库、车间的统计、记账凭证。如果因生产需要而直接转入下一车间的，应由保管员现场办理入库、出库手续后直接转下一车间，特殊情况可由交接双方做好交接记录，并在事后及时到保管员处补办入库、出库手续。

五、车间生产调度

生产调度是指组织执行生产进度计划。生产调度的工作要围绕生产计划进行，生产进度计划要通过生产调度来实现。生产调度的必要性是由工业企业生产活动的性质决定的。现代工业企业生产环节多，协作关系复杂，生产连续性强，情况变化快，某一局部发生故障，或某一措施没有按期实施，往往会波及整个生产系统的运行。因此，加强生产调度工作，对于及时了解、掌握生产进度，分析、研究影响生产的各种因素，根据不同情况采取相应对策使差距缩小或恢复正常是非常重要的。

1. 工作内容

（1）检查、督促和协助有关部门及时做好各项生产作业准备工作。

（2）根据生产需要合理调配劳动力，督促检查原材料、工具、动力等供应情况和厂内运输工作。

（3）检查各生产环节的零件、部件、毛坯、半成品的投入和出产进度，及时发现生产进度计划执行过程中的问题，并积极采取措施加以解决。

（4）生产调度与进度跟踪。

（5）对轮班、昼夜、周、旬或月计划完成情况的统计资料和其他生产信息（如由于各种原因造成的时间损失记录、机器损坏造成的损失记录、生产能力的变动记录等）进行分析和研究。

2. 基本要求

生产调度的基本要求是快速和准确。所谓快速，是指对各种偏差发现快，采取措施处理快，向上级管理部门和有关单位反映情况快。所谓准确，是指对情况的判断准确，查找原因准确，采取对策准确。为此，就必须建立健全的生产调度机构，明确各级调度工作分工，建立一套切合实际和行之有效的调度工作制度，掌握一套迅速查明产生偏差的原因，及时采取有效对策的调度工作方法。对生产调度工作的其他要求如下：

（1）计划性。生产调度工作必须以生产进度计划为依据，这是生产调度工作的基本原则。生产调度工作的灵活性必须服从计划的原则性，要围绕完成计划任务来开展调度业务。同时，调度人员还应不断地总结经验，协助计划人员提高生产进度计划的编制质量。

（2）统一性。生产调度工作必须高度集中和统一。现代化大生产中，生产者成千上万，生产情况千变万化，讲管理就必须讲统一意志，统一指挥，建立一个强有力的助手。各级调度部门应根据同级领导人员的指示，按照作业计划和临时生产任务的要求，行使调度权力，发布调度命令。各级领导人员应充分发挥调度部门的作用，维护调度部门的权威。

（3）预见性。生产调度工作要以预防为主。调度人员的基本任务是预防生产活动中可能发生的一切脱节现象。贯彻预防为主的原则，就是要抓好生产前的准备工作，避免各种不协调现象的产生。在组织生产的过程中，不仅要抓配套保证装配需要，还要抓毛坯保证加工需要，防止只抓出产不抓投入，抓后不抓前的做法。只有做到“以前保后”，才能取得调度工作的主动权。

（4）及时性。生产调度工作要从实际出发，贯彻群众路线。为此，调度人员必须具有深入实际、扎实果断的工作作风和敢于负责的精神，要经常深入生产第一线，亲自掌握第一手资料，及时了解和准确掌握生产活动中千变万化的情况，摸清客观规律，深入细致地分析、研究所出现的问题，动员群众自觉地克服和防止生产中的脱节现象，出主意想办法，克服困难，积极完成生产任务。只有这样，才能防止瞎指挥，使生产调度工作达到抓早、抓准、抓狠、抓关键、一抓到底的要求。

六、车间定置管理的任务

定置管理是对物的特定管理，是其他各项专业管理在生产现场的综合运用和补充。企业在生产活动中，车间定置管理的主要任务是研究组成生产条件的人、物、场所三者关系。它通过整理把生产过程中不需要的东西清除掉，不断改善生产现场条件，科学地利用场所，向空间要效益；通过整顿，促进人与物的有效结合，使生产中需要的东西随手可得，向时间要效益，从而实现生产现场管理规范化与科学化。

定置管理是对生产现场中人、物、场所三者之间的关系进行科学的分析、研究，使之达到最佳结合状态的一门科学管理方法，它以物在场所的科学定置为前提，以完整的信息系统为媒介，以实现人和物的有效结合为目的，通过对生产现场的整理、整顿，把生产中不需要的物品清除掉，把需要的物品放在规定位置上，使其随手可得，促进生产现场管理文明化、科学化，达到高效生产、优质生产、安全生产的目的。

定置管理中的“定置”不是一般意义上字面理解的“把物品固定地放置”，它的特定含义是根据生产活动的目的，考虑生产活动的效率、质量等制约条件和物品自身的特殊要求（如时间、质量、数量、流程等），划分出适当的放置场所，确定物品在场所中的放置状态，作为生产活动主体人与物品联系的信息媒介，从而有利于人、物的结合，有效地进行生产活动。对物品进行有目的、有计划、有方法的科学放置称为现场物品的“定置”。

定置管理是“5S”（整理、整顿、清扫、清洁、素养）活动的一项基本内容，是“5S”活动的深入和发展。定置管理内容较为复杂，在工厂中可粗略地分为工厂区域定置、生产现场区域定置、可移动物件定置等。

工厂区域定置包括生产区和生活区。生产区包括总厂、分厂（车间）、库房定置。总厂定置包括分厂、车间界线划分，大件报废物摆放，改造厂房拆除物临时存放，垃圾区、车辆存停区划分等。分厂（车间）定置包括工段、工位、机器设备、工作台、工具箱、更衣箱等的定置。库房定置包括货架、箱柜、储存容器等的定置。生活区定置包括道路建设、福利设施、园林修造、环境美化等。

生产现场区域定置包括毛坯区、半成品区、成品区、返修区、废品区、易燃易爆污染物停放区等的定置。

现场中可移动物定置包括劳动对象物定置（如原材料、半成品、在制品等），工具、量具的定置（如工具、量具、胎具、容器、工艺文件、图样等），废弃物的定置（如废品、杂物等）。

学习单元 2　专业技术管理

学习目标

- 了解车间技术革新的内容。
- 熟悉车间日常工艺管理的特点。

➢ 掌握车间技术管理的内容。

知识要求

一、车间技术管理的内容

车间的技术管理面广、量大，其主要内容如下：

1. 产品开发与试制管理。
2. 工艺施工及现场在用工艺装备的管理。
3. 设备与工具的管理。
4. 产品质量管理。
5. 车间生产工艺准备。
6. 技术革新及生产工艺、操作方法的改革。
7. 车间职工技术培训。
8. 技术考核管理。
9. 原材料与能源的节约和综合利用。
10. 文明生产与安全生产技术。

二、车间日常工艺的管理

车间的工艺管理在技术上起承上启下的作用，车间技术组（或施工员）是企业工艺管理体系中的执行部门，业务上受工艺主管部门领导，行政上受车间主任（或副主任）领导。

1. 车间日常工艺管理的主要内容

（1）根据车间生产经营活动的需要，组织试制和生产市场需要的产品。

（2）按生产和技术准备计划，认真贯彻技术标准和工艺文件，做好投产前各项准备工作。

（3）负责新产品试制的技术准备，编制初步工艺；设计必要的工艺装备，撰写试制小结，参加新产品鉴定。

（4）负责解决职权范围内的现场技术问题，做好产品中、小批工艺装备验证和大批技术服务工作。

（5）深入班组及时解决生产中的技术问题，做好原始记录，及时向工艺主管部门反映，以便修改和补充。

（6）掌握现场施工质量情况，分析质量提高或降低的原因，努力推进车间的全面质量管理工作。

（7）负责车间技术资料的收集、整理、保管、发放、统一修改和回收工作，防止泄密和出错。

（8）协助车间主任做好在用工艺装备和车间工具室的管理。

（9）组织群众性的“双革四新”和QC（质量管理）攻关活动。

（10）在车间统一安排下，组织好职工的技术业务学习和岗位练兵。

（11）组织职工学习工艺文件，进行遵守工艺纪律的宣传教育。

（12）工艺纪律的检查。

（13）对老产品的工艺进行整顿和修改。

2. 车间日常工艺管理的特点

车间班组是企业生产经营的前沿，生产中发生的技术问题如果久拖不决，会直接影响产品质量和交货期。由于现在的工艺技术日趋复杂，各种突发性技术问题日趋增多，使车间的技术管理具有许多特点。

（1）时间性。出现问题必须在一定期限内设法解决，以保证现场生产的正常进行。

（2）突发性。出现质量问题的随机性很大，因此车间技术人员思维要宽，应变能力要强，随时能独立处理各种突然发生的技术质量问题。

（3）独立性。现场出了问题，善于通过调查做出自己科学的判断，独立进行处理，并对这种处理的结果负责。

（4）合作性。车间技术人员要与工艺主管部门和班组生产工人都能保持密切联系和友好合作的工作关系，真正起到承上启下的作用。

（5）责任心。在自己职责范围的事要积极认真地办好，做好记录，修改好工艺文件，不留后遗症。

（6）艰苦性。经常需要连续加班，及时解决问题。

根据上述特点，车间的技术人员应具有比较强的独立工作能力和丰富的实践经验，以及知识面较宽、责任心较强、善于和他人共事、身体健康等素质。企业和车间要舍得抽出主要技术骨干充实生产一线进行技术服务。

三、车间技术革新的内容

车间技术革新的内容主要包括改革产品，改进现有的机械设备和工艺装备，改进生产工艺和操作方法，开展综合利用活动，减少原材料消耗，改善劳动条件，提高劳动效率。其具体内容如下：

1. 改革产品

产品是企业生存和发展的关键，也是自主经营的车间（或分厂）获取较好经济效益首要的一环，车间的工艺和技术是为它服务的一种手段，因此，车间的革新必须紧紧围绕车间生产的产品，不断地增加品种，改善性能，提高质量，降低成本，综合利用，更好地为厂内外用户服务。

2. 改进现有的机械设备和工艺装备

机械设备和工艺装备是车间进行现代化生产的物质技术基础。对现有设备和工艺装备进行改革，是提高企业和车间现代化水平，努力发展生产的重要途径。

3. 改进生产工艺和操作方法

生产设备的改造和工艺操作方法的革新是密切联系的。通用的冲压设备经过自动化改装就会根本改革操作方法，同样，冲压工艺改成挤压工艺，会对设备提出新的要求。生产工艺和操作方法的改革，是车间组织职工开展“双革四新”和QC攻关的主要活动内容。

4. 开展综合利用，减少原材料消耗

努力采用新型材料和代用材料，尤其对那些材料和能源消耗量大、在产品成本中这部分费用占比较高以及资金来源比较紧张的那些企业，更应当从生产工艺、设备改装等方面着手，提高原材料、能源利用率，降低消耗，研究采用新材料、新能源和代用材料。

5. 改善劳动条件，提高劳动效率

不少中、小企业，其工人劳动强度高，体力消耗大，甚至受到职业病的威胁，或者污染环境的问题久拖不决，因此，必须充分重视改善劳动条件的重要性，不断提高劳动效率和文明生产程度。

第2节　机床电气控制

学习单元1　机床电气控制基础知识

学习目标

- 了解一般机床电力设备电气控制的组成。
- 熟悉常用机床电力设备电气控制线路。
- 掌握常用机床电力设备电气控制线路中各种元器件的作用。

知识要求

一般机床电力设备电气控制主要包括电动机和控制用电器两大部分。

一、主电路和控制电路

1. 主电路

主电路是指某一个设备中电的动力装置和保护电路，在该部分电路中通过的是电动机的工作电流，电流较大。主电路部分如图 3—2—1 所示。

2. 控制电路

控制电路是指控制主电路工作状态的电路，在该部分电路中通过的电流都较小。控制电路部分如图 3—2—2 所示。

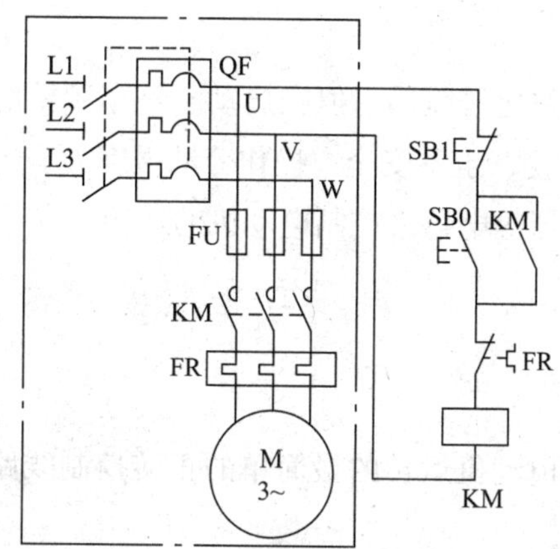

图 3—2—1 主电路部分

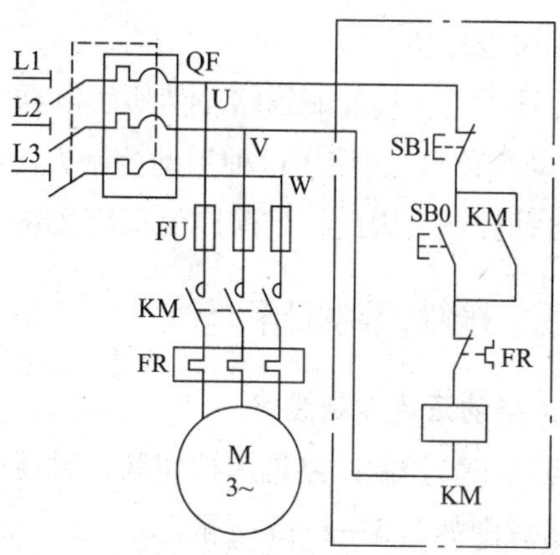

图 3—2—2 控制电路部分

二、手动控制线路

手动正转控制线路通过盒式转换开关、三极刀开关和鼓形转换开关来控制电动机的启动和停止。在企业中，盒式转换开关常被用来控制三相电风扇、砂轮机等设备，如图 3—2—3 所示。

有的设备（如台式钻床等）也常采用鼓形转换开关和熔断器来控制电动机的启动和停止，如图 3—2—4 所示。

以上两种线路中，封闭式负荷开关 QF 或组合开关起接通、断开电源的作用；熔断器 FU 起短路保护作用。

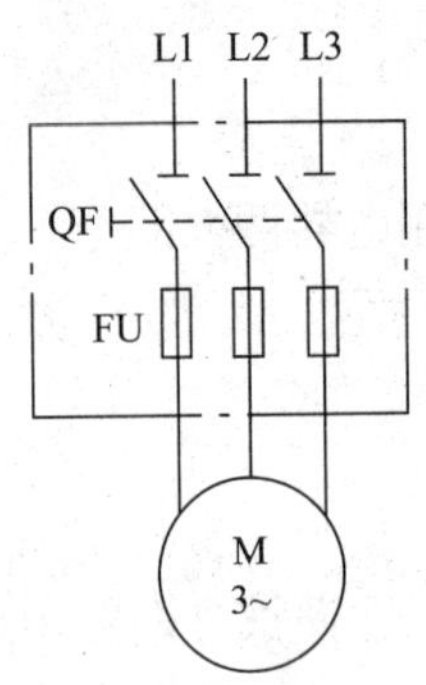

图 3—2—3　盒式转换开关控制电动机的正转控制线路

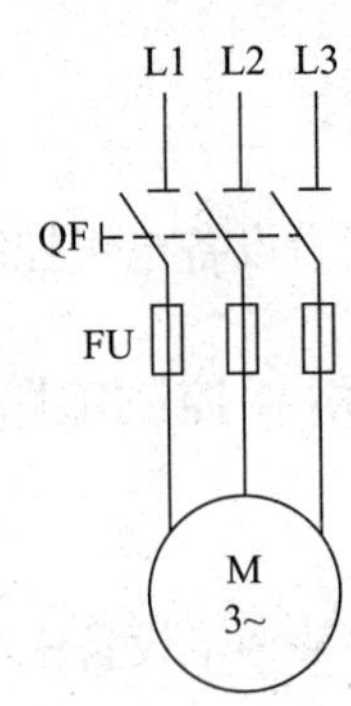

图 3—2—4　鼓形转换开关控制电动机的正转控制线路

手动正转控制线路的工作原理如下：启动时，合上封闭式负荷开关或转换开关 QF，电动机 M 接通电源启动运转；停止时，拉开封闭式负荷开关或转换开关 QF，电动机 M 脱离电源失电停转。

上述手动正转控制线路虽然所用电器少，线路比较简单，但在启动、停车频繁的场合（如电动葫芦等），使用这种手动控制方法既不方便，也不安全，操作劳动强度大，还不能进行自动控制，因此，目前广泛采用按钮、接触器等电器来控制电动机的运转。

三、接触控制线路

1. 点动正转控制线路

点动正转控制线路是用按钮和接触器来控制电动机运转的最简单的正转控制线路，其接线示意图如图 3—2—5 所示。

所谓点动控制，是指按下按钮，电动机就通电运转；松开按钮，电动机就失电停转。这种控制方法常用于电动葫芦的起重电动机控制和车床溜板箱快速移动的电动机控制。

由图可以看出，点动正转控制线路是由转换开关 QF、熔断器 FU、启动按钮 SB、接触器 KM 和电动机 M 组成的。其中，转换开关 QF 是电源隔离开关，熔断器 FU 起短路保护作用，启动按钮 SB 控制接触器 KM 的线圈得电、失电，接触器 KM 的主触头控制电动机 M 的启动与停止。

线路工作原理如下：当电动机 M 需要点动时，先合上转换开关 QF，此时电动机 M 尚未接通电源；按下启动按钮 SB，接触器 KM 的线圈得电，使衔铁吸合，同时带动接触器 KM 的三对主触头闭合，电动机 M 便接通电源启动运转；当电动机需要停转时，松开启动按钮 SB，使接触器 KM 的线圈失电，衔铁在复位弹簧作用下复位，带动接触器 KM 的三对主触头恢复断开，电动机 M 失电停转。

图 3—2—5 是用近似实物接线图画法表示的，看起来比较直观，初学者易学易懂，但画起来却很麻烦，特别是一些比较复杂的控制线路，由于其所用电器较多，画成接线示意图的形式反而使人觉得繁杂难懂，很不实用。因此，控制线路通常不画接线示意图，而是采用国家统一规定的电器图形符号和文字符号画成控制线路原理图。

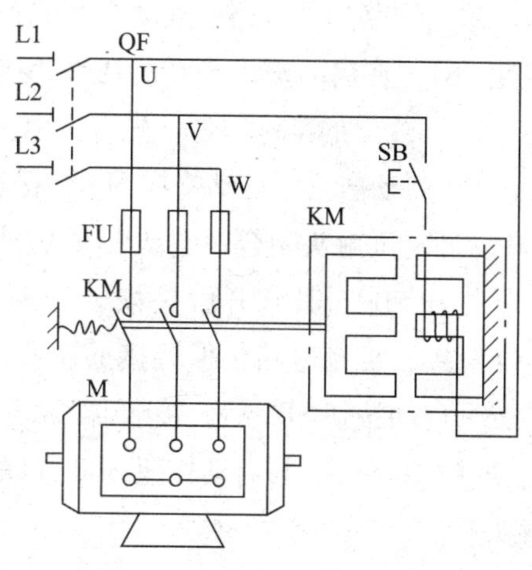

图 3—2—5　点动正转控制接线示意图

点动正转控制线路原理图如图 3—2—6 所示。它是根据实物接线电路绘制的，图中以符号代表电气元件，以线条代表连接导线。用它来表达控制线路的工作原理，故称为原理图。原理图在设计部门和生产现场都得到了广泛应用。

在分析各种控制线路原理图时，为了简单明了，通常就用电器文字符号和箭头配以少量文字来表示线路的工作原理。例如，点动正转控制线路的工作原理可叙述如下：先合上电源开关 QF，启动时按下启动按钮 SB→接触器 KM 线圈得电→KM 主触头闭合→电动机 M 启动运转；停止时松开启动按钮 SB→接触器 KM 线圈失电→KM 主触头断开→电动机 M 失电停转。停止使用时，断开电源开关 QF。

2. 接触器自锁正转控制线路

在要求电动机启动后能连续运转时，采用上述点动正转控制线路就不合适了。因为要使电动机 M 连续运转，启动按钮 SB 就不能断开，这显然是不符合生产实际要求的。为实现电动机的连续运转，可采用图 3—2—7 所示的接触器自锁正转控制线路。

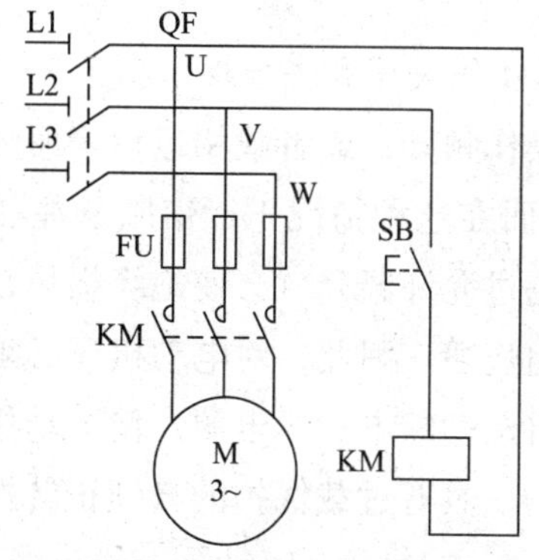

图 3—2—6　点动正转控制线路原理图

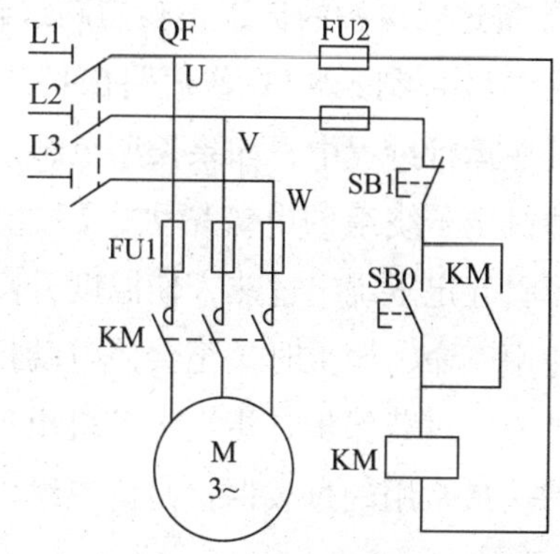

图 3—2—7　接触器自锁正转控制线路

这种线路的主电路和点动控制线路的主电路相同，但在控制电路中又串接了一个停止按钮 SB1，在启动按钮 SB0 的两端并接了接触器 KM 的一对常开辅助触头。

（1）线路的工作原理。先合上电源开关 QF，启动与停止原理分别如下：

1）启动。按下启动按钮 SB0→接触器 KM 线圈得电→接触器 KM 主触头闭合，接触器 KM 常开辅助触头闭合→电动机 M 启动连续运转。

松开 SB0，其常开触头恢复分断后，因为接触器 KM 的常开辅助触头闭合时已将 SB0 短接，控制电路仍保持接通，所以接触器 KM 继续得电，电动机 M 实现连续运转。当松开启动按钮 SB0 后，接触器 KM 通过自身常开辅助触头而使线圈保持得电的作用称为自锁（或自保）。与启动按钮 SB0 并联起自锁作用的常开辅助触头称为自锁触头（或自保触头）。

2）停止。按下停止按钮 SB1→接触器 KM 线圈失电→接触器 KM 主触头分断，接触器 KM 自锁触头分断→电动机 M 失电停转。松开 SB1，其常闭触头恢复闭合后，因接触器 KM 的自锁触头在切断控制电路时已分断，解除了自锁，SB0 也是分断的，所以接触器 KM 不能得电，电动机 M 也不会转动。

（2）欠压和失压保护。接触器自锁控制线路不但能使电动机连续运转，而且还有一个重要的特点，就是具有欠压和失压（或零压）保护作用。

1）欠压保护。欠压是指线路电压低于电动机应加的额定电压。欠压保护是指当线路电压下降到某一数值时，电动机能自动脱离电源电压停转，避免电动机在欠压下运行的一种保护。

2）失压（或零压）保护。失压保护是指电动机在正常运行中，由于外界某种原因引起突然断电时，能自动切断电动机电源；而当重新供电时，能保证电动机不会自行启动。

3. 具有过载保护的自锁正转控制线路

上述线路由熔断器 FU 作短路保护，由接触器 KM 作欠压和失压保护，但还不够。因为电动机在运行过程中，如果长期负载过大或启动操作频繁，或者缺相运行等原因，都可能使电动机定子绕组的电流增大，超过其额定值。而在这种情况下，熔断器往往并不熔断，从而引起定子绕组过热，使温度升高，若温度超过允许温升就会使绝缘损坏，缩短电动机的使用寿命，严重时甚至会使电动机的定子绕组烧毁。因此，对电动机还必须采取过载保护措施。过载保护是指当电动机出现过载时能自动切断电动机电源，使电动机停转的一种保护。最常用的过载保护是由热继电器来实现的。具有过载保护的自锁正转控制线路如图 3—2—8 所示。

此线路与接触器自锁正转控制线路的区别是增加了一个热继电器 FR，并把其热元件串接在电动机三相主电路上，把常闭触头串接在控制电路中。

如果电动机在运行过程中，由于过载或其他原因使电流超过额定值，那么经过一定时间，串接在主电路中热继电器的热元件因受热发生弯曲，通过动作机构使串在控制电路中的常闭触头断开，切断控制电路，接触器 KM 的线圈失电，其主触头、自锁触头断开，电动机 M 失电停转，达到了过载保护的目的。

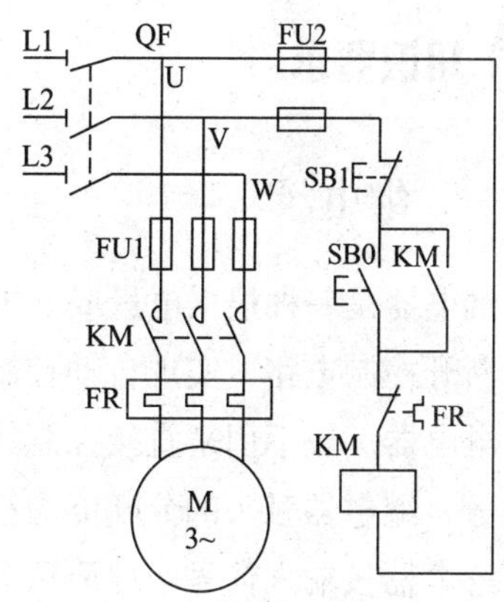

图 3—2—8　具有过载保护的自锁正转控制线路

在照明、电加热等一般电路里，熔断器 FU 既可以作短路保护，也可以作过载保护。但对三相异步电动机控制线路来说，熔断器只能作短路保护。这是因为三相异步电动机的启动电流很大（全压启动时的启动电流能达到额定电流的 4~7 倍），若用熔断器作过载保护，则选择熔断器的额定电流就应等于或略大于电动机的额定电流，这样电动机在启动时，由于启动电流大大超过了熔断器的额定电流，使熔断器在很短的时间内爆断，造成电动机无法启动。因此，熔断器只能作短路保护，其额定电流应取电动机额定电流的 1.5~3 倍。

热继电器在三相异步电动机控制线路中也只能作过载保护，不能作短路保护。这是因为热继电器的热惯性大，即热继电器的双金属片受热膨胀弯曲需要一定的时间。当电动机发生短路时，由于短路电流很大，热继电器还没来得及动作，供电线路和电源设备可能已经损坏。而在电动机启动时，由于启动时间很短，热继电器还未动作，电动机已启动完毕。总之，热继电器与熔断器两者所起作用不同，不能相互代替。

 学习单元 2　常用低压电器

- 了解常用低压电器的种类。
- 熟悉继电器、熔断器和主令电器的种类。
- 掌握继电器、熔断器和主令电器在电气回路中的作用。

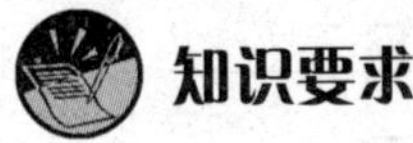

知识要求

一、继电器

继电器是一种根据电量或非电量（如电压、电流、转速、时间、温度等）的变化，接通或断开控制电路，实现自动控制和保护电力拖动装置的电器。

继电器一般不用来直接控制较强电流的主电路，主要用于反映控制信号，因此同接触器比较，继电器触头的分断能力很小，一般不设灭弧装置。

继电器按输入信号的性质可分为电压继电器、电流继电器、速度继电器、压力继电器等；按工作原理可分为电磁式继电器、感应式继电器、热继电器、晶体管式继电器等；按输出形式可分为有触头继电器和无触头继电器两类。

1. 电磁式继电器

电磁式继电器是应用最早的一种形式，属于有触头自动切换电器。它广泛应用于电力拖动系统中，起控制、放大、联锁、保护与调节的作用，以实现控制过程的自动化。

电磁式继电器，按吸引线圈的电流种类可分为交流电磁继电器和直流电磁继电器；按继电器反映的参数可分为中间继电器、电流继电器、电压继电器等。

（1）中间继电器。中间继电器是将一个输入信号变成一个或多个输出信号的继电器。它的输入信号为线圈的通电和断电，输出信号是触头的动作，不同动作状态的触头将信号分别传给多个元件或回路。

中间继电器的基本结构和工作原理与接触器完全相同，故称为接触器式继电器，所不同的是中间继电器的触头对数较多，并且没有主、辅之分，各对触头允许通过的电流大小是相同的，其额定电流约为5 A。

常用的中间继电器有JZ7、JZ14等系列。

中间继电器的主要用途有以下两个：

1）当电压或电流继电器触头容量不够时，可借助中间继电器来控制，用中间继电器作为执行元件，这时中间继电器可被看成是一级放大器。

2）当其他继电器或接触器触头数量不够时，可利用中间继电器来切换多条电路。

中间继电器在电气原理图中的符号如图3—2—9所示。

（2）电流继电器。根据电流值大小而动作的继电器称为电流继电器。电流继电器的线圈串接在被测量的电路中，此时继电器所反映的是电路中电流的变化。为了串入电流继电器的线圈后不影响电路正常工作，电流继电器的线圈匝数要少，导线要粗，阻抗要小，只有这样线圈的功率损耗才小。

根据实际应用的要求，电流继电器常用于过电流保护、欠电流保护等。

电流继电器的符号如图 3—2—10 所示。

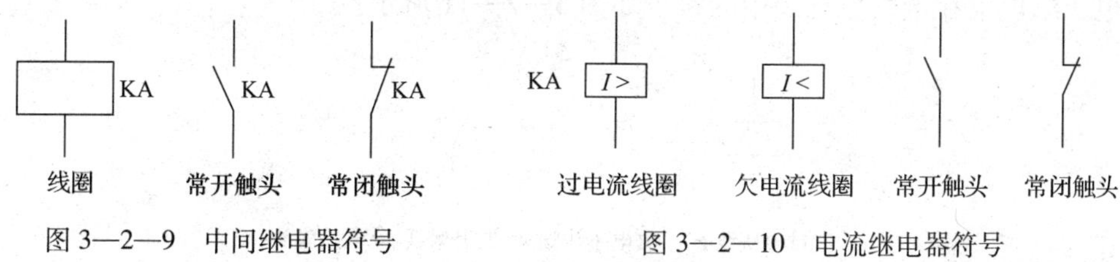

图 3—2—9　中间继电器符号　　图 3—2—10　电流继电器符号

过电流继电器在正常工作时，线圈通过的电流在额定值范围内，它所产生的电磁吸力不足以克服反力弹簧的作用力，故衔铁不动作；当通过线圈的电流超过某一整定值时，电磁吸力大于反力弹簧拉力，吸引衔铁动作，于是常闭触头断开，常开触头闭合。有的过电流继电器带有手动复位机构，它的作用如下：当过电流时，继电器动作，衔铁被吸合，但当电流再减小甚至为零时，衔铁也不会自动返回。只有当故障得到处理后，采用手动复位机构松开锁扣装置后，衔铁才会在复位弹簧作用下返回原始状态，从而避免过电流事故反复发生。

过电流继电器主要用于频繁启动和重载启动的场合，作为电动机或主电路的过载和短路保护。

欠电流继电器是当通过线圈的电流降低到某一整定值时，衔铁被释放，所以，欠电流继电器在电路电流正常时衔铁吸合。

电流继电器的动作值与释放值可用调整反力弹簧的方法来整定。旋紧弹簧，反作用力增大，吸合电流和释放电流都被提高；反之，旋松弹簧，反作用力减小，吸合电流和释放电流都降低。另外，调整夹在铁芯与衔铁吸合端面之间的非磁性垫片的厚度也能改变继电器的释放电流，垫片越厚，磁路的气隙和磁阻就越大，与此相应，产生同样吸力所需的磁势也越大，当然，释放电流也要大些。

（3）电压继电器。根据电压大小而动作的继电器称为电压继电器。电压继电器的线圈并联在被测量的电路中，此时继电器所反映的是电路中电压的变化，电压继电器的电磁机构及工作原理与接触器类似。

根据实际应用的要求，电压继电器有过电压继电器、欠电压继电器、零电压继电器之分。过电压继电器是当电压超过规定电压高限时，衔铁吸合，一般动作电压为 $105\%U_e$ 以上时，对电路进行过电压保护；欠电压继电器是当电压低于所规定的电压下限时，衔铁释放，一般动作电压为 $70\%U_e$ 以下时，对电路进行欠电压保护；零电压继电器是当电压降低到接近零时，衔铁释放，一般动作电压为（$10\%\sim35\%$）U_e 时，对电路进行零压保护。

具体的吸合电压及释放电压值的调整应根据需要决定。

常用的过电压继电器为 JT4－A 型，欠电压及零电压继电器为 JT4－P 型。

电压继电器在电气原理图中的符号如图 3—2—11 所示。

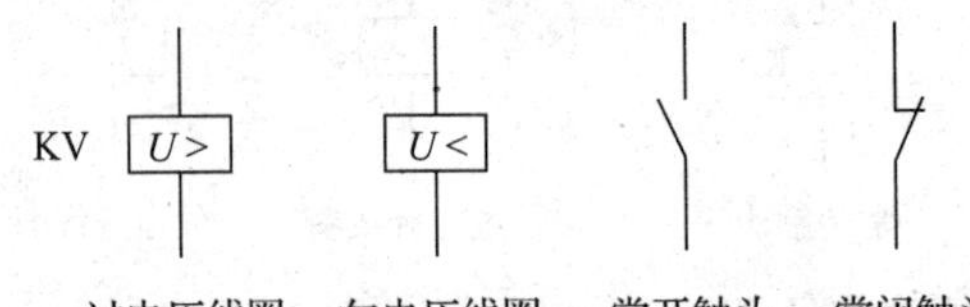

图 3—2—11　电压继电器符号

2. 热继电器

热继电器是利用电流的热效应来推动动作机构，使触头系统分断的保护电器。它主要用于异步电动机的过载保护、断相保护、电流不平衡运行保护及其他电气设备发热状态的控制，目的是防止电气设备在过载状态下运行。热继电器的形式有许多种，其中以双金属片式用得最多。

双金属片式热继电器的基本结构包括加热元件、主双金属片、动作机构、触头系统、电流整定装置、复位机构、温度补偿元件等。

热继电器的双金属片加热方式有直接加热式、间接加热式和复合加热式三种。其中间接加热式应用最普遍。

在一般情况下，应用两相结构的热继电器已能对电动机的过载进行保护。这是因为电源的三相电压均衡，电动机的绝缘良好，三相线电流也是对称的。但是，当三相电源因供电线路故障而发生严重的不平衡情况，或因电动机绕组内部发生短路或接地故障时，就可能使电动机某一相线电流比另外两相线电流高，若该相线路中恰巧没有热元件，就不能对电动机进行可靠的保护。为此，就必须选用三相结构的热继电器。

三相结构的热继电器外形、结构及工作原理与两相结构的热继电器基本相同。仅是在两相结构的基础上增加了一个加热元件和一个主双金属片而已。三相结构的热继电器又分为带断相保护装置和不带断相保护装置两种。

常用的热继电器有 JR20、LR1-D、3UA5. 6、T 等系列。其中，T 系列热继电器是从德国引进制造的产品，产品符合 IEC（国际电工委员会）、VDE（德国电气工程师协会）等国际标准和有关的国家标准和规范。T 系列热继电器主要用于交流 50 Hz 或 60 Hz、电压 660 V 及以下、电流 100 A 及以下的电力线路中，一般作为交流电动机的过载保护，常与 B 系列交流接触器配合组成 MSB 系列磁力启动器。

热继电器在电气原理图中的符号如图 3—2—12 所示。

3. 时间继电器

时间继电器的种类有很多，常用的主要有电磁式、电动式、空气阻尼式、晶体管式等。在机床自动控制和保护线路中，时间继电器用来按预定时间使被控制元件动作。这里仅以具有代表性的空气阻尼式时间继电器为例介绍其结构和原理。

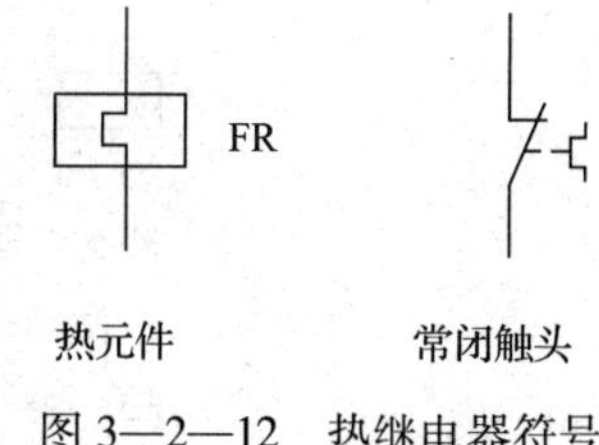

图 3—2—12　热继电器符号

空气阻尼式时间继电器又称气囊式时间继电器。它是利用气囊中空气通过小孔节流的原理来获得延时动作的。常用的为 JS7-A 系列，根据触头延时特点，可分为通电延时动作和断电延时复位两种。

JS7-A 系列通电延时型时间继电器动作原理如下：当线圈通电后，铁芯产生吸力，衔铁克服反作用弹簧的阻力被吸合，推板随衔铁立即动作，并压合微动开关（又称瞬动开关）、瞬时常闭触头断开，瞬时常开触头闭合。原被衔铁压缩的宝塔形弹簧力图使活塞杆快速恢复原位。但是，由于气室内套和橡皮膜贴合，空气室容积增大而产生负压；另外，空气又只能通过直径很小的锥形气孔进入而推动活塞移动，因此活塞杆只能在依靠宝塔形弹簧克服气室内阻力的情况下带动杠杆缓慢移动，移动速度的快慢由进气口的节流程度而定，可通过调节螺钉加以调整。经过一定时间后，活塞杆到达上部极限位置，通过杠杆将微动开关压动，其延时常闭触头断开，延时常开触头闭合，起到通电延时的作用。

当线圈断电时，衔铁在反力弹簧的作用下通过活塞杆将活塞推向下端。这时橡胶膜下方气室内的空气都通过橡胶膜、弹簧和活塞的局部所形成的单向阀很迅速地从橡胶膜上方的气室缝隙中排掉，使瞬动开关和延时开关的各触头瞬时复位。

断电延时与通电延时两种时间继电器的组成元件是通用的，从结构上说，只要改变电磁机构的安装方向，便可获得两种不同的延时方式。当衔铁位于铁芯和延时机构之间时为通电延时型，而当铁芯位于衔铁和延时机构之间时为断电延时型。

空气阻尼式时间继电器的优点是延时范围较大（0.4~180 s），且不受电压和频率波动的影响；可以做成通电和断电两种延时形式；结构较简单，使用寿命长，价格低廉。其缺点是延时误差大［±(10%~20%)］；无调节刻度指示，难以精确地整定延时值；延时值易受周围环境温度、尘埃和安装方向的影响。在对延时精度要求较高的场合，不宜采用这种时间继电器。

时间继电器在电气原理图中的符号如图 3—2—13 所示。

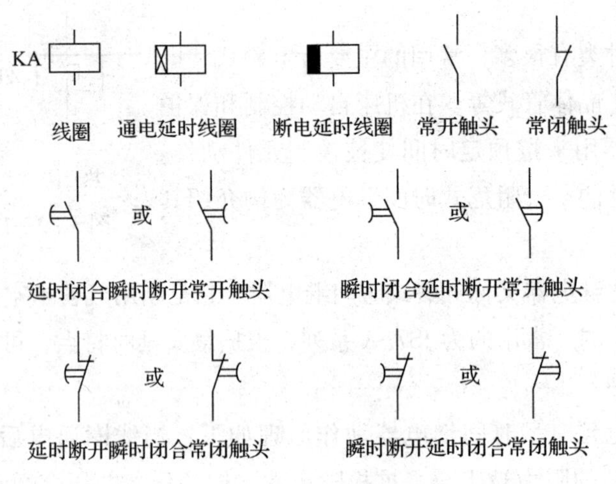

图3—2—13　时间继电器符号

二、熔断器

熔断器是低压配电系统和电力拖动系统中的保护电器，其主要作用是短路保护。在使用时，熔断器串联在所保护的电路中，当该电路发生过载或短路故障时，通过熔断器的电流达到或超过了某一规定值，以其自身产生的热量使熔体熔断而自动切断电路，用来保护电源，保证电气设备不在短路状态下工作。

1. 熔断器的结构

熔断器主要由熔体、安装熔体的熔管和熔座三部分组成。

熔体是熔断器的主要组成部分，常做成丝状、片状和栅状。熔体的额定电流是指长时间通过熔体而不熔断的最大电流值。熔管是熔断器的另一个主要组成部分，它是熔体的外壳，用耐热绝缘材料制成，在熔体熔断时兼有灭弧作用，熔管中可装入不同电流等级的熔体，但装入的熔体额定电流不能大于熔管的额定电流。熔管的额定电流是由熔管长期工作所允许温升决定的电流值。熔座是用来固定熔管和外接引出线的。

实际运行中，短路一般是突发性的，这时的电流变化并不是逐渐增大而是突然增大，同时短路电流的持续时间很短，往往不到1 s，体现了短路瞬时保护特性。因此，熔断器主要用作短路保护。

2. 常用的低压熔断器

熔断器按结构形式可分为半封闭插入式、无填料封闭管式、有填料封闭管式和自复式四类。

（1）RC1A系列瓷插式熔断器。RC1A系列瓷插式熔断器是在RC1系列的基础上改进设计的，可取代 RC1 系列老产品，属半封闭插入式。

RC1A 系列瓷插式熔断器结构简单，更换方便，价格低廉。一般在交流 50 Hz、额定电压 380 V、额定电流 200 A 以下的低压线路末端或分支电路中作为电气设备的短路保护及一定程度上的过载保护之用。

（2）RL1 系列螺旋式熔断器。RL1 系列螺旋式熔断器属于有填料封闭管式。其主要由瓷帽、熔断器、瓷套、上接线座、下接线座、瓷座等部分组成。在装接使用时，电源线应接在下接线座，负载线应接在上接线座，这样在更换熔断管时（旋出瓷帽）金属螺纹壳的上接线座便不会带电，以保证维修者安全。

RL1 系列螺旋式熔断器的分断能力较强，结构紧凑，体积小，安装面积小，更换熔体方便，安全可靠，熔丝熔断后有明显的信号指示。故其广泛应用于控制箱、配电屏、机床设备和振动较大的场所，常作为短路和过载保护元件。

（3）RM10 系列无填料封闭管式熔断器。RM10 系列无填料封闭管式熔断器主要由熔断管、熔体、夹头、夹座等部分组成。该熔断器的特点有两个。一是采用钢纸管作为熔管。这样当熔体熔断产生电弧时，电弧热量能使钢纸管局部分解出一种混合气体，这种气体有助于冷却电弧，促使电弧迅速熄灭。二是采用变截面锌片作为熔体。锌质熔体熔点较低，便于同钢纸管配合；为了兼顾短路保护和过载保护的需要，熔体采用变截面，这样宽部能将窄部的热量传开，以免在额定电流下窄部出现高温，把钢纸管内壁烤焦。当有大电流通过时，窄部温度上升较宽部快，首先达到熔化温度而熔断。

RM10 系列无填料封闭管式熔断器多用于低压电力网和成套配电装置中，作为导线、电缆和较大容量电气设备的短路或连续过载保护元件。

（4）RT0 系列有填料封闭管式熔断器。RT0 系列有填料封闭管式熔断器是一种具有大分断能力的熔断器，广泛用于短路电流很大的电力网络或低压配电装置中。它的熔管用高频电工瓷制成。熔体是两片网状纯铜片，中间用锡焊接起来，构成“锡桥”，用以降低熔体熔化温度，然后围成笼状，焊接在刀型夹头上，装入管内用金属板封闭，管内充填石英砂，在熔体熔断时起迅速灭弧的作用。熔断指示器为机械信号装置，指示器与熔体并联的细康铜丝相接。在正常情况下，由于康铜丝电阻较大，电流大多经过“锡桥”熔体流过，只有在“锡桥”熔断后，电流才转移到康铜丝上，使其立即熔断，指示器便在弹簧作用下弹出，显出醒目的红色信号。熔断器的刀型夹头插在双刀型夹座内，为了保证良好的接触，双刀型夹座上装有开口弹簧圈，以增加夹座的接触压力。夹座固定在高频电工瓷制成的底座上。当熔体熔断后，需要把熔断管从熔座上取下，可使用配备的专用绝缘手柄，装取方便，安全可靠。

（5）快速熔断器。自 20 世纪 50 年代以来，硅半导体元件已日益广泛地应用于工业电力变换和电力拖动装置中，但是硅元件有个比较突出的弱点，就是它承受过电流和过电压的能力很差，只允许在一个较短的时间内承受一定的过载电流，否则可能造成硅元件的损坏，为此，必须采用一种适当的保护措施防止硅元件烧坏。常采用的保护措施为快速熔断器。由于快速熔断器具有结构简单、动作灵敏、安装方便等特点，因而得到广泛应用。

快速熔断器是有填料封闭式熔断器，它具有发热时间常数小、熔断时间短、动作迅速等特点。目前常用的有 RLS、RL0、RS3 等系列。RLS 系列主要用于小容量硅元件及其成套装置的短路保护和某些适当的过载保护。RL0 系列主要用于大容量晶闸管元件的短路和某些不允许过电流的保护。

（6）自复式熔断器。前面介绍的五种熔断器虽然能起到短路保护作用，但是熔体一旦熔断后不能再继续使用，而必须更换新的熔体，这样就给使用带来不方便，而且延缓了供电时间。为解决这一矛盾，一种新型熔断器在我国已研制成功，它就是自复式熔断器。其主要用于电力网络的输配电线路中，作为不需要分断电路的短路保护及限制过载电流用。

其基本工作原理如下：自复式熔断器的熔体是应用非线性电阻元件制成的（如金属钠、特殊合金等），在特大短路电流产生的高温、高压下，熔体电阻值会突变，即瞬间呈现高阻状态，从而能将短路电流限制在很小的数值范围内。

自复式熔断器的优点是限流作用显著，动作时间快，能反复使用，无须备用熔体。缺点是它只能利用高阻闭塞电路，而不能真正分断电路，故常与断路器串联使用，以提高组合分断性能。

熔断器在电气原理图中的符号如图 3—2—14 所示。

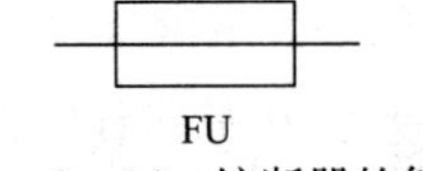

图 3—2—14　熔断器的符号

三、主令电器

主令电器是在自动控制系统中发出指令或信号的操纵电器。由于它是专门发号施令的，故称主令电器。主令电器主要用来切换控制电路，使电路接通或分断，实现对电力拖动系统的各种控制，以满足生产机械的要求。

主令电器应用广泛，种类繁多，替代产品、引进产品不断涌现，一些老产品已被淘汰。随着电子技术的普及和自动化程度的提高，目前主令电器正向无触点方向发展，如无触点接近开关已经在电力拖动与自动控制系统中开始应用。

常用的主令电器有按钮开关、位置开关（行程开关）等。

1. 按钮开关

按钮开关是一种手动操作接通或分断小电流控制电路的主令电器。一般情况下，它不直接控制主电路的通断，主要利用按钮开关，远距离发出手动指令或信号去控制接触器、继电器等电磁装置，实现主电路的分合、功能转换或电气联锁。按钮开关根据使用要求、安装形式、操作方式不同，有异常繁多的种类。

按钮开关的结构一般都包括按钮帽、复位弹簧、桥式动触头、静触头、外壳、支柱连杆等。按钮开关按静态时触头分合状况，可分为常开按钮（启动按钮）、常闭按钮（停止按钮）和复合按钮（常开、常闭组合为一体的按钮）。在机床自动控制系统中常用的按钮开关有 LA18 系列、LA19 系列、LA20 系列等。按钮开关的结构和符号如图 3—2—15 所示。

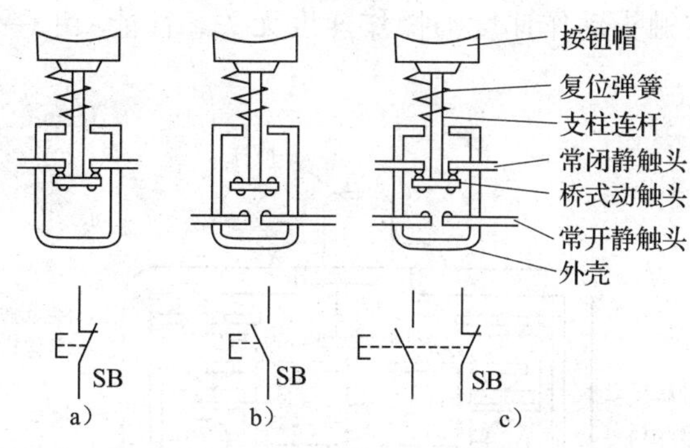

图 3—2—15　按钮开关的结构和符号

a）常闭按钮　b）常开按钮　c）复合按钮

2. 位置开关

位置开关又称行程开关或限位开关，是一种很重要的小电流主令开关。位置开关的工作原理是利用生产设备某些运动部件机械位移碰撞，使其触头动作，将机械信号变为电信号，接通、断开或变换某些控制电路，借以实现对机械的电气控制要求。通常，这类开关被用来限制机械运动的位置或行程，使运动机械按一定位置或行程自动停止、反向运动、变速运动或自动往返运动等。

位置开关是反映工作机械的行程位置，发出命令以控制其运动方向或行程大小的一种电器，如线切割机割线鼓轮的正反转就是由位置开关控制的。

各种系列的位置开关基本结构大体相同，都由操作头、触头系统和外壳组成的。操作头接受机械设备发出的动作指令或信号，并将其传递到触头系统。触头再将操作头传来的指令或信号通过本身的结构功能变为电信号，输出到有关控制回路，使之做出必要的反应。

位置开关的形式有很多，但基本是以某种位置开关元件为基础，装置不同的操作头，得到各种不同的形式。按其动作和结构可分为按钮式（直动式）、旋转式（滚轮式）和微动式三种。

位置开关按其触头动作方式可分为蠕动型和瞬动型，两种类型的触头动作速度不同。

LX-11H 型位置开关为按钮式（直动式）蠕动型，如图 3—2—16 所示。

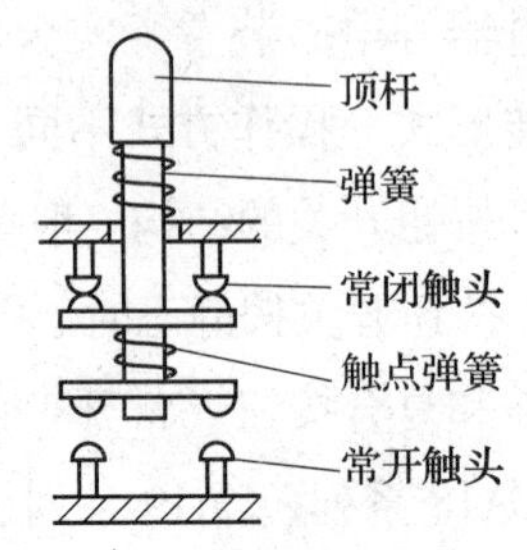

图 3—2—16　LX-11H 型位置开关原理图

蠕动型位置开关的触头分合速度取决于生产机械挡块触动操作头的移动速度，其缺点是当移动速度低于 0.4 m/min 时，触头分合太慢，易被电弧烧灼，从而缩短触头使用寿命。LX19K 型位置开关为瞬动型，其结构如图 3—2—17 所示。

瞬动型位置开关的触头动作速度与操作速度无关，性能显然优于蠕动型。

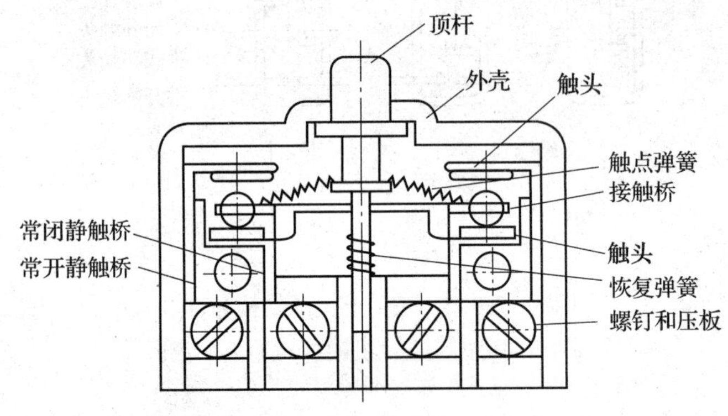

图 3—2—17　LX19K 型位置开关的结构

位置开关动作后，其复位方式有自动复位和非自动复位之分。上述 LX-11H 型、LX19K 型均为自动复位式，都是依靠本身的恢复弹簧实现复位的。但还有一种位置开关动作后不能自动复位，如 JLXK1-211 型双轮旋转式位置开关。其工作过程如下：当机械运动挡块碰压其中一个滚轮时，杠杆便转动一定角度，使触头瞬时切换，挡块继续移动离开滚轮后，杠杆和触头不会自动复位。此时只有靠运动机械反向移动，挡块从相反方向碰压另一个滚轮时，触头才能恢复原始位置。双轮转动式的行程开关无复位弹簧，不能自动复位。

常用位置开关除 LX19 系列、JLXK1 系列外，还有 JW 系列和从德国西门子公司引进的 3SE3 等系列。

位置开关在电气原理图中的符号如图 3—2—18 所示。

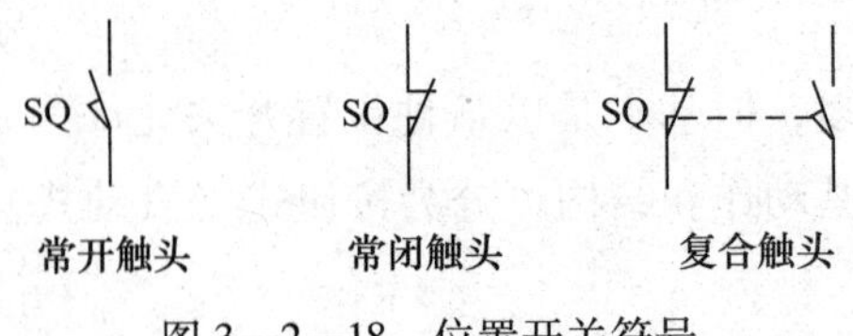

图 3—2—18　位置开关符号